U0066612

金屬線編×裸石包框
設計BOOK

FOREWORD
推薦序

一根看似不起眼的金屬線，能牽起並創造出多少感動！

妳沒親自試試看，怎麼就知道自己做不來呢？數年前在高雄的某堂課程活動，一位帶著眼鏡不多話的女孩，仔細聽著解說，諸多稜角到圓滑蛋面，將銀色的冰冷金屬，透過流動的弧線鑲嵌上各色的礦石。從白天直至日落的反覆操作，那低著頭的女孩停止了動作，看著手中完成的作品，眼神裡的感動是至今我一直無法忘卻的。

後來更從南部北上發展，吸收更多資訊，找尋屬於她的靈感，也開設了她的課程。極簡約的素面框，帶有生命力量的螺紋線圈，繁複的跳線，跨區域的纏繞，讓鍍上各種華麗色調以及樣式規格的銅線，頓時附加了來自手作的溫度。後期結合了銀飾金工的技法，使作品具備多元層次的風格與樣貌。

努力不懈的日夜與未達心中標準的嘆息，課堂上的歡笑與斜口鉗剪下的聲響，交織成屬於這座島的樂章，在這個諾大的世界也許渺小不起眼，也或許微不足道，她奮力守護著的——是對於金屬線與礦石的夢想與熱愛。

竭誠邀請你翻開下一頁時，細細品味那每一個線條，每一次纏繞，每一條弧線，與礦石水晶相互輝映的每一件作品與技法，一同體驗那來自第一次完成作品時的感動。

遠古封印手創設計

很榮幸為孟樺的第一本書寫推薦序。細數了一下與孟樺相識的年份也快十年了。她一直是個熱情、有創意且非常樂於分享的人。已記不清當時如何相識，但印象深刻的是，她充滿好奇與期待來詢問我關於水晶相關的事，我們的緣份從這裡開始更加的深刻。她對水晶的投入與熱愛，及強大的行動力，主動去學習很多關於水晶、金屬編織、金工等等的知識，甚至到水晶店上班，每每都讓我讚嘆與欽佩不已。

看著她的一路努力，途中有過迷惘，也有過跌跌撞撞的過程，仍然堅持對水晶的熱愛。從她開始用著自己的天賦為水晶們穿上衣裳，也不曾停止過自己的腳步，不斷的精進自己的技術。到現在每件作品，都有她獨一無二且多變的風格。到她開課分享自己的知識技術，一直到現在創作了屬於一本她的書，真的很替她開心。

很多朋友、社員，都推薦她的教學。因為她認真仔細、不藏私的傾囊相授，教學氣氛也非常歡樂。也很有耐心的回答學生的問題，真是一位難得的好老師。由於見證了她對金屬編織努力，也鼓舞了我向自己的夢想前進。

非常感謝她，在她有自身要忙碌的工作之時，願意幫我社團的水晶穿上美麗的衣裳。她為每位水晶所穿上的衣裳，更加襯托出水晶本質的美，綻放出更多美麗的光彩。也讓每位水晶主人們更喜愛水晶們，進而創造出屬於水晶與主人未來的精彩故事。

這本書一定也能夠協助到想學習金屬編織的您。能夠親自為水晶穿上獨一無二的衣裳是最棒的事呢！也能加強與水晶之間的連結。很幸運，能藉由水晶與她結下如此美好的緣份，希望在未來她能夠不忘初衷的繼續精進自己，創作出更多美好的作品。謝謝妳，讓我看到這麼多的美好。

晶之森 - Crystals Forest 社長

Lilas

用生命孟樺（夢化）成創作

認識孟樺是在朋友引薦之下開始結識，那天剛好是在一個晴朗的午後，我們約在中山區的一間義式餐廳，第一次見面就被孟樺配戴矽孔雀石編織成的生命之樹深深吸引，她身上散發陰性柔美的能量也正如矽孔雀石底蘊一樣，然後我們就像很久沒見的朋友，開啟源源不絕的延展話題，原來她從遙遠的高雄北漂實現自己的理想，原來她從七年前就開始學習金屬線編織，原來她在兩年前自己獨立創業一手打造「Ait 河中小島」品牌。最讓我敬佩的是她對自我要求非常高，如果能做到一百分，她絕對不會只做到九十九分，連那最後一分的細節她都不會想放過，因為她一直向上追求美好的堅持，每次看見她的新作品都讓我非常驚艷，強烈感受到她對每件作品視如自己的小孩。

因為我也是從事文創產業，所以孟樺和我總是三不五時在線上線下開會，討論品牌的下一步要如何進展，連品牌的 LOGO 也同樣與她自己生命的河流相連，記得她曾說：「人與大地的關係必須結伴同行，誰也不能沒有誰。」她用金屬線編織的不只是大地的礦石，更多的是她與人之間密不可分的連結。

正在讀著此書的你，如果你也想讓自己的作品除了華麗的技術提升之外，有更進一步的情感流動，甚至觸動到你想將作品送給的那個人，那你一定不能錯過這本書。

東眼居藝品 執行長

PREFACE
作者序

不知從何開始，對這些天然的寶石著迷，一眨眼已經蒐集了一盒又一盒，2011 年在偶然的情況下，接觸了金屬線編織。我的啟蒙老師是遠古封印老師，一開始使用鋁線來製作，看著鋁線在老師手中擁有生命力一般，形成一條條順暢的線條，完美的包裹在天然的寶石上面，還記得作品閃閃發光的樣子。那時候的我只是喜歡，一路上慢慢地做著、走著，沒想到一回頭，才發現已經走了一段距離了。

其實會以這一門手藝吃飯，也非常偶然，我的朋友「晶之森」的老闆娘在販賣水晶，推著我出來幫她的客戶設計製作，那時候的我想說可以賺外快又能累積作品，便答應接單。就這樣一路上遇到許多支持的客人，不斷的回頭請我製作，在過程中磨練編織的技巧，而「河中小島」也在 2013 年成立，成立之初只是為了紀錄作品。

金屬線編織對我來說，是線以不同的方式纏繞在一起，記載著時間的痕跡。每個過程都記載一起，纏繞在一起，形成更偉大的存在。金屬線編織沒有唯一的方法，只要能固定住礦石，那就是好的方法，剩下的就是把線條變得更加流暢，或是增加編織的精緻度。要簡單可以很簡單，要複雜也能複雜的一項工藝。

專注在金屬編織的路上，遇到旗林文化出版社的賞識，讓我有這個機會出書，與更多人分享金屬編織的技術與喜悅，沉浸在手作的樂趣之中。感謝購買這本書的你，祝你玩得愉快！

河中小島 · 手工飾品 負責人

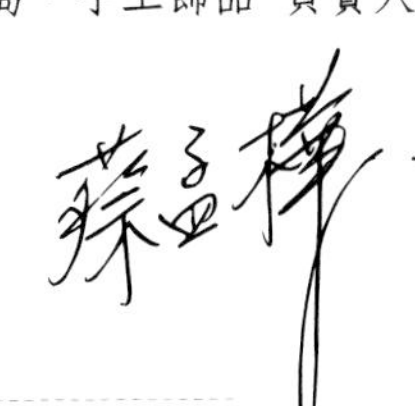

專長

金屬編織工藝、金工

學歷

國立雲林科技大學 創意生活設計系畢業

基礎金工－進修課程、基礎蠟雕－進修課程

經歷

桃園市手工藝文創工會客座講師

台中斯玥尼咖啡客座講師

桃園 77 藝文町手作教室駐點老師

花蓮雨樵懶人書店客座講師

高雄樹空氣客座講師

目錄

TABLE OF CONTENTS

Chapter. 01

基本技巧

BASIC SKILLS

Chapter. 02

金屬線編作品

WORKS OF METAL BRAID

吊墜 & 項鍊

戒指 & 手環

進階應用

ABOUT WIRE BRAIDING

{ 什麼是金屬線編織 }

金屬線編織是使用各式金屬線材，將礦石、貝殼等物件纏繞固定，或直接將線材製作出造型飾品的一種手工技藝。它是一門早在西元前2000年前就存在的古老工藝，當焊接技術還沒出現前，人們都是以此技法製作生活中的裝飾品及珠寶配件。

為什麼這門手工技藝會被稱為「金屬線編織」呢？因為它是以金、銀、銅、鋁及鐵等金屬為線材，並運用纏、繞、敲、扭、順線等手法完成作品。只要有耐心、願意花時間重複上述的編織手法，就能透過不同的排列組合，變化出上千萬種做法。

金屬線編織並不存在「最完美、最正確」的做法，只要操作者能夠做出想要的形狀，並且可使線材固定寶石在上面，那就是好的做法。當操作者的編織技法越熟練，且願意嘗試不同技法的混合搭配時，就能不斷創造出精緻且質感獨特的金屬線編織作品。

SEQUENCE of WIRE BRAIDING

{ 金屬線編的製作流程 }

STEP 01

決定想製作的作品類型，例如：項鍊、戒指等。

STEP 02

挑選石材。

STEP 03

測量石材及戒圍等大小，確認線材所須長度。

STEP 04

決定線材顏色及粗細。

STEP 05

測量足夠長度的線材。

STEP 06

剪下所須的線材。

STEP 07

開始編織主要外框。

STEP 08

放入或穿入石材。

STEP 09

固定石材。

STEP 10

製作細節裝飾。

STEP 11

剪斷多餘線材。

STEP 12

將線材斷口夾緊或製作成弧形、漩渦形。

FIN

完成金屬線編織製作。

MATERIALS

{ 材料介紹 }

本書所使用的金屬線材皆為藝術銅線。另外，也可使用鋁線、銀線等金屬線進行編織。

◆ 藝術銅線的顏色

藝術銅線能藉由電鍍，將線材外層製作出各種不同的顏色，比如本書所使用到的金色、銀色、玫瑰金色、紅銅色及青銅色等。

◆ 藝術銅線的種類

常見的金屬線種類有圓線、半圓線及方線等，可以製作出不同的效果。

圓線

根據尺寸粗細的不同，可以製作成造型框架、用於固定配件或纏繞成裝飾。

半圓線

半圓線的平面可搭配方線編織及固定，而弧面可增添作品的圓滑美感。

方線

可藉由纏繞多圈或合併多條方線，製作出塊狀的平面面積，以製作造型設計。

◆ 藝術銅線的尺寸

目前市面上的藝術銅線主要是國外進口，因此線材的粗細尺寸是以GAUGE（G）作為衡量單位。當G的數值越大，則線材就越細，本書所使用的線材尺寸約介於28G～18G。

GAUGE(G)及 MILLIMETER(mm)粗細對照表

G	18	20	21	22	24	26	28
mm	1.0	0.8	0.7	0.65	0.5	0.4	0.3

◆ 配件的種類

常見的配件可分為無孔洞的礦石，以及有孔洞的配件兩種。

無孔洞礦石

本身沒有孔洞的礦石。製作時，須以金屬線包框的方式固定。

本書作品使用到的無孔洞礦石：海洋碧玉、虎眼石、丹泉石、粉水晶、紫水晶、孔雀石、玫瑰石、彩虹螢石、碧玉、黑太陽石、白水晶柱、瑪瑙、青金石。

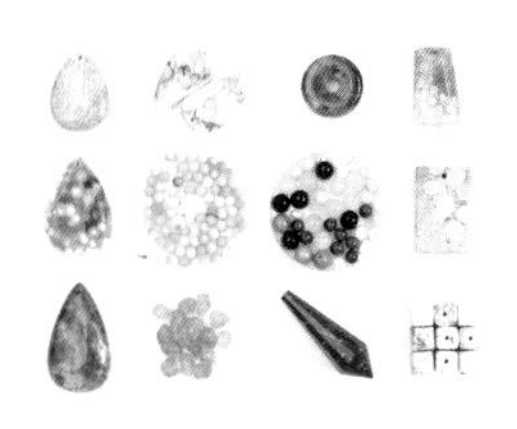

有孔洞配件

本身有孔洞的礦石或其他配件。製作時，須以穿入金屬線的方式固定。

本書作品使用到的有孔洞配件：月光石、紅石榴石、珍珠、黃瑪瑙、天河石、藍紋瑪瑙、菱錳礦、貝母玫瑰珠、紅瑪瑙、日本珠、藍玉髓、染色綠松石、菊花玉、孔雀石。

TOOLS

{ 工具介紹 }

捲尺

測量長度。

透氣膠帶

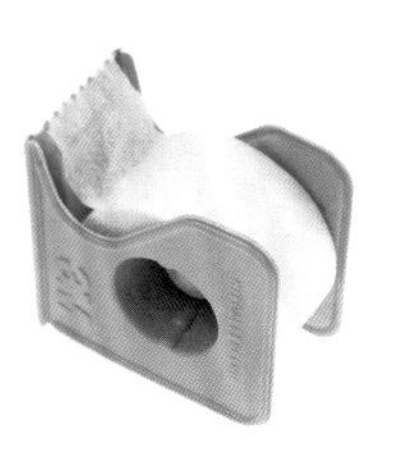

暫時固定礦石及金屬線，或輔助測量礦石周長。

剪刀

剪掉多餘的透氣膠帶。

黑色奇異筆

在透氣膠帶或金屬線上，繪製記號。

藍色白板筆

在透氣膠帶或金屬線上，繪製記號。

橡膠槌

敲打戒指作品，使作品呈圓弧形。

戒圍棒

輔助形塑戒指或手環作品的外形。

竹筷

輔助彎折金屬線，或快速纏繞金屬線。

斜口鉗

剪掉多餘的金屬線或透氣膠帶。

平口鉗

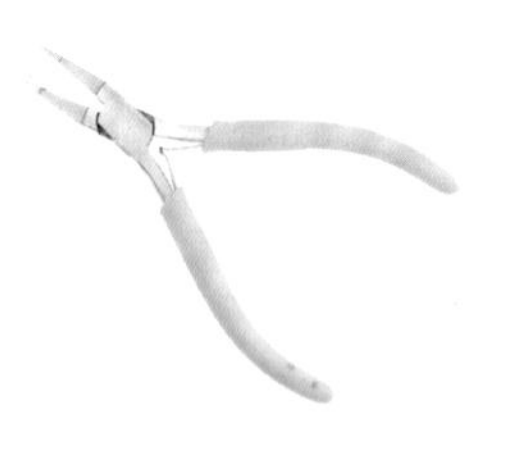

將金屬線彎折，或將金屬線斷口收尾。

尖嘴鉗

彎折、扭轉金屬線，或輔助金屬線穿過小洞。

圓嘴鉗

將金屬線彎折出圓弧形或盤繞出較小漩渦形。

尼龍平口鉗

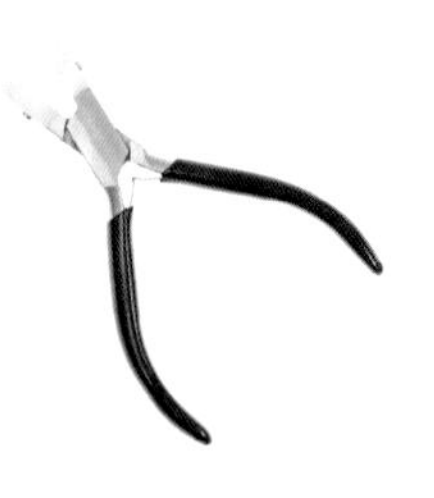

彎折、扭轉、整平金屬線，或製作較大漩渦形。尼龍材質可保護金屬線不易掉色、毀損。

基本技巧

BASIC SKILLS

01

01

基本技巧 BASIC SKILLS

單線繞法

單線繞法 1

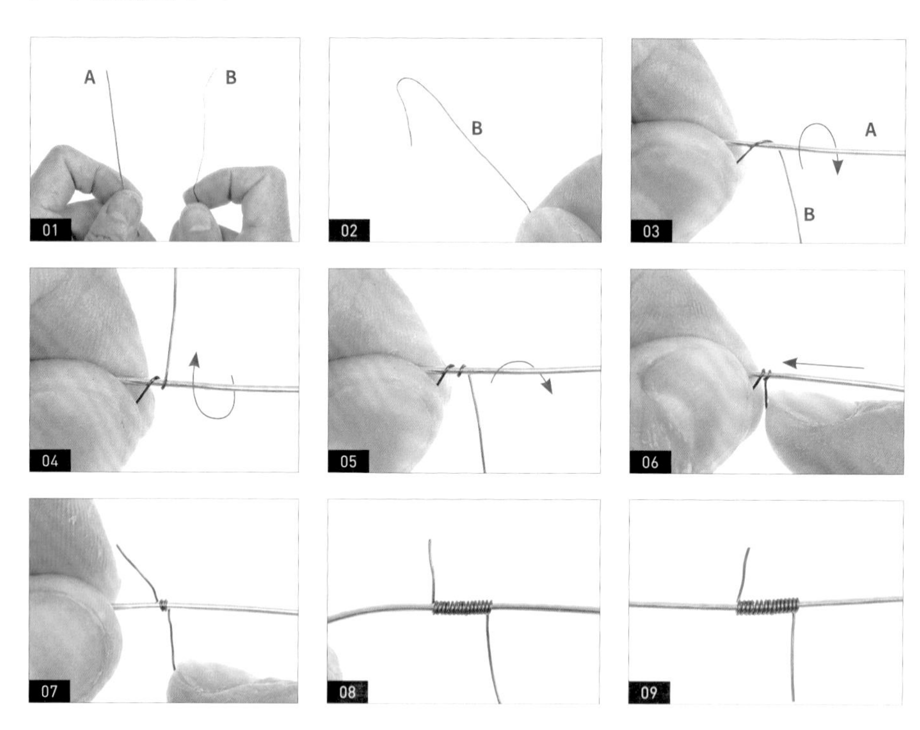

01 取1條20G金色圓線，以及1條28G紅銅色圓線，分別為線A、B。

02 將線B折成彎鉤形。

03 承步驟2，將線B勾入線A。

04 將線B往上拉緊。

05 將線B穿過線A上方，再往下纏繞一圈。

06 將纏繞的線圈往左推，以增加繞線密度，即完成第一圈纏繞。

07 重複步驟4-6，完成第二圈纏繞。

08 重複步驟4-7，持續以線B纏繞線A。

09 如圖，單線繞法1操作完成。

單線繞法 1
動態影片 QRcode

雙色單線繞法

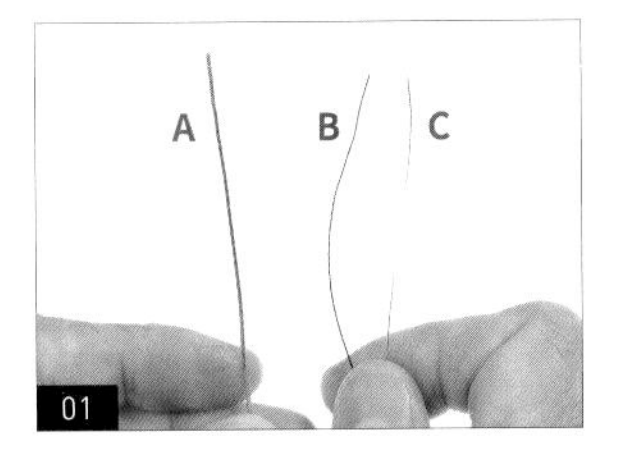

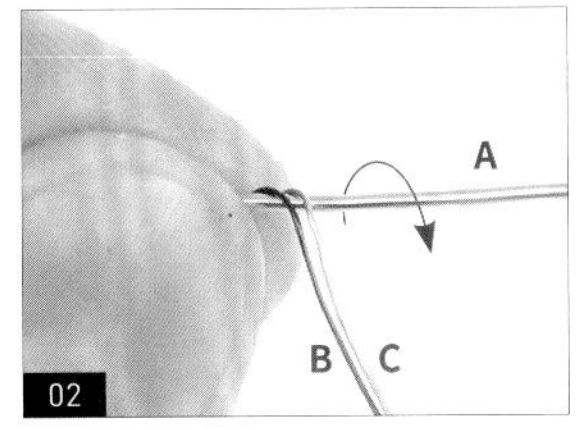

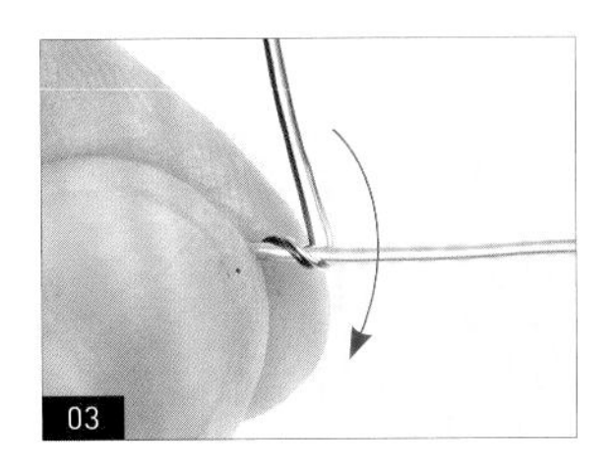

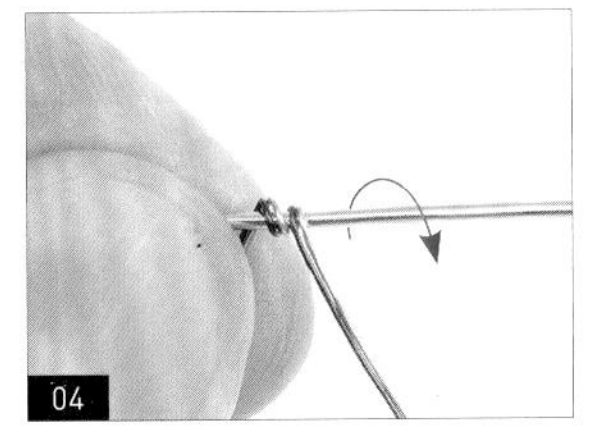

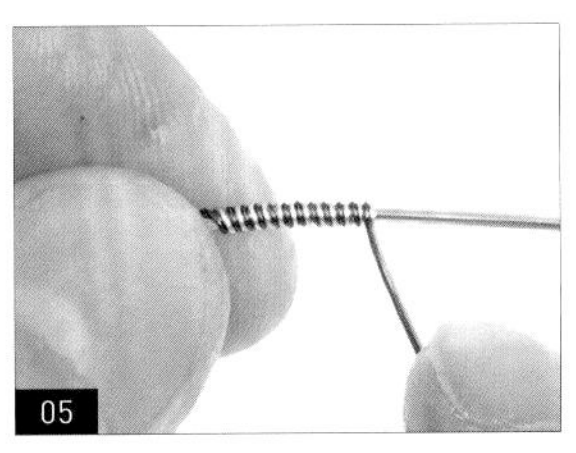

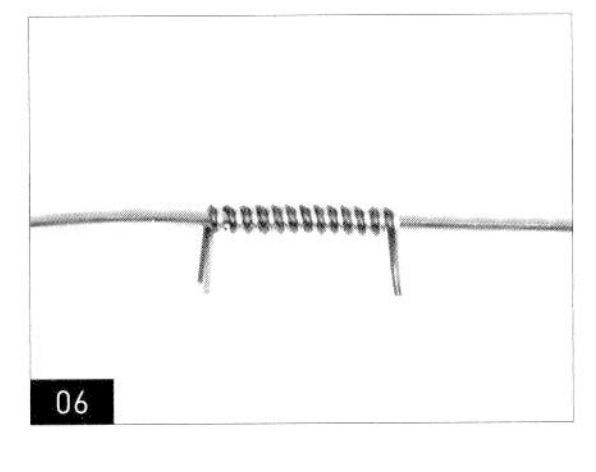

雙色單線繞法
動態影片 QRcode

01 取1條20G金色圓線、1條28G紅銅色圓線及1條28G玫瑰金色圓線，分別為線A、B及C。

02 將線B、C折成彎鉤形，並勾入線A。

03 將線B、C穿過線A下方，再往上拉緊。

04 將線B、C往下上拉，纏繞線A一圈。

05 重複步驟2-4，持續以線B、C纏繞線A。

06 如圖，雙色單線繞法操作完成。【註：實際操作時，可依個人需求選擇線材的顏色。】

半圓單線繞法

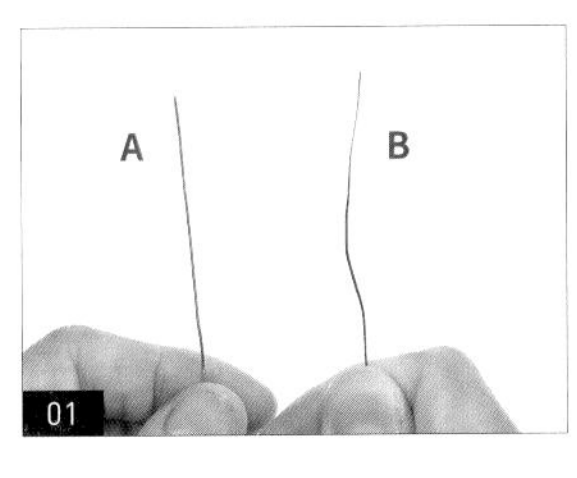

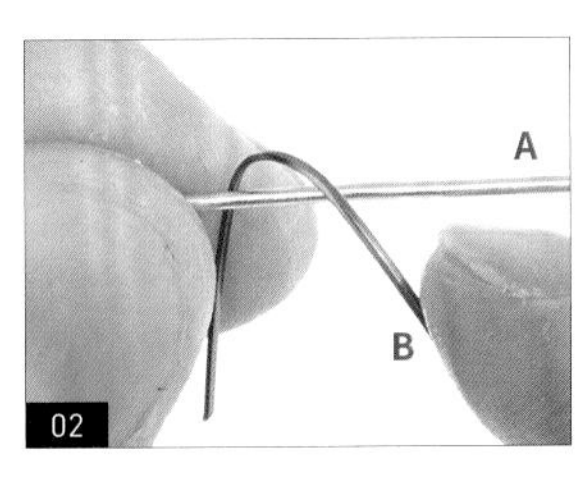

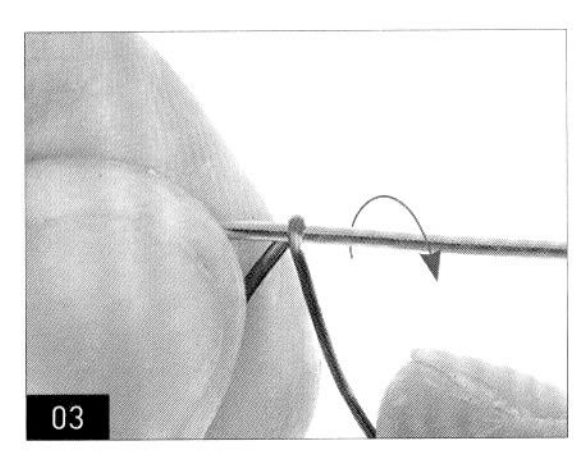

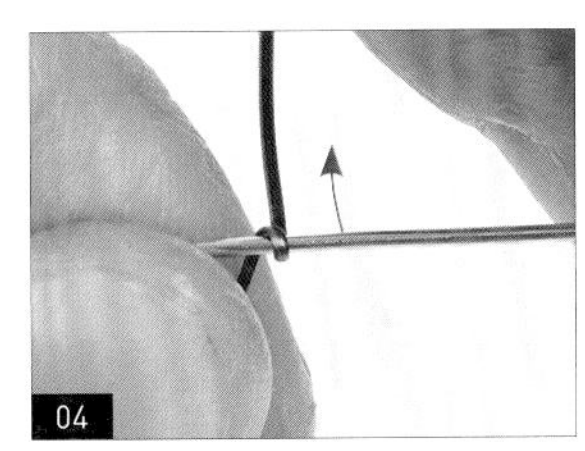

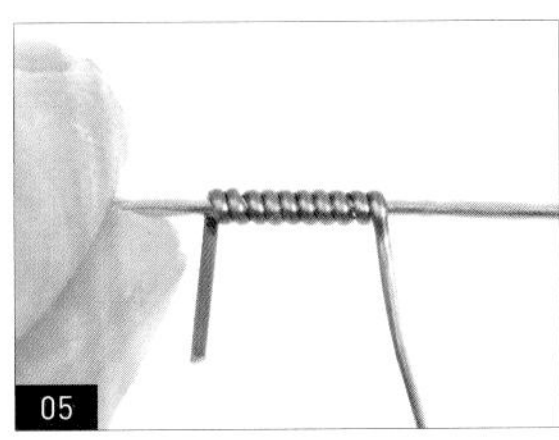

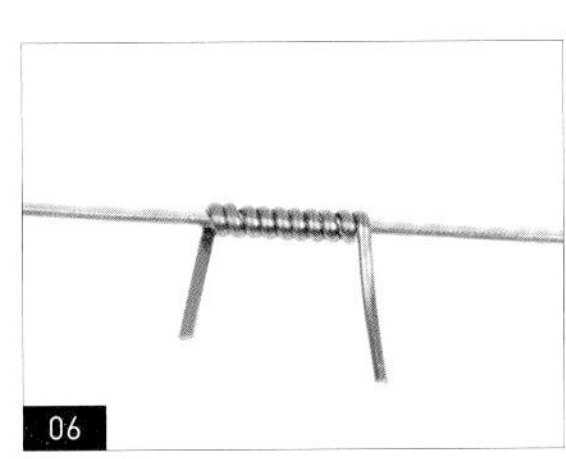

半圓單線繞法
動態影片 QRcode

01 取1條20G金色圓線，以及1條28G紅銅色半圓線，分別為線A、B。

02 將線B折成彎鉤形，並勾入線A。

03 將線B往下拉緊。

04 將線B穿過線A下方，再往上纏繞一圈。

05 重複步驟2-4，持續以線B纏繞線A。

06 如圖，半圓單線繞法操作完成。

02

基本技巧 BASIC SKILLS

雙線繞法

雙線八字繞法 1

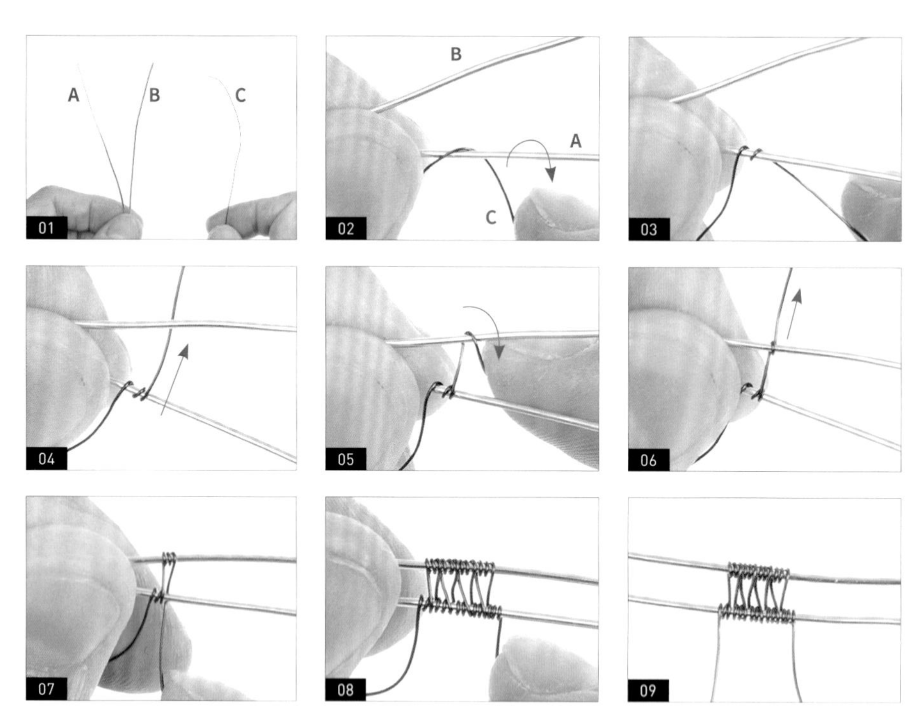

01 取2條20G金色圓線，以及1條28G紅銅色圓線，分別為線A、B及C。

02 將線C折成彎鉤形，並且勾入線A。

03 以線C纏繞線A兩圈。【註：纏繞圈數可依個人喜好調整。】

04 將線C往上穿過線B下方。

05 將線C往下纏繞線B。

06 以線C往上纏繞線B一圈。

07 重複步驟4-6，纏繞線B一圈。

08 重複步驟4-7，持續以線C纏繞線A、B。

09 如圖，雙線八字繞法1操作完成。

雙線八字繞法 1
動態影片 QRcode

雙線八字繞法 2

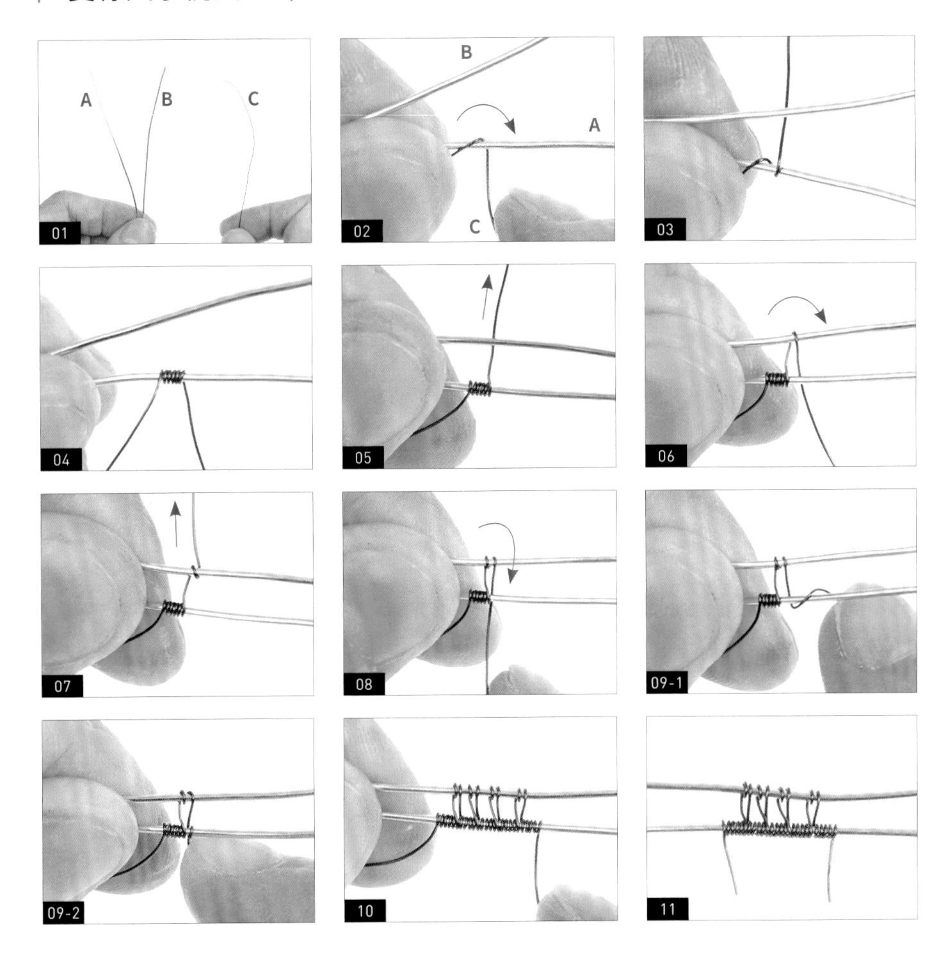

01 取2條20G金色圓線，以及1條28G紅銅色圓線，分別為線A、B及C。

02 將線C折成彎鉤形，並且勾入線A。

03 以線C纏繞線A一圈

04 重複步驟3，纏繞四圈。【註：纏繞圈數可依個人喜好調整。】

05 將線C往上穿過線B下方。

06 將線C往下纏繞線B。

07 以線C往上纏繞線B一圈。

08 重複步驟5-7，纏繞線B一圈。

09 將線C穿過線A下方，再往上纏繞一圈。

10 重複步驟3-9，持續以線C纏繞線A、B。

11 如圖，雙線八字繞法2操作完成。

雙線八字繞法 2
動態影片 QRcode

雙線繞法 1

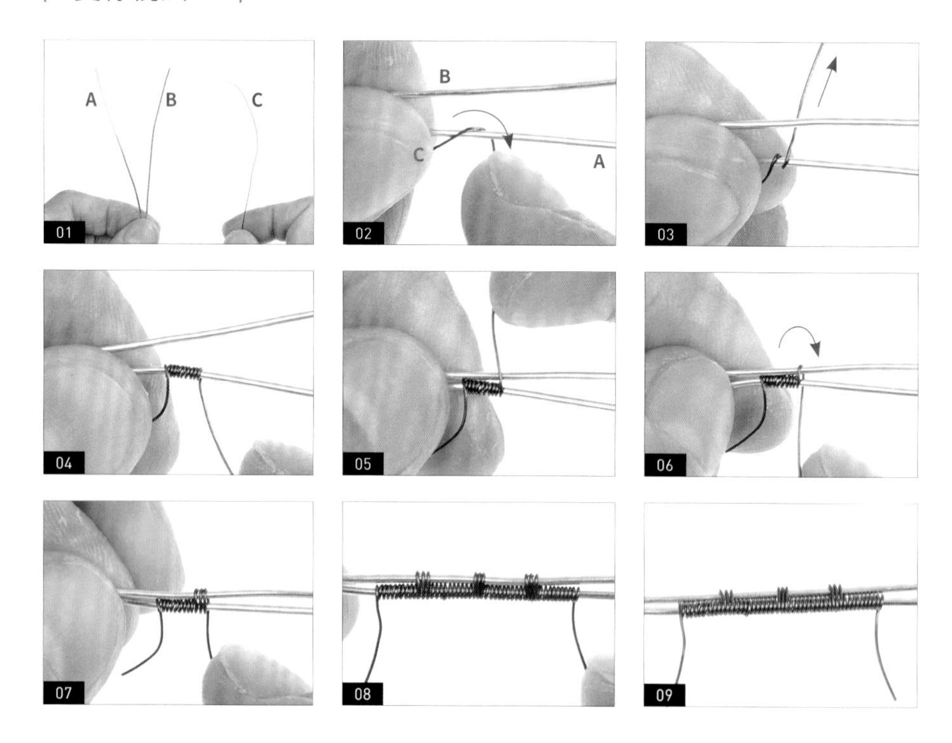

01　取2條20G金色圓線，以及1條28G紅銅色圓線，分別為線A、B、C。

02　將線C折成彎鉤形，並勾入線A。

03　以線C纏繞線A一圈。

04　重複步驟3，纏繞八圈。【註：纏繞圈數可依個人喜好調整。】

05　將線C往上穿過線A、B上方。

06　將線C往下纏繞線B。

07　以線C往上纏繞線A、B一圈。

08　重複步驟5-7，纏繞線A、B兩圈。

09　如圖，雙線繞法1操作完成。

雙線繞法 1
動態影片 QRcode

雙線繞法 2

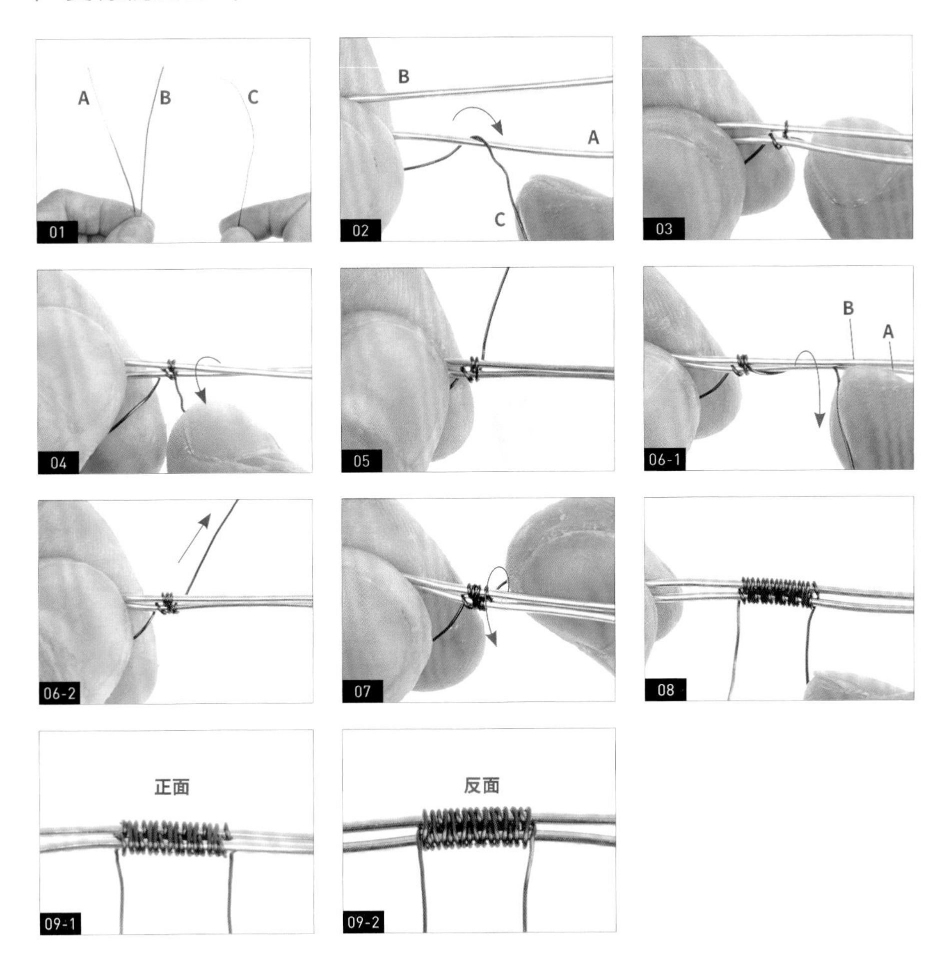

01 取2條20G金色圓線，以及1條28G紅銅色圓線，分別為線A、B、C。

02 將線C折成彎鉤形，並勾入線A。

03 將線C穿過線A、B下方後，往上纏繞線B一圈。

04 將線C纏繞線B後，穿過線A、B上方。

05 承步驟4，往下纏繞線A、B一圈。【註：纏繞圈數可依個人喜好調整。】

06 將線C穿過線A、B上方後，往下纏繞線A一圈。

07 將線C穿過線A、B下方後，往上纏繞線B一圈。

08 重複步驟3-8，持續以線C纏繞線A、B。

09 如圖，雙線繞法2操作完成。

雙線繞法 2
動態影片 QRcode

03

基本技巧 BASIC SKILLS

三線繞法

三線八字繞法

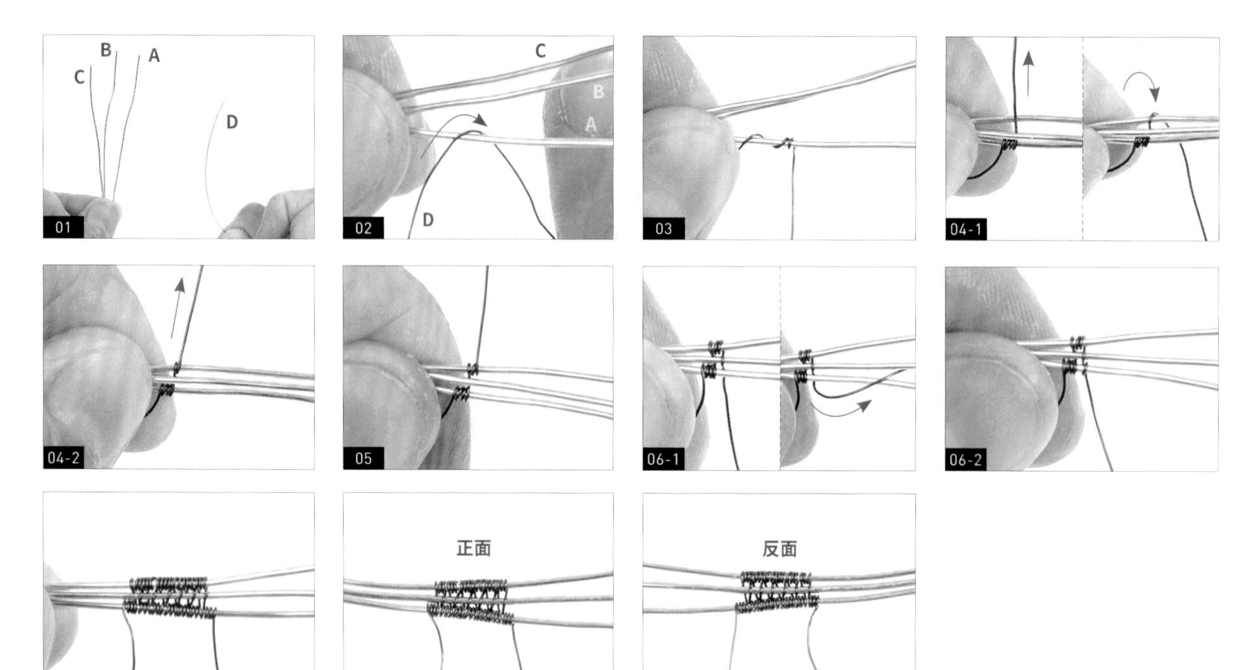

01 取3條20G金色圓線，以及1條28G紅銅色圓線，分別為線A、B、C、D。

02 將線D折成彎鉤形，並勾入線A。

03 以線D纏繞線A兩圈。【註：纏繞圈數可依個人喜好調整。】

04 將線D穿過線B下方，再往上纏繞線C一圈。

05 以線D纏繞線C兩圈。

06 將線D穿過線B上方後，往下纏繞線A一圈。

07 重複步驟3-6，在線A、B、C上持續纏繞。

08 如圖，三線八字繞法操作完成。

三線八字繞法
動態影片 QRcode

三線繞法 1

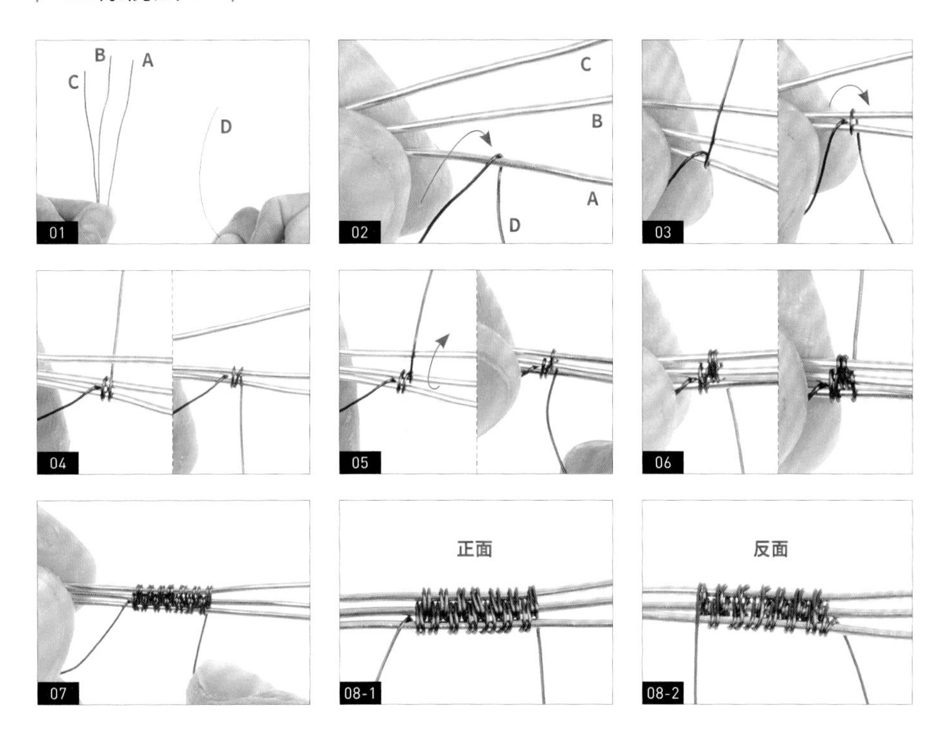

01 取3條20G金色圓線，以及1條28G紅銅色圓線，分別為線A、B、C、D。

02 將線D折成彎鉤形，並勾入線A。

03 將線D穿過線A下方，再往上纏繞線A、B一圈。

04 將線D穿過線A、B上方後，往下纏繞線B一圈。

05 以線D纏繞B、C一圈。

06 將線D穿過線B、C上方後，往下纏繞線A一圈。

07 重複步驟3-6，持續以線D纏繞線A、B、C。

08 如圖，三線繞法1操作完成。

三線繞法 1
動態影片 QRcode

三線繞法 2

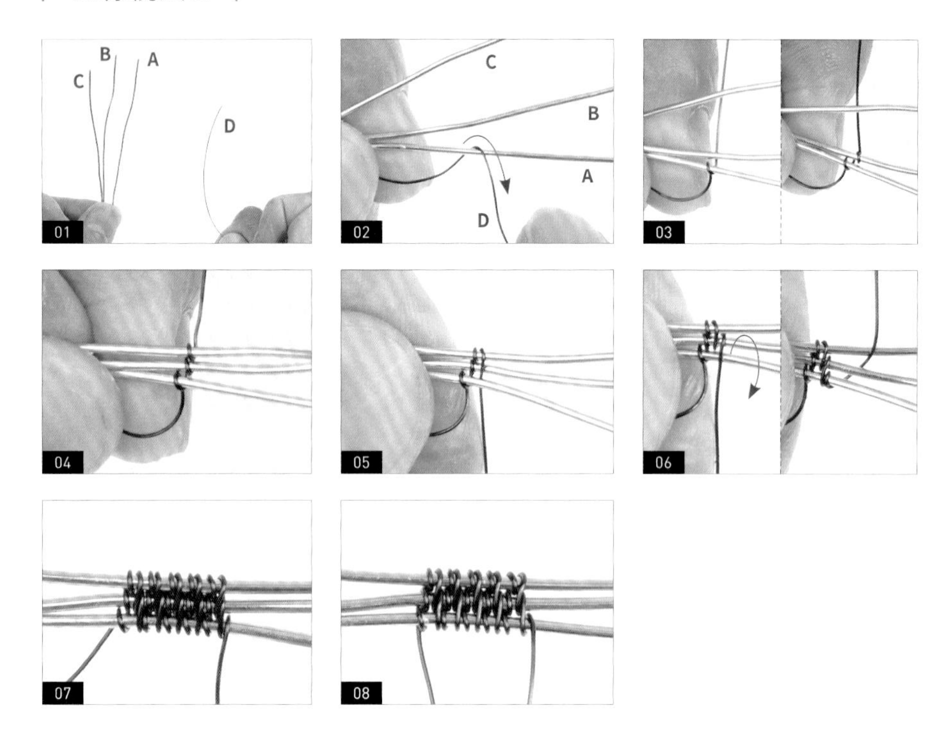

01 取3條20G金色圓線，以及1條28G紅銅色圓線，分別為線A、B、C、D。

02 將線D折成彎鉤形，並勾入線A。

03 將線D穿過線A、B下方後，往上纏繞線B一圈。

04 將線D穿過線B、C下方後，往上纏繞線C一圈。

05 以線D纏繞線B、C一圈。

06 將線D穿過線A、B上方後，往下纏繞線A一圈。

07 重複步驟3-6，持續以線D纏繞線A、B、C。

08 如圖，三線繞法2操作完成。

三線繞法 2
動態影片 QRcode

三線繞法 3

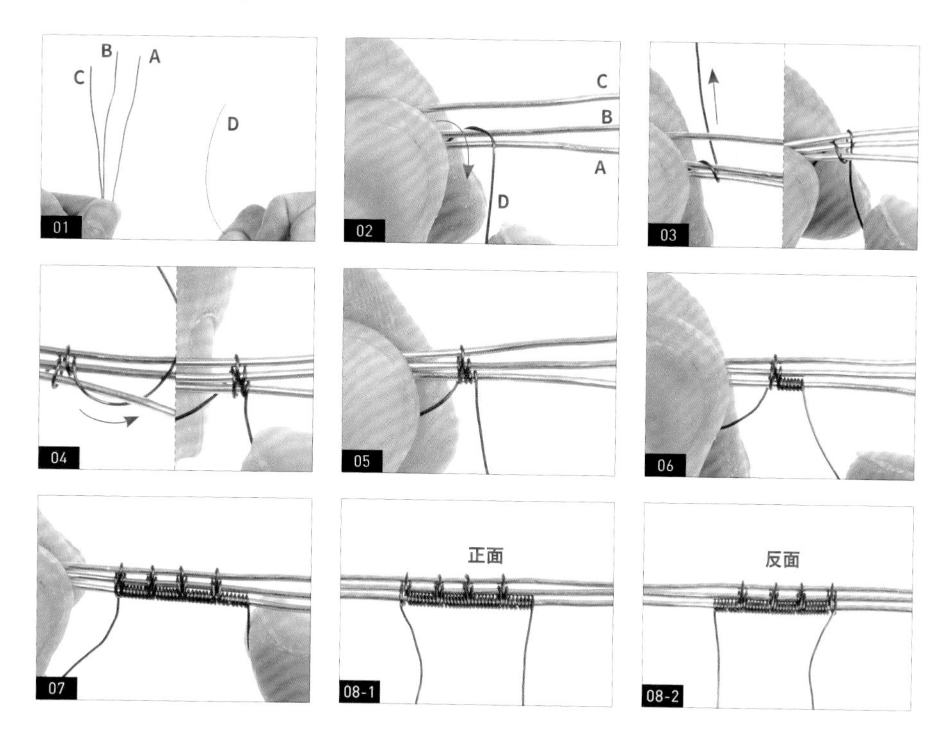

01 取3條20G金色圓線，以及1條28G紅銅色圓線，分別為線A、B、C、D。

02 將線D折成彎鉤形，並勾入線B。

03 將線D穿過線A、B、C下方後，往上纏繞線B、C一圈。

04 將線D穿過線A、B上方後，往下纏繞線A一圈。

05 以線D纏繞線A一圈。

06 重複步驟5，纏繞線A五圈。【註：纏繞圈數可依個人喜好調整。】

07 重複步驟3-6，持續以線D纏繞線A、B、C。

08 如圖，三線繞法3操作完成。

三線繞法 3
動態影片 QRcode

04

基本技巧 BASIC SKILLS

螺旋及麻花作法

單線螺旋作法

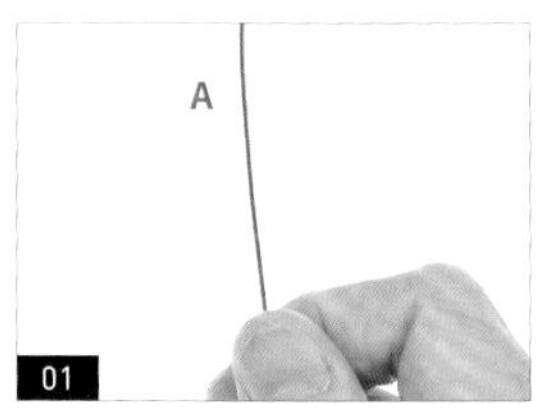

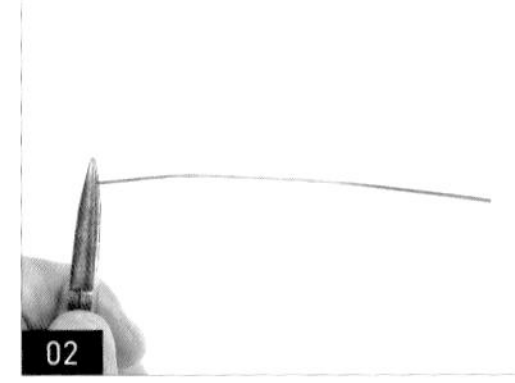

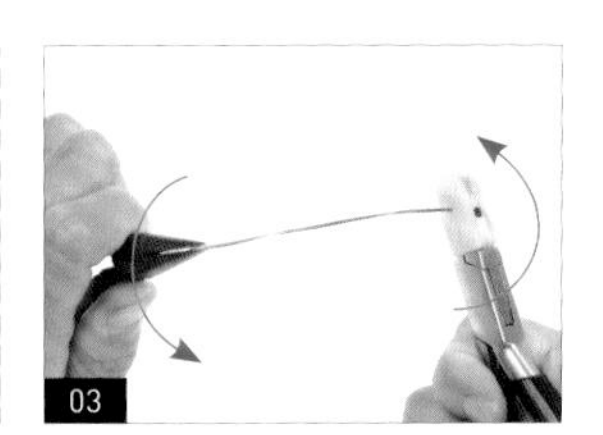

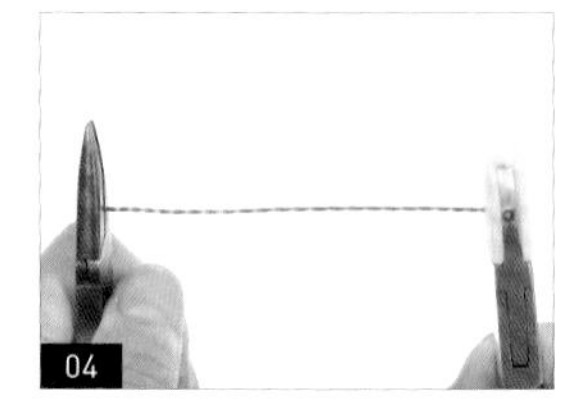

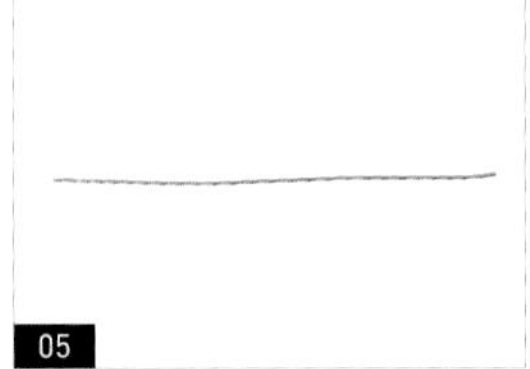

單線螺旋作法
動態影片 QRcode

01 取1條20G紅銅色方線，為線A。

02 以尖嘴鉗夾住線A左側。

03 以尼龍平口鉗夾住線A右側，並用雙手同時扭轉線A。

04 重複步驟3，持續扭轉線A。

05 如圖，單線螺旋操作完成。

雙線麻花作法

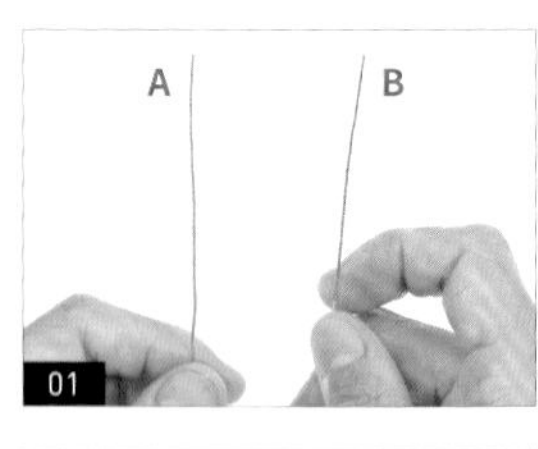

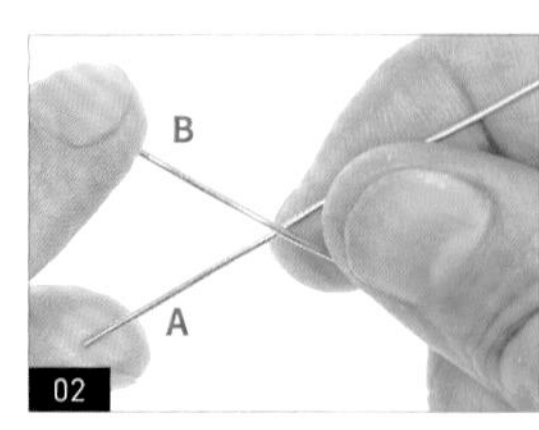

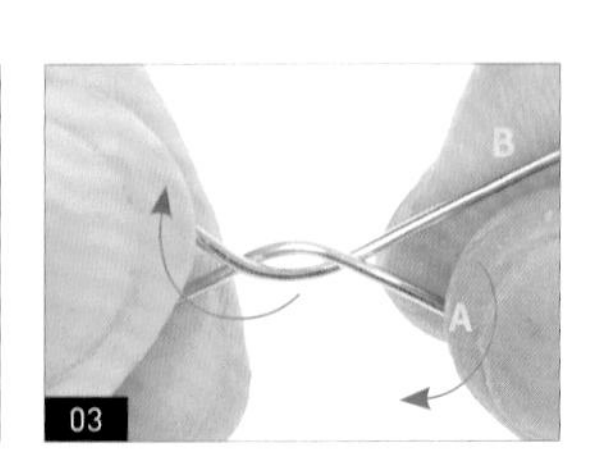

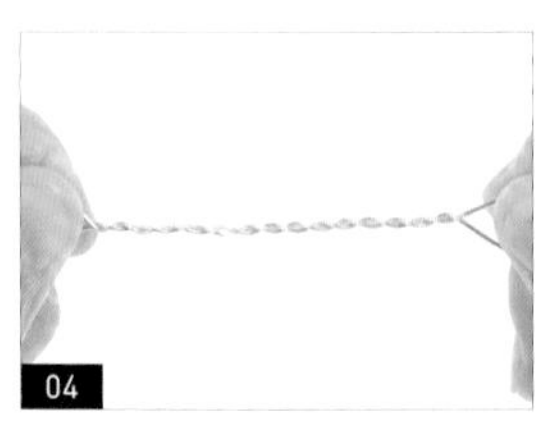

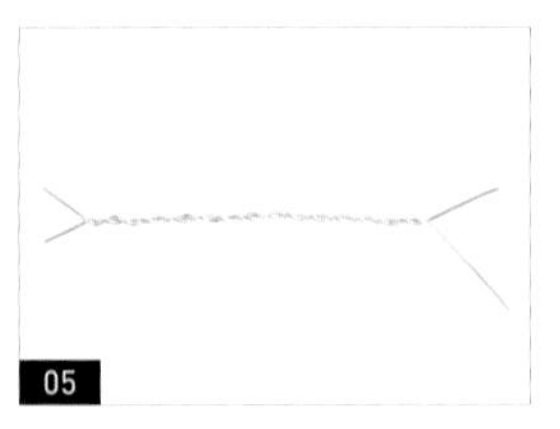

雙線麻花作法
動態影片 QRcode

01 取2條20G金色半圓線，分別為線A、B。

02 將線A、B交叉擺放。

03 用左手將線B往下彎折，同時將線A往上彎折一次。

04 重複步驟2-3，持續扭轉線A、B。

05 如圖，雙線麻花操作完成。

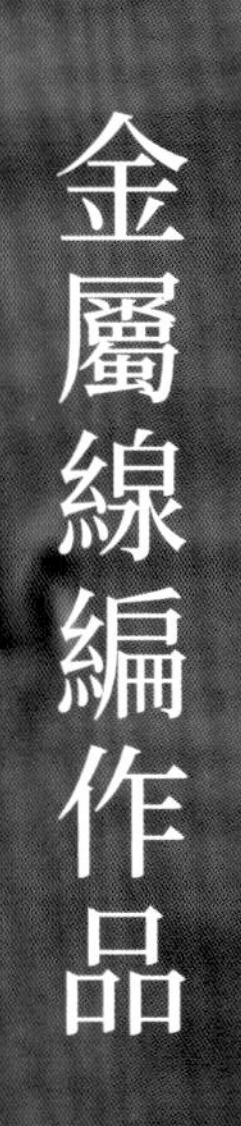

金屬線編作品

WORKS OF
WIRES BRAIDING

02

吊墜 & 項鍊

Pendants and Necklaces

WORKS OF WIRES BRAIDING

金屬線編作品

簡約吊墜

- 001 -

材料與工具 MATERIALS & TOOLS

◆ 線材

品項	用量
20G 玫瑰金色圓線	30 公分 × 1 條，為線 A。 15 公分 × 1 條，為線 C。
28G 玫瑰金色圓線	80 公分 × 1 條，為線 B。

◆ 石材

★尺寸依序為：長 × 寬 × 高

品項	用量
菊花玉	1 顆。【裸石大小：3.4 公分 ×1.8 公分 ×0.7 公分。】
孔雀石	1 顆。

◆ 工具

捲尺、斜口鉗、平口鉗、藍色白板筆、圓嘴鉗、尼龍平口鉗。

步驟說明 STEP BY STEP

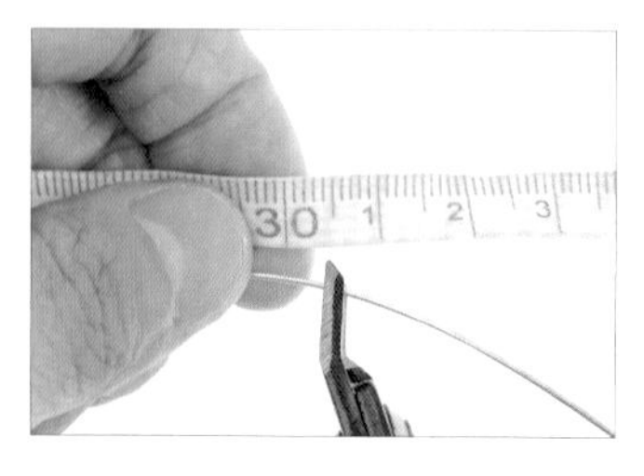

01 以斜口鉗剪下1條約30公分的20G線，為線A。

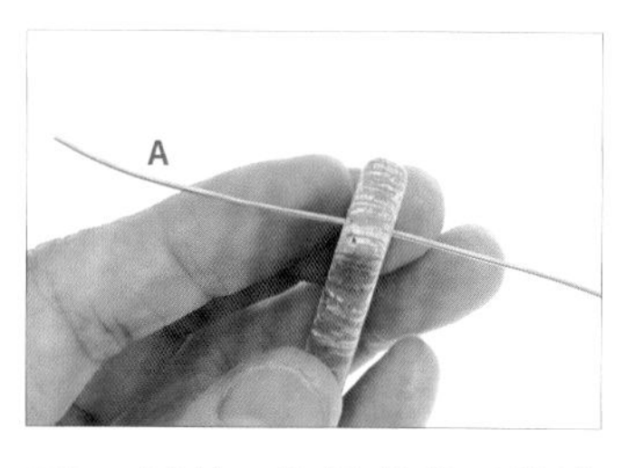

02 以線A穿過菊花玉的孔洞。

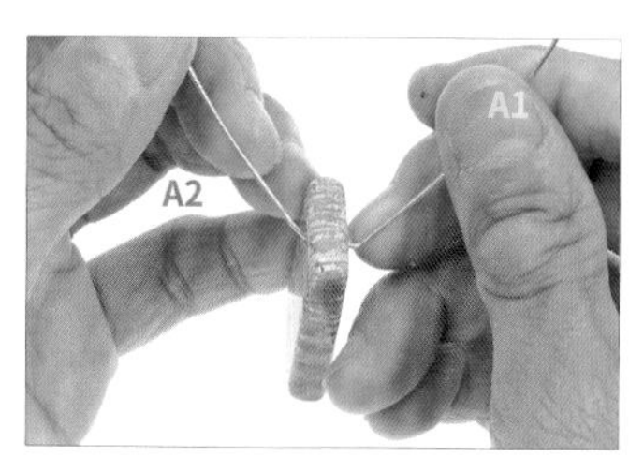

03 將線A向上彎折，形成線A1、A2，使菊花玉位於線A中間點。

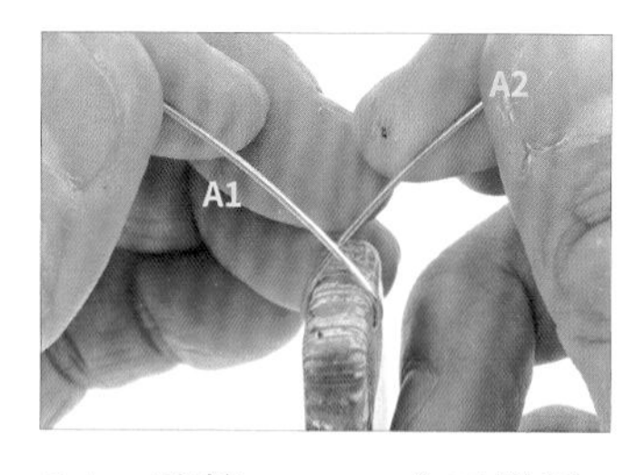

04 將線A1、A2交叉彎折。

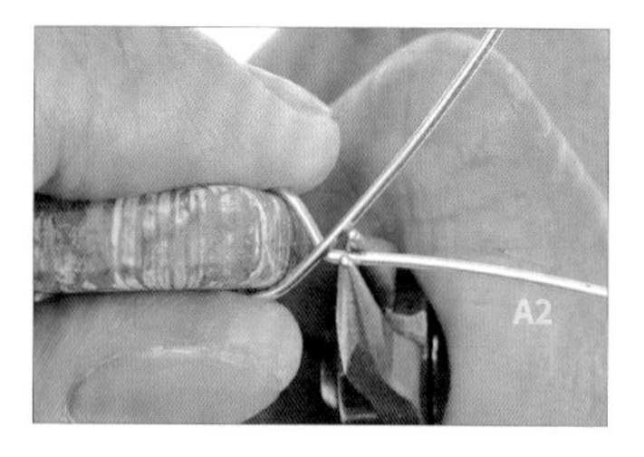

05 以圓嘴鉗夾住線A2，並向外彎折。【註：折角的位置約距離孔洞0.5公分。】

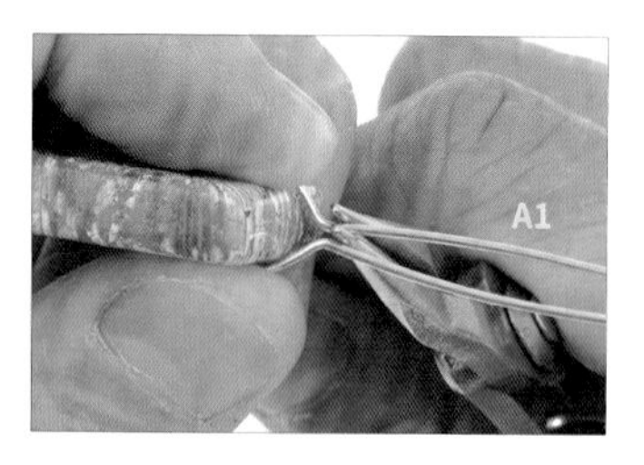

06 重複步驟5，將線A1彎折。

07 如圖，線A1、A2彎折完成。

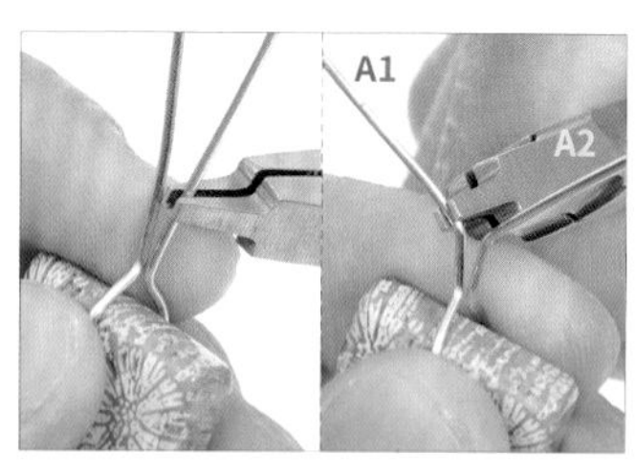

08 以平口鉗將線A1、A2往外彎折。【註：須預留約0.5～1公分的長度再彎折。】

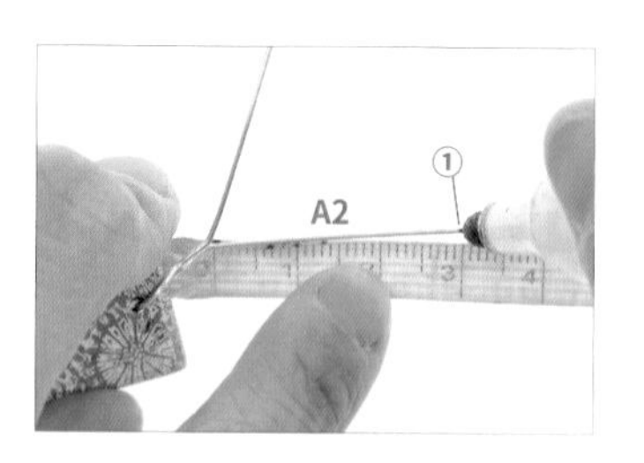

09 以捲尺為輔助，取藍色白板筆，在線A2的3公分處繪製記號，為點①。

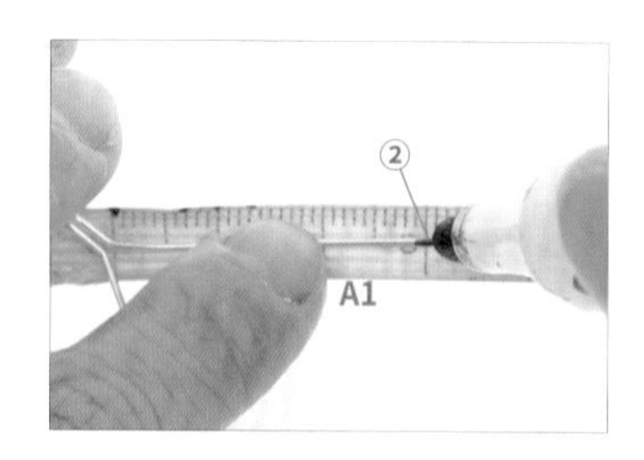

10 重複步驟9，在線A1繪製記號，為點②。

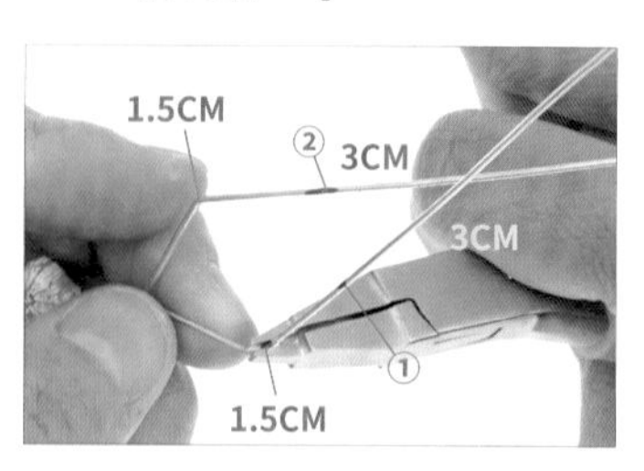

11 以平口鉗將線A1、A2從約1.5公分處往內彎折，形成菱形鏤空。

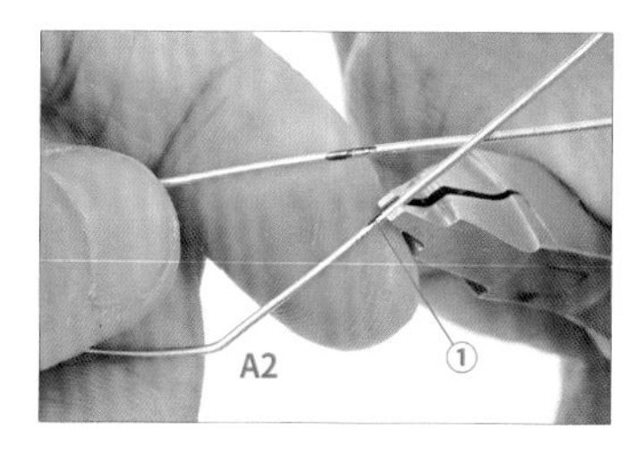

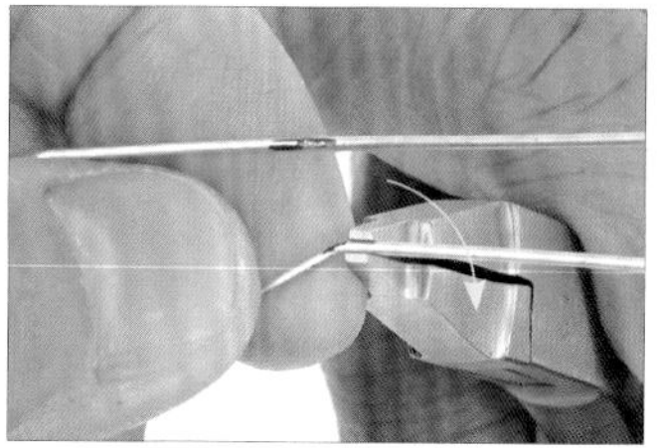

12　以平口鉗將線A2從點①向外彎折。

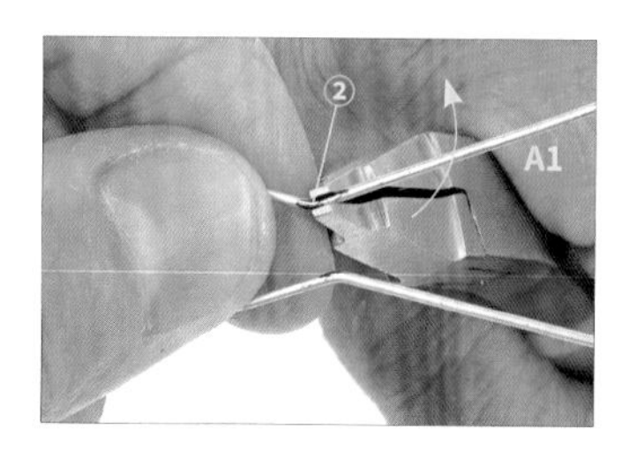

13　重複步驟12，將線A1的點②彎折。

14　以斜口鉗剪下1條約80公分的28G線，為線B。

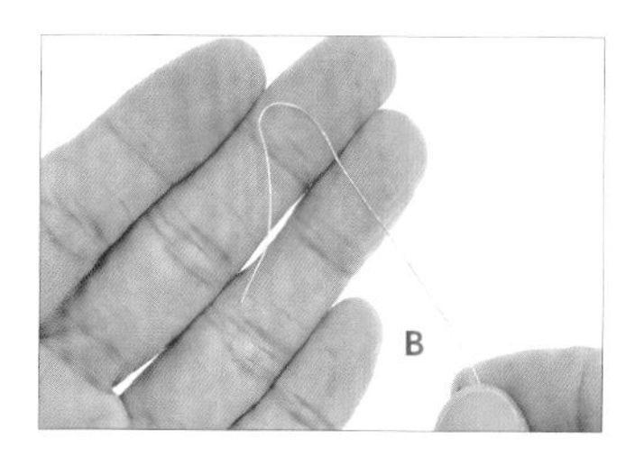

15　將線B折成彎勾形。

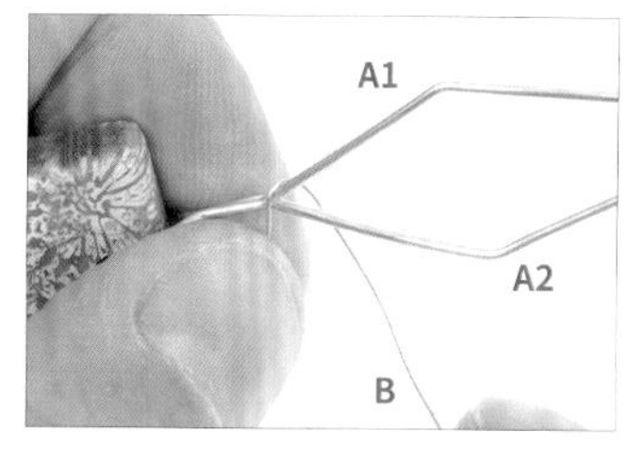

16　承步驟15，將線B勾入線A1、A2。

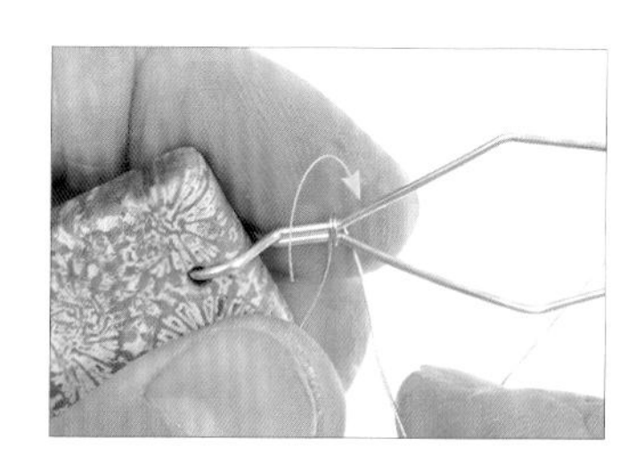

17　以線B纏繞線A1、A2兩圈。

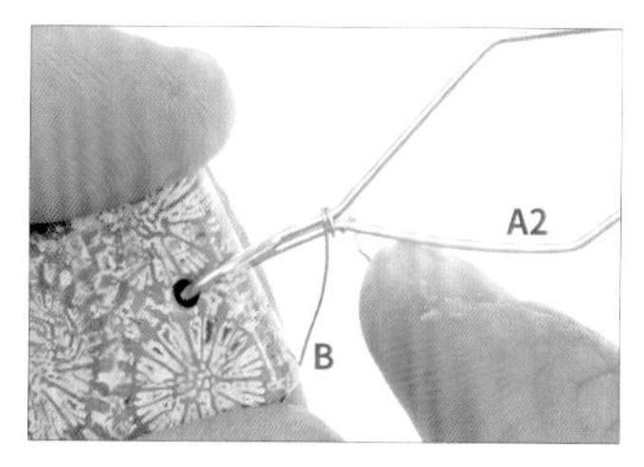

18　將線B穿過線A2上方後，往下纏繞線一圈。

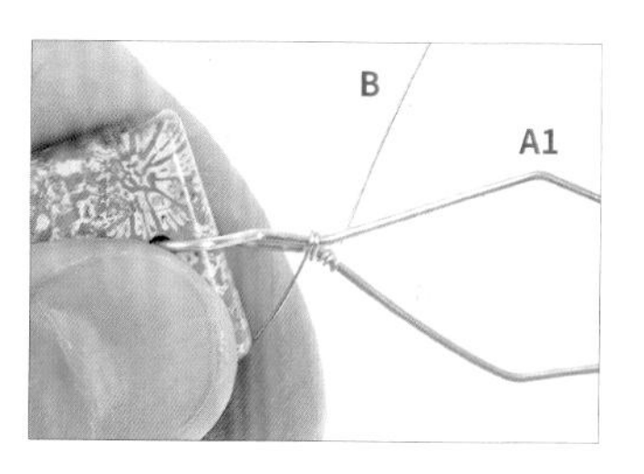

19　重複步驟18，纏繞線A2兩圈。【註：雙線八字繞法1詳細步驟請參考P.16。】

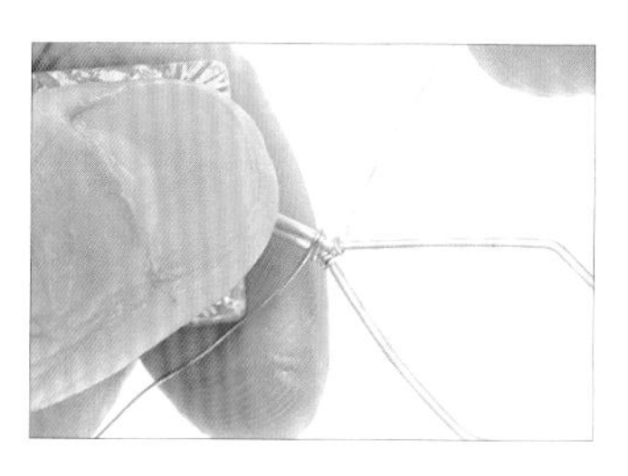

20　將線B穿過線A1下方後，往上纏繞線一圈。

21　重複步驟20，纏繞線A1兩圈。

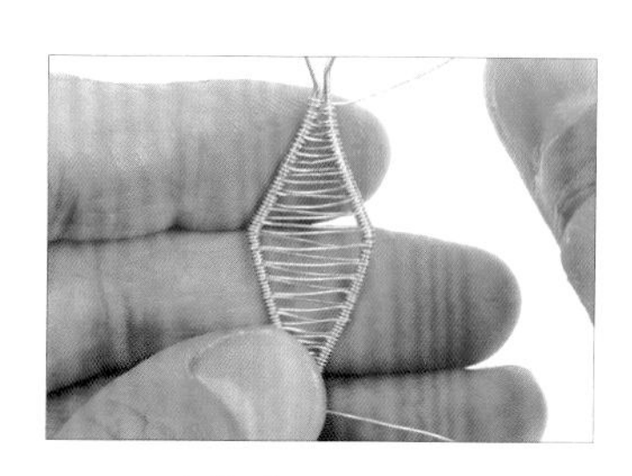

22　重複步驟18-21，將菱形鏤空的範圍，以線B纏繞填滿。

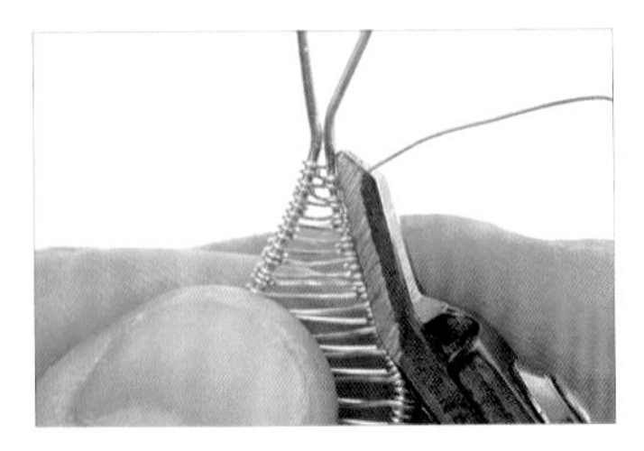
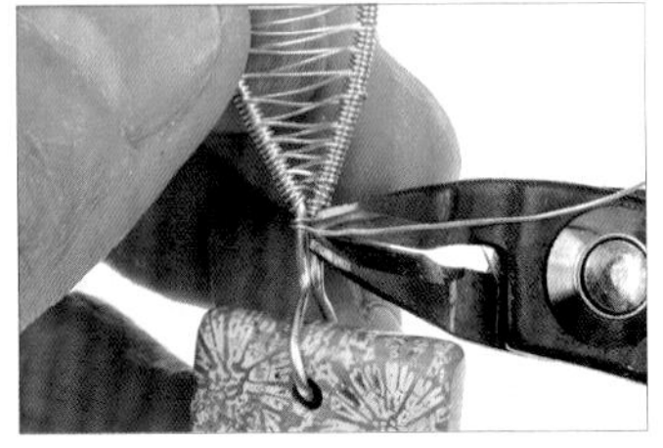
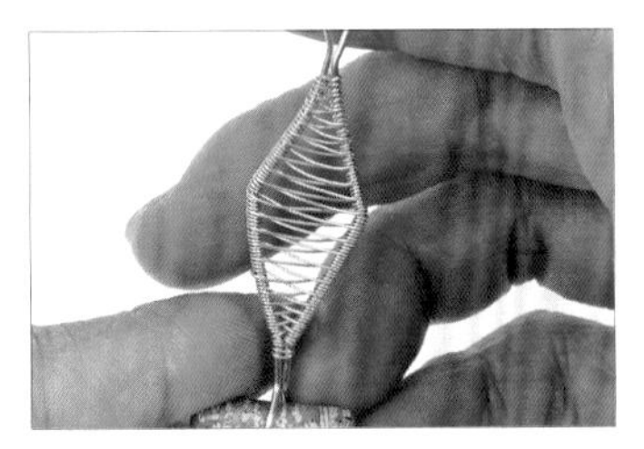

23　以斜口鉗將線B兩端多餘的金屬線剪掉，即完成墜頭主體。

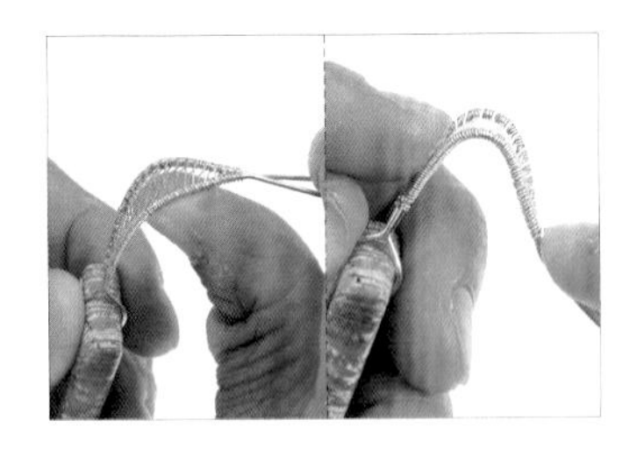
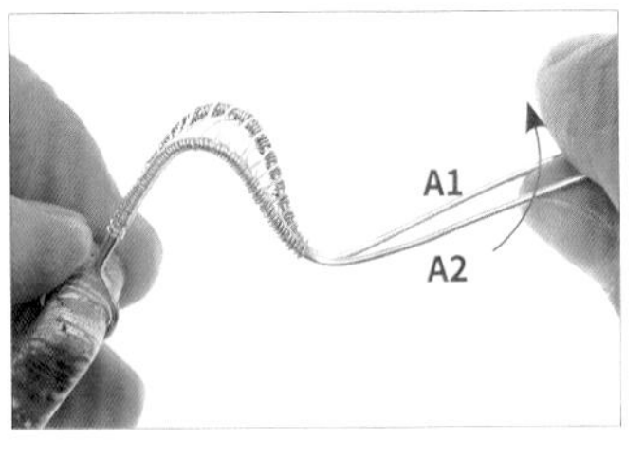

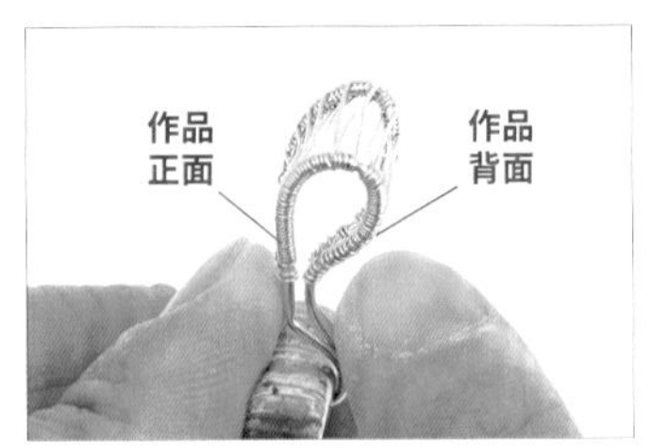

24　用手將墜頭主體往下彎折成水滴形後，備用。

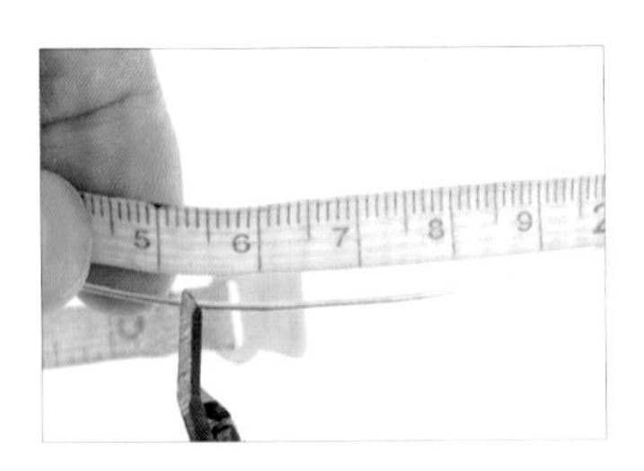

25　以斜口鉗剪下1條約15公分的20G線，為線C。

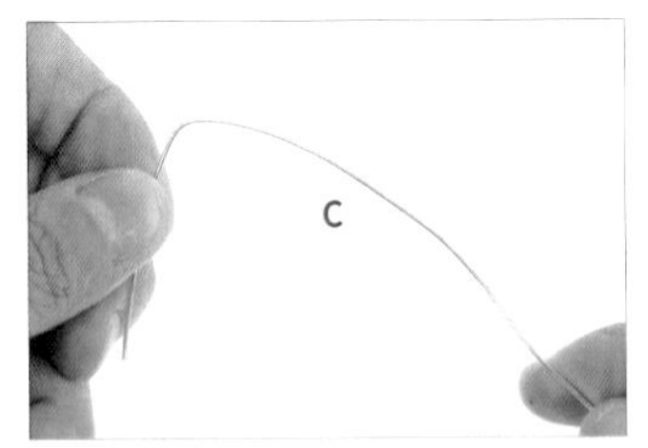

26　將線C折成彎鉤形。

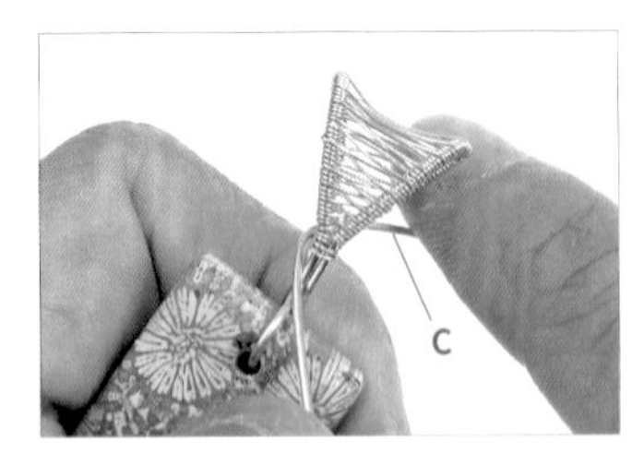

27　承步驟26，將線C勾入墜頭主體下方。

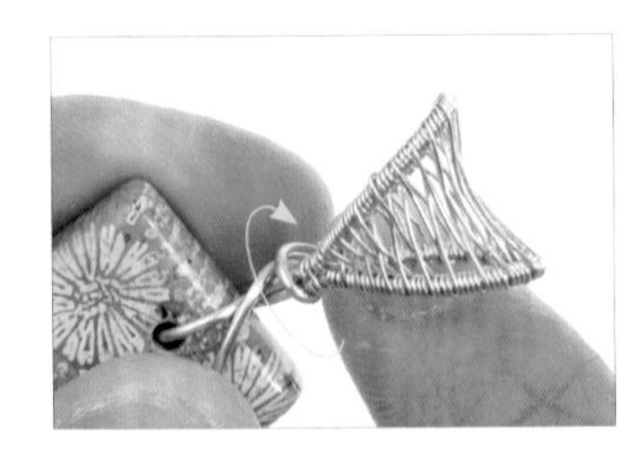

28　以線C纏繞墜頭主體下方一圈。

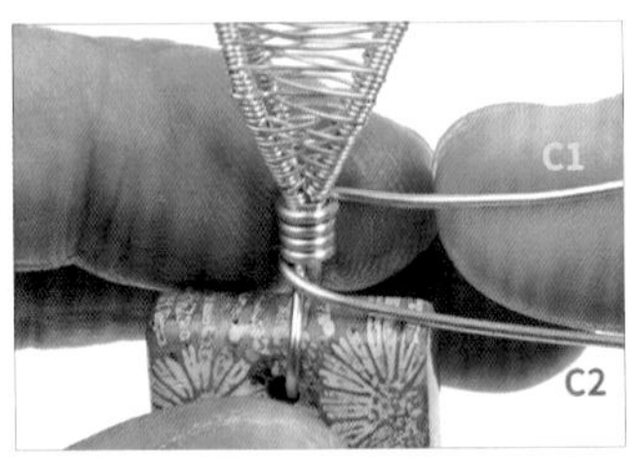

29　重複步驟28，由下往上纏繞3圈，並形成線C1、C2。【註：可依照墜頭主體下方長度調整繞圈數。】

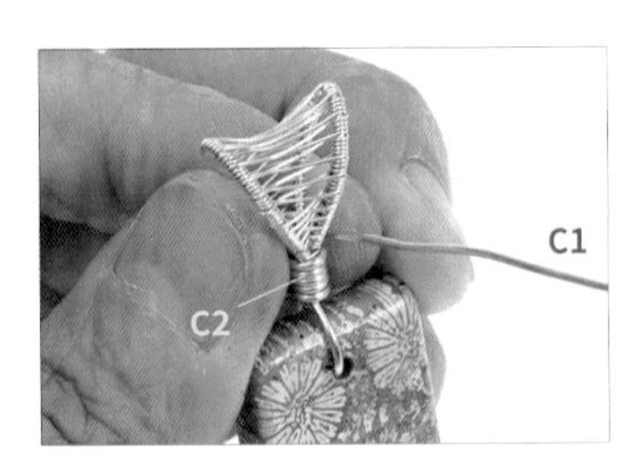

30　將線C2繞到菊花玉後方。

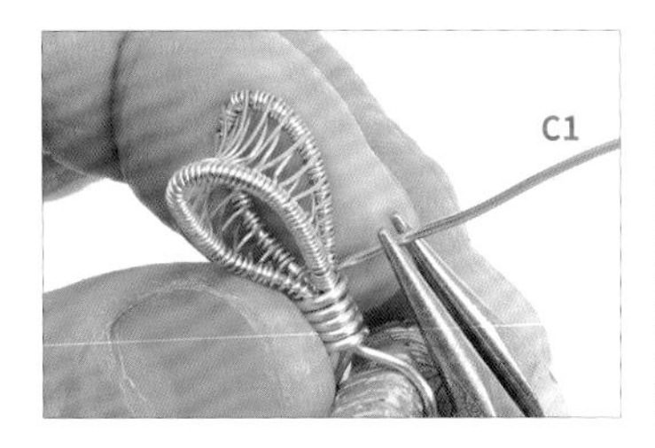

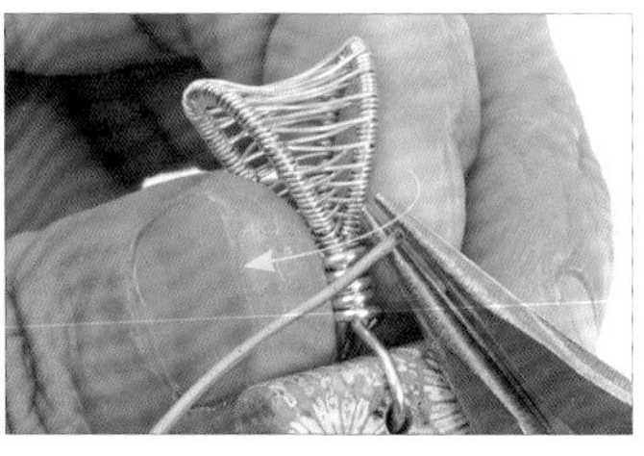

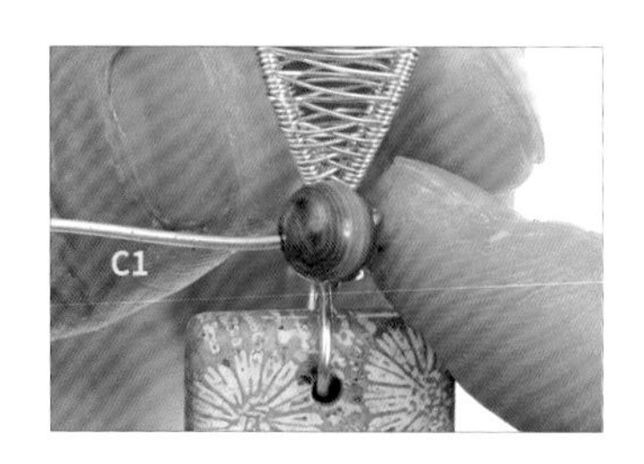

31　以圓嘴鉗夾住線C1，並往左彎折。【註：彎折線前須先預留孔雀石的高度；若無法把握須預留多少長度，可先取孔雀石實際測量。】

32　取一顆孔雀石，穿入線C1中。【註：此為作品的正面。】

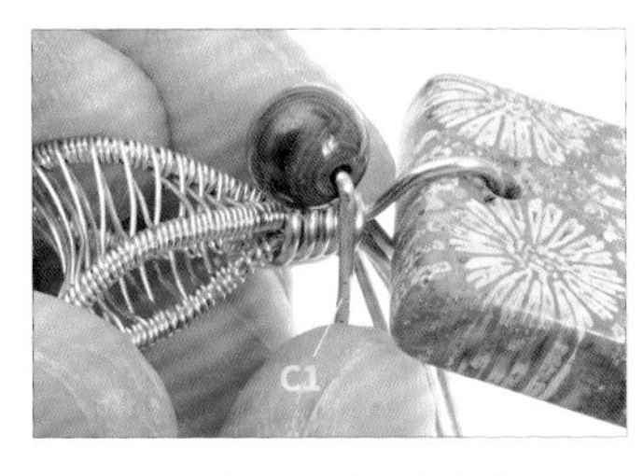

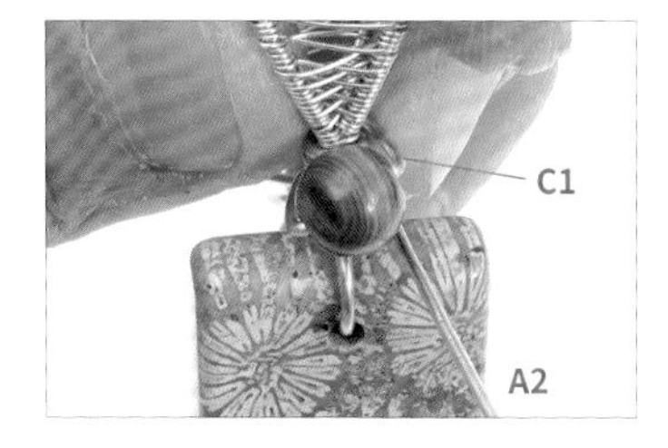

33　將線C1繞到菊花玉後方。

34　將線A2拉到前方，並沿著孔雀石外型彎折出A2圓弧形。

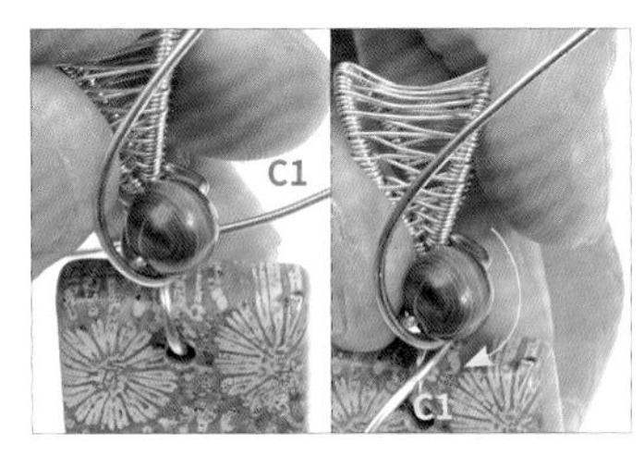

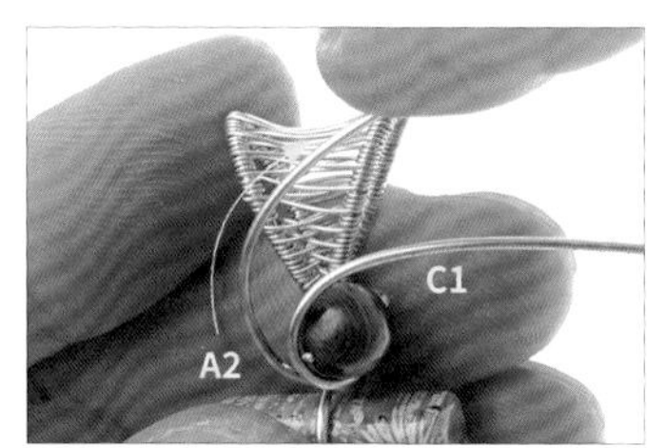

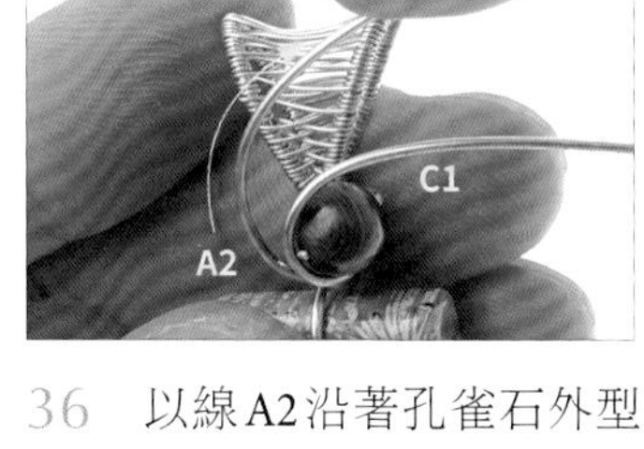

35　將菊花玉後方的線C1拉到前方。

36　以線A2沿著孔雀石外型彎折出圓弧形，並將線C1往下彎折。

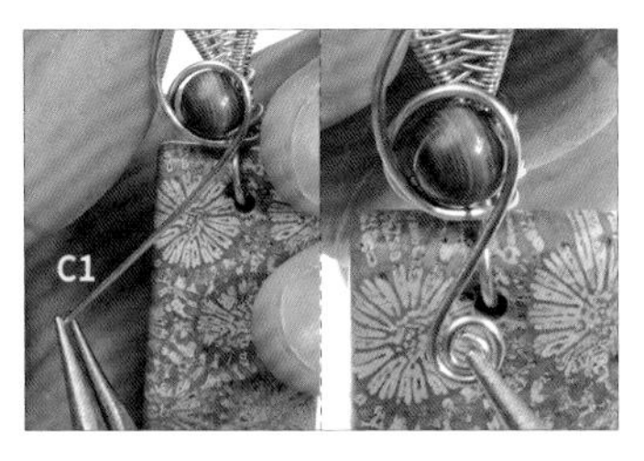

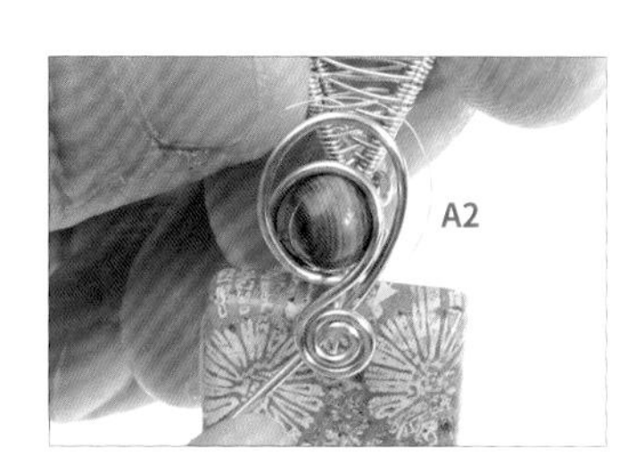

37　以圓嘴鉗及尼龍平口鉗將線C1先彎折出一個圓形，再順著圓形盤繞出漩渦形。【註：漩渦形變大時，改以尼龍平口鉗繼續製作，可較省力。】

38　將線A2往下彎折，並穿過漩渦形下方。

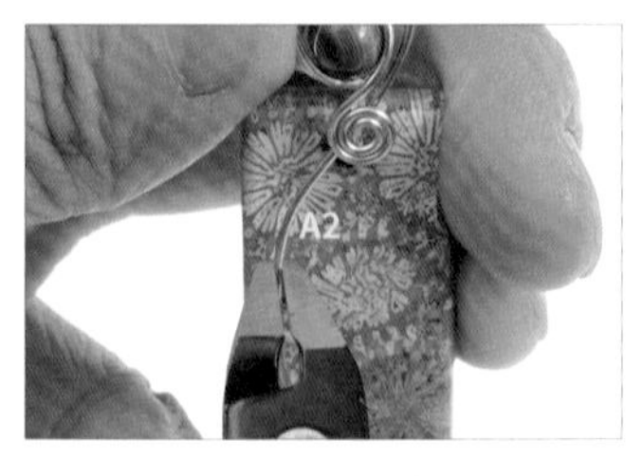

39 以斜口鉗剪掉多餘的線A2，準備收尾。

40 以圓嘴鉗將線A2彎折成圓形。【註：此為作品的正面。】

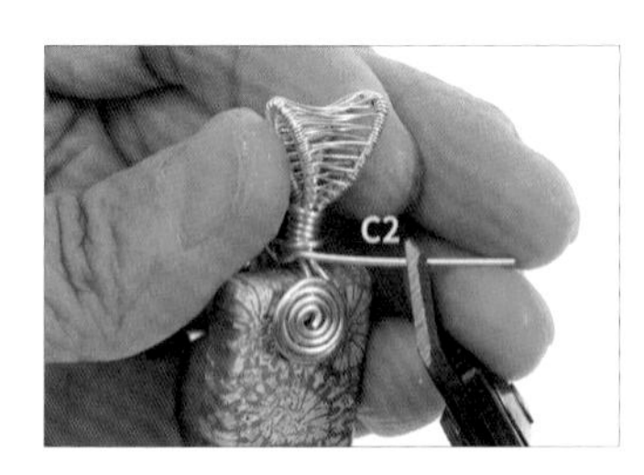

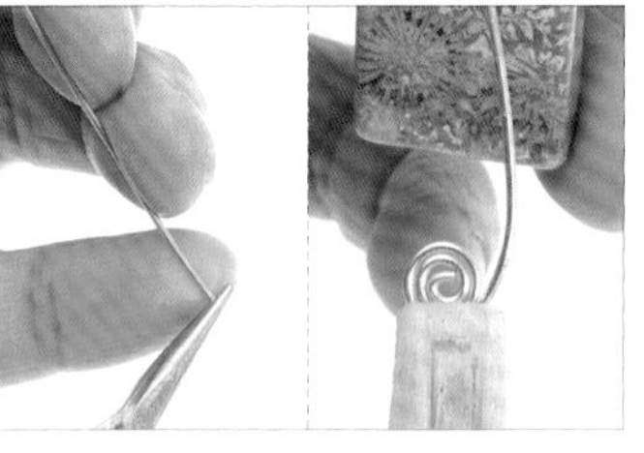

41 以捲尺為輔助，取斜口鉗從約7.5公分處，剪掉多餘的線A1。

42 以圓嘴鉗及尼龍平口鉗將線A1彎折成漩渦形。【註：漩渦形變大時，改以尼龍平口鉗繼續製作，可較省力；此為作品的背面。】

43 以斜口鉗剪掉多餘的線C2，準備收尾。【註：此為作品的背面。】

44 以圓嘴鉗夾住線C2，並先彎折出一個圓形，再順著圓形盤繞出漩渦形。

45 如圖，簡約吊墜製作完成。

創作小語

任何有孔洞的裸石皆可以此作法製成吊墜，快來動手做做看吧！

簡約吊墜
停格動畫 QRcode

閃耀旋轉金幣項鍊

- 002 -

材料與工具 MATERIALS & TOOLS

◆ 線材

品項	用量
20G 金色圓線	20 公分 × 2 條，為線 A、B。

◆ 石材

★尺寸依序為：長 × 寬 × 高

品項	用量
海洋碧玉	1 顆。【裸石大小：2.5 公分 ×2.1 公分 ×0.5 公分。】

◆ 工具

捲尺、斜口鉗、圓嘴鉗、透氣膠帶、竹筷、尼龍平口鉗。

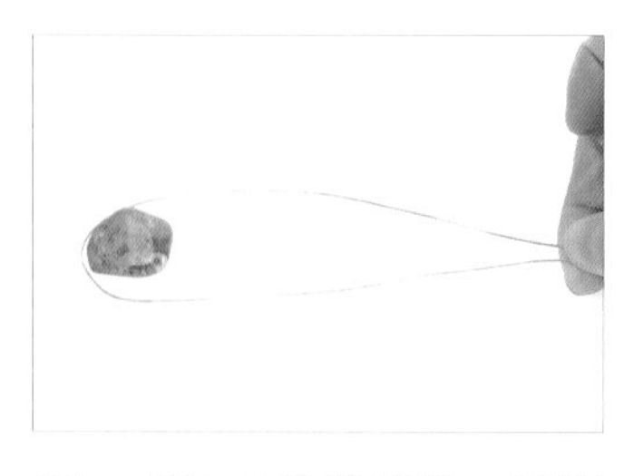

01 將20G線對折後，以海洋碧玉測量約4倍的長度。【註：約20公分。】

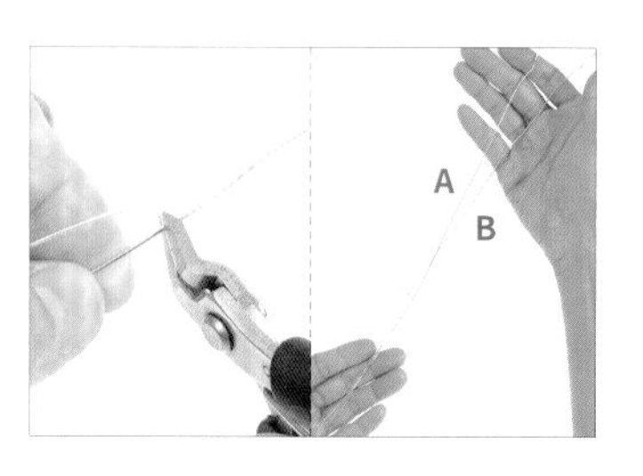

02 承步驟1，以斜口鉗剪下1條20G線。【註：須剪下2條，為線A、B。】

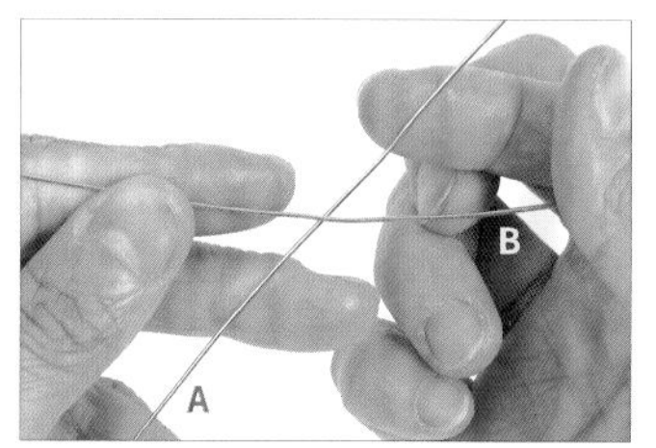

03 將線A、B交叉擺放，且交叉點即為兩條線各自的中間點。

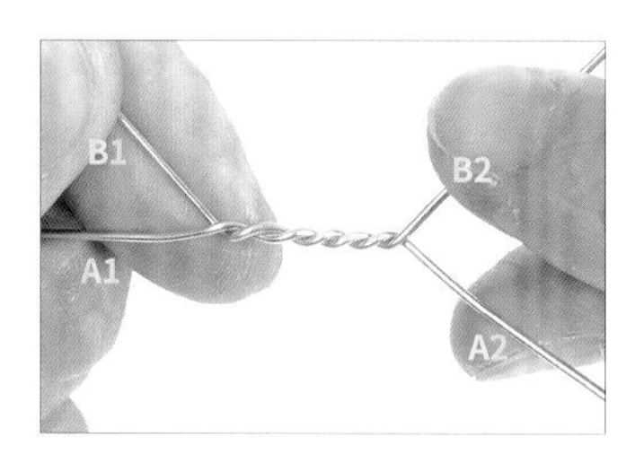

04 用手將線A、B持續扭轉，以製作出雙線麻花。【註：雙線麻花詳細步驟請參考P.24。】

05 以海洋碧玉較薄的一側朝下，確認雙線麻花長度大於裸石邊長。

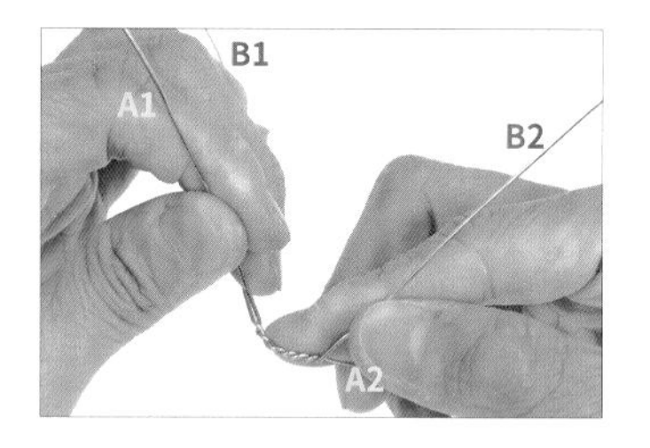

06 用手將雙線麻花部分彎折出弧形，形成線A1、A2、B1、B2，以製作包框。

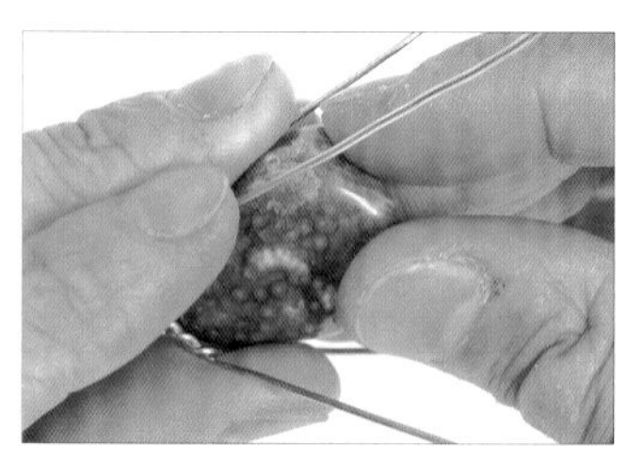

07 取海洋碧玉，放在雙線麻花上。

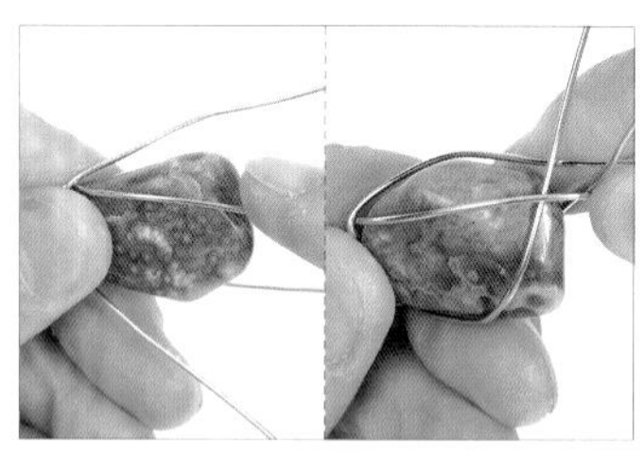

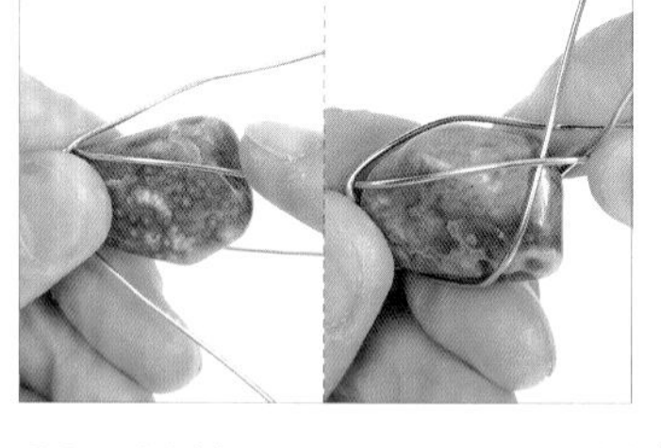

08 以線A1、A2、B1、B2沿著裸石弧面彎折出弧形，以包覆海洋碧玉。

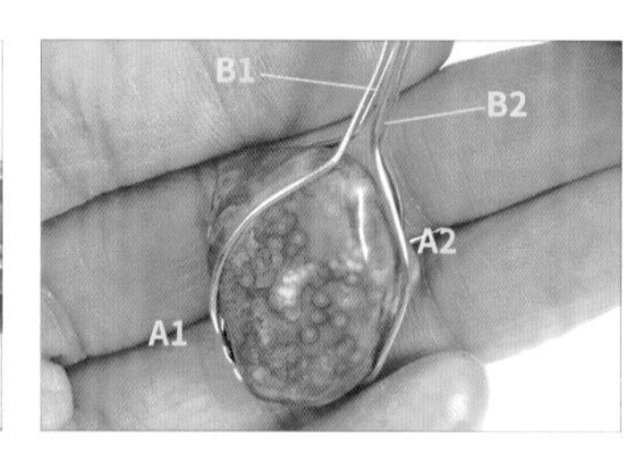

09 以圓嘴鉗將線A1、A2、B1、B2往上彎折。

10 以透氣膠帶纏繞裸石及線A1、A2、B1、B2一圈，以固定裸石。

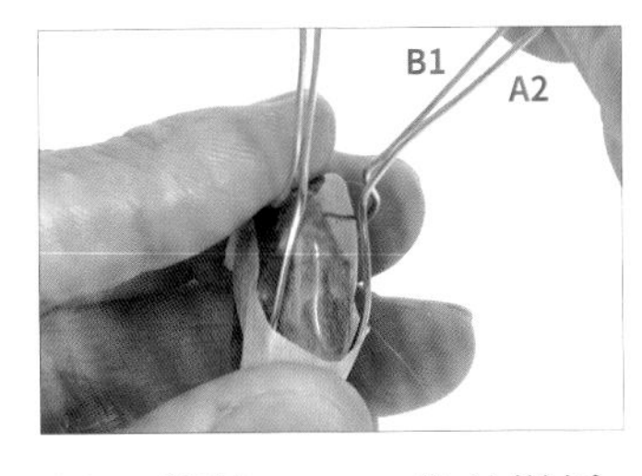

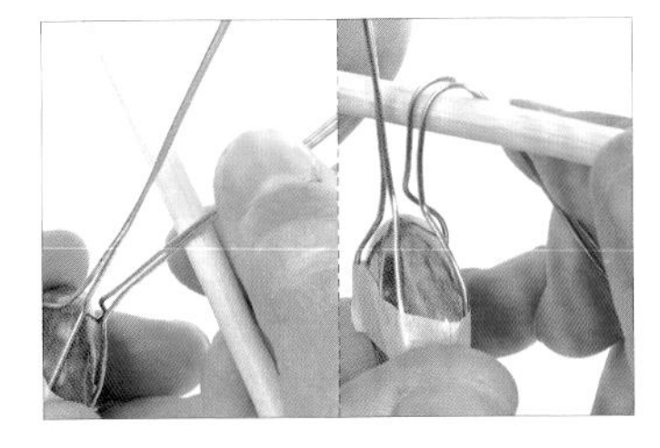

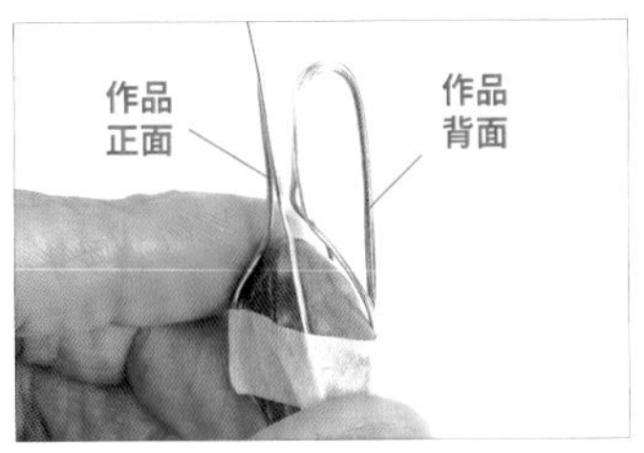

11　將線B1、B2往外彎折。

12　以竹筷為輔助，用手將線B1、B2往下彎折。

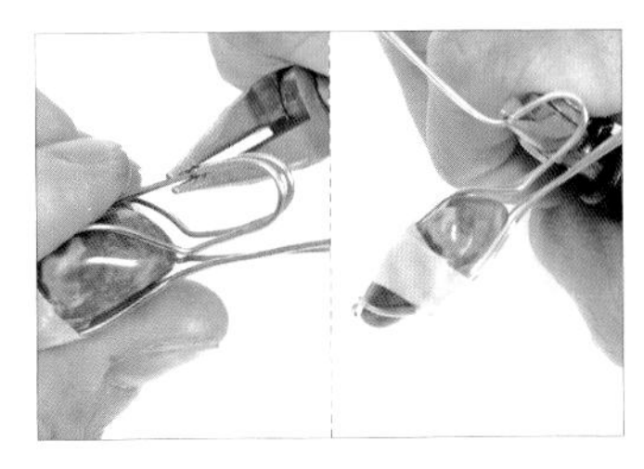

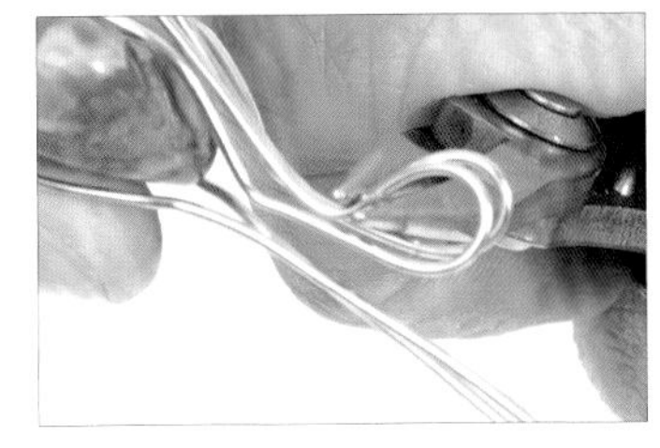

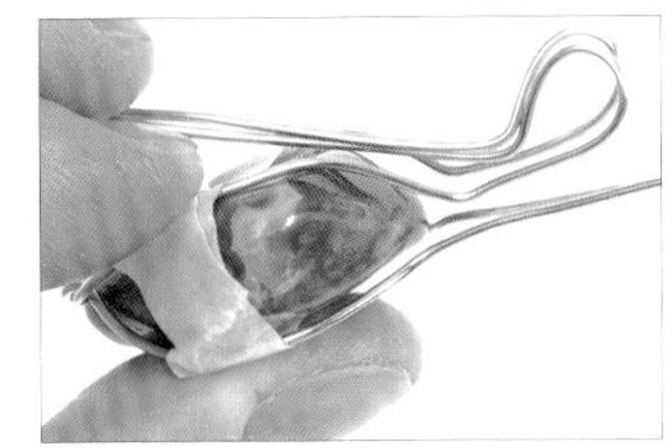

13　以圓嘴鉗夾住線B1、B2，並往下彎折成水滴形，以製作墜頭主體。

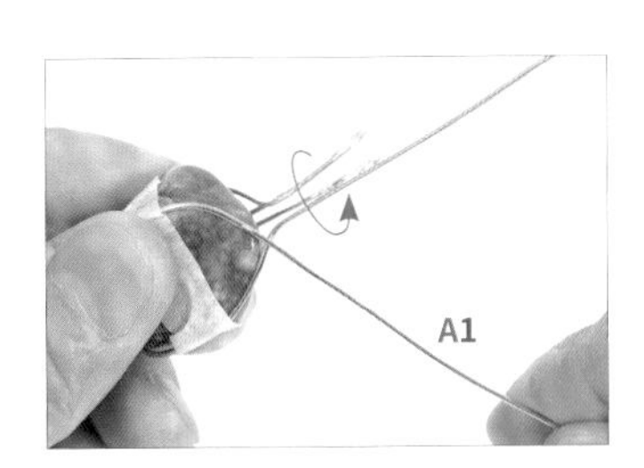

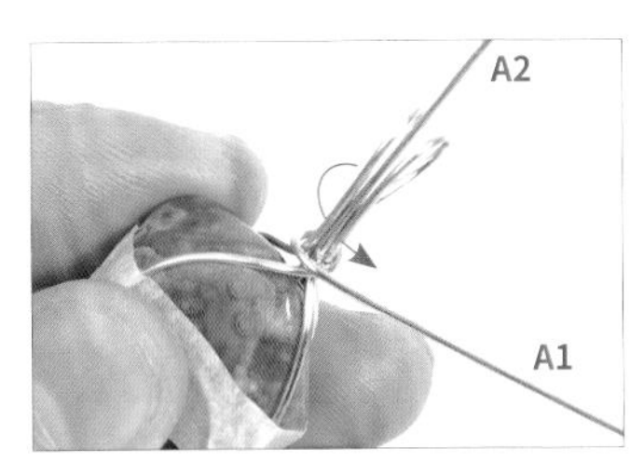

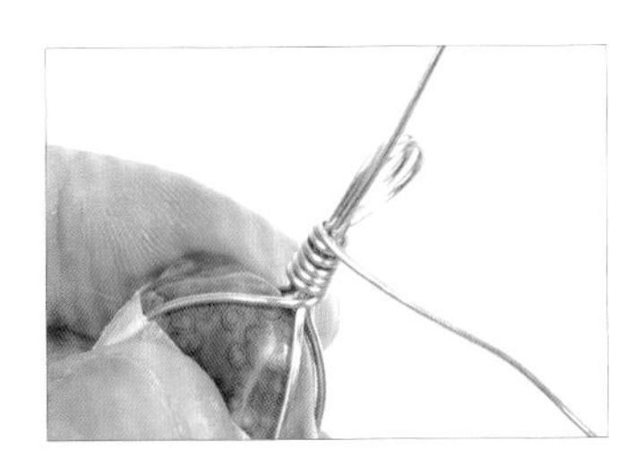

14　用手將線A1往下彎折。

15　以線A1纏繞墜頭主體下方及線A2一圈。

16　重複步驟15，纏繞墜頭主體下方及線A2五圈。

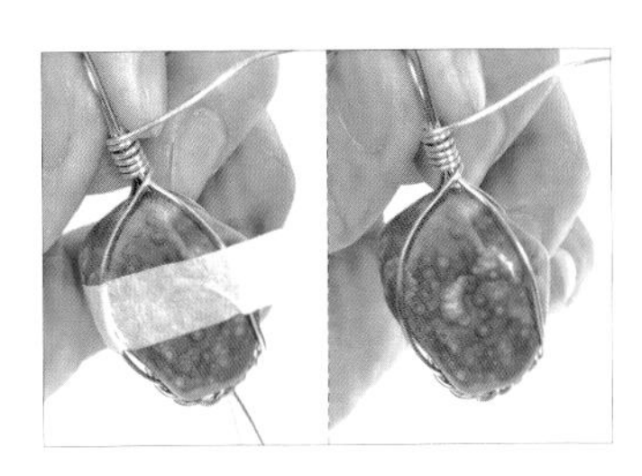

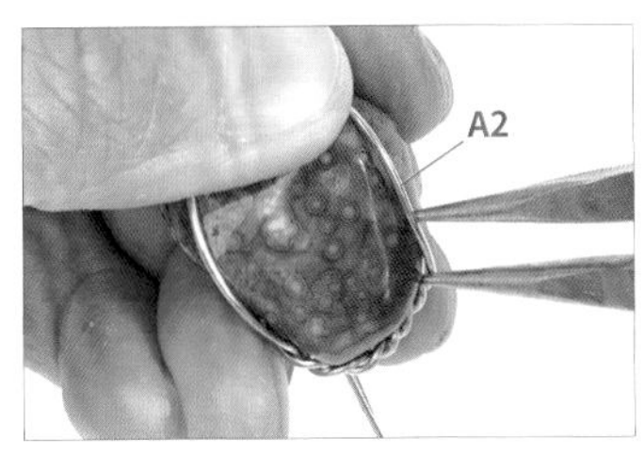

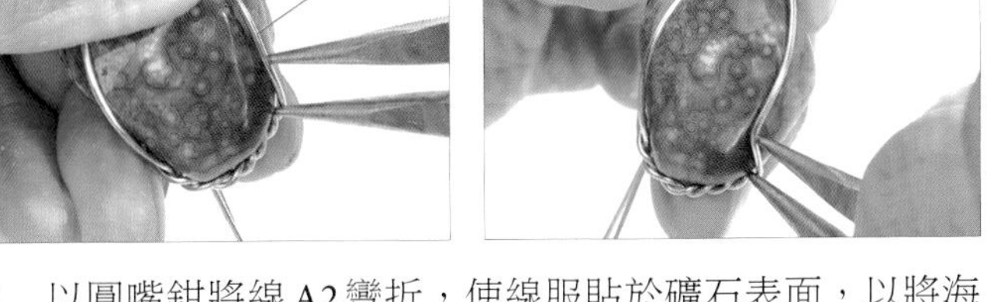

17　用手撕除透氣膠帶。【註：因已有線段纏繞，不須再以透氣膠帶固定。】

18　以圓嘴鉗將線A2彎折，使線服貼於礦石表面，以將海洋碧玉固定更緊實。【註：此為作品的正面。】

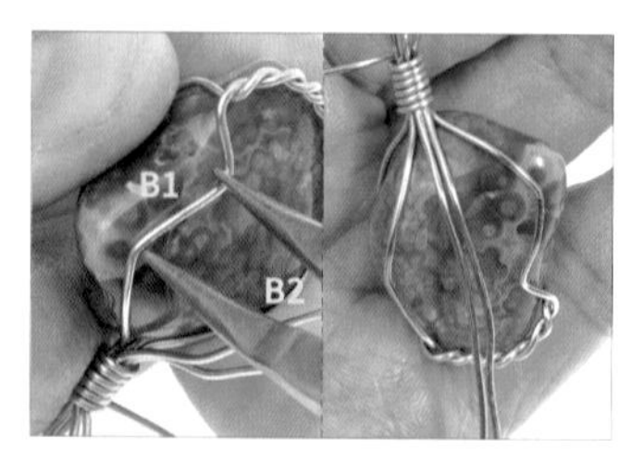

19　重複步驟18，將線A1、B1、B2彎折。

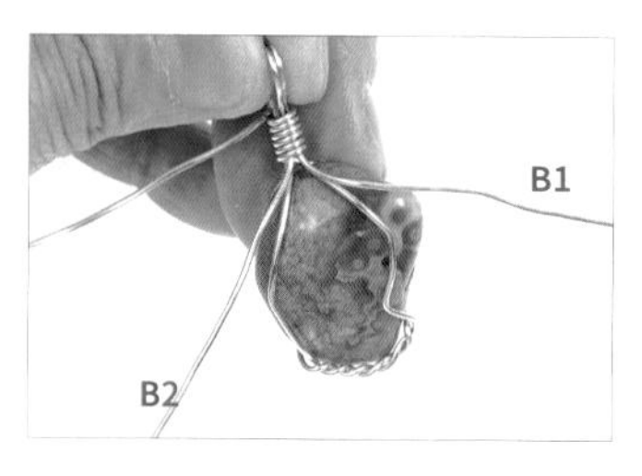

20　將線B1、B2分開。【註：此為作品的背面。】

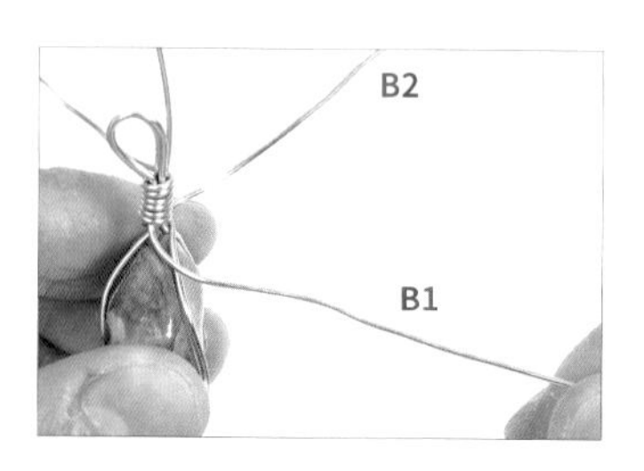

21　將線B1、B2拉到裸石正面。

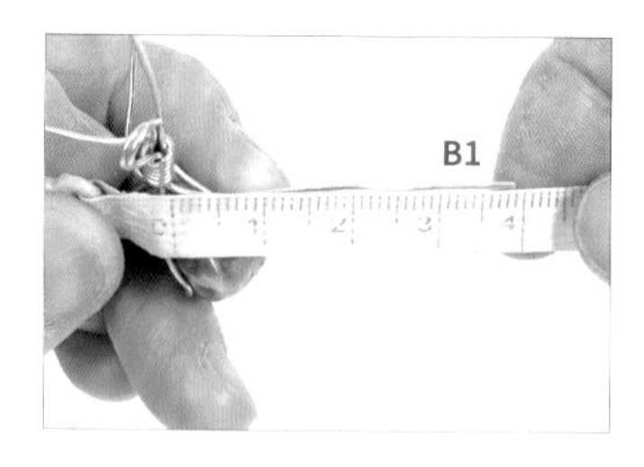

22　以捲尺為輔助，剪掉多餘的線B1。【註：須預留約4公分長度。】

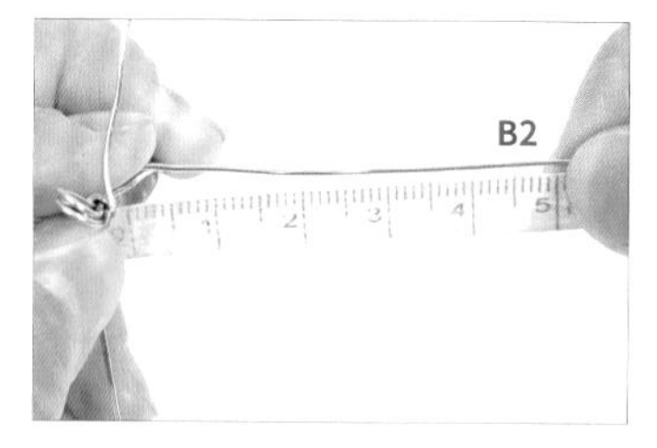

23　以捲尺為輔助，取斜口鉗剪掉多餘的線B2。【註：須預留約5公分長度。】

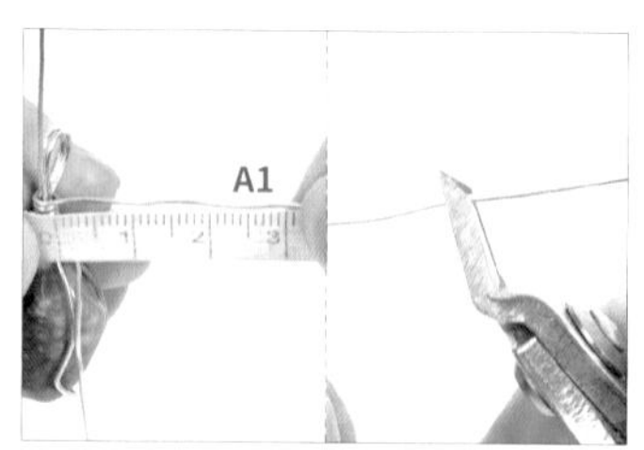

24　重複步驟23，剪掉多餘的線A1。【註：須預留約3公分長度；而不同長度可創造不同大小的漩渦形，且可依個人喜好彎折出順或逆時針旋轉方向的漩渦形。】

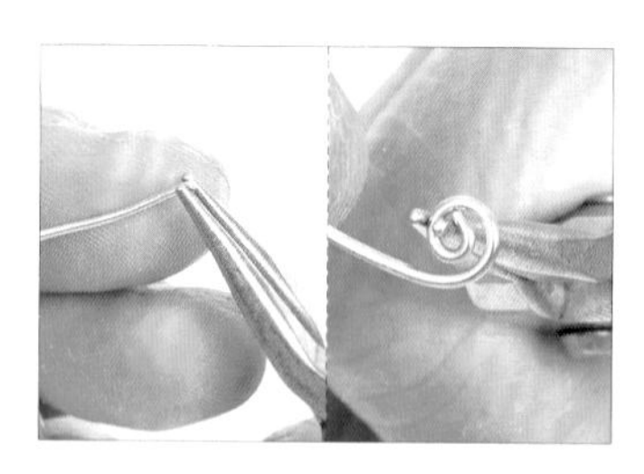

25　以圓嘴鉗夾住線A1，並先彎折出一個圓形，再順著圓形盤繞出漩渦形。

26　以尼龍平口鉗將線A2持續彎折成漩渦形。【註：漩渦形變大時，改以尼龍平口鉗繼續製作，可較省力。】

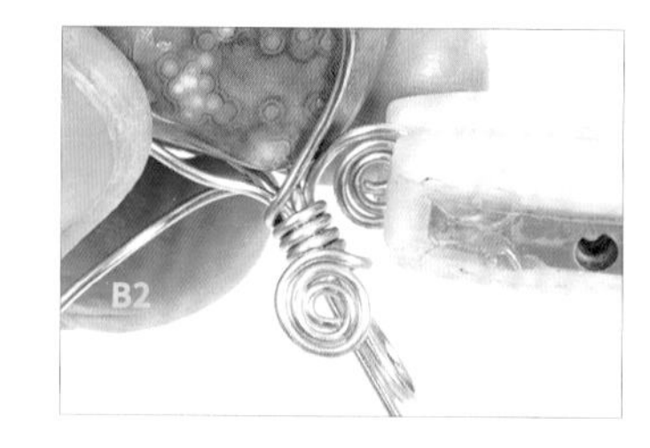

27　重複步驟25-26，將線B1彎折成漩渦形。

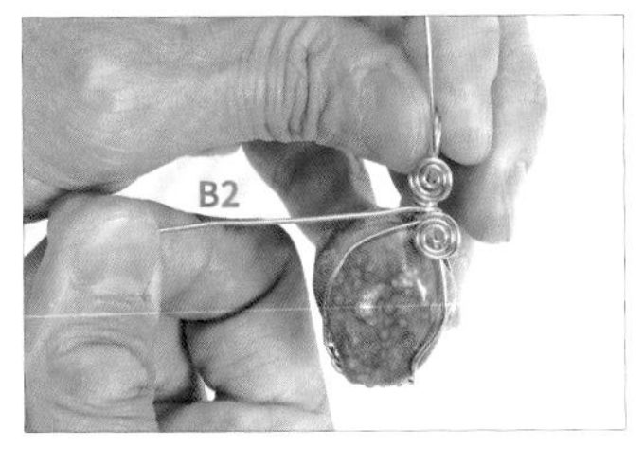

28　將線B2彎折到另一側。

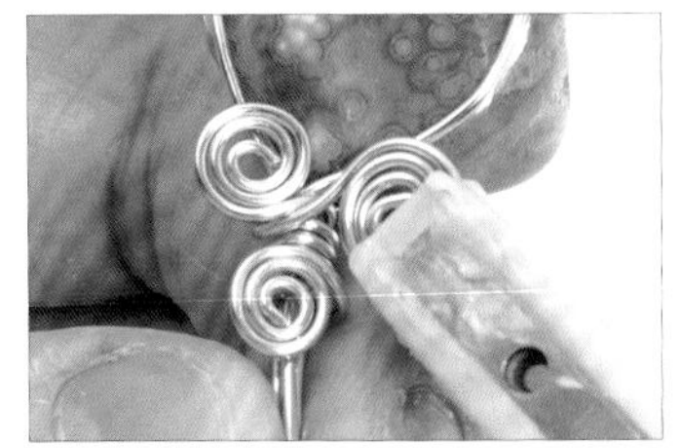

29　重複步驟25-26，將線B2彎折成漩渦形。

30　用手將線A2往下彎折到作品背面。

31　以斜口鉗剪掉多餘的線A2。

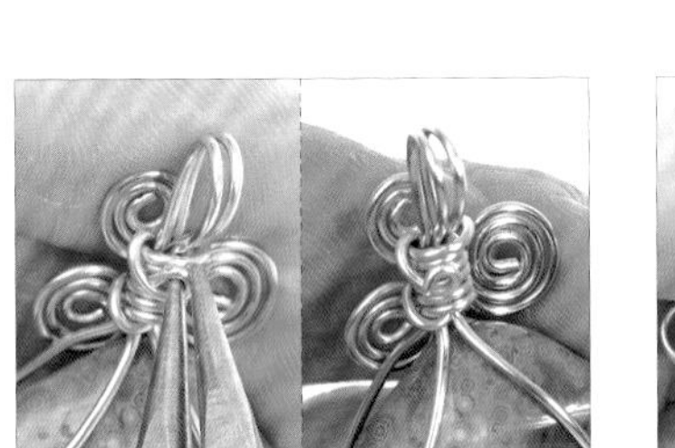

32　以圓嘴鉗夾住線A2，並彎折成圓弧形。【註：可依個人喜好選擇彎折成圓弧形或漩渦形。】

33　以圓嘴鉗握把將包覆海洋碧玉的框線壓緊，以貼合裸石弧面。

34　如圖，閃耀旋轉金幣項鍊製作完成。

閃耀旋轉金幣項鍊
停格動畫 QRcode

大地靈蛇項鍊

- 003 -

材料與工具 MATERIALS & TOOLS

◆ 線材

品項	用量
22G 玫瑰金色圓線	20 公分×5 條，為線 A、B、C、D、E。
28G 玫瑰金色圓線	70 公分×1 條，為線 F。 50 公分×2 條，為線 G、H。

◆ 石材

★尺寸依序為：長×寬×高

品項	用量
海洋碧玉	1 顆。【裸石大小：2.3 公分×2.3 公分×1.2 公分。】
黃瑪瑙	1 顆。【圓珠大小：0.6 公分。】

◆ 工具

捲尺、斜口鉗、圓嘴鉗、尖嘴鉗、平口鉗。

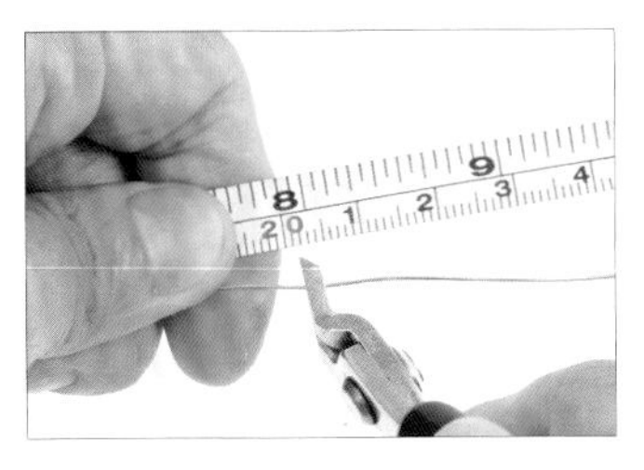

01 以斜口鉗剪下5條約20公分的22G線。

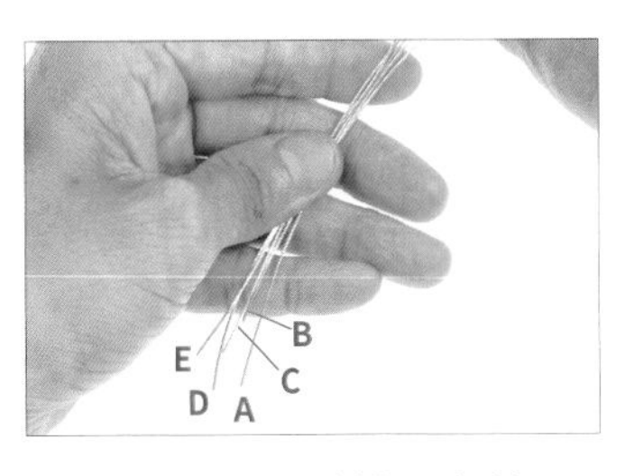

02 將5條線並排，為線A、B、C、D、E，準備製作包框。

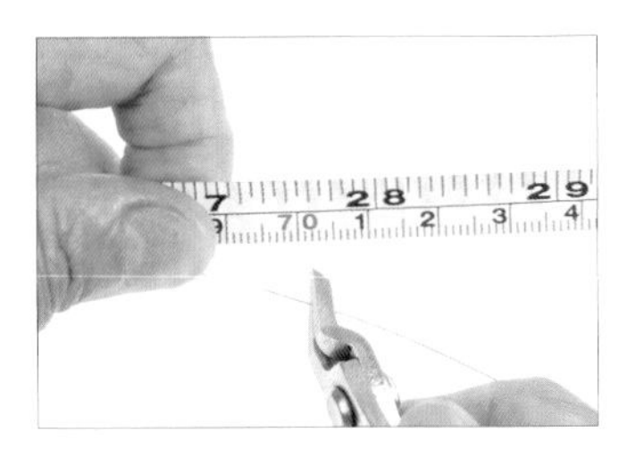

03 以斜口鉗剪下1條約70公分的28G線，為線F。

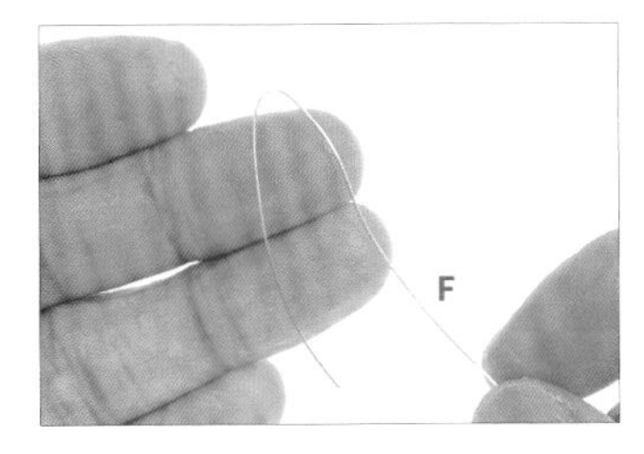

04 將線F折成彎鉤形。

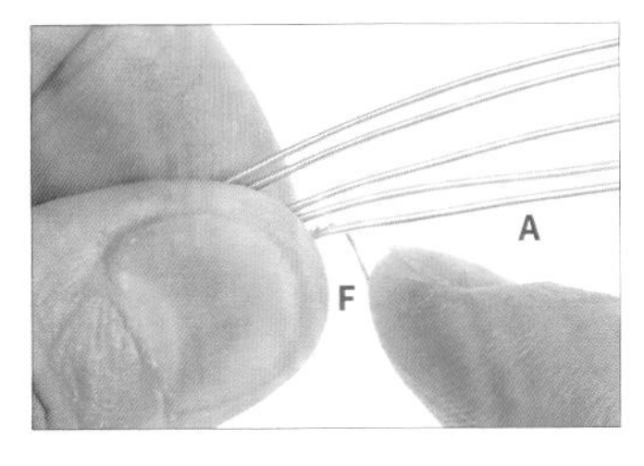

05 承步驟4，將線F勾入線A。

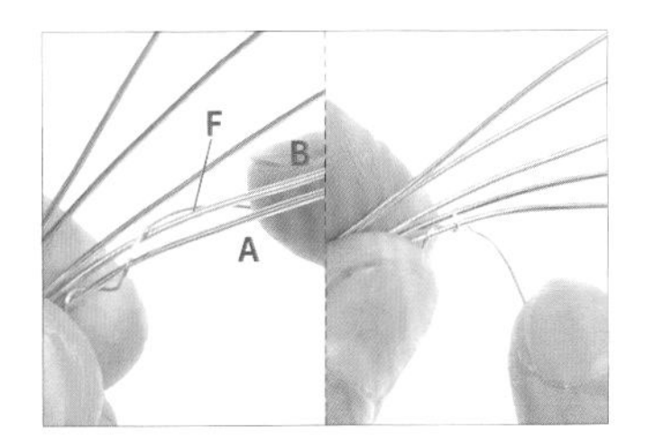

06 以線F纏繞線A、B一圈。

07 重複步驟6，將線A、B纏繞兩圈。

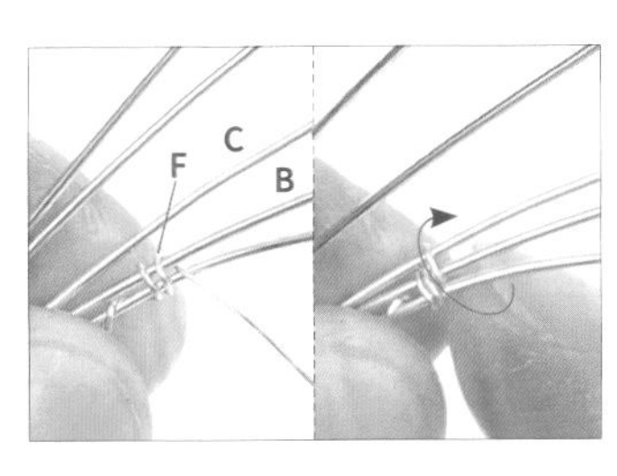

08 將線F穿過線B上方後，往下纏繞線B、C一圈。

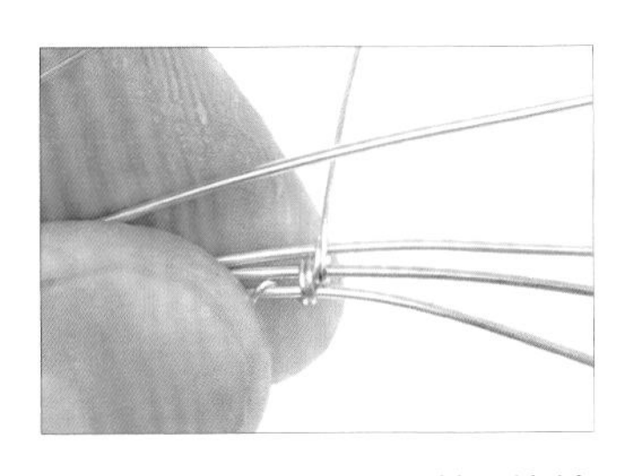

09 重複步驟8，以線F纏繞線B、C一圈。

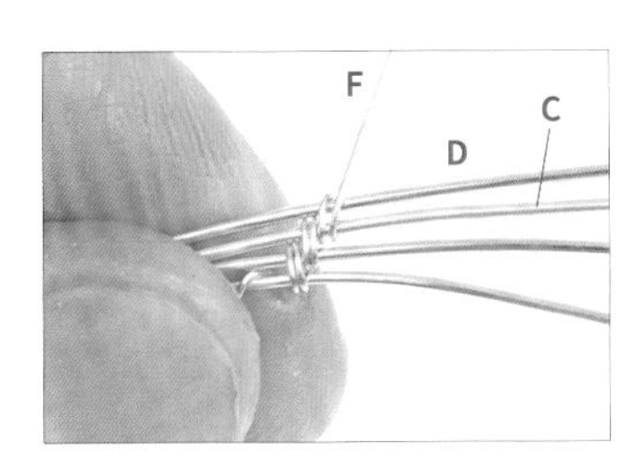

10 將線F穿過線C上方後，往下纏繞線C、D兩圈。

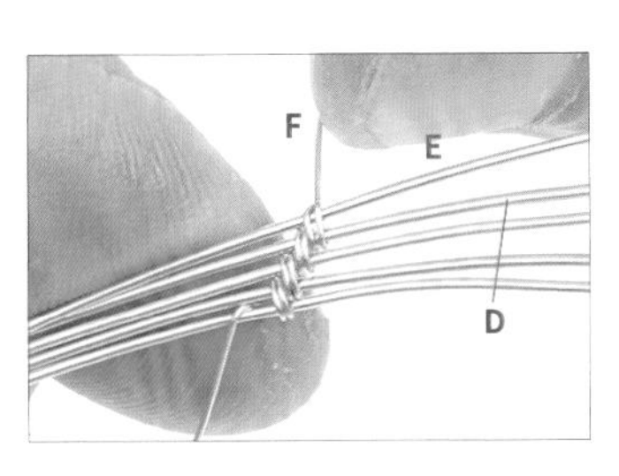

11 將線F穿過線D上方後，往下纏繞線D、E兩圈。

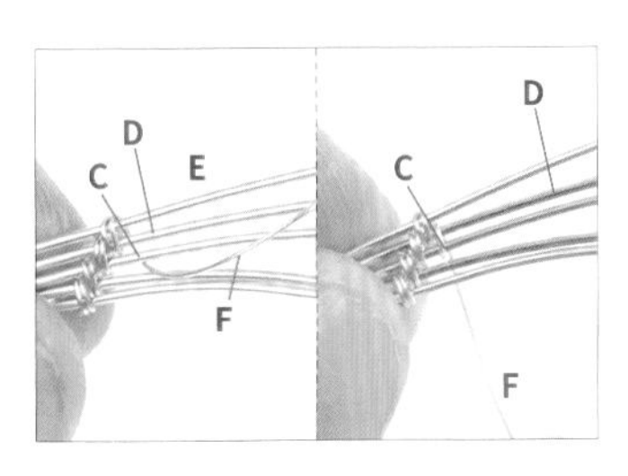

12 將線F穿過線C、D、E下方後，往上纏繞線C、D一圈。

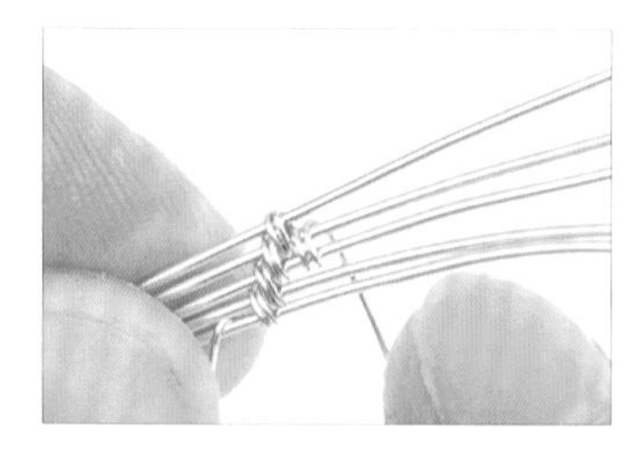

13 重複步驟12，以線F纏繞線C、D一圈。

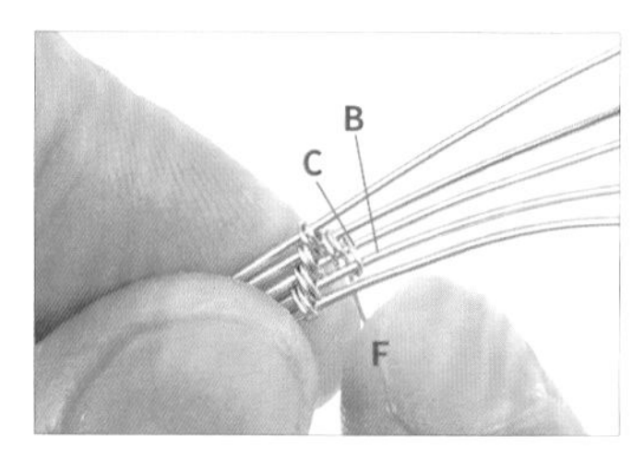

14 將線F穿過線B下方後，往上纏繞線B、C一圈。

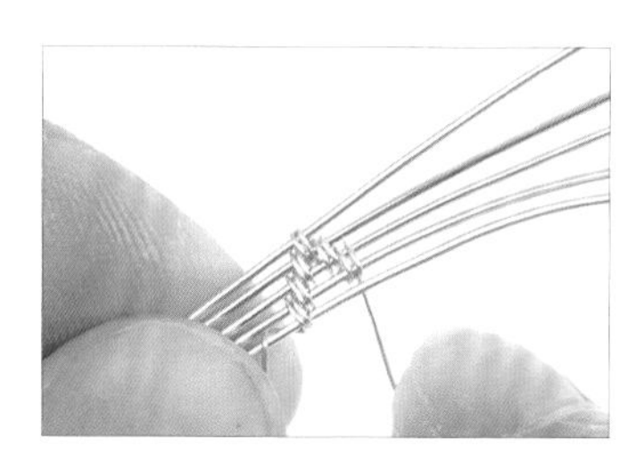

15 重複步驟14，以線F纏繞線B、C一圈。

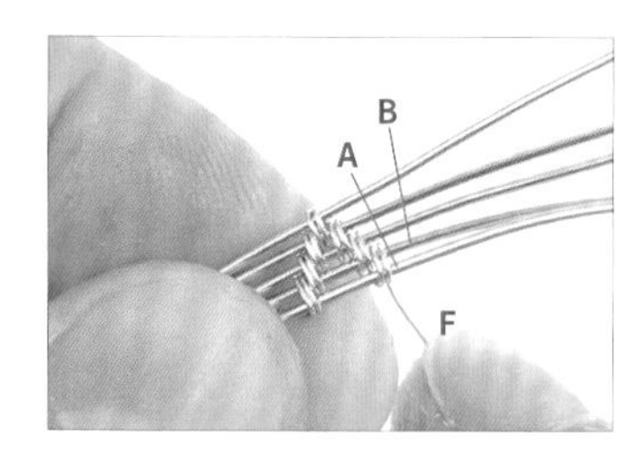

16 將線F穿過線A下方後，往上纏繞線A、B兩圈，完成1組樣式。

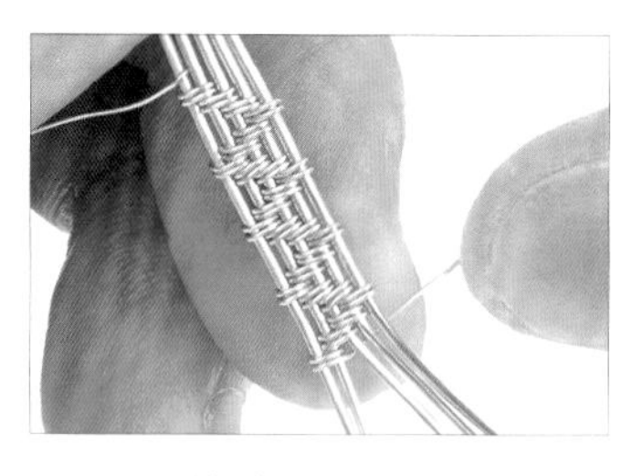

17 重複步驟8-16，在線A、B、C、D、E上纏繞3組相同樣式。【註：組數可依石材大小調整。】

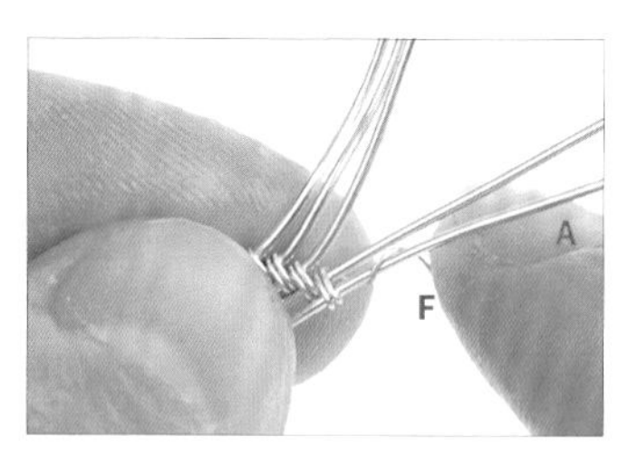

18 以線F纏繞線A一圈。

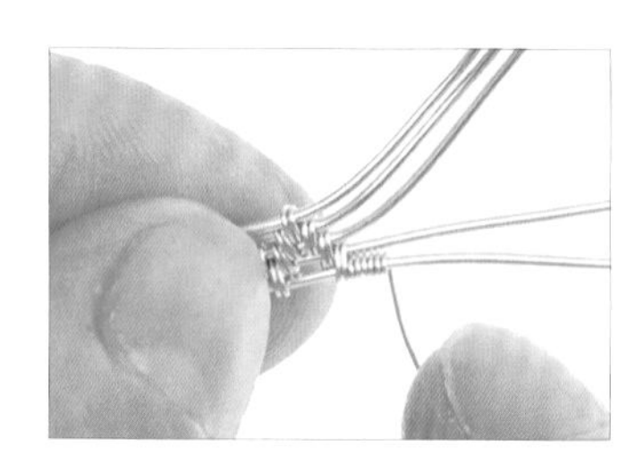

19 重複步驟18，纏繞線A五圈。

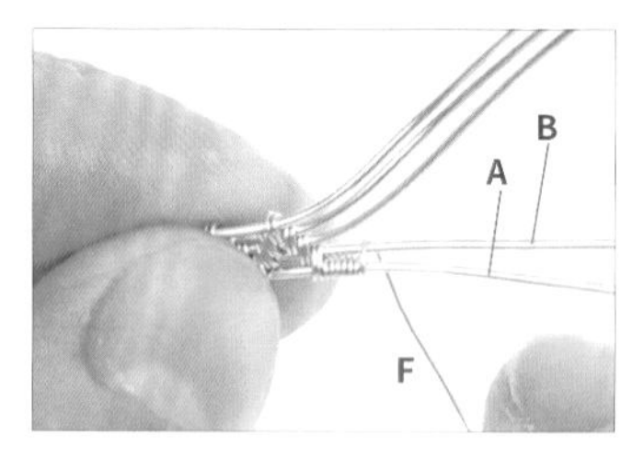

20 將線F穿過線A、B上方後，往下纏繞一圈。

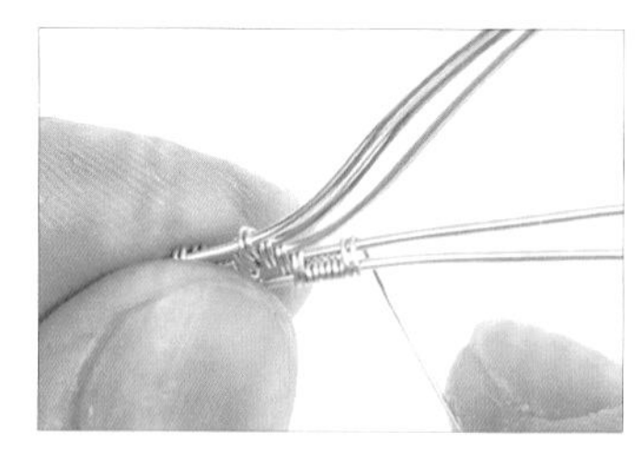

21 重複步驟20，纏繞線A、B一圈，完成1組樣式。

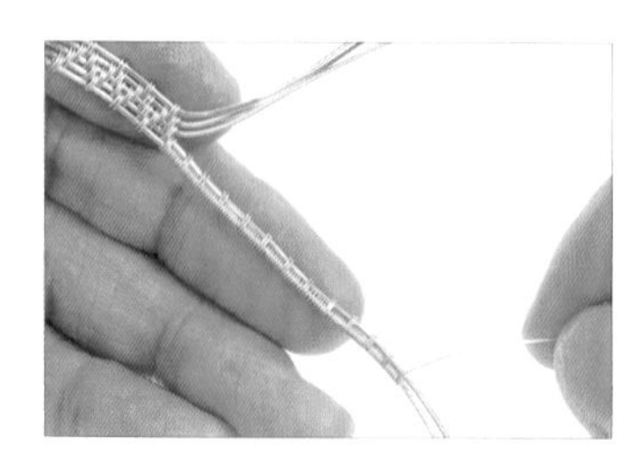

22 重複步驟18-21，在線A、B上纏繞11組相同樣式。【註：組數可依石材大小調整。】

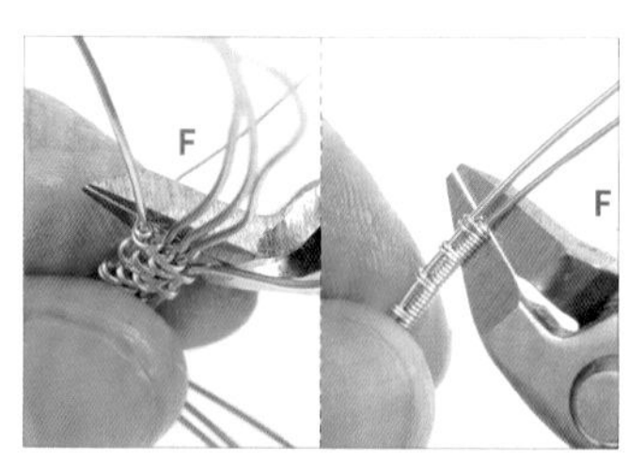

23 以斜口鉗將線F兩端多餘的金屬線剪掉。

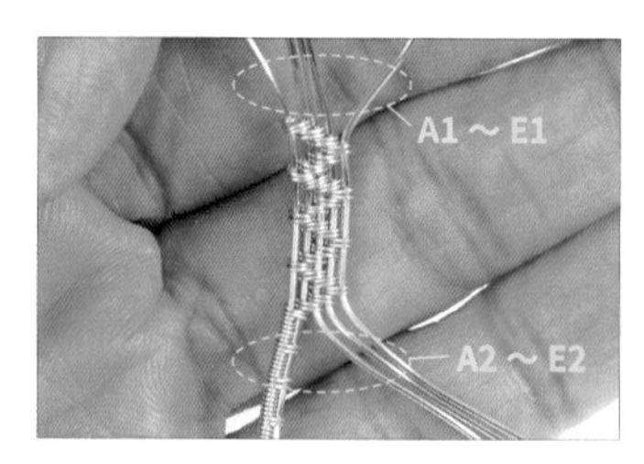

24 如圖，線段剪掉完成，使線A～E兩端形成線A1～E1及線A2～E2。

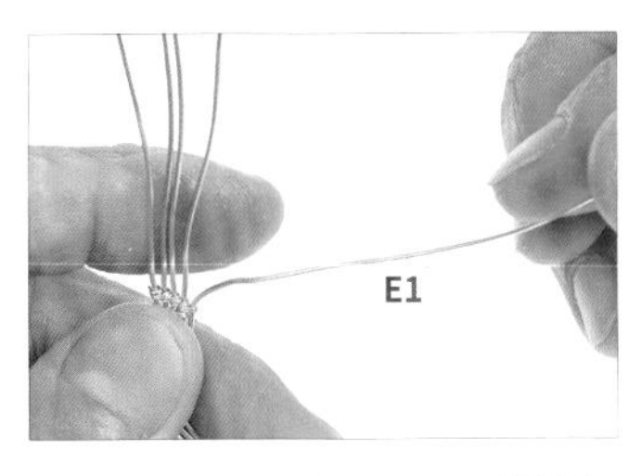

25 用手將線E1往外彎折。

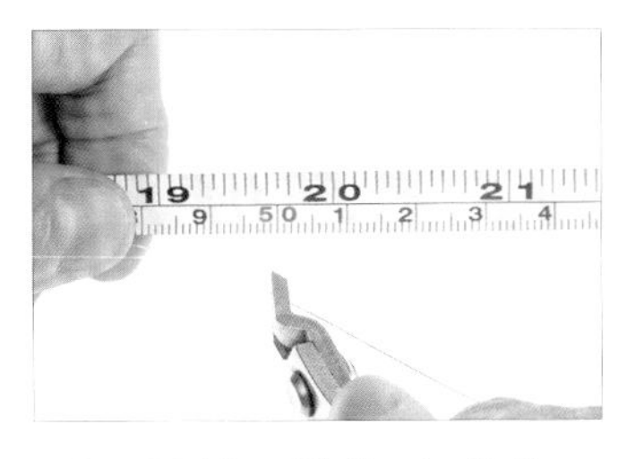

26 以斜口鉗剪下1條約50公分的28G線，為線G。

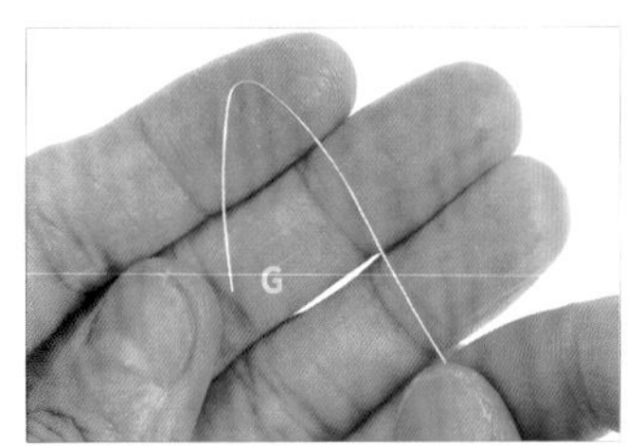

27 將線G彎折成彎鉤形。

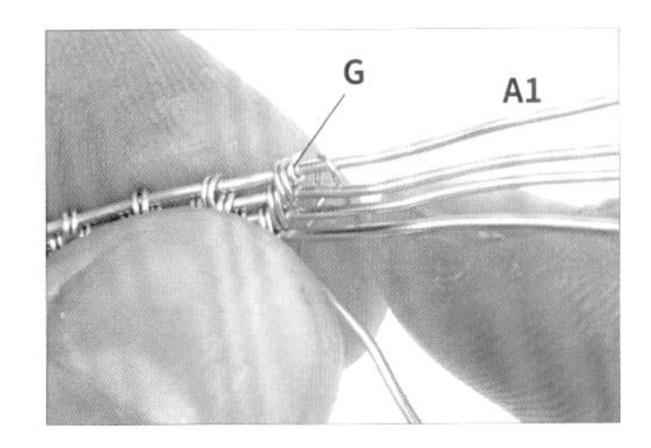

28 承步驟27，將線G勾入線A1。

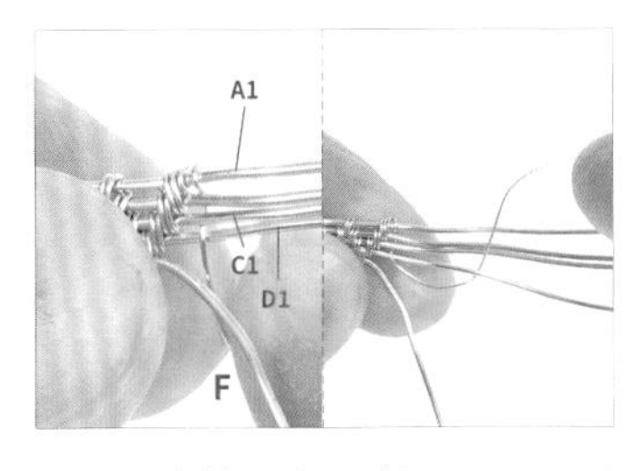

29 將線G穿過線B1、C1下方後，往上纏繞線D1一圈。

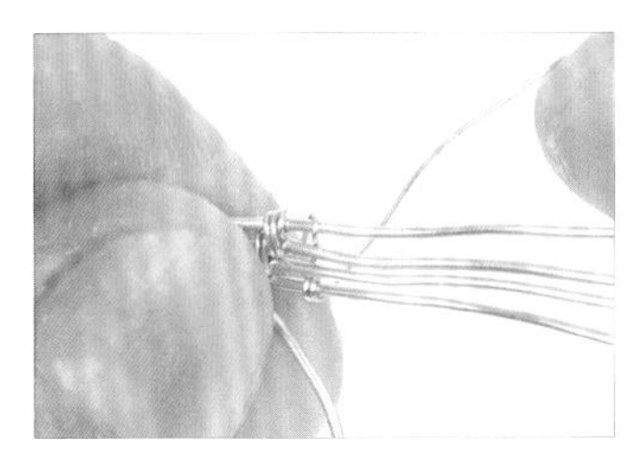

30 重複步驟29，以線G纏繞線D1一圈。

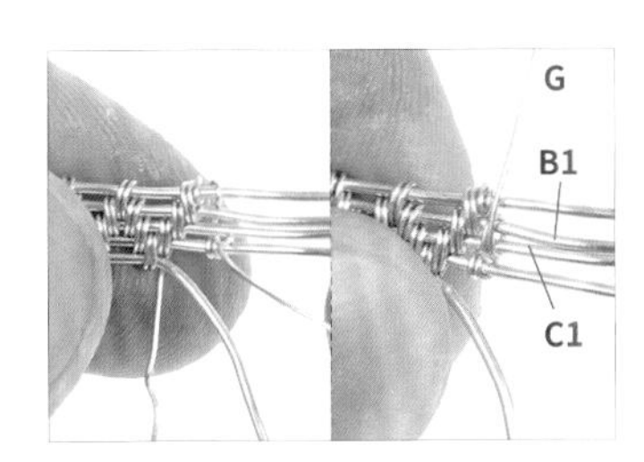

31 以線G纏繞線B1、C1兩圈。

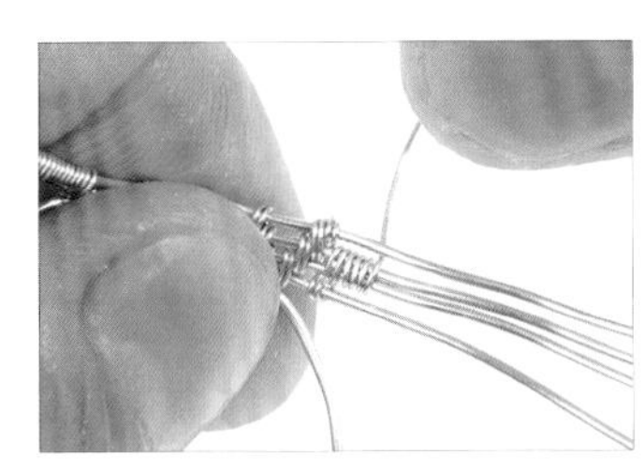

32 重複步驟31，再纏繞線B1、C1四圈。

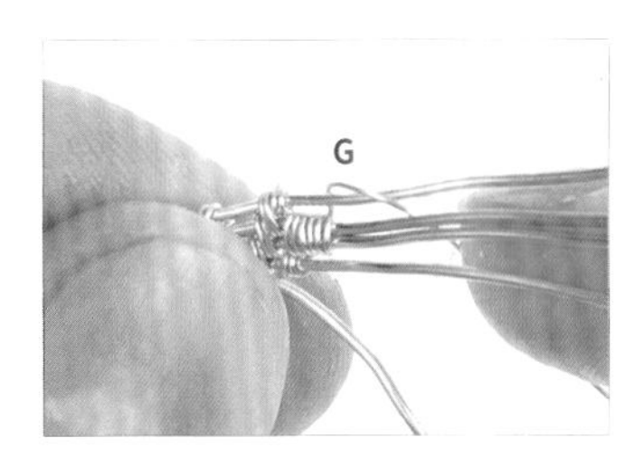

33 以線G纏繞線A1一圈。

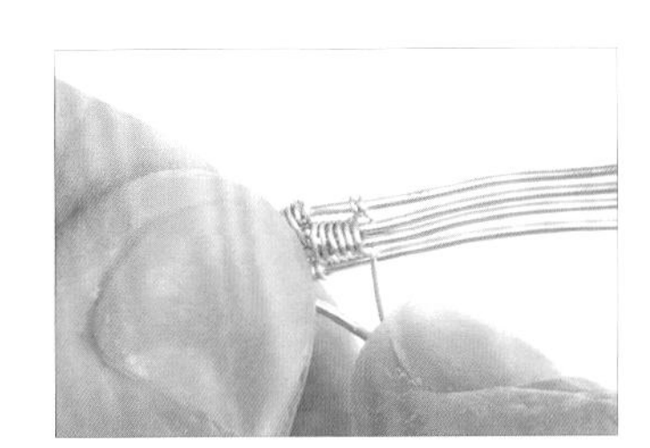

34 重複步驟33，纏繞線A1一圈。

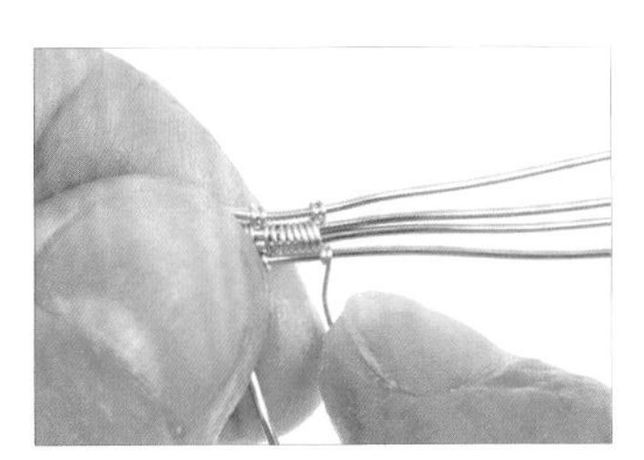

35 重複步驟29-30，纏繞線D1兩圈，完成1組樣式。

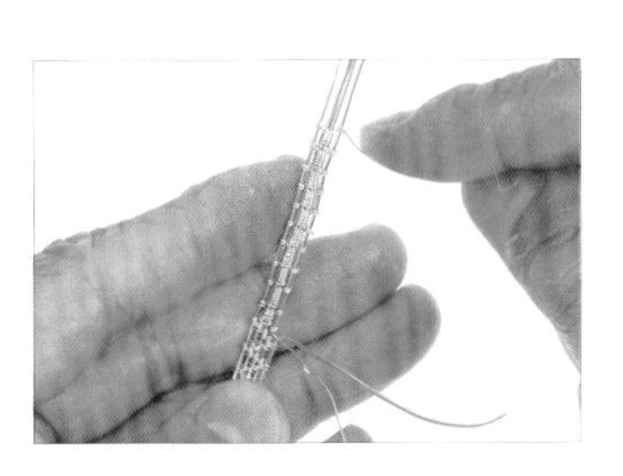

36 重複步驟28-35，在線A1、B1、C1、D1上纏繞9組相同樣式。【註：纏繞長度約2.5～3公分。】

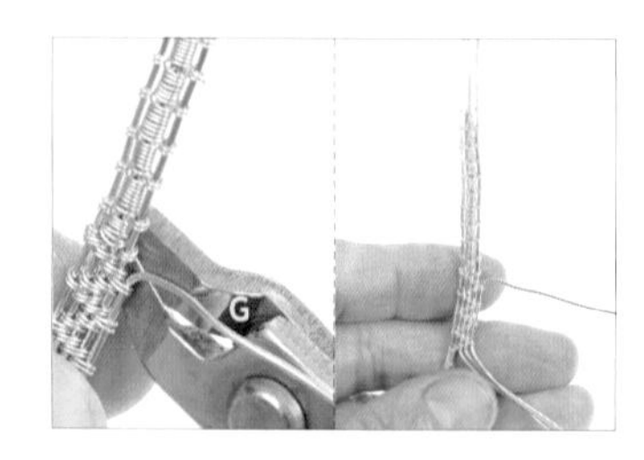

37 以斜口鉗將線G兩端多餘的金屬線剪掉，即完成墜頭主體。

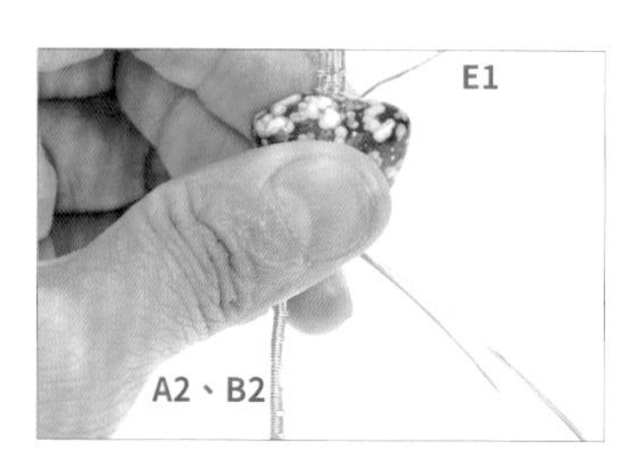

38 取海洋碧玉，放在介於線E1彎折處及線A2、B2之間的位置。

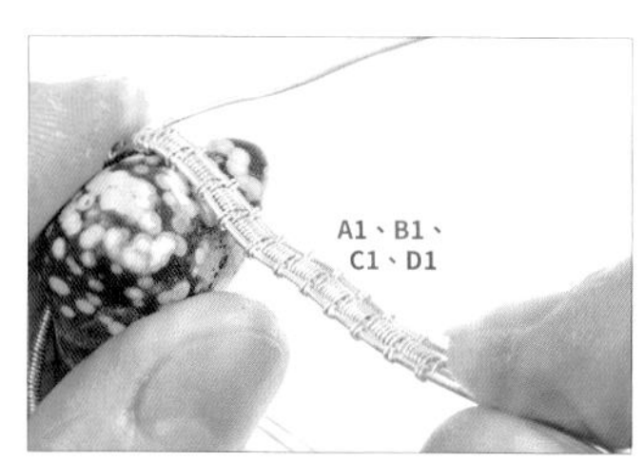

39 將墜頭主體沿著海洋碧玉表面往下彎折。

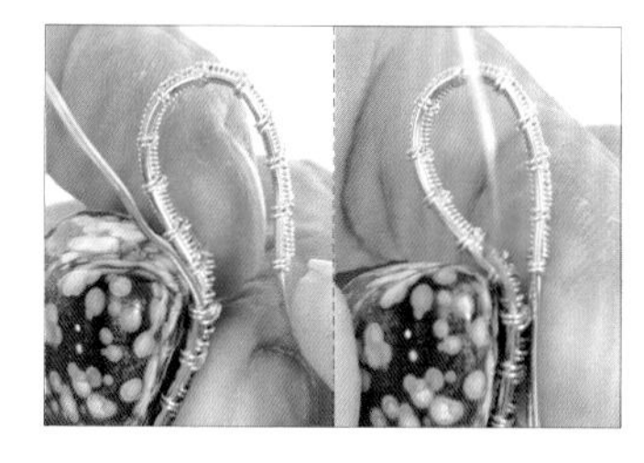

40 將墜頭主體彎折成水滴形。

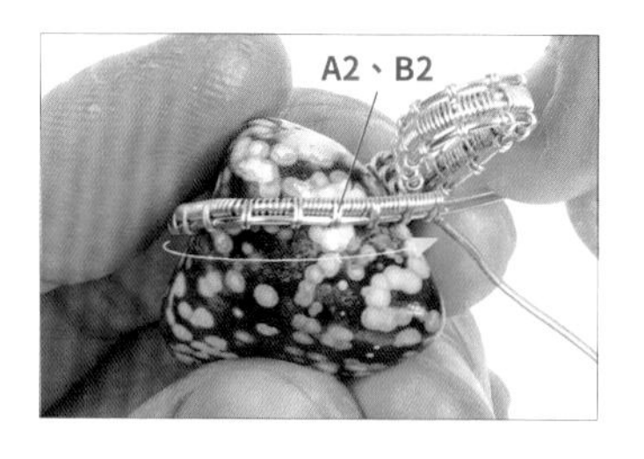

41 將線A2、B2沿著海洋碧玉表面往上彎折，形成包框。

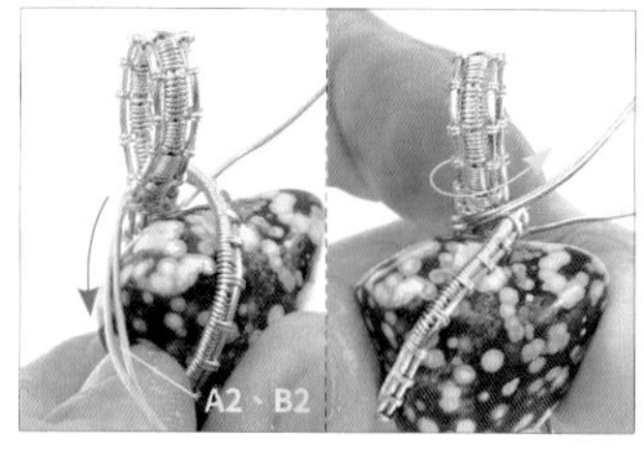

42 承步驟41，以線A2、B2纏繞線A1～D1一圈。

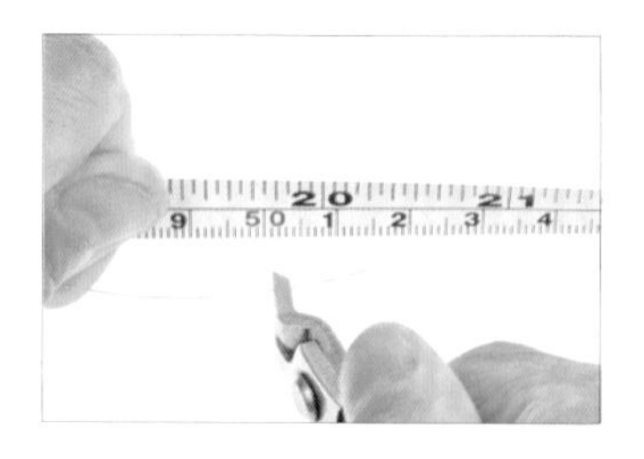

43 以斜口鉗剪下1條約50公分的28G線，為線H。

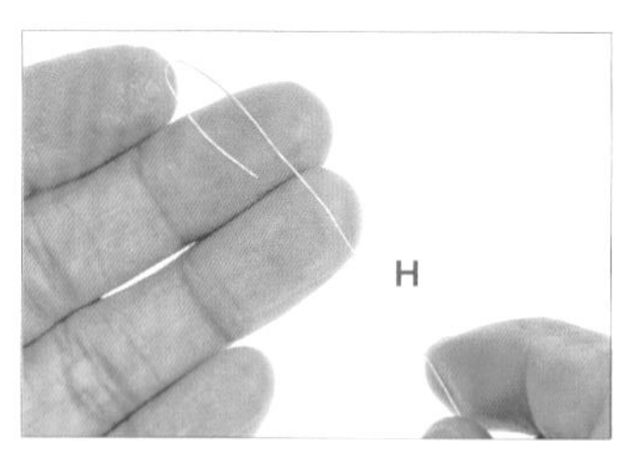

44 將線H折成彎鉤形。

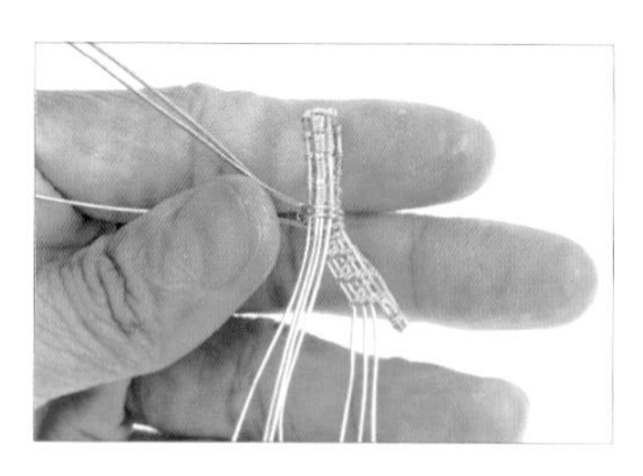

45 將海洋碧玉先從線上移除。

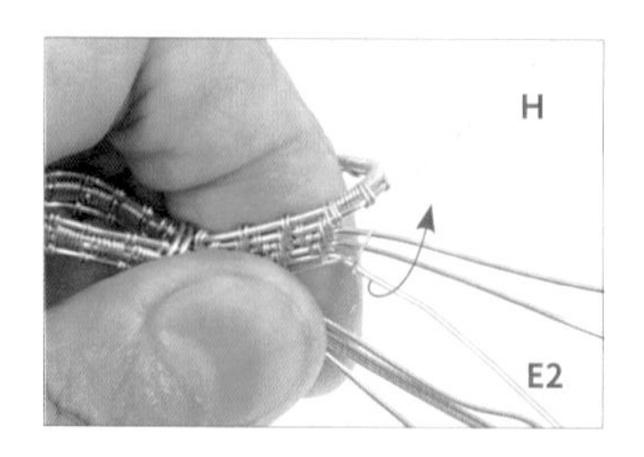

46 接續步驟44，將線H勾入線E2並纏繞一圈。

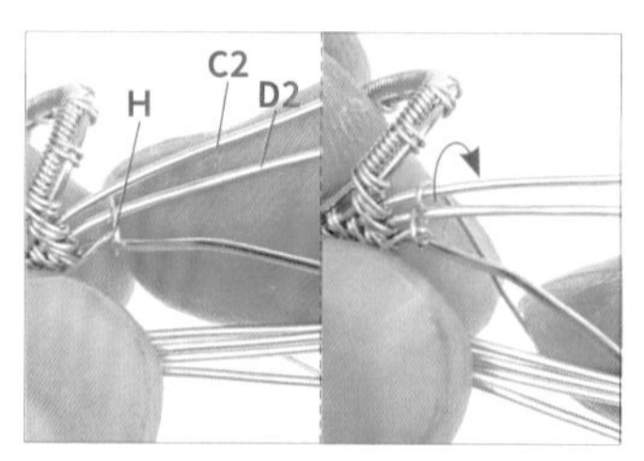

47 將線H纏繞線D2一圈後，再纏繞C2一圈。

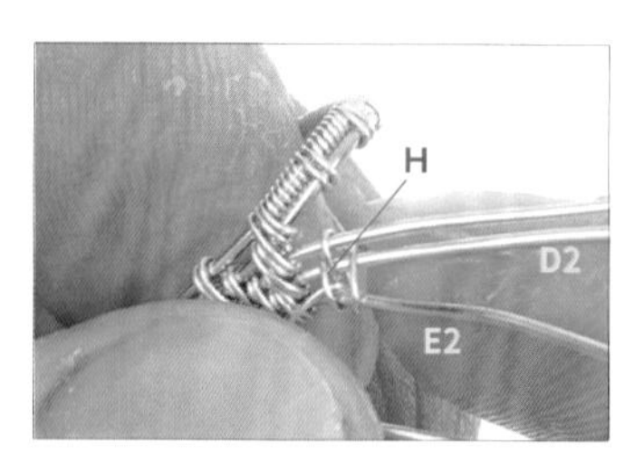

48 將線H穿過線C2、D2、E2下方後，往上纏繞線D2、E2一圈。

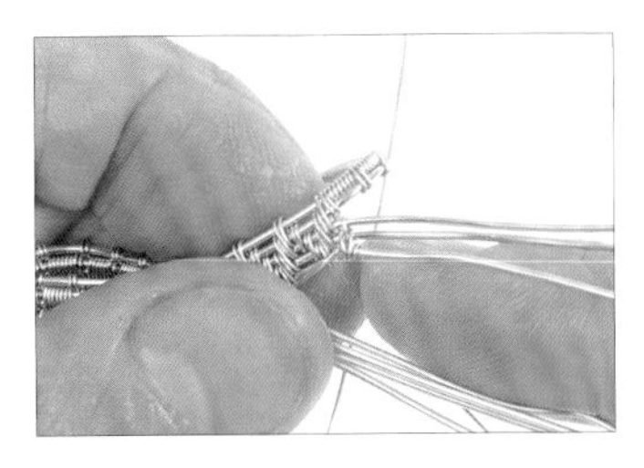

49　以線H纏繞線E2一圈。

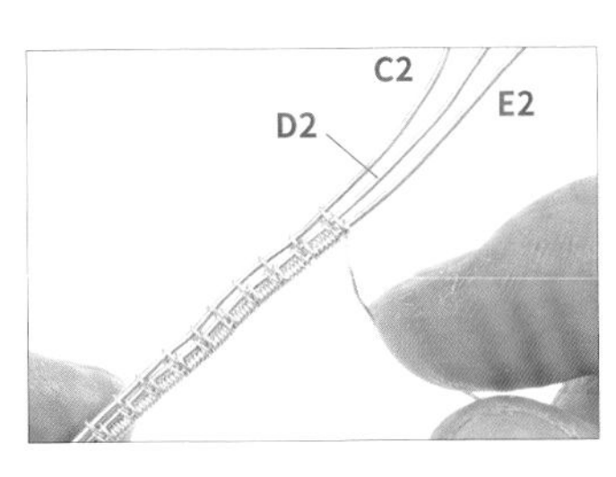

50　以線H持續製作14組三線繞法3。【註：三線繞法3詳細步驟請參考P.23；組數可依石材大小調整。】

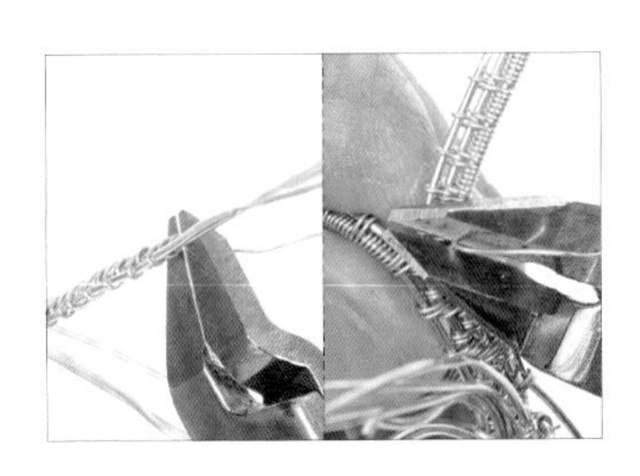

51　以斜口鉗將線H兩端多餘的金屬線剪掉。

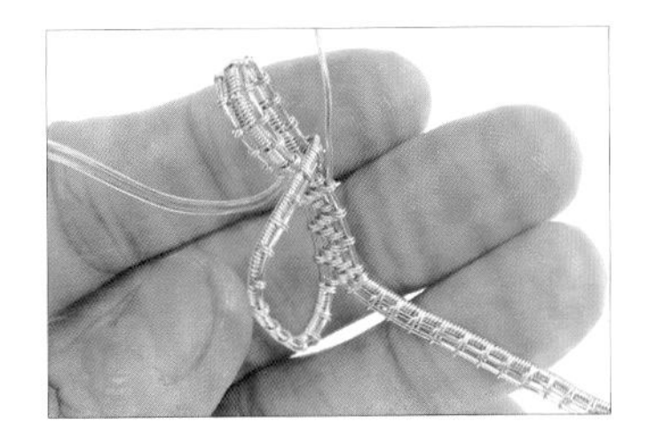

52　如圖，多餘線段剪掉完成。

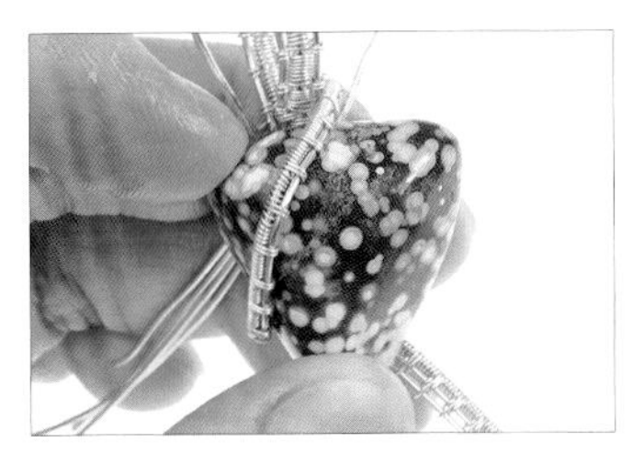

53　將海洋碧玉放回步驟42的原位。

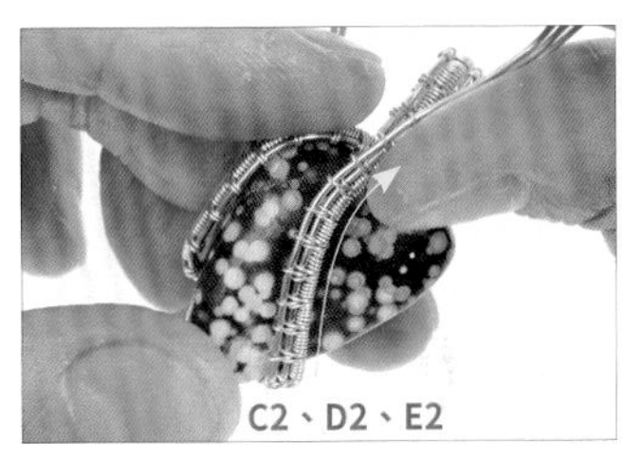

54　將線C2、D2、E2沿著海洋碧玉表面往上彎折。

55　將線C2～E2彎折出弧形，形成包框。

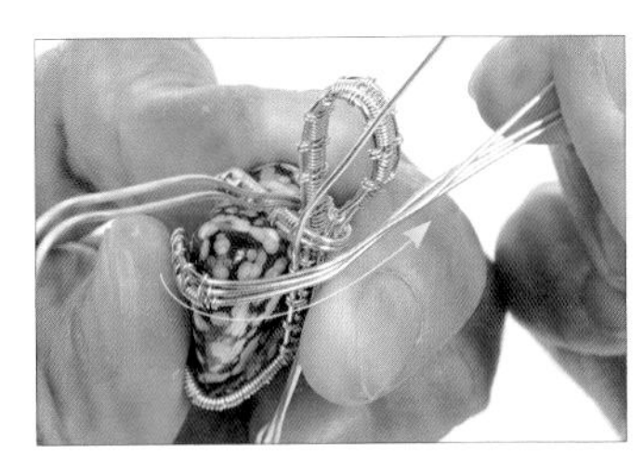

56　承步驟55，將線沿著海洋碧玉表面彎折。

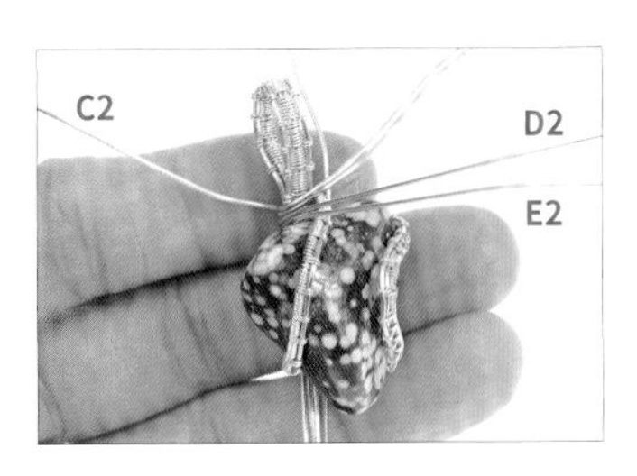

57　將線C2往上彎折，並將線D2、E2往前方彎折。

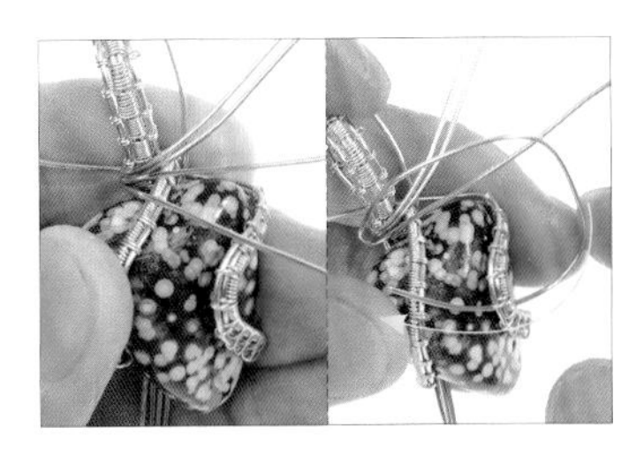

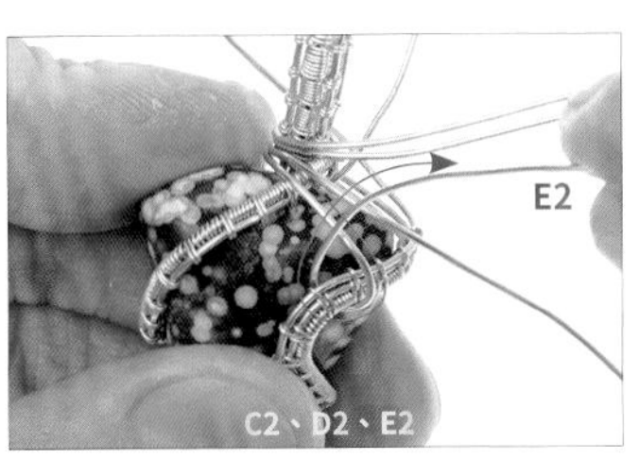

58　以線E2穿過線C2～E2包框的下方。

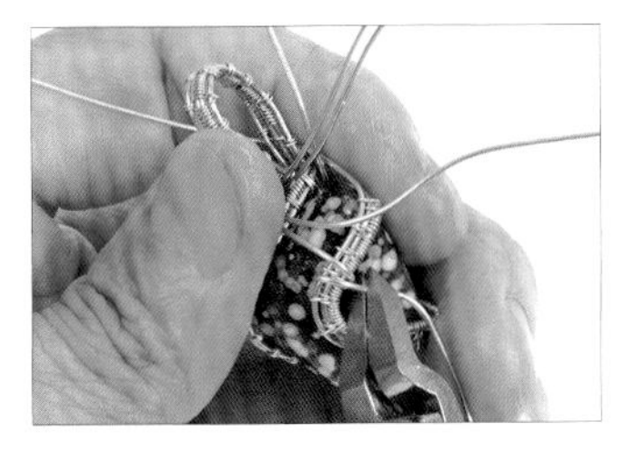

59　以斜口鉗剪掉多餘的線E2。

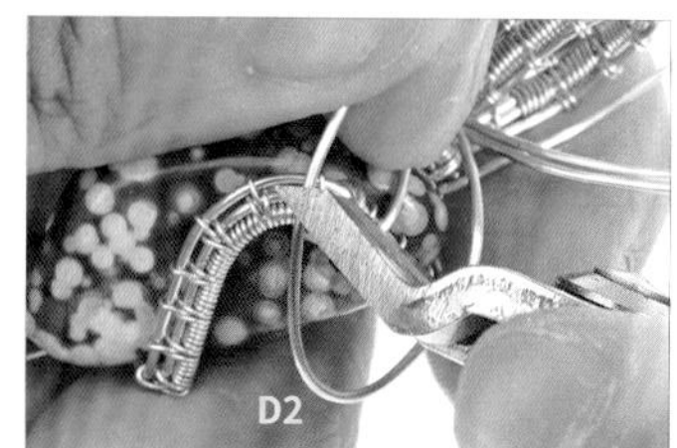

60 以尖嘴鉗將線E2斷口往內夾緊收尾。

61 將線D2彎折出弧形後，以斜口鉗剪掉多餘的線段。

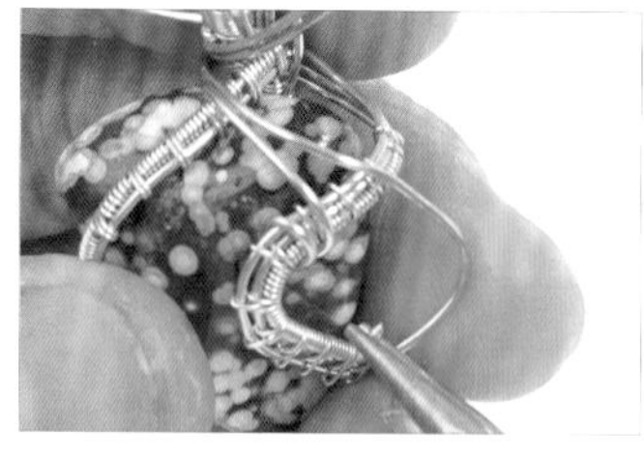

62 以圓嘴鉗夾住線D2，並先彎折出一個圓形，再順著圓形盤繞出漩渦形。

63 如圖，漩渦形製作完成。

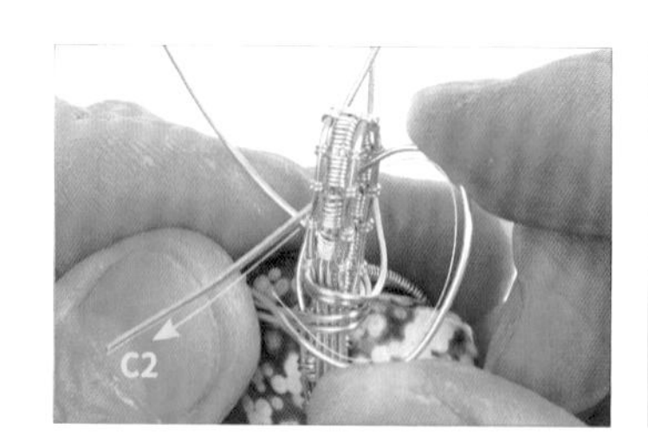

64 將線C2穿過墜頭主體，並纏繞墜頭主體一圈。【註：此為作品的背面。】

65 以斜口鉗剪掉多餘的線C2。

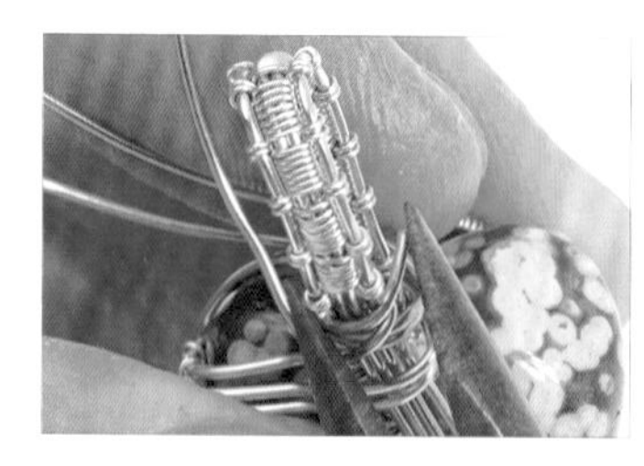

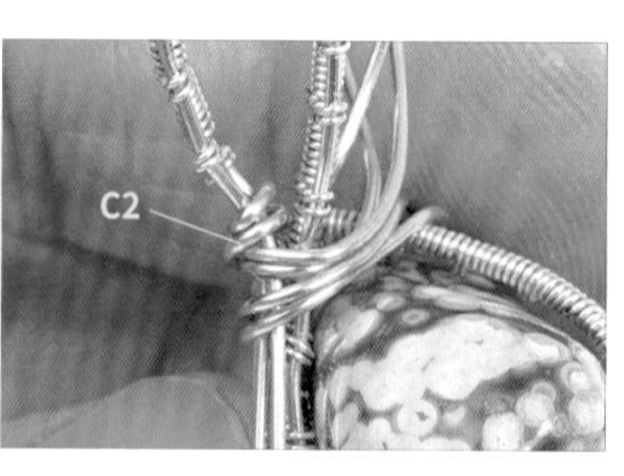

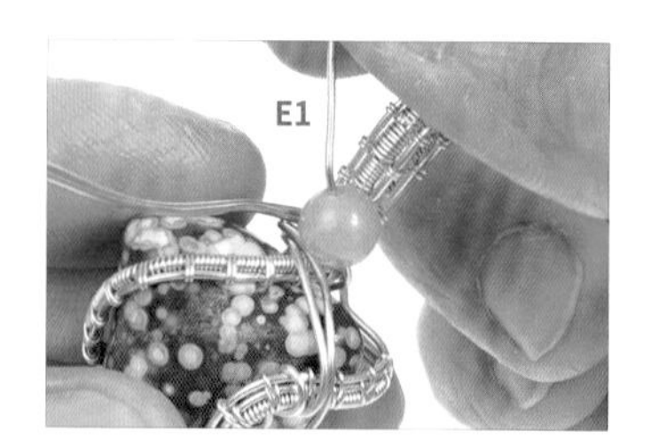

66 以尖嘴鉗將線C2斷口往內夾緊收尾。

67 取一顆黃瑪瑙，穿入線E1中。【註：此為作品的正面。】

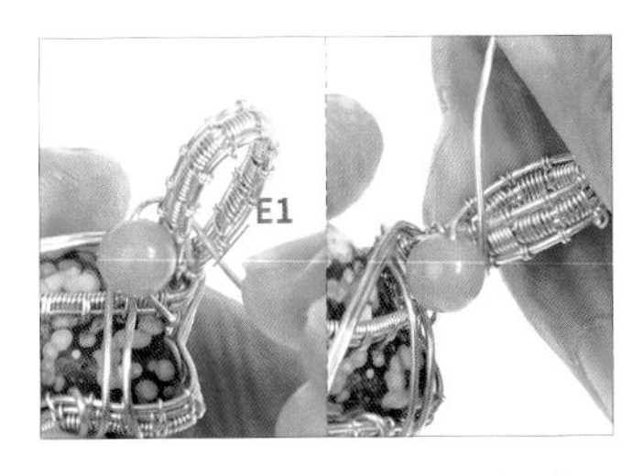

68　將線E1穿過墜頭主體，並纏繞一圈。

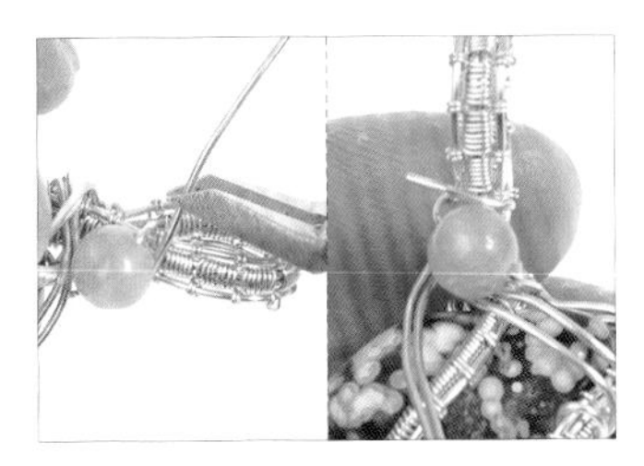

69　以斜口鉗剪掉多餘的線E1。

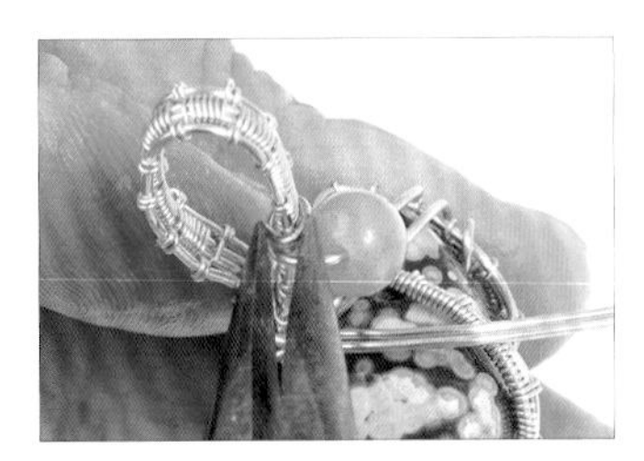

70　以尖嘴鉗將線E1斷口往內夾緊收尾。

71　如圖，黃瑪瑙完成固定。

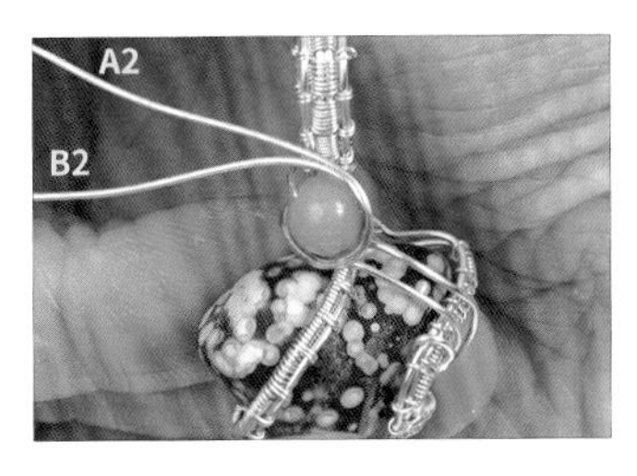

72　將線A2、B2沿著黃瑪瑙表面彎折出弧形。【註：A2再多繞半圈至黃瑪瑙下方。】

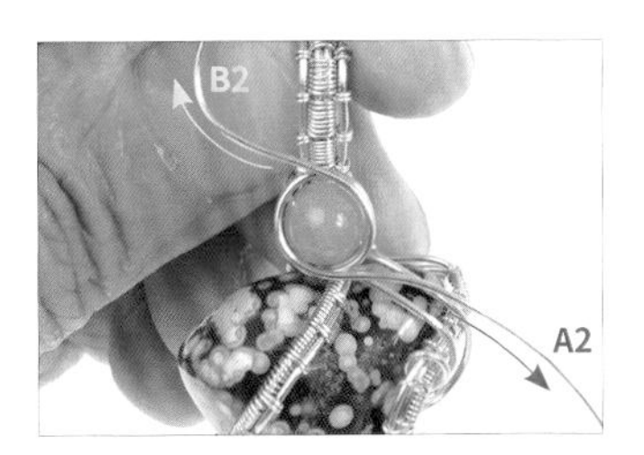

73　如圖，黃瑪瑙被線A2、B2包圍一圈。

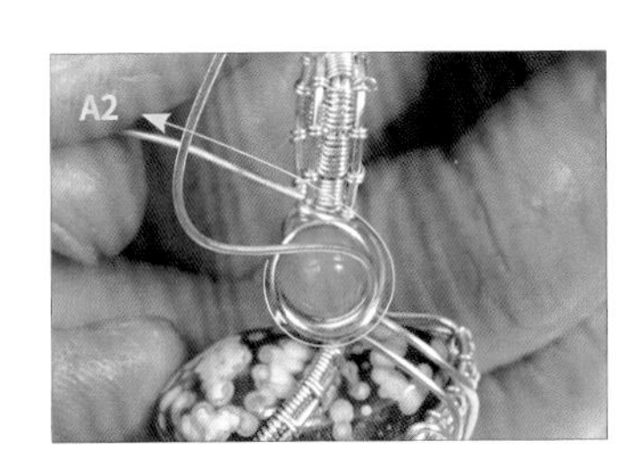

74　將下方的線A2穿過墜頭主體。

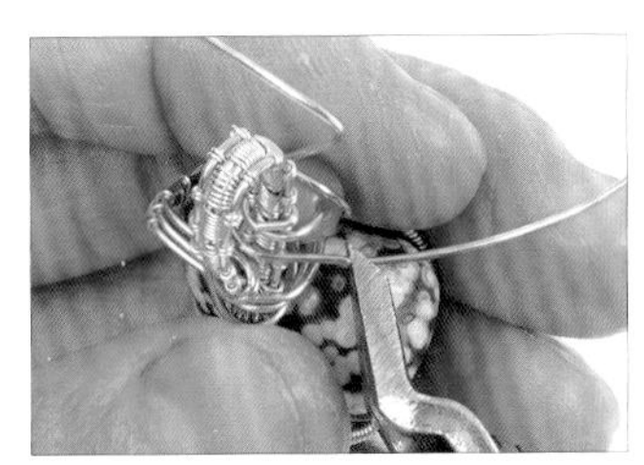

75　以斜口鉗剪掉多餘的線B1。

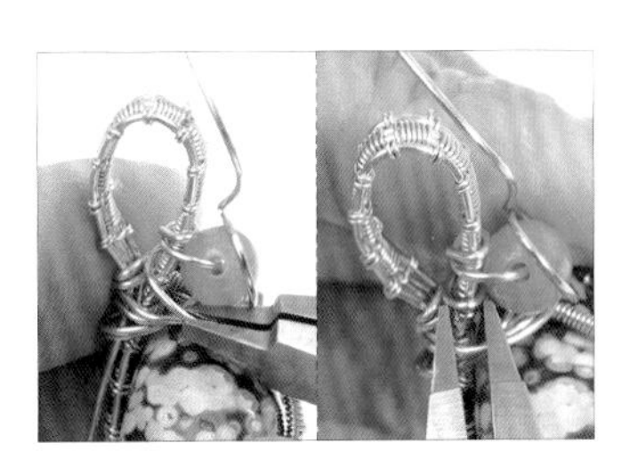

76　以平口鉗將線B1斷口往內夾緊收尾。

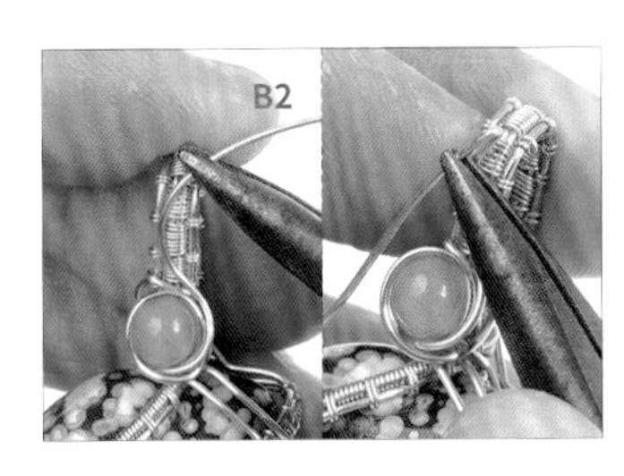

77　以尖嘴鉗將線B2往下彎折。

78　承步驟77，用手將線B2彎折出弧形，並穿過線A、B包框下方。

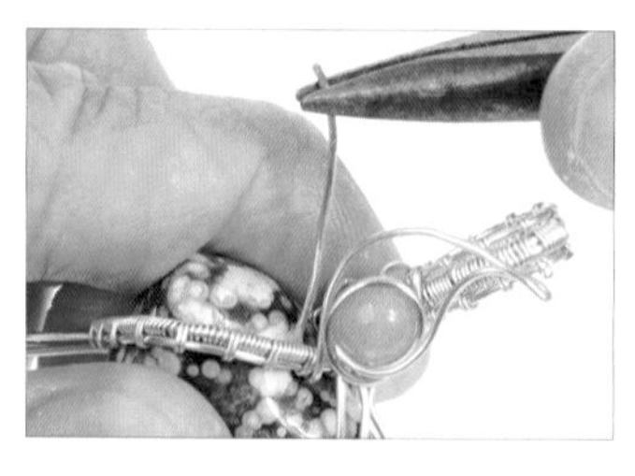

79　以尖嘴鉗將線B2拉緊。

80　以斜口鉗剪掉多餘的線B2。

81　以尖嘴鉗將線A1斷口往內夾緊收尾。

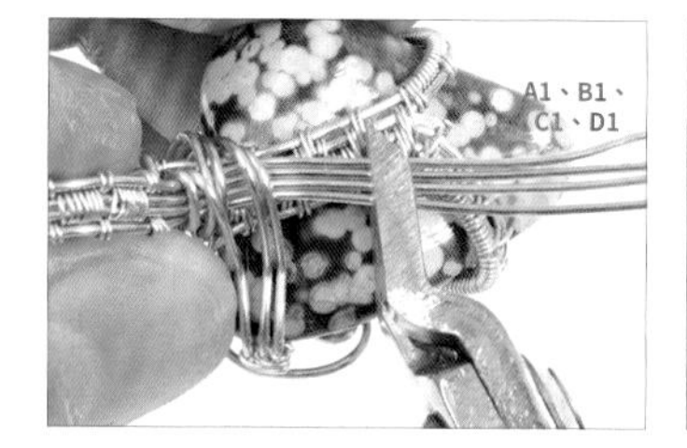

82　以斜口鉗剪掉多餘的線A1、B1、C1、D1。【註：此為作品的背面。】

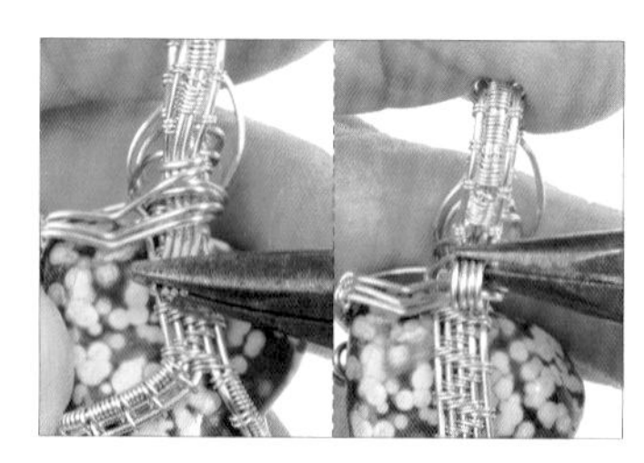

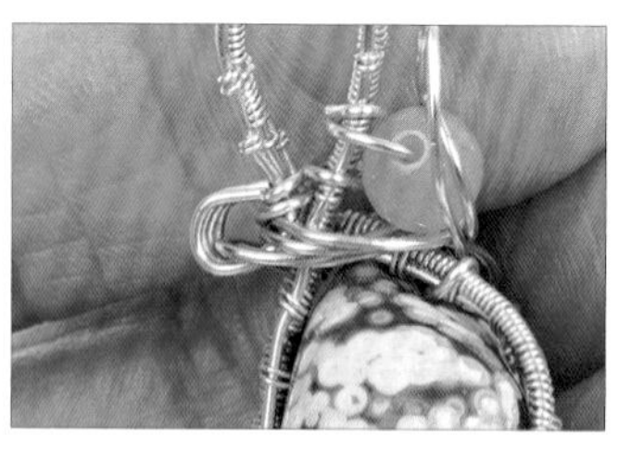

83　以尖嘴鉗夾住線A1、B1、C1、D1，並彎折成圓弧形。

84　如圖，大地靈蛇項鍊製作完成。

創作小語

藉由帶狀的編織，固定不規則形的礦石，線條的美感，凸顯自然礦物的特殊風格。

大地靈蛇項鍊
停格動畫 QRcode

邱比特豎琴項鍊

- 004 -

材料與工具 MATERIALS & TOOLS

◆ 線材

品項	用量
20G 青銅色圓線	28 公分 × 4 條，為線 A、B、C、D。
21G 青銅色半圓線	60 公分 × 1 條，為線 E。
26G 青銅色圓線	70 公分 × 1 條，為線 F。 10 公分 × 1 條，為線 G。

◆ 石材

★尺寸依序為：長 × 寬 × 高

品項	用量
虎眼石	1 顆。【裸石周長：7 公分；裸石大小：2.8 公分 ×1.7 公分 ×0.9 公分。】

◆ 工具

捲尺、斜口鉗、透氣膠帶、平口鉗、竹筷、圓嘴鉗。

步驟說明 STEP BY STEP

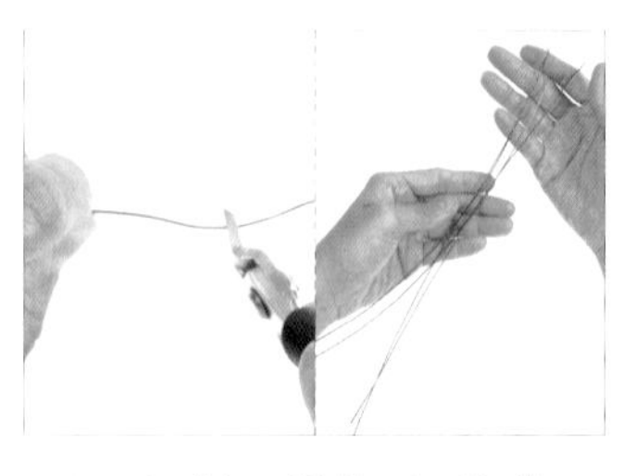

01　以斜口鉗剪下4條約28公分的20G線。【註：線長為裸石周長的4倍，為線A、B、C、D。】

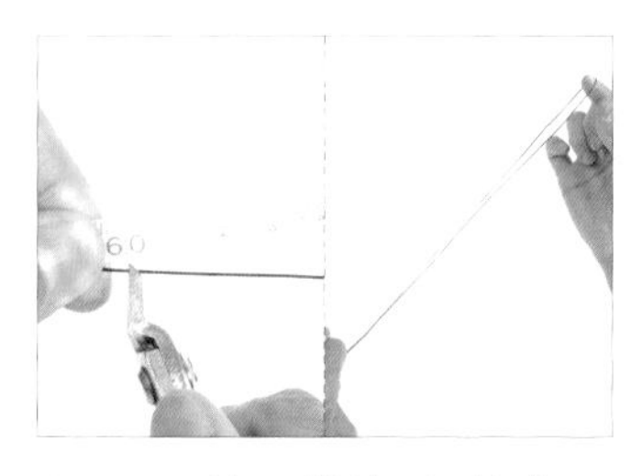

02　以斜口鉗剪下1條約60公分的21G半圓線，並對折，為線E。

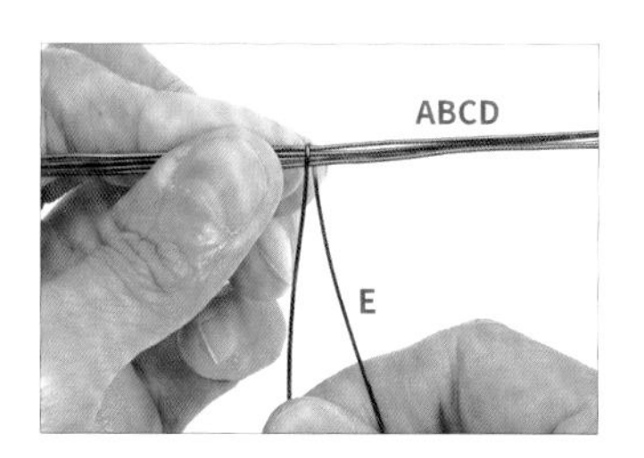

03　將線E勾入線A、B、C、D的中間點。

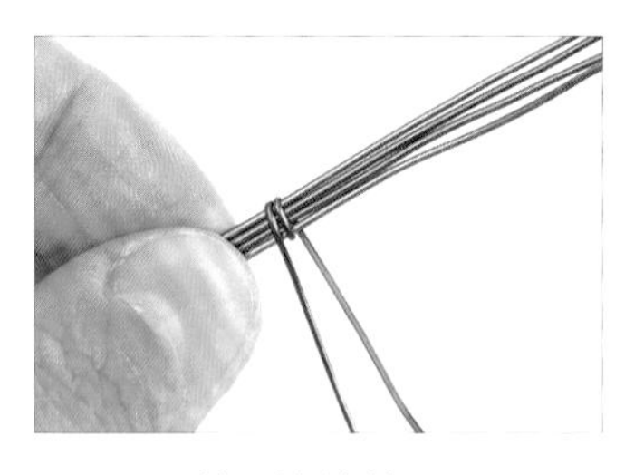

04　以線E纏繞線A、B、C、D一圈。【註：以線E兩端分別往左、右繞圈。】

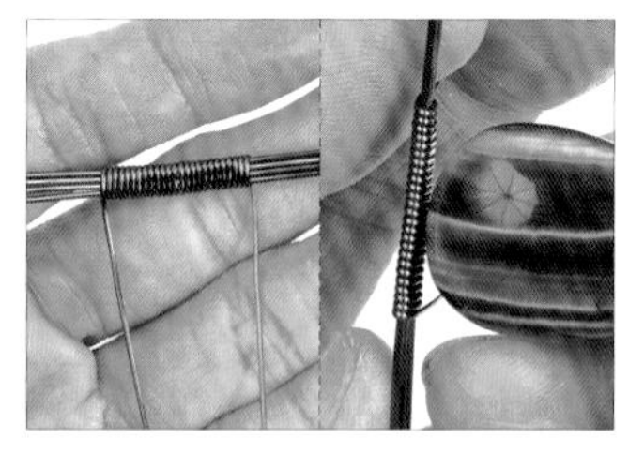

05　重複步驟4，在線A、B、C、D上持續纏繞。【註：纏繞長度須略小於虎眼石下側的弧長，才能包緊石材。】

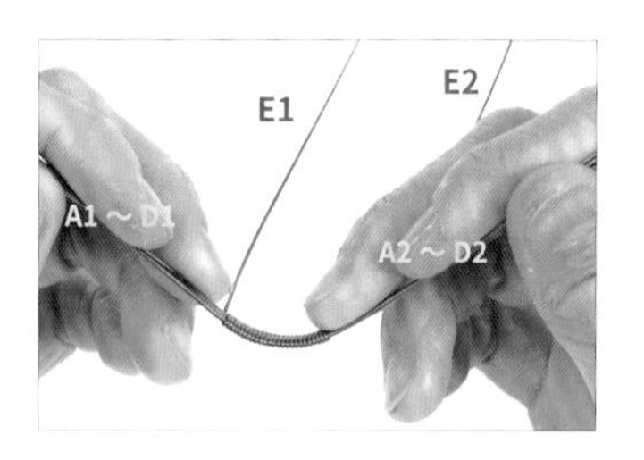

06　將線A、B、C、D彎折，形成線A1～D1及A2～D2，且使線E分為E1、E2，以製作包框。

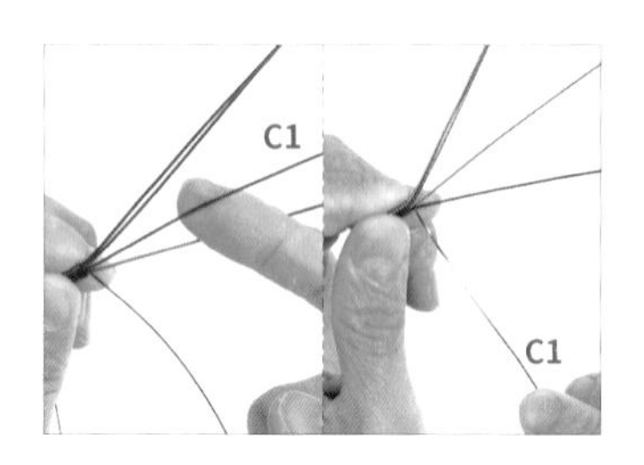

07　用手將線C1往下彎折。

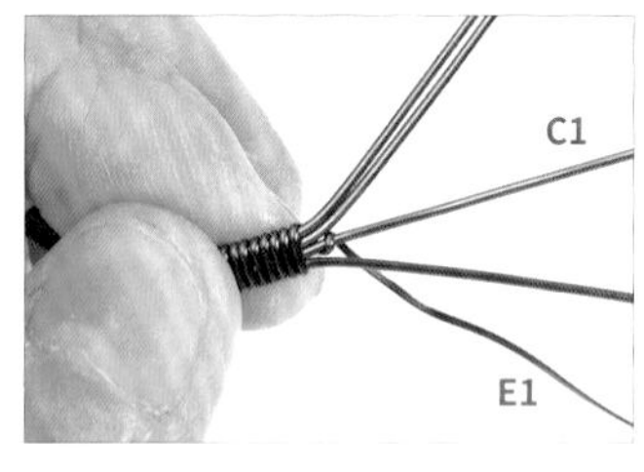

08　以線E1纏繞線C1一圈。

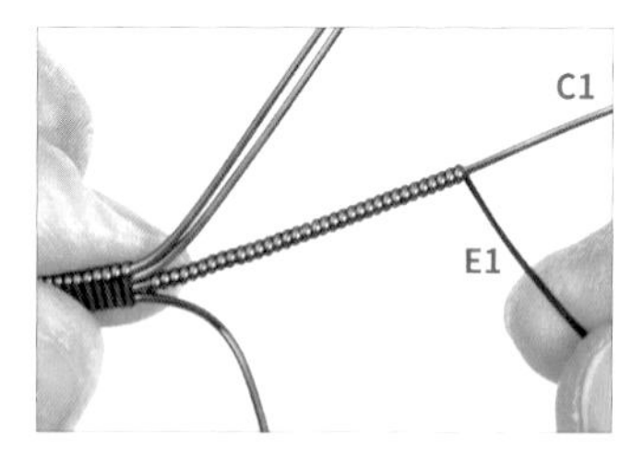

09　重複步驟8，在線C1上持續纏繞。

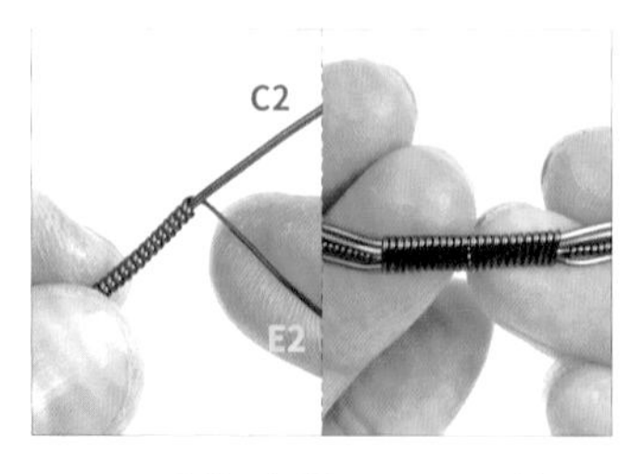

10　重複步驟8-9，以線E2纏繞線C2。

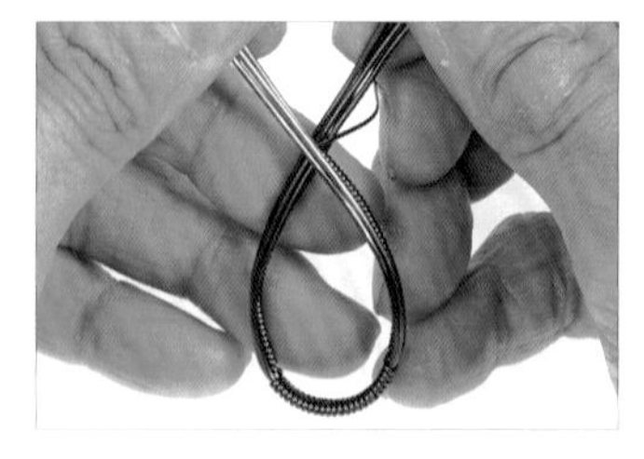

11　將線A、B、C、D彎折出水滴形。【註：線E1、E2纏繞長度須符合裸石周長。】

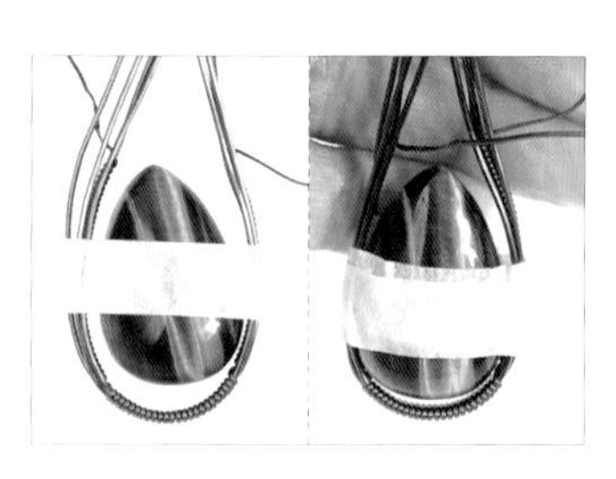

12　以透氣膠帶將虎眼石及線A、B、C、D纏繞一圈，以黏貼固定。

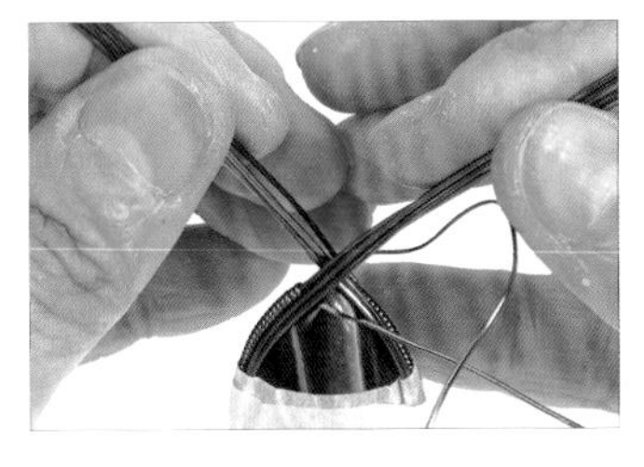

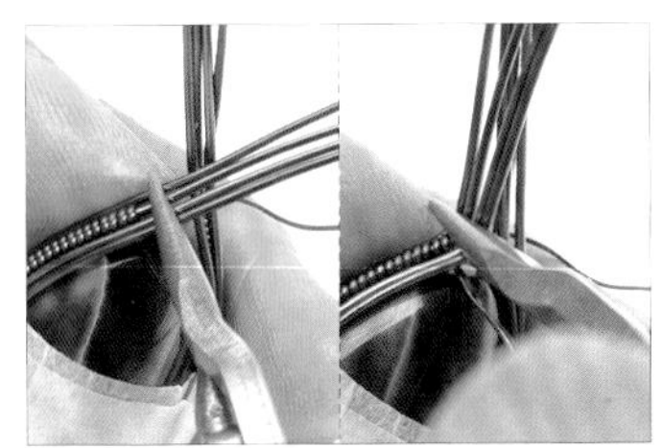

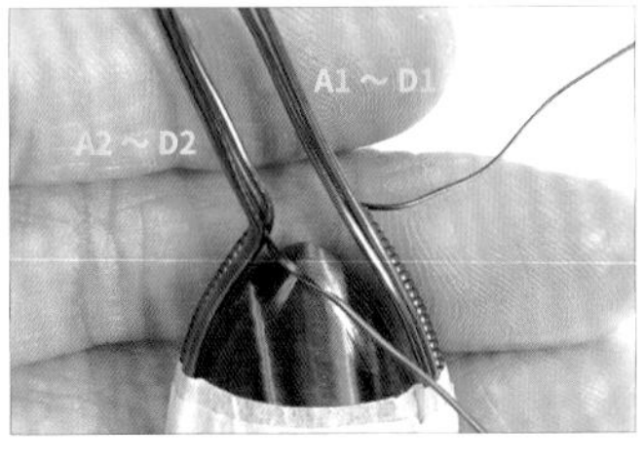

13　用手將線A、B、C、D拉緊，以貼合裸石，形成裸石包框。

14　以圓嘴鉗將線A2、B2、C2、D2彎折。

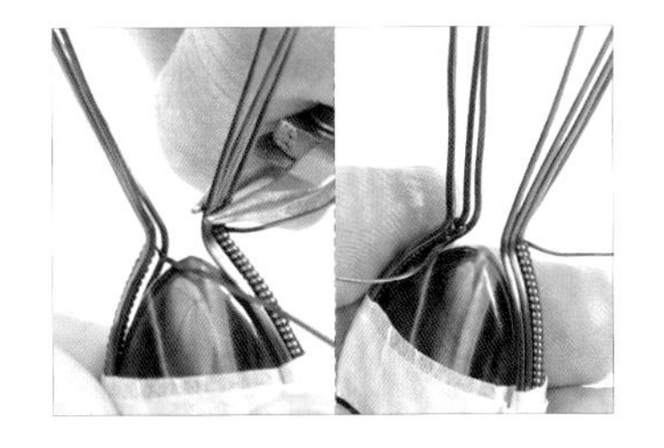

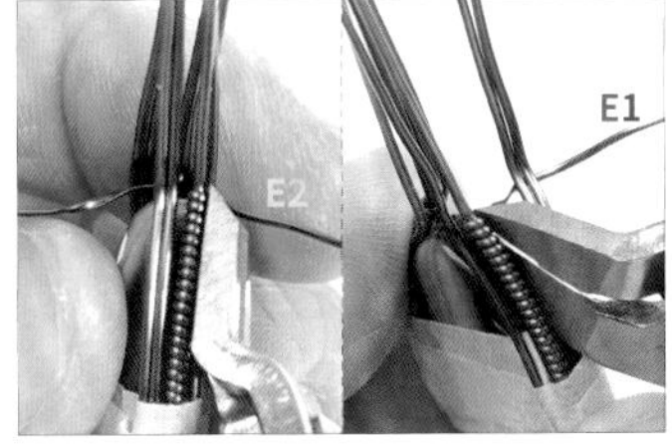

15　重複步驟14，將線A1、B1、C1、D1彎折。

16　以斜口鉗剪掉線E1、E2多餘的線段。

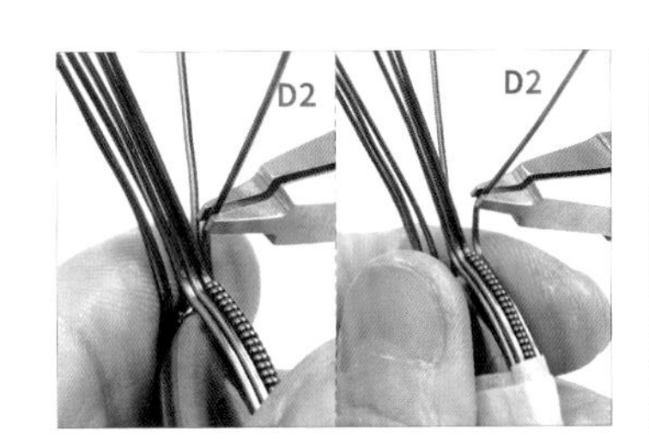

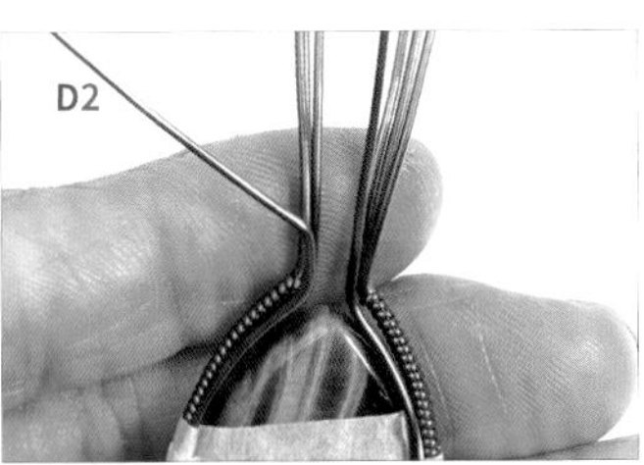

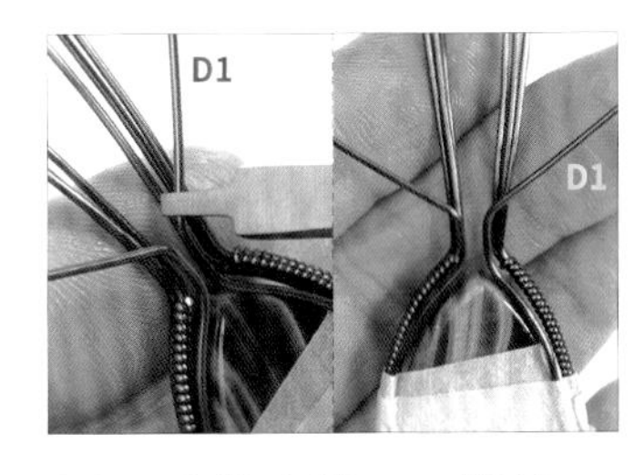

17　以平口鉗將線D2彎折。【註：須預留0.5～1公分長度，再彎折。】

18　重複步驟17，將線D1彎折。

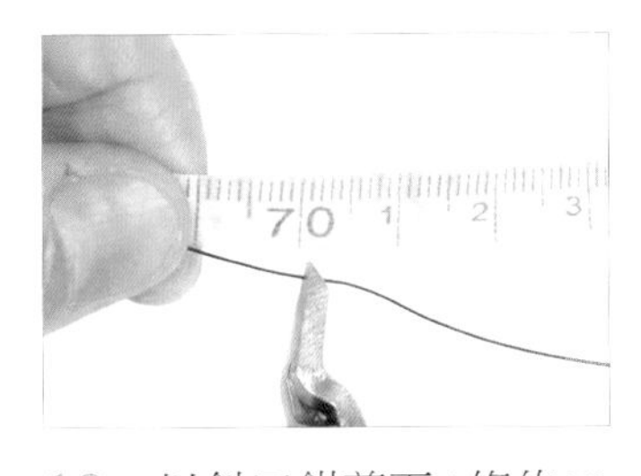

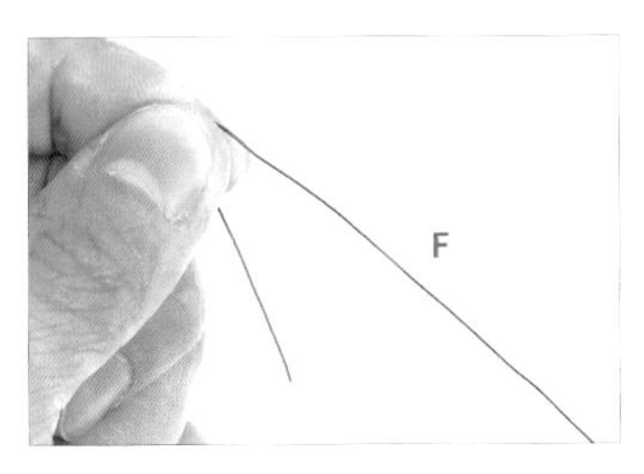

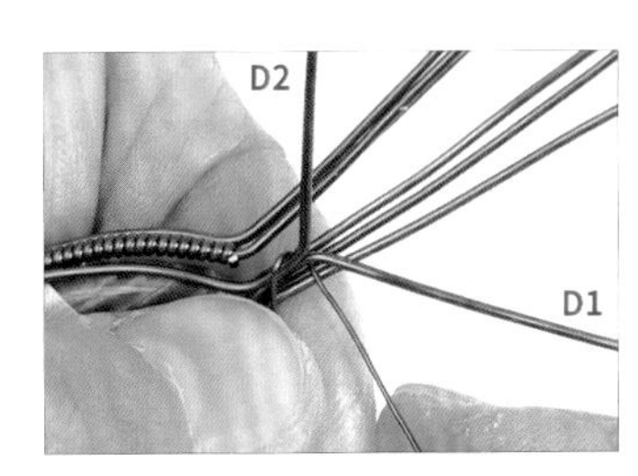

19　以斜口鉗剪下1條約70公分的26G線，為線F。

20　將線F折成彎鉤形。

21　承步驟20，將線F勾入線D1、D2。

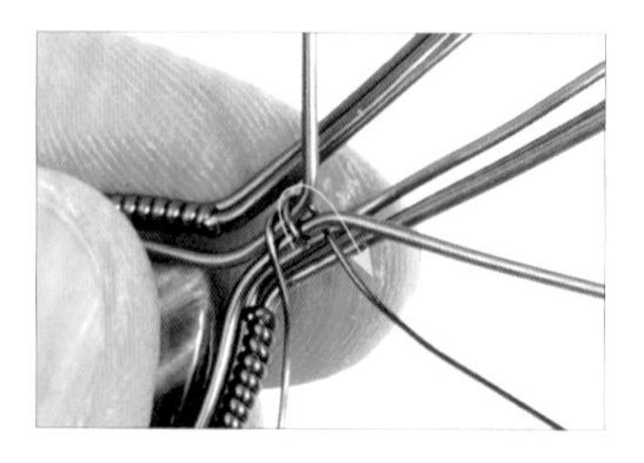

22　以線F纏繞線D1、D2一圈。

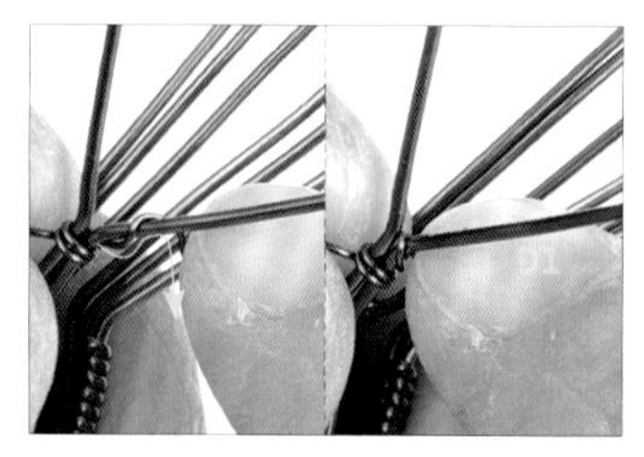

23　重複步驟22後，以線F纏繞線D1一圈。

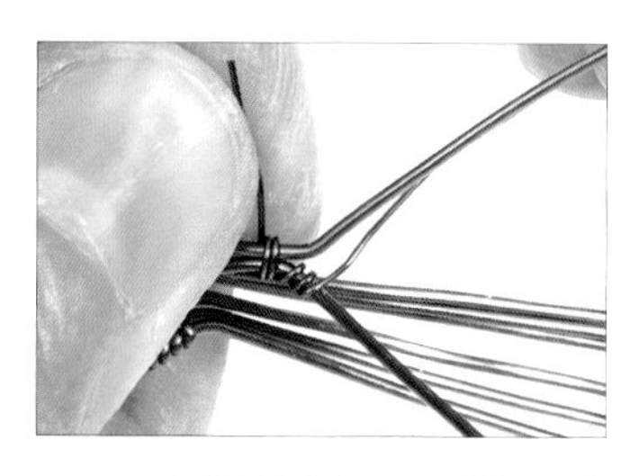

24　重複步驟23，纏繞線D1兩圈。

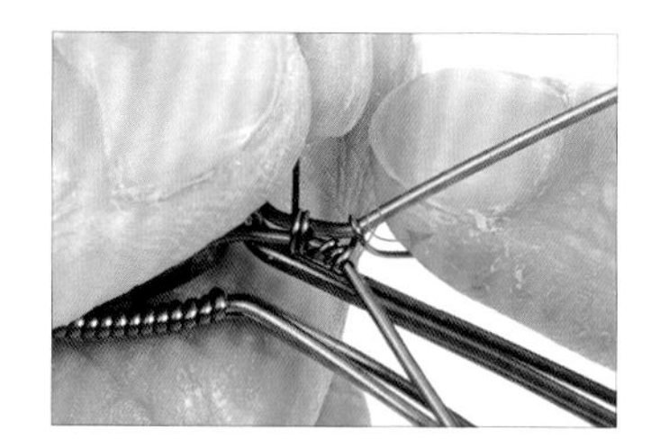

25　將線F穿過線D2下方後，往上纏繞線D2一圈。

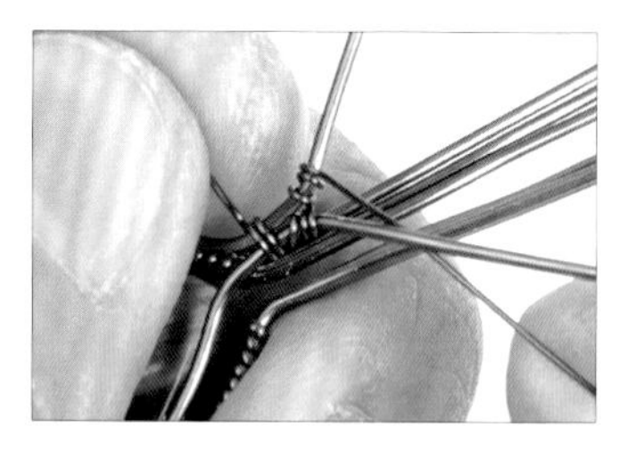

26　重複步驟25，纏繞線D2兩圈。【註：雙線八字繞法1詳細步驟請參考P.16。】

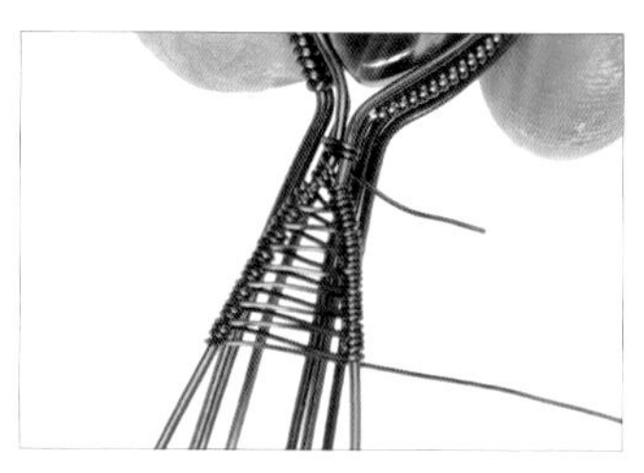

27　重複步驟23-26，在線D1、D2上持續纏繞。

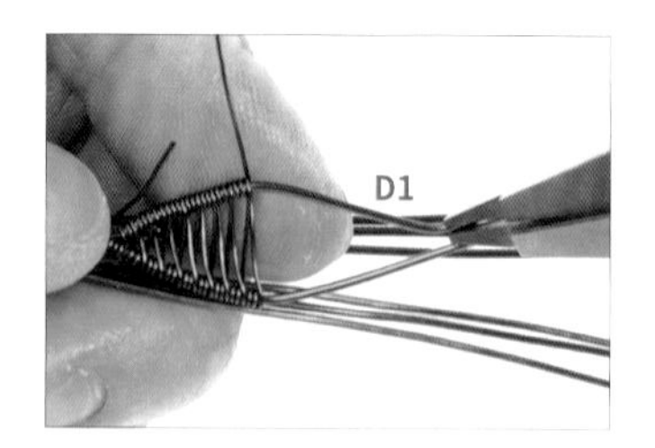

28　以平口鉗將線D1向外彎折。

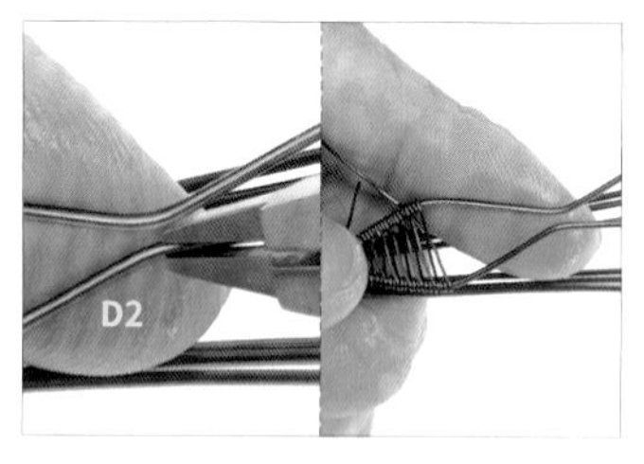

29　以平口鉗將線D2向外彎折，形成菱形鏤空。

30　重複步驟23-26，以線F纏繞填滿菱形。【註：菱形建議長度約為2.5～3公分。】

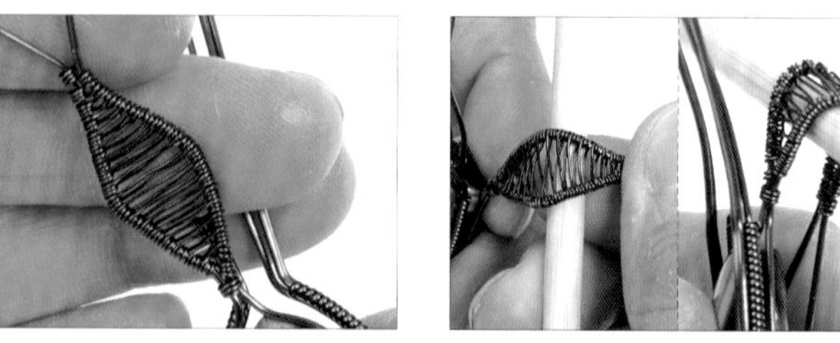

31　以斜口鉗將線F兩端多餘的金屬線剪掉，即完成墜頭主體。

32　以竹筷為輔助，將墜頭主體往下彎折。

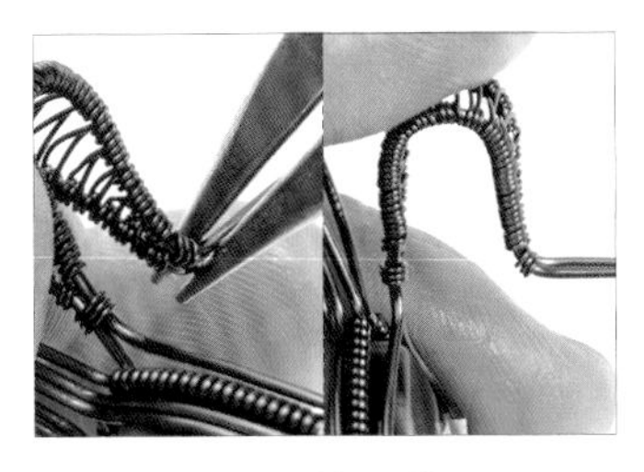

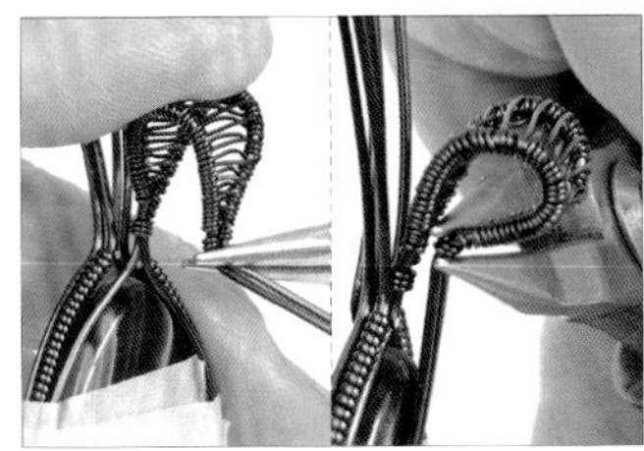

33　以圓嘴鉗將線D1、D2往上折出直角。

34　以圓嘴鉗將墜頭主體往裸石方向壓緊，以製作成水滴形。

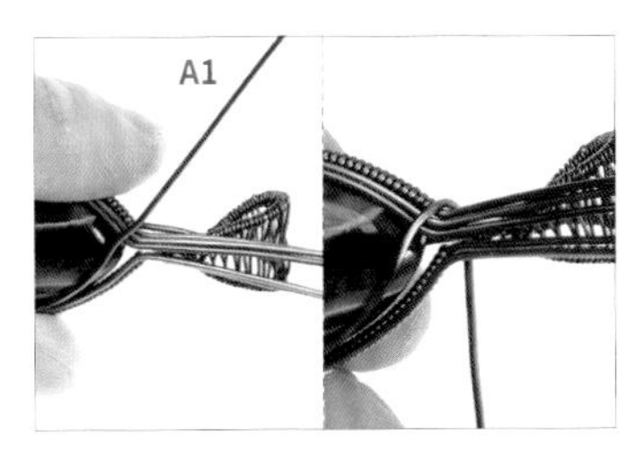

35　以線A1纏繞線A2、B1、B2、C1、C2及墜頭主體下方一圈。

36　重複步驟35，纏繞五圈。【註：可以預留長度調整纏繞圈數。】

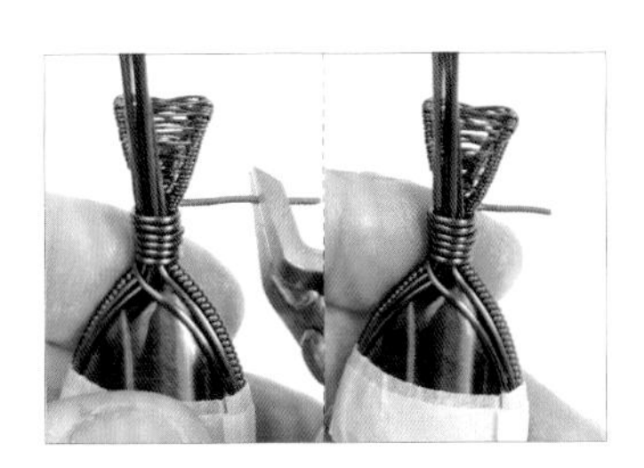

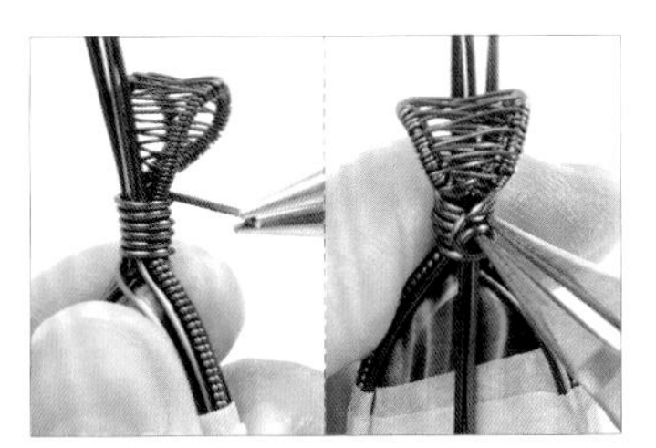

37　以斜口鉗剪掉多餘的線A1，準備收尾。

38　以圓嘴鉗夾住線A1，並先彎折出一個圓形，再順著圓形盤繞出漩渦形。

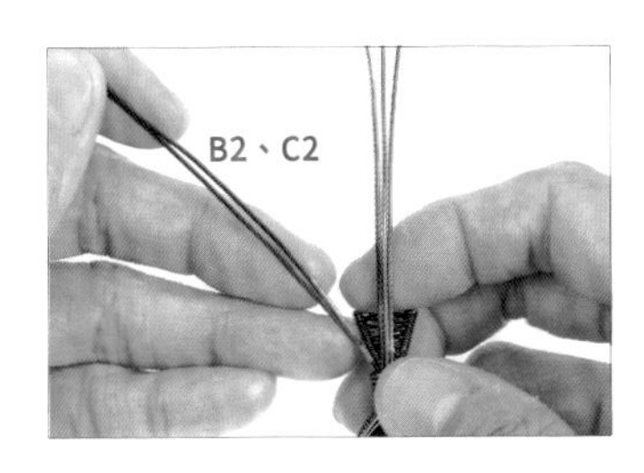

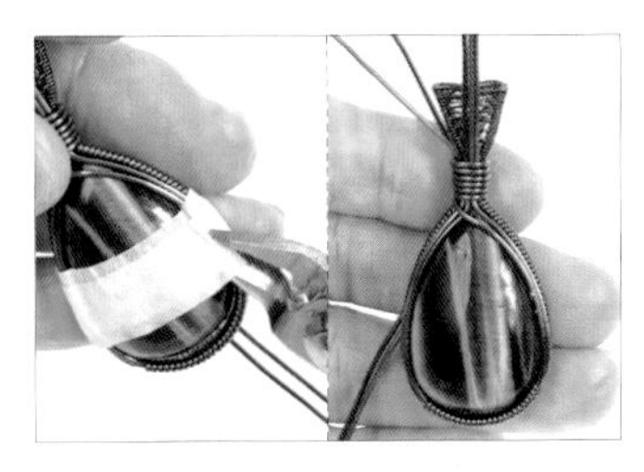

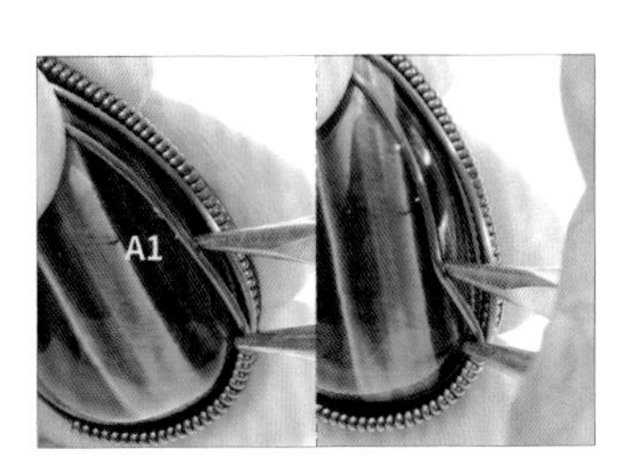

39　用手將線B2、C2往下彎折。

40　以斜口鉗將透氣膠帶剪開，並用手撕除。【註：因已有線段纏繞，不須再以透氣膠帶固定。】

41　以圓嘴鉗將包框的線A1分開，並彎折出造型。

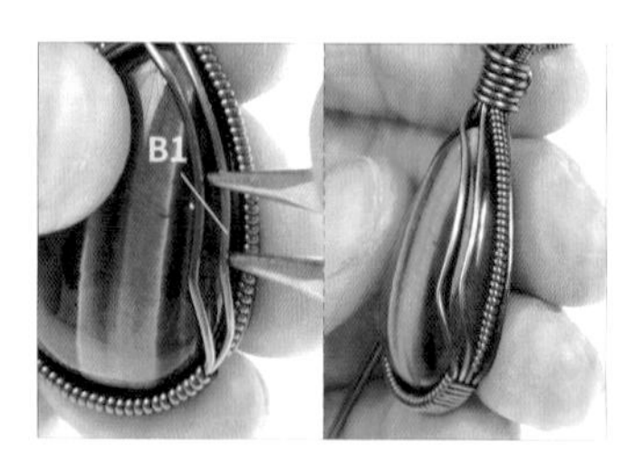

42　重複步驟41，將線B1彎折出造型。

43　重複步驟41-42，線A2、B2彎折出造型。

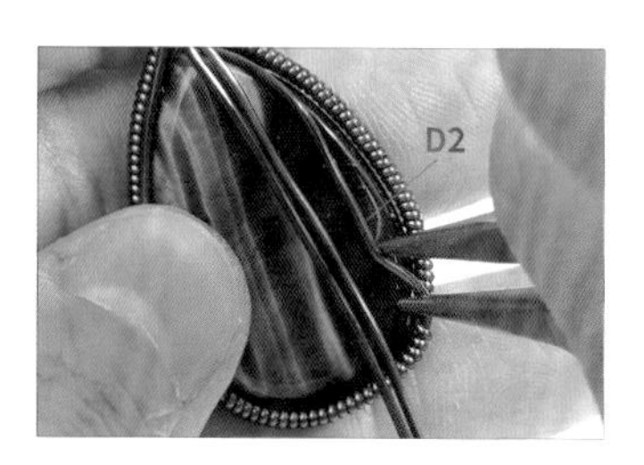

44　將虎眼石翻至背面，重複步驟41，將線D2彎折出造型，為底座。

45　重複步驟44，將線D1彎折成底座。

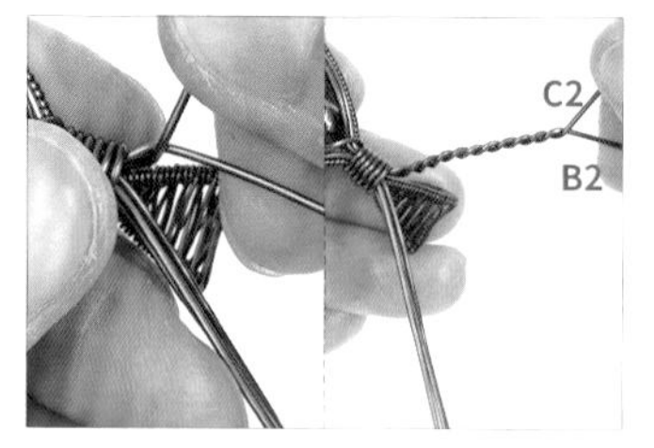

46　用手將線B2、C2彎折成雙線麻花。【註：雙線麻花詳細步驟請參考P.24。】

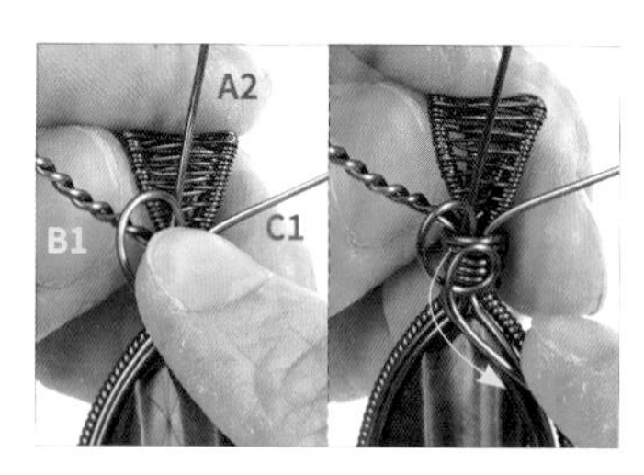

47　用指腹為輔助，將線B1往下彎折成弧形。

48　將線B1往後彎折出弧形。

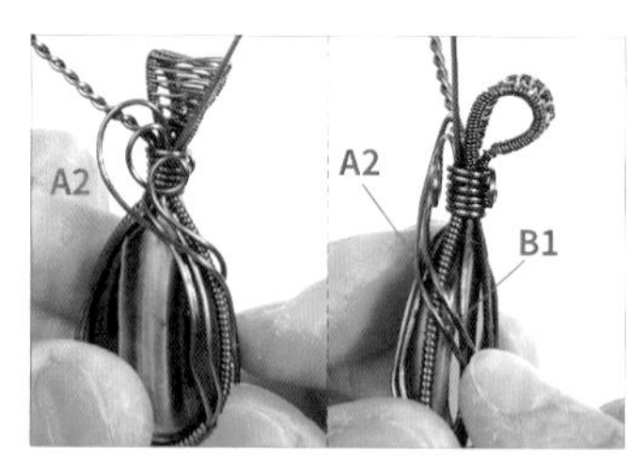

49　將線A2往後彎折出弧形。

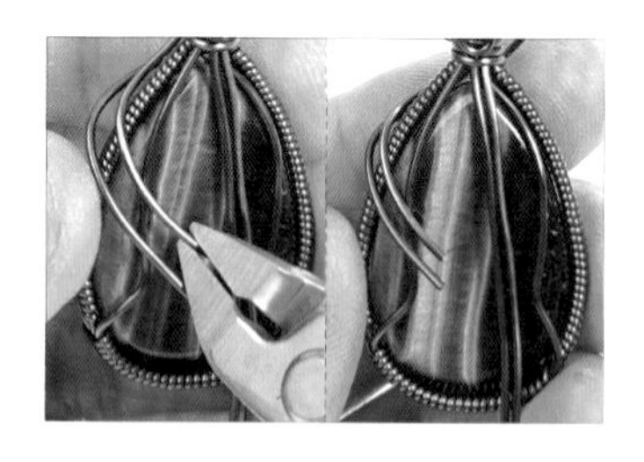

50　以斜口鉗剪掉多餘的線B1，準備收尾。【註：須預留約0.5公分長度；此為作品背面。】

51　以圓嘴鉗將線B1往內彎折，使線B1尾端繞入底座。

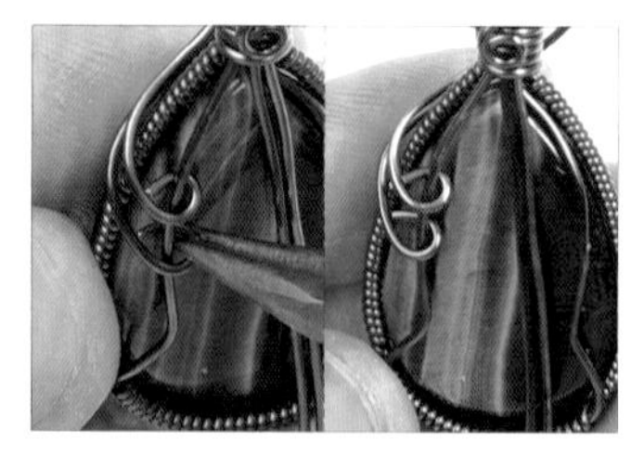

52　重複步驟51，將線A2尾端繞入底座。

53　將雙線麻花往後彎折出弧形。

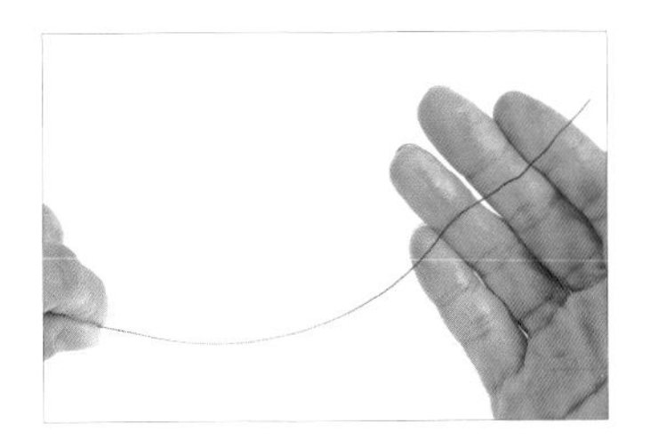

54　取1條10公分的26G線，為線G。

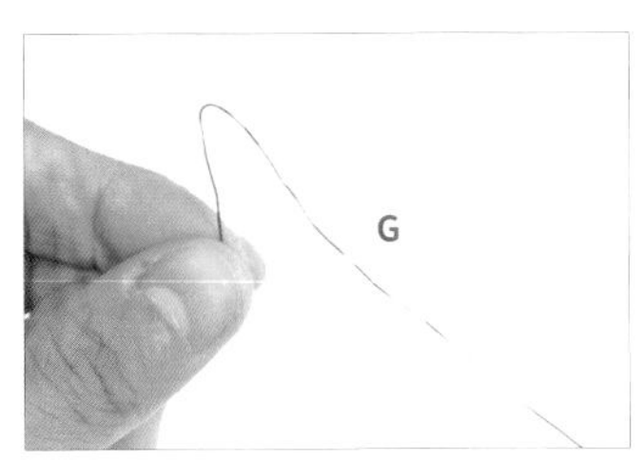

55　將線G折成彎鉤形。

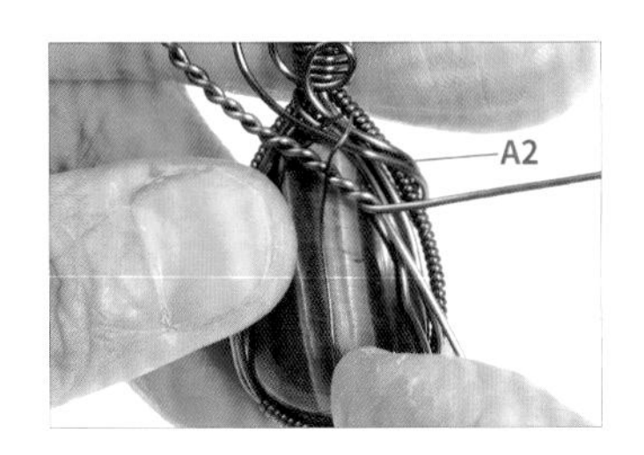

56　承步驟55，將線G勾入線A2及雙線麻花。

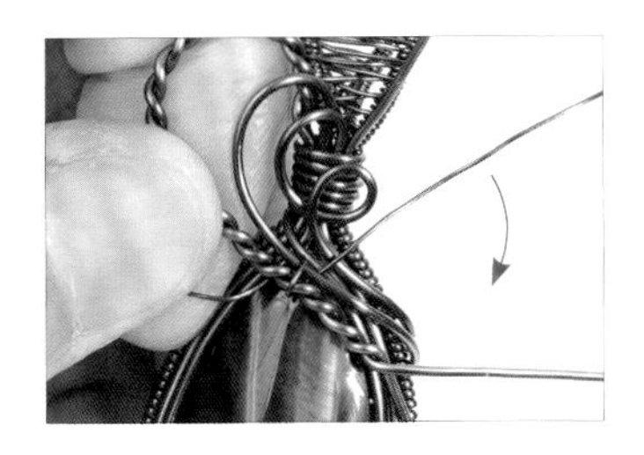

57　以線G纏繞線A2、雙線麻花一圈。

58　重複步驟57，纏繞兩圈。

59　以線G纏繞線A2一圈。

60　重複步驟59，纏繞一圈。

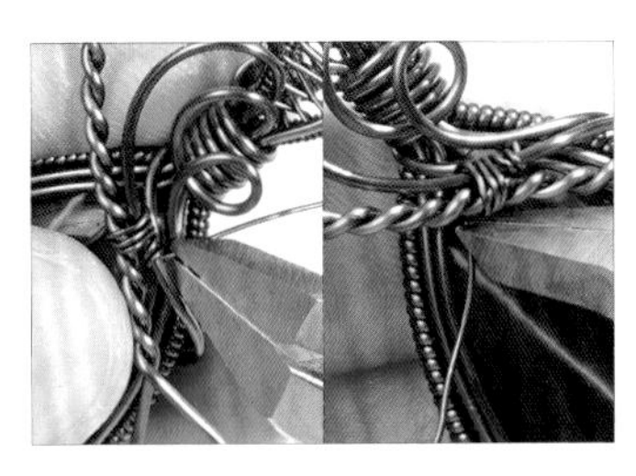

61　以斜口鉗將線G兩端多餘的金屬線剪掉。

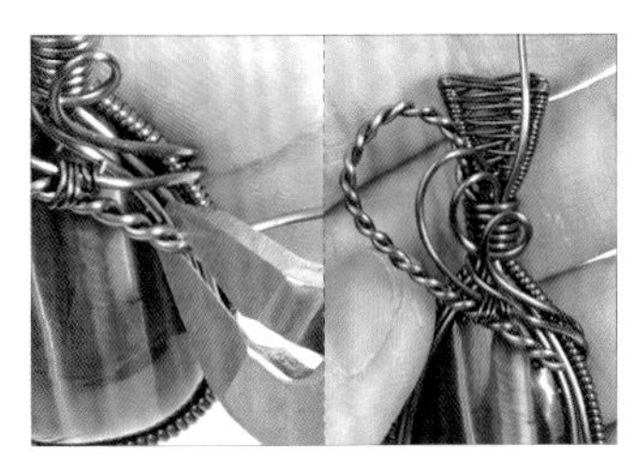

62　以斜口鉗剪掉多餘的雙線麻花。

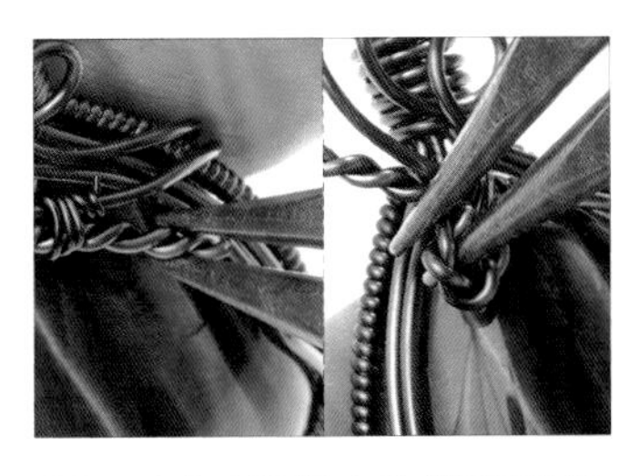

63　以圓嘴鉗夾住雙線麻花，並彎折成圓弧形。

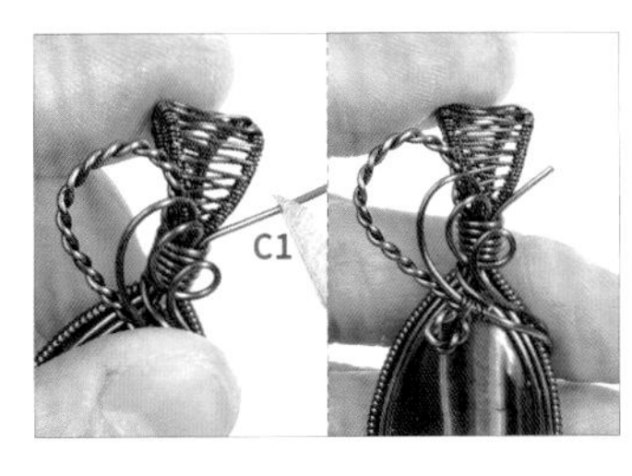

64　以斜口鉗剪掉多餘的線C1，準備收尾。【註：須預留約0.5公分長度。】

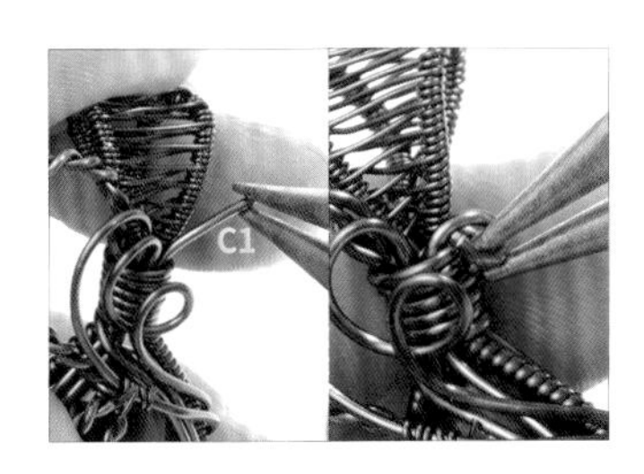

65　以圓嘴鉗夾住線C1，並彎折成圓弧形。

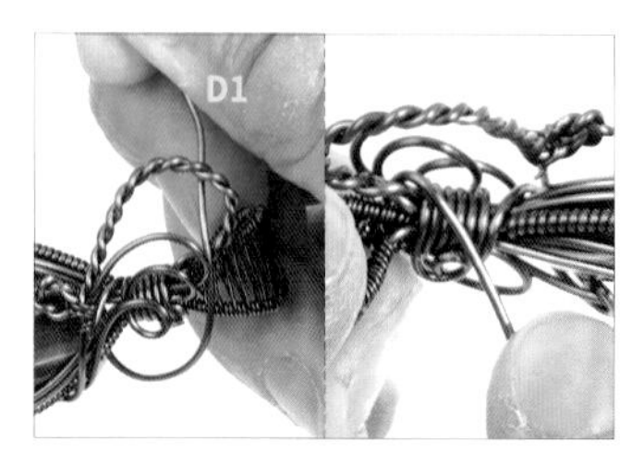

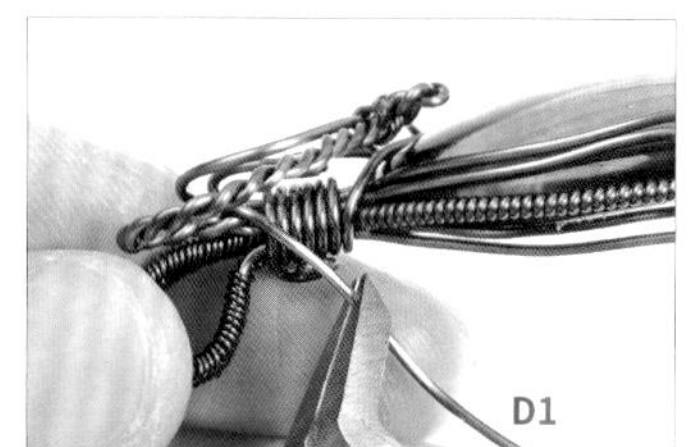

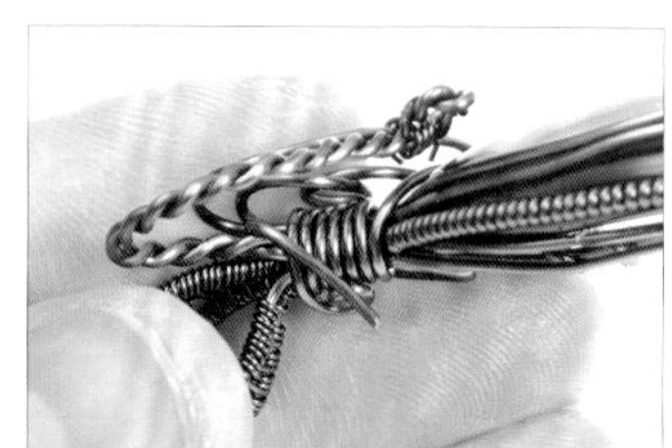

66 用手將線D1穿過雙線麻花，並往後彎折成弧形。

67 以斜口鉗剪掉多餘的線D1。

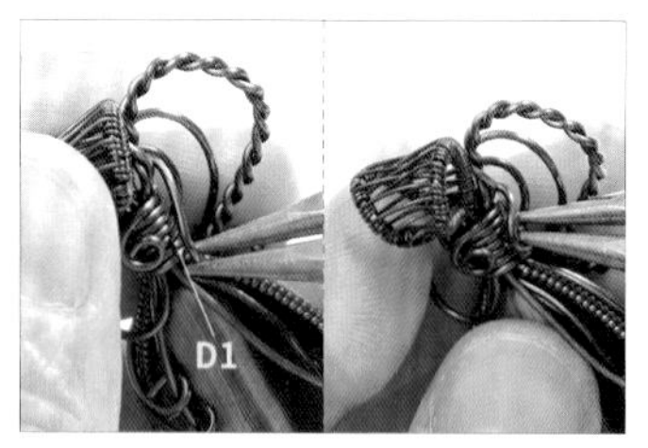

68 以圓嘴鉗夾住線D1，並彎折成圓弧形。

69 用手將線D2往上彎折成弧形。

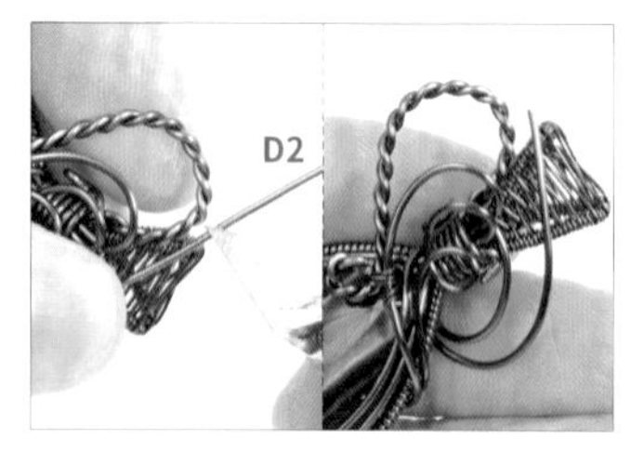

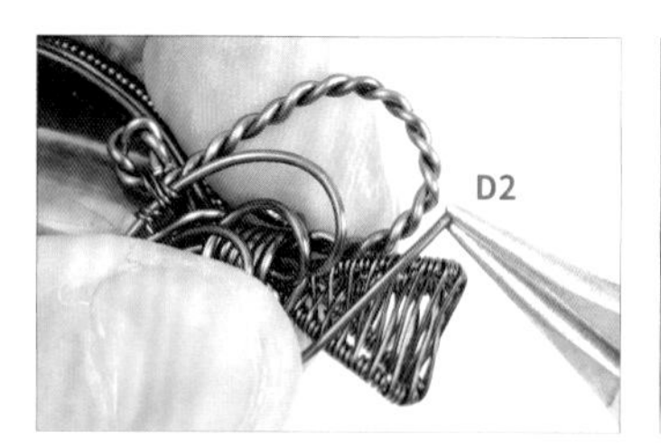

70 以斜口鉗剪掉多餘的線D2，準備收尾。

71 以圓嘴鉗夾住線D2，並彎折成弧形。

72 以平口鉗將線D2斷口往內夾緊收尾。

73 如圖，邱比特豎琴項鍊製作完成。

邱比特豎琴項鍊
停格動畫 QRcode

調香瓶項鍊

- 005 -

材料與工具 MATERIALS & TOOLS

◆ 線材

品項	用量
21G 紅銅色方線	10 公分 × 3 條，為線 A、B、C。
21G 紅銅色半圓線	80 公分 × 1 條，為線 D。 15 公分 × 1 條，為線 F。
28G 紅銅色圓線	80 公分 × 1 條，為線 E。 10 公分 × 2 條，為線 G、H。

◆ 石材

★尺寸依序為：長 × 寬 × 高

品項	用量
月光石	1 顆。【裸石大小 1.9 公分 ×1.9 公分 ×0.8 公分；裸石周長：5.5 公分。】
丹泉石	1 顆。【裸石大小：0.7 公分×0.9 公分 ×0.3 公分。】

◆ 工具

捲尺、斜口鉗、尼龍平口鉗、平口鉗、黑色奇異筆、圓嘴鉗、透氣膠帶、剪刀。

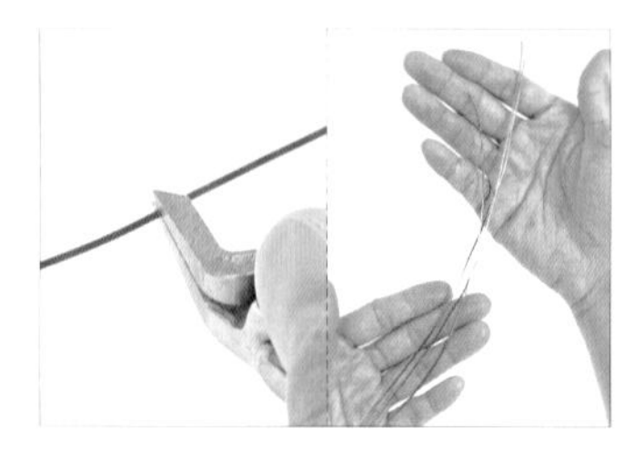

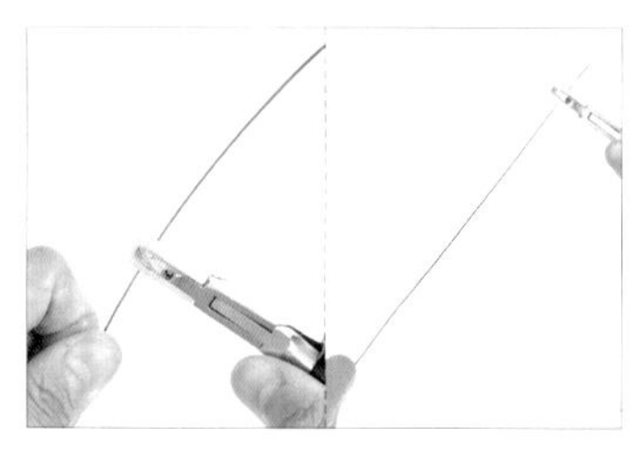

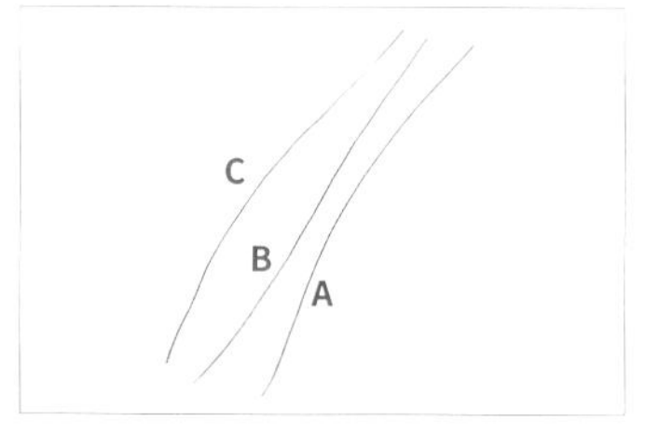

01 以斜口鉗剪下3條約10公分的21G線。【註：線長約為月光石長度的5倍，為線A、B、C。】

02 以尼龍平口鉗整線A、B、C，以將線拉直。

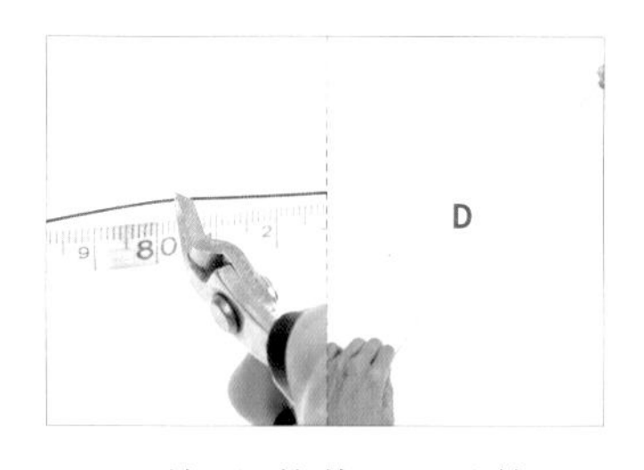

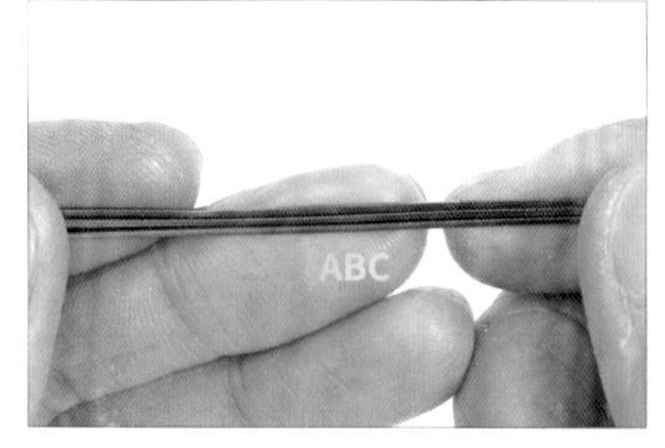

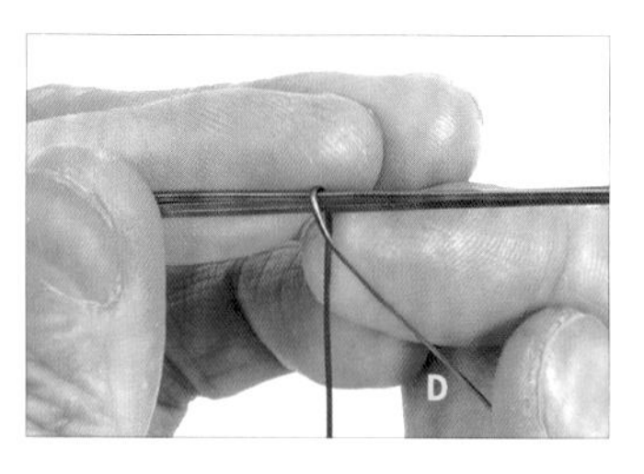

03 剪下1條約80公分的21G線，並對折，為線D。【註：線長約為月光石（長＋寬）×2×10的長度。】

04 將線A、B、C並排擺放。

05 將線D中間點繞入線A、B、C的中間點。

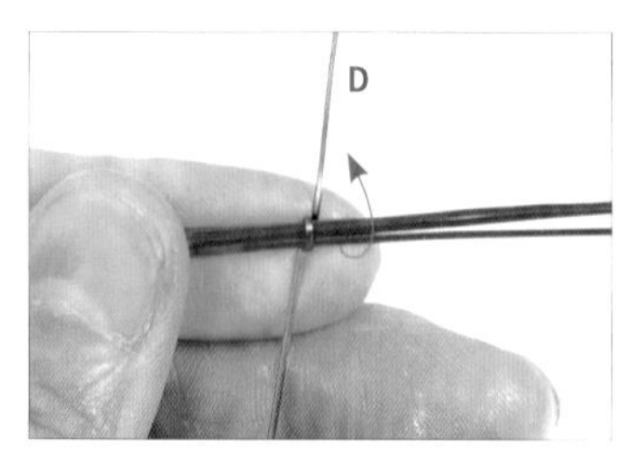

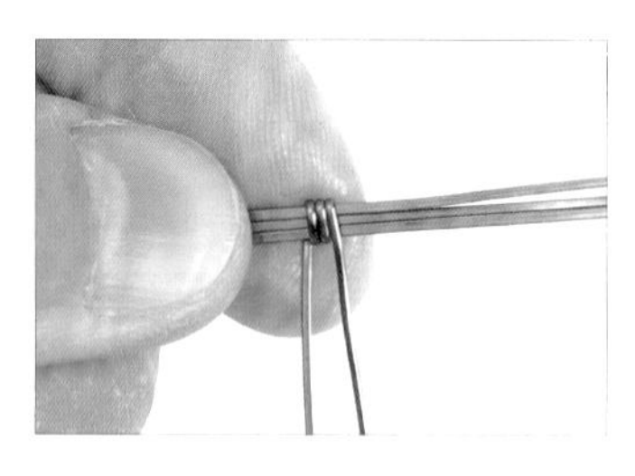

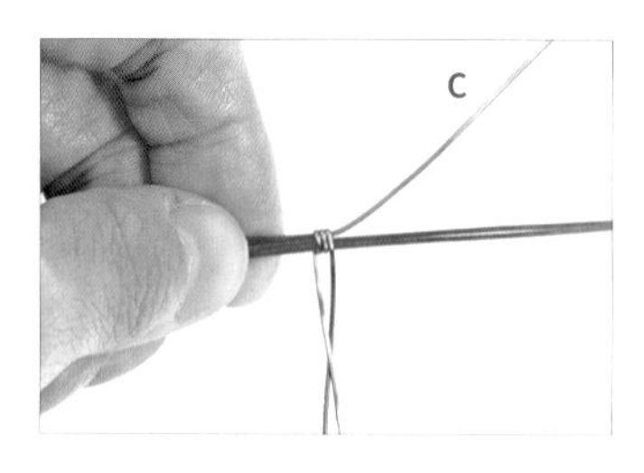

06 以線D纏繞線A、B、C一圈。

07 重複步驟6，纏繞兩圈。

08 用手將線C往上彎折。

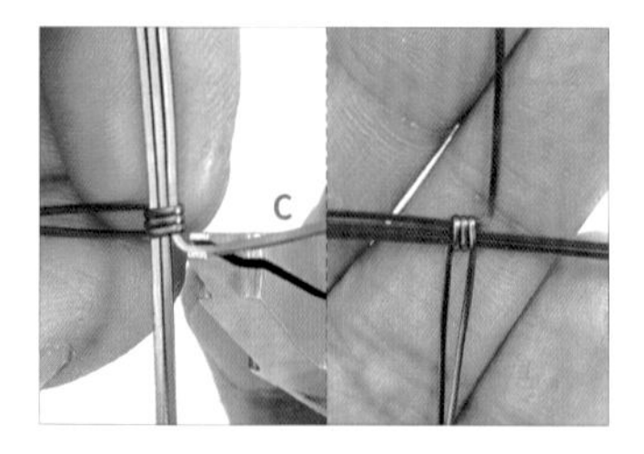

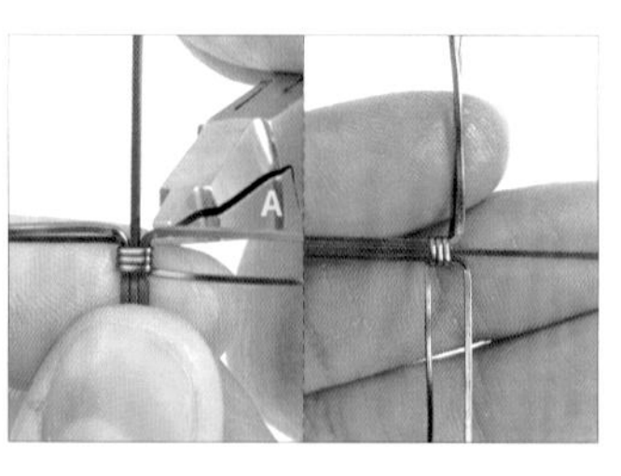

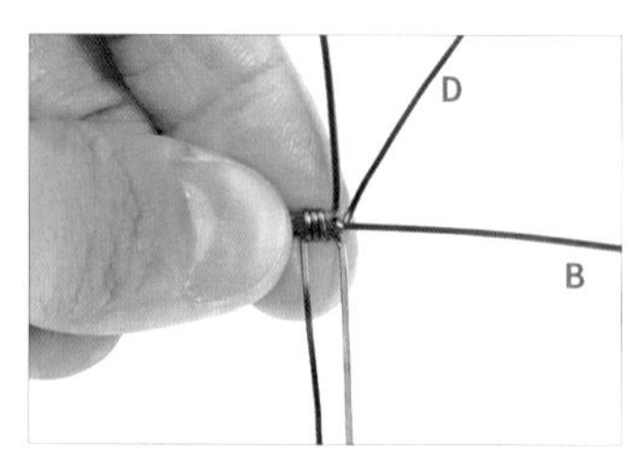

09 以平口鉗將線C夾出直角。

10 重複步驟9，將線A折出直角。

11 以線D纏繞線B一圈。

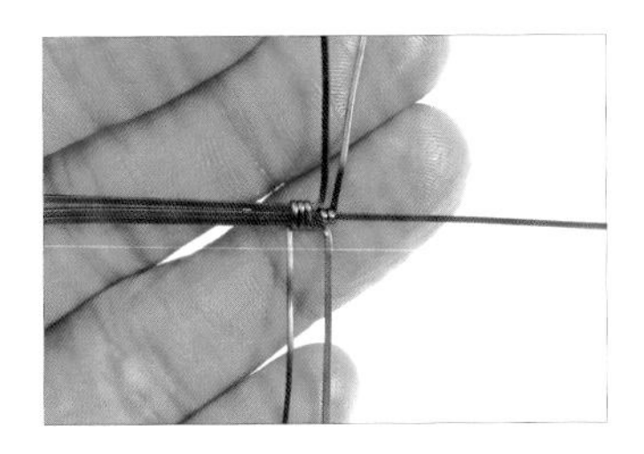

12 重複步驟11，纏繞一圈。

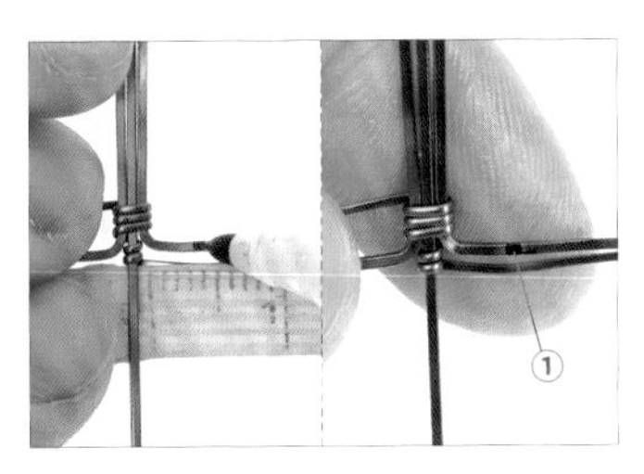

13 取黑色奇異筆，在線C的0.5公分處繪製記號①。【註：點①繪製的長度，可依裸石高度調整。】

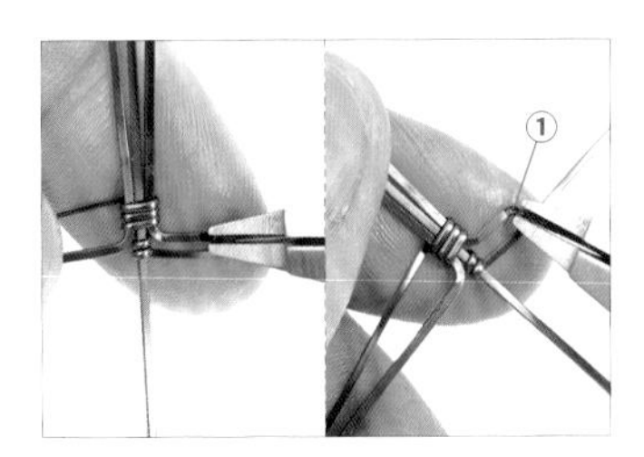

14 以平口鉗將線C從點①夾出直角，以製作爪檯。

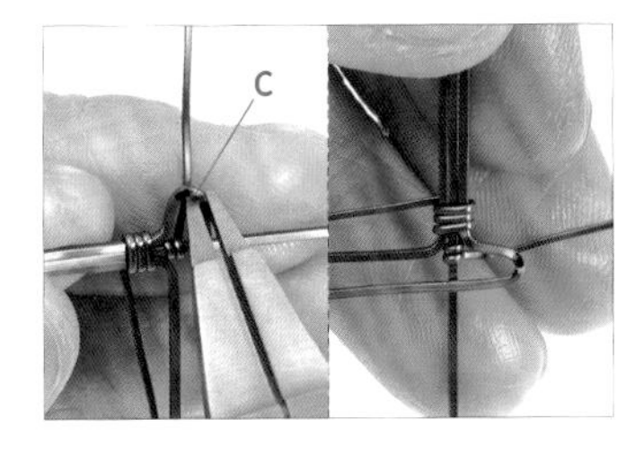

15 承步驟14，將線C夾出爪檯。

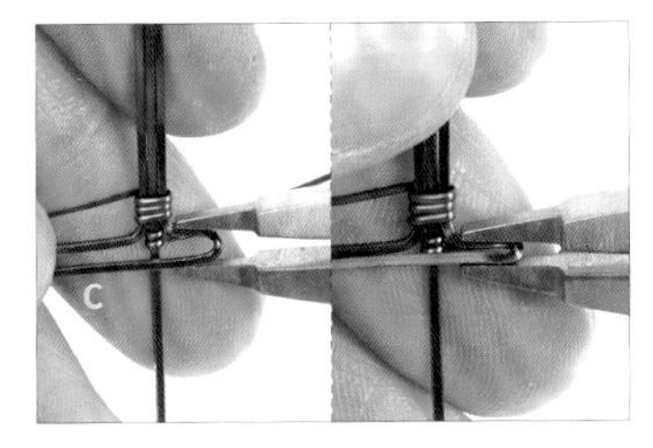

16 以平口鉗將線C爪檯壓緊。

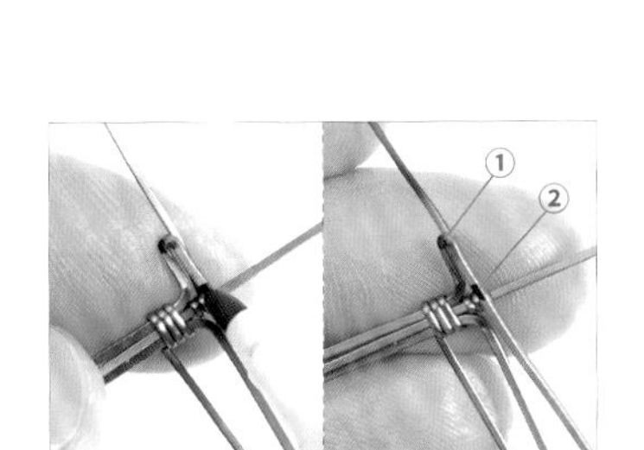

17 以黑色奇異筆，在線C上繪製記號，為點②。

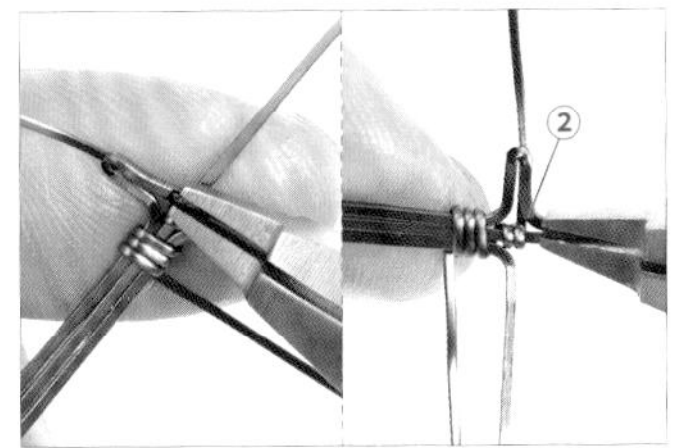

18 以平口鉗將線C從點②夾出直角，以製作爪檯。

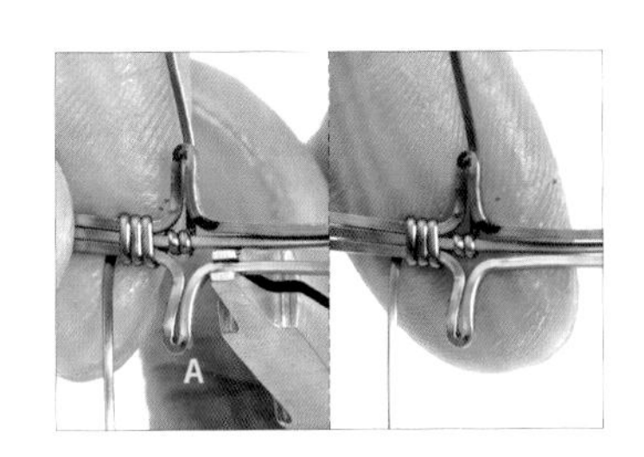

19 重複步驟13-18，將線A夾出爪檯。

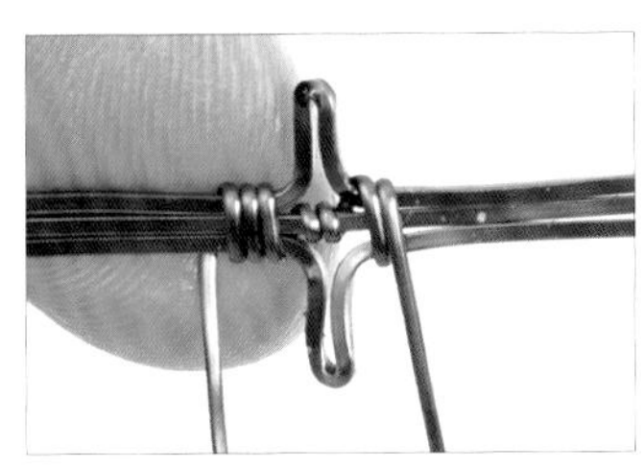

20 以線D纏繞線A、B、C兩圈。

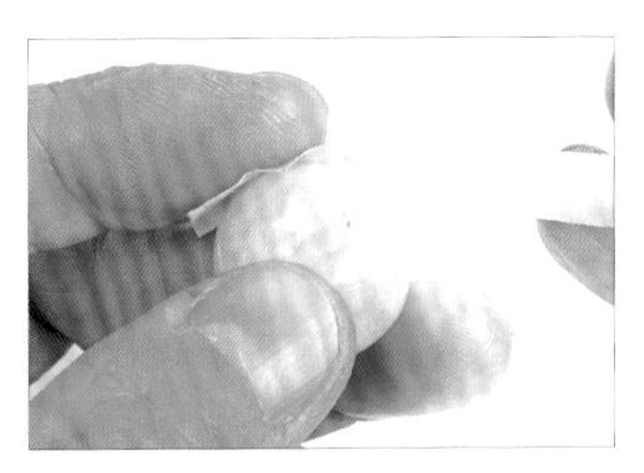

21 以透氣膠帶纏繞月光石一圈。

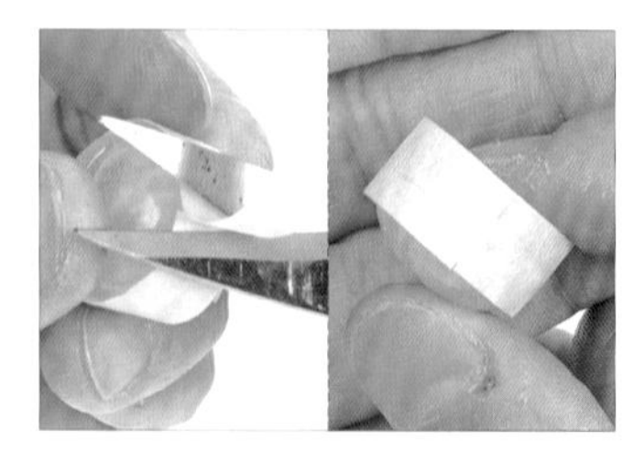

22　承步驟21，以剪刀剪掉多餘的透氣膠帶。

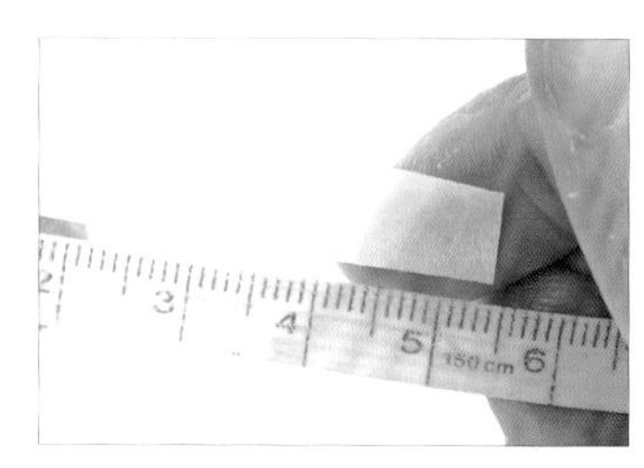

23　撕下月光石上的透氣膠帶，並以捲尺測量周長，約為5.5公分。

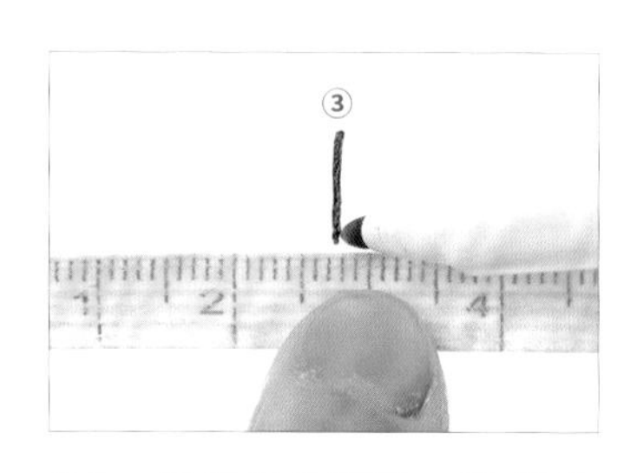

24　以捲尺為輔助，取黑色奇異筆，在透氣膠帶的中間繪製記號③。【註：中間為2.75公分。】

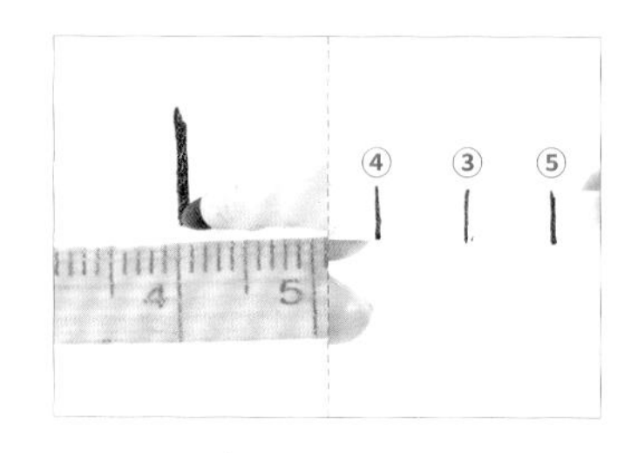

25　承步驟24，在左右距離記號③約1.35公分處繪製記號④、⑤。【註：繪製記號長度約為裸石周長的1/4。】

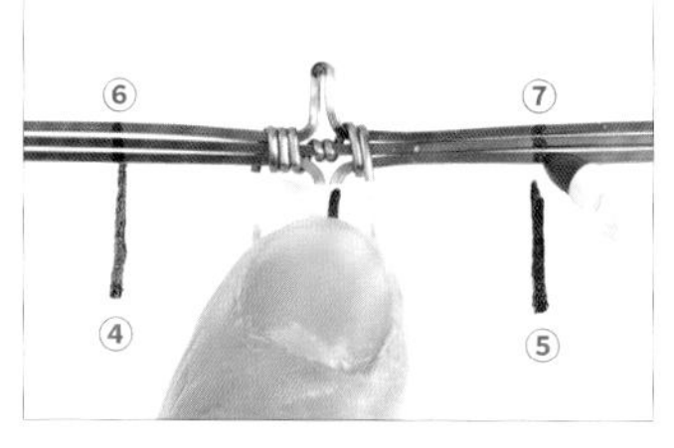

26　以透氣膠帶為輔助，取黑色奇異筆，在線A、B、C上繪製號⑥、⑦。

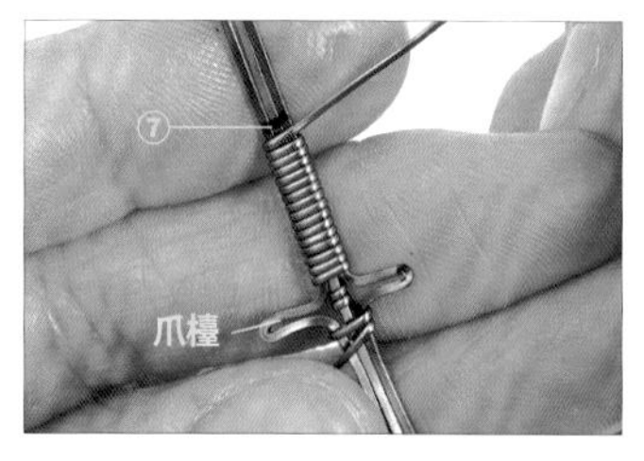

27　重複步驟6，將爪檯到點⑦的範圍，以線D纏繞填滿。

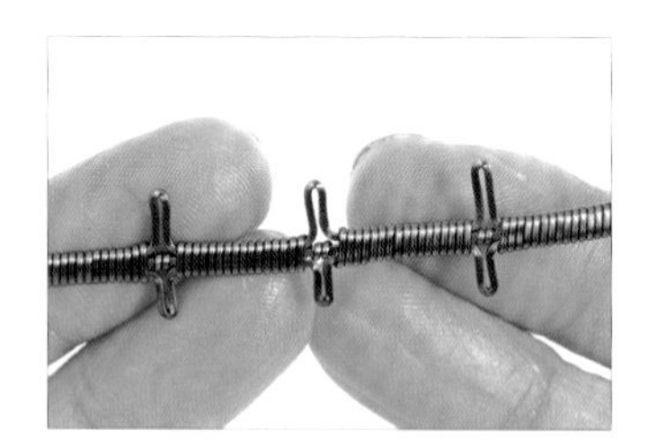

28　重複步驟6-20及27，在線A、B、C上製作爪檯。

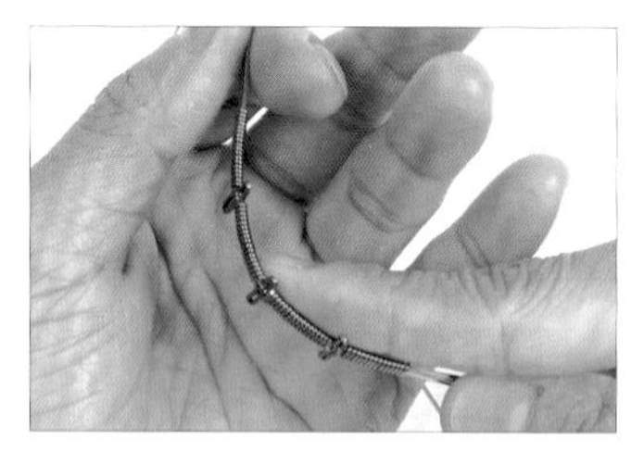

29　用手將線A、B、C彎折出弧形，以製作裸石包框。

30　將月光石放入包框中，以製作適合的弧度。

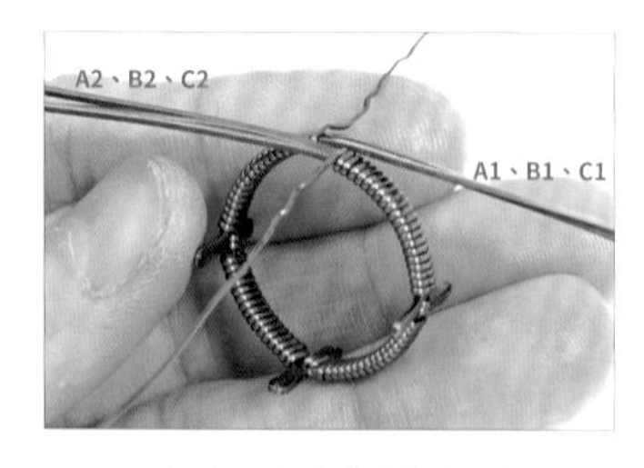

31　包框弧度製作完成，並形成線A1～C1及A2～C2。

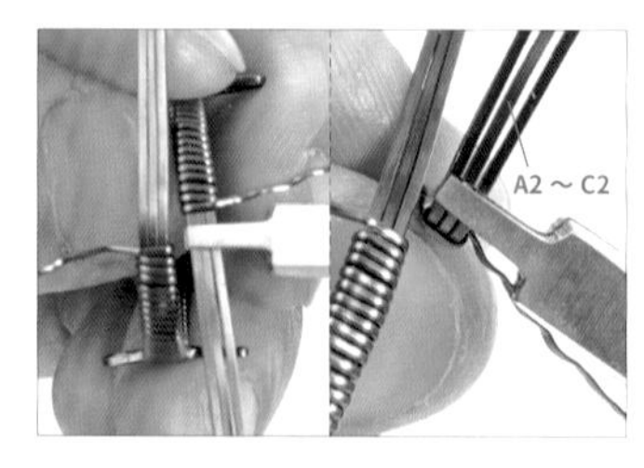

32　以平口鉗將線A2、B2、C2夾出直角。

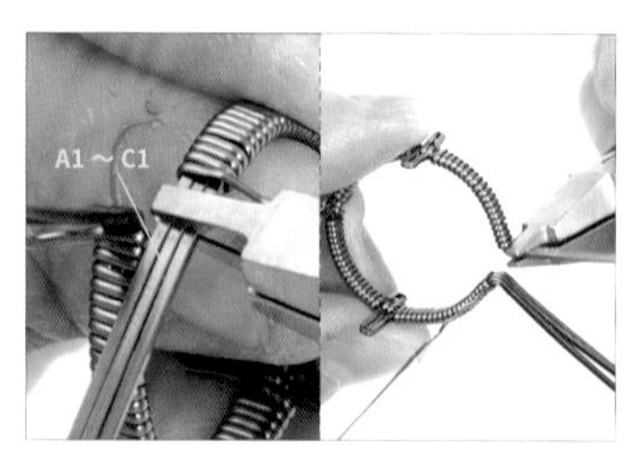

33　以平口鉗將線A1、B1、C1夾出直角。

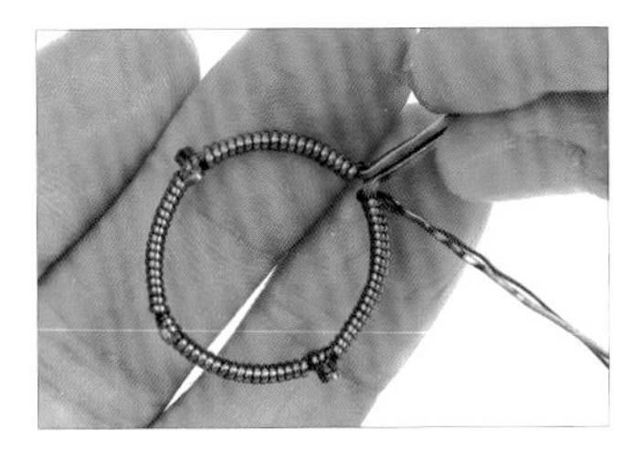

34 將線A2、B2、C2及線A1、B1、C1壓緊。

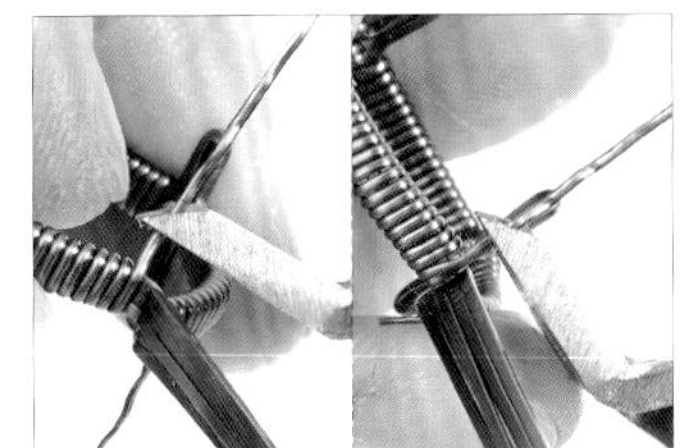

35 以斜口鉗將線D兩端多餘的金屬線剪掉。

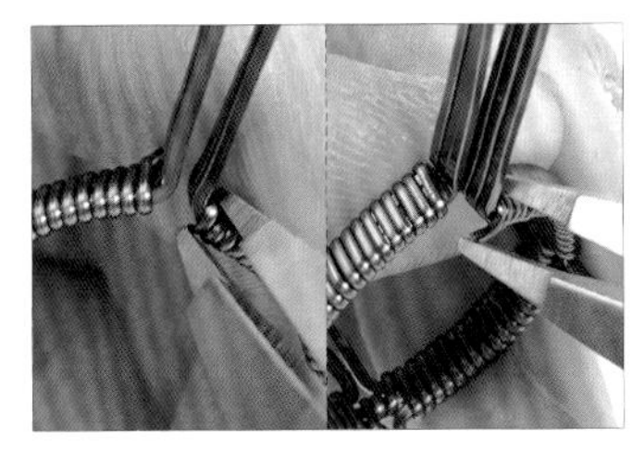

36 以平口鉗將線D斷口往內夾緊收尾。

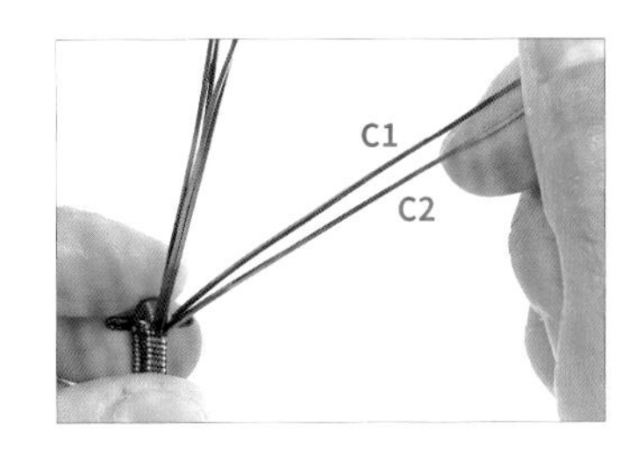

37 用手將線C1、C2往下彎折。

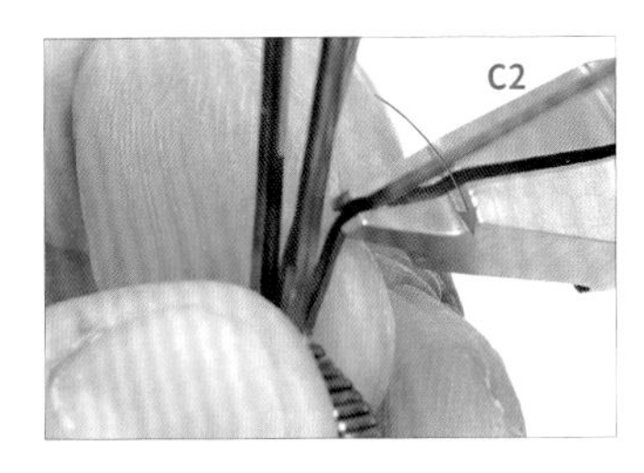

38 以平口鉗將線C2向外彎折。【註：須預留0.5～1公分長度後，再向外彎折。】

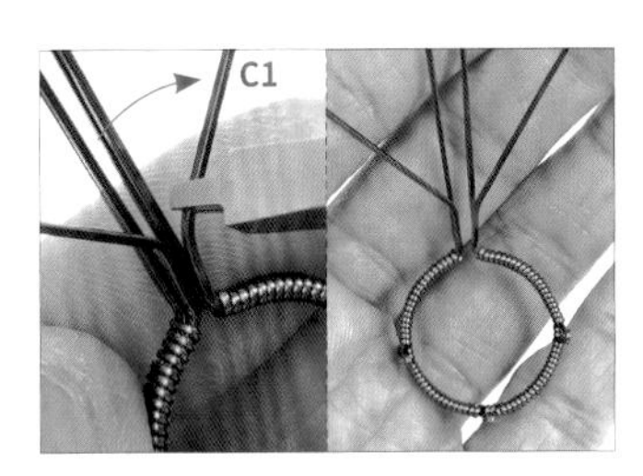

39 以平口鉗將線C1向外彎折。

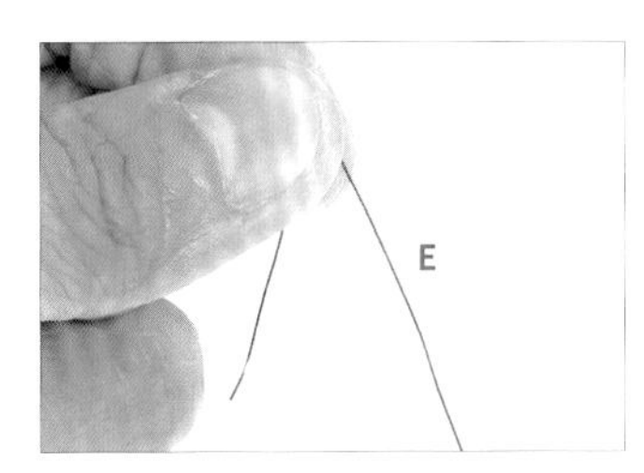

40 取1條約80公分的28G線，為線E，並將線E折成彎鉤形。

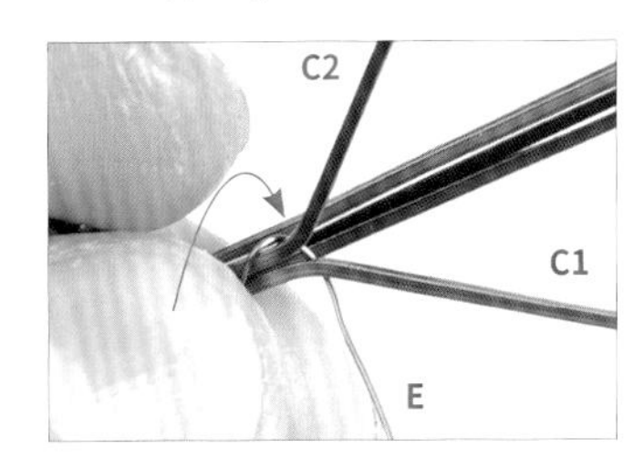

41 承步驟40，將線E勾入線C1、C2。

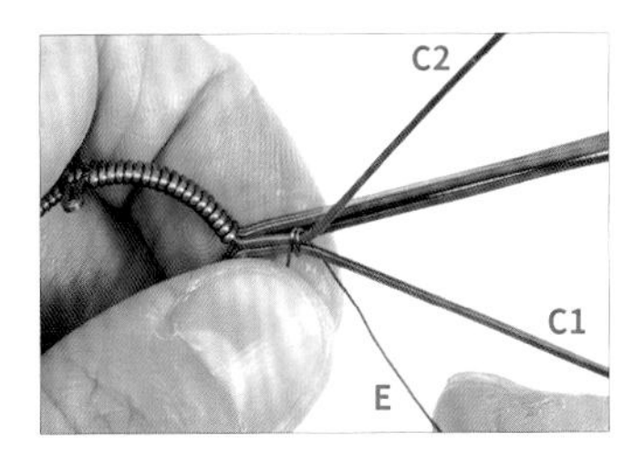

42 以線E纏繞線C1、C2兩圈。

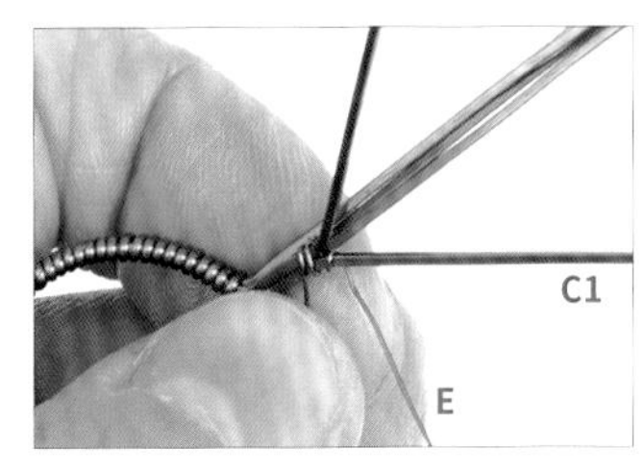

43 將線E穿過線C1下方後，往上纏繞線C1一圈。

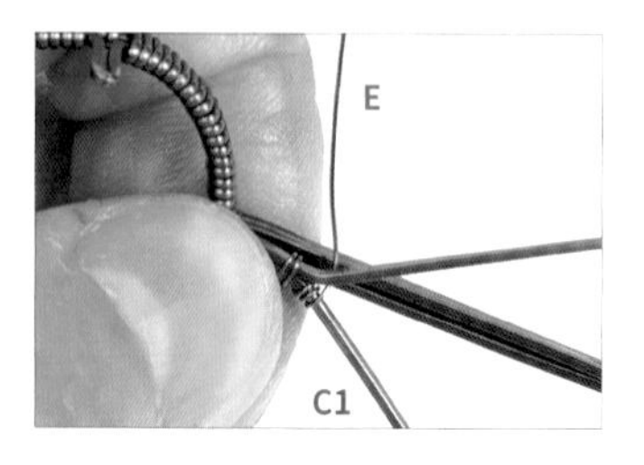

44 重複步驟43，纏繞線C1兩圈。

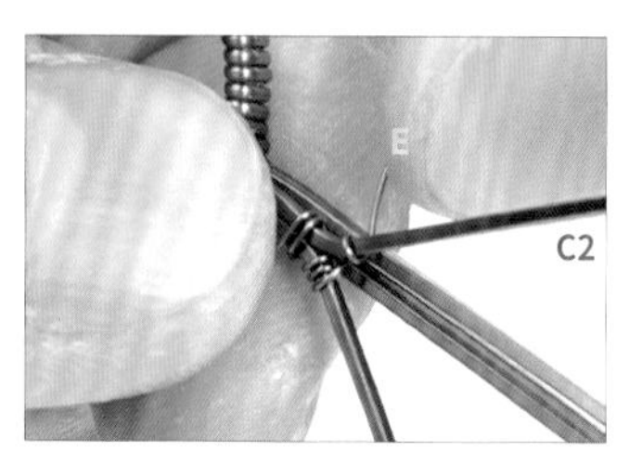

45 將線E穿過線C2下方後，往上纏繞線C2一圈。

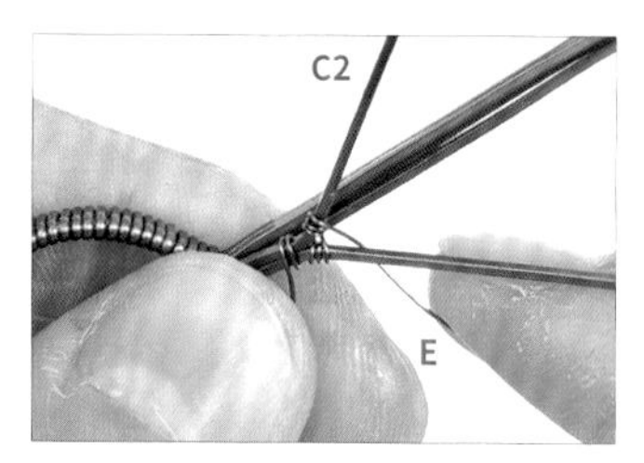

46 重複步驟45，纏繞線C2兩圈。【註：雙線八字繞法1詳細步驟請參考P.16。】

47 重複步驟43-46，在線C1、C2上持續纏繞。【註：纏繞長度約1.5公分。】

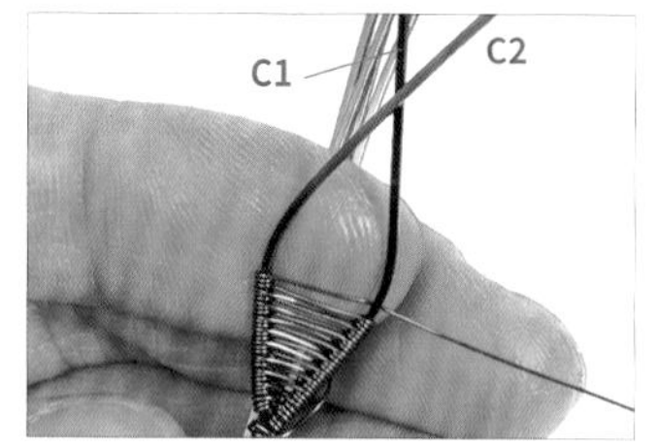

48 將線C1、C2往內彎折，形成菱形。【註：菱形建議長度約3～4公分。】

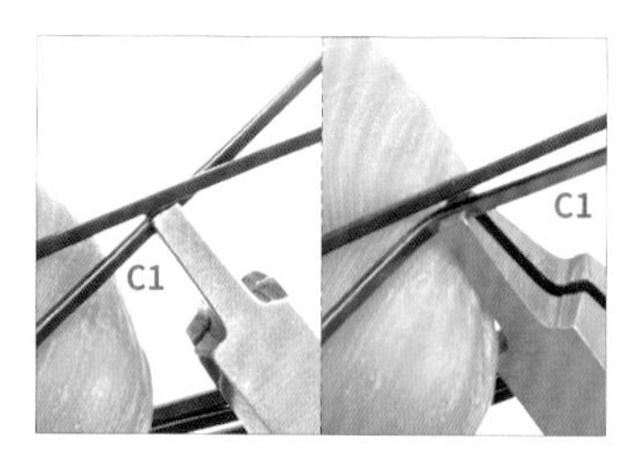

49 以平口鉗將線C1往外彎折。

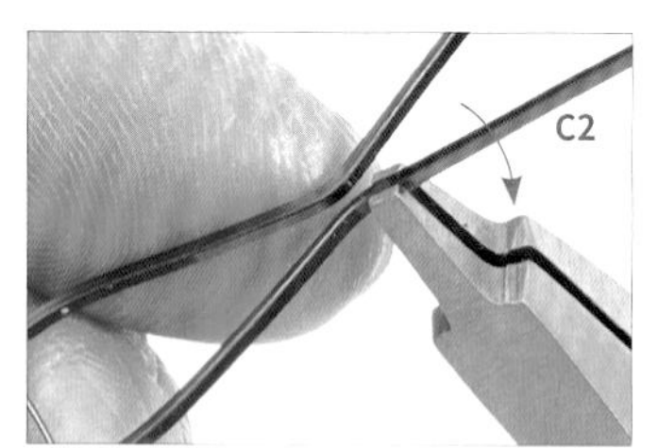

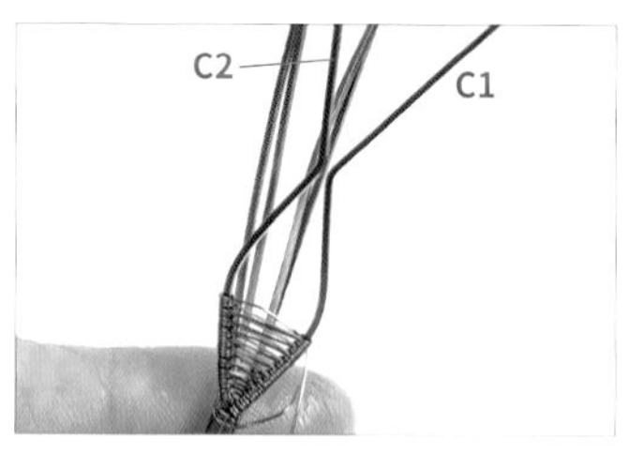

50 將作品翻面，以平口鉗將線C2往外彎折。

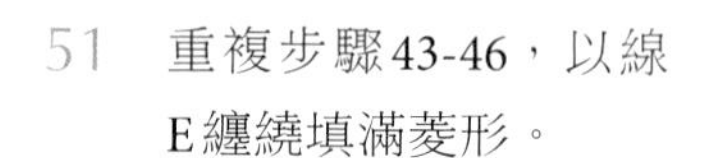

51 重複步驟43-46，以線E纏繞填滿菱形。

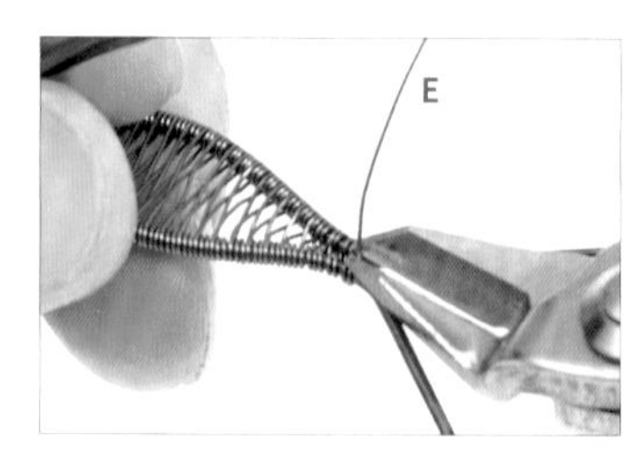

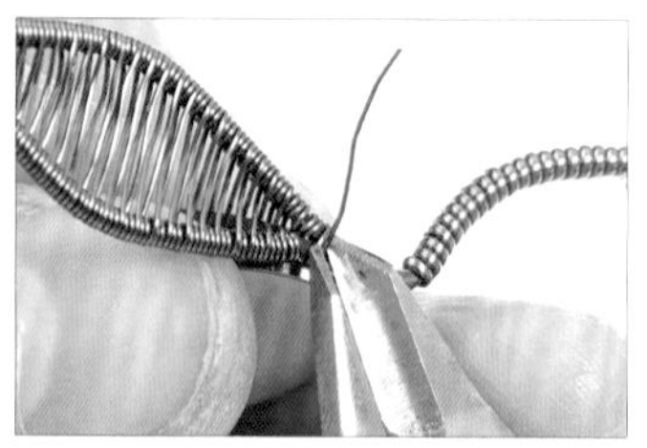

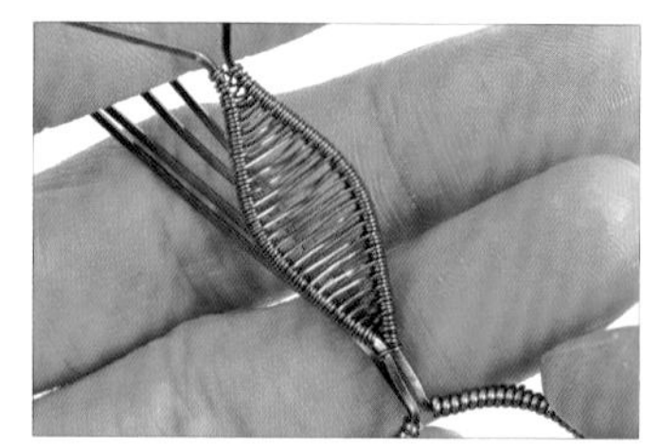

52 以斜口鉗將線E兩端多餘的金屬線剪掉，即完成墜頭主體。

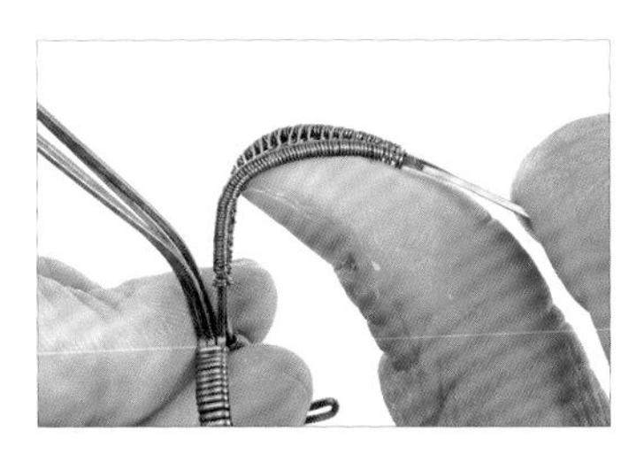

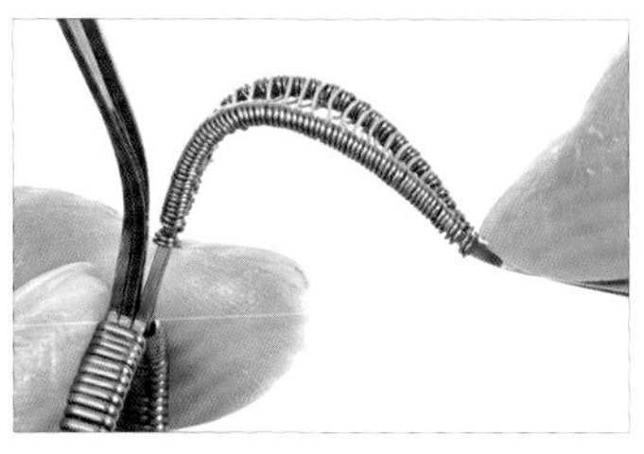

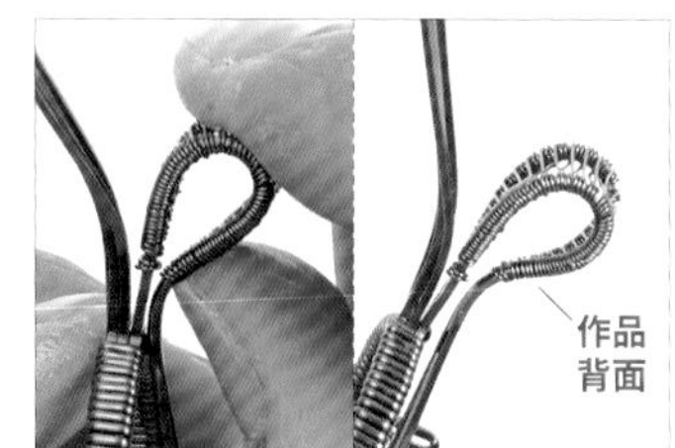

53　將墜頭主體往下彎折成水滴形，備用。

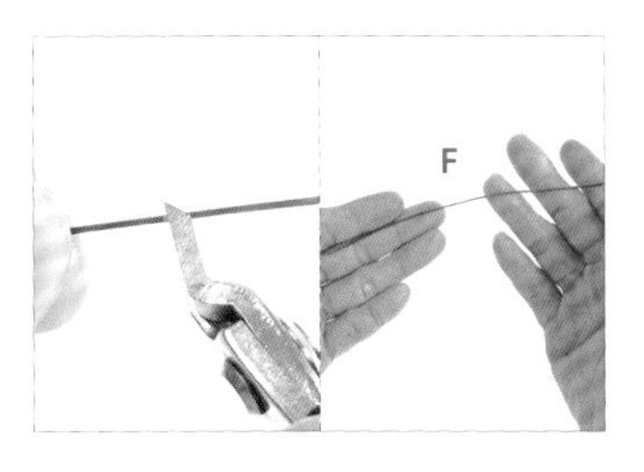

54　以斜口鉗剪下1條約15公分的21G線，為線F。

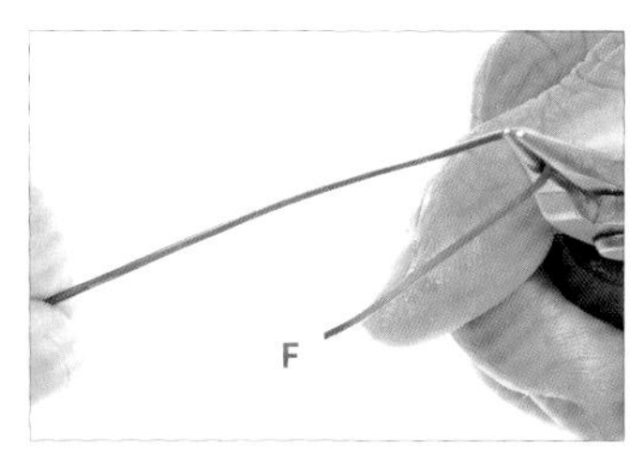

55　以圓嘴鉗將線F折成彎鉤形。

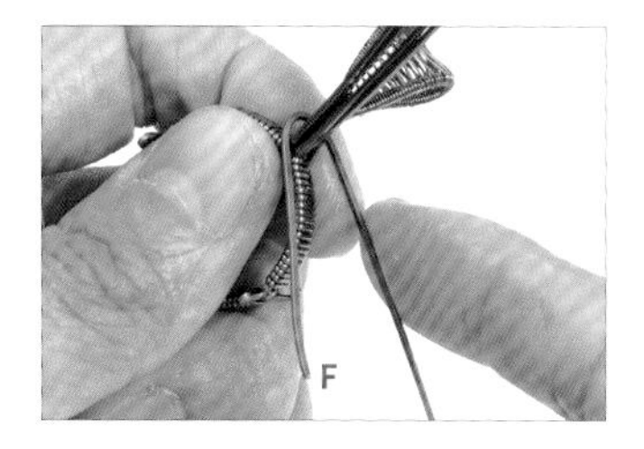

56　承步驟55，將線F勾入線A1、A2、B1、B2及墜頭下方。

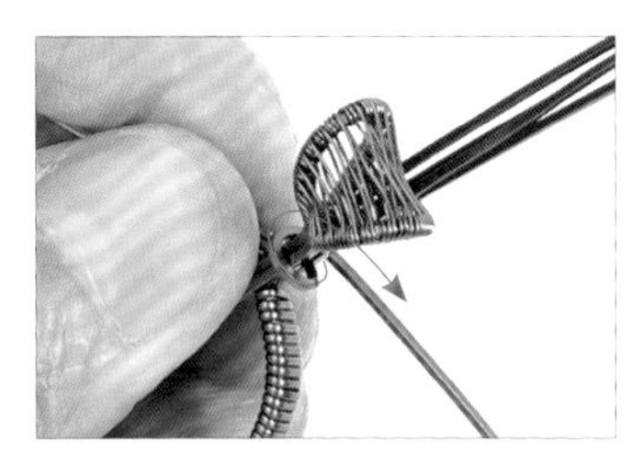

57　以線F纏繞墜頭下方及線A1、A2、B1、B2一圈。

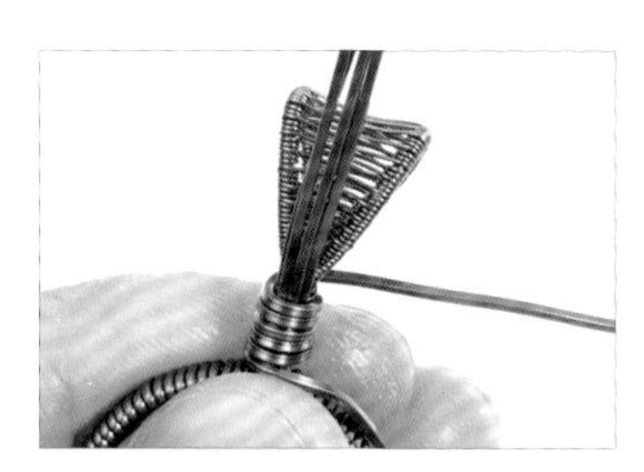

58　重複步驟57，纏繞四圈。

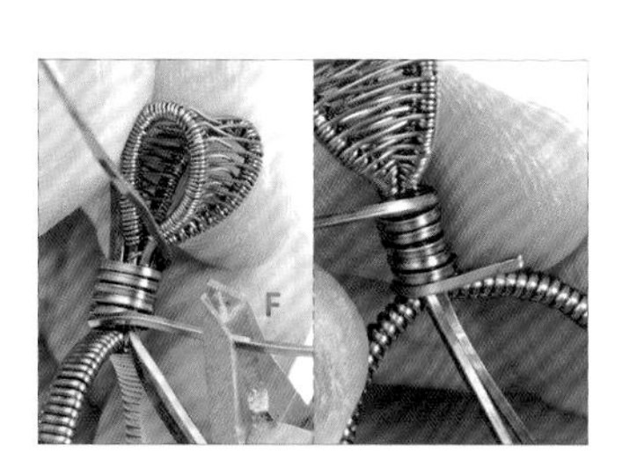

59　以斜口鉗剪掉多餘的線F，準備收尾。

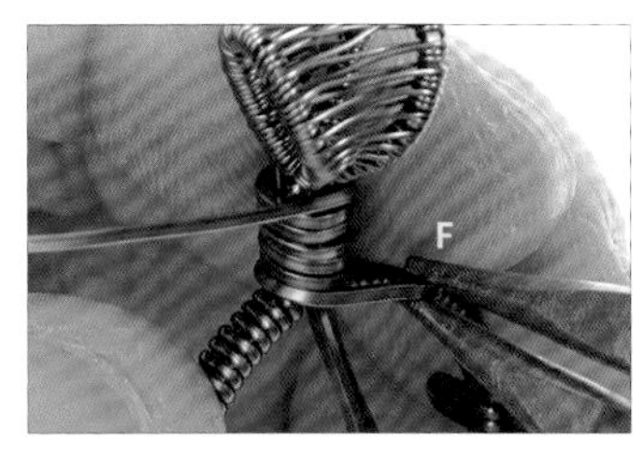

60　以圓嘴鉗夾住線F，並彎折成圓弧形。

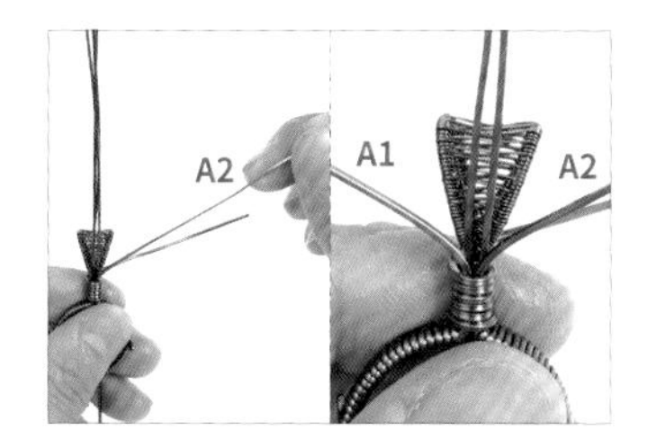

61　用手將線A1、A2往外彎折。

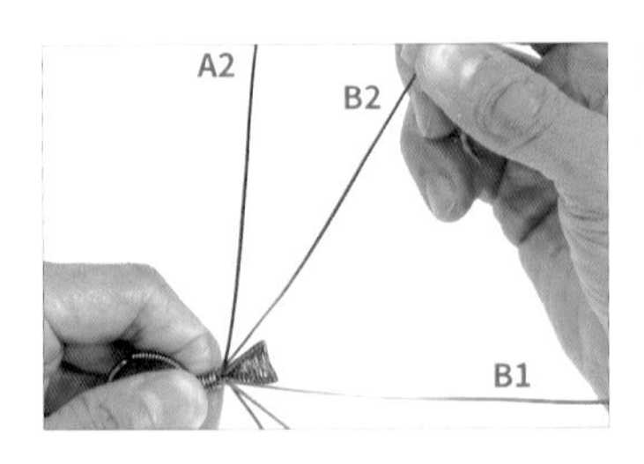

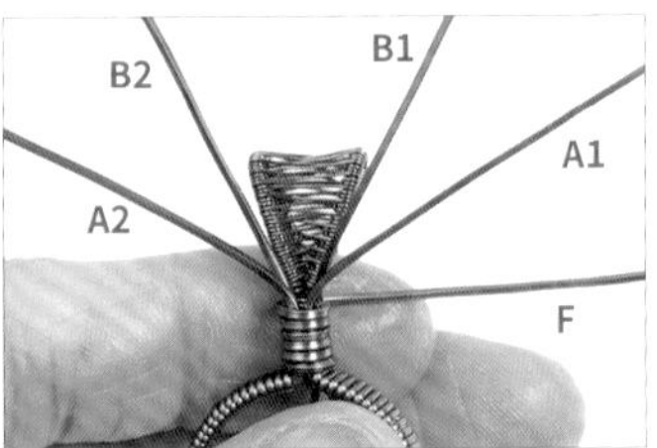

62　用手將線B1、B2往外彎折。

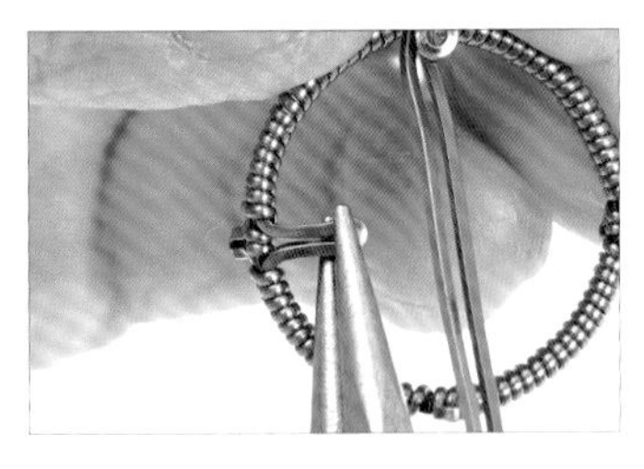
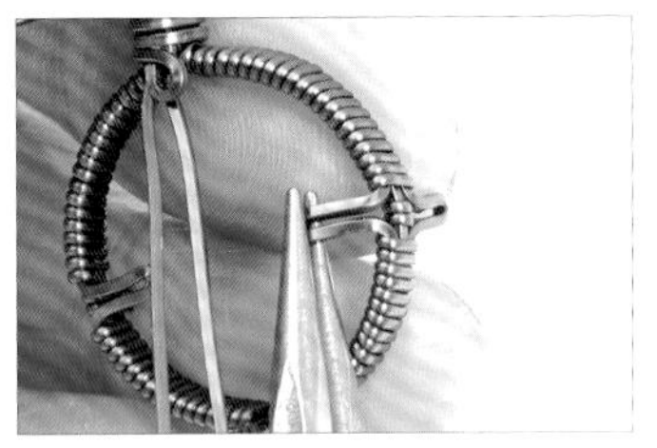
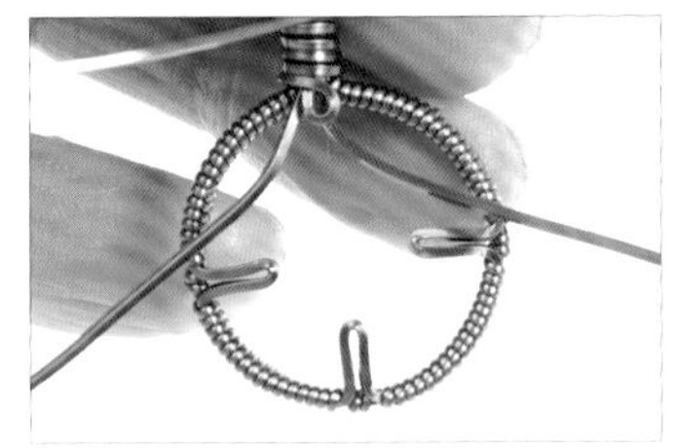

63　以圓嘴鉗將線C的爪檯往內彎折。【註：此為作品的背面。】

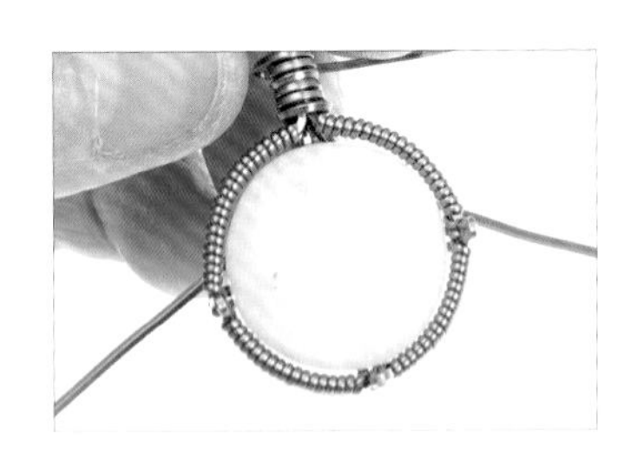

64　將月光石放入包框中。
【註：此為作品的正面。】

65　以尼龍平口鉗將線A的爪檯往內彎折，以固定月光石。

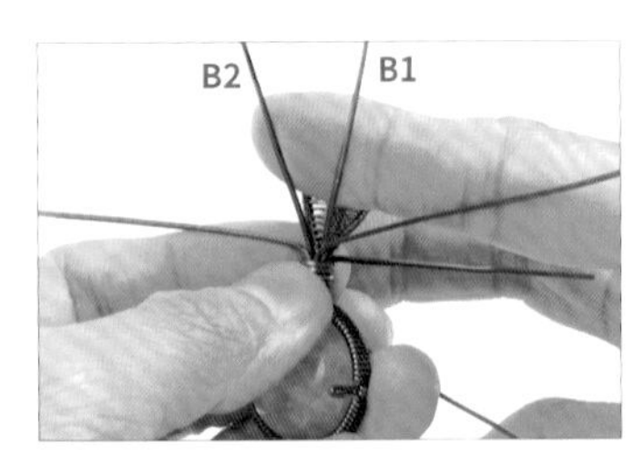

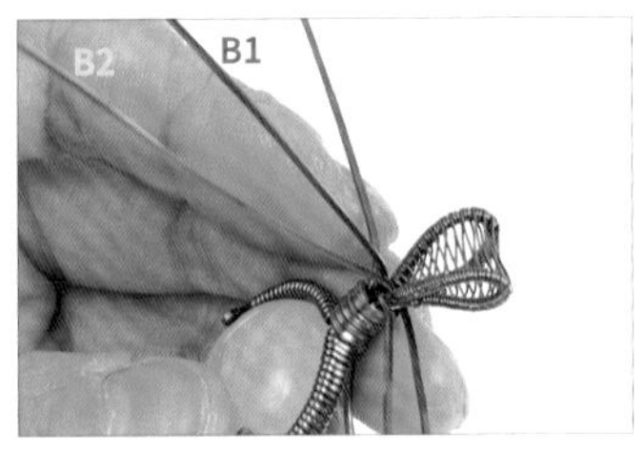

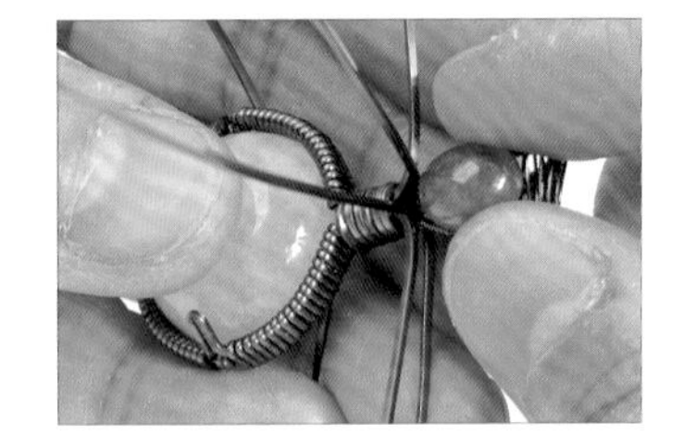

66　將線B1、B2往下彎折。

67　將丹泉石放入線B1、B2及墜頭之間。

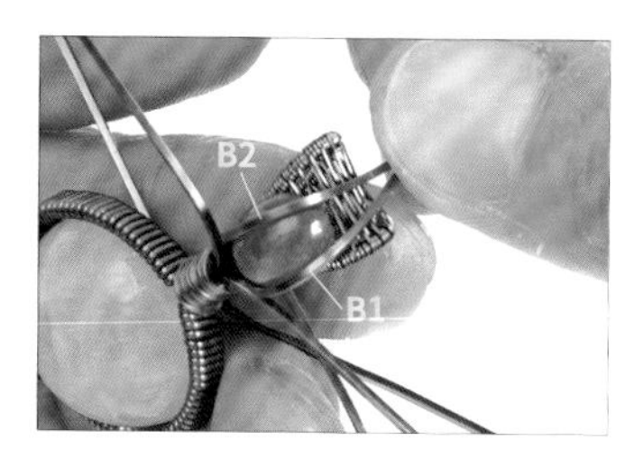

68 將線B1、B2往上彎折，以固定丹泉石。

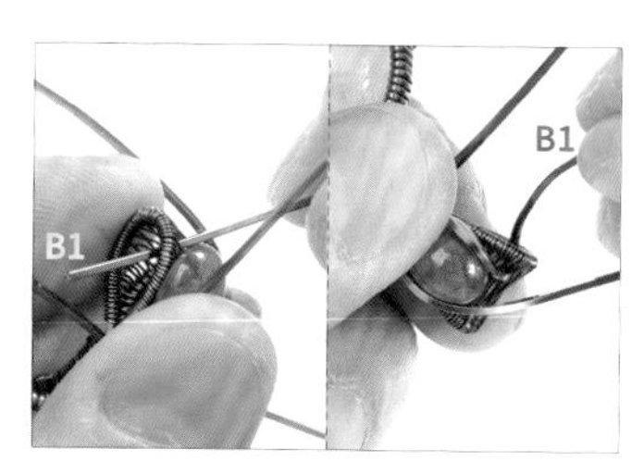

69 以線B1穿過墜頭。

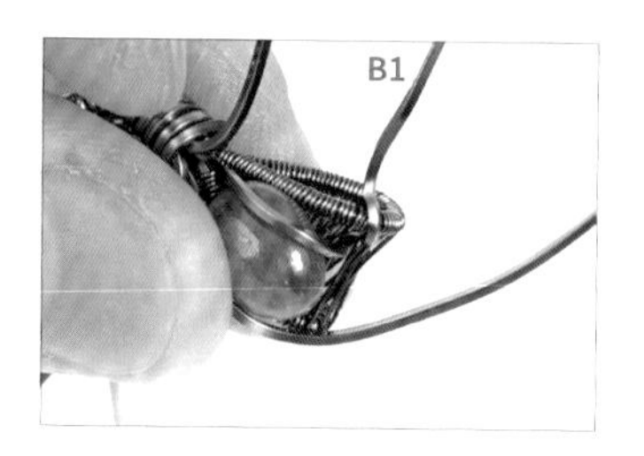

70 以線B1纏繞墜頭一圈。

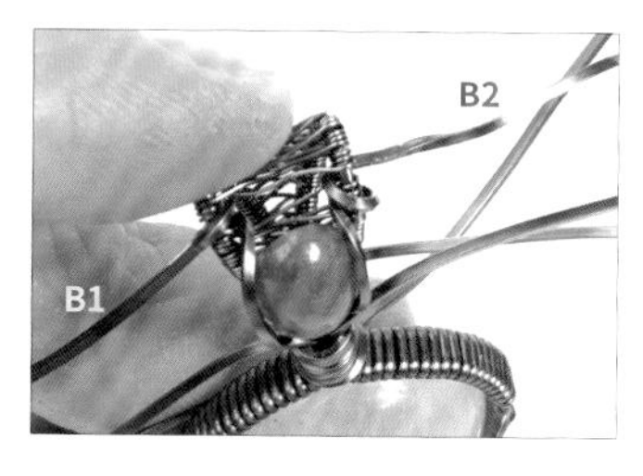

71 重複步驟69-70，將線B2纏繞完成。

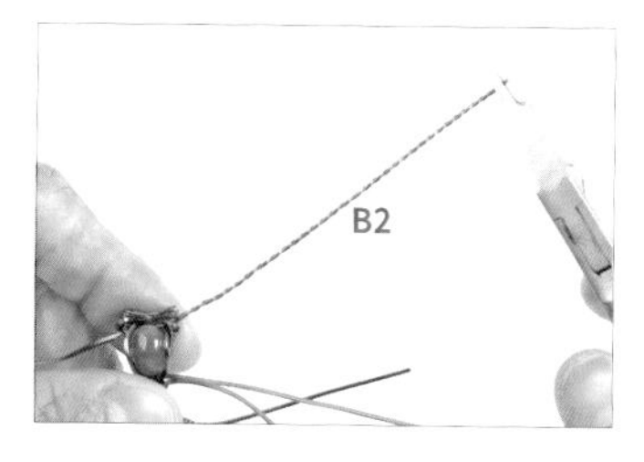

72 以平口鉗將線B2製作成單線螺旋。【註：單線螺旋詳細步驟請參考P.24。】

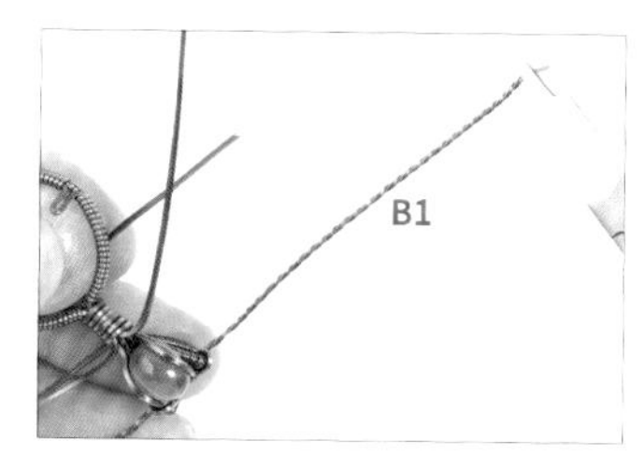

73 重複步驟72，將線B1製作成單線螺旋。

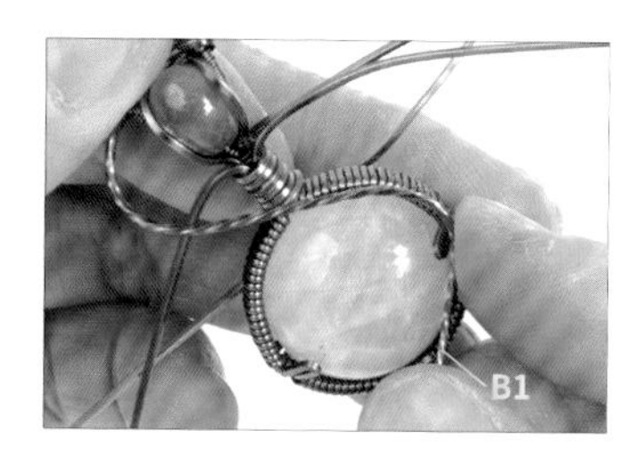

74 將線B1往下彎折成S形。

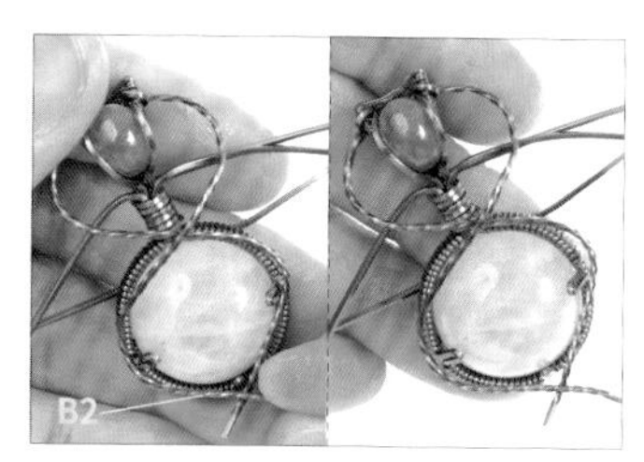

75 重複步驟74，將線B2往下彎折。

76 以斜口鉗剪下2條約10公分的28G線。【註：為線G、H。】

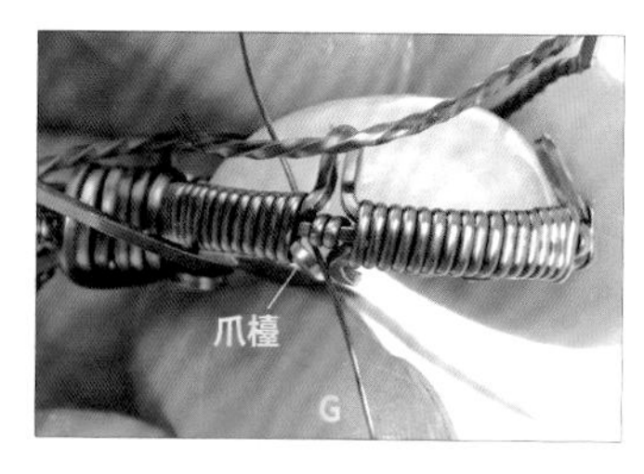

77 以線G穿過線A的爪檯。

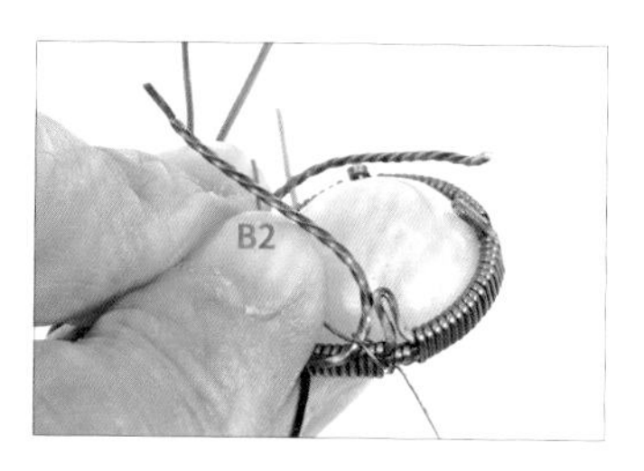

78 以線G纏繞線B2及包框一圈。

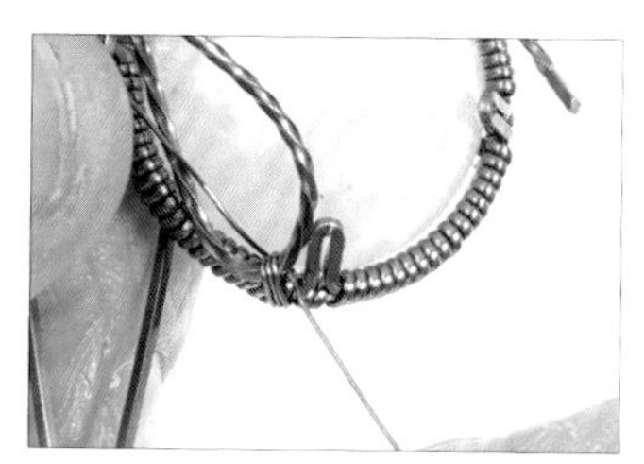

79 重複步驟78，纏繞兩圈。

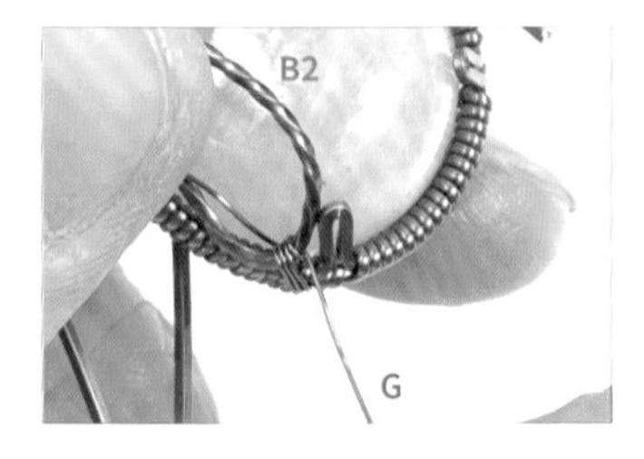

80　以線G纏繞線B2一圈。

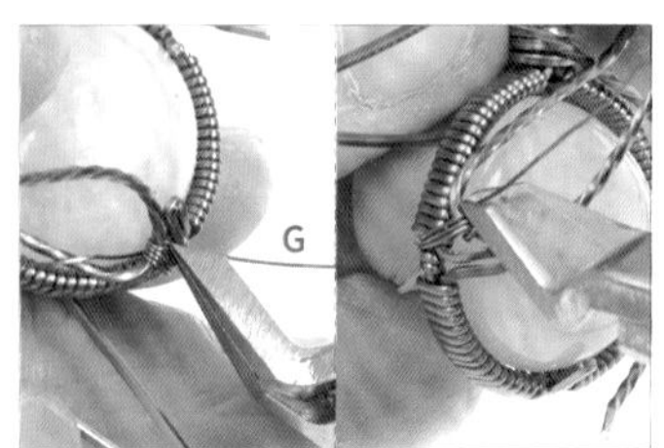

81　以斜口鉗將線G兩端多餘的金屬線剪掉。

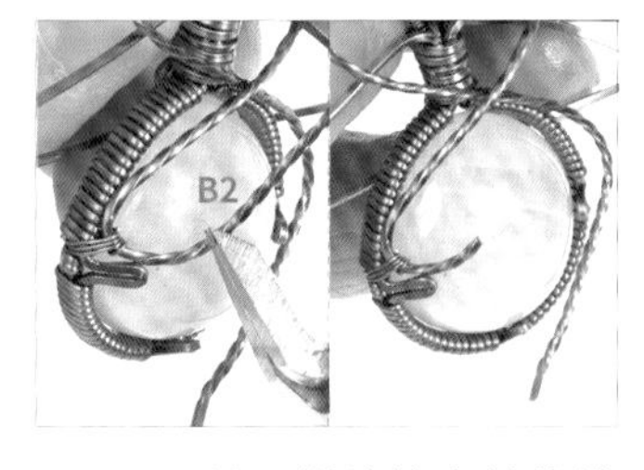

82　以斜口鉗剪掉多餘的線B2。

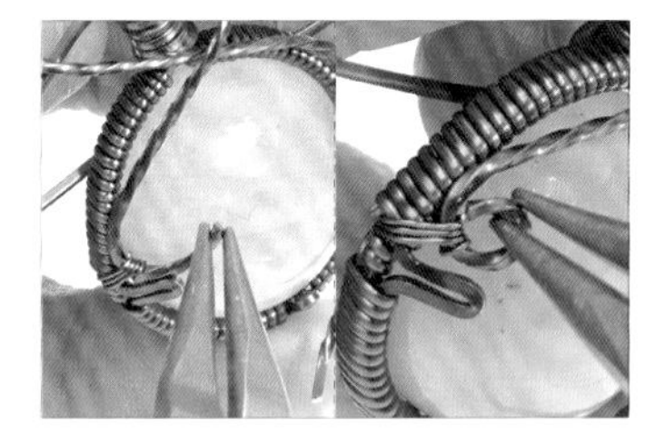

83　以圓嘴鉗夾住線B2，並彎折成圓弧形。

84　重複步驟77-83，將線B1製作完成。【註：以線H纏繞。】

85　以斜口鉗剪掉多餘的線F。

86　以圓嘴鉗夾住線F，並彎折成圓弧形。

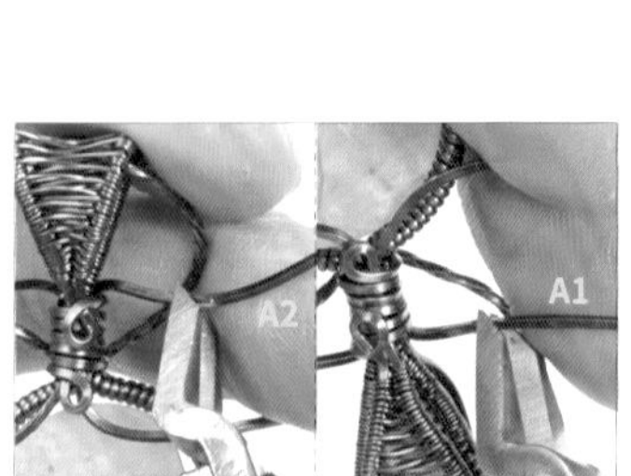

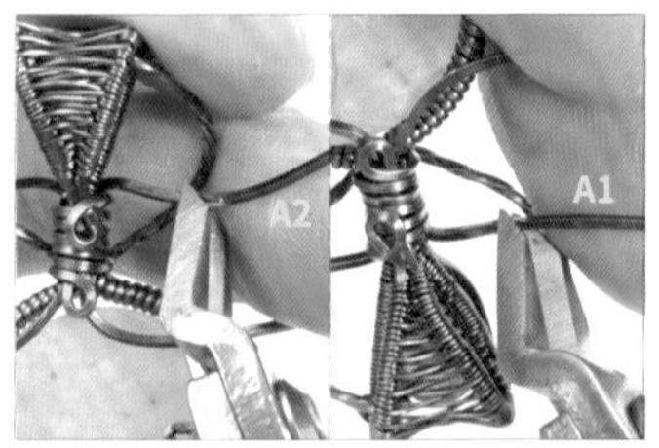

87　以斜口鉗剪掉多餘的線A1、A2。

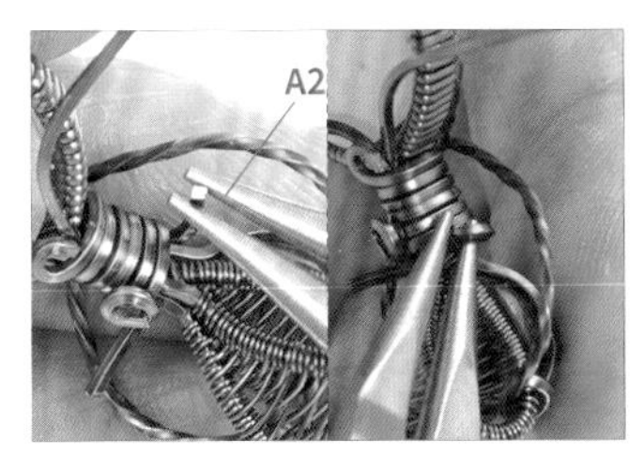

88 以圓嘴鉗夾住線A2，並彎折成圓弧形。

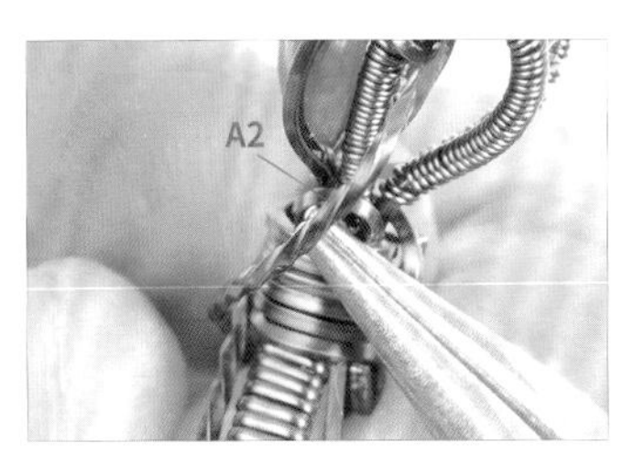

89 以圓嘴鉗將線A2弧形往上彎折。

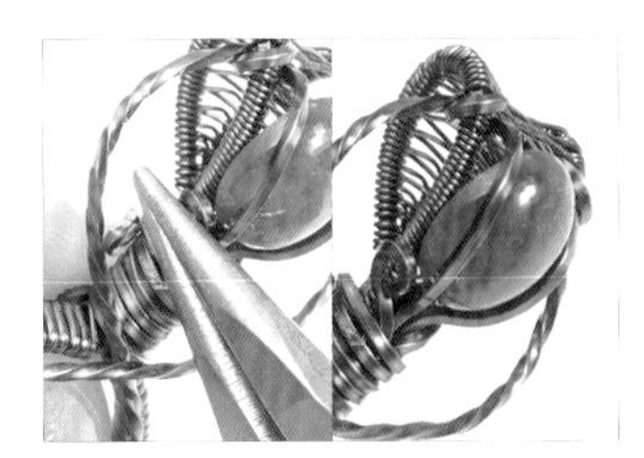

90 重複步驟88-89，將線A1製作成弧形。

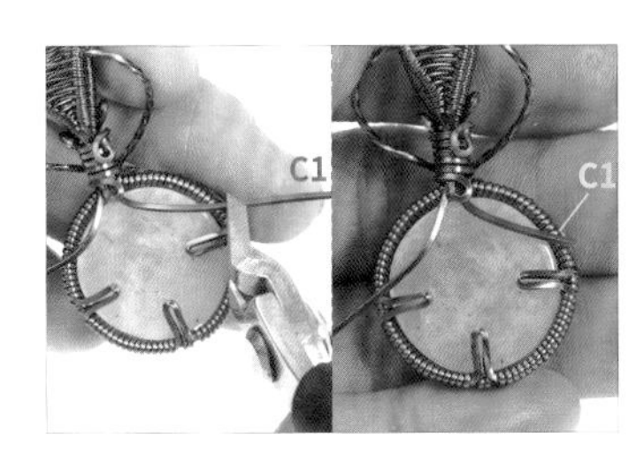

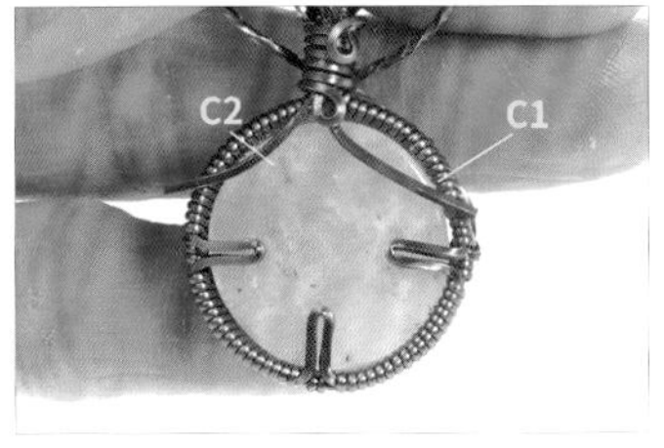

91 以斜口鉗剪掉多餘的線C1、C2。【註：此為作品的背面。】

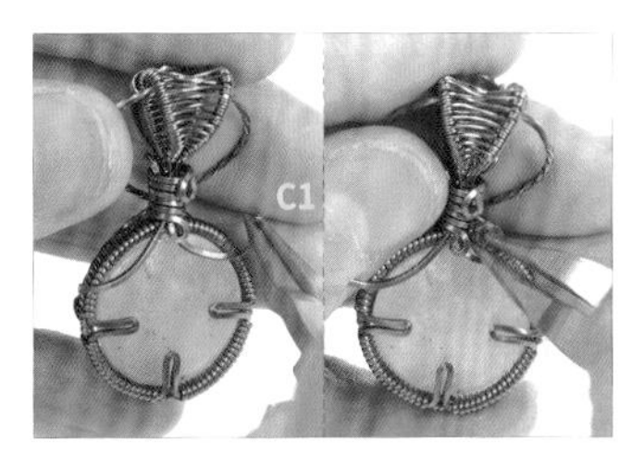

92 以圓嘴鉗夾住線C1，並先彎折出一個圓形，再順著圓形盤繞出漩渦形。

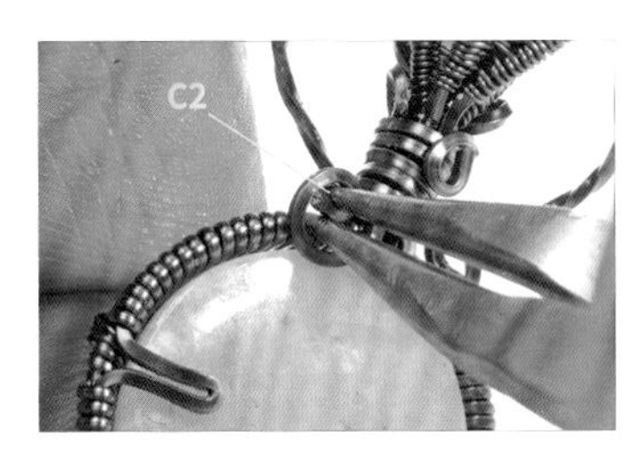

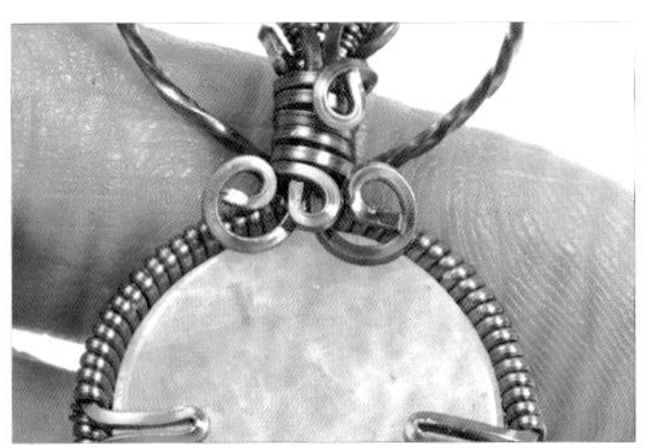

93 重複步驟92，將線C2彎折成漩渦形。

94 如圖，調香瓶項鍊製作完成。

創作小語

使用此款包框方式，讓裸石呈現簡約的風格，點綴一顆小裸石在上方，優雅的比例像是美麗的調香瓶。

調香瓶項鍊
停格動畫 QRcode

守護天使項鍊

- 006 -

材料與工具 MATERIALS & TOOLS

◆ 線材

品項	用量
21G 金色方線	30 公分×2 條，為線 A、B。
20G 金色圓線	30 公分×1 條，為線 C。
21G 金色半圓線	15 公分×1 條，為線 D。 25 公分×1 條，為線 E。
28G 金色圓線	30 公分×1 條，為線 F。 10 公分×2 條，為線 G、H。

◆ 石材

★尺寸依序為：長×寬×高

品項	用量
粉水晶	1 顆。【裸石大小：2.5 公分×1.6 公分×0.8 公分；裸石周長：約 6 公分。】
紫水晶	1 顆。【裸石大小：1 公分×0.7 公分×0.5 公分。】
紅石榴石	1 顆。【圓珠大小：0.4 公分。】

◆ 工具

捲尺、斜口鉗、黑色奇異筆、尖嘴鉗、圓嘴鉗、尼龍平口鉗。

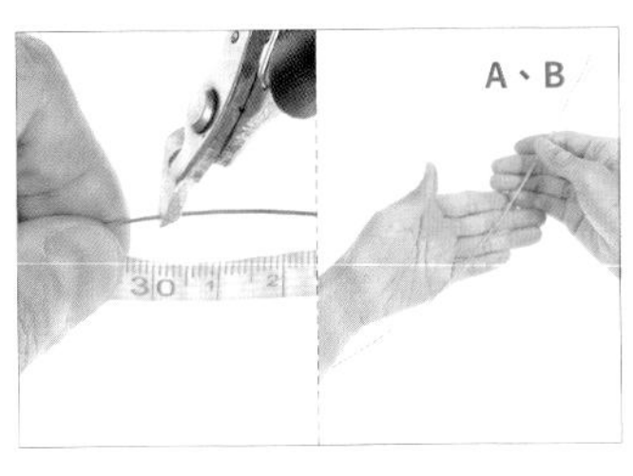

01 以斜口鉗剪下2條約30公分的21G方線。【註：為線A、B。】

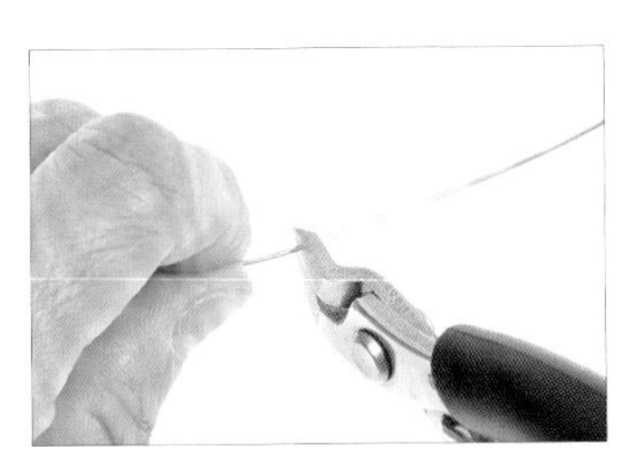

02 以斜口鉗剪下1條約30公分的20G線，為線C。

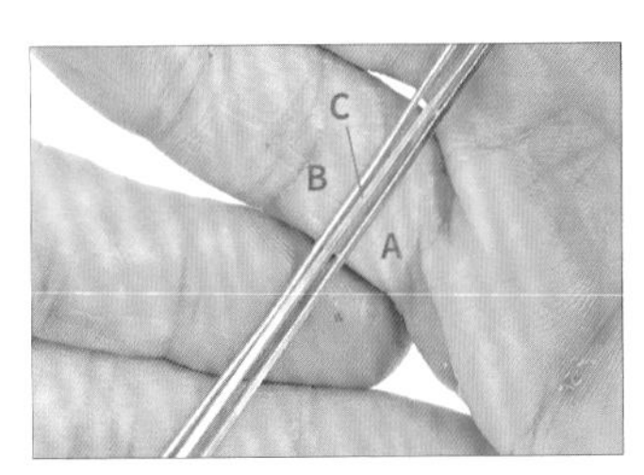

03 將線A、B、C並排放置。【註：線C放在中間。】

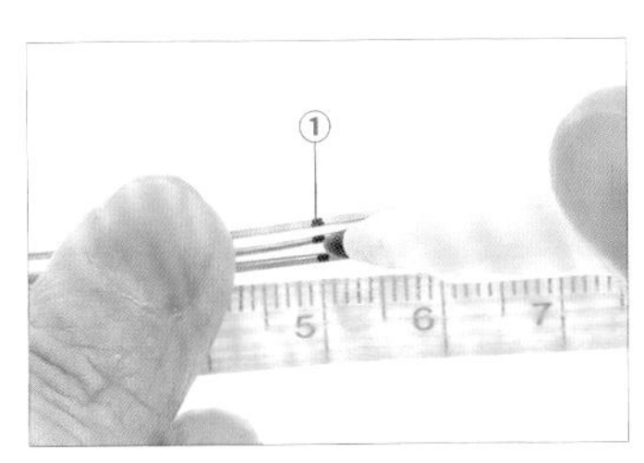

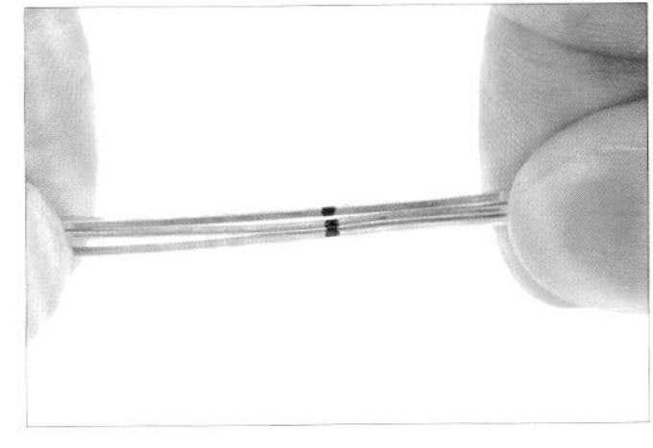

04 以捲尺為輔助，取黑色奇異筆，在線A、B、C中間繪製記號，為點①。【註：此作品的中間為15公分處。】

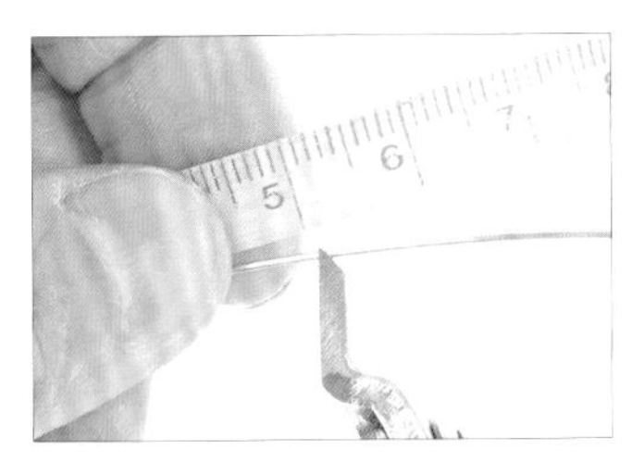

05 以斜口鉗剪下1條約15公分的21G半圓線。【註：須剪下2條，為線D、E。】

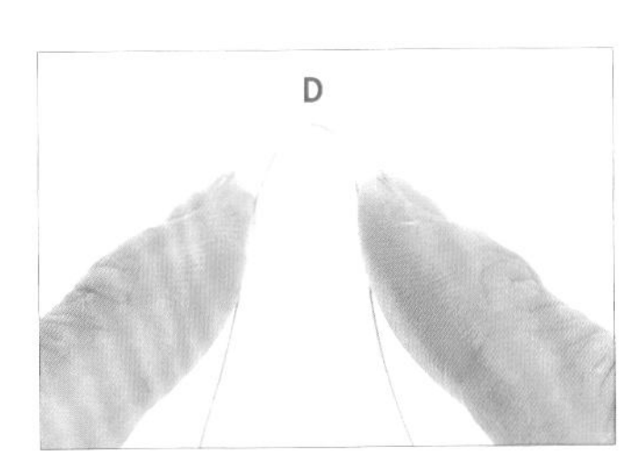

06 將線D對折。

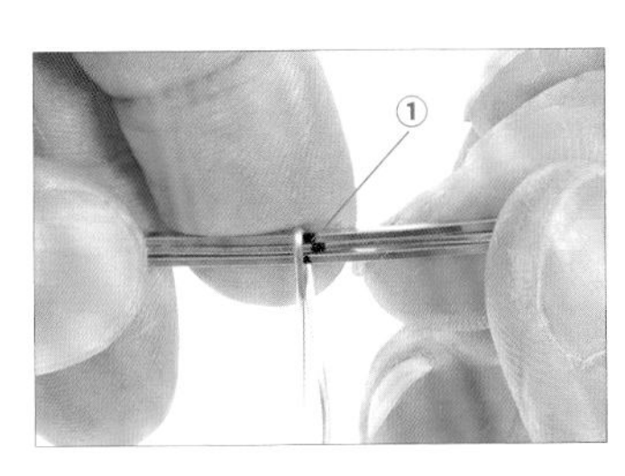

07 承步驟6，將線D繞入線A、B、C的點①。

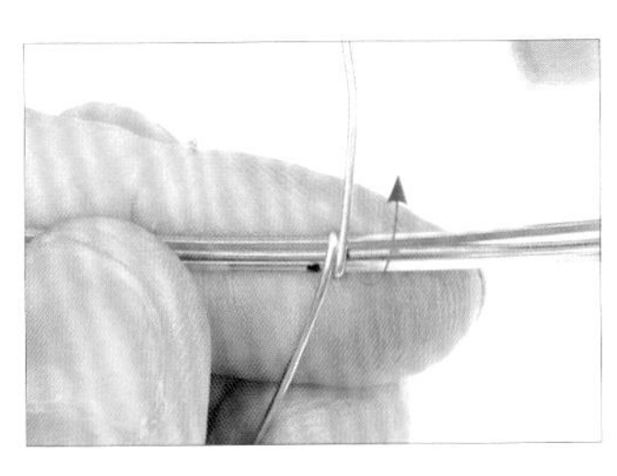

08 用左手指腹將線D左側壓在線A、B、C的點①上，並纏繞一圈。

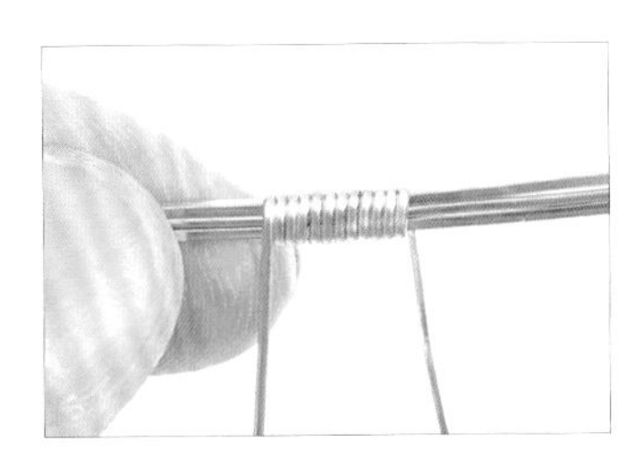

09 重複步驟8，纏繞線A、B、C十圈。【註：是以線D兩端往左、右各自纏繞。】

10 以斜口鉗將D線兩端多餘的金屬線剪掉。

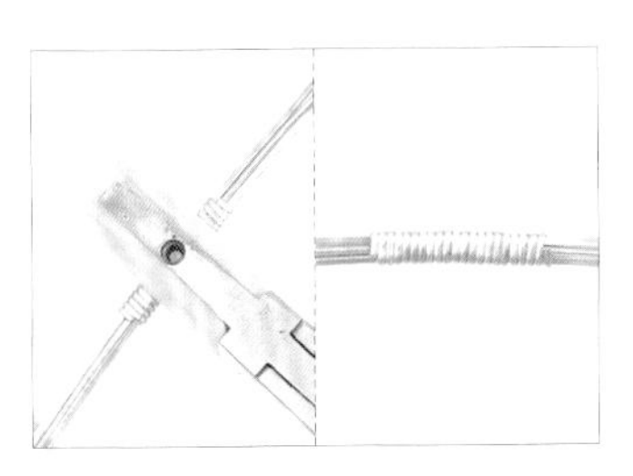

11 以尼龍平口鉗將線D整理得更平整。【註：製作過程中，隨時可以尼龍平口鉗整理線。】

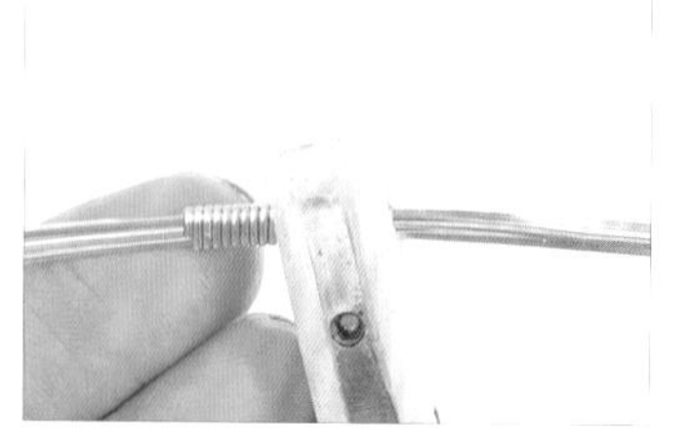

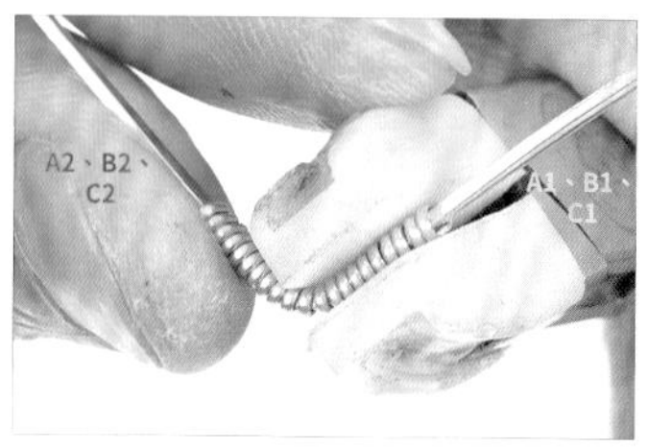

12 以尼龍平口鉗將線A、B、C折出直角，形成線A1～C1及線A2～C2。【註：使線D斷口朝向夾角內側。】

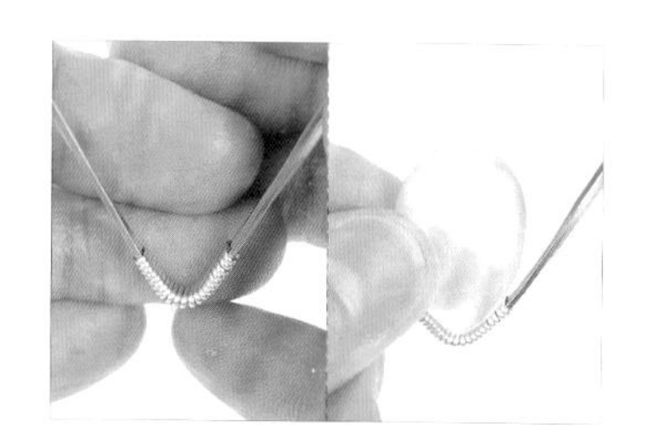

13 將粉水晶放入90度夾角處。

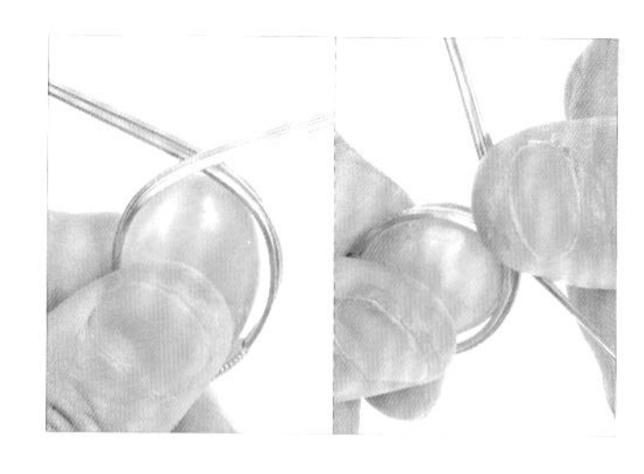

14 將A1、B1、C1及線A2、B2、C2沿著粉水晶弧面彎折出弧形外框，以包覆裸石。

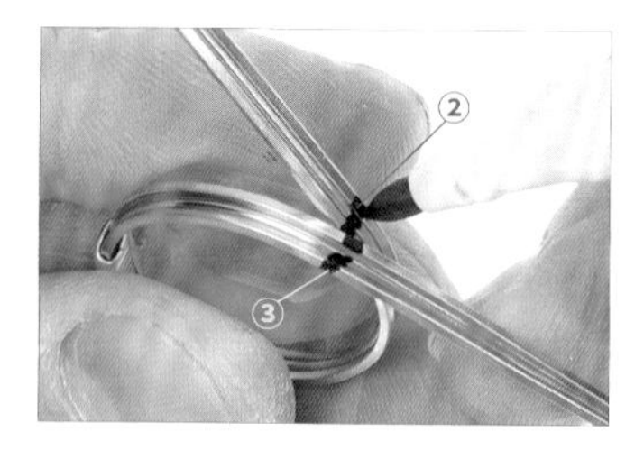

15 以黑色奇異筆，在包覆裸石一圈的線上繪製記號，為點②、③。

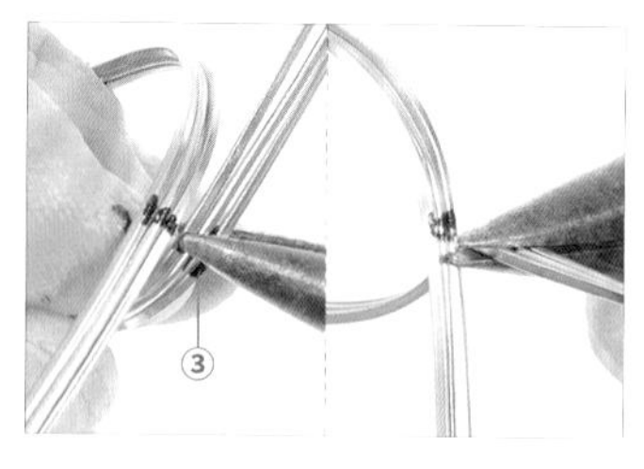

16 以尖嘴鉗夾住點③，並將線A1、B1、C1彎折。

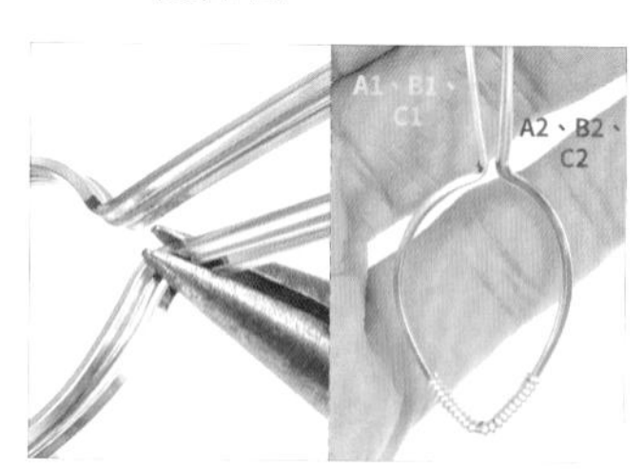

17 重複步驟16，將線A2、B2、C2彎折。

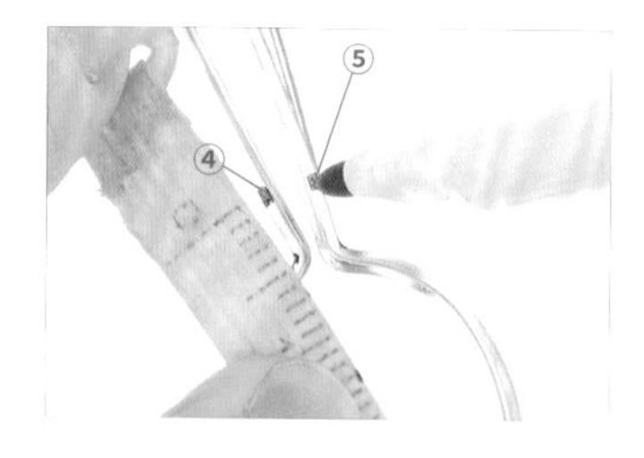

18 以黑色奇異筆，在距離包框約0.5公分處繪製記號，為點④、⑤。

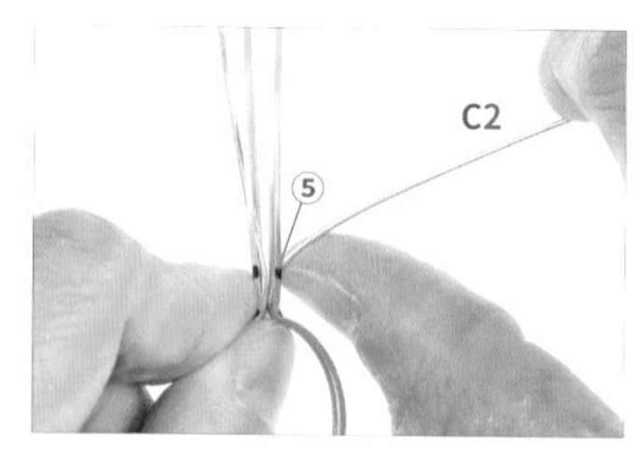

19 以拇指壓住點⑤，將線C2往外彎折。

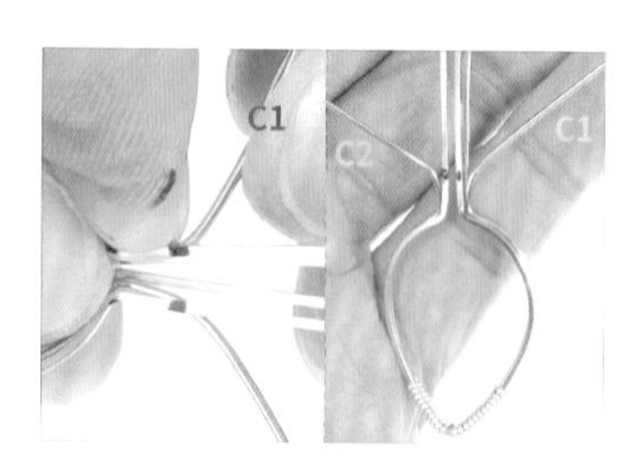

20 重複步驟19，將線C1往外彎折。

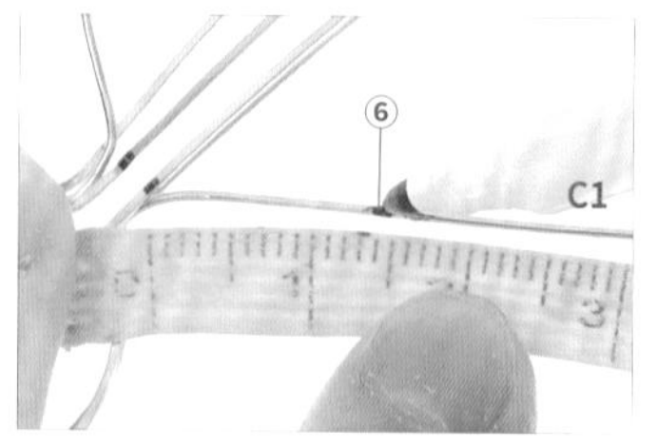

21 以黑色奇異筆，在線C1約1.5公分處繪製記號，為點⑥。【註：此長度為第一片翅膀的大小。】

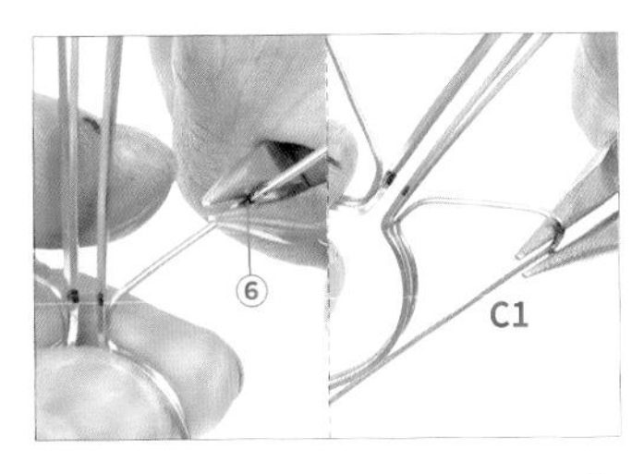

22 以圓嘴鉗夾住線C1的點⑥，並彎折出弧形。

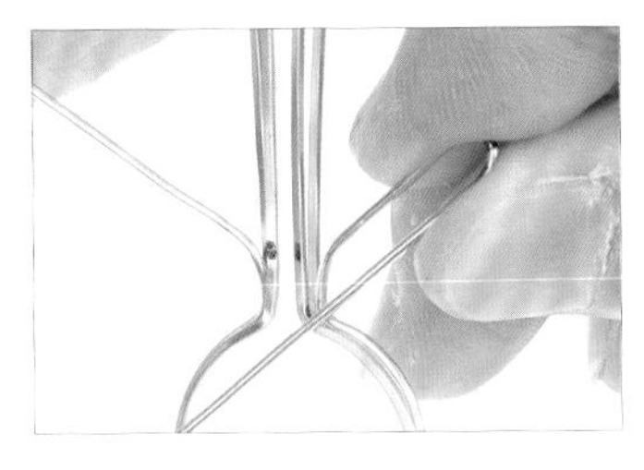

23 用手將線C1的弧形壓緊，以製作第一片翅膀。

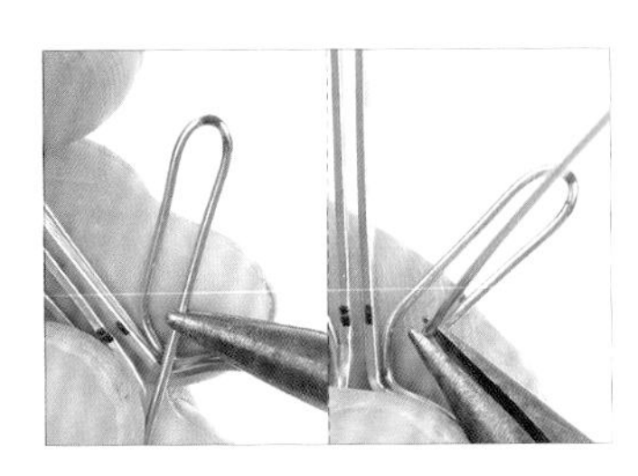

24 以尖嘴鉗將線C1反折。

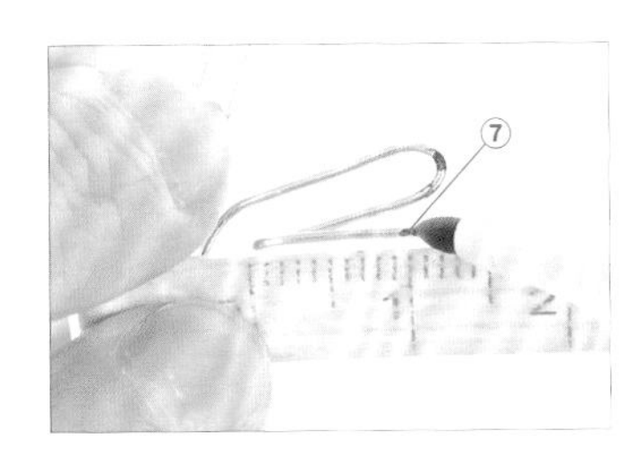

25 以黑色奇異筆，在線C1約1公分處繪製記號，為點⑦。【註：此長度為第二片翅膀的大小。】

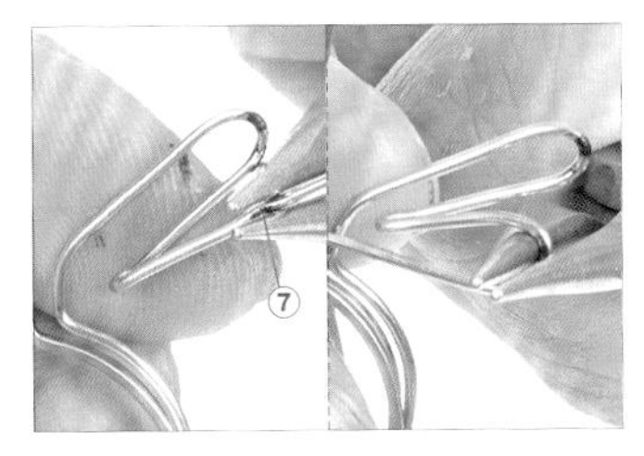

26 以圓嘴鉗夾住線C1的點⑦，並彎折出第二片翅膀。

27 以圓嘴鉗將第一片翅膀彎折出弧度。

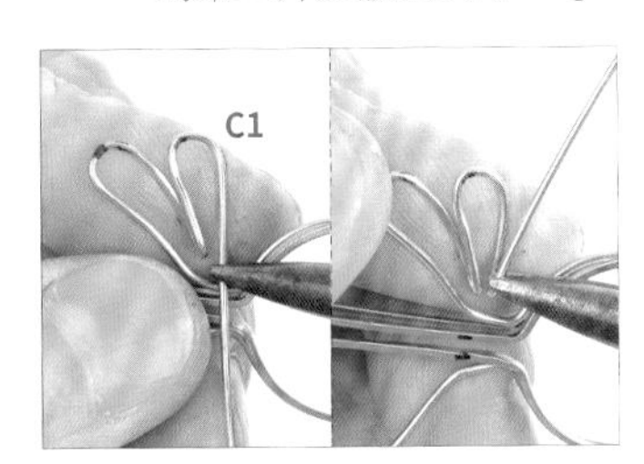

28 以尖嘴鉗將線C1往上彎折。

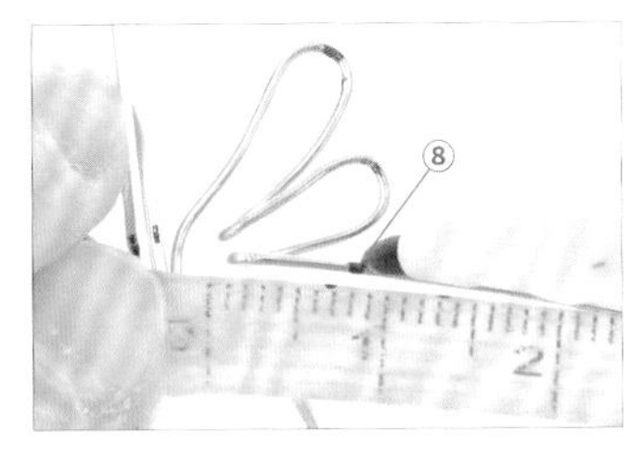

29 以黑色奇異筆，在線C1約0.7公分處繪製記號，為點⑧。【註：此長度為第三片翅膀的大小。】

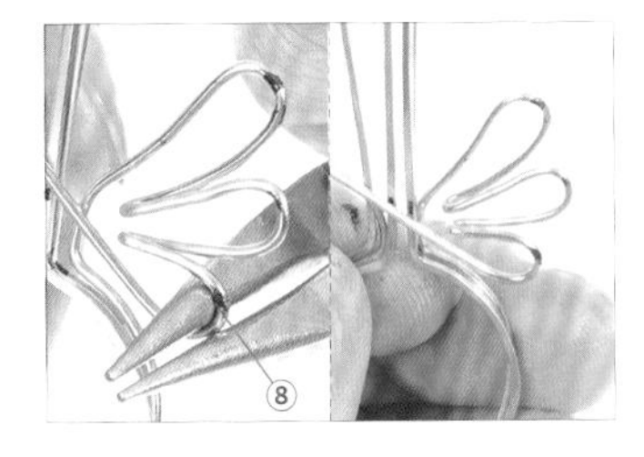

30 以圓嘴鉗夾住線C1的點⑧，並彎折出第三片翅膀。

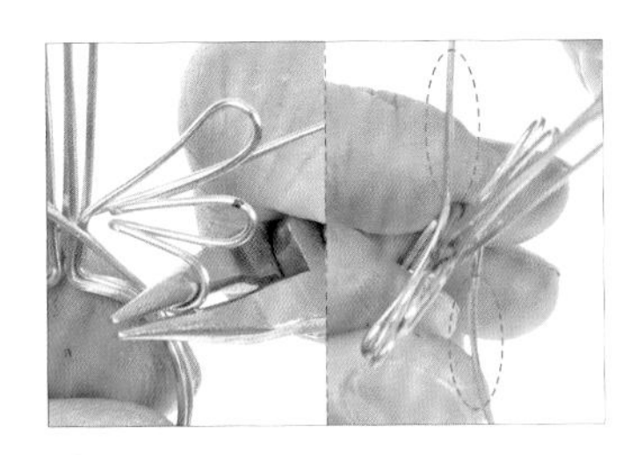

31 重複步驟21-30，製作出另一側的三片翅膀。【註：線C1、C2在不同側。】

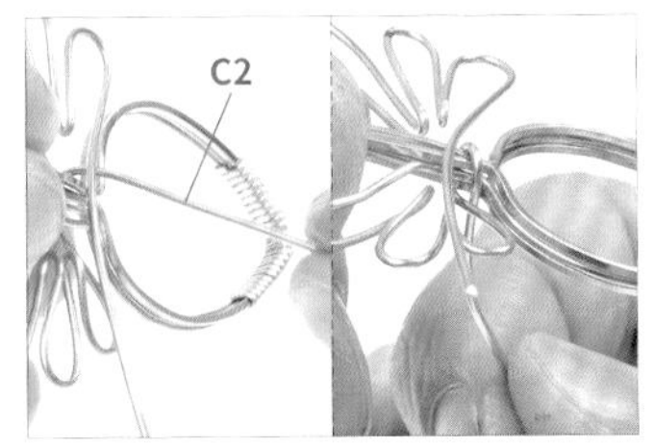

32 以線C2纏繞上方外框一圈。

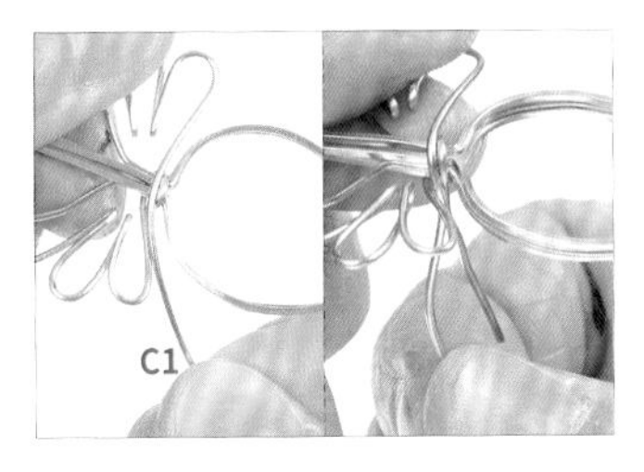

33 將線C1繞到另一側。

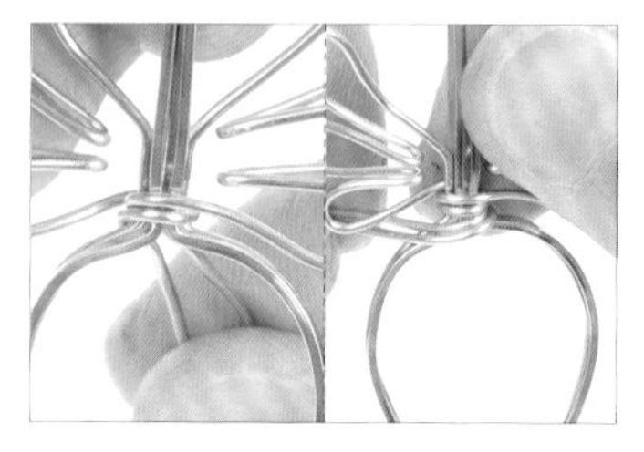

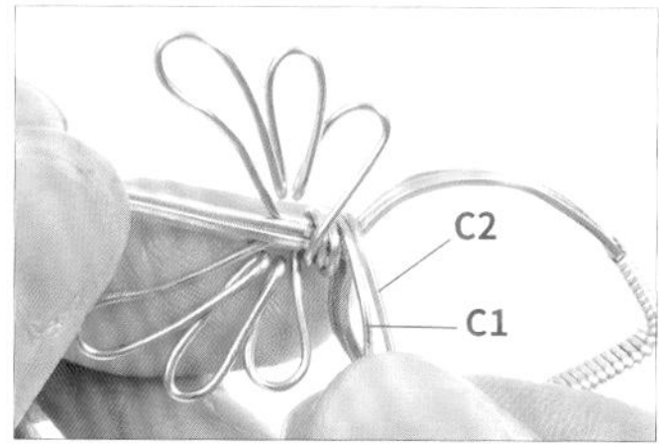

34 以線C1、C2纏繞上方外框一圈。【註：此為作品的背面。】

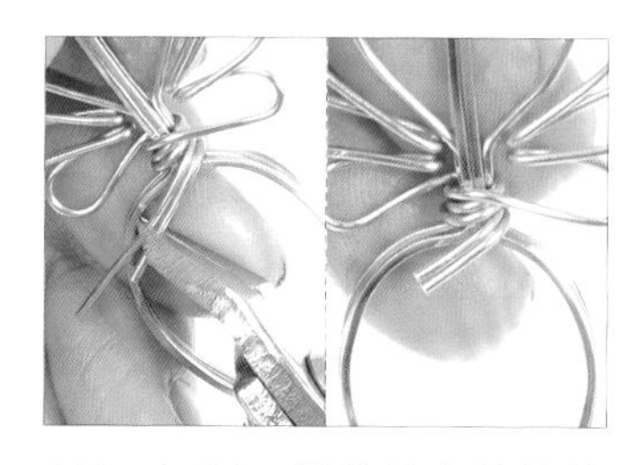

35 以斜口鉗剪掉多餘的線C1、C2。

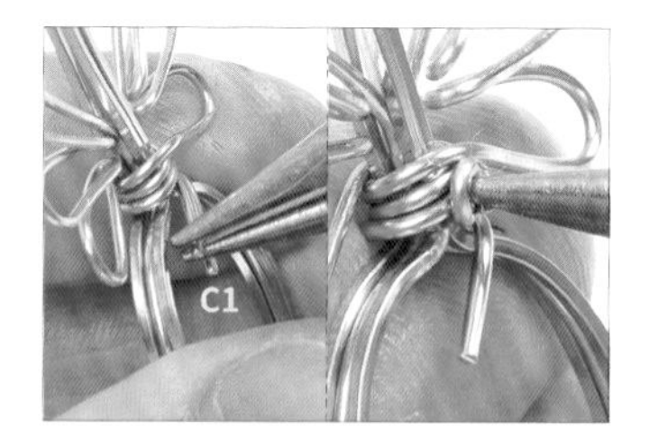

36 以圓嘴鉗夾住線C1，並彎折成圓弧形。

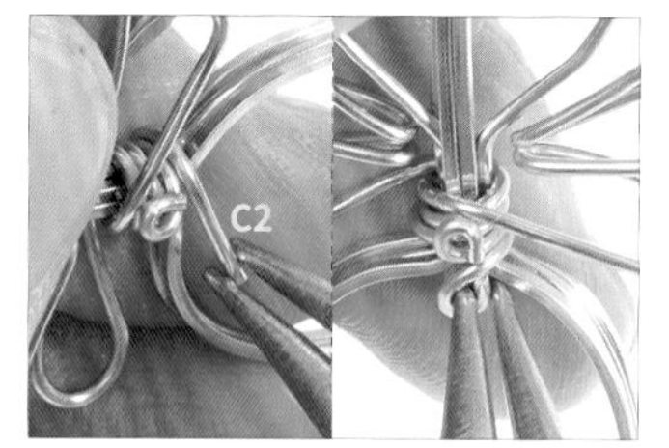

37 重複步驟36，將線C2彎折成圓弧形。

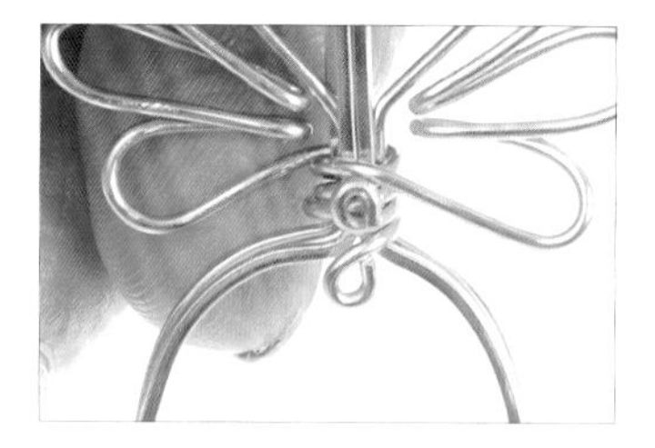

38 如圖，圓弧形製作完成。

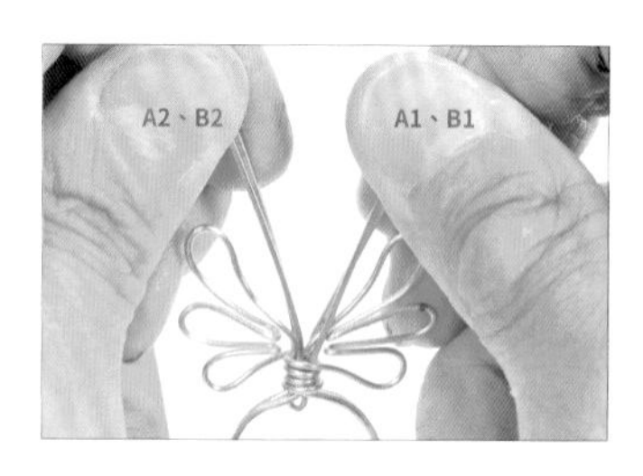

39 將線A1、B1及線A2、B2分開。

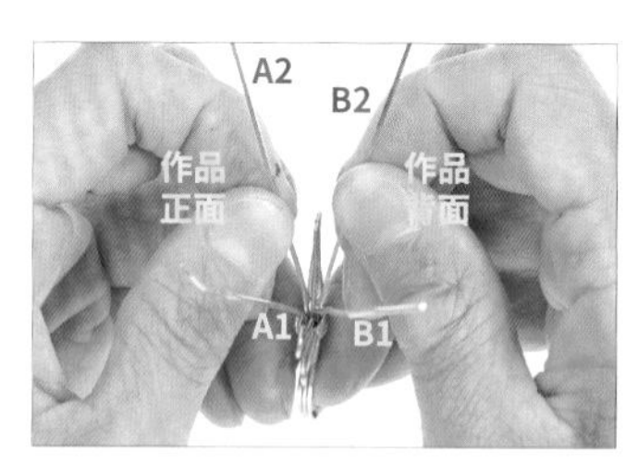

40 將線A1、B1、A2、B2四條線分開。

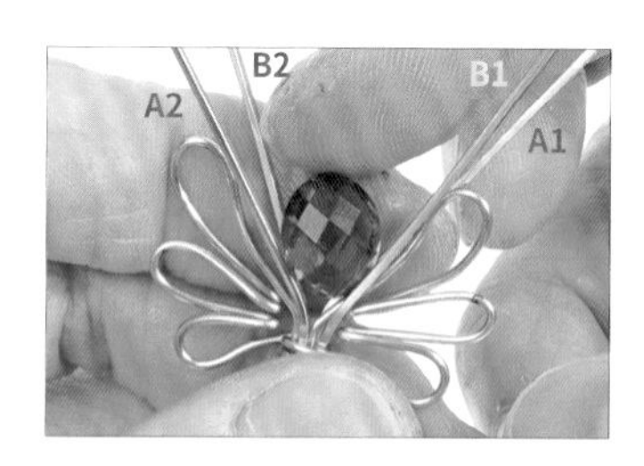

41 將紫水晶放入線A1、B1、A2、B2中間。

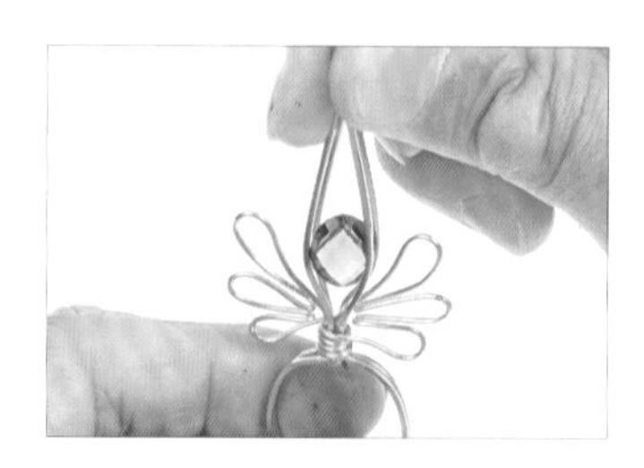

42 以線A1、B1、A2、B2稍微固定紫水晶。

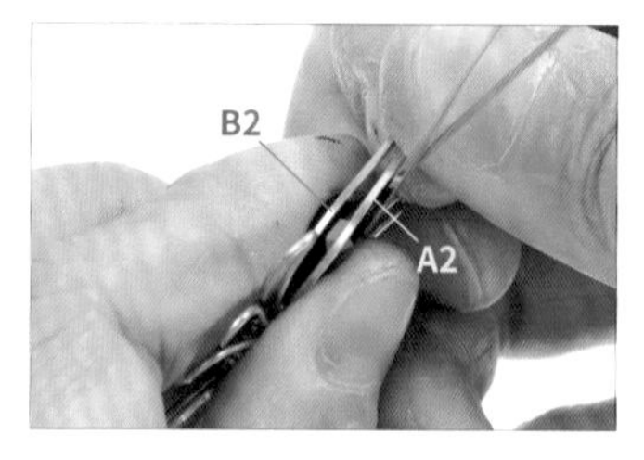

43 用手將線A2、B2沿著紫水晶弧面彎折出弧形。

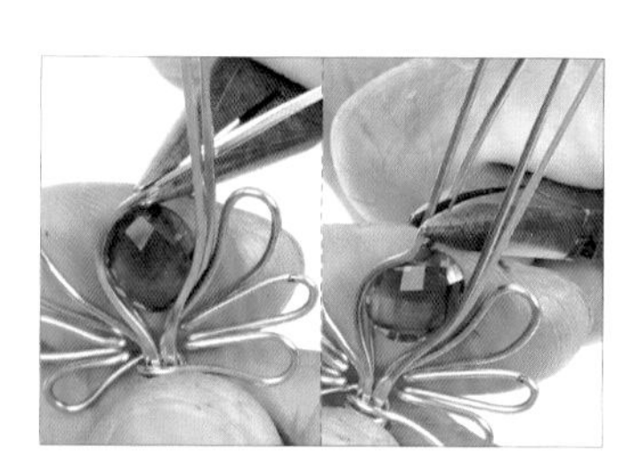

44 以尖嘴鉗將線A2、B2夾住，並彎折出弧形包框。

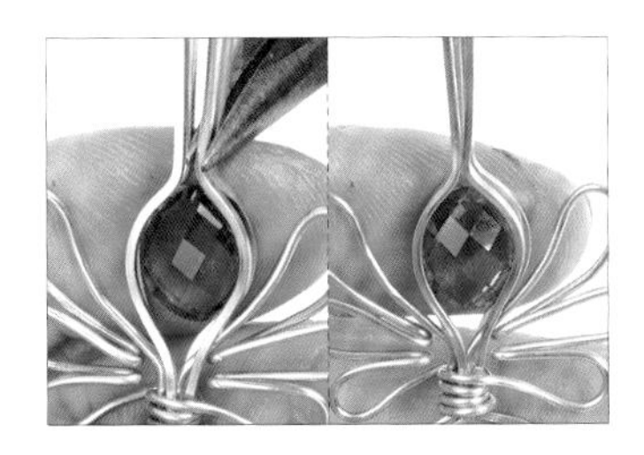

45 重複步驟43-44，將線A1、B1彎折成包框。

46 以斜口鉗剪下1條25公分的21G金色半圓線，為線E。

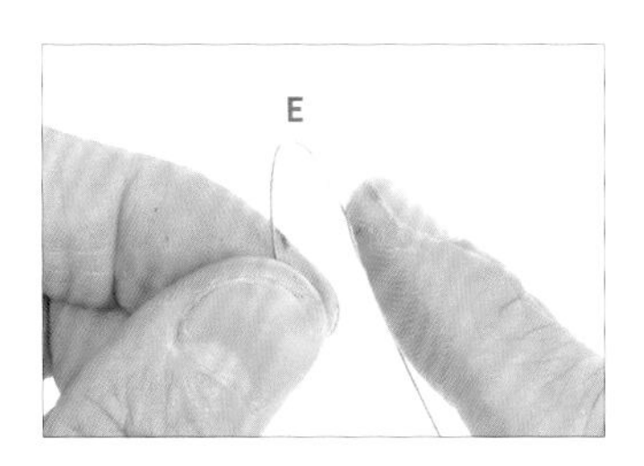

47 將線E折成彎鉤形。

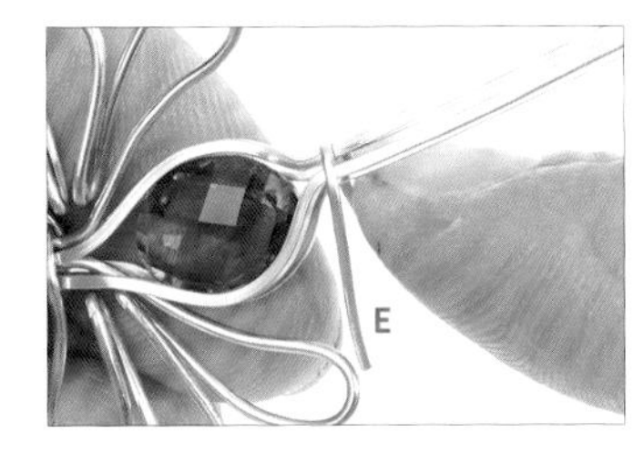

48 承步驟47，將線E勾入線A1、B1、A2、B2。

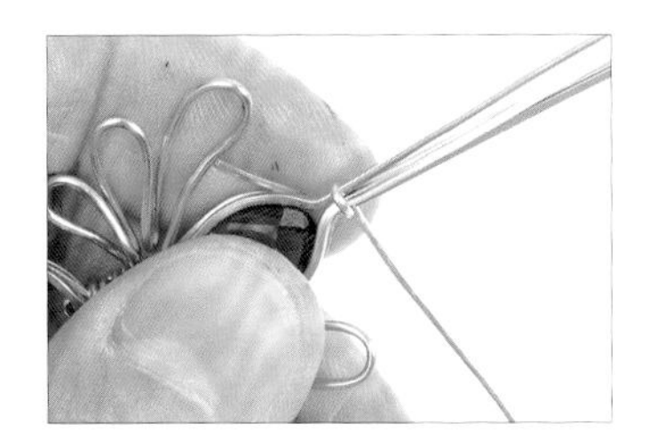

49 以線E纏繞線A1、B1、A2、B2一圈。

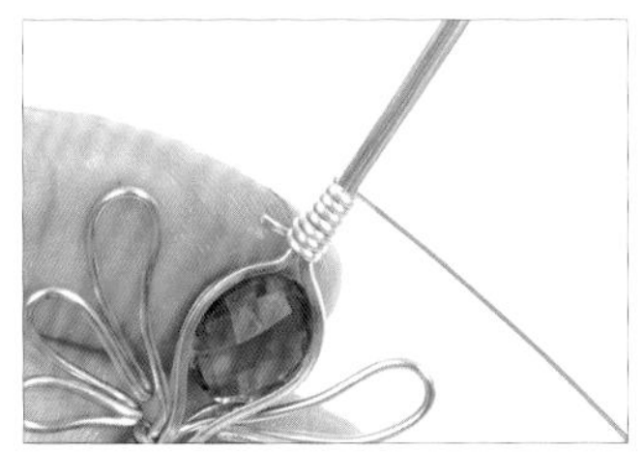

50 重複步驟49，纏繞線A1、B1、A2、B2六圈。【註：可依個人喜好調整圈數。】

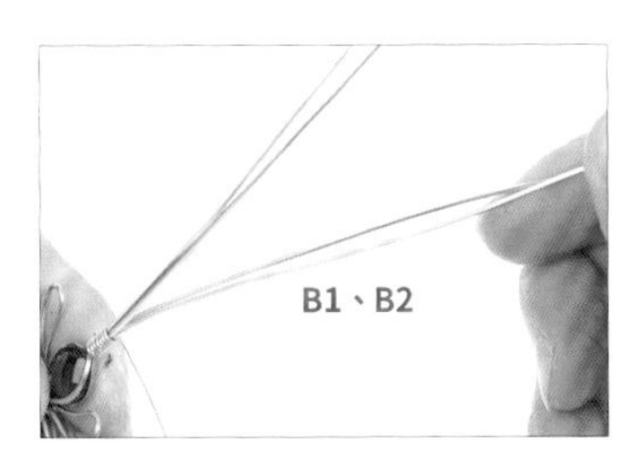

51 將線B1、B2往後彎折。

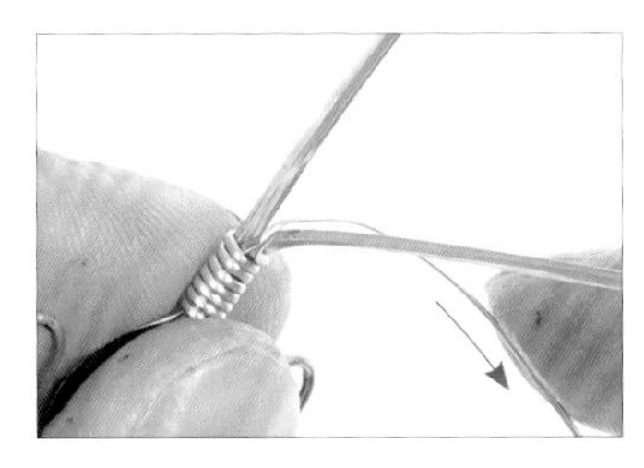

52 以線E纏繞線B1、B2一圈。

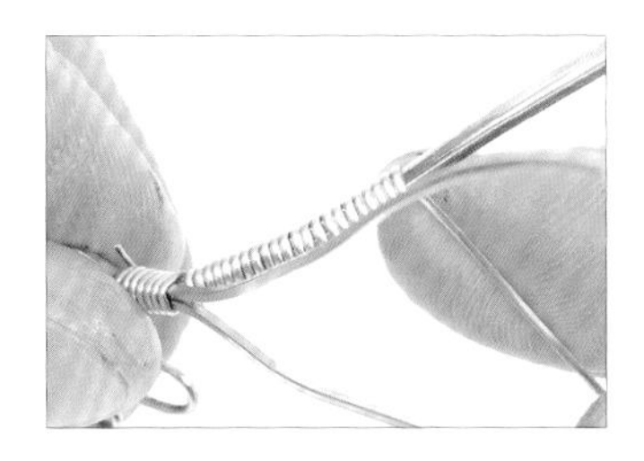

53 重複步驟52，纏繞線B1、B2二十一圈。【註：纏繞長度足以製作墜頭即可。】

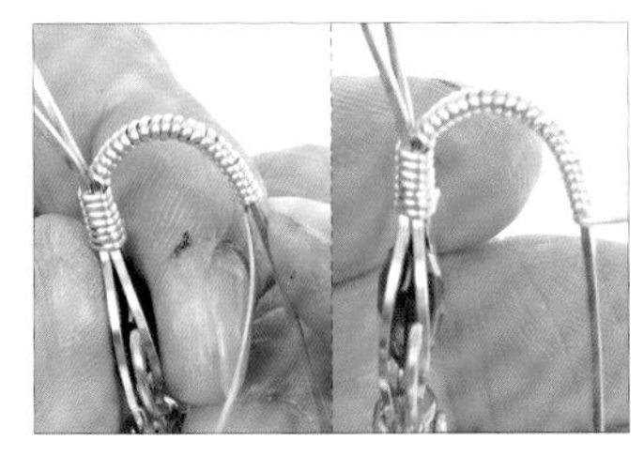

54 將線B1、B2往下彎折，以製作墜頭主體。

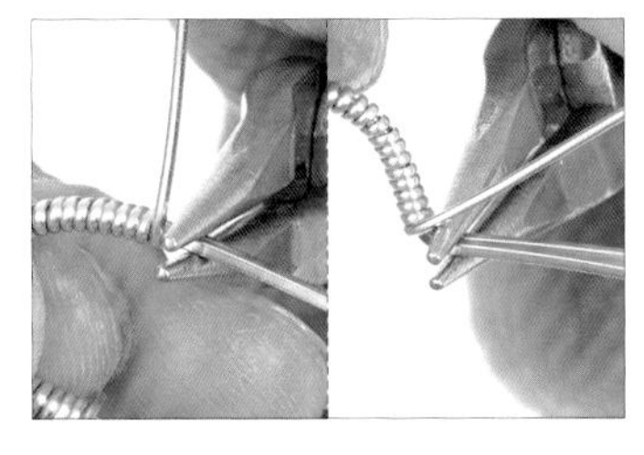

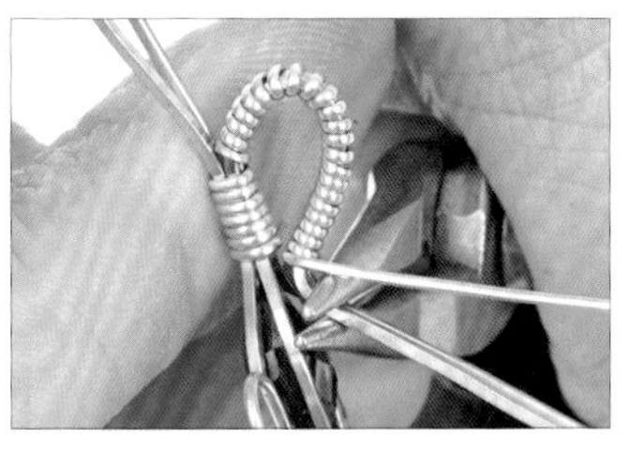

55 以圓嘴鉗夾住墜頭主體，並將墜頭主體彎折成水滴形。

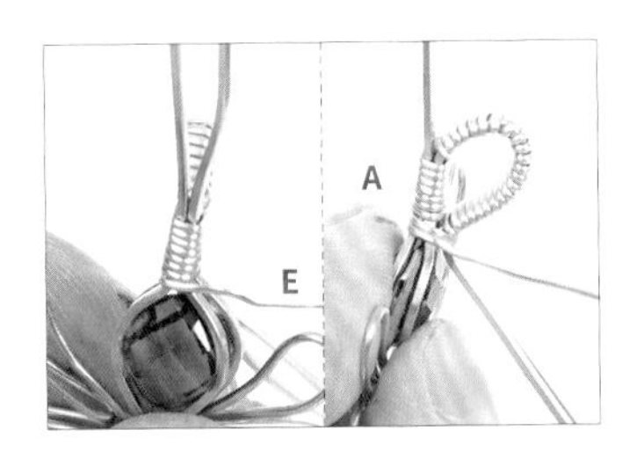

56　將線E纏繞線B1、B2兩至三圈，以形成墜頭。

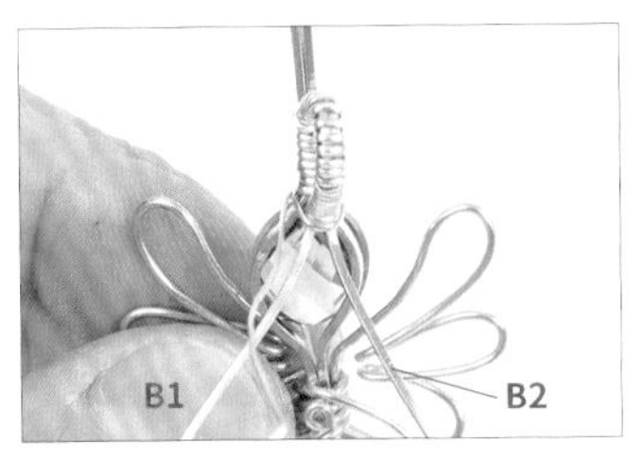

57　將線B1、B2分開。【註：此為作品的背面。】

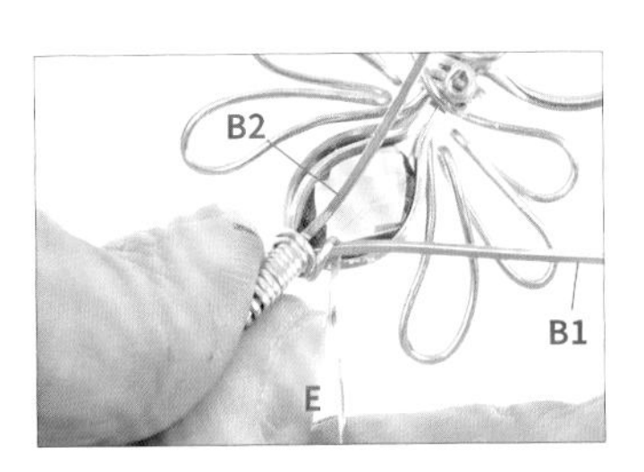

58　以線E纏繞線B1一圈。

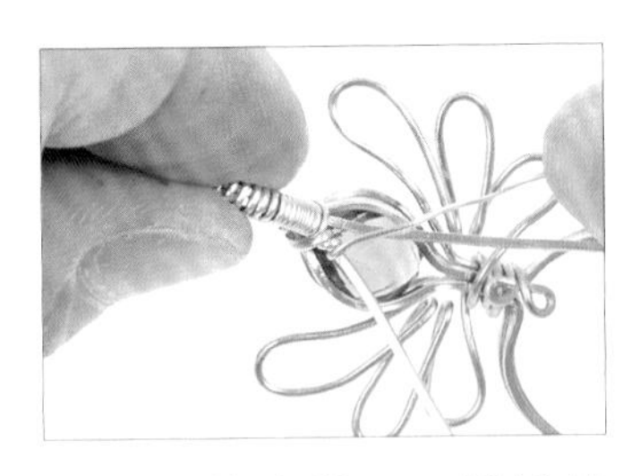

59　重複步驟58，纏繞線B1兩圈，以固定墜頭。

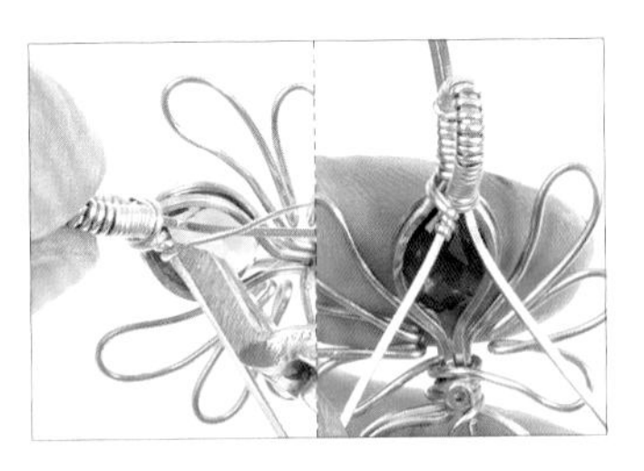

60　以斜口鉗剪掉多餘的線E，收尾。

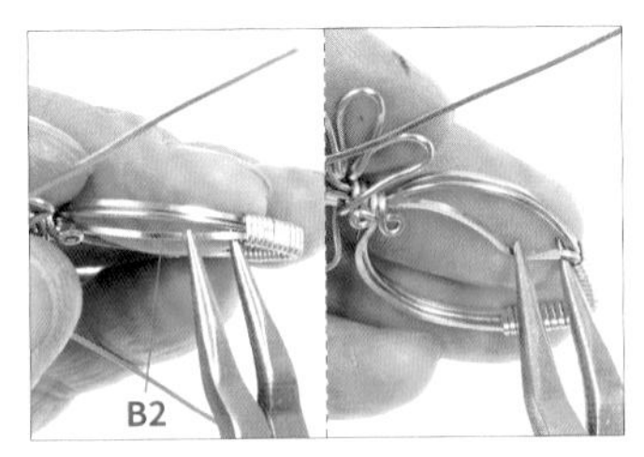

61　以圓嘴鉗將包框的線B2撐開，並彎折出弧形，以製作底座。

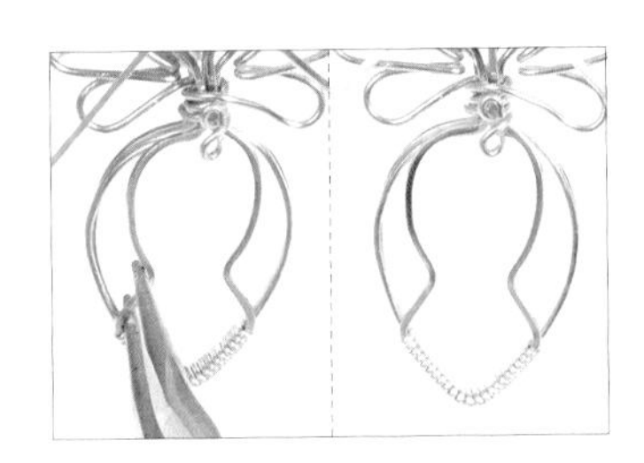

62　重複步驟61，製作另一側底座。【註：此為作品的背面。】

63　將粉水晶放進包框中。【註：此為作品的正面。】

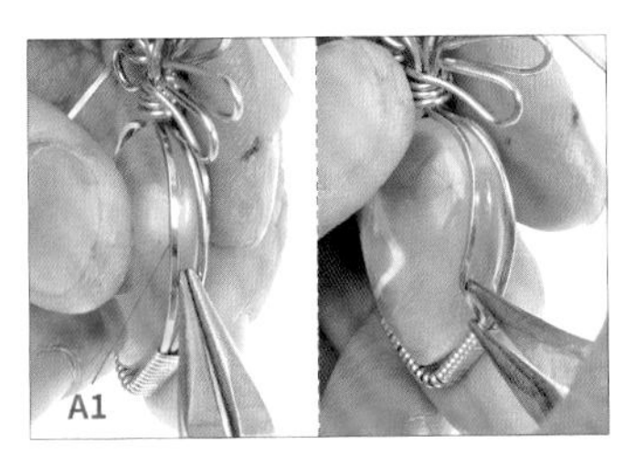

64　以圓嘴鉗將包框的線A1撐開，並彎折出弧形，以製作造型。

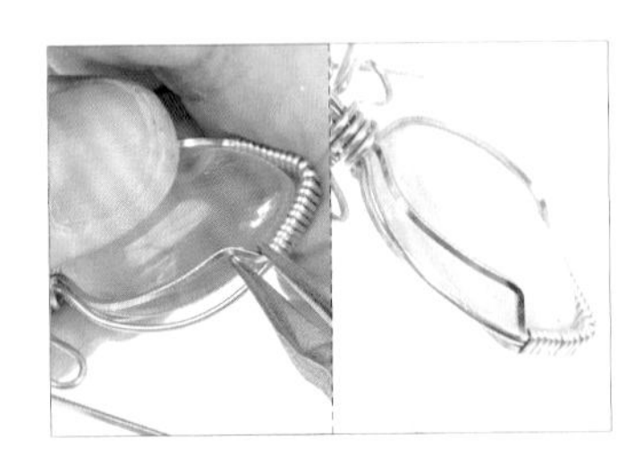

65　重複步驟64，製作另一側造型。

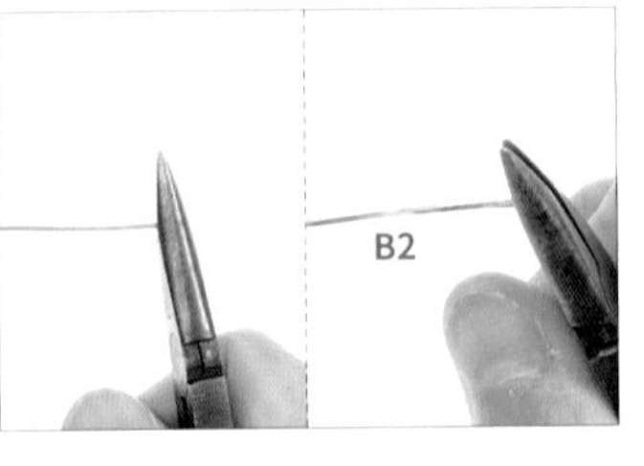

66　以尖嘴鉗夾住線B2，並扭轉成單線螺旋。【註：單線螺旋詳細步驟請參考P.24。】

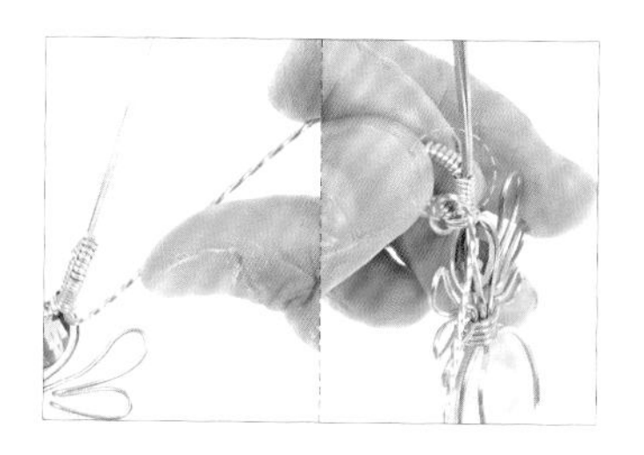

67　用指腹為輔助，將線B2彎折出漩渦形。

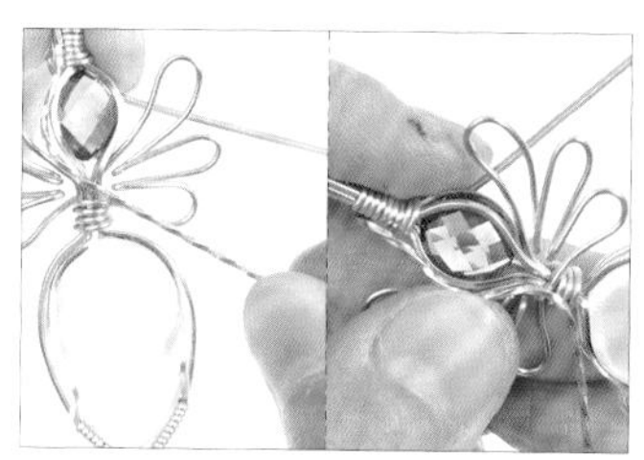

68　將線B2沿著紫水晶外形順出弧形。

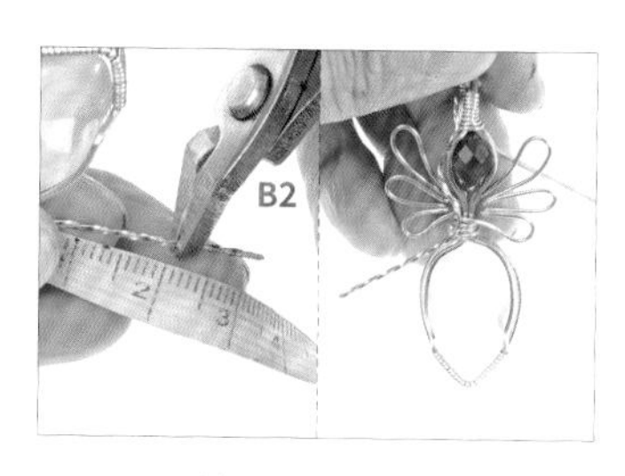

69　以捲尺為輔助，取斜口鉗剪掉多餘的線B2。【註：須預留約2公分長度。】

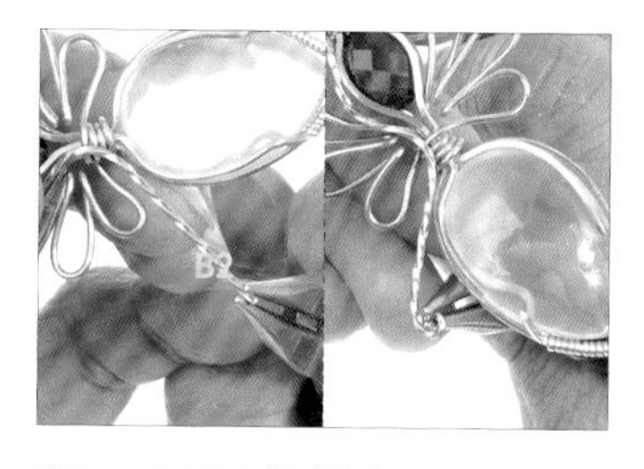

70　以圓嘴鉗夾住線B2，並彎折成圓形。

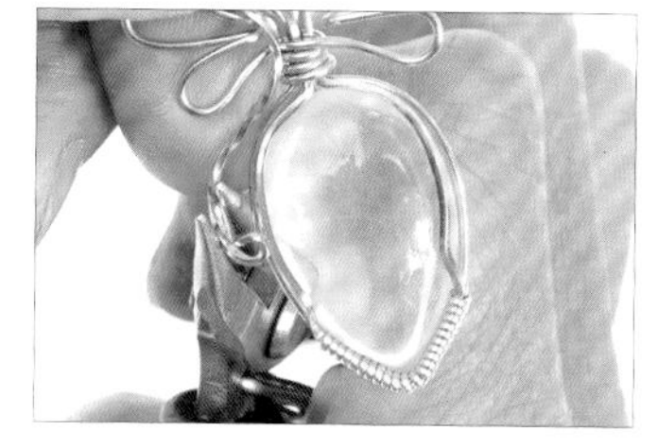

71　以圓嘴鉗將線B2往內彎折，使尾端與包框貼緊。

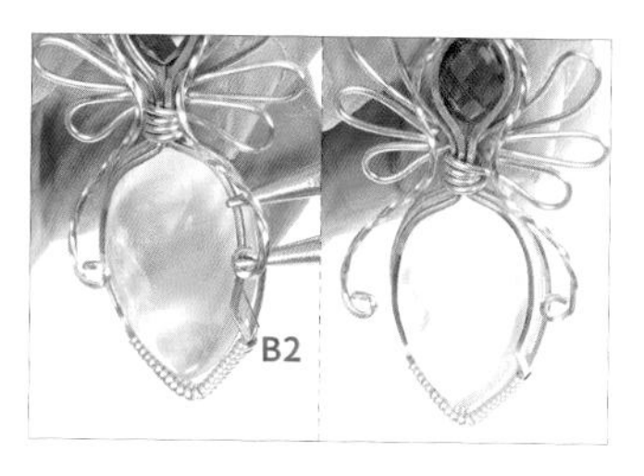

72　重複步驟67-71，將線B1製作完成。

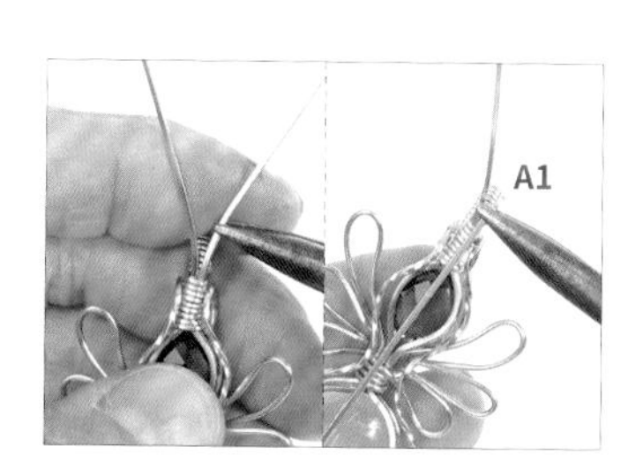

73　以尖嘴鉗將線A1往下彎折。

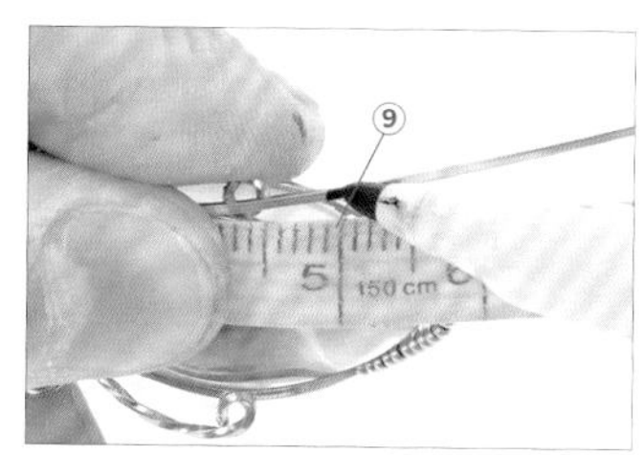

74　以捲尺為輔助，取黑色奇異筆，在線A1約5公分處繪製記號，為點⑨。

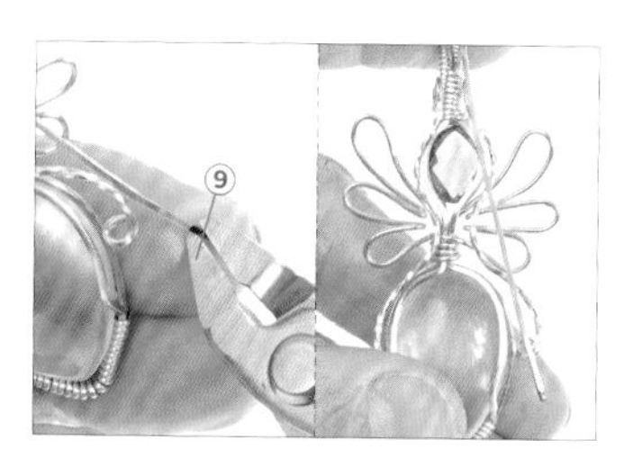

75　以斜口鉗從點⑨剪掉多餘的線A1。

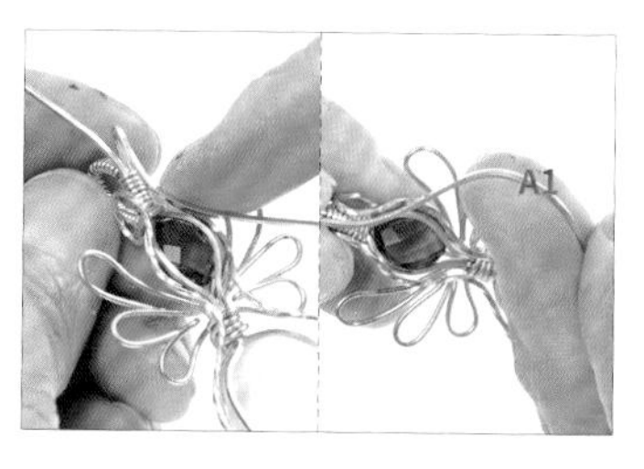

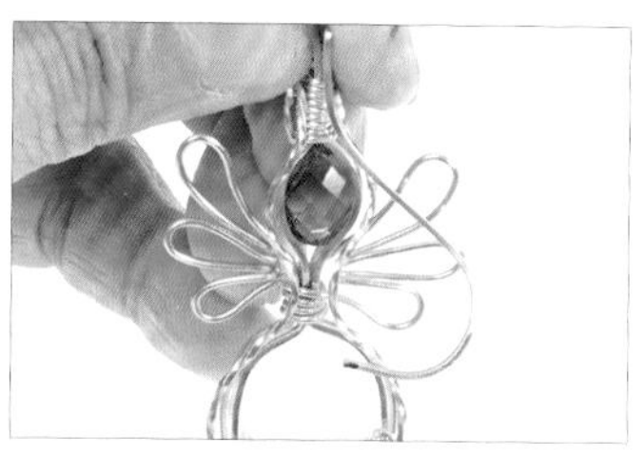

76　用手將線A1彎折成弧形。

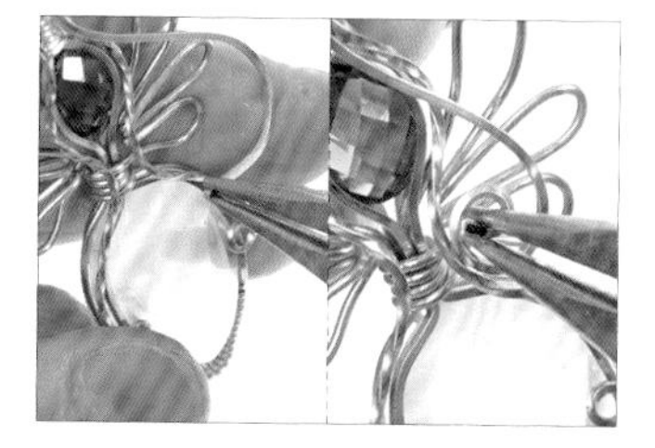

77　以圓嘴鉗夾住線A1，並先彎折出一個圓形，再順著圓形盤繞出漩渦形。

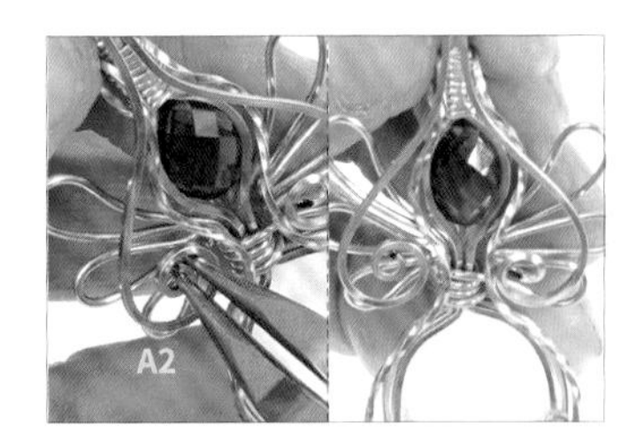

78　重複步驟75-77，將線A2製作完成。

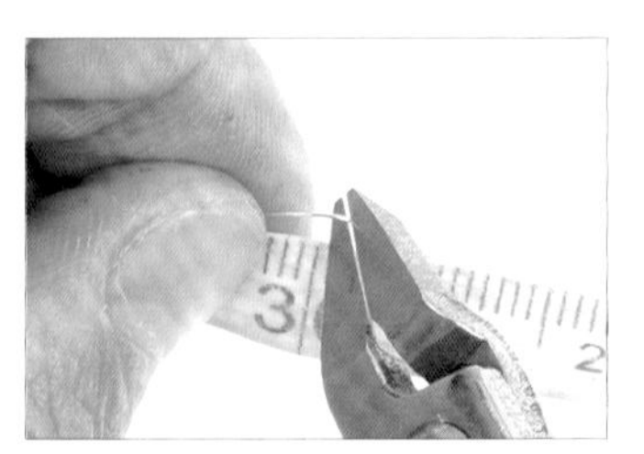

79　以斜口鉗剪下1條約30公分的28G線，為線F。

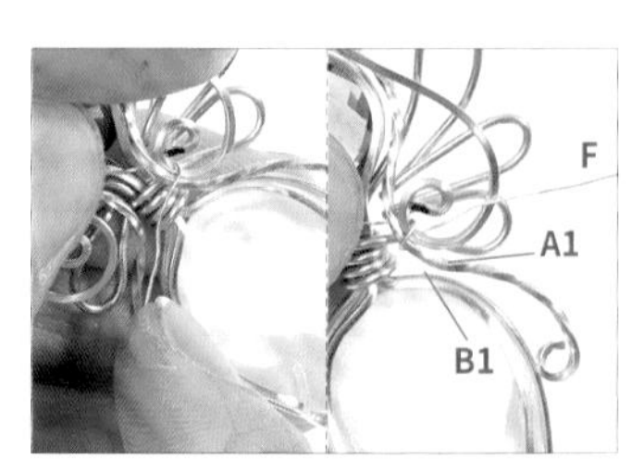

80　以線F纏繞線A1、B1一圈。

81　重複步驟80，纏繞線A1、B1兩圈。

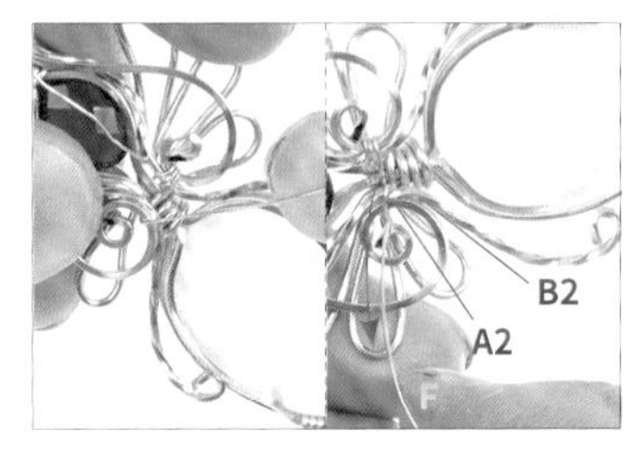

82　以線F纏繞線A2、B2一圈。

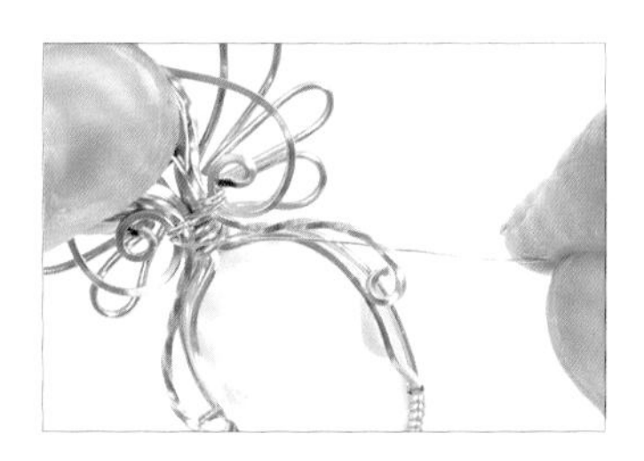

83　重複步驟82，纏繞線A2、B2兩圈，完成1組八字繞。【註：雙線八字繞法1詳細步驟請參考P.16。】

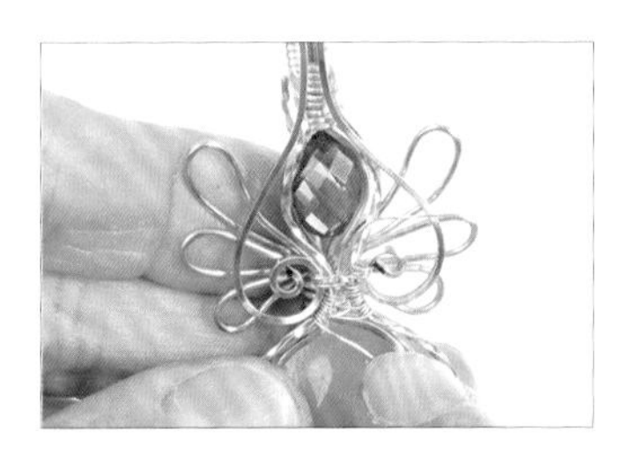

84　重複步驟80-83，在線A1、B1、A2、B2纏繞2組八字繞。

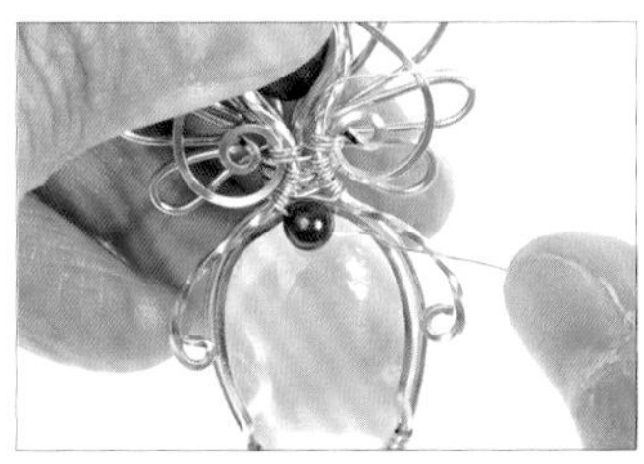

85　取一顆紅石榴石，穿入線F中。

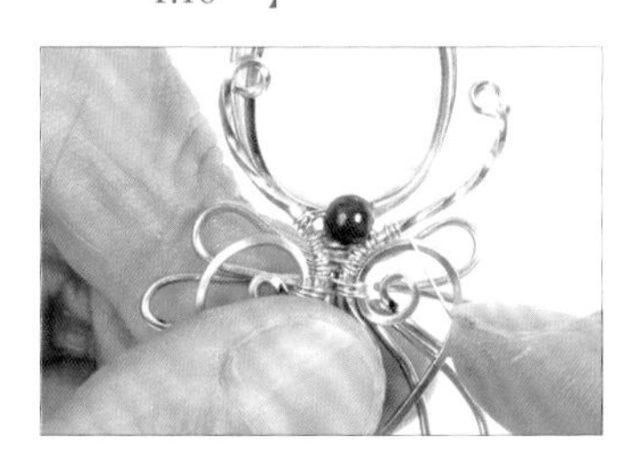

86　重複步驟80-83，在線A1、B1、A2、B2纏繞1組八字繞。

87　以斜口鉗將線F兩端多餘的金屬線剪掉。

88　取1條約10公分的28G線，並將線折成彎鉤形。【註：共須2條，為線G、H。】

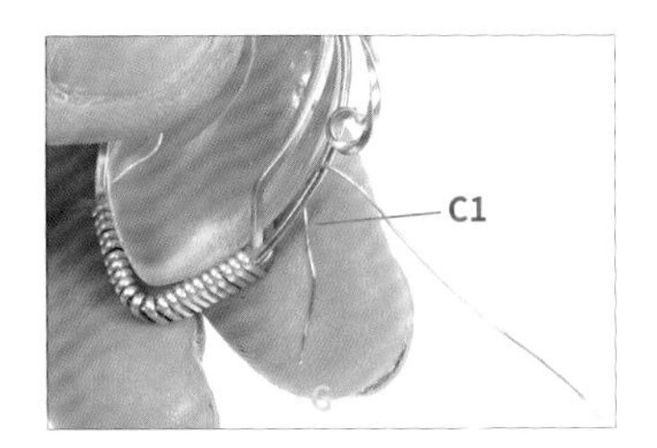

89 承步驟88，將線G勾入包框的線C1。

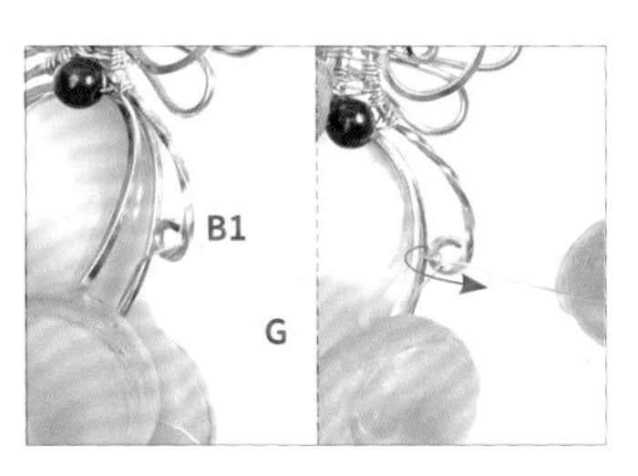

90 將線G纏繞線B1、C1一圈。

91 重複步驟90，纏繞線B1、C1三圈。

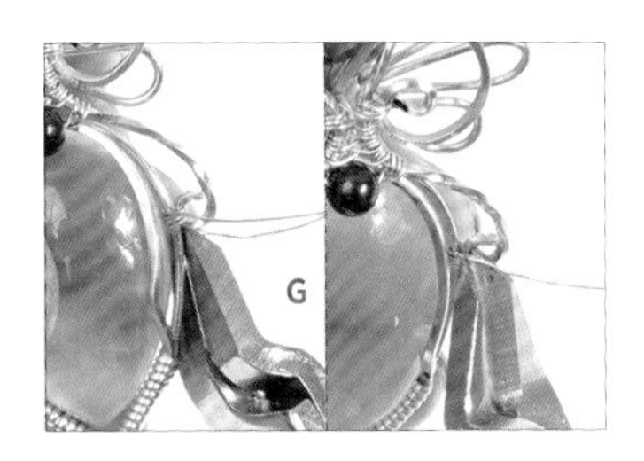

92 以斜口鉗將線G兩端多餘的金屬線剪掉。

93 重複步驟88-92，將另一側製作完成。【註：以線H製作。】

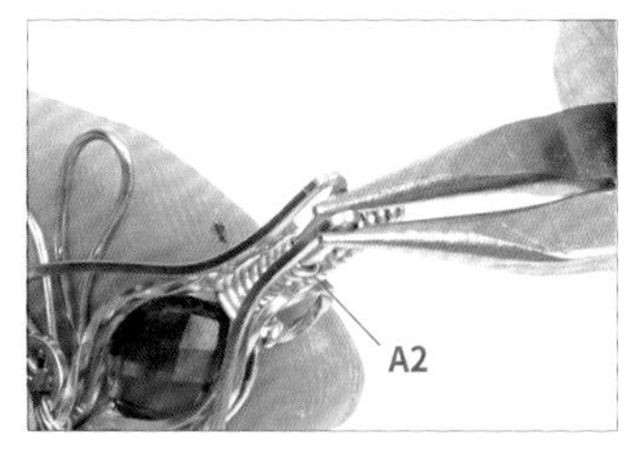

94 以圓嘴鉗夾住線A2，並往外彎折出弧度。

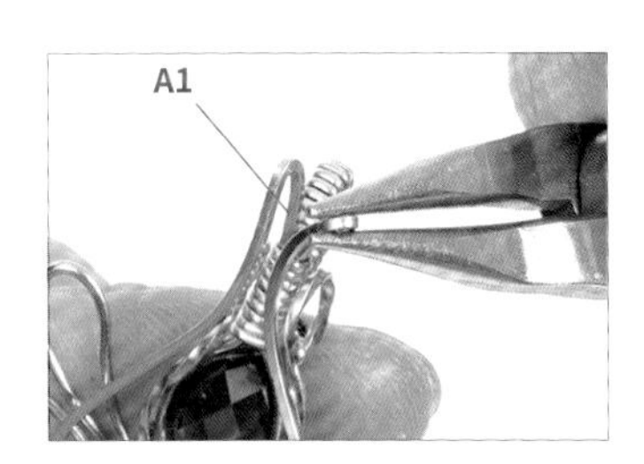

95 重複步驟94，將線A1彎折出弧度。

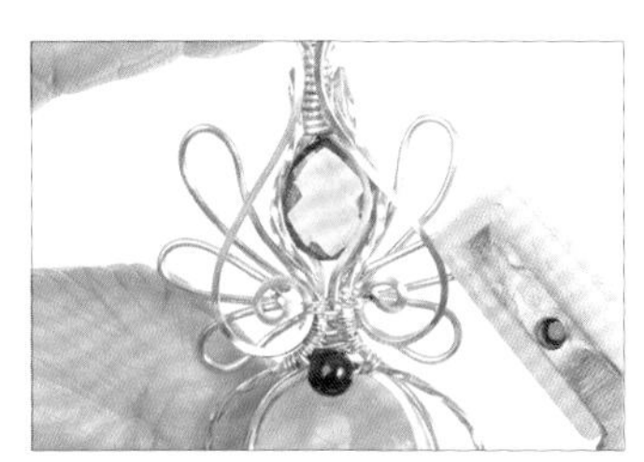

96 以尼龍平口鉗將翅膀整理得更平整。【註：製作過程中，隨時可以尼龍平口鉗整理線。】

97 如圖，守護天使項鍊製作完成。

創作小語

用線條做出天使的翅膀，使作品線條突破裸石的框架，帶來想像的空間。

守護天使項鍊
停格動畫 QRcode

璀璨寶瓶項鍊

- 007 -

材料與工具 MATERIALS & TOOLS

◆ 線材

品項	用量
21G 金色方線	15 公分 × 2 條，為線 A、B。
21G 金色半圓線	50 公分 × 2 條，為線 C、D。
20G 金色圓線	15 公分 × 2 條，為線 E、F。
28G 金色圓線	20 公分 × 1 條，為線 G。

◆ 石材

★尺寸依序為：長 × 寬 × 高

品項		用量
	青金石	1 顆。【裸石大小：2.2 公分 × 1.6 公分 ×0.6 公分。】

◆ 工具

捲尺、斜口鉗、平口鉗、圓嘴鉗、透氣膠帶、尼龍平口鉗、尖嘴鉗。

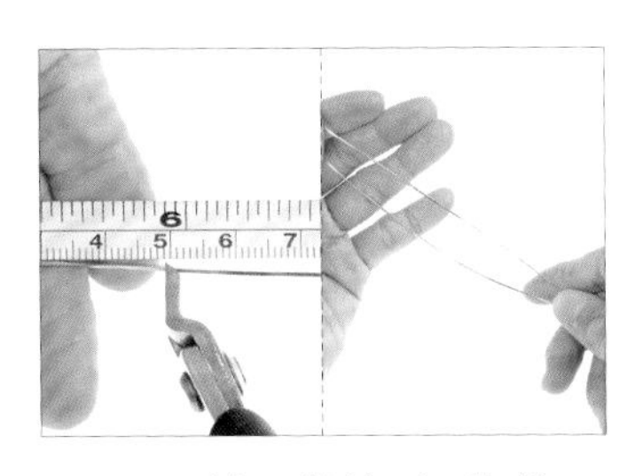

01 以斜口鉗剪下2條約15公分的21G方線。【註：為線A、B。】

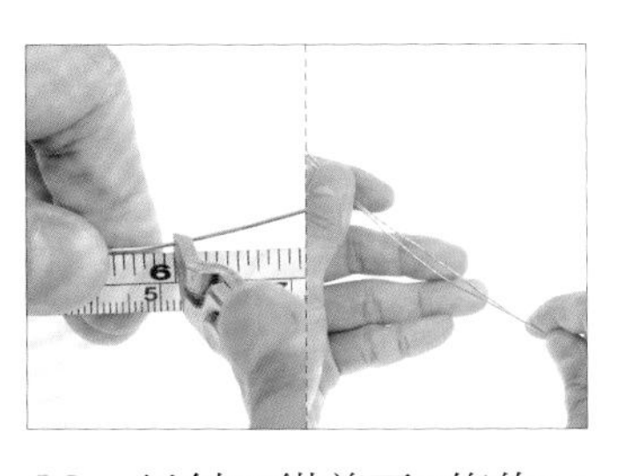

02 以斜口鉗剪下2條約15公分的20G線。【註：為線E、F。】

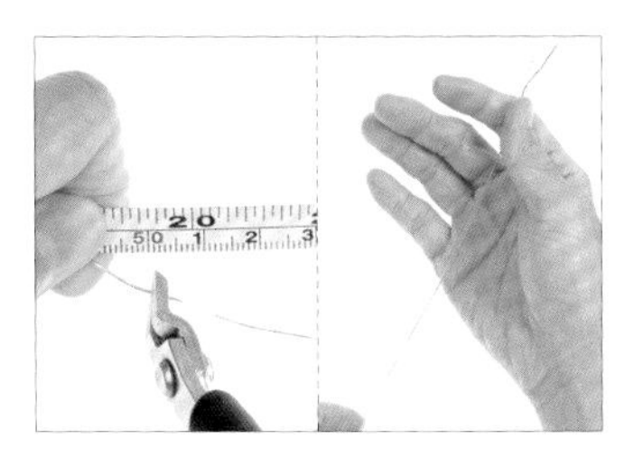

03 以斜口鉗剪下2條約50公分的21G金色半圓線。【註：為線C、D。】

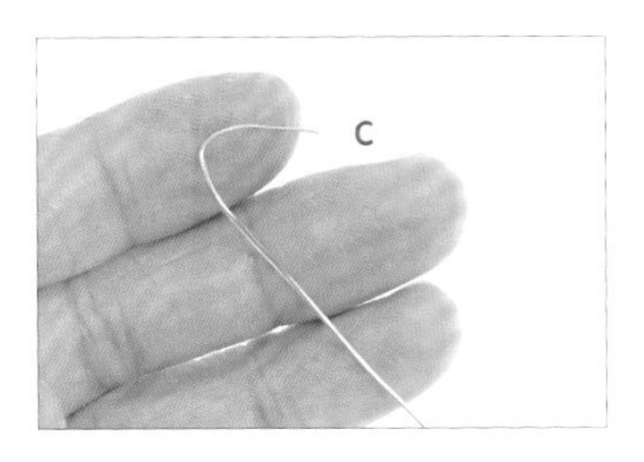

04 將線C折成彎鉤形。

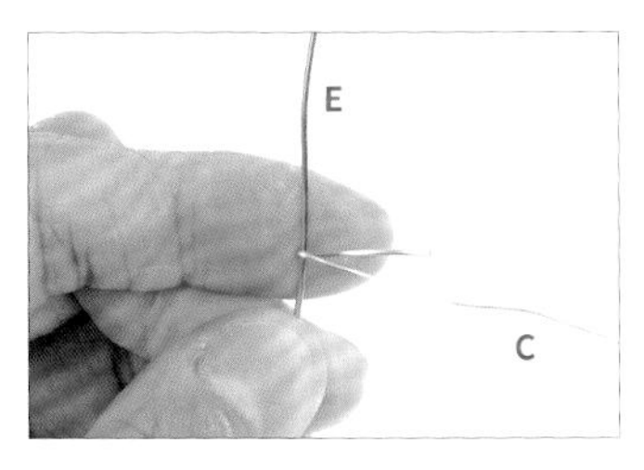

05 承步驟4，將線C勾入線E。

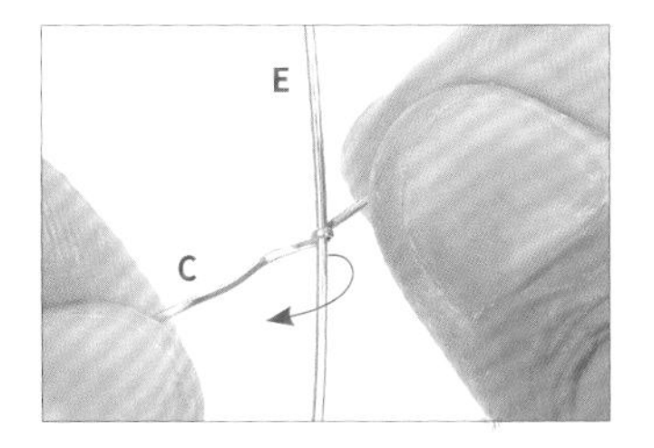

06 以線C纏繞線E一圈。

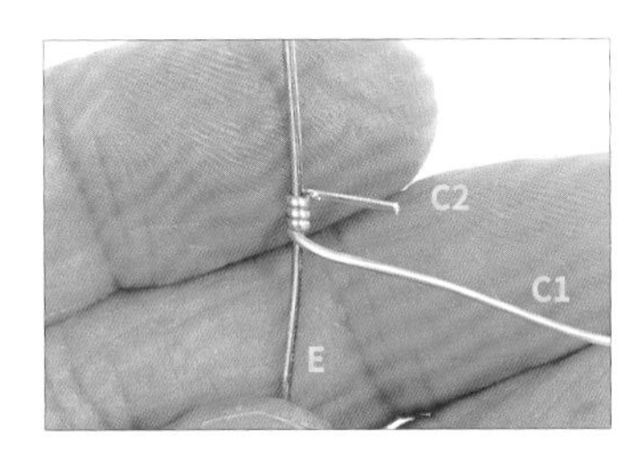

07 重複步驟6，纏繞線E兩圈。

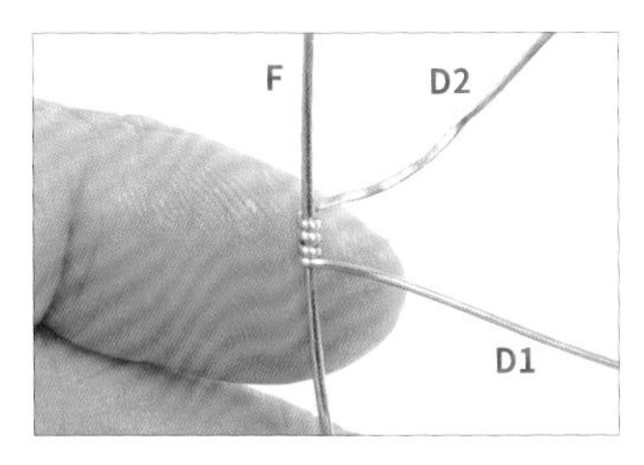

08 重複步驟4-7，以線D纏繞線F三圈。

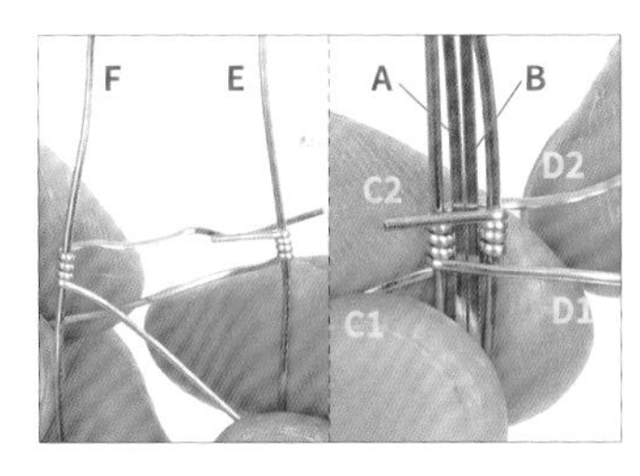

09 將線F、A、B、E並排放置。

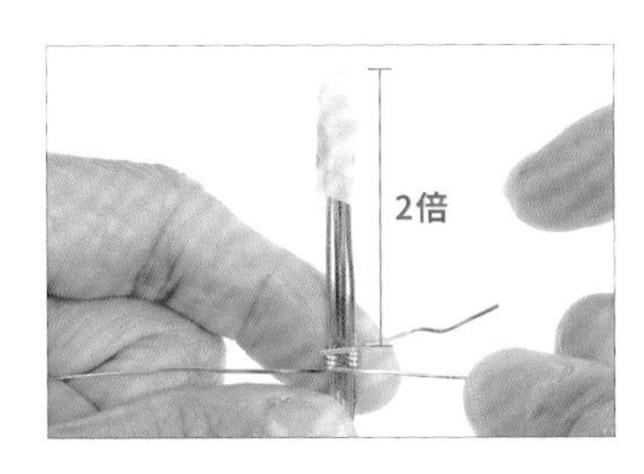

10 以透氣膠帶將4條線上方纏繞一圈後，黏貼固定。【註：上方須預留2倍裸石長度。】

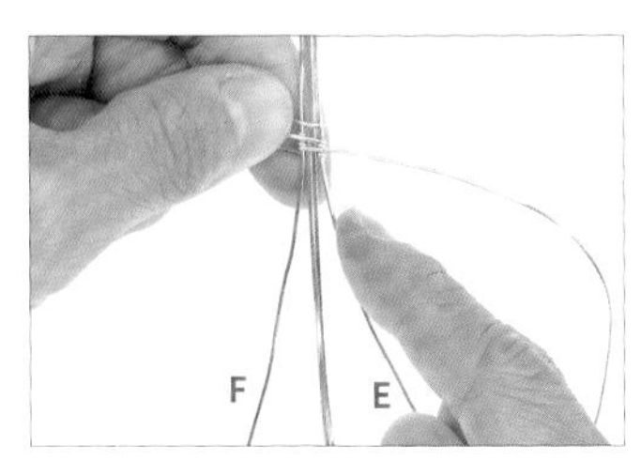

11 用手將線E、F往外分開。

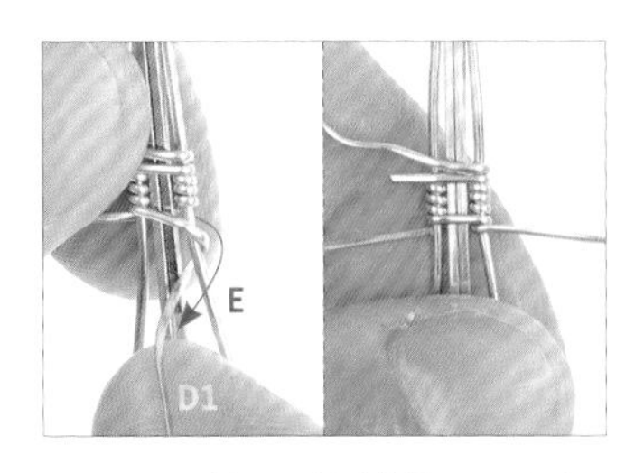

12 以線D1纏繞線E一圈。

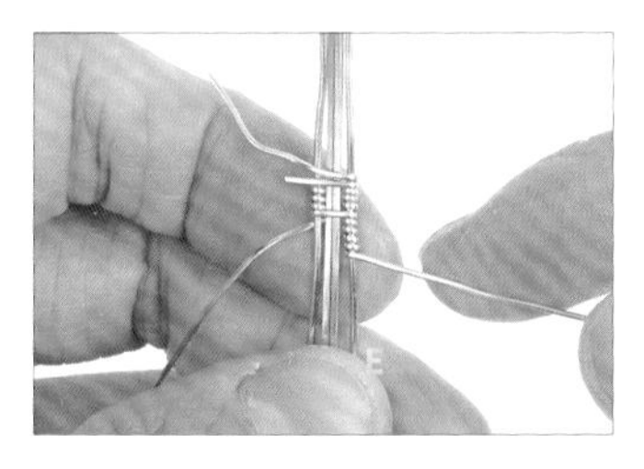

13 重複步驟12，纏繞線E四圈。

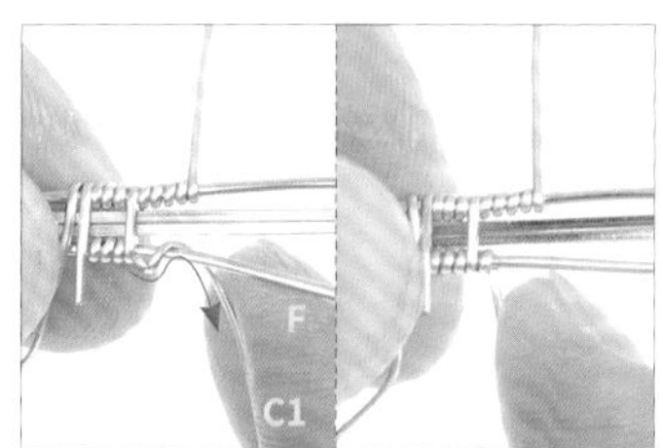

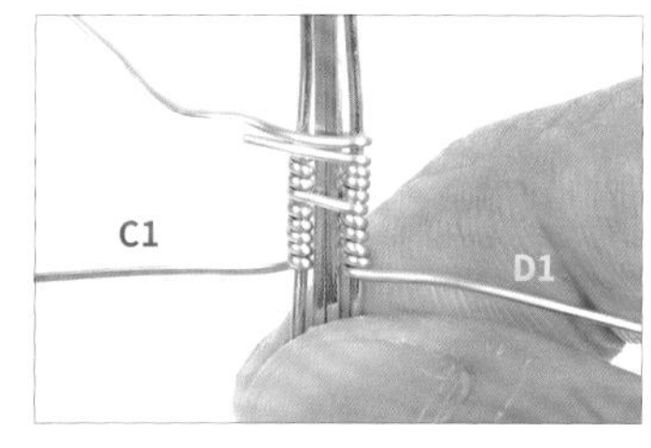

14 重複步驟11-13，以線C1纏繞線F五圈。

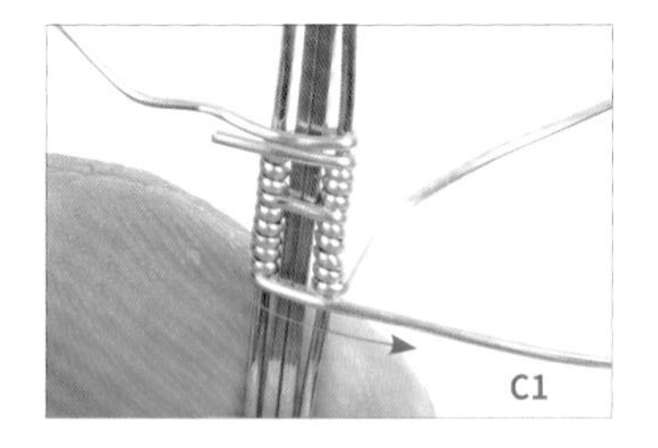

15 將線C1穿過線F、A、B、E上方。

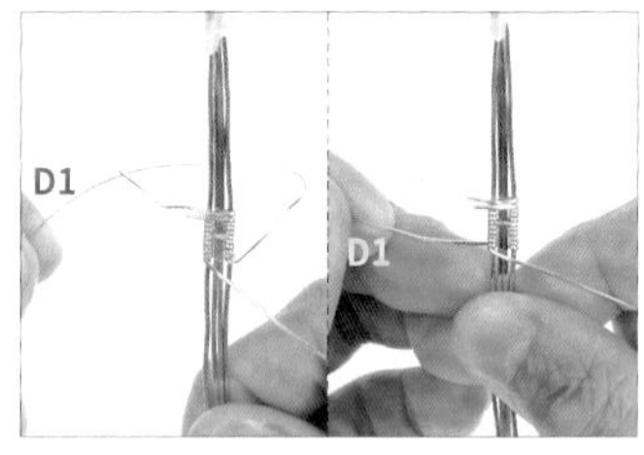

16 將線D1穿過線E、B、A、F下方。

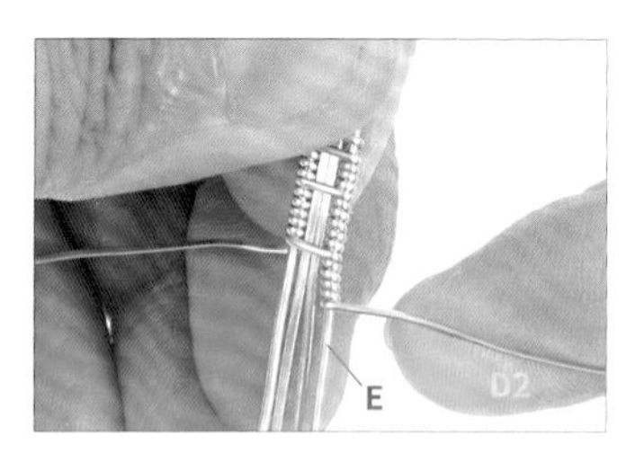

17 以線C1纏繞線E五圈。

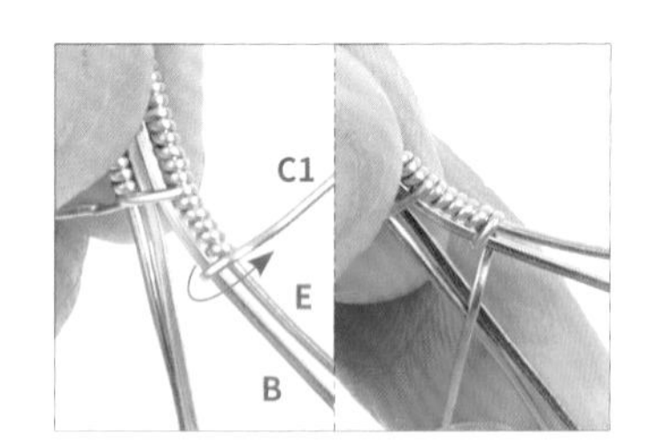

18 以線C1纏繞線E、B一圈。

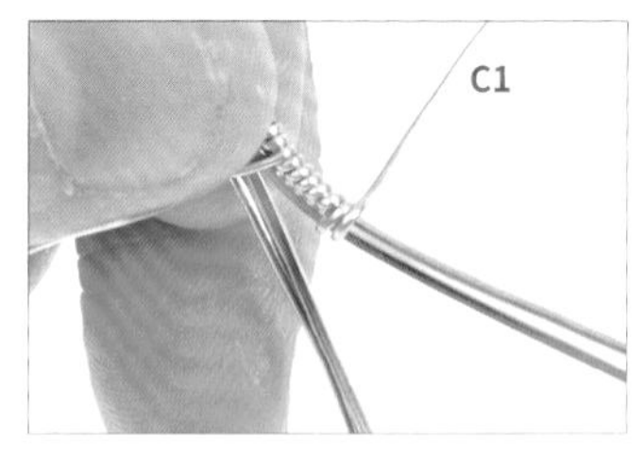

19 重複步驟18，纏繞線E、B一圈。

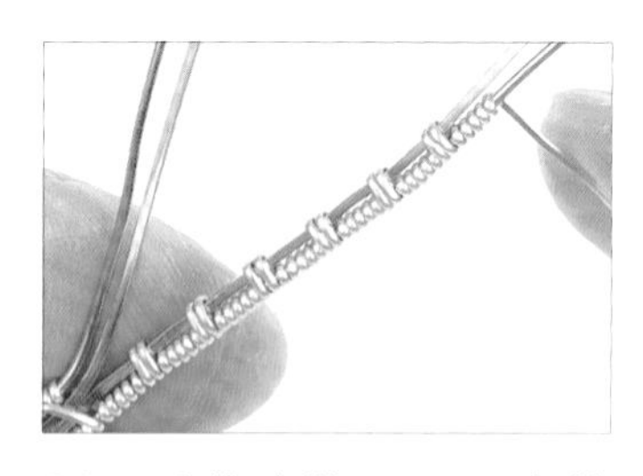

20 重複步驟17-19，在線E、B上持續纏繞。【註：纏繞長度大約是裸石長度的1.5～2倍。】

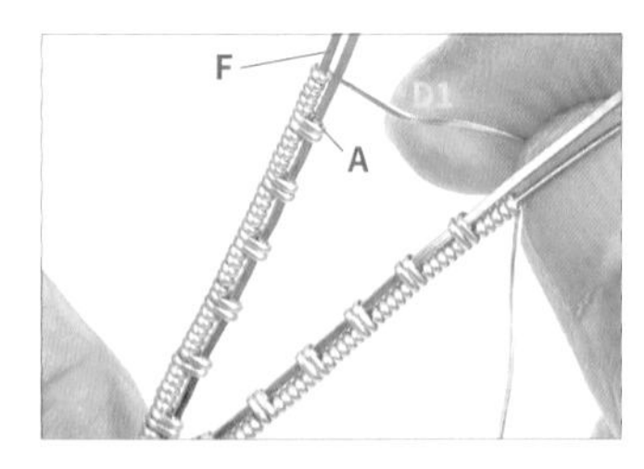

21 重複步驟20，以線D1纏繞線F、A。

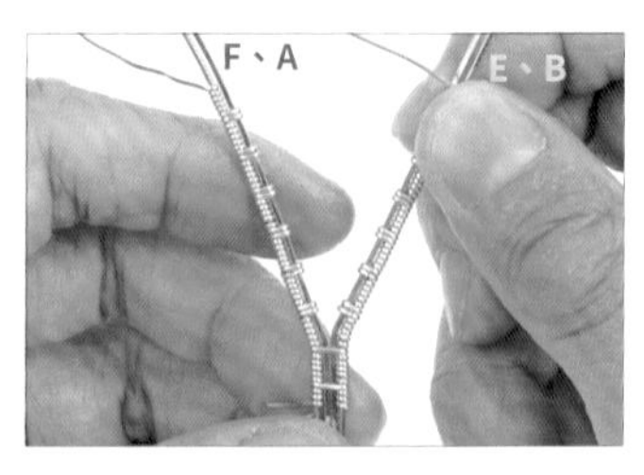

22 將線F、A及線E、B分開，呈Y字形。

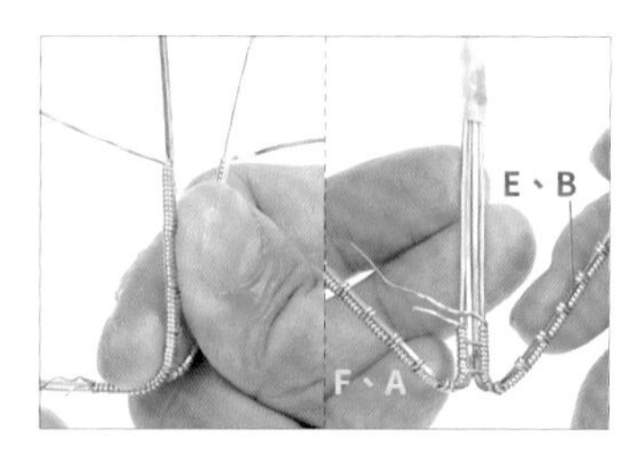

23 用手將線E、A及線F、B彎折。【註：此為作品的背面。】

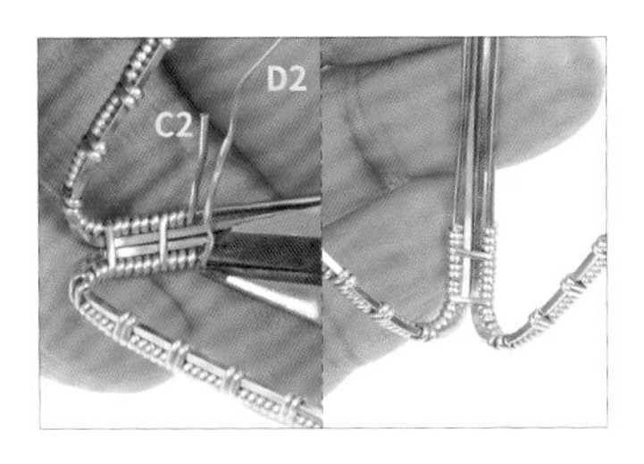

24　以斜口鉗剪掉多餘的線D2、C2。

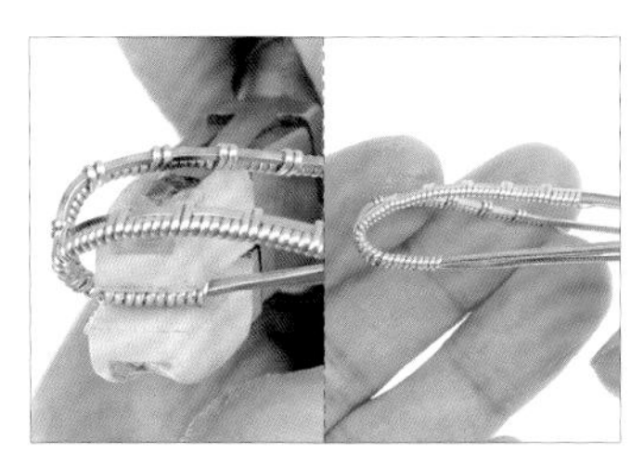

25　以尼龍平口鉗將線整理得更平整。【註：製作過程中，隨時可以尼龍平口鉗整理線。】

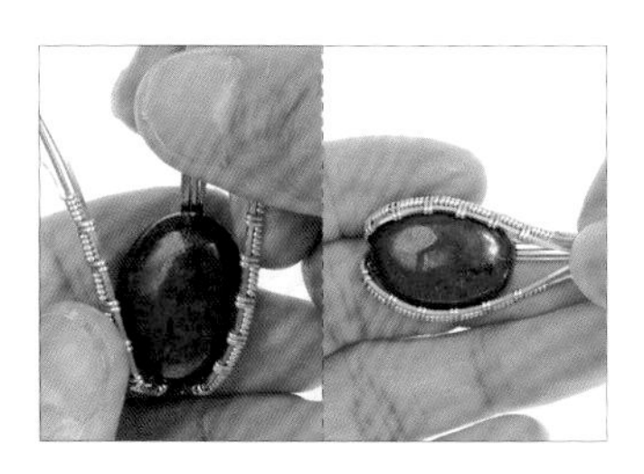

26　將青金石放進線中，並調整線的外形，以製作裸石包框。【註：此為作品的正面。】

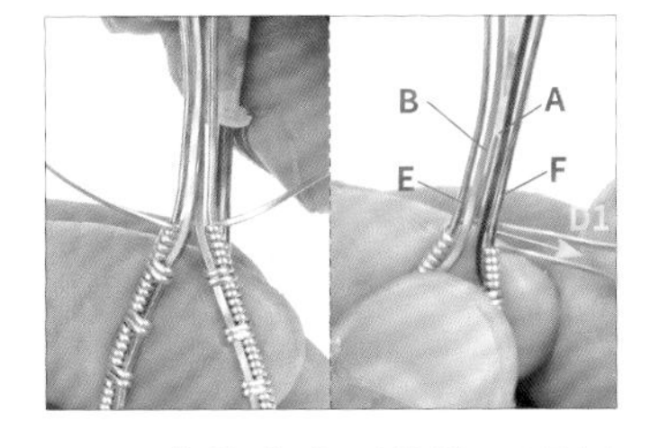

27　先將青金石移除，再以線D1穿過線E、A、B、F下方。

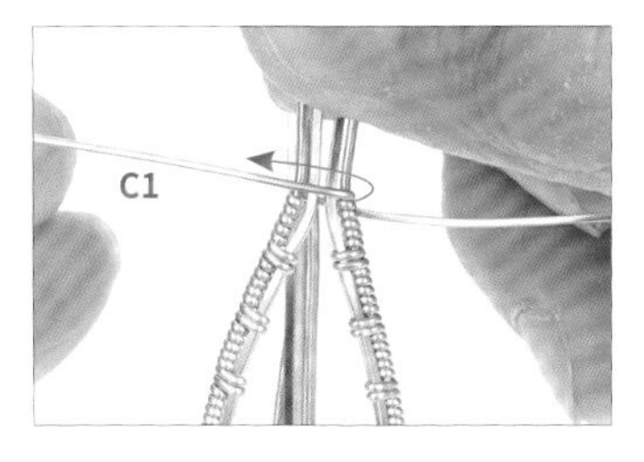

28　以線C1穿過線E、A、B、F上方。

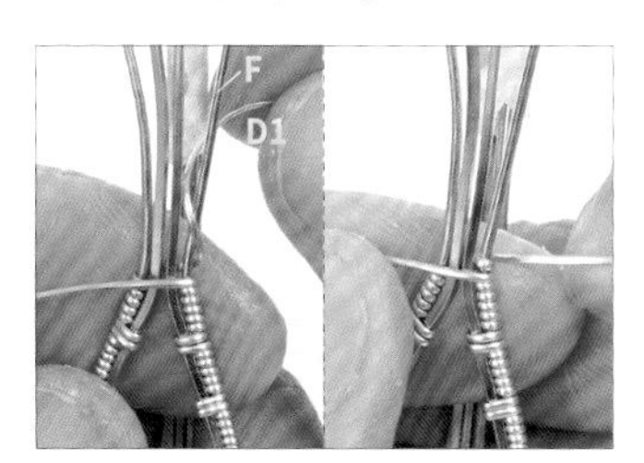

29　將線D1穿過線F上方後，往下纏繞線F一圈。

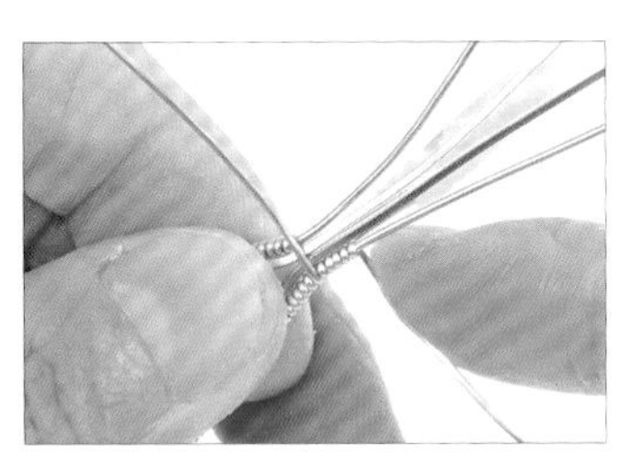

30　重複步驟29，將線F纏繞四圈。

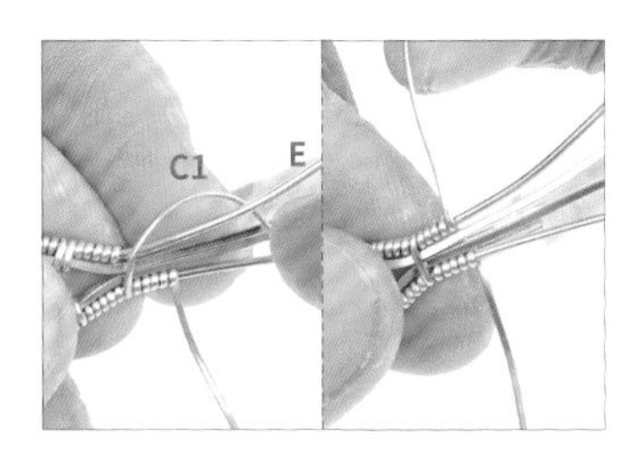

31　重複步驟29-30，以線C1纏繞線E五圈。

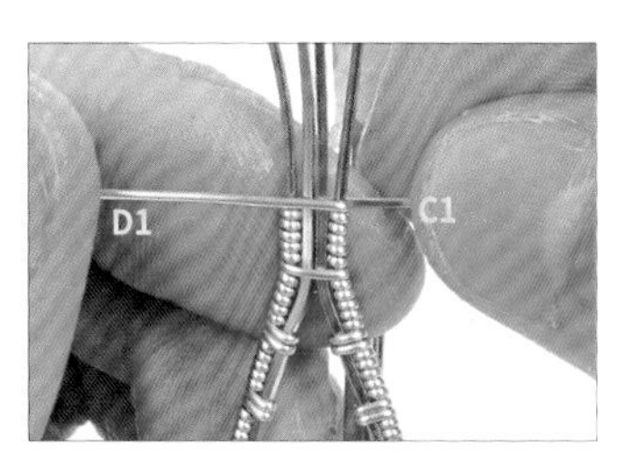

32　重複步驟27-28，將線D1穿過線E、A、B、F上方，且線C1穿過下方。

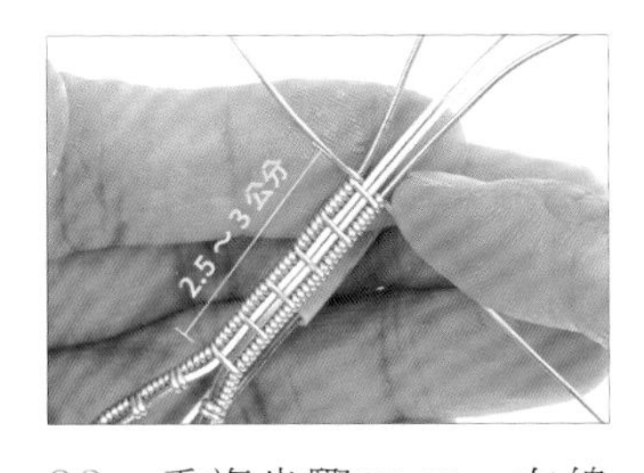

33　重複步驟27-32，在線E、F上持續纏繞。【註：纏繞長度約2.5～3公分，可依裸石大小調整。】

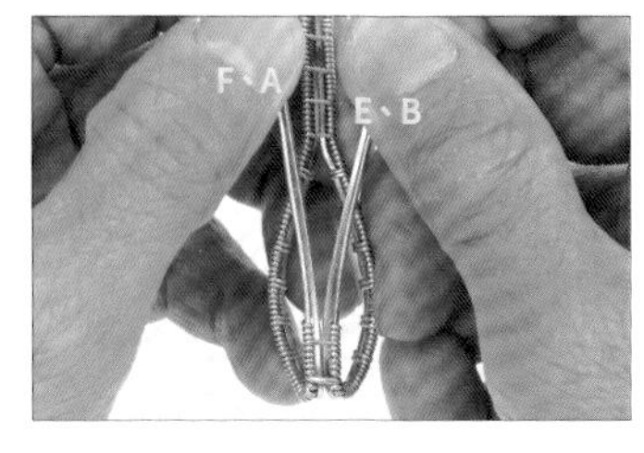

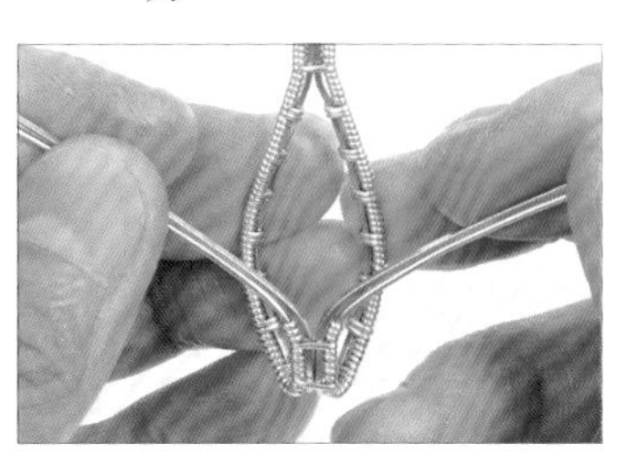

34　將線F、A及線E、B分開。【註：此為作品的背面。】

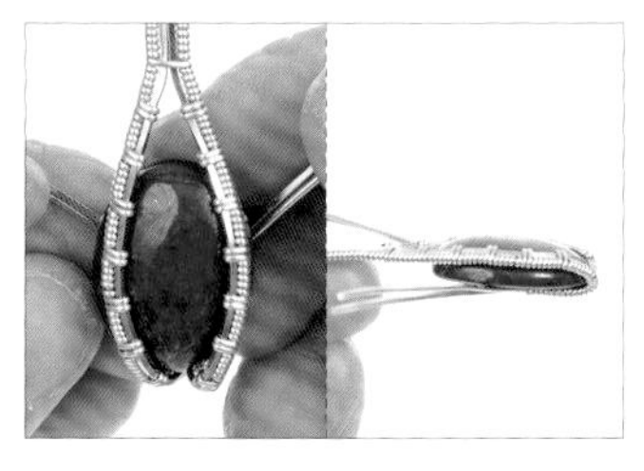

35　將青金石放回步驟26原位，確認裸石可被夾緊鑲入。

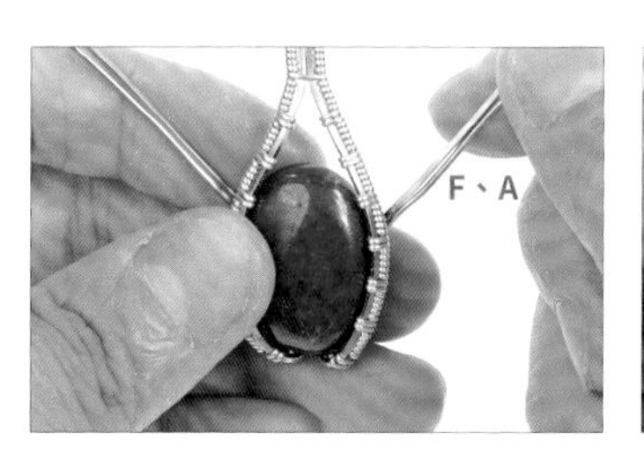

36　將線F、A繞到青金石前方，並彎折出弧形。【註：此為作品的正面。】

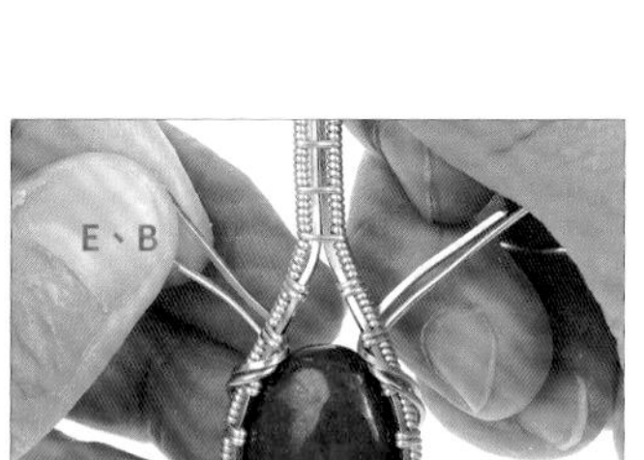

37　承步驟36，以線F、A穿過包框，製作出弧形造型。

38　重複步驟36-37，將線E、B製作出弧形造型。

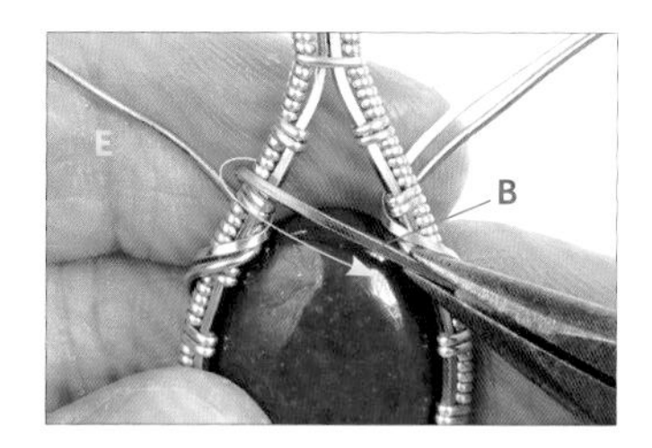

39　以尖嘴鉗將線B往右下彎折。

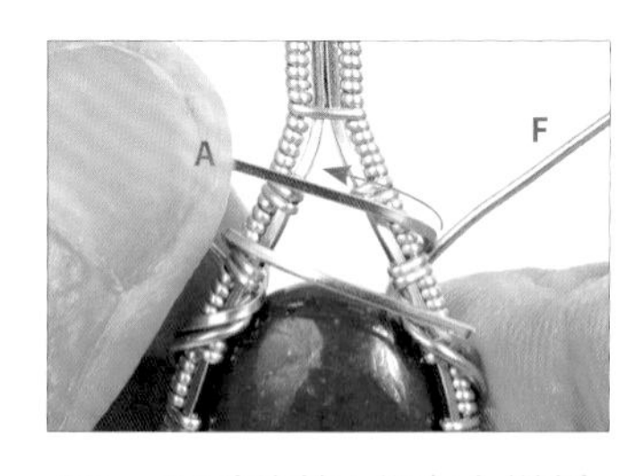

40　用手將線A往左上彎折。

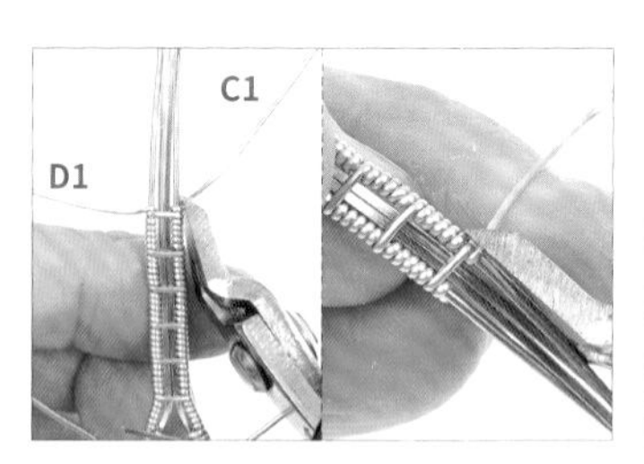

41　以斜口鉗剪掉多餘的線C1、D1，即完成墜頭主體。

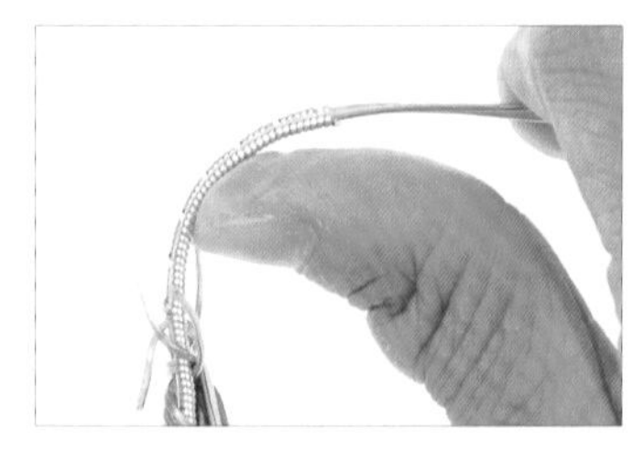

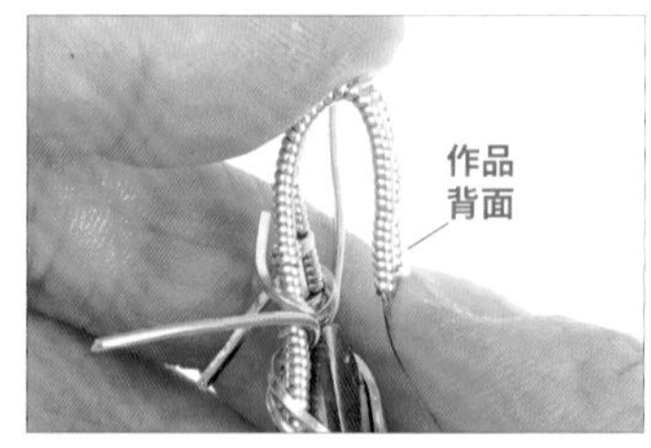

42　將墜頭主體往下彎折成水滴形。

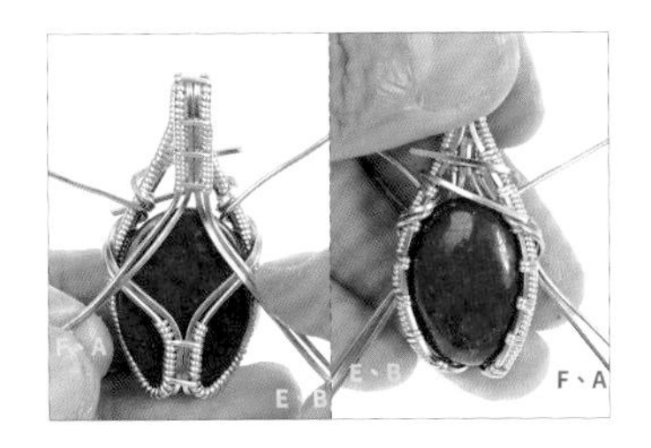

43　將墜頭主體的線E、B及線F、A分開。【註：左圖為作品背面，右圖為作品正面。】

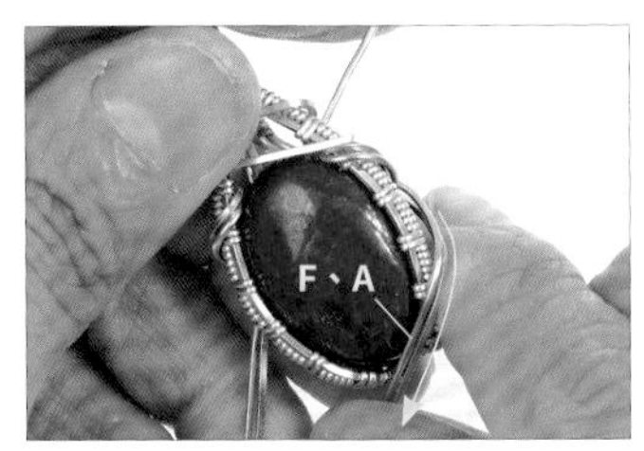

44　將線F、A往裸石正面彎折。

45　重複步驟44，將線E、B彎折。

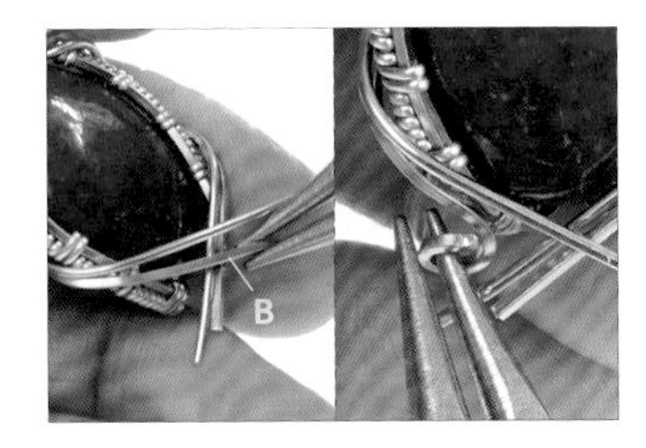

46　以圓嘴鉗夾住線B，並彎折成漩渦形。

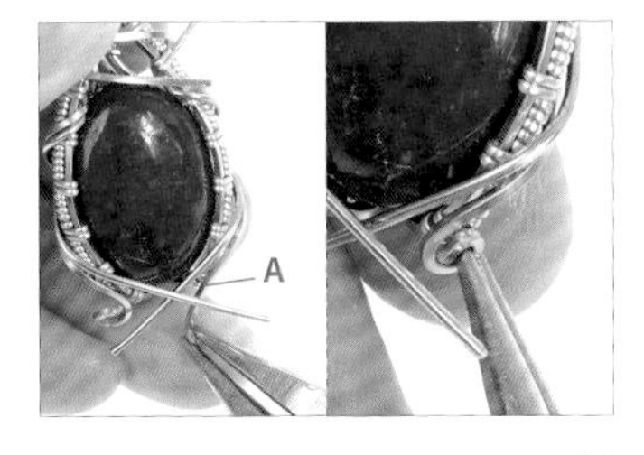

47　重複步驟46，將線A彎折成漩渦形。

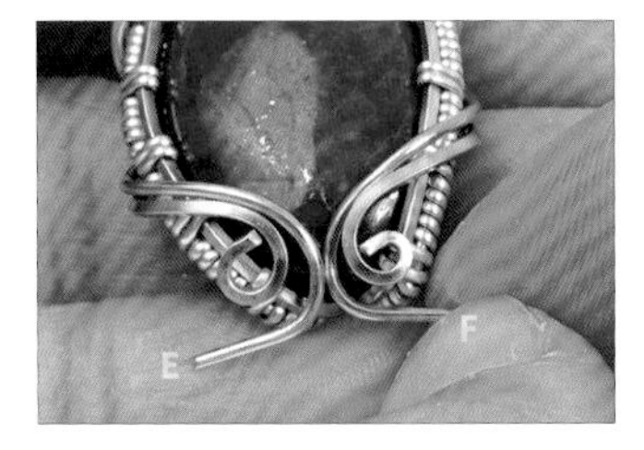

48　用手將線E、F彎折成弧形。

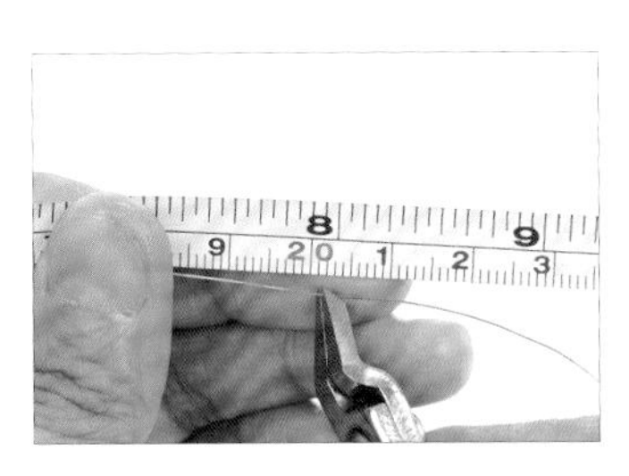

49　以斜口鉗剪下1條約20公分的28G線，為線G。

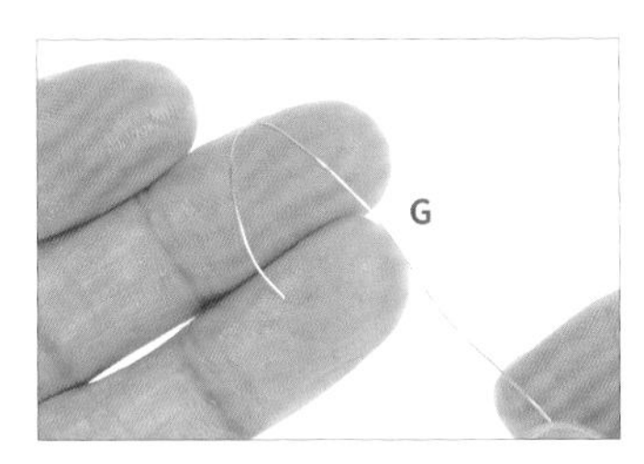

50　將線G折成彎鉤形。

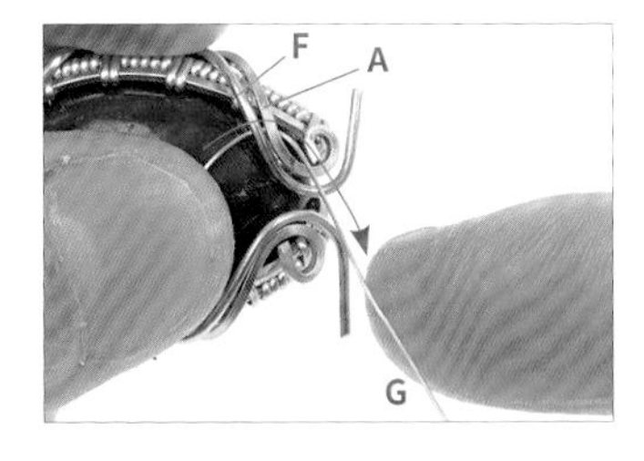

51　承步驟50，將線G勾入線F、A。

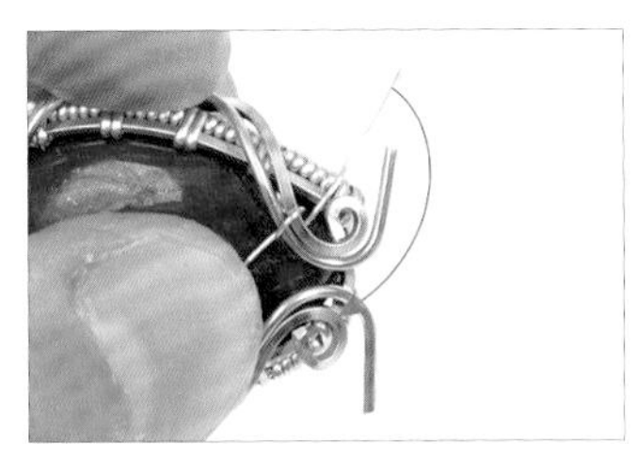

52　以線G纏繞線F、A一圈。

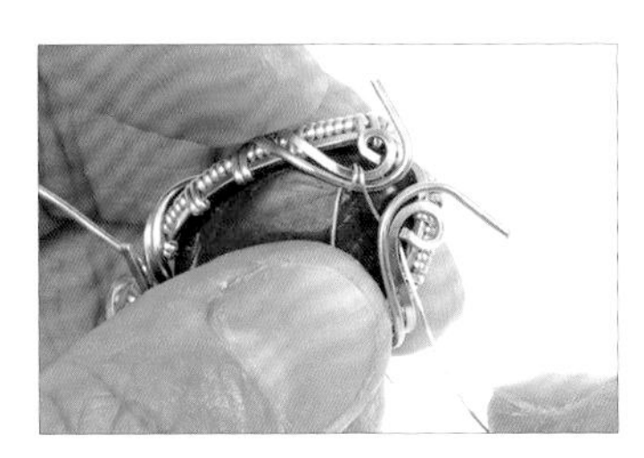

53　以線G穿過線E、B下方後，往上纏繞線一圈。

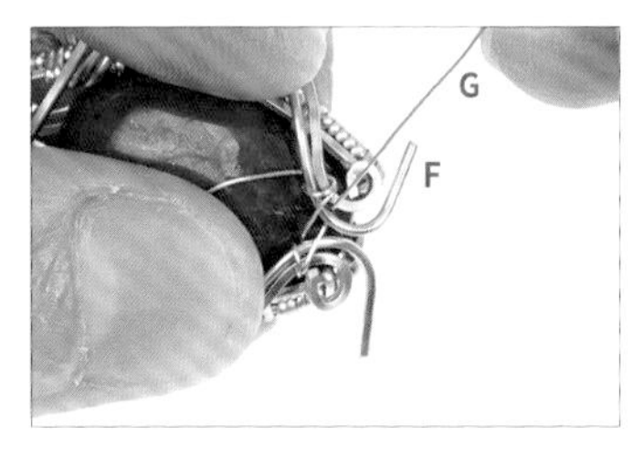

54　以線G穿過線F下方後，往上纏繞線一圈。

55　以線G纏繞線E一圈，完成1組八字繞。【註：雙線八字繞法1詳細步驟請參考P.16。】

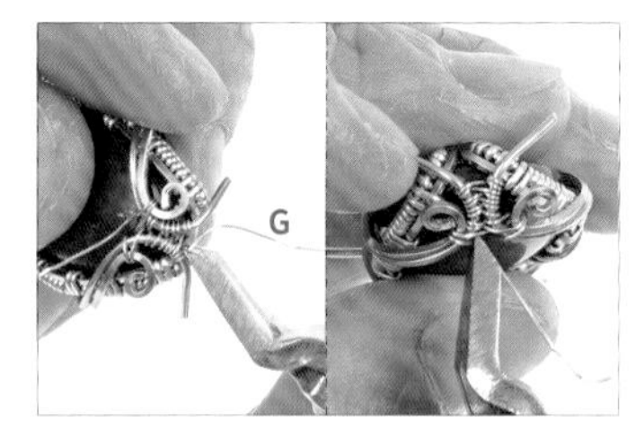

56　重複步驟54，在線E、F纏繞6組八字繞。【註：八字繞的組數，可依個人喜好調整。】

57　以斜口鉗將線G兩端多餘的金屬線剪掉。

58　以斜口鉗剪掉多餘的線E、F。

59　以平口鉗將線F斷口往背面空隙夾緊收尾。

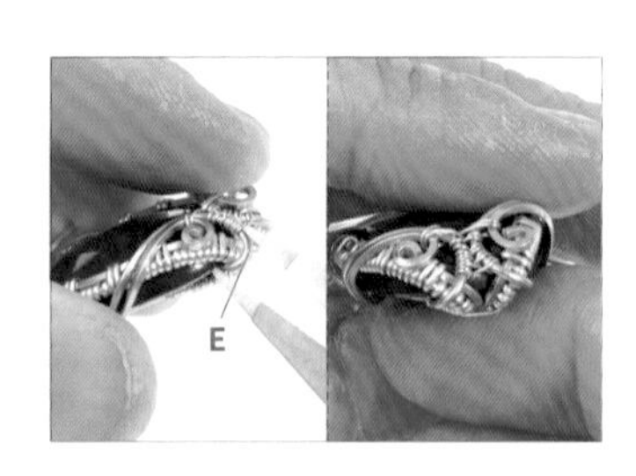

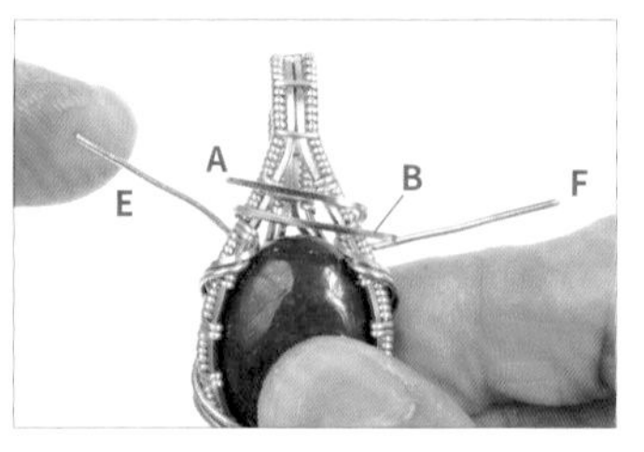

60　重複步驟59，將線E斷口往背面空隙夾緊收尾。

61　以尖嘴鉗將線E夾住，並由左至右穿到線框背後。

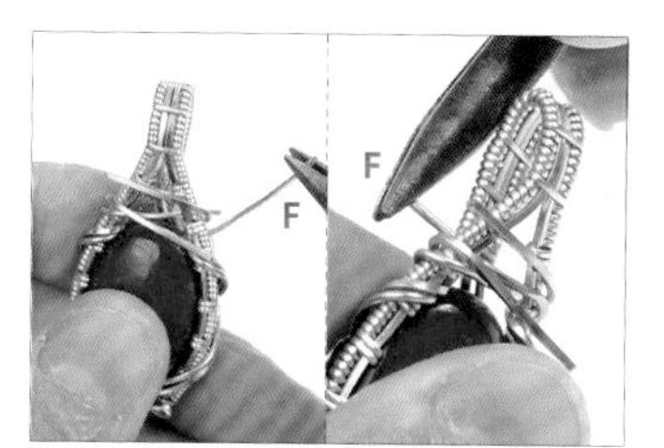

62　重複步驟61，將線F由右至左穿到線框背後，使線E、F形成交叉。

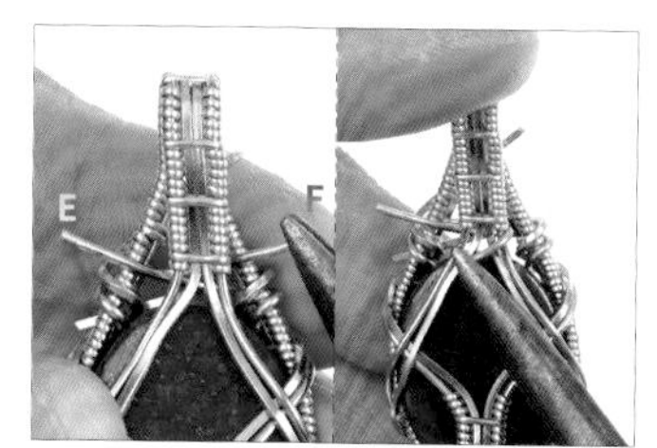

63　以尖嘴鉗將線F往下彎折。【註：此為作品的背面。】

64　以斜口鉗剪掉多餘的線F。

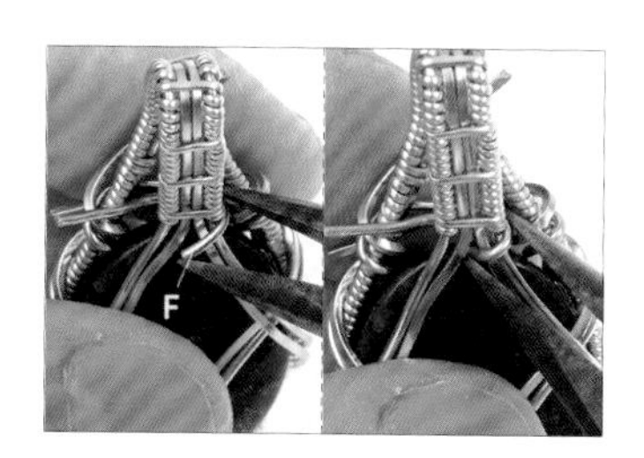

65　以尖嘴鉗將線F斷口往內夾緊收尾。

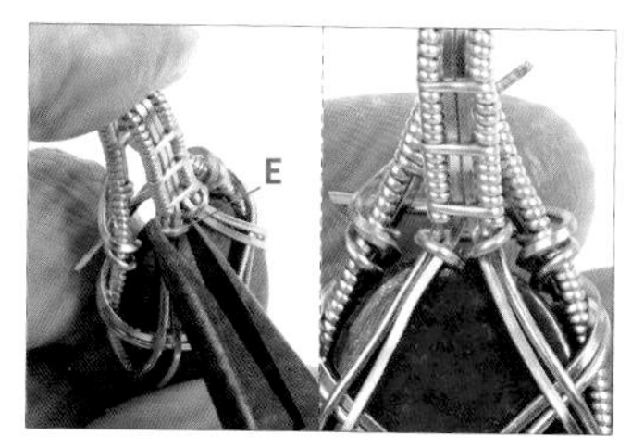

66　重複步驟64-65，將線E收尾。

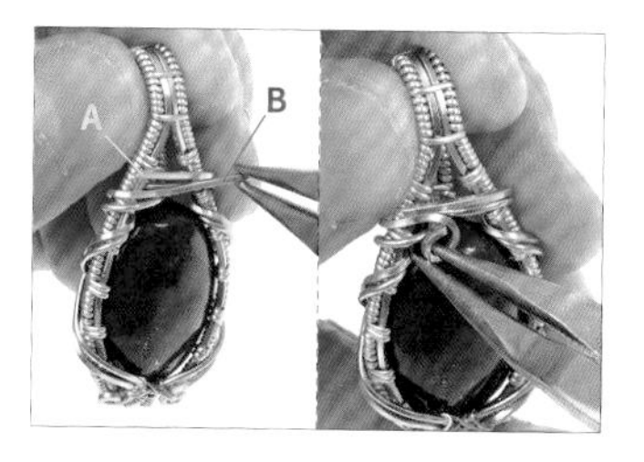

67　以圓嘴鉗夾住線B，並先彎折出一個圓形，再順著圓形盤繞出漩渦形。

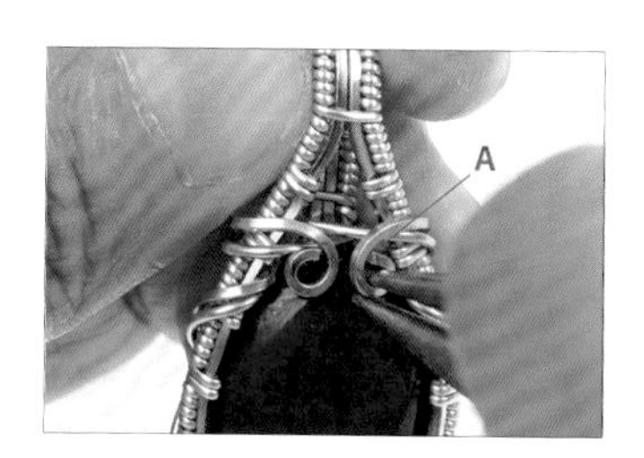

68　重複步驟67，將線A製作成漩渦形。

69　如圖，璀璨寶瓶項鍊製作完成。

創作小語

使用方線與半圓線的編織，簡約的線條，襯托橢圓形的蛋面。是一款中性，男女都適合的編織框。

璀璨寶瓶項鍊
停格動畫 QRcode

蕾絲巴洛克項鍊

- 008 -

材料與工具 MATERIALS & TOOLS

◆ 線材

品項	用量
20G 金色圓線	20 公分 × 1 條，為線 A。
26G 金色圓線	150 公分 × 1 條，為線 B。
28G 金色圓線	50 公分 × 1 條，為線 C。
18G 金色圓線	20 ～ 25 公分 × 1 條，為線 D。

◆ 石材

★尺寸依序為：長 × 寬 × 高

品項	用量
孔雀石	1 顆。【裸石大小：4.1 公分 × 2.6 公分 ×0.9 公分；裸石周長：10 公分。】

◆ 工具

捲尺、斜口鉗、平口鉗、尖嘴鉗、圓嘴鉗。

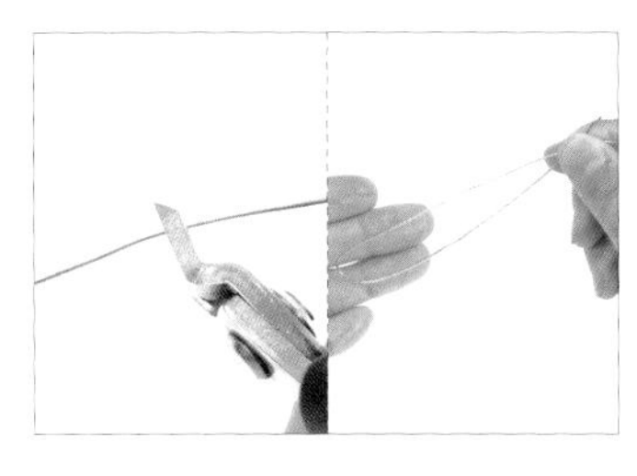

01 以斜口鉗剪下1條約20公分的20G線，為線A。

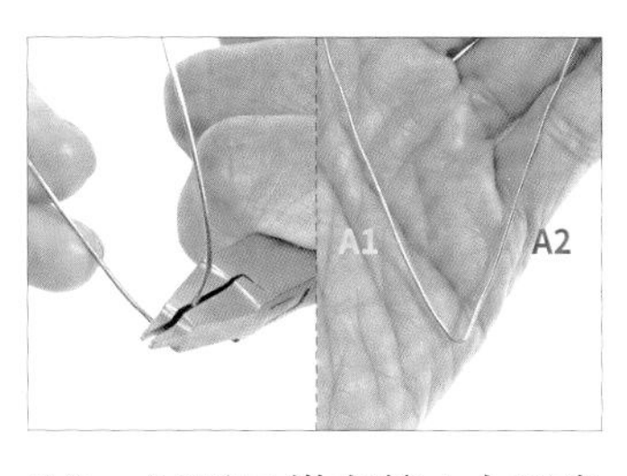

02 以平口鉗在線A中間處彎折，形成V字形，為線A1、A2。

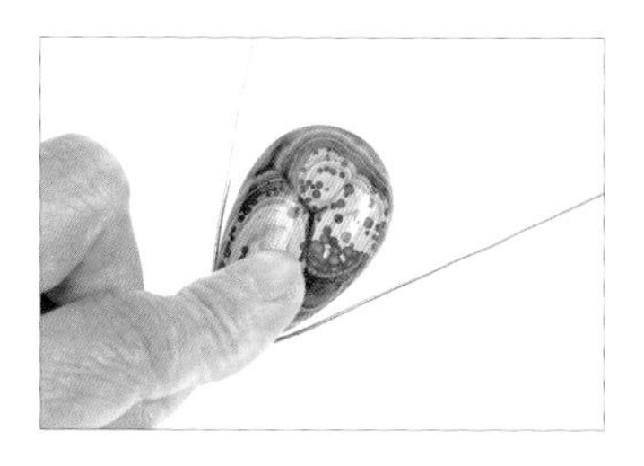

03 將孔雀石尖端朝向線A的夾角。

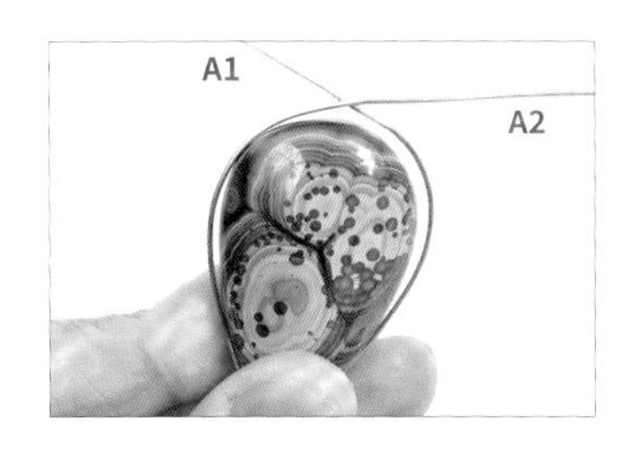

04 用手將線A1、A2沿著裸石弧面彎折出弧形，為底座。【註：底座須略小於裸石大小，才能托住裸石。】

05 將底座放在孔雀石下方，以平口鉗將線A1夾出直角。

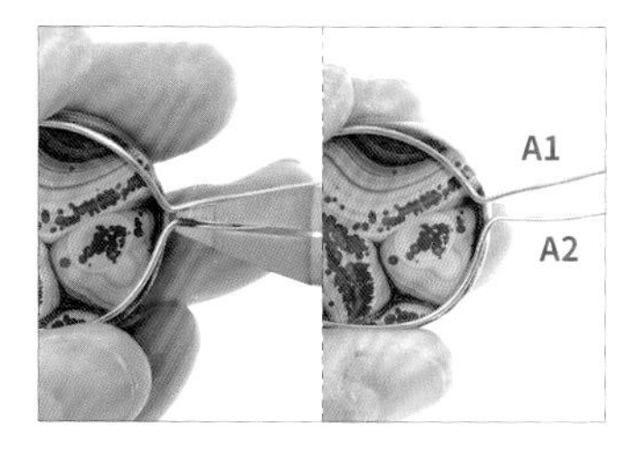

06 以平口鉗將線A2夾出直角。

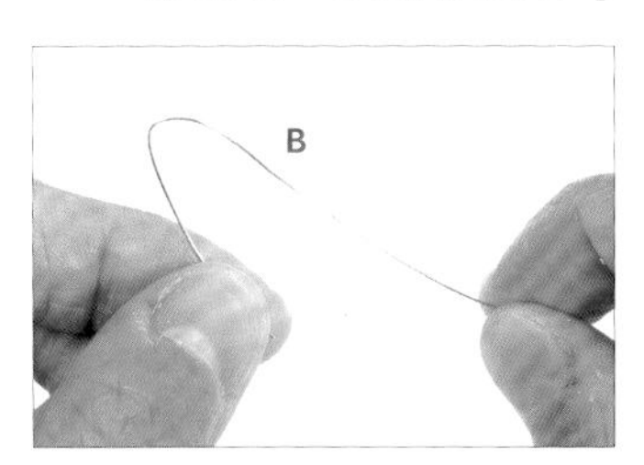

07 取1條約150公分的26G線，為線B，並將線B折成彎鉤形。

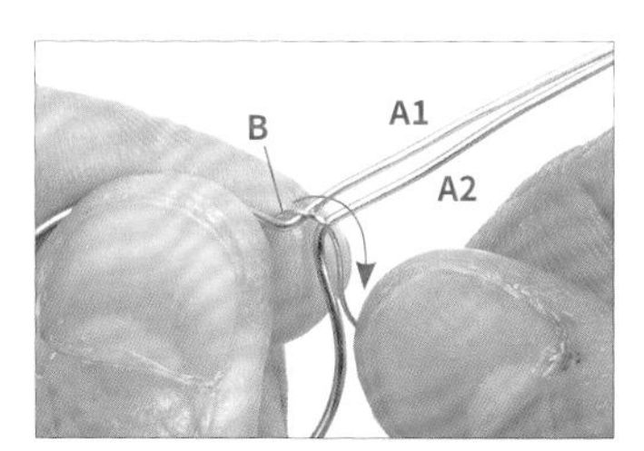

08 移除孔雀石，將線B勾入線A1、A2。

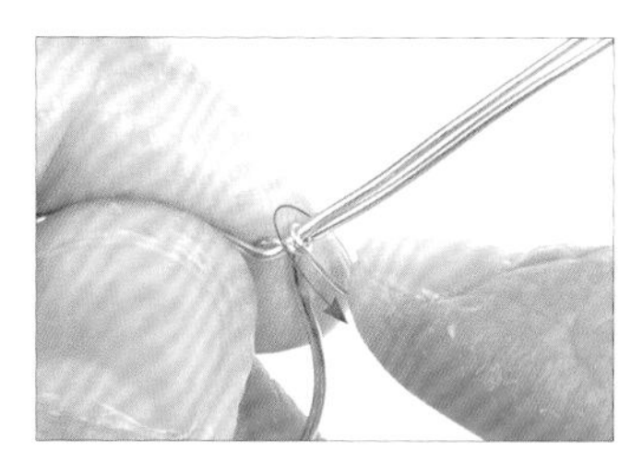

09 以線B纏繞線A1、A2一圈。

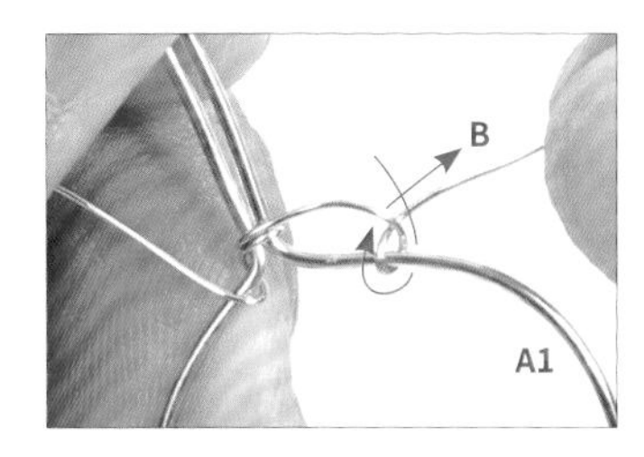

10 以線B纏繞底座一圈，以製作蕾絲造型。【註：先繞到線A1下方，再由前方穿過線B的圓圈。】

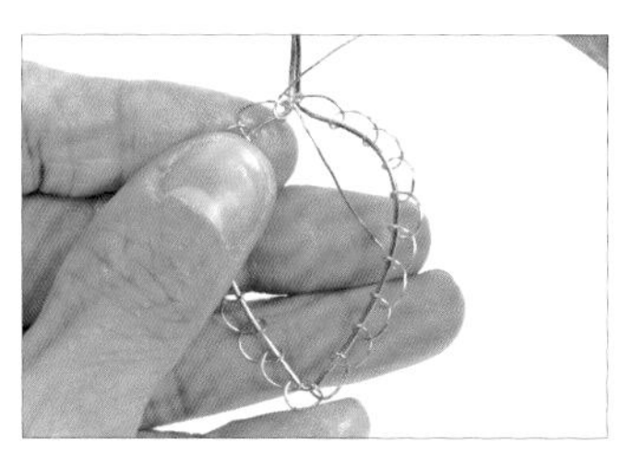

11 重複步驟10，在底座纏繞第一層蕾絲。【註：可視個人喜好調整線圈疏密。】

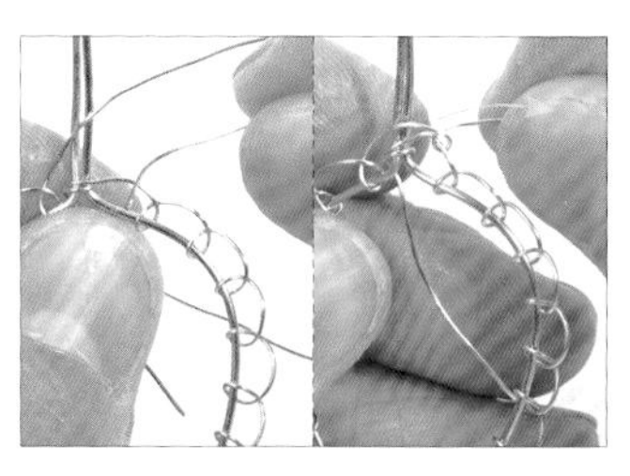

12 以線B纏繞第一層蕾絲一圈，以製作第二層蕾絲。

13　重複步驟12，纏繞第二層蕾絲。

14　將孔雀石放在底座上，並以蕾絲包覆裸石。

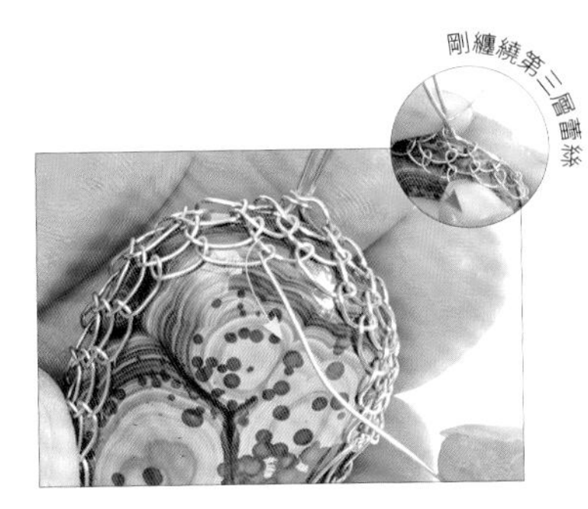

15　以線B在第二層蕾絲上，纏繞第三層蕾絲。【註：第三層蕾絲須每一圈都拉緊。】

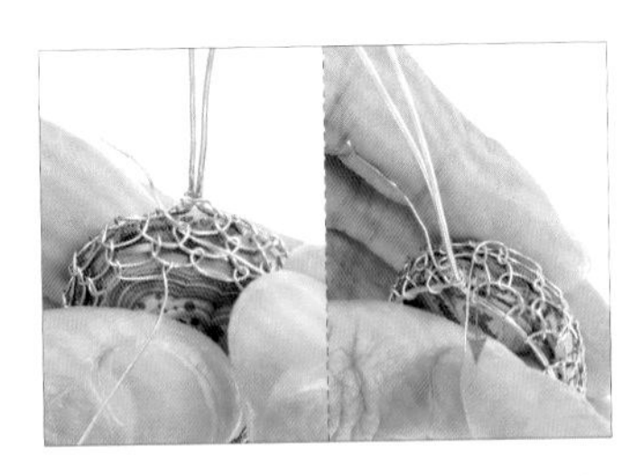

16　繞滿三層後，以線B穿過第二層蕾絲下方。

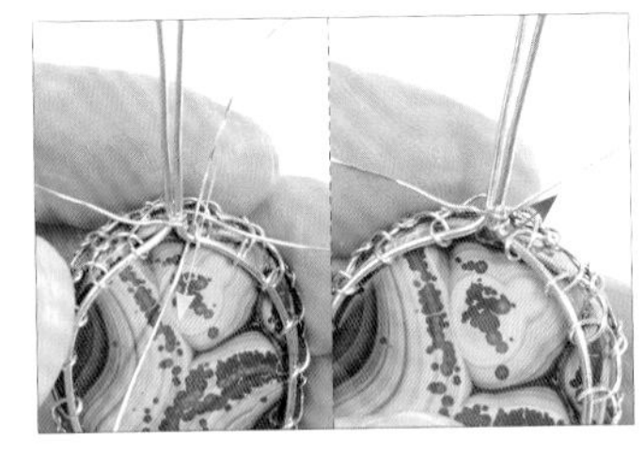

17　以線B穿過底座下方，並往上纏繞一圈。

18　重複步驟17，纏繞底座兩圈，以固定裸石。

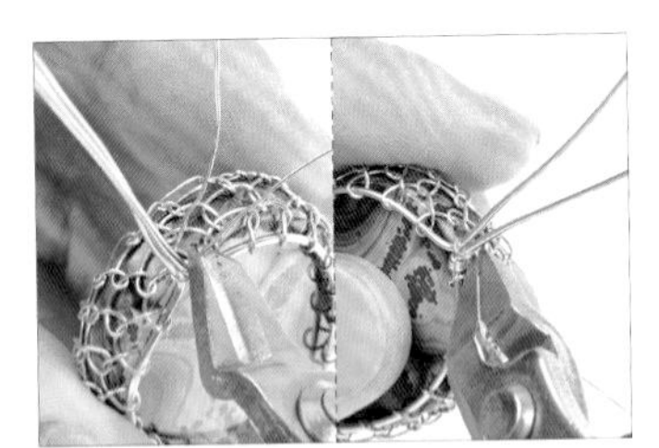

19　以斜口鉗將線B兩端多餘的金屬線剪掉。

20　以尖嘴鉗將線A1往外彎折。【註：預留0.5～1公分長度，再往外彎折。】

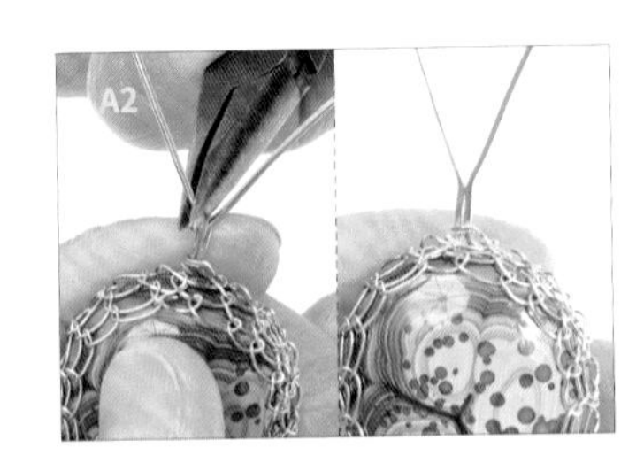

21　以尖嘴鉗將線A2往外彎折。

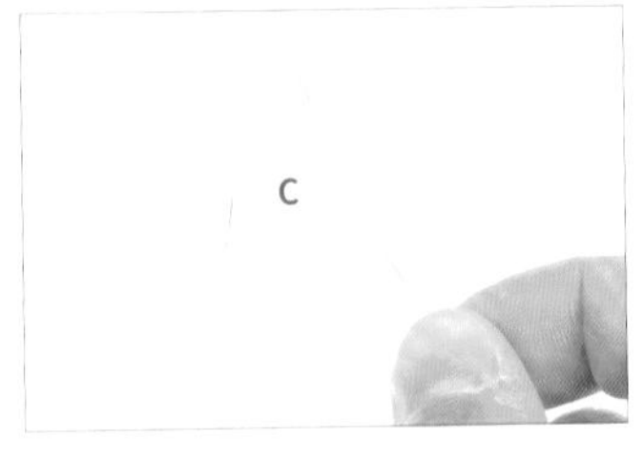

22　取1條約50公分的28G線，為線C，並將線C折成彎鉤形。

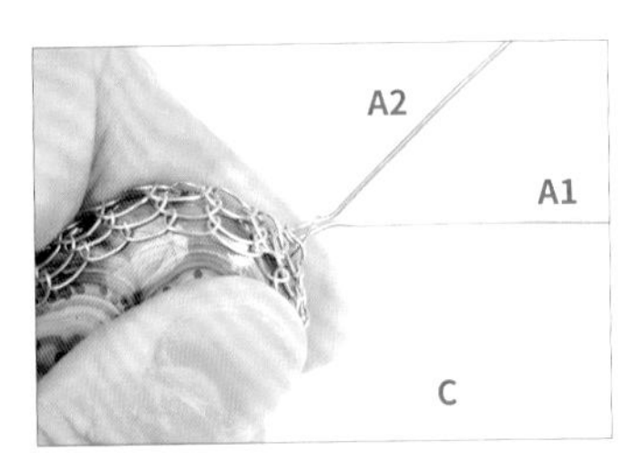

23　承步驟22，將線C勾入線A1、A2。

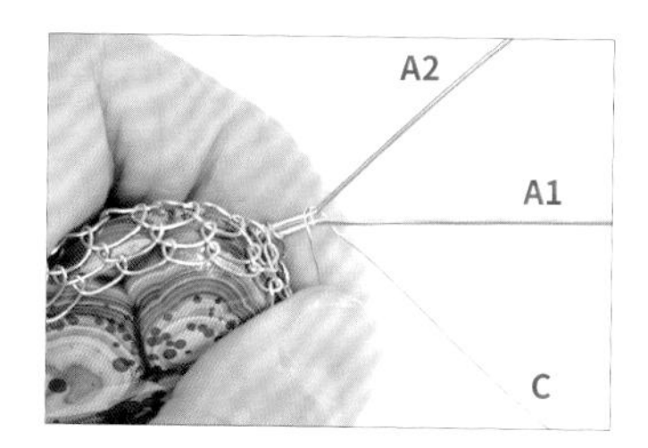

24 以線C纏繞線A1、A2一圈。

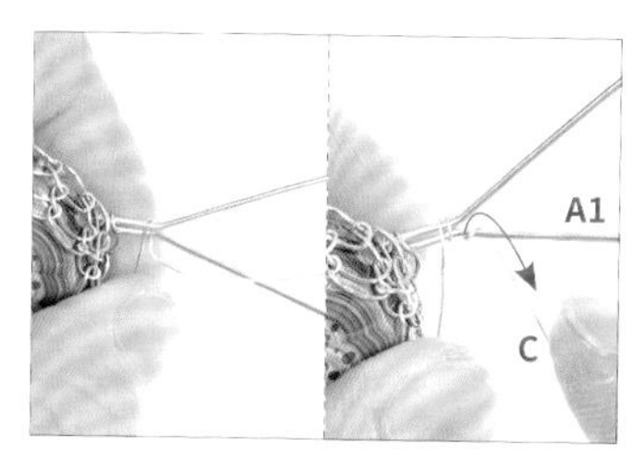

25 將線C穿過線A1上方後，往下纏繞線A1一圈。

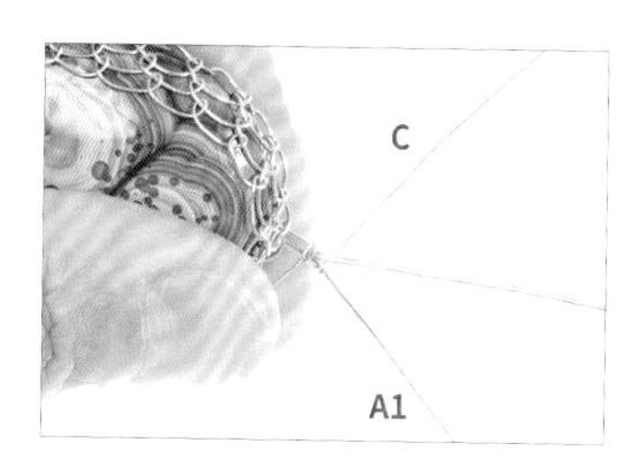

26 重複步驟25，纏繞線A1一圈。

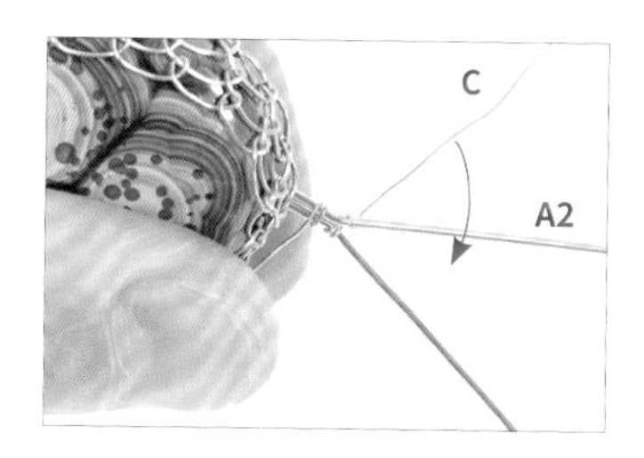

27 將線C穿過線A2下方後，往上纏繞線A2一圈。

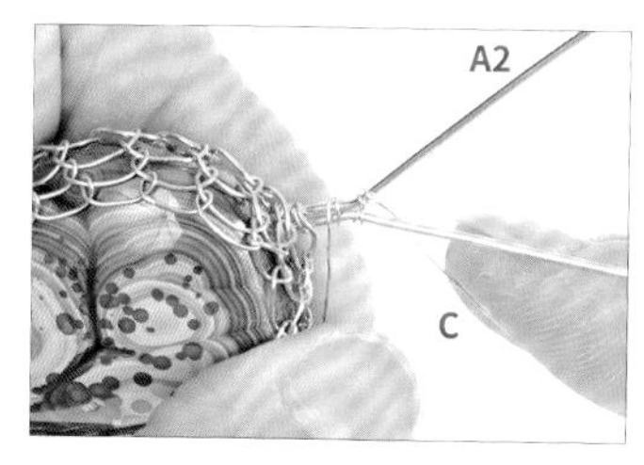

28 重複步驟27，纏繞線A2一圈。【註：雙線八字繞法1詳細步驟請參考P.16。】

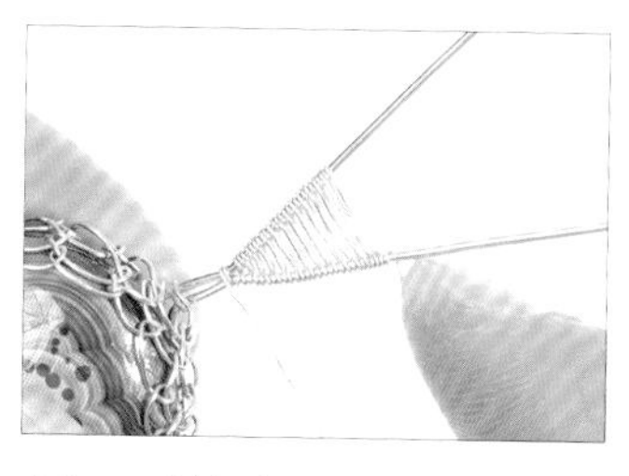

29 重複步驟25-28，在線A1、A2上持續纏繞。

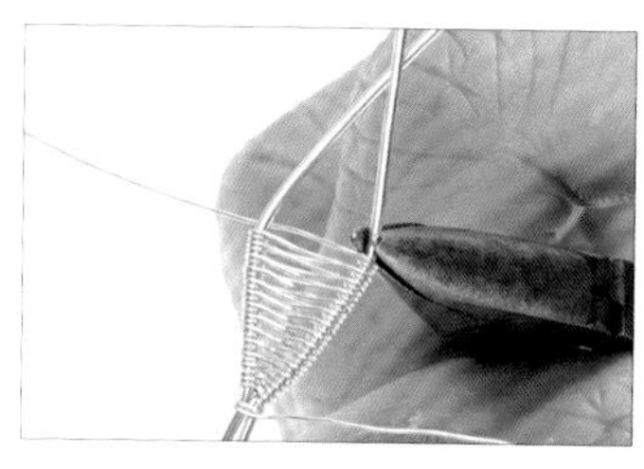

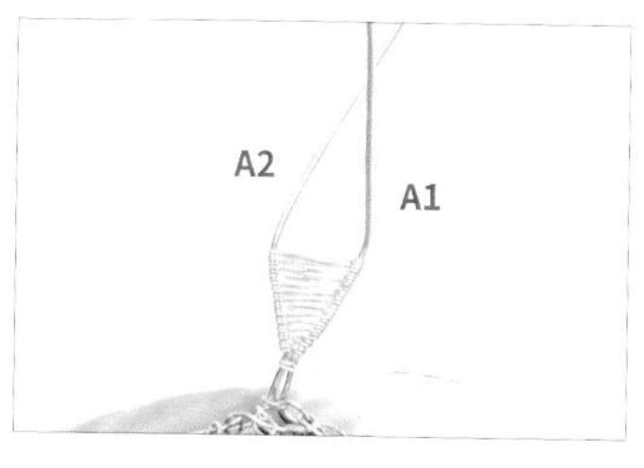

30 以尖嘴鉗將線A1、A2往內彎折，形成菱形。【註：菱形長度建議2.5公分以上。】

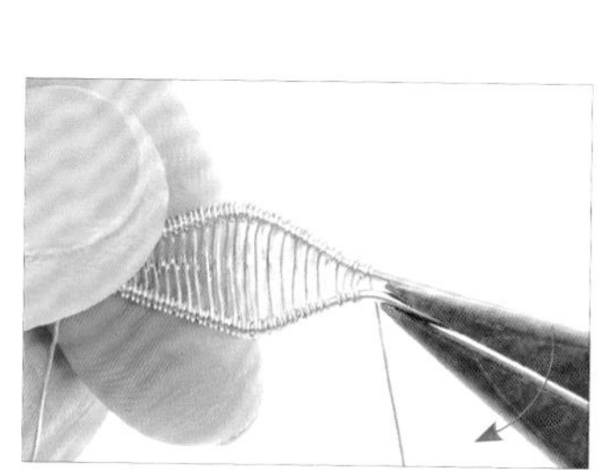

31 重複步驟25-28，以線C將纏繞將菱形填滿。

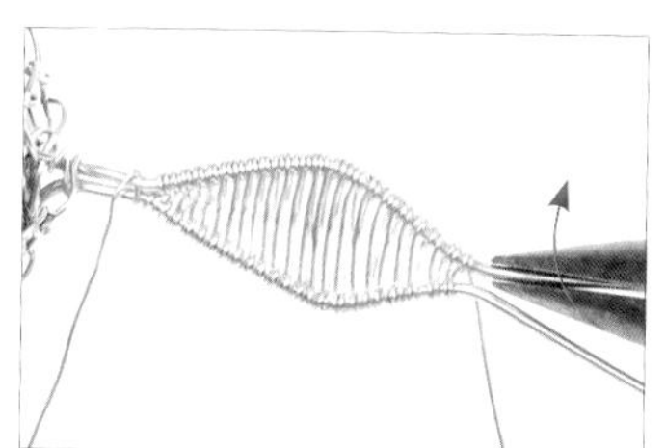

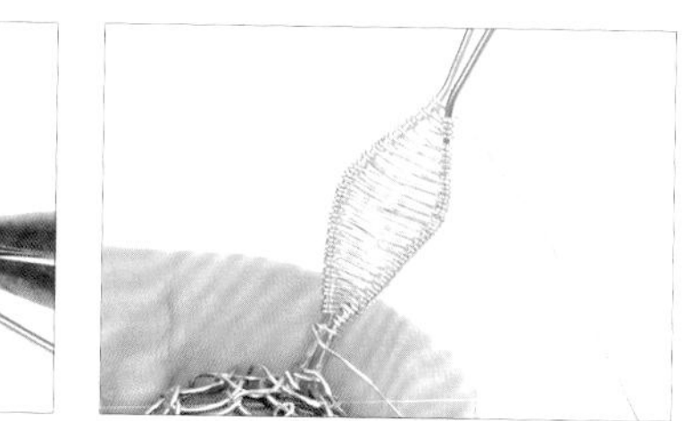

32 以尖嘴鉗將線A1、A2向外彎折。

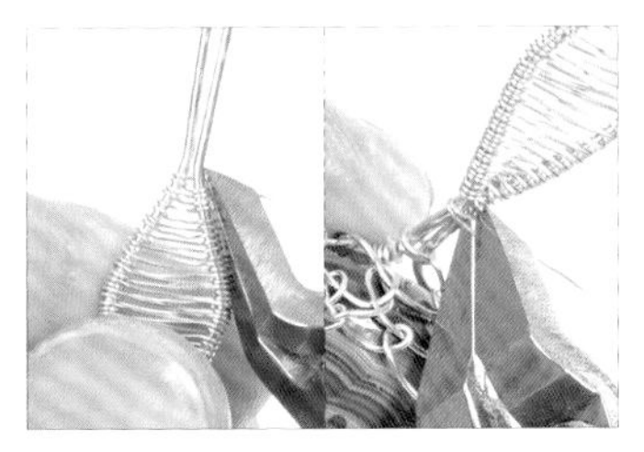

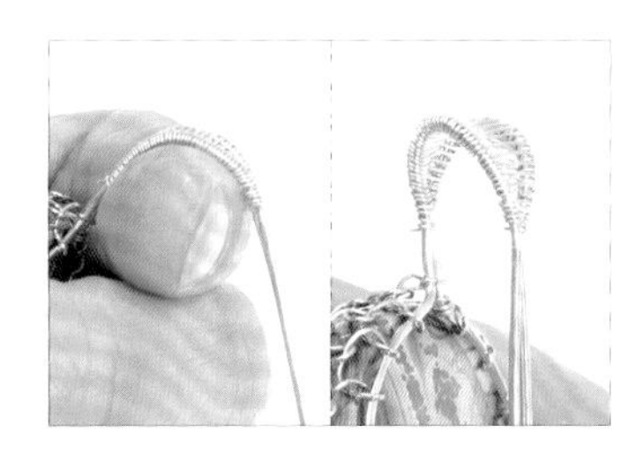

33　以斜口鉗將線C兩端多餘的金屬線剪掉，即完成墜頭主體。【註：須預留剪下的線，備用。】

34　用手將墜頭主體往下彎折。

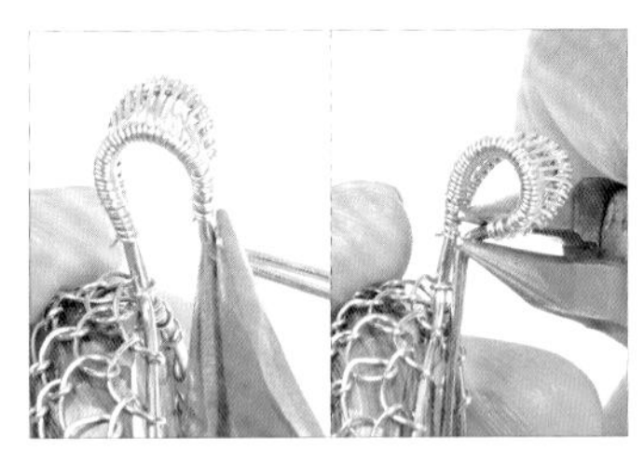

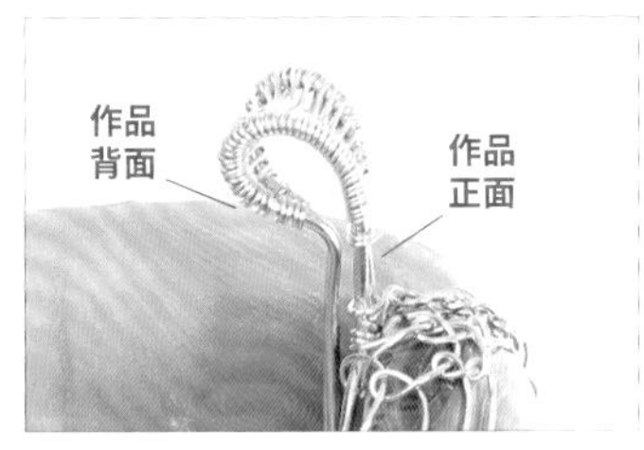

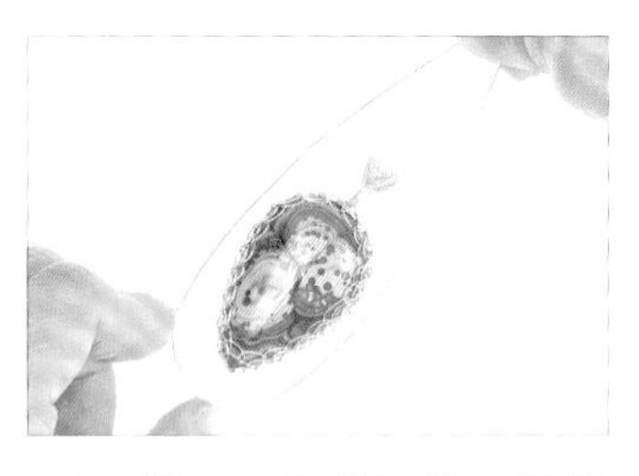

35　以圓嘴鉗將墜頭主體彎折成水滴形，備用。

36　將18G線對折後，以孔雀石測量約2.5倍的長度。【註：約20～25公分，可依個人需求增加長度。】

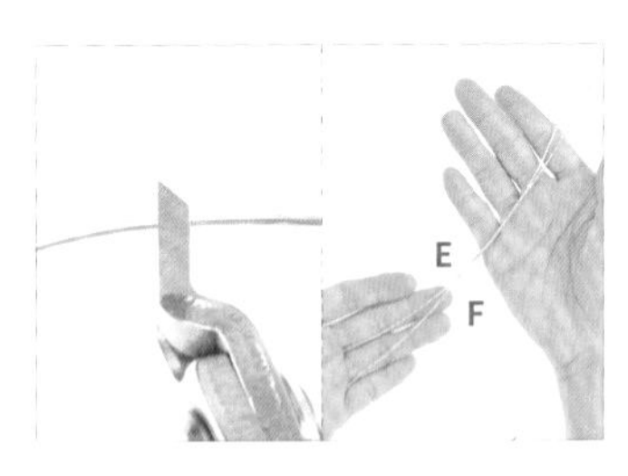

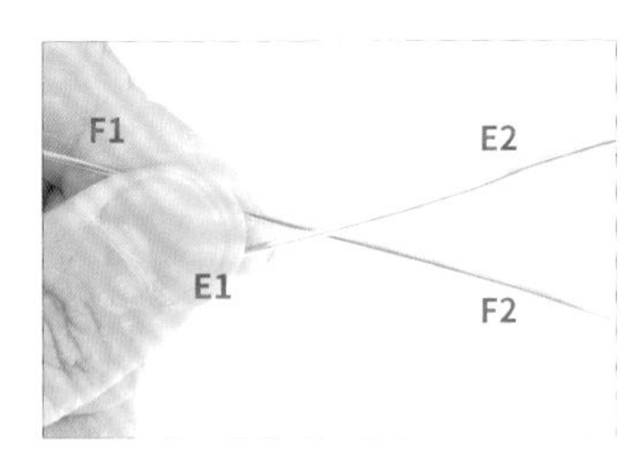

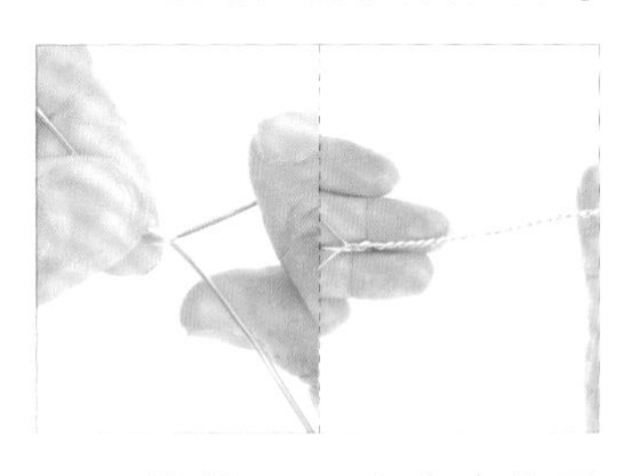

37　承步驟36，剪下1條18G線，為線D，再將線D對折剪斷，形成線E、F。

38　將線E、F中間對中間交叉擺放，形成E1、E2、F1、F2。

39　將線E、F由中央往兩側旋轉，以製作雙線麻花。【註：雙線麻花詳細步驟請參考P.24。】

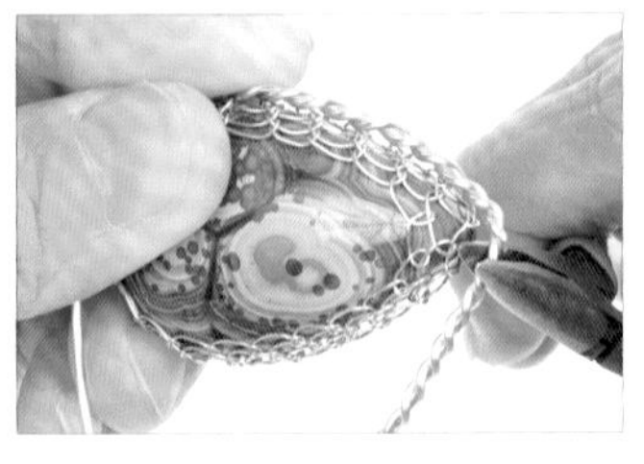

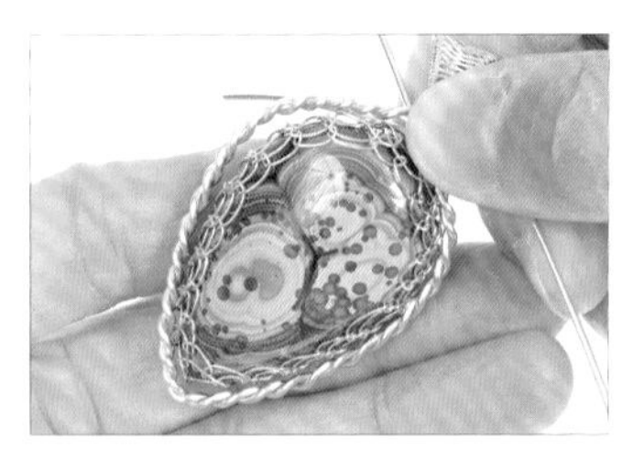

40　將雙線麻花沿著孔雀石外形彎折成弧形。

41　以尖嘴鉗將雙線麻花彎折。

42　如圖，雙線麻花包圍孔雀石一圈。

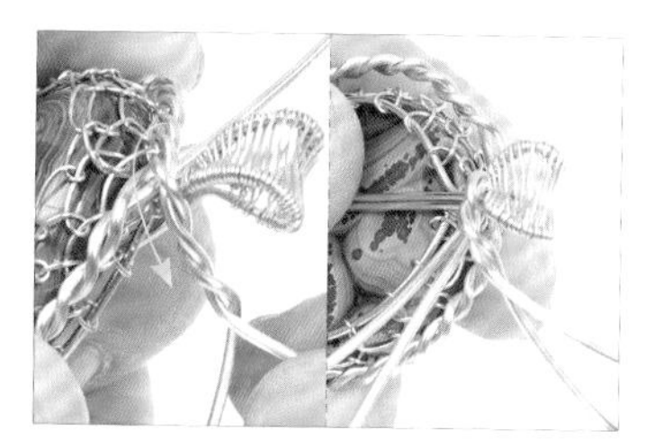

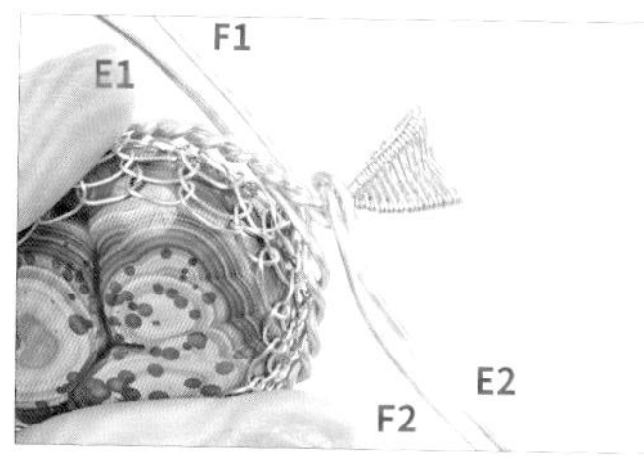

43　以線E2、F2纏繞墜頭主體下方一圈，並繞緊。

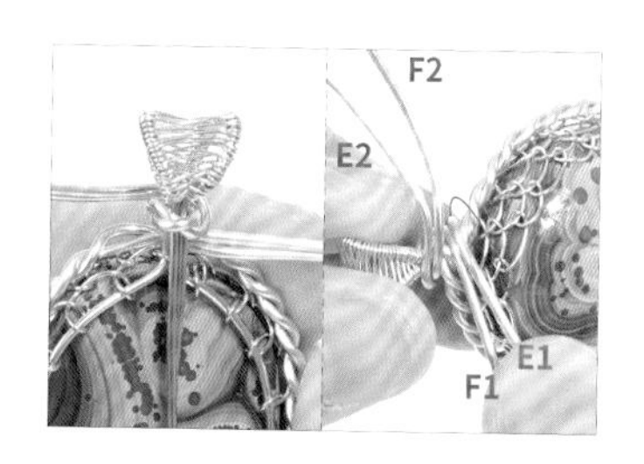

44　將線E1、F1纏繞墜頭主體下方一圈。

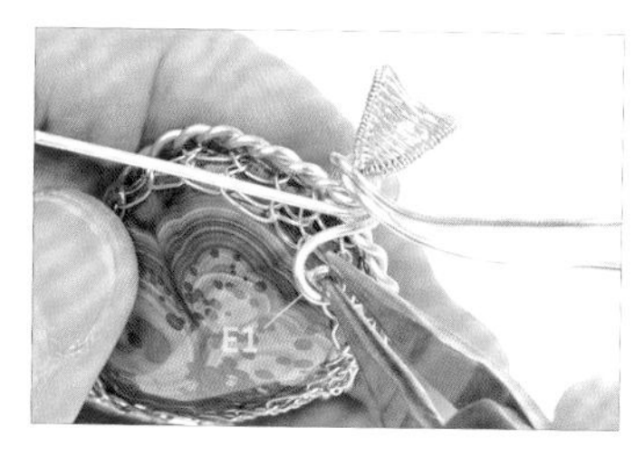

45　以圓嘴鉗夾住線E1，並往內彎折成漩渦形。

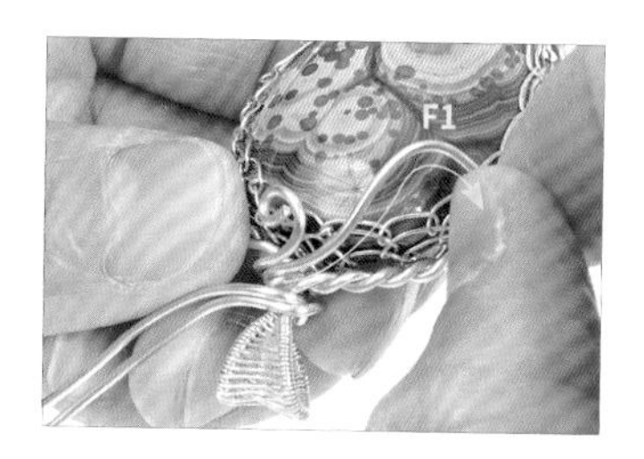

46　用手將線F1彎折成弧形。

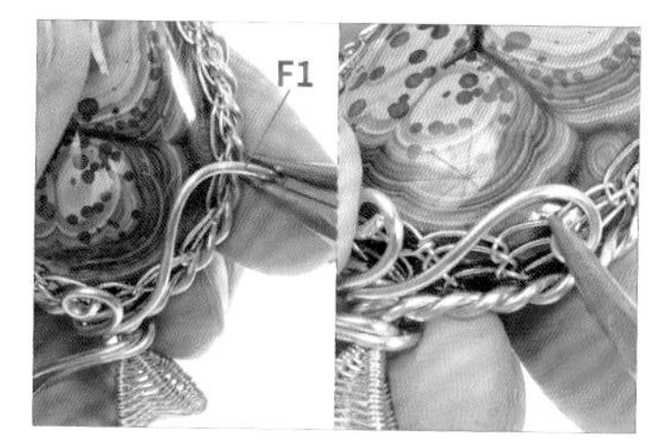

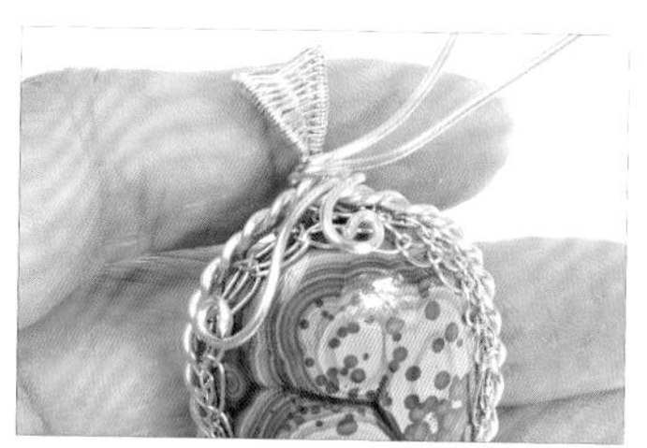

47　以圓嘴鉗夾住線F1，並往內彎折成圓弧形。

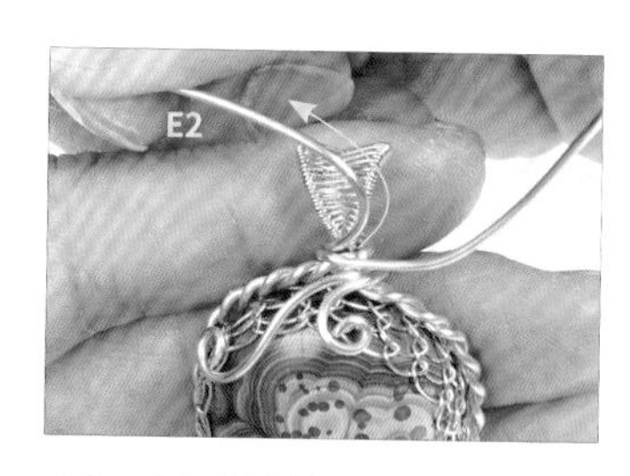

48　用手將線E2彎折成弧形。

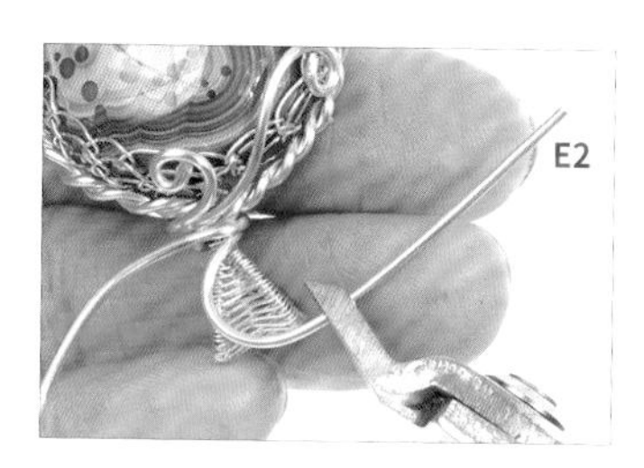

49　以斜口鉗剪掉多餘的線E2，準備收尾。

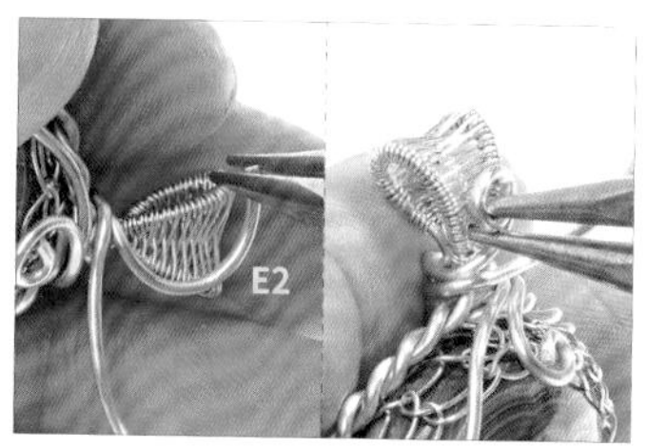

50　以圓嘴鉗夾住線E2，並往內彎折成圓弧形。

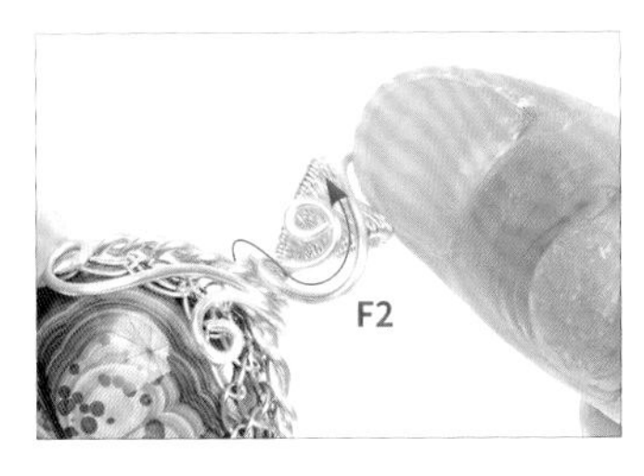

51　用指腹為輔助，將線F2彎折成S形。

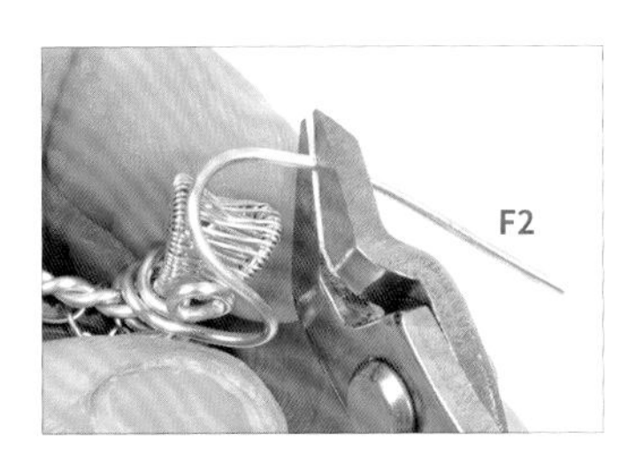

52　以斜口鉗剪掉多餘的線F2，準備收尾。

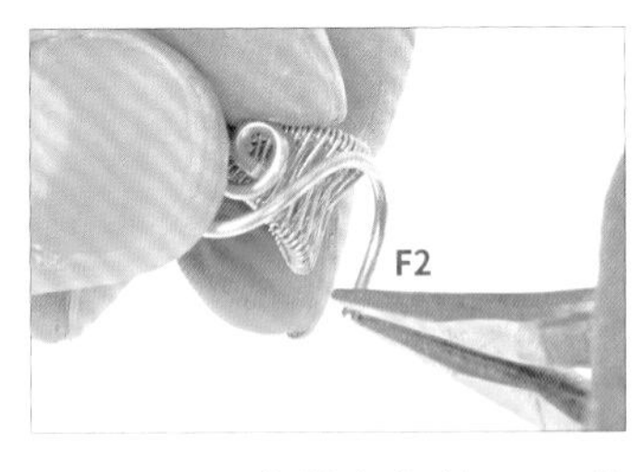

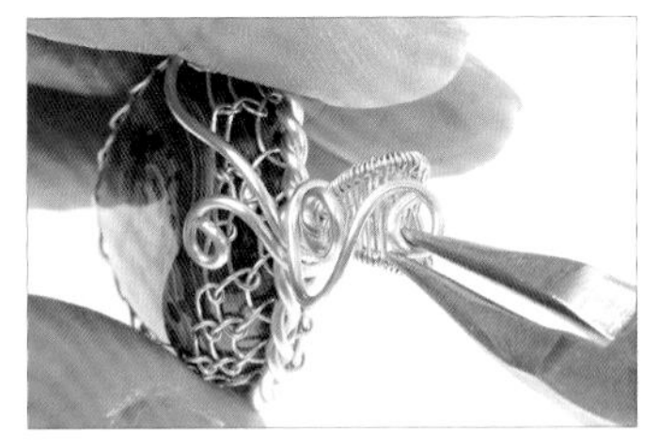

53　以圓嘴鉗夾住線F2，並先彎折出一個圓形，再順著圓形盤繞出漩渦形。

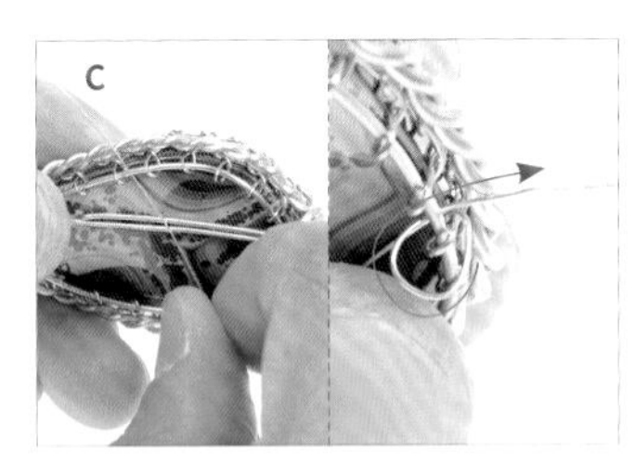

54　以步驟33剪下的線C穿過底座下方，並往上纏繞一圈。【註：此為作品的背面。】

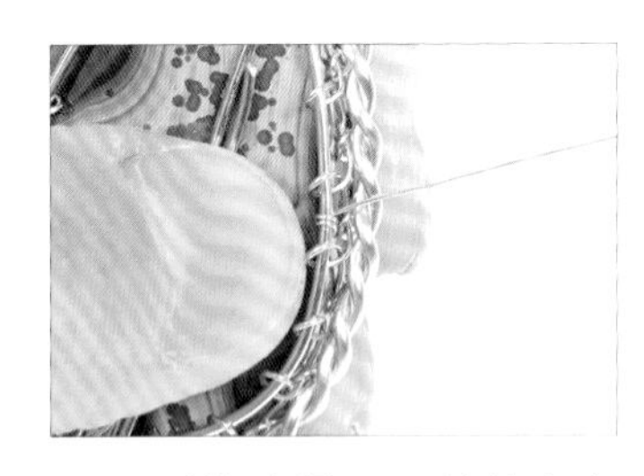

55　重複步驟54，纏繞底座一圈。

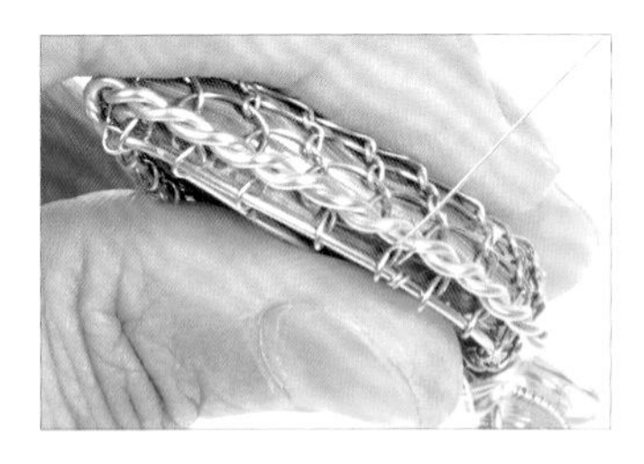

56　將線C穿過雙線麻花下方後，往上纏繞一圈。

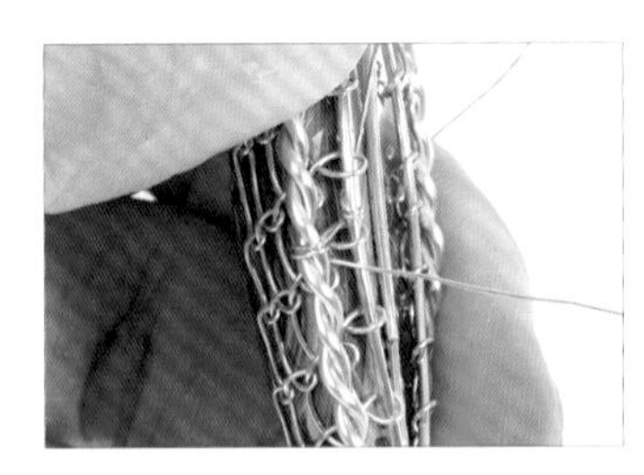

57　重複步驟56，纏繞雙線麻花一圈。

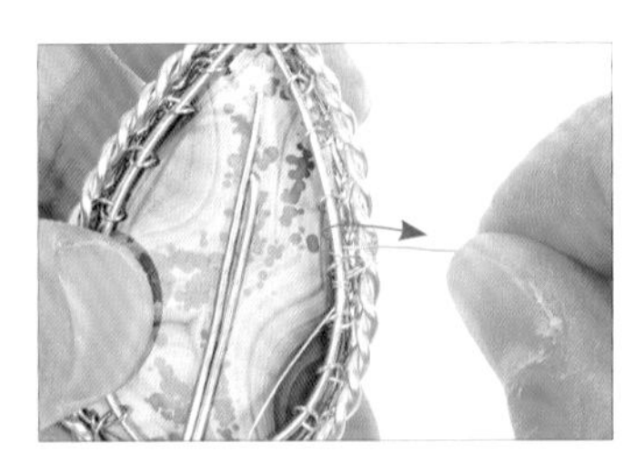

58　將線C穿過底座下方後，往上纏繞一圈。【註：此為作品的背面。】

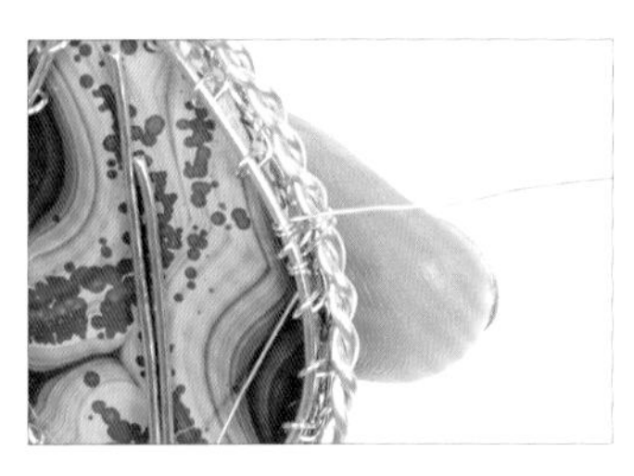

59　重複步驟58，纏繞底座一圈，以固定雙線麻花。

60　以斜口鉗將線C兩端多餘的金屬線剪掉。【註：須預留剪下的線，備用。】

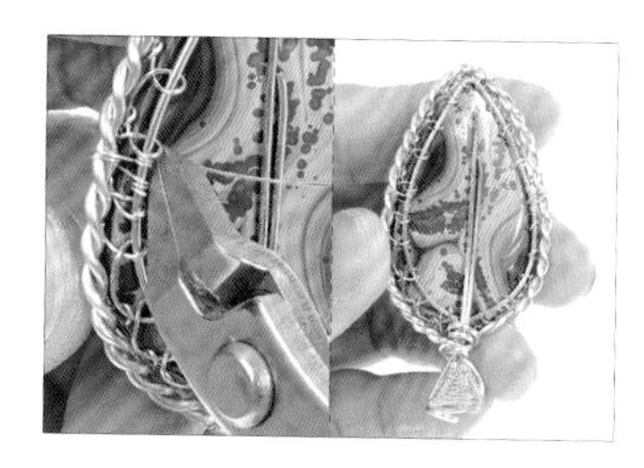

61　重複步驟54-60，將底座另一側製作完成。【註：以步驟60剪下的線C製作。】

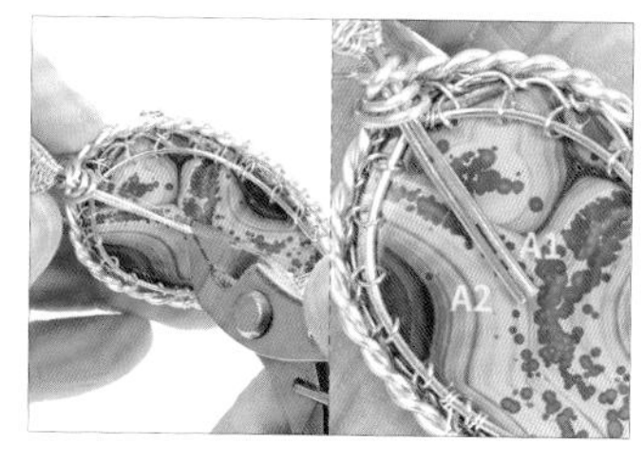

62　以斜口鉗剪掉多餘的線A1、A2，準備收尾。【註：須預留約1.5公分長度。】

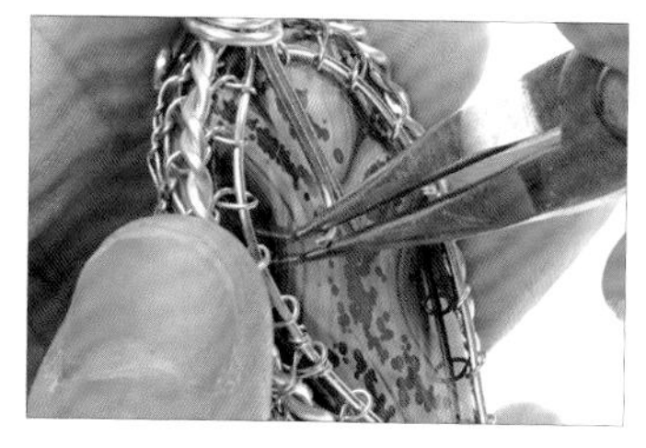

63　以圓嘴鉗夾住線A2，並往內彎折成漩渦形。

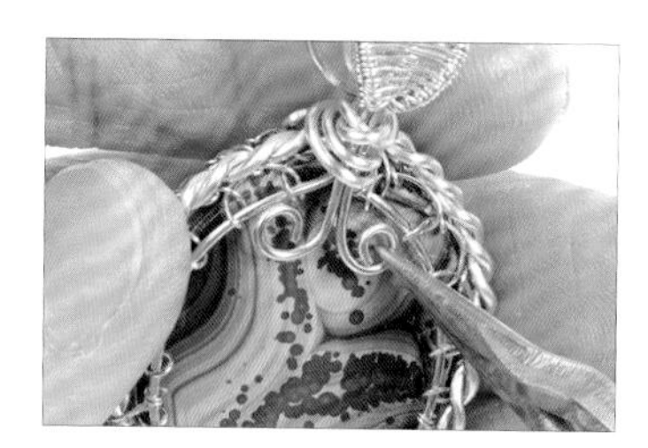

64　重複步驟63，將線A1彎折成漩渦形。

65　如圖，蕾絲巴洛克項鍊製作完成。

創作小語

細緻的蕾絲花紋，讓作品呈現古典優雅的風格，適用於各種高度的裸石，穩固且變化多。

蕾絲巴洛克項鍊
停格動畫 QRcode

編織節奏項鍊

- 009 -

材料與工具 MATERIALS & TOOLS

◆ 線材

品項	用量
20G 玫瑰金色圓線	30 公分×4 條，為線 A、B、C、D。
28G 玫瑰金色圓線	120 公分×1 條，為線 E。 70 公分×1 條，為線 F。 20 公分×3 條 ，為線 G、H、I。

◆ 石材

★尺寸依序為：長×寬×高

品項	用量
玫瑰石	1 顆。【裸石大小：1.8 公分×1.3 公分 ×0.6 公分。】
珍珠	1 顆。

◆ 工具

捲尺、斜口鉗、黑色奇異筆、平口鉗、圓嘴鉗、尖嘴鉗。

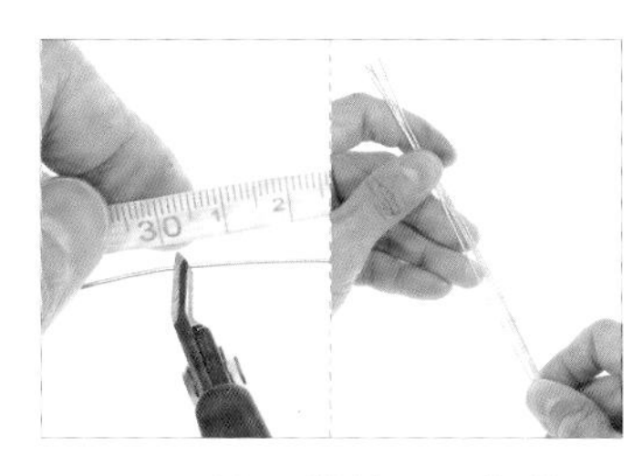

01 以斜口鉗剪下4條約30公分的20G線。

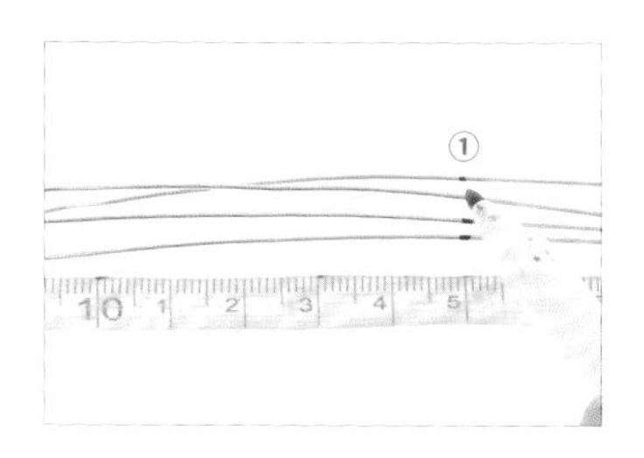

02 以捲尺為輔助，取黑色奇異筆，在線的中間繪製記號，為點①。【註：此作品的中間為15公分處。】

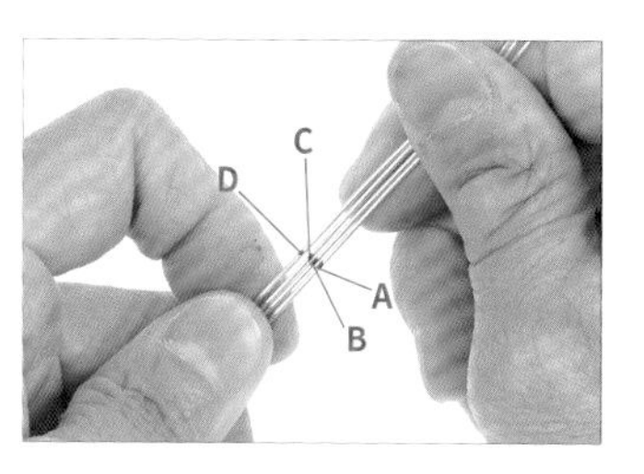

03 將4條線並排，為線A、B、C、D，備用。

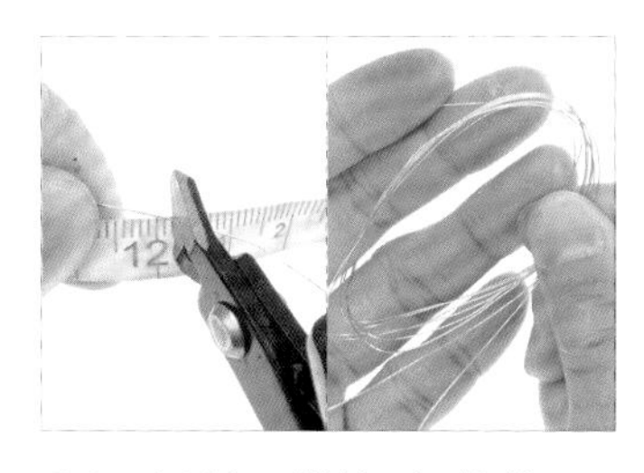

04 以斜口鉗剪下1條約120公分的28G線，為線E。

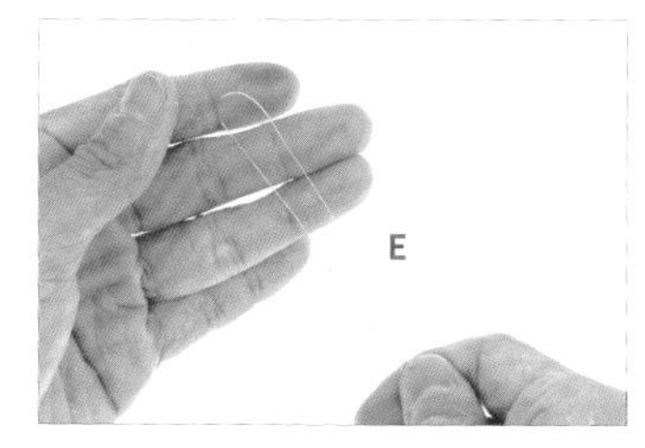

05 將線E對折。

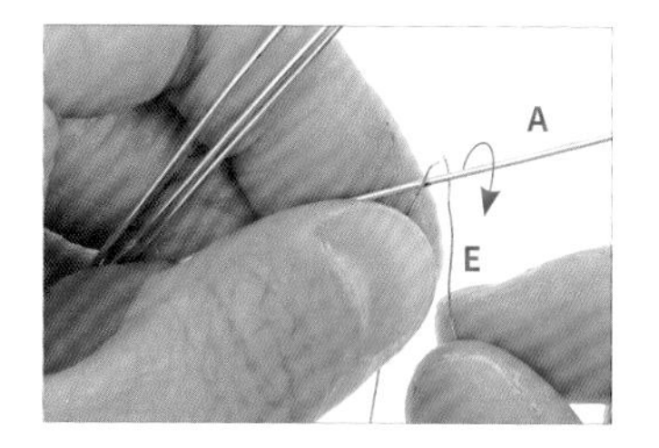

06 承步驟5，將線E繞入線A。

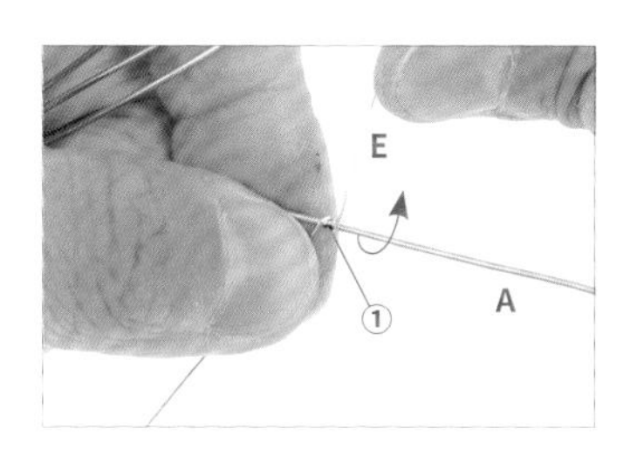

07 用左手指腹將線E左側壓在線A的點①上，並纏繞線A一圈。

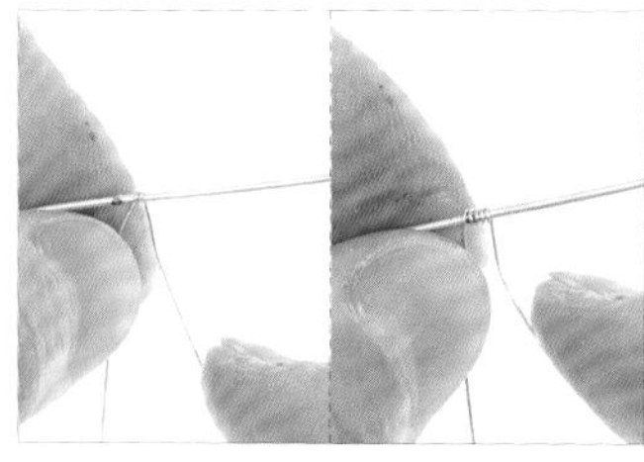

08 重複步驟7，纏繞線A三圈。

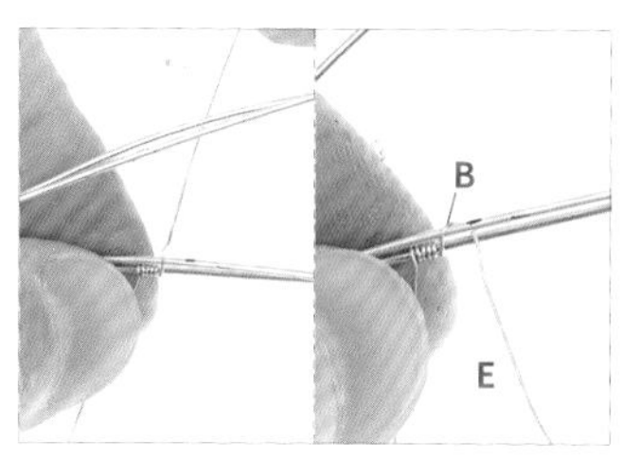

09 將線E穿過線B上方後，往下纏繞一圈。

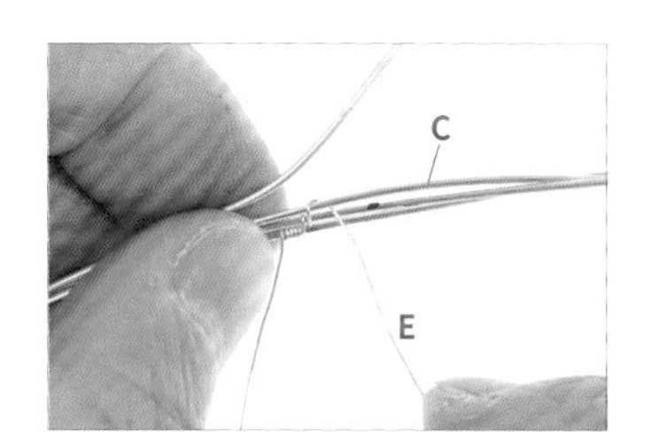

10 將線E穿過線C上方後，往下纏繞一圈。

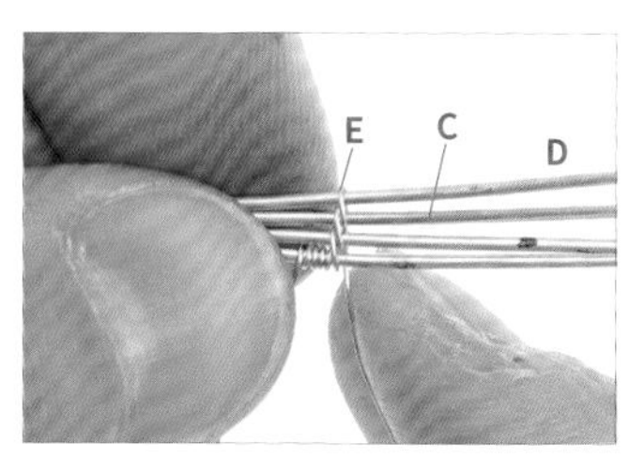

11 將線E穿過線D下方後，往上C、D纏繞一圈。

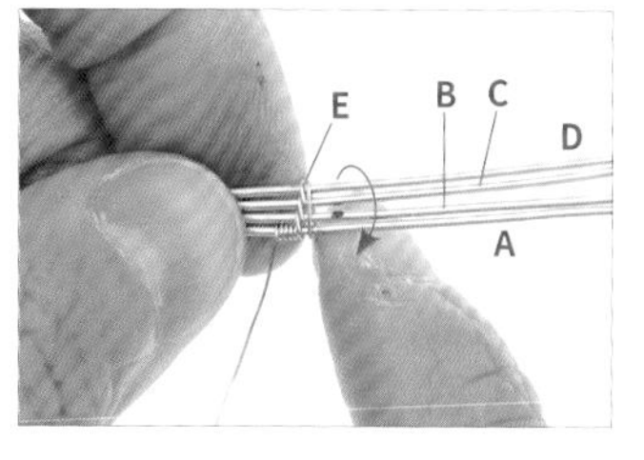

12 將線E穿過線A、B下方後，往上纏繞線A、B、C、D一圈。

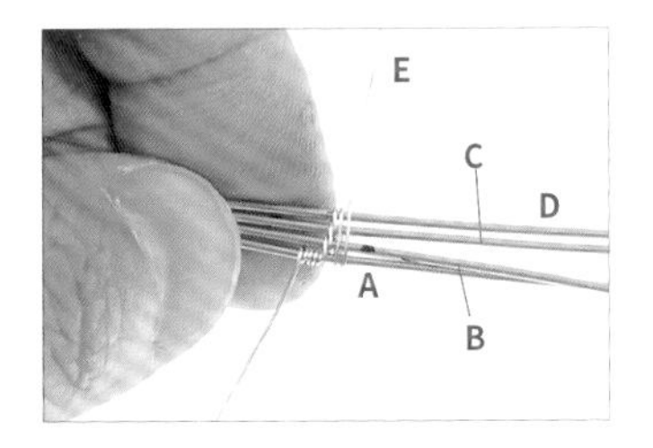

13 以線E纏繞線A、B、C、D一圈。

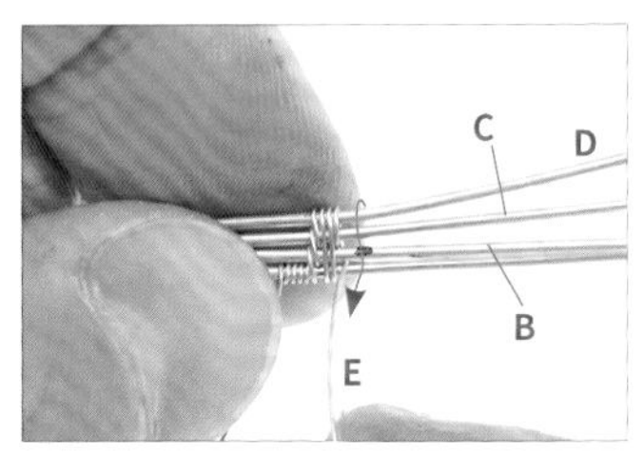

14 以線E纏繞線C、D一圈後，穿過線B下方。

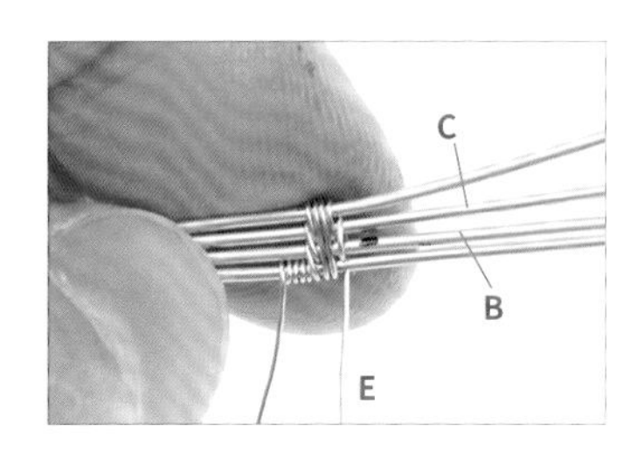

15 以線E纏繞線B、C一圈。

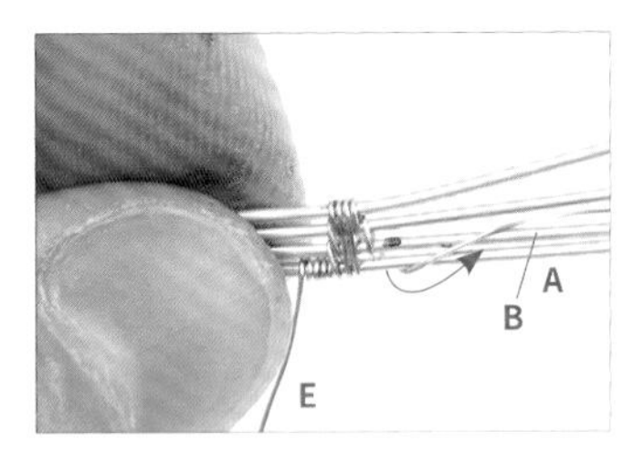

16 以線E纏繞線A、B一圈。

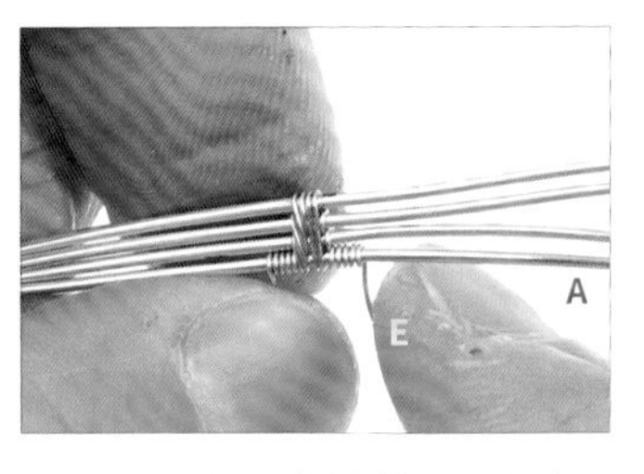

17 以線E纏繞線A五圈，完成1組樣式。【註：此為作品的背面。】

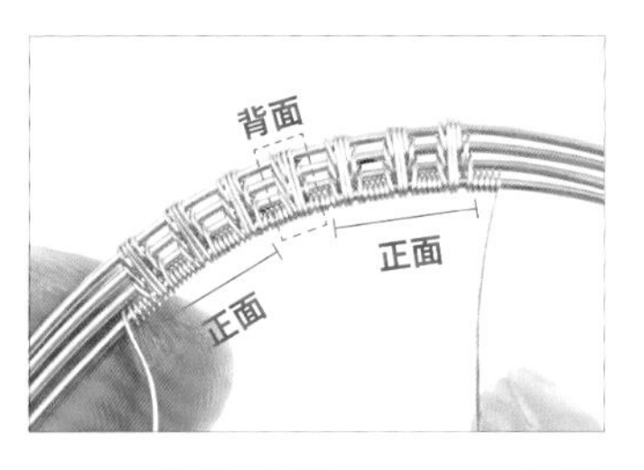

18 重複步驟10-17，在線A～D上纏繞6組相同樣式。【註：此處是從背面纏繞，也可依個人喜好決定從正面繼續纏繞。】

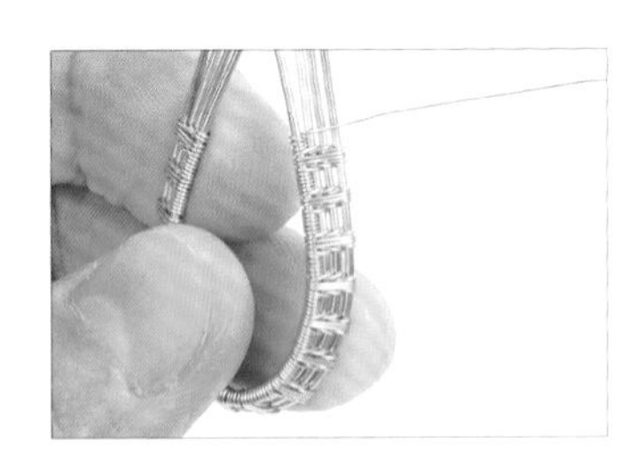

19 重複步驟18，在線A～D上往另一側也纏繞6組相同樣式。

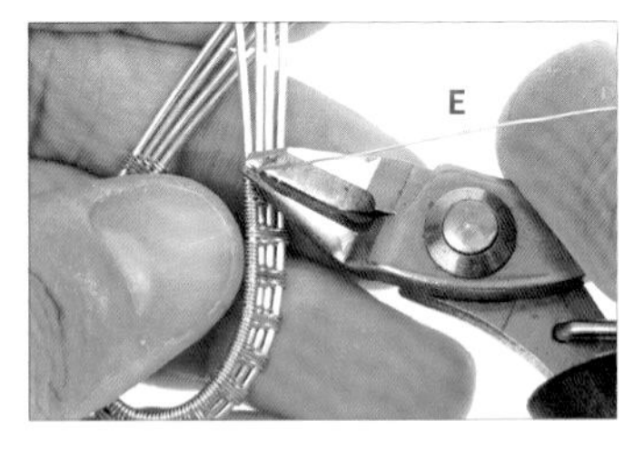

20 將線A、B、C、D彎折出弧形，並以斜口鉗剪掉多餘的線E，即初步完成包框製作。【註：完成包框後，使線形成A1～D1及A2～D2。】

21 取玫瑰石，放在包框的鏤空處上。

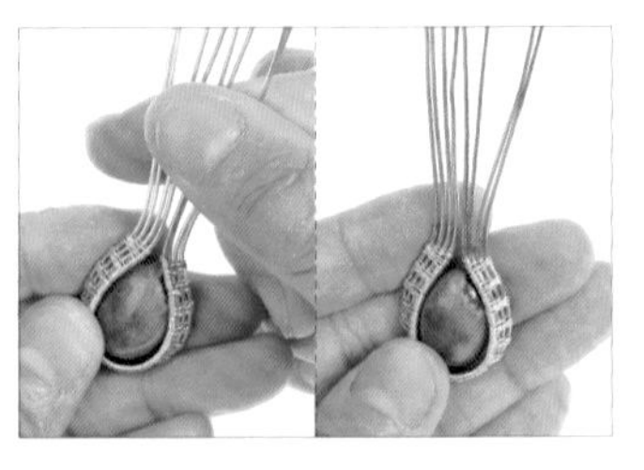

22 將線A1～D1及A2～D2壓緊，以包覆裸石。【註：確認長度足夠包覆裸石。】

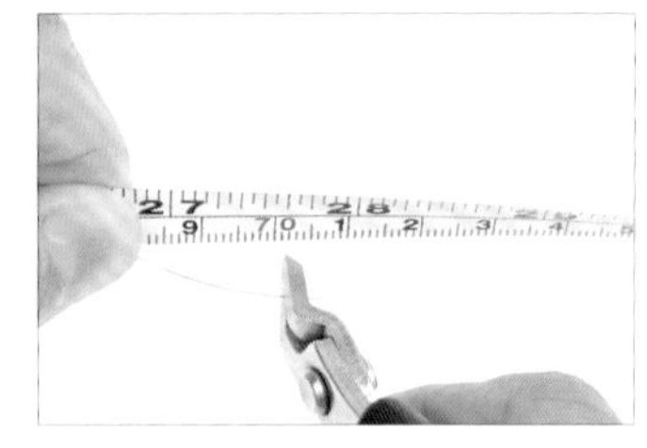

23 以斜口鉗剪下1條約70公分的28G線，為線F。

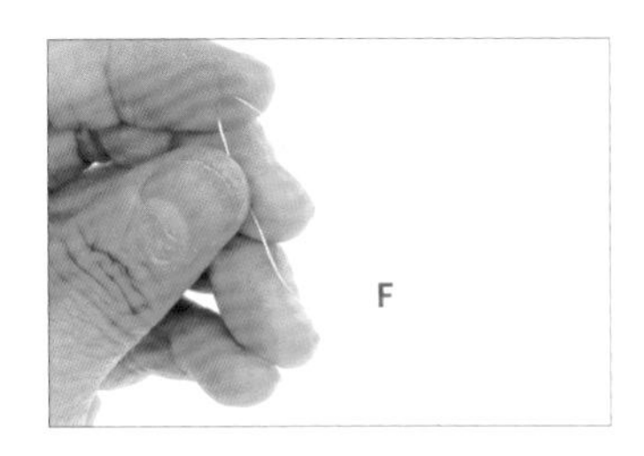

24　將線F折成彎鉤形。

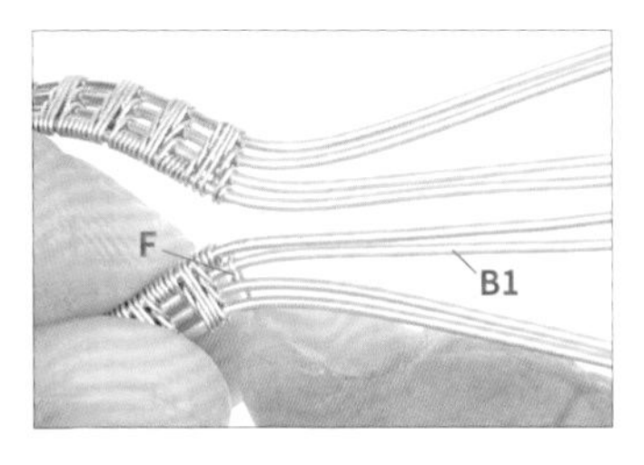

25　承步驟24，將線F勾入線B1。【註：先將玫瑰石移除。】

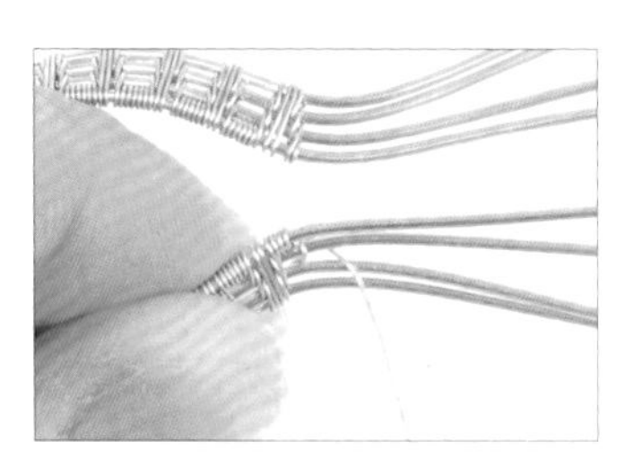

26　以線F纏繞線B1一圈。

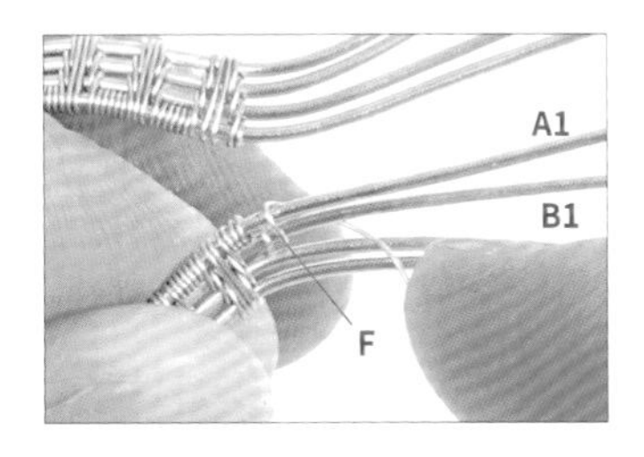

27　以線F纏繞線A1、B1一圈。

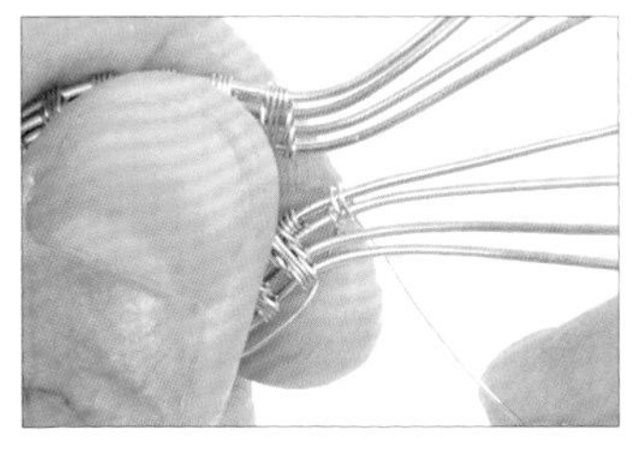

28　重複步驟27，纏繞線A1、B1一圈。

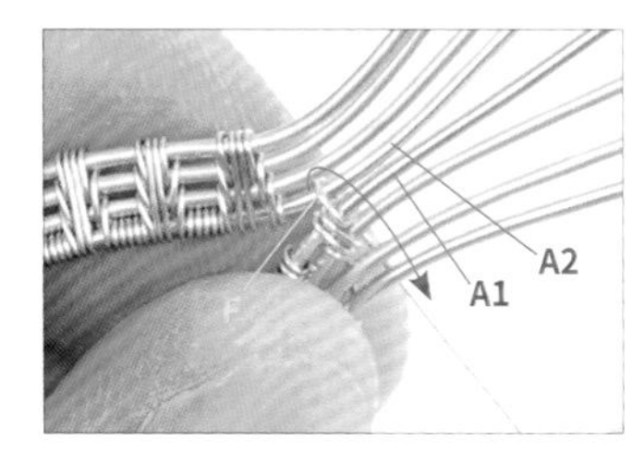

29　以線F纏繞線A1、A2一圈。

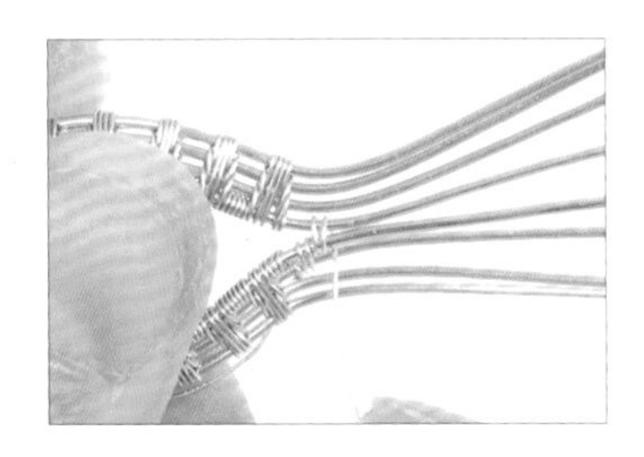

30　重複步驟29，纏繞線A1、A2一圈。

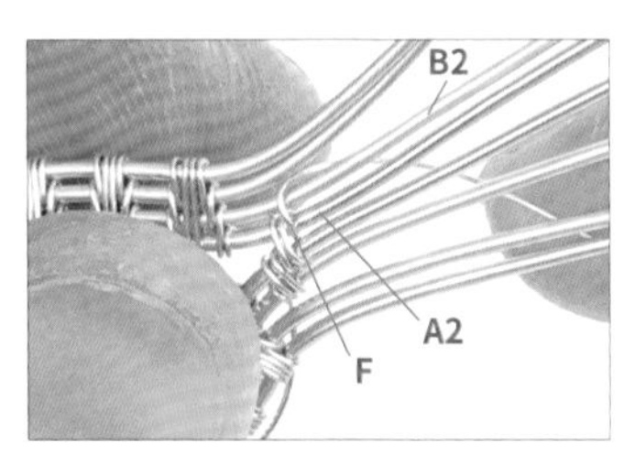

31　以線F纏繞線A2、B2一圈。

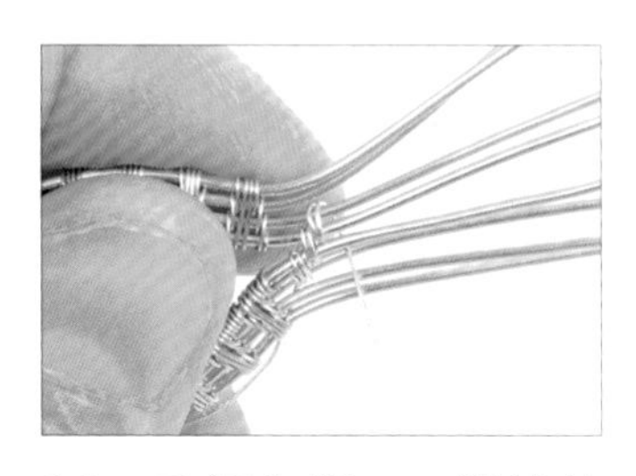

32　重複步驟31，纏繞線A2、B2一圈。

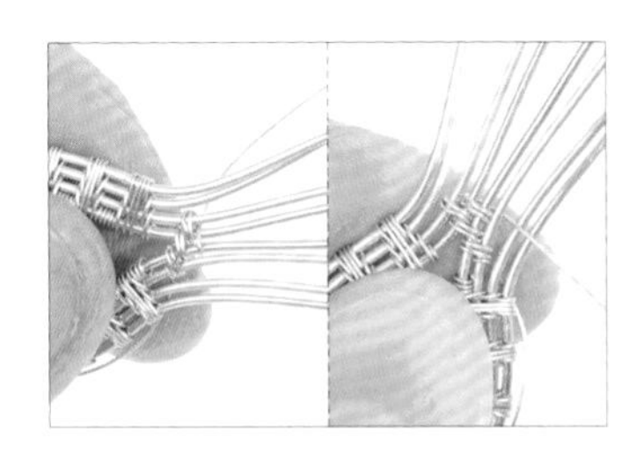

33　重複步驟31-32，纏繞線A2、B2兩圈。【註：三線繞法1詳細步驟請參考P.21。】

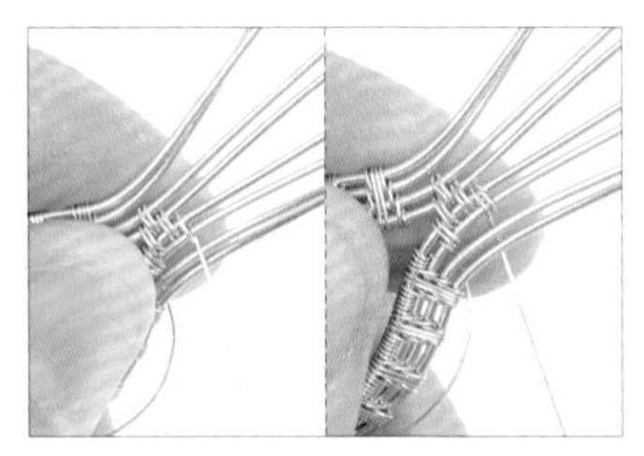

34　重複步驟29-30，纏繞線A1、A2兩圈。

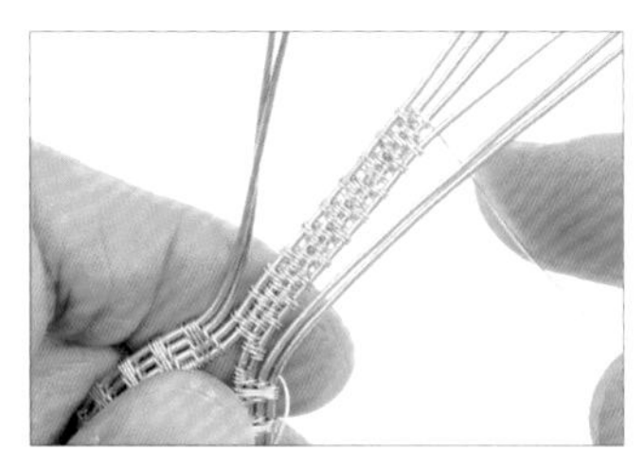

35　重複步驟25-34，持續纏繞金屬線，直到足以製作墜頭的長度，大約2.5～3公分。

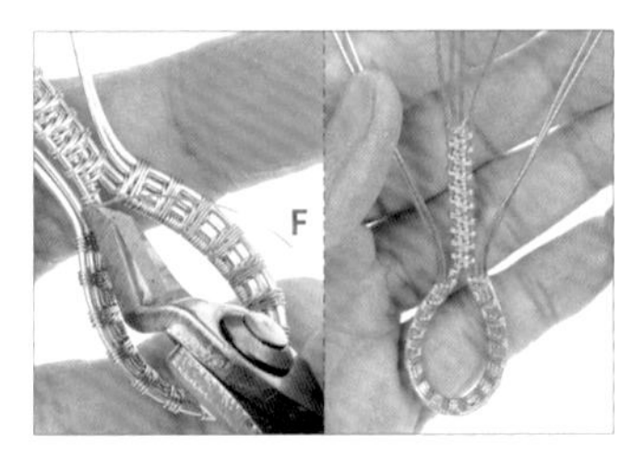

36 以斜口鉗將線F其中一側的金屬線剪掉，即完成墜頭主體。

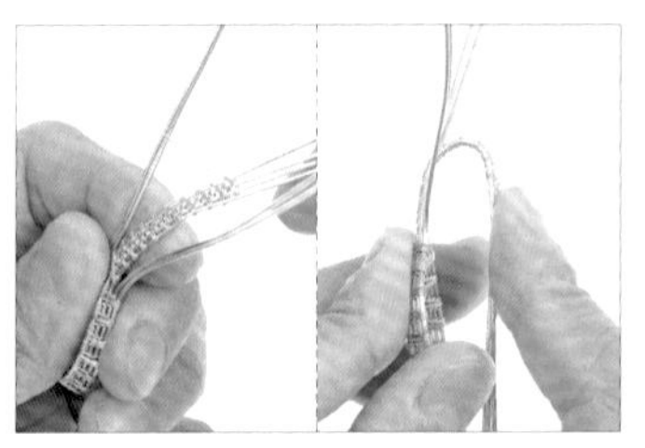

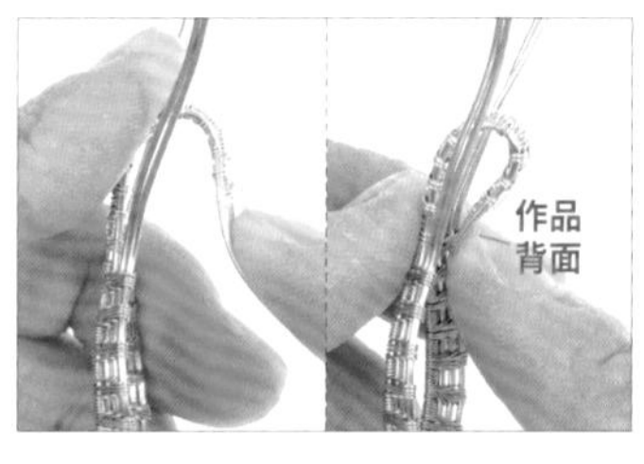

37 將墜頭主體往下彎折成水滴形。

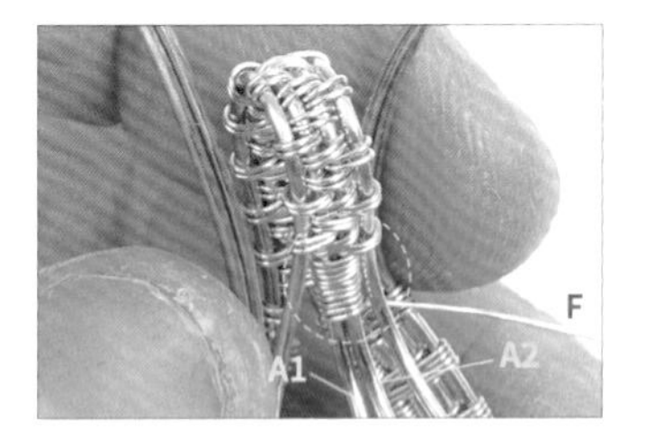

38 以線F纏繞線A1、A2十圈。

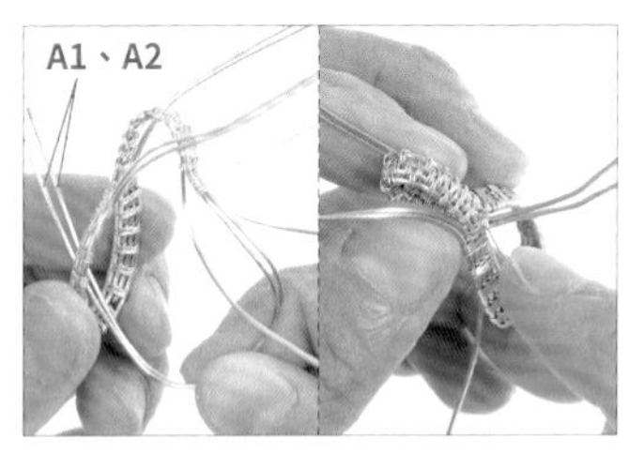

39 將線A1、A2穿過包框鏤空處到作品正面。

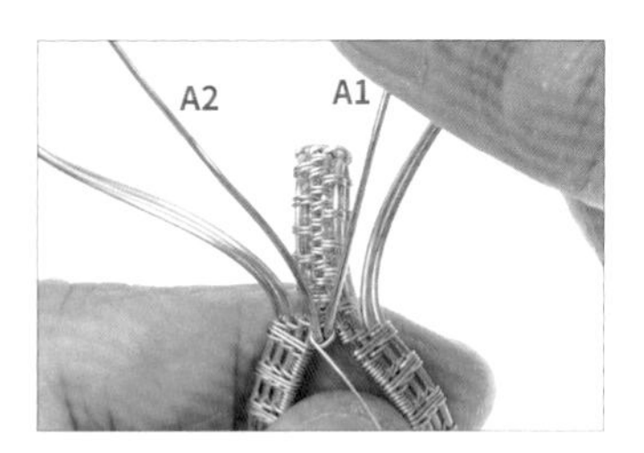

40 將線A1、A2分開。【註：此為作品的正面。】

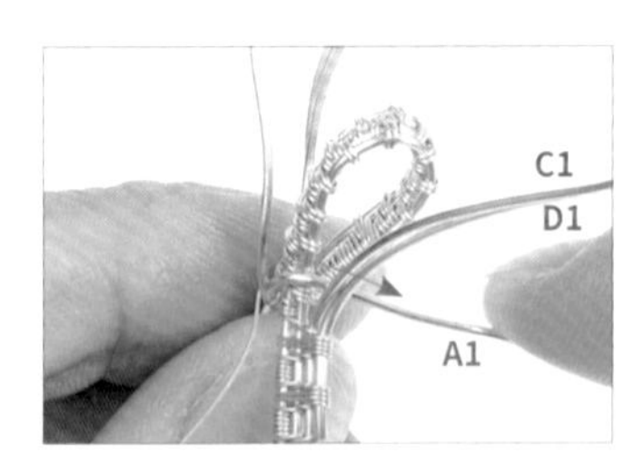

41 將線A1彎折，並穿過墜頭及線C1、D1間的縫隙，到框線的背面。

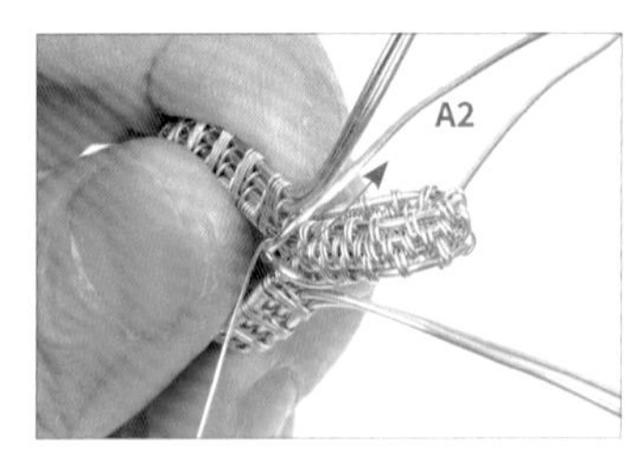

42 重複步驟41，將線A2在另一側彎折。

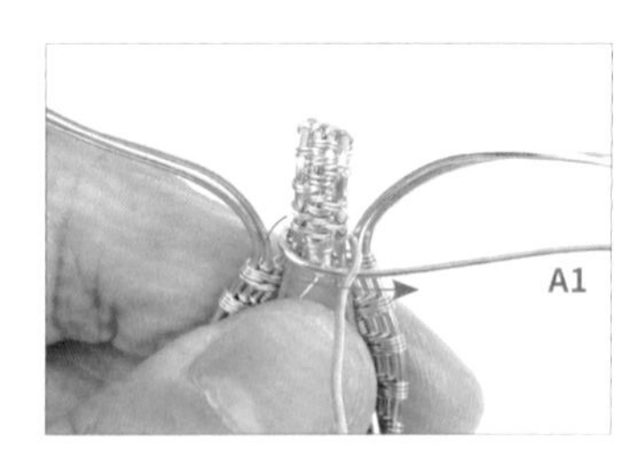

43 將線A1往右彎折。【註：此為作品的背面。】

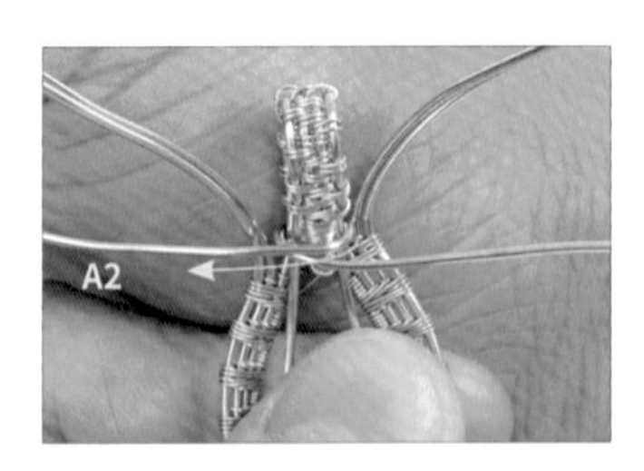

44 將線A2往左彎折。

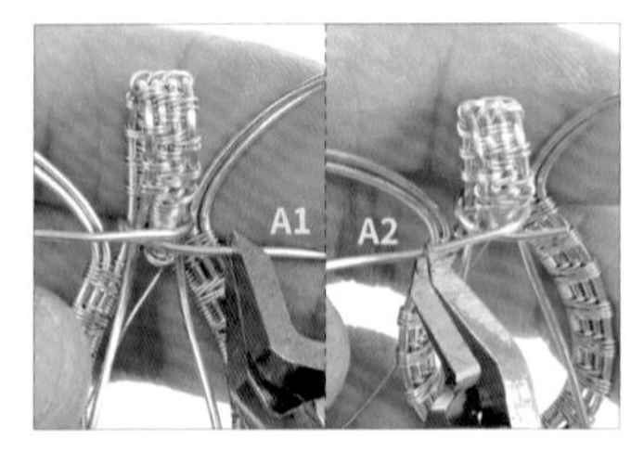

45 以斜口鉗剪掉多餘的線A1、A2，準備收尾。

46 如圖，多餘線段剪掉完成。

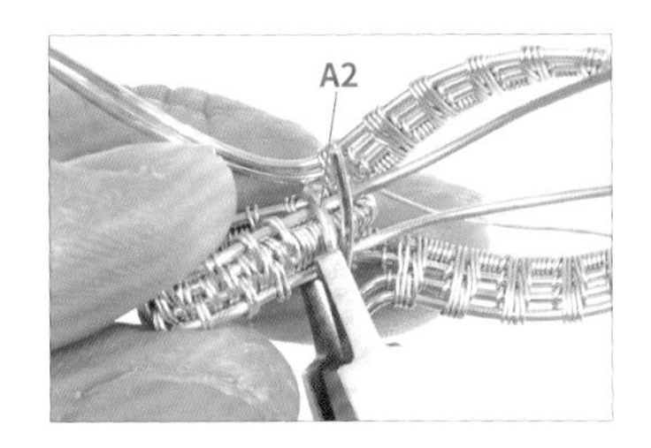

47 以平口鉗將線A2斷口往內夾緊收尾。

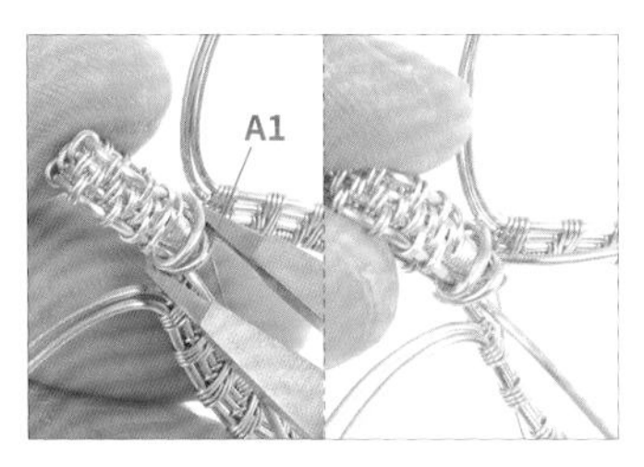

48 以平口鉗將線A1斷口往內夾緊收尾。

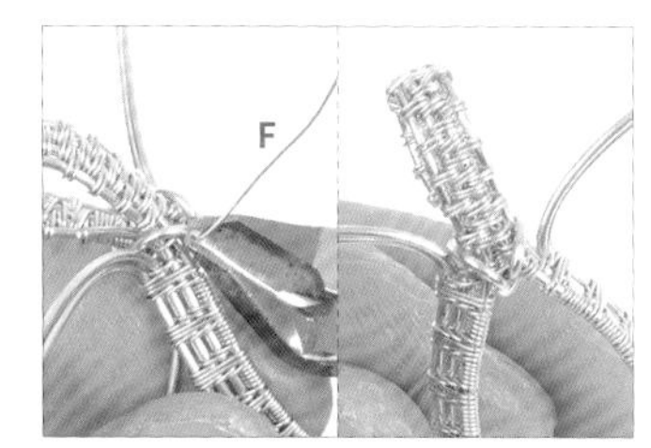

49 以斜口鉗剪掉多餘的線F，收尾。

50 先將玫瑰石放回步驟22的原位。【註：此為作品的正面。】

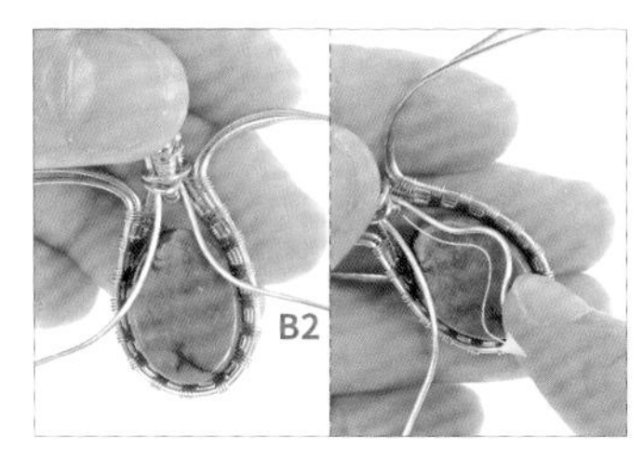

51 將線B2彎折出弧形。【註：此為作品的背面。】

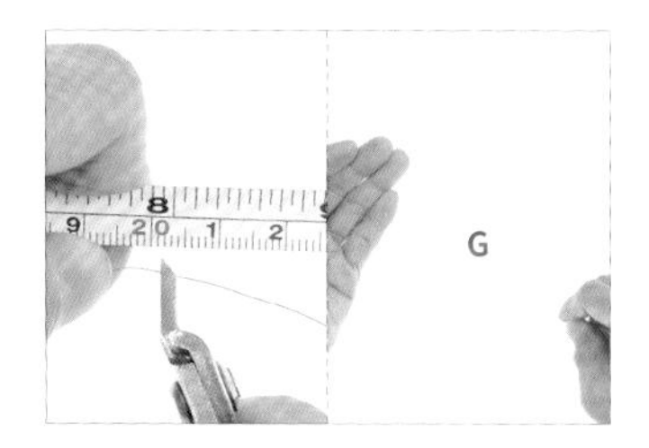

52 以斜口鉗剪下2條約20公分的28G線。【註：為線G、I。】

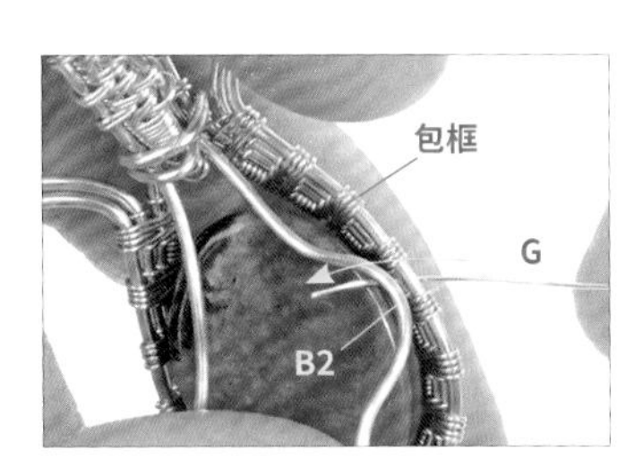

53 以線G穿過包框及線B2下方。

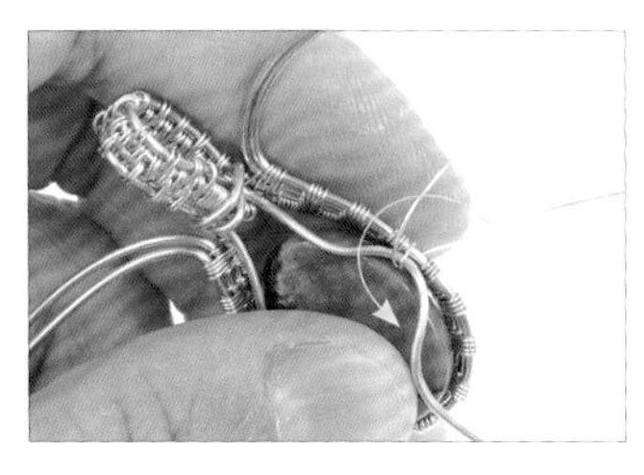

54 承步驟53，以線G纏繞包框及線B2一圈。

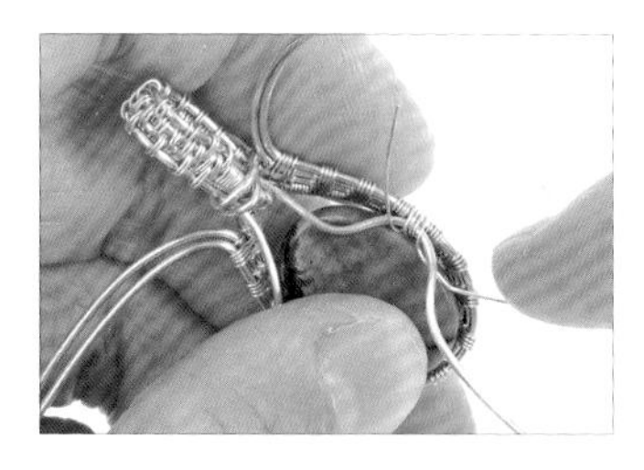

55 重複步驟54，纏繞包框及線B2三圈。

56 以線G持續纏繞線B2。

57 以斜口鉗剪掉多餘的線B2，準備製作底座。

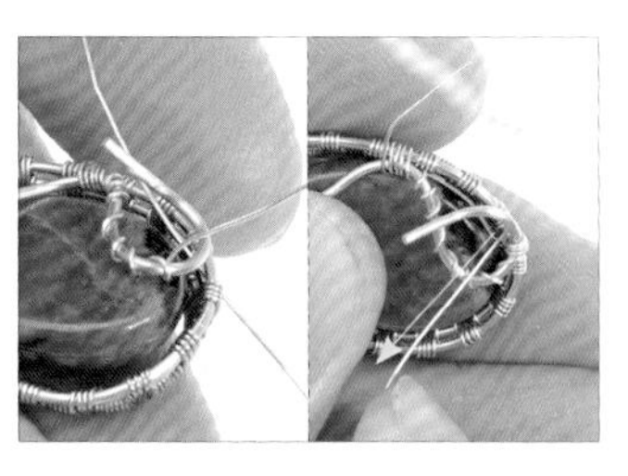

58 以線G持續纏繞線B2，並於線B2與包框接觸點纏繞三圈，完成固定。

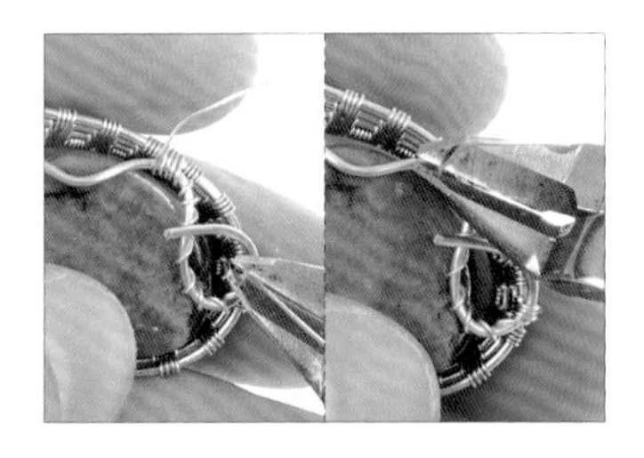

59 以斜口鉗將線G兩端多餘的金屬線剪掉。

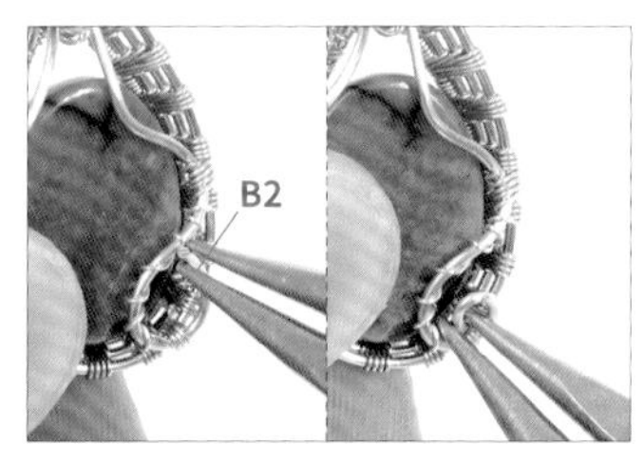

60 以圓嘴鉗將線B2斷口彎折成漩渦形，以製作包框底座。

61 重複步驟51-60，製作另一側的底座。【註：以線I製作。】

62 用手將線C2往下彎折成圓弧形。

63 重複步驟62，線C1彎折成圓弧形。

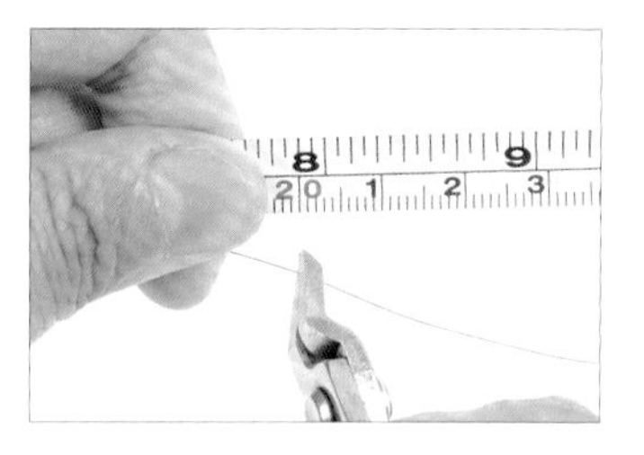

64 以斜口鉗剪下1條約20公分的28G線，為線H。

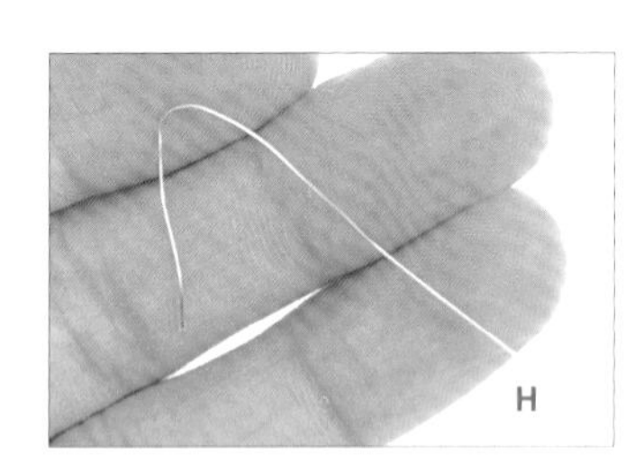

65 將線H折成彎鉤形。

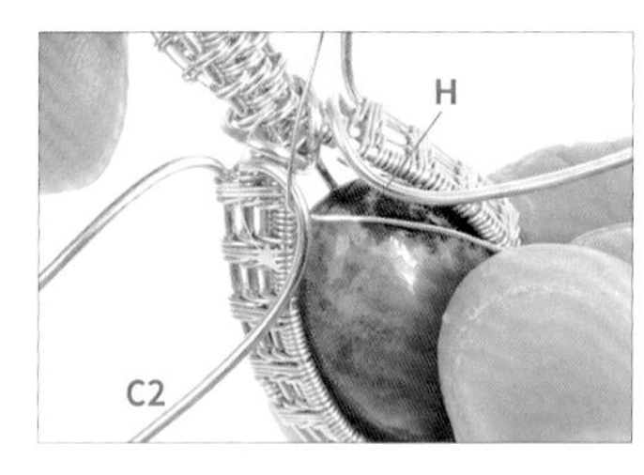

66 承步驟65，將線H勾入線C2。

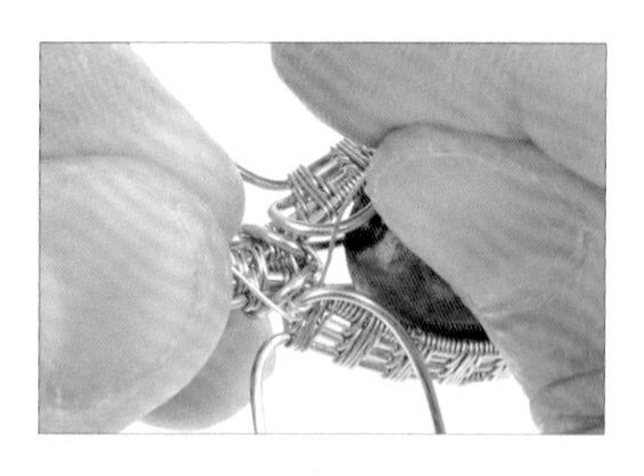

67 以線H纏繞線C2一圈。

68 重複步驟67，將線C2纏繞四圈。

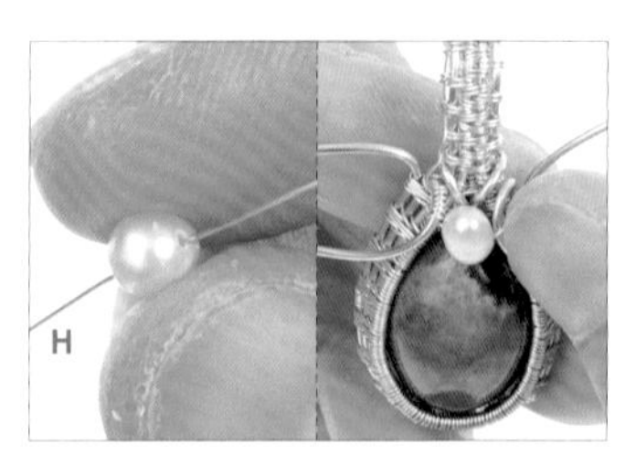

69 取一顆珍珠，穿入線H中。

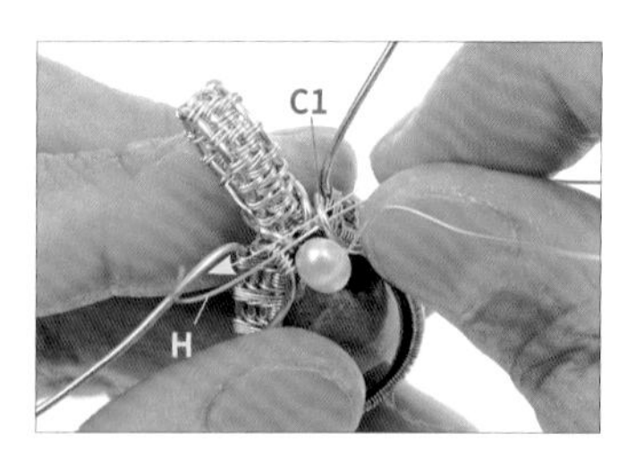

70 以線H穿過線C1下方。

71　以線H繞線C1一圈。

72　重複步驟71，纏繞線C1九圈。【註：可依個人喜好調整圈數。】

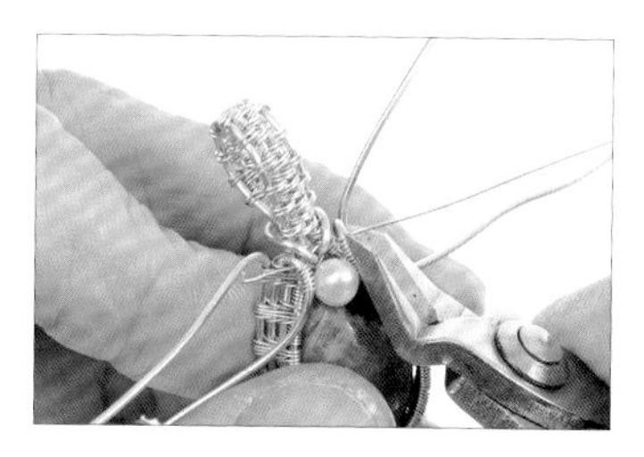

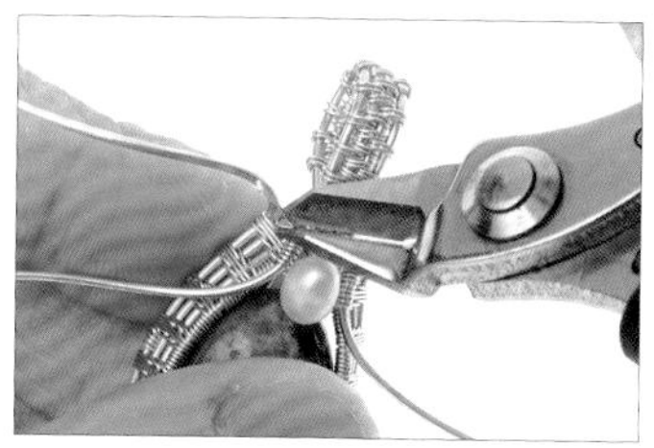

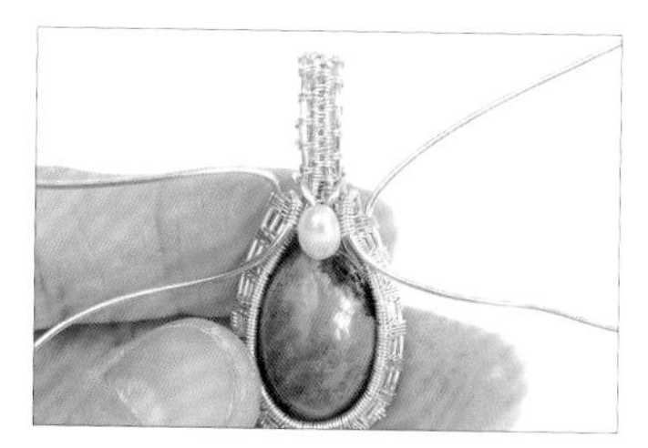

73　以斜口鉗將線H兩端多餘的金屬線剪掉。

74　以斜口鉗剪掉多餘的線C1，準備收尾。

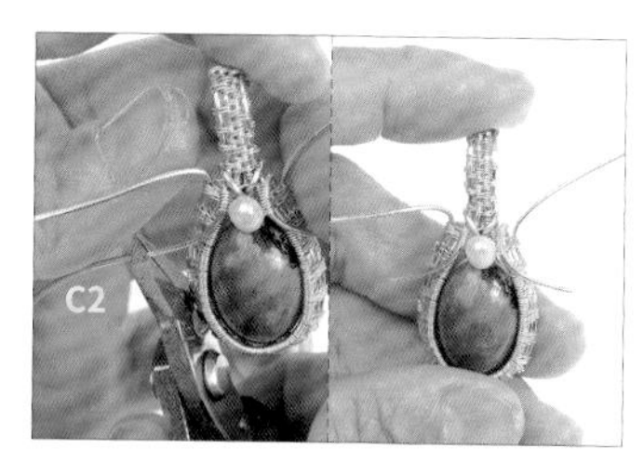

75　以斜口鉗剪掉多餘的線C2，準備收尾。

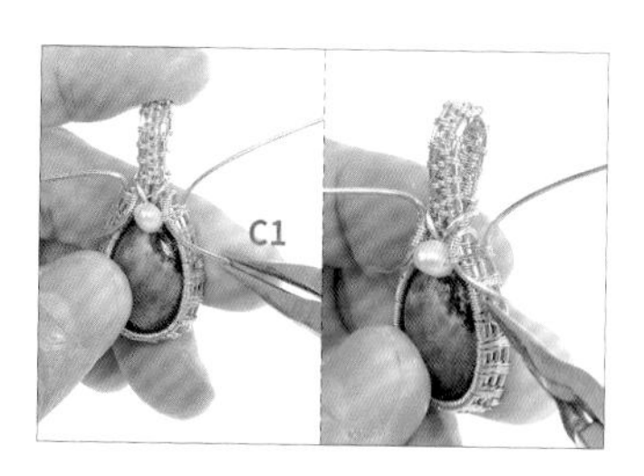

76　以圓嘴鉗夾住線C1斷口，並彎折成漩渦形。

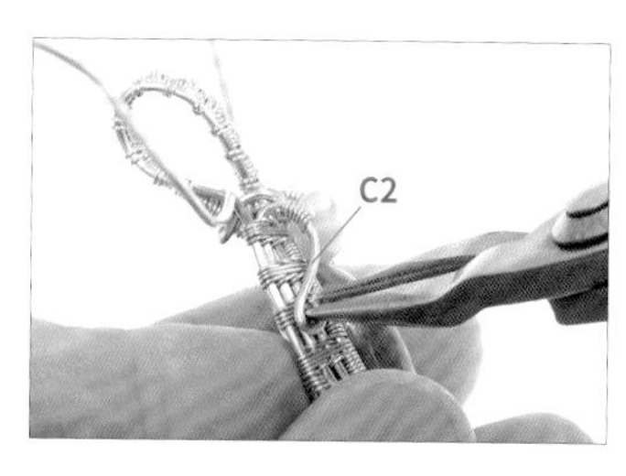

77　重複步驟76，將線C2斷口彎折成漩渦形。

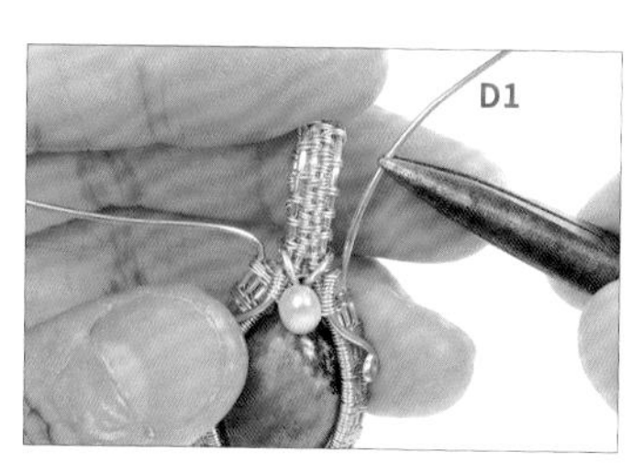

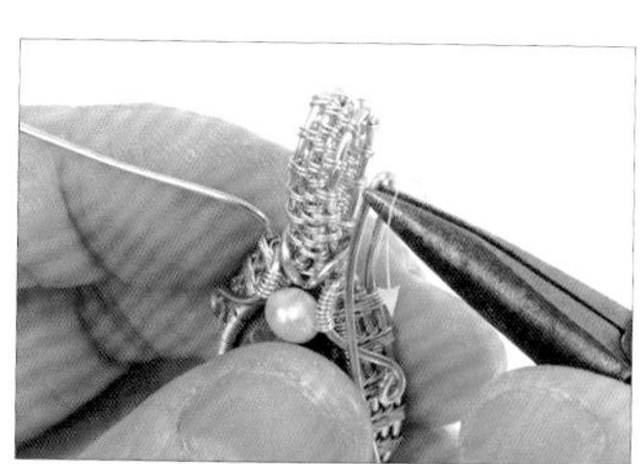

78　以尖嘴鉗將線D1對折。

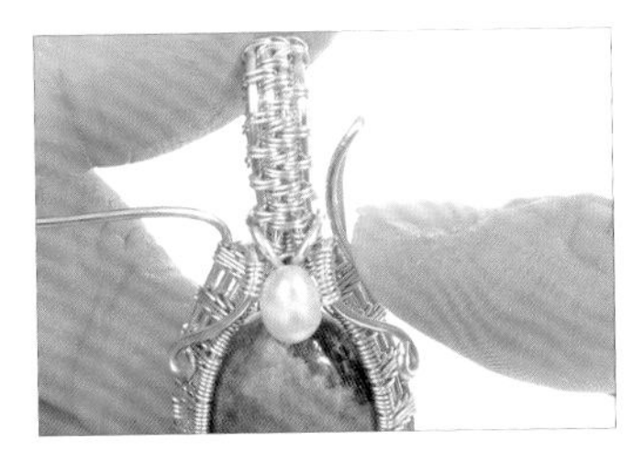

79 用手將線D1圓弧形壓出弧度。

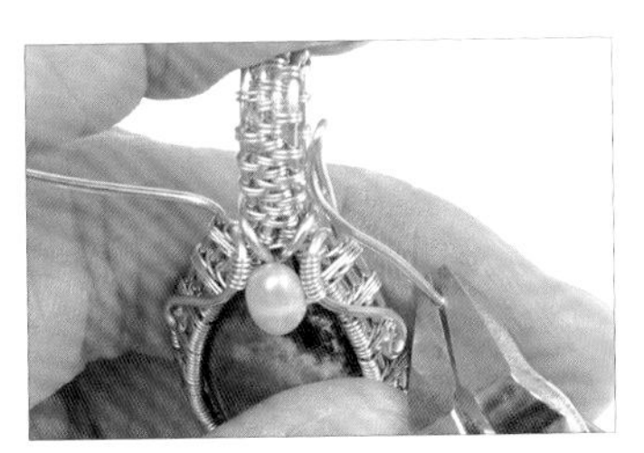

80 以斜口鉗剪掉多餘的線D1。

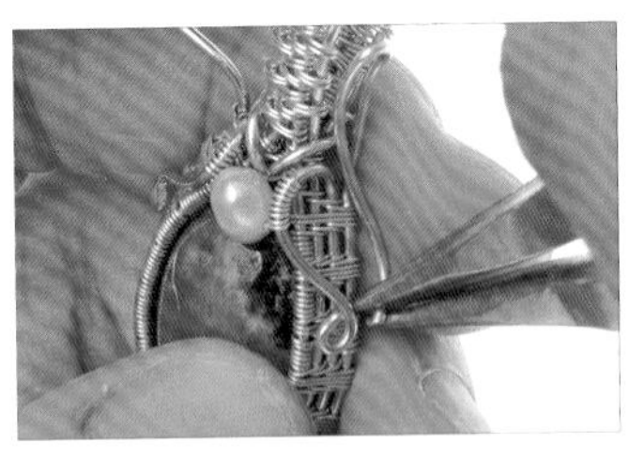

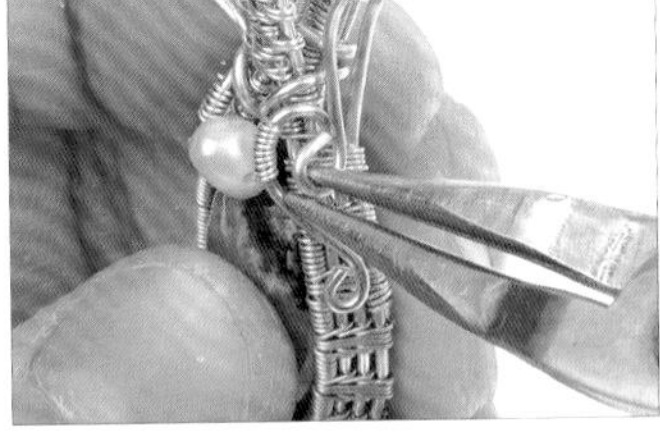

81 以圓嘴鉗夾住線D1斷口，並彎折成漩渦形。

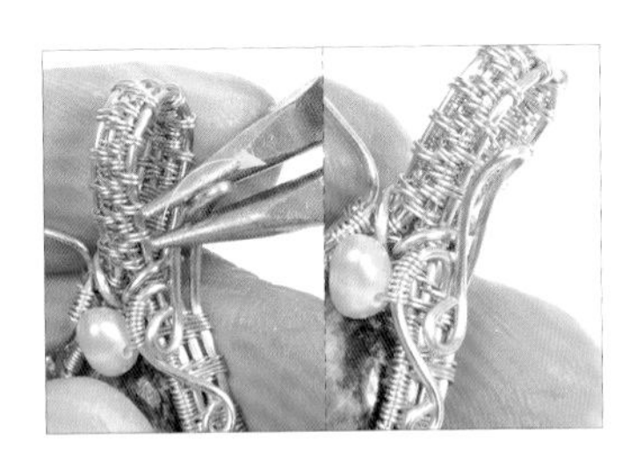

82 以圓嘴鉗將線D1圓弧形往外彎折出造型。

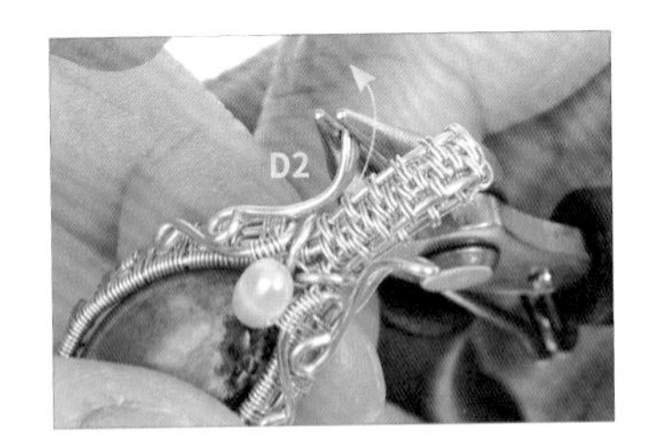

83 重複步驟78-82，製作線D2的造型。

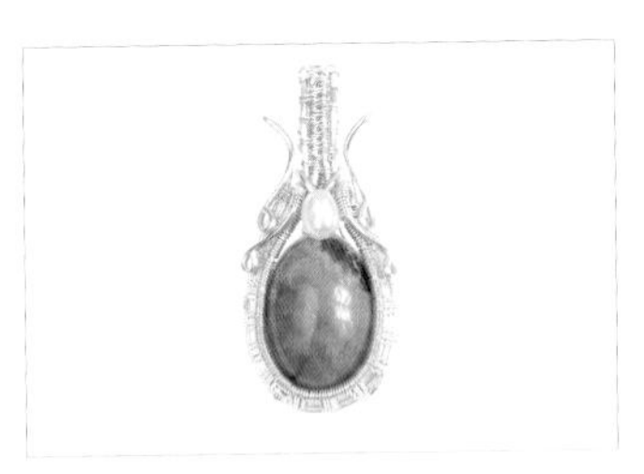

84 如圖，編織節奏項鍊製作完成。

創作小語

以編織的細節襯托裸石的優雅，不喜歡捲圈線條感的包框嗎？這款可以滿足你的需求。

編織節奏項鍊
停格動畫 QRcode

古典羅馬柱項鍊

- 010 -

材料與工具 MATERIALS & TOOLS

◆ 線材

品項	用量
20G 銀色圓線	30 公分 × 2 條，為線 A、B。
28G 銀色圓線	150 公分 × 1 條，為線 C。 100 公分 × 2 條，為線 G、I。 25 公分 × 2 條，為線 H、J。 70 公分 × 1 條，為線 K。
18G 銀色圓線	20 公分 × 1 條，為線 D。
22G 銀色圓線	30 公分 × 2 條，為線 E、F。

◆ 石材

★尺寸依序為：長 × 寬 × 高

品項	用量
彩虹螢石	1 顆。【裸石大小：3 公分 ×1.8 公分 ×0.6 公分；裸石周長約 7. 5 公分。】

◆ 工具

捲尺、斜口鉗、藍色白板筆、竹筷、圓嘴鉗、平口鉗、尼龍平口鉗。

步驟說明 STEP BY STEP

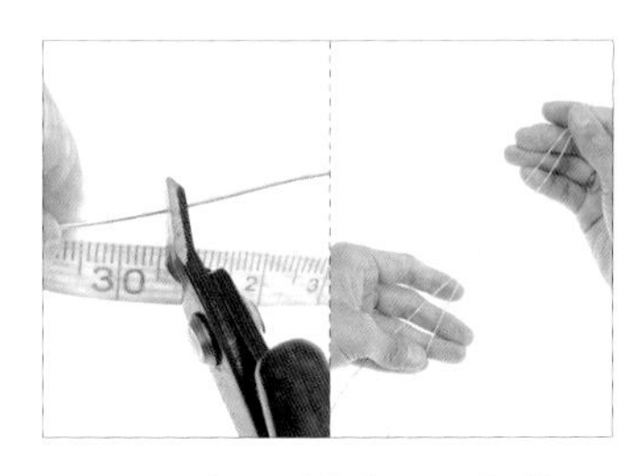

01 以斜口鉗剪下2條約30公分的20G線。【註：為線A、B。】

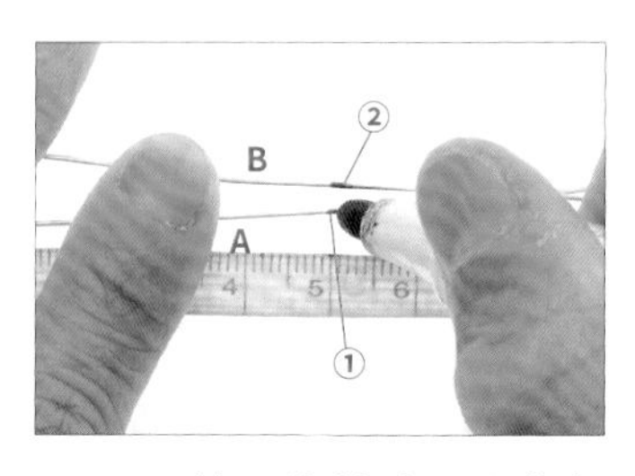

02 以捲尺為輔助，取藍色白板筆，在線A、B的中間繪製記號，為點①、②。【註：此作品的中間為15公分處。】

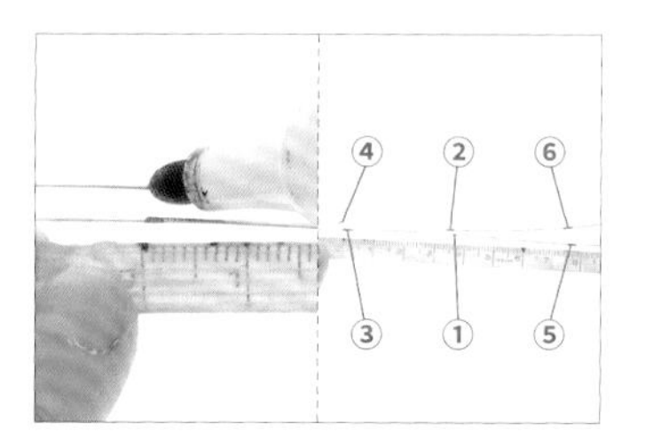

03 承步驟2，在左右距離點①、②約3.8公分處繪製記號，為點③、④、⑤、⑥。【註：裸石周長÷2＝3.75，取3.8公分。】

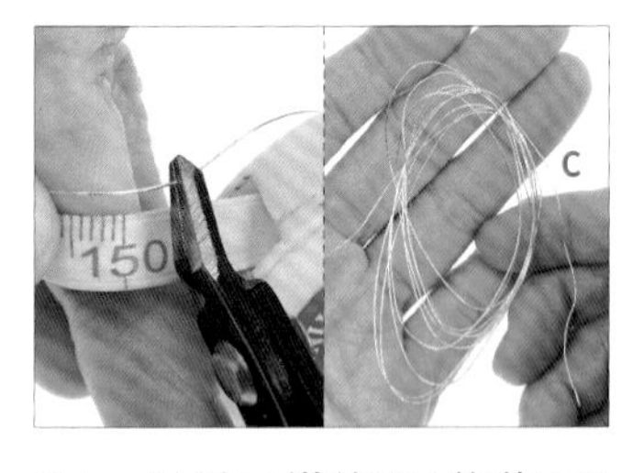

04 以斜口鉗剪下1條約150公分的28G線，為線C。

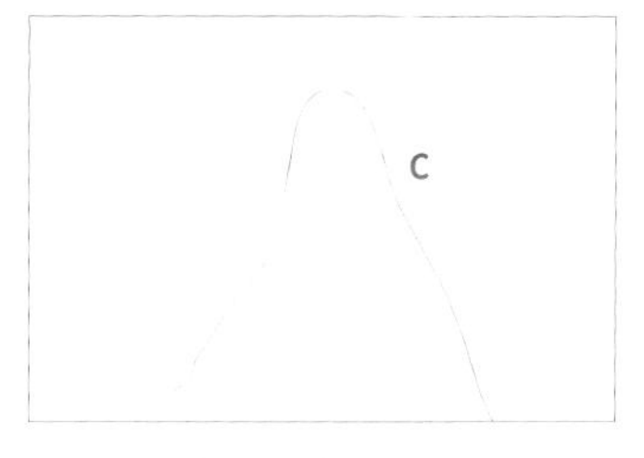

05 將線C折成彎鉤形。

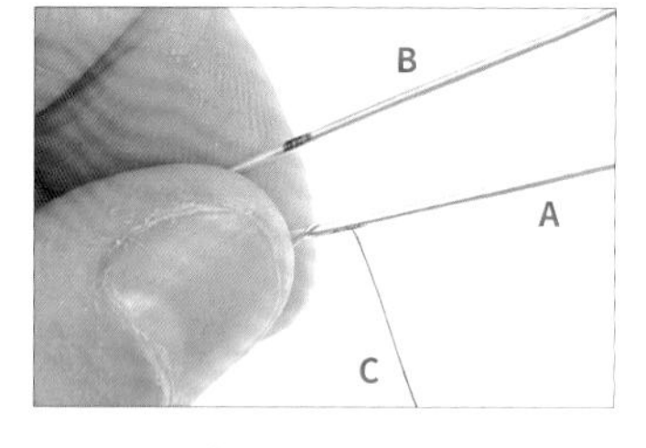

06 承步驟5，將線C勾入線A。【註：線A、B間的距離不可小於裸石高度。】

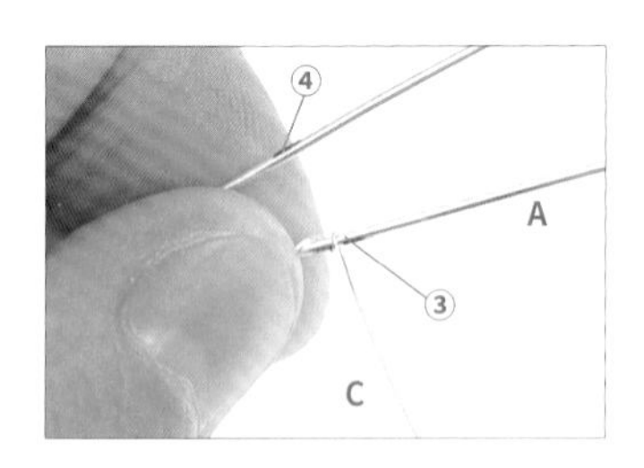

07 用左手指腹將線C左側壓在線A的點③上，並纏繞線A一圈。

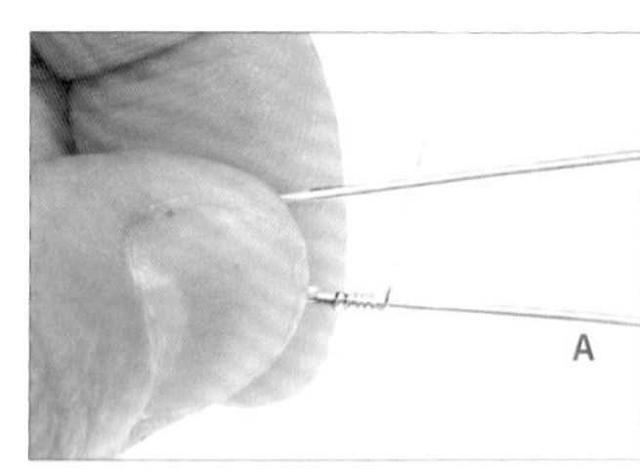

08 重複步驟7，纏繞線A四圈。

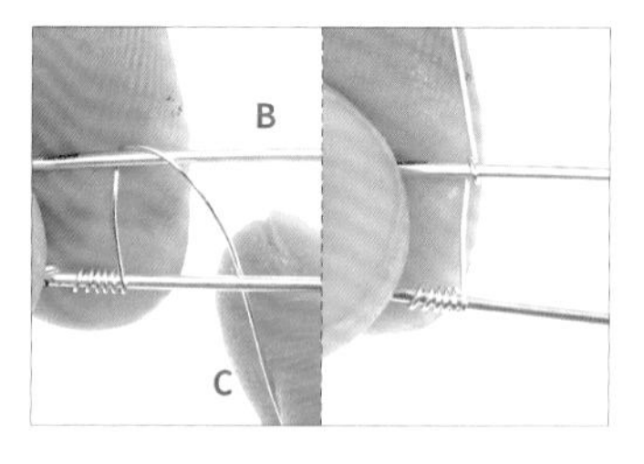

09 將線C穿過線B下方後，往上纏繞線B一圈。

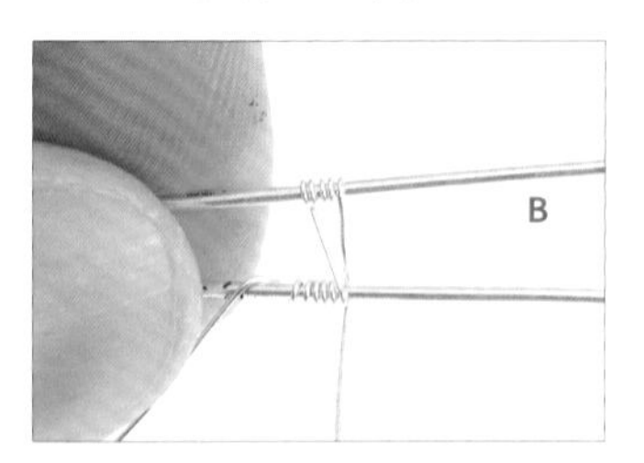

10 重複步驟9，纏繞線B四圈。

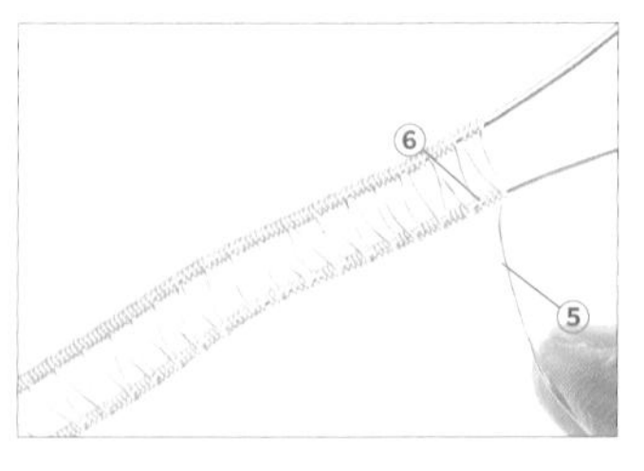

11 重複步驟7-10，將點③、④到點⑤、⑥的範圍，以線C纏繞填滿。【註：雙線八字繞法1詳細步驟請參考P.16。】

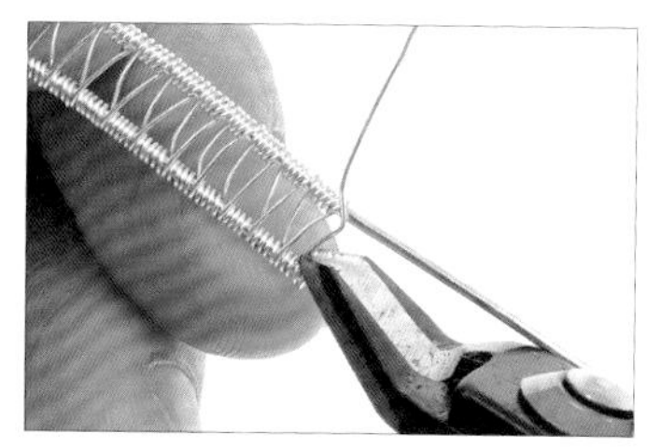

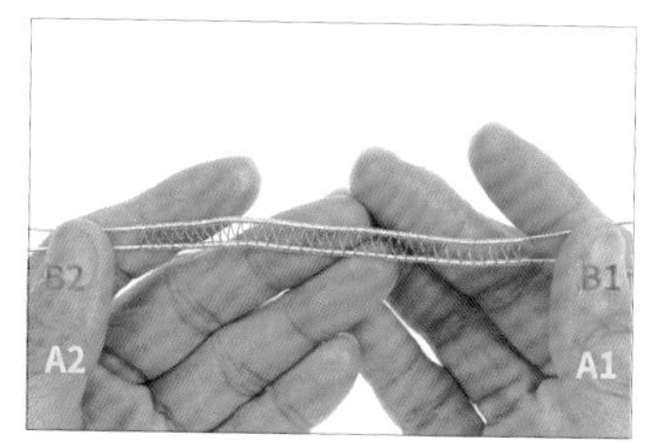

12　以斜口鉗將線C兩端多餘的金屬線剪掉，並形成線A1、B1、A2、B2。

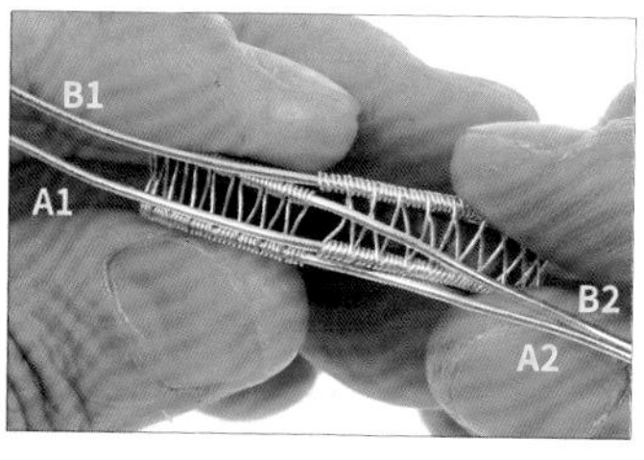

13　將彩虹螢石放在線A、B中間，並以線包覆裸石，形成第一層包框。

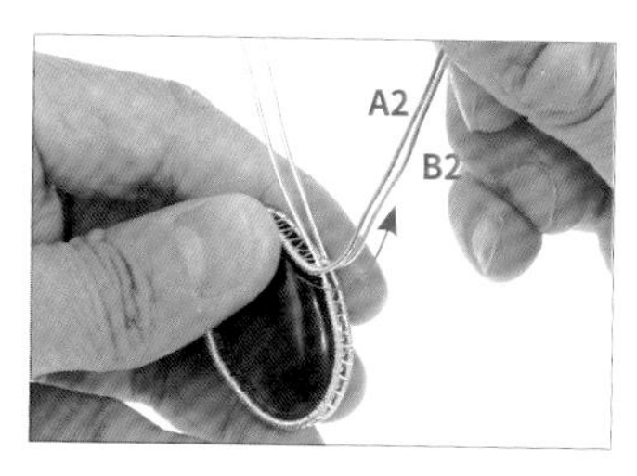

14　用手將線A2、B2往上彎折。

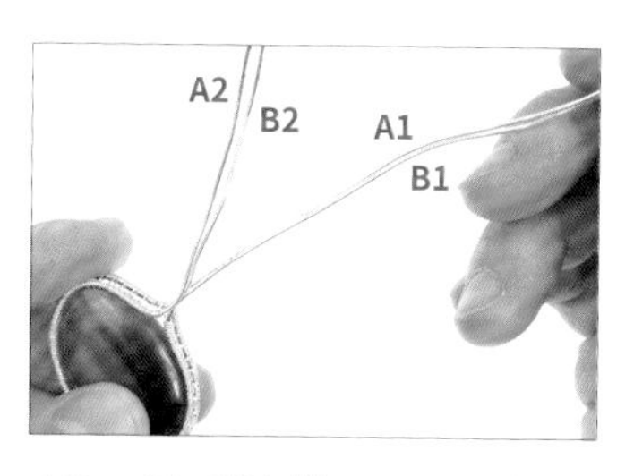

15　用手將線A1、B1往上彎折。

16　如圖，彩虹螢石初步包覆完成。

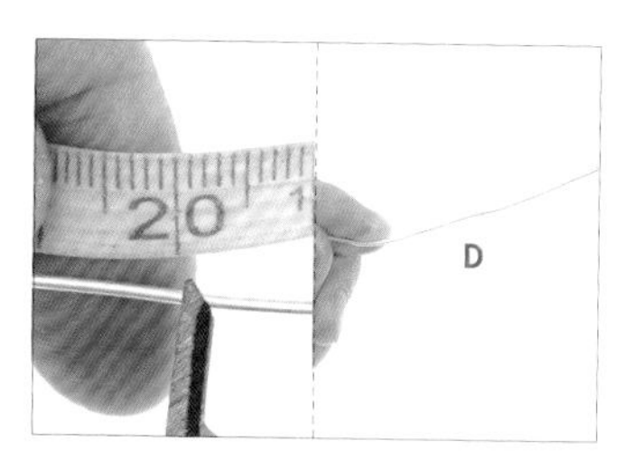

17　以斜口鉗剪下1條約20公分的18G線，為線D。

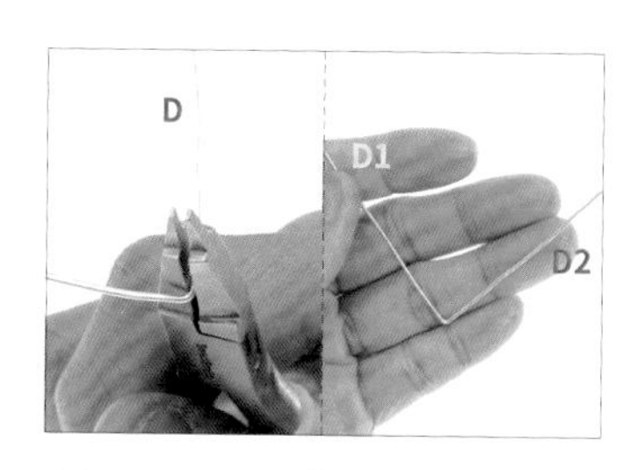

18　以平口鉗從線D的中間點夾出直角，形成線D1、D2，準備製作第二層包框。

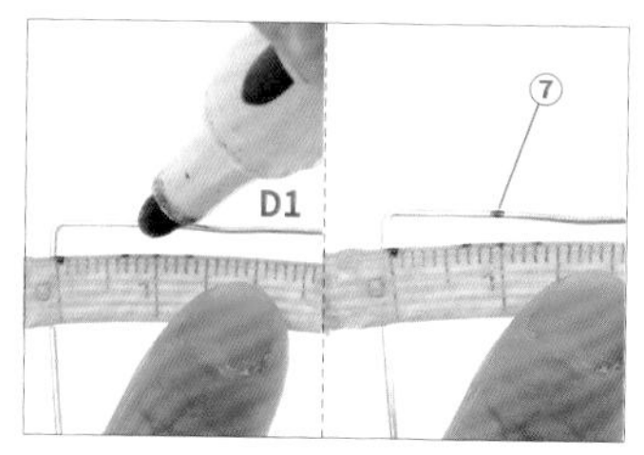

19　以藍色白板筆，在線D1距離直角約1公分處繪製記號，為點⑦。【註：預留1公分，以製作裝飾。】

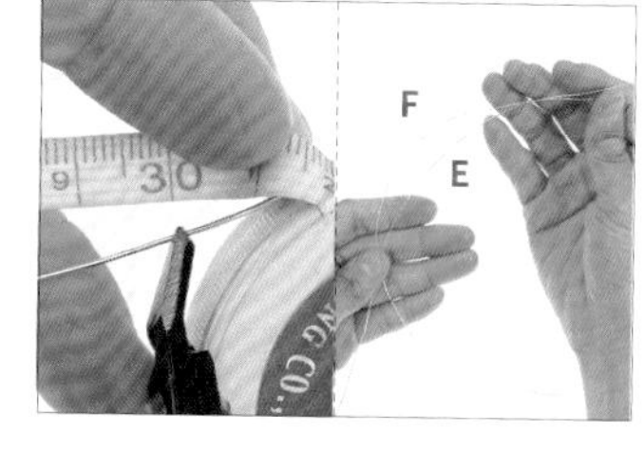

20　以斜口鉗剪下2條約30公分的22G線。【註：為線E、F。】

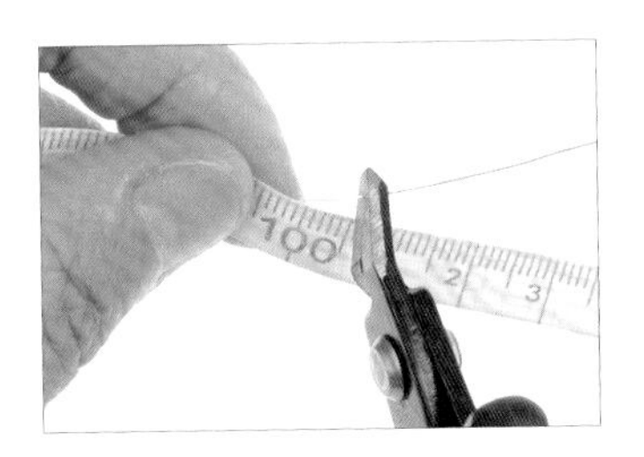

21　以斜口鉗剪下2條約100公分的28G線。【註：為線G、I。】

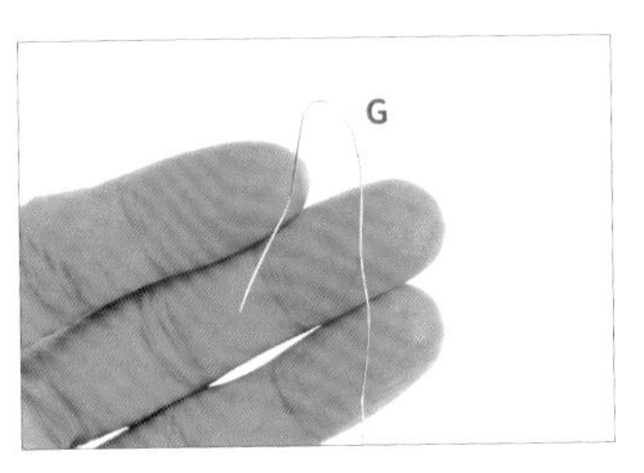

22　將線G折成彎鉤形。

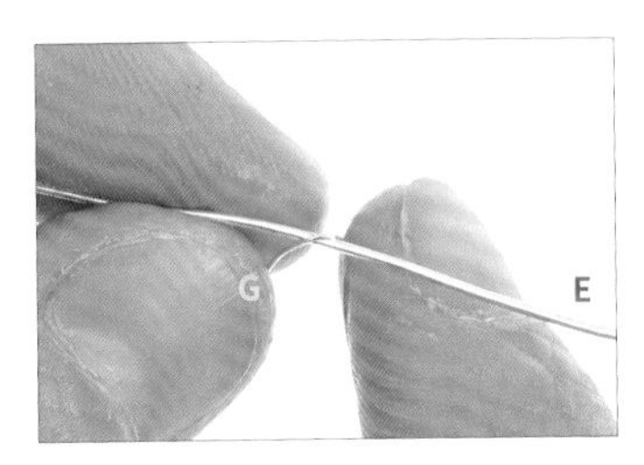

23　承步驟22，將線G勾入線E。

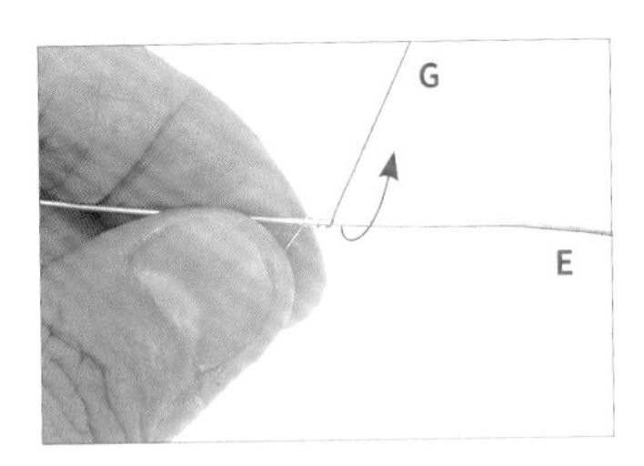

24　以線G纏繞線E兩圈。

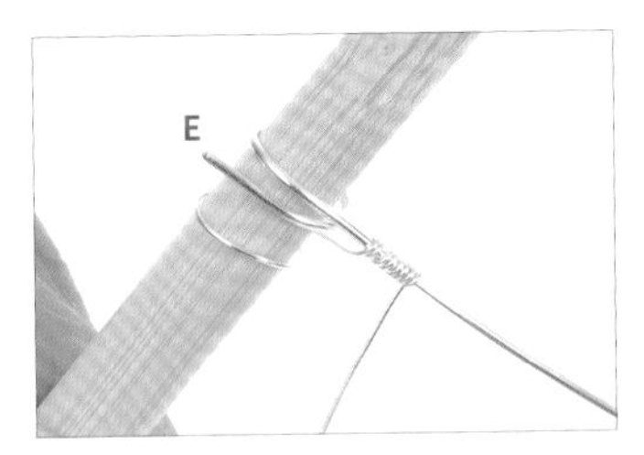

25　將線E左側纏繞在一根竹筷上。

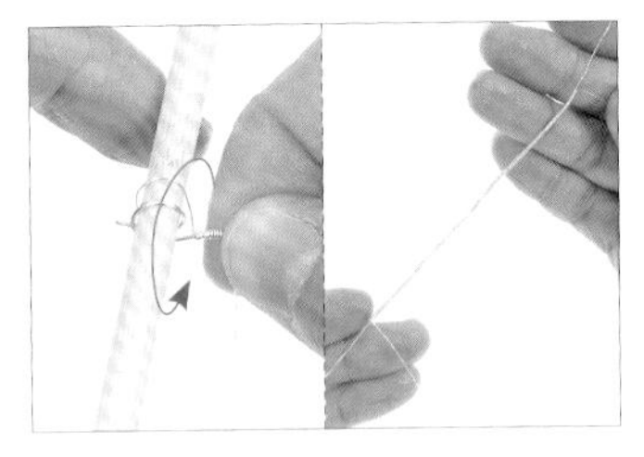

26　用右手拿線E，左手旋轉竹筷，使線G快速纏繞在線E上。

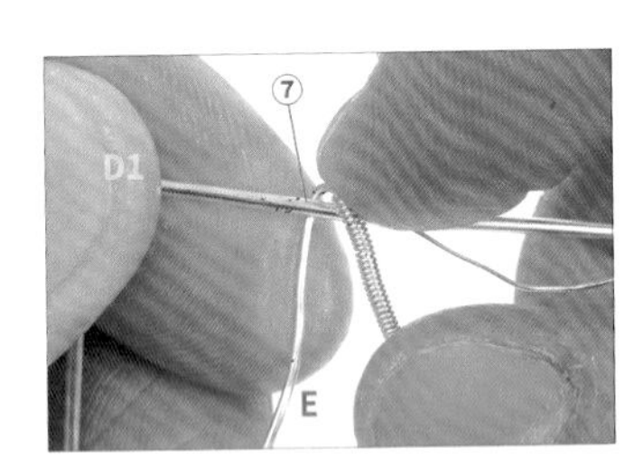

27　移除竹筷，將線E繞入線D1的點⑦上。

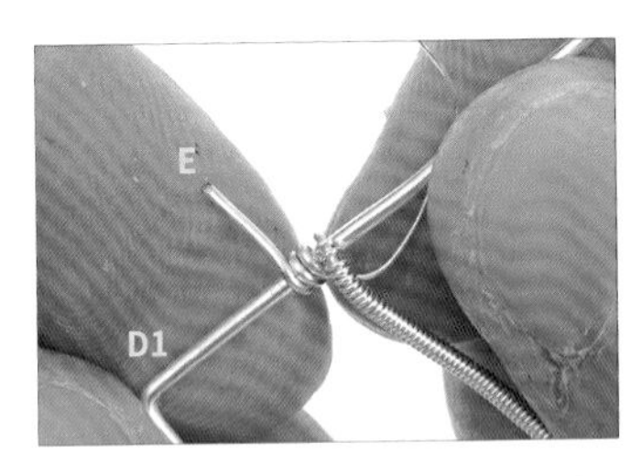

28　以線E纏繞線D1三圈。

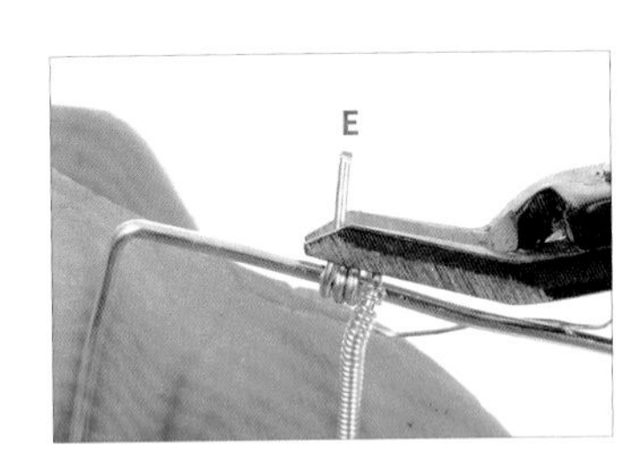

29　以斜口鉗剪掉多餘的線E，準備收尾。

30　以平口鉗將線E斷口往內夾緊收尾。

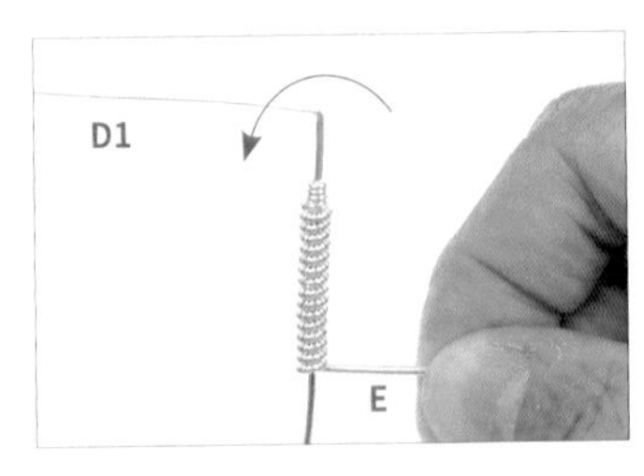

31　用手旋轉線D1，使線E緊密整齊的纏繞在線D1上。

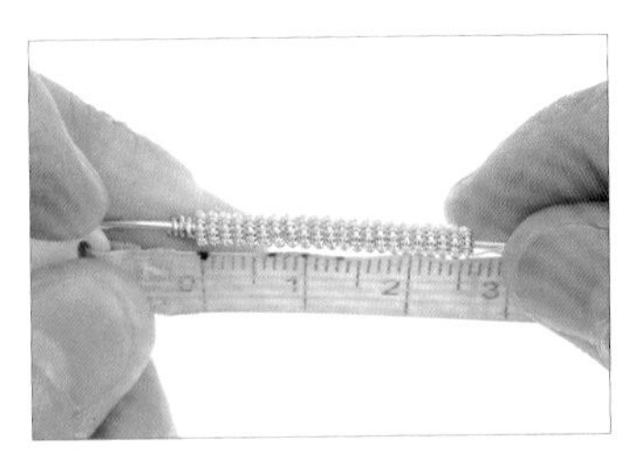

32　如圖，由線G形成的較粗線E，在線D1上的長度約2.5公分。

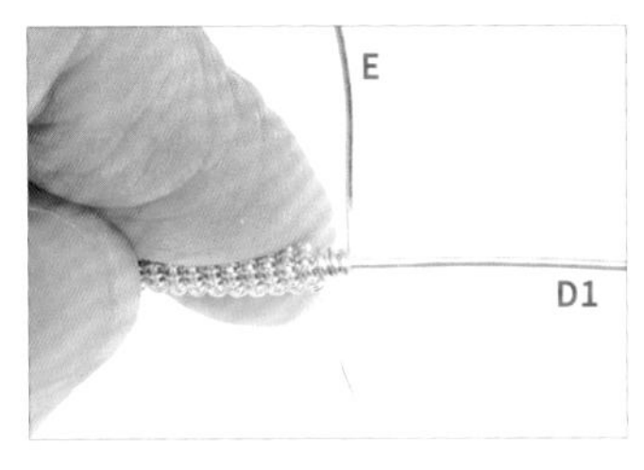

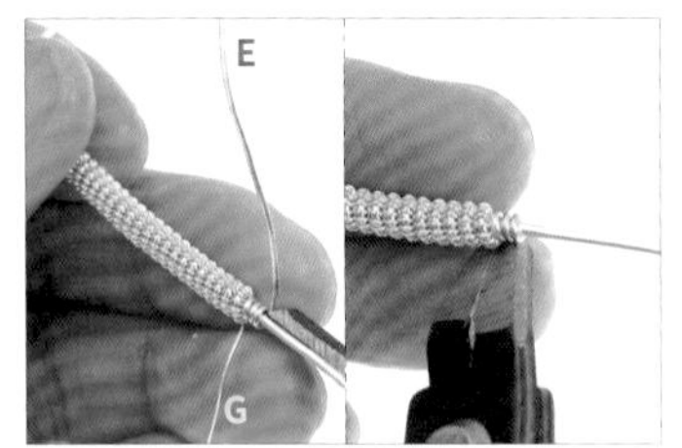

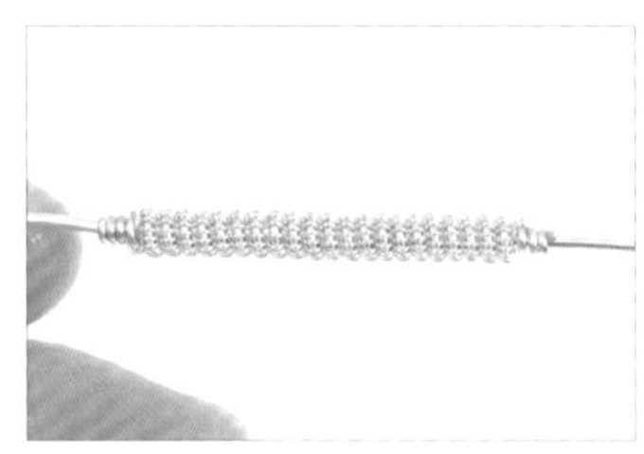

33　以線E纏繞線D1三圈。

34　以斜口鉗剪掉多餘的線E、G。

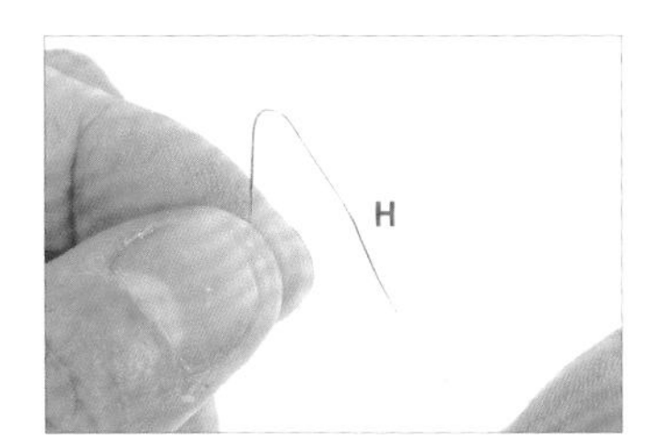

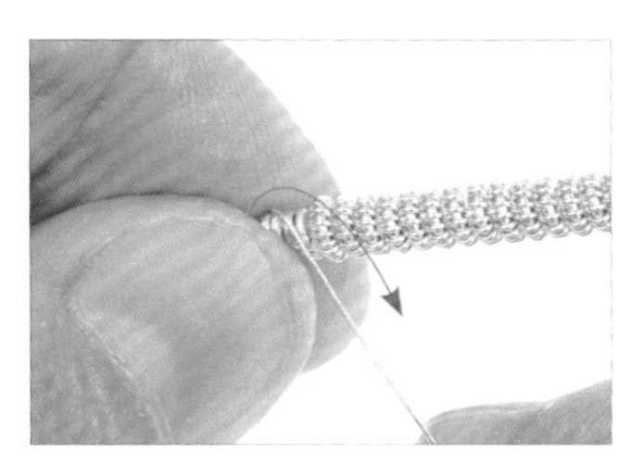

35　以斜口鉗剪下2條約25公分的28G線。【註：為線H、J。】

36　將線H折成彎鉤形。

37　承步驟36，將線H勾入線E。

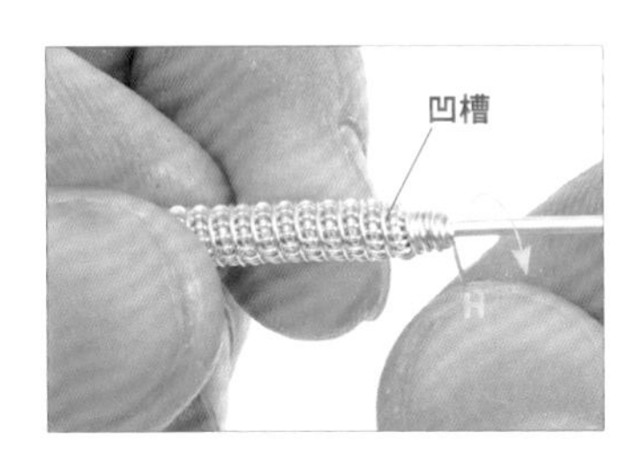

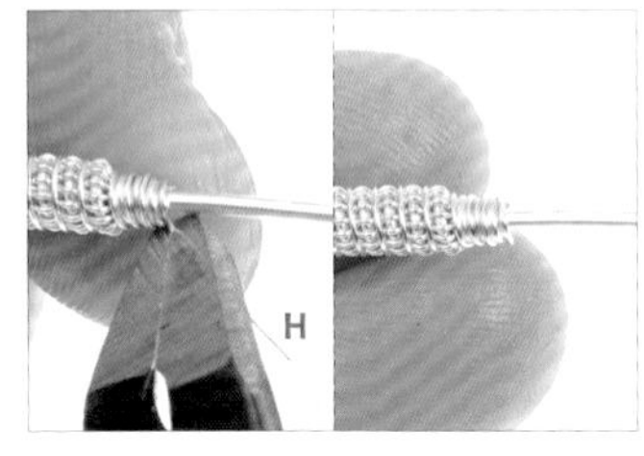

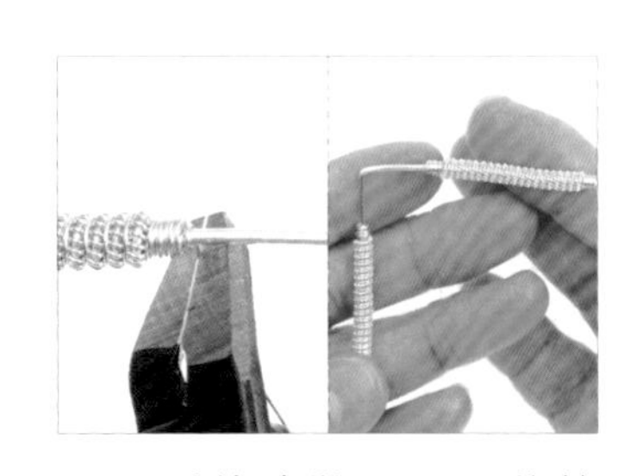

38　以線H纏繞線E。【註：線H須纏繞在線圈及線圈間的凹槽中。】

39　以斜口鉗剪掉多餘的線H，完成線D1製作。

40　重複步驟19-39，將線D2製作完成。【註：須以線F、I、J製作。】

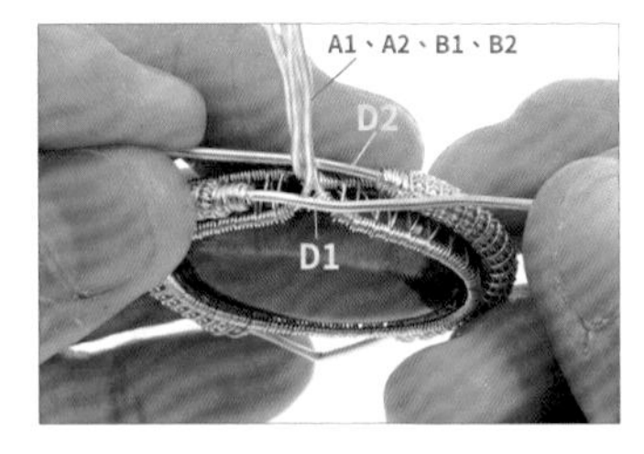

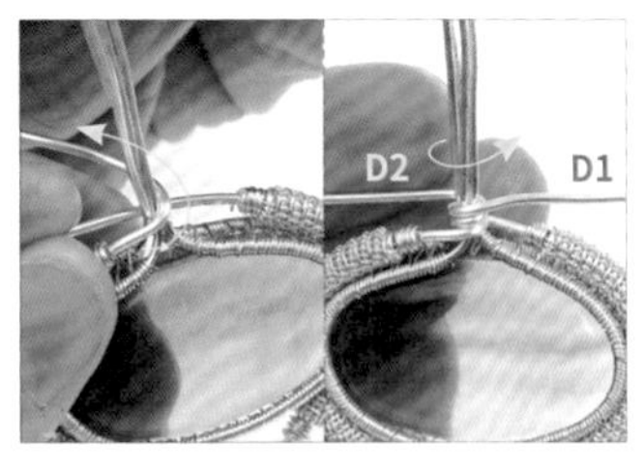

41　以線D1、D2包覆彩虹螢石，形成第二層包框。

42　如圖，線D1、D2分別放在線A1、A2、B1、B2的前後。

43　將線D1、D2分別纏繞線A1、A2、B1、B2一圈。

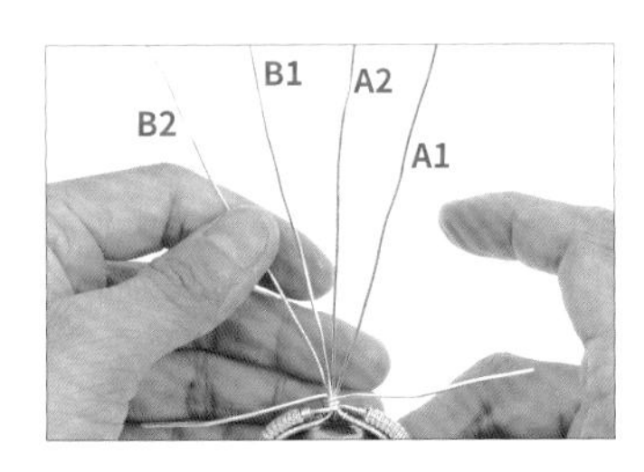

44　將線A1、A2、B1、B2分開。

45　以斜口鉗剪下1條約70公分的28G線，為線K。

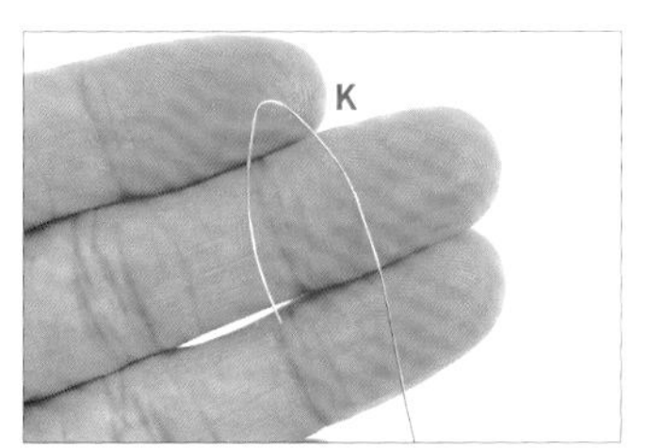

46　將線K折成彎鉤形。

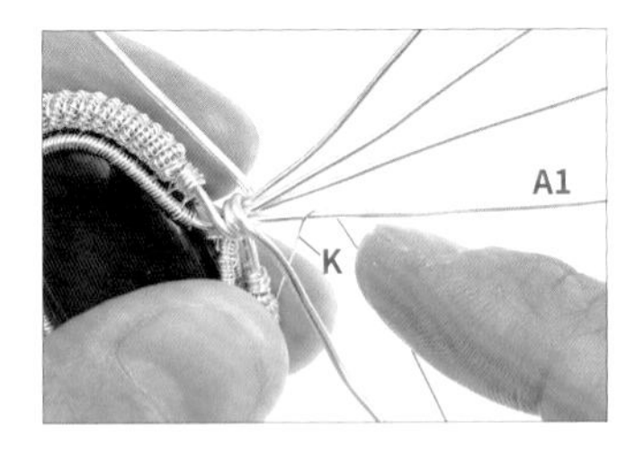

47　承步驟46，將線K勾入線A1。

48　以線K纏繞線A1一圈，並穿過線A2上方。

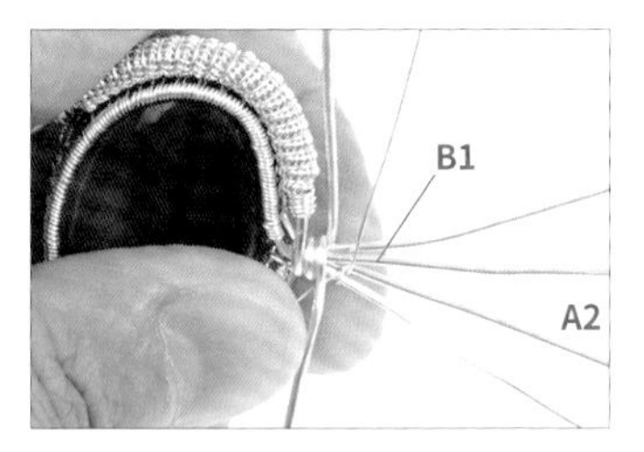

49　以線K纏繞線A2一圈，並穿過線B1上方。

50　以線K纏繞線B1一圈。

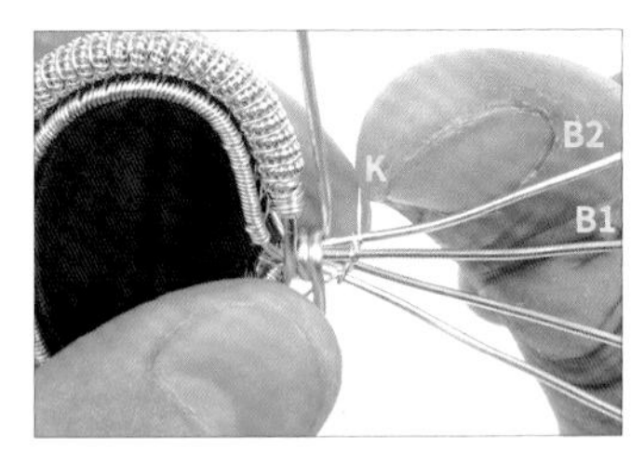

51　將線K纏繞B1一圈，並穿過線B2上方後，往下纏繞線B2一圈。

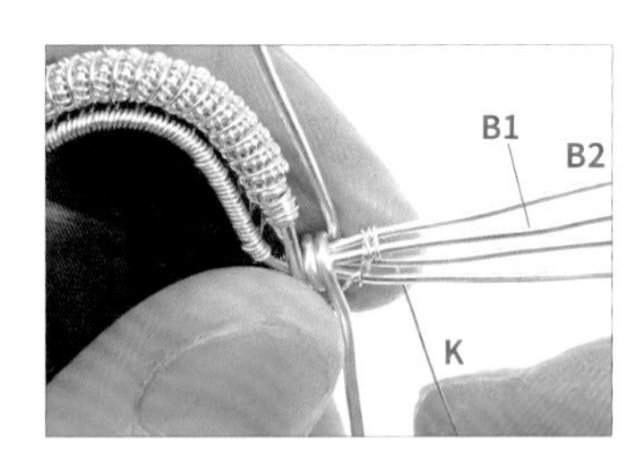

52　將線K穿過線B1下方後，往上纏繞線B1、B2一圈。

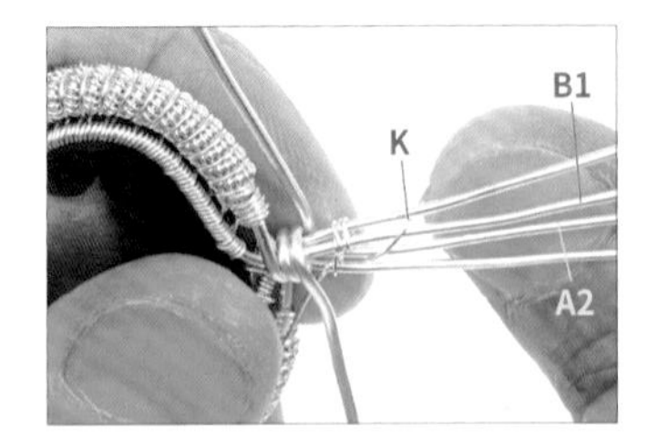

53　將線K穿過線A2、B1下方後，往上纏繞一圈。

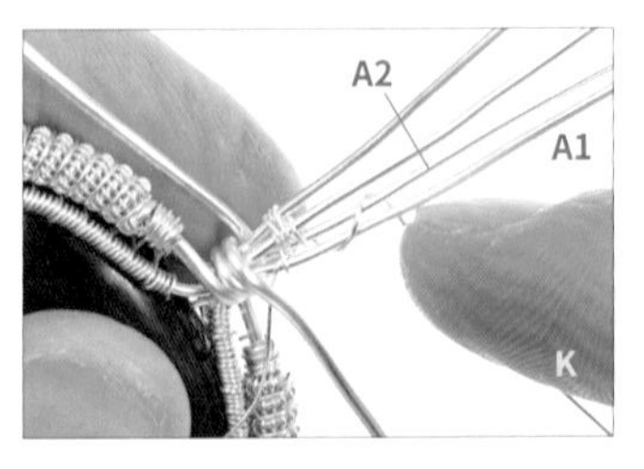

54　將線K穿過線A2、A1下方後，往上纏繞一圈。

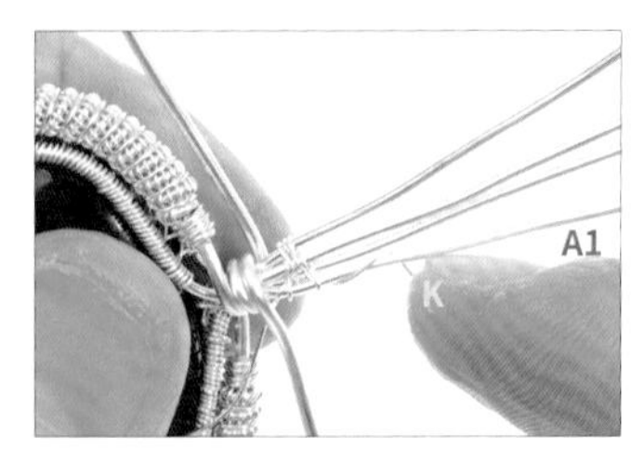

55　以線K纏繞線A1一圈。

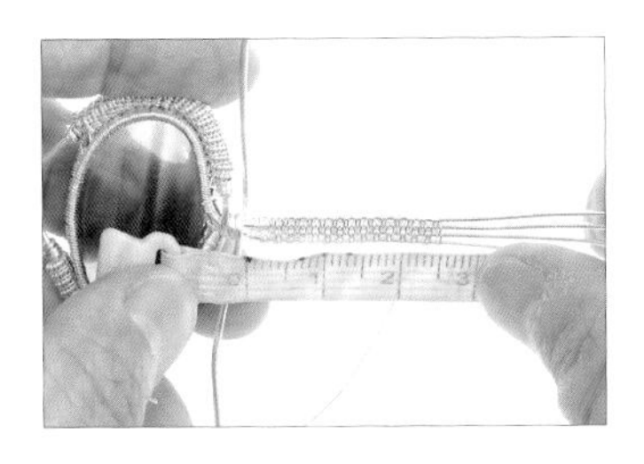

56 重複步驟48-55，在線A1、A2、B1、B2上持續纏繞，約2.5公分。

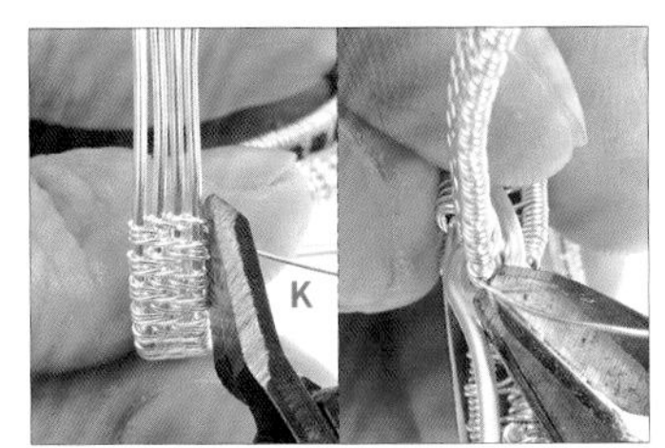

57 以斜口鉗將線K兩端多餘的金屬線剪掉，即完成墜頭主體。

58 將墜頭主體往下彎折成弧形。

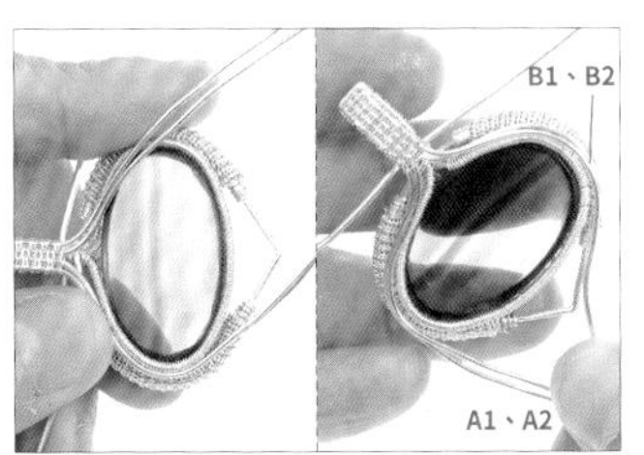

59 將線A1、A2及B1、B2分開。【註：此為作品的背面。】

60 將線A1、A2及B1、B2分別沿著裸石邊緣，彎折出弧形。

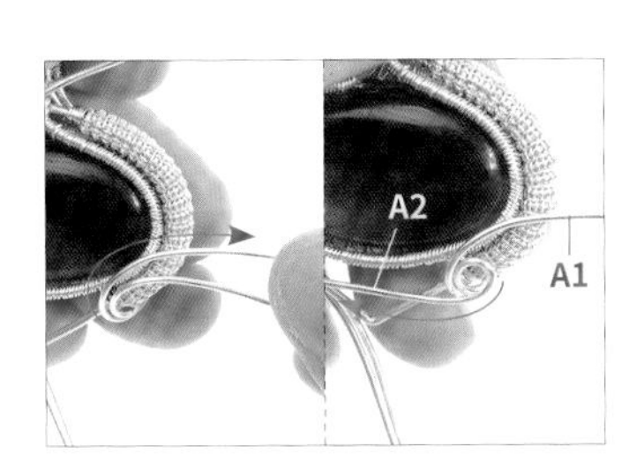

61 將作品翻面，並以線A1、A2在作品正面彎折出圓弧形。

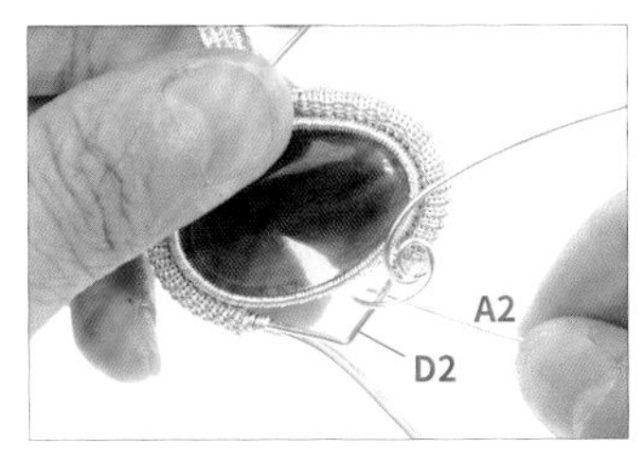

62 以線A2穿過線D2。

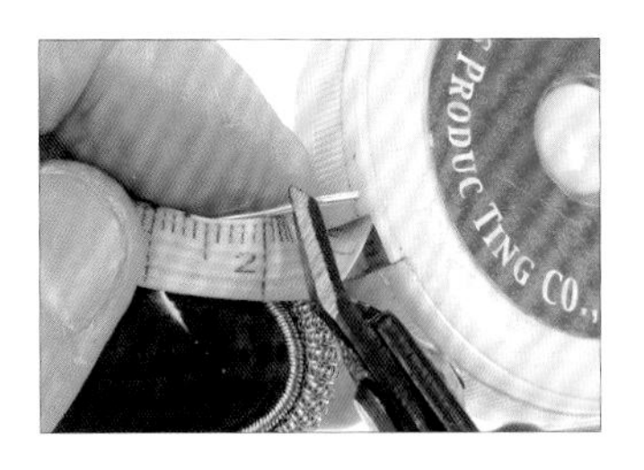

63 以捲尺為輔助，取斜口鉗剪掉多餘的線A2。【註：須預留約2公分長度。】

64 以圓嘴鉗夾住線A2，並往內彎折成漩渦形。

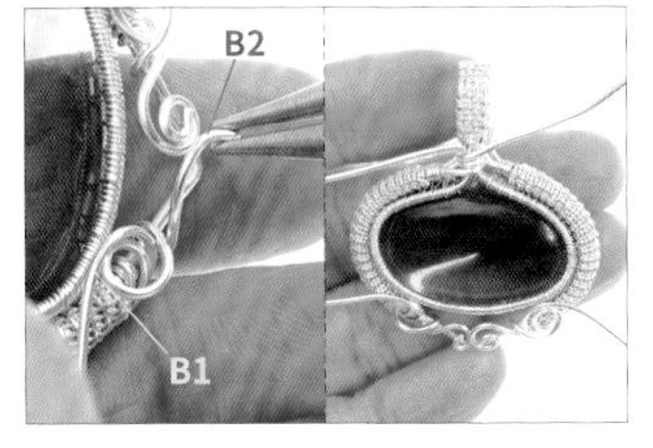

65 重複步驟61-64，將另一側的線B1、B2製作完成。

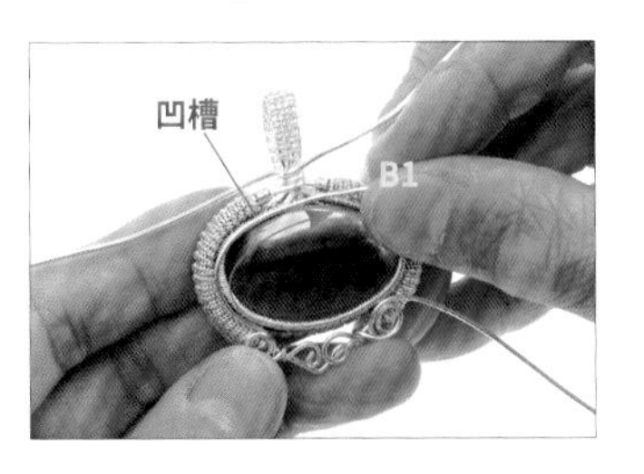

66 以線B1沿著彩虹螢石邊緣彎折出弧形。【註：將線B1放在兩層包框中間的凹槽。】

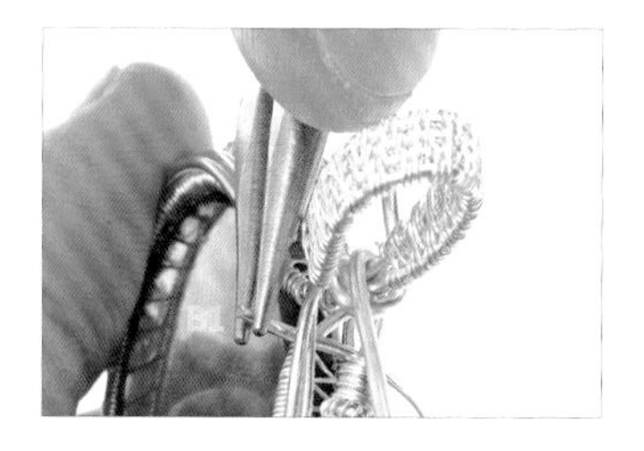

67 以圓嘴鉗將線B1夾住，並穿過外框到作品背面。

68 重複步驟66-67，以圓嘴鉗將線A1穿過外框。

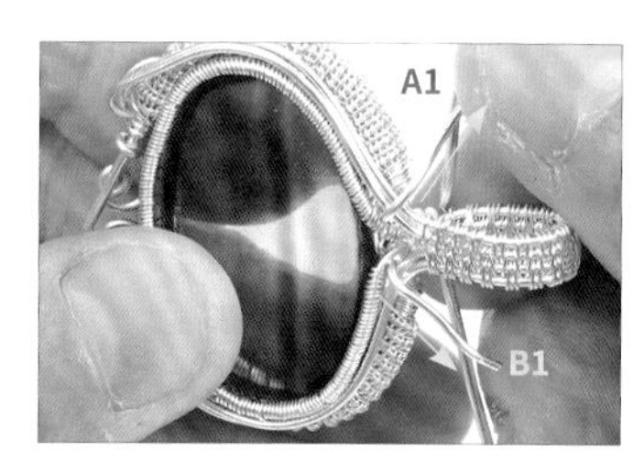

69 將線A1、B1往上彎折。

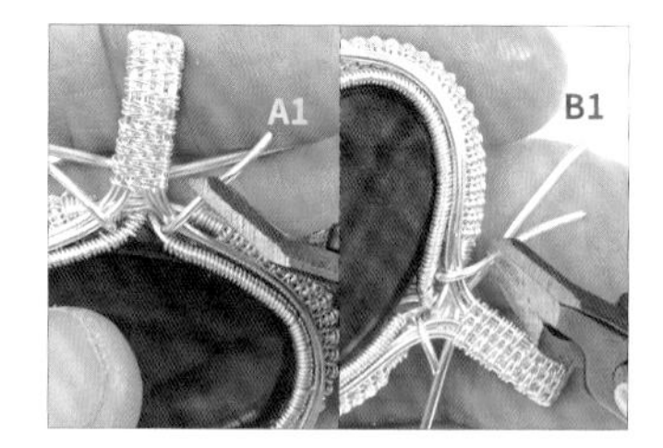

70 以斜口鉗剪掉多餘的線A1、B1。

71 以平口鉗將線A1、B1斷口往內夾緊收尾。

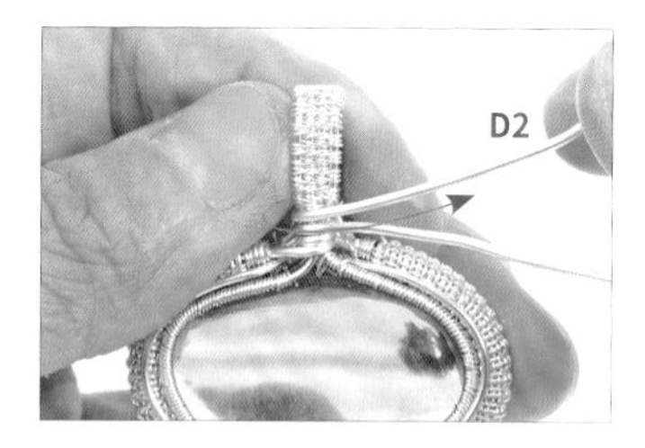

72 將線D2往右上彎折。

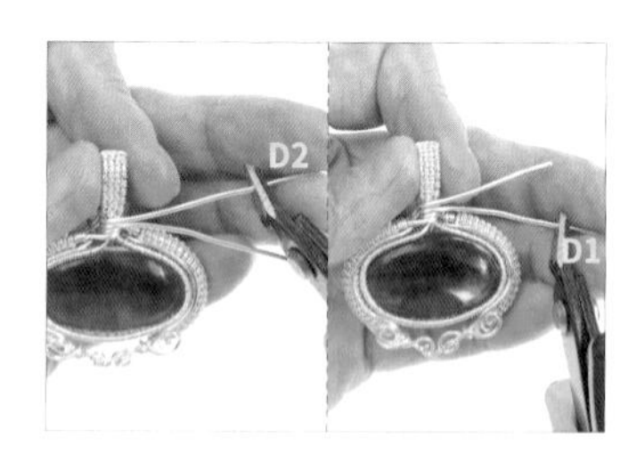

73 以斜口鉗剪掉多餘的線D2、D1。

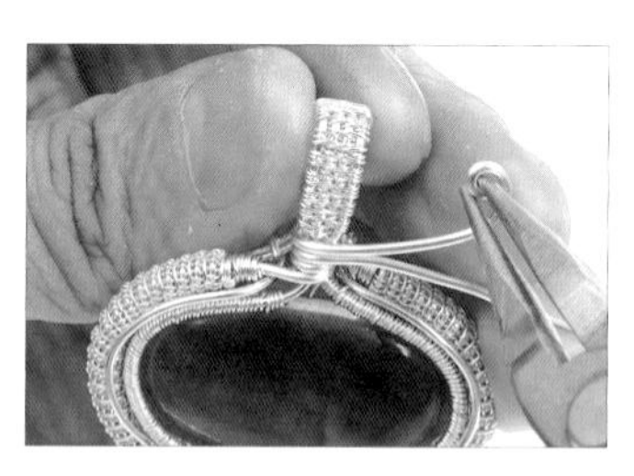

74 以圓嘴鉗夾住線D2，並先彎折出一個圓形，再順著圓形盤繞出漩渦形。

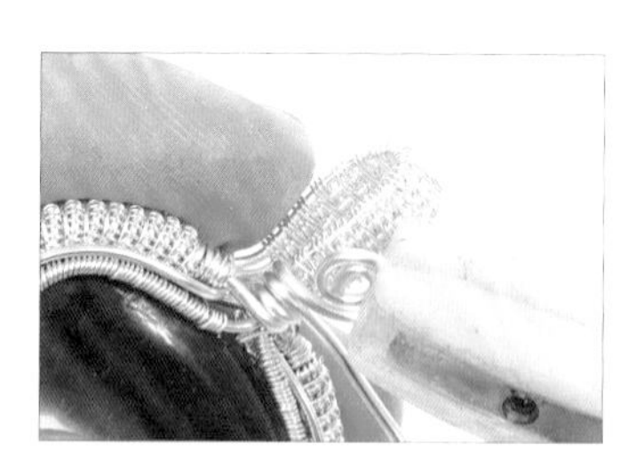

75 以尼龍平口鉗將漩渦形整理得更平整。【註：製作過程中，隨時可以尼龍平口鉗整理線。】

76 重複步驟74，將線D1彎折成漩渦形。

77 如圖，古典羅馬柱項鍊製作完成。

古典羅馬柱項鍊
停格動畫 QRcode

生命樹守護項鍊

- 011 -

材料與工具 MATERIALS & TOOLS

◆ 線材

品項	用量
20G 銀色圓線	29 公分 × 1 條，為線 A。 30 公分 × 1 條，為線 M。
28G 銀色圓線	60 公分 × 1 條，為線 B。 12 公分 × 10 條，為線 C ～ L。 120 公分 × 1 條，為線 N。

◆ 石材

★尺寸依序為：長 × 寬 × 高

品項	用量
海洋碧玉	1 顆。【裸石大小：3.2 公分 × 2.5 公分 ×0.6 公分；裸石長度：3 公分；周長：8.5 公分。】

◆ 工具

捲尺、斜口鉗、透氣膠帶、剪刀、尖嘴鉗、平口鉗、圓嘴鉗。

步驟說明 STEP BY STEP

01 以透氣膠帶將海洋碧玉纏繞一圈。

02 以剪刀剪掉多餘的透氣膠帶。

03 用手撕下透氣膠帶。

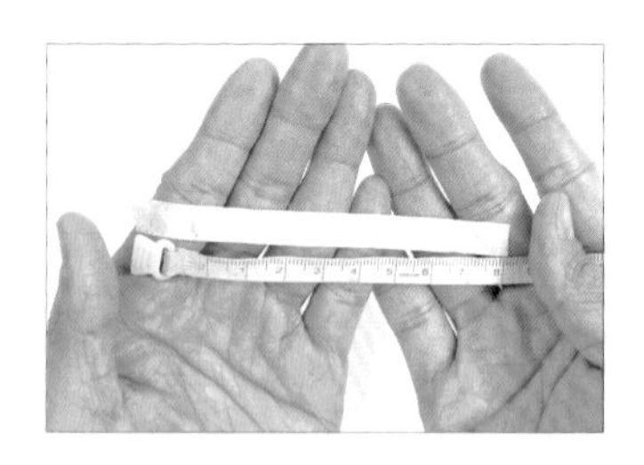

04 以捲尺測量透氣膠帶，得知海洋碧玉周長約8.5公分。

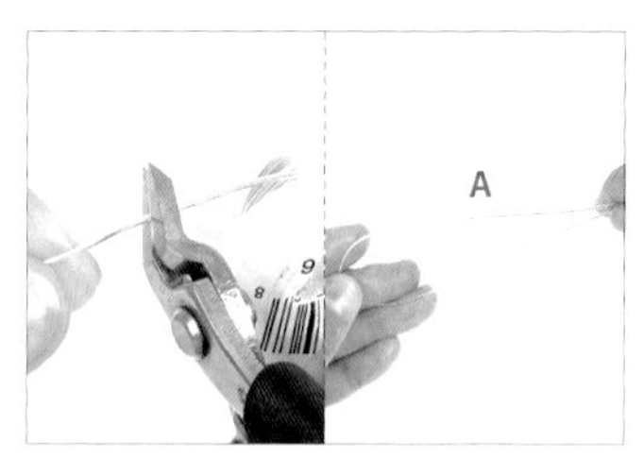

05 以斜口鉗剪下1條約29公分的20G線，為線A。【註：長度須大於裸石周長的三倍。】

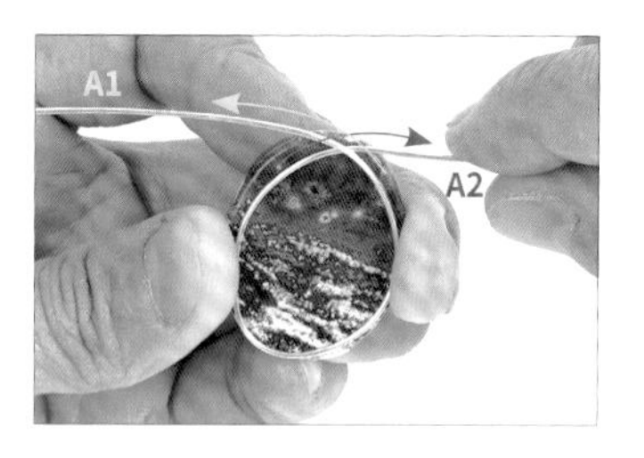

06 將線A沿著海洋碧玉外形彎折出弧形底座，形成線A1、A2。【註：底座略小於裸石大小，才能托住裸石。】

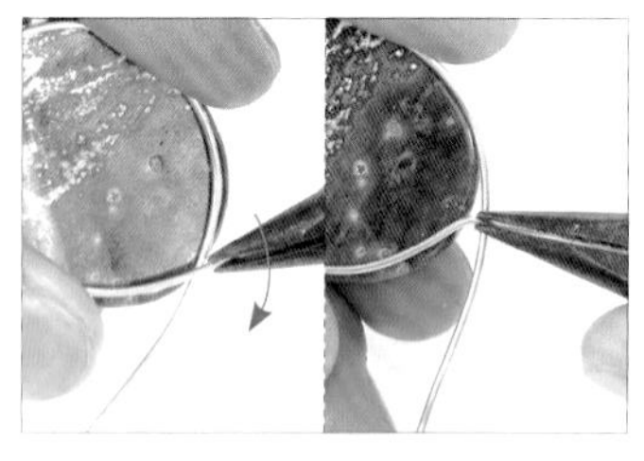

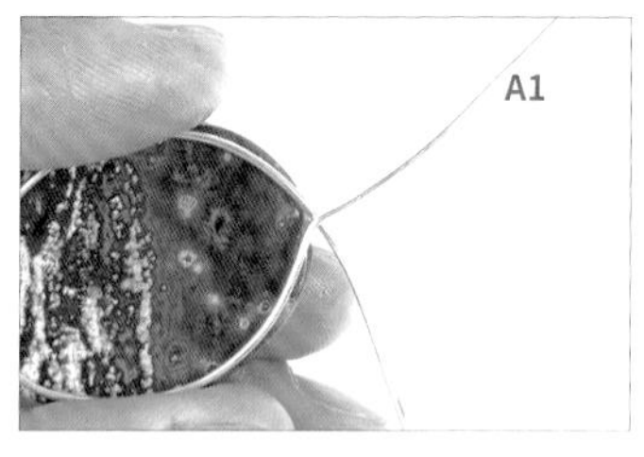

07 以尖嘴鉗將線A1夾出直角。

08 以尖嘴鉗將線A2夾出直角。

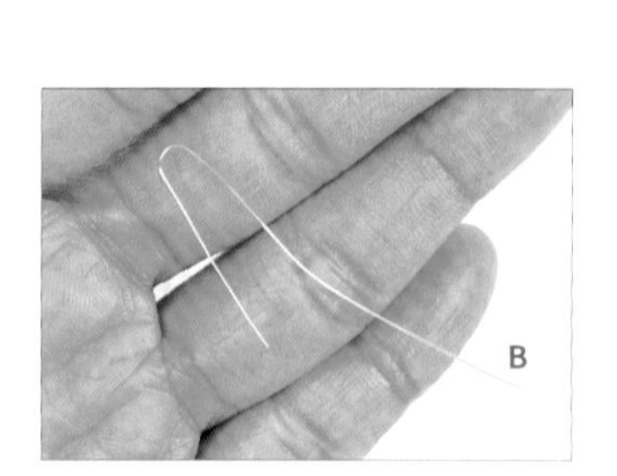

09 取1條約60公分的28G線，為線B，並將線B折成彎鉤形。

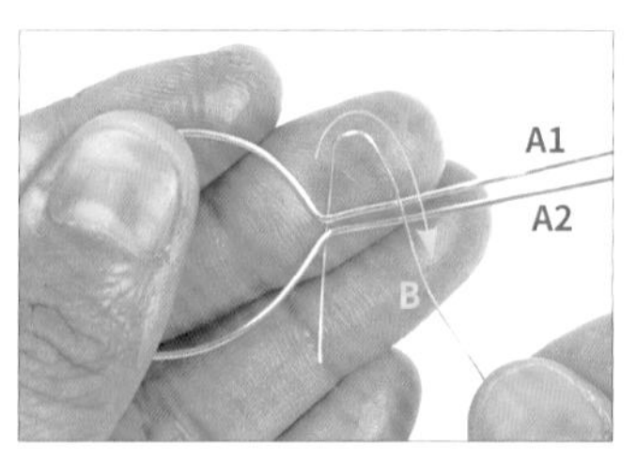

10 將線B勾入線A1、A2。

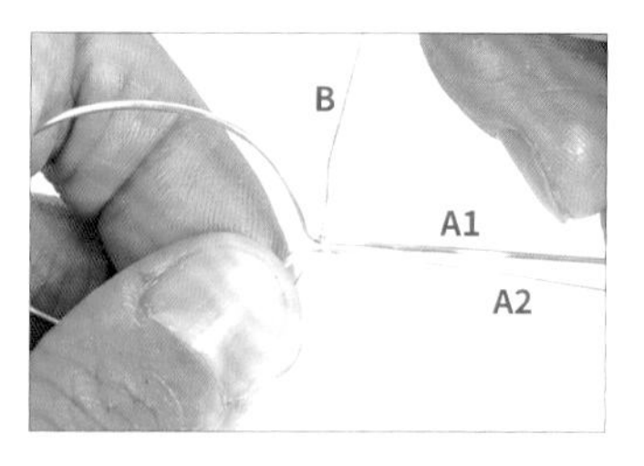

11 以線B纏繞線A1、A2一圈。

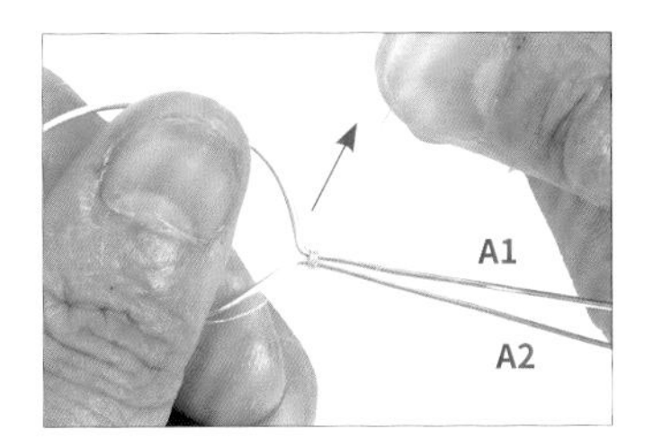

12　重複步驟11，纏繞線A1、A2一圈。

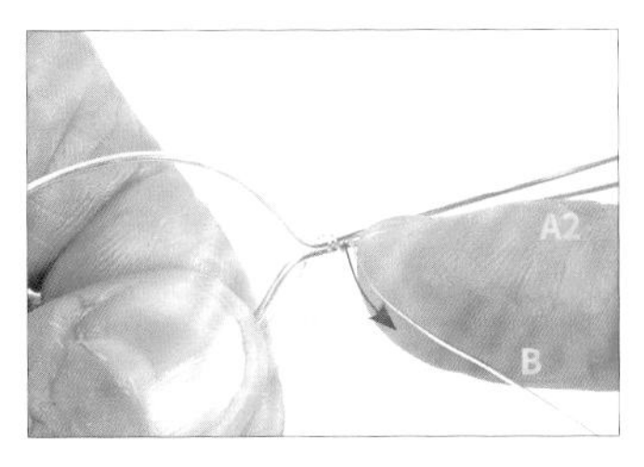

13　將線B穿過線A2下方後，往上纏繞線A2一圈。【註：雙線繞法2詳細步驟請參考P.19。】

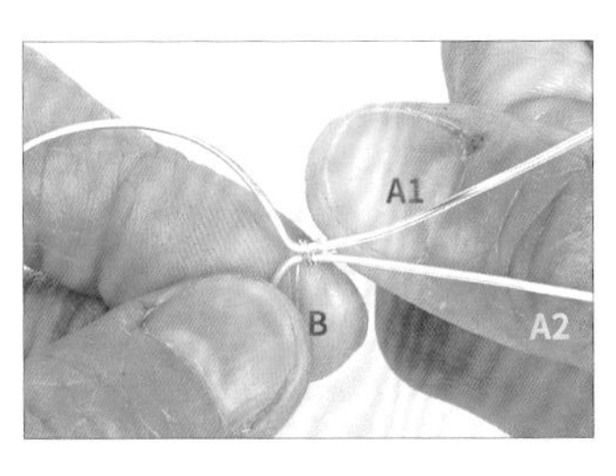

14　將線B穿過線A1下方後，往上纏繞線A1一圈。

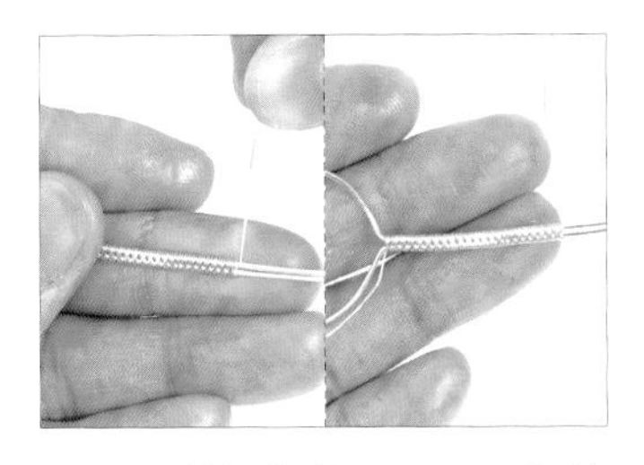

15　重複步驟11-14，在線A1、A2上持續纏繞。【註：纏繞長度約2.5～3公分。】

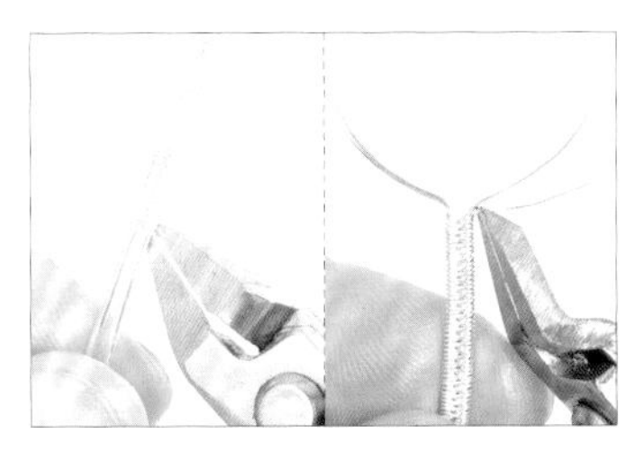

16　以斜口鉗將線B兩端多餘的金屬線剪掉，底座及墜頭主體初步製作完成。

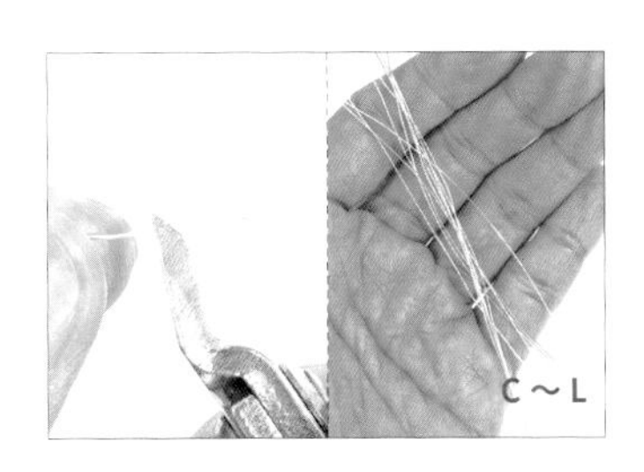

17　以斜口鉗剪下10條約10公分的28G線。【註：為線C～L。】

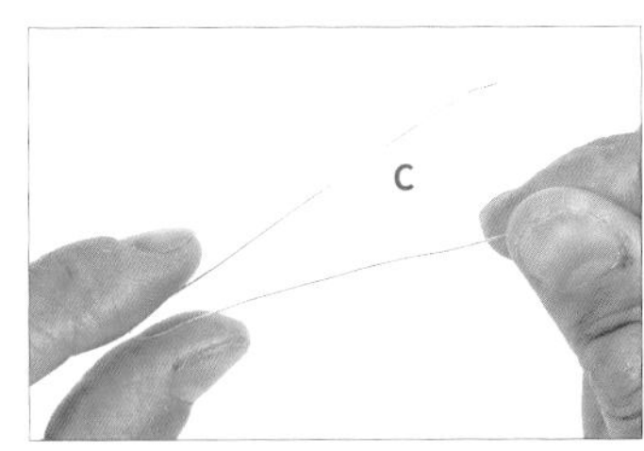

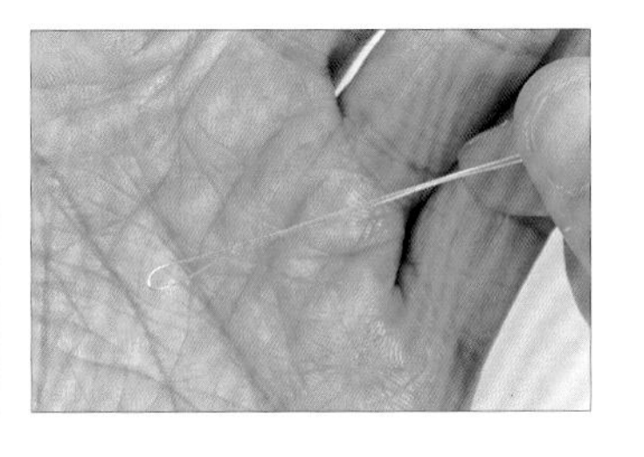

18　將線C對折。

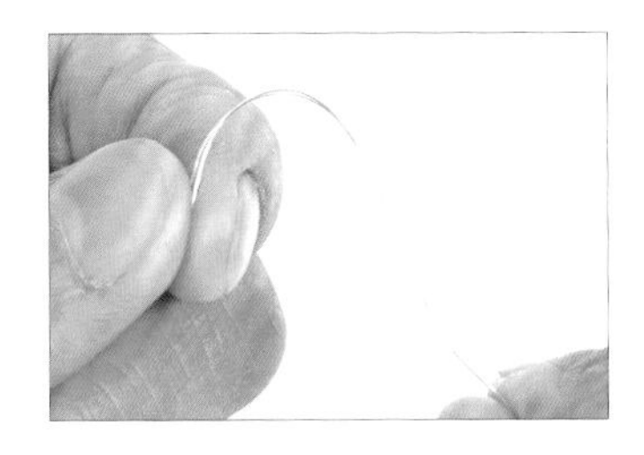

19　將線C彎折成彎鉤形。

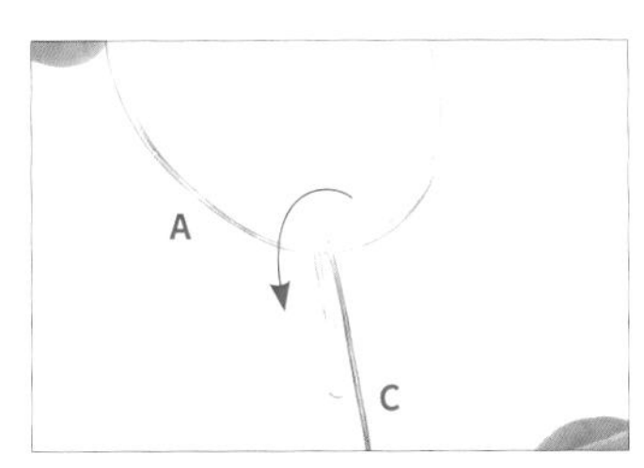

20　承步驟19，將線C勾入線A。

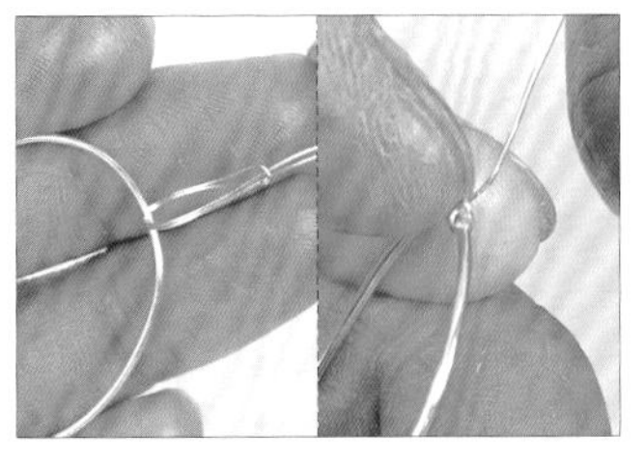

21　以線C的末端兩條線，穿入線C另一端的圓圈後，拉緊固定。

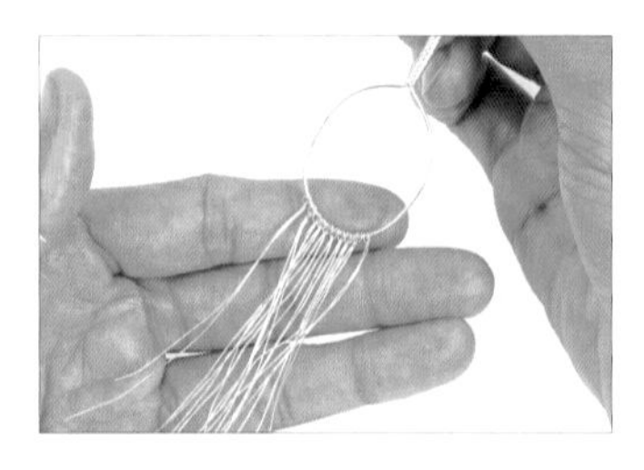

22　重複步驟18-21，將線D～L打結完成。

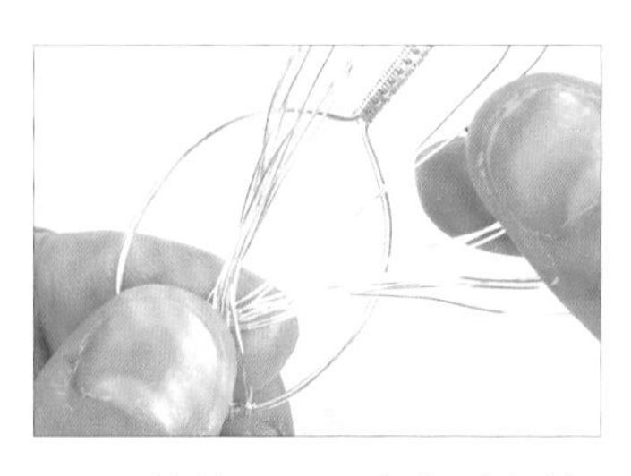

23　將線C～L分成兩束線，並交叉擺放。

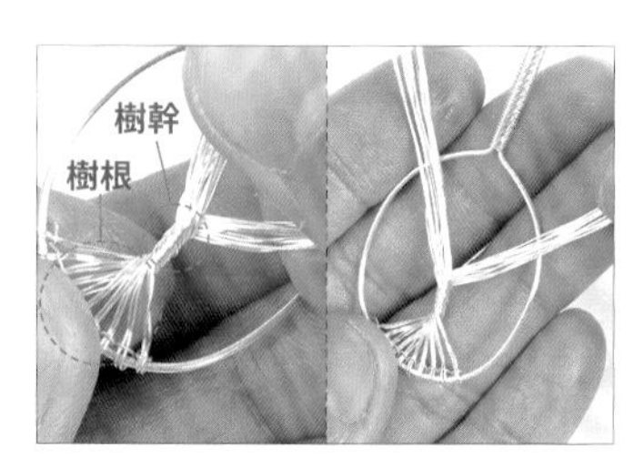

24　承步驟23，將兩束線扭轉，以製作樹幹及樹根。

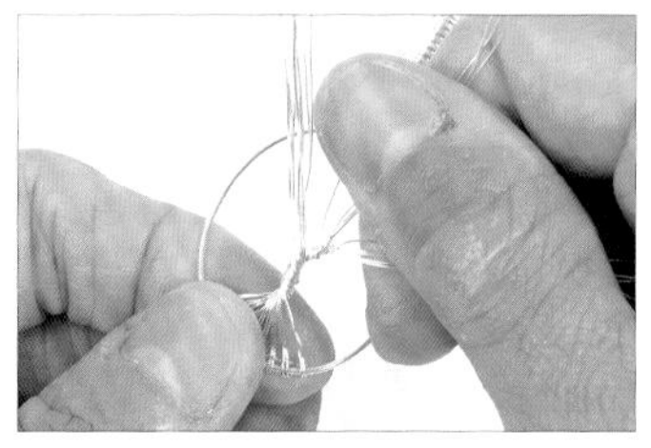

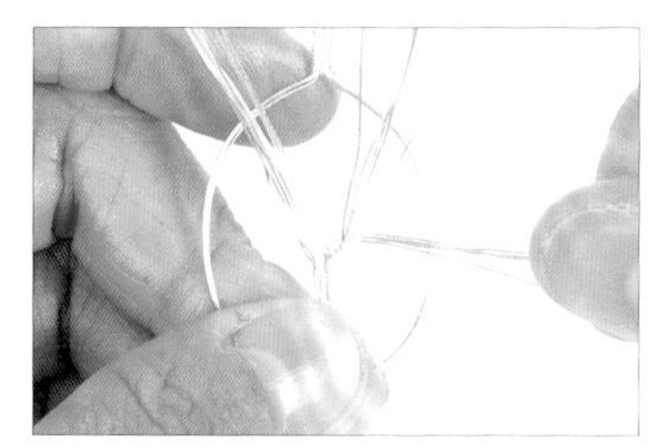

25　將右側細線先分開，再扭轉，以製作樹枝。

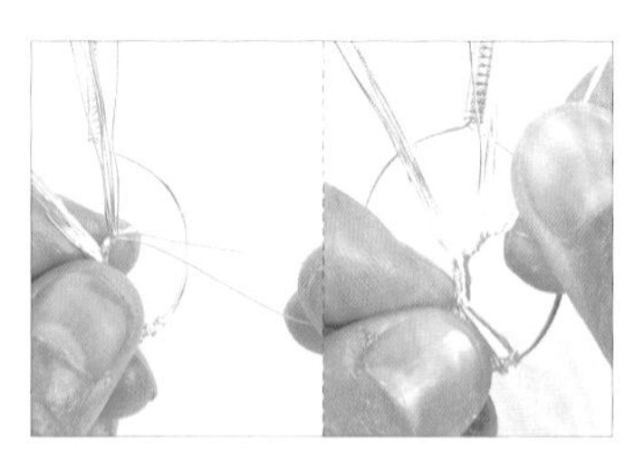

26　重複步驟25，完成右下側樹枝製作。

27　重複步驟25-26，製作右上側樹枝。

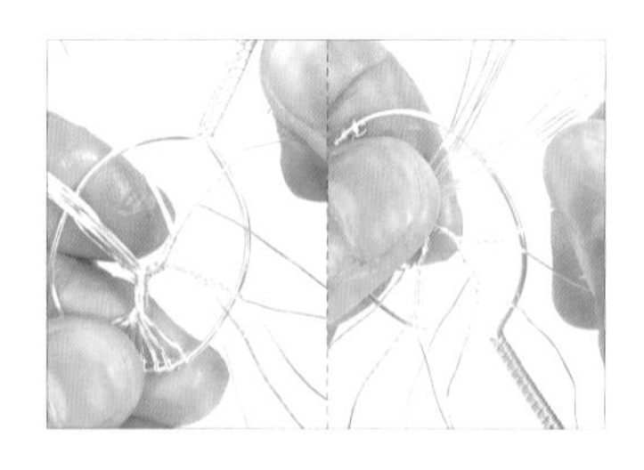

28　重複步驟25-26，製作上側樹枝。

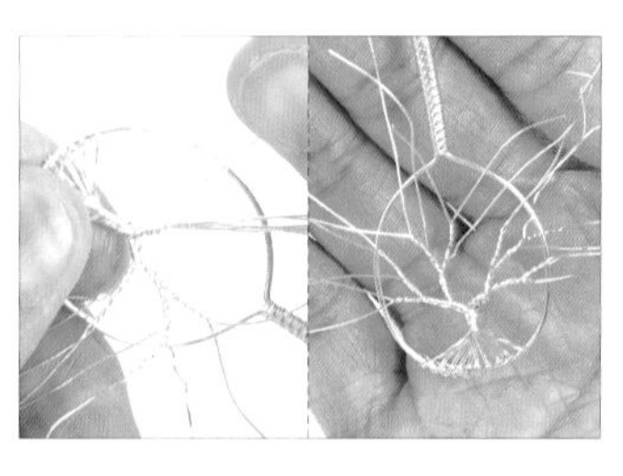

29　重複步驟25-26，製作左側樹枝，以初步完成生命樹製作。

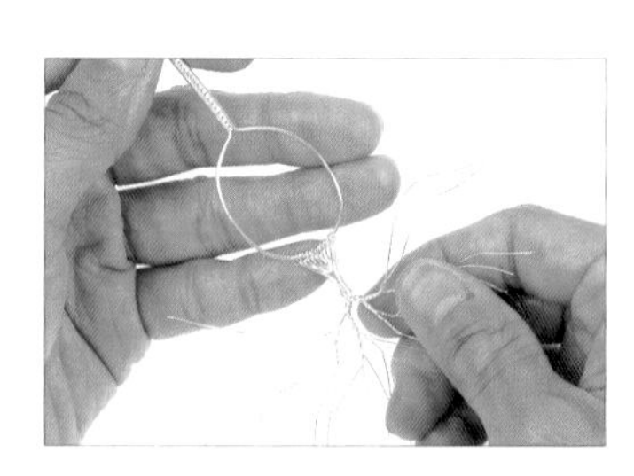

30　將生命樹拉開。

31 將海洋碧玉放入底座中。

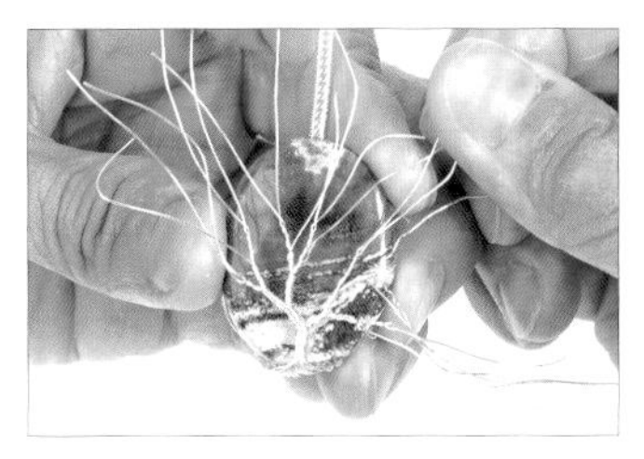

32 將生命樹往上彎折，以包覆裸石。【註：此為作品的正面。】

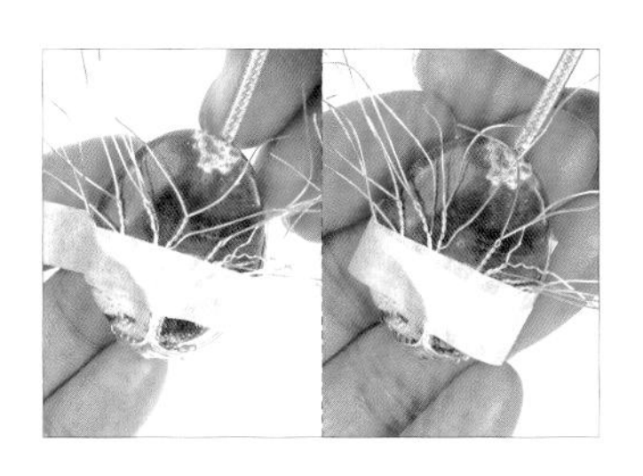

33 以透氣膠帶黏貼固定海洋碧玉、生命樹及底座。

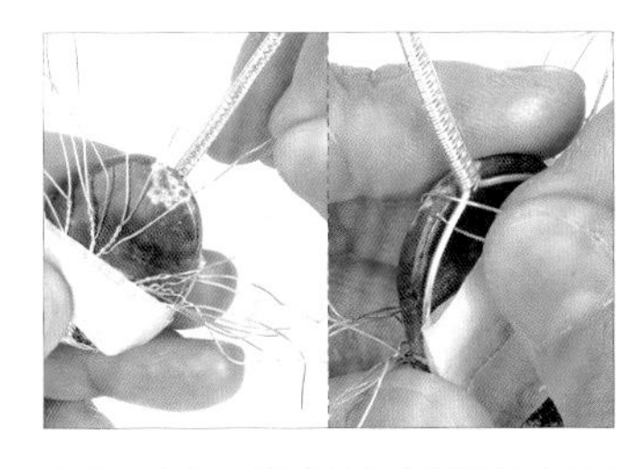

34 以一根樹枝穿過底座下方。

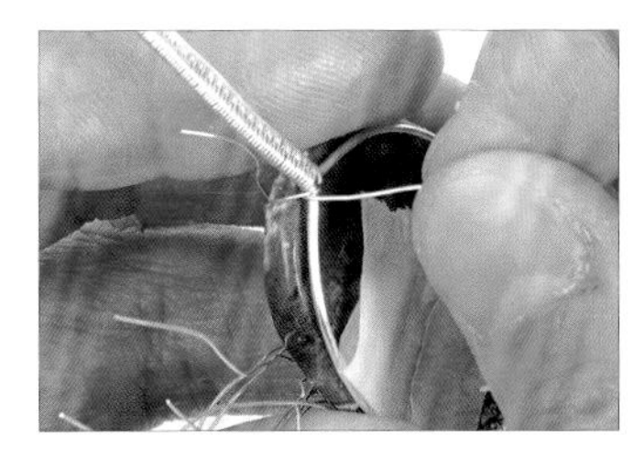

35 以一根樹枝纏繞底座一圈。【註：此為作品的背面。】

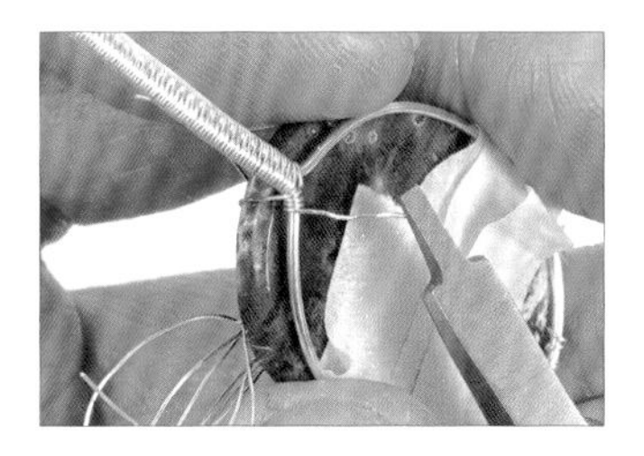

36 重複步驟34-35，纏繞底座三圈。【註：可以平口鉗輔助。】

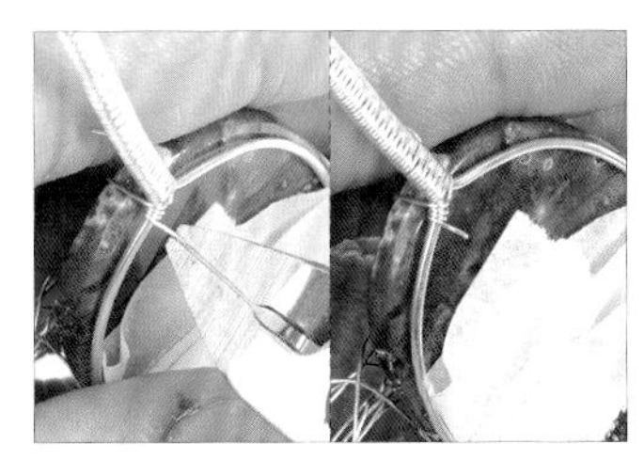

37 以斜口鉗剪掉多餘的樹枝。

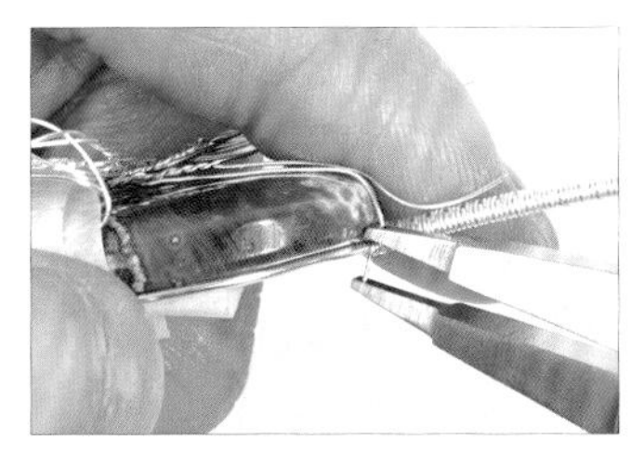

38 以平口鉗將樹枝斷口往內夾緊收尾。

39 重複步驟34-38，將所有樹枝製作完成。【註：此時可拆除透氣膠帶。】

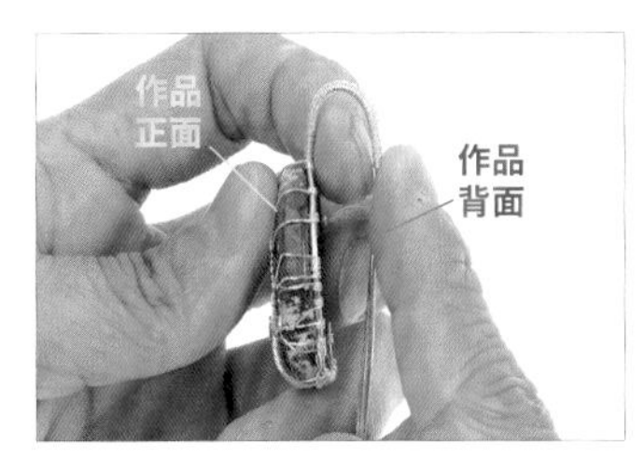

40 將墜頭主體往下彎折成弧形，備用。

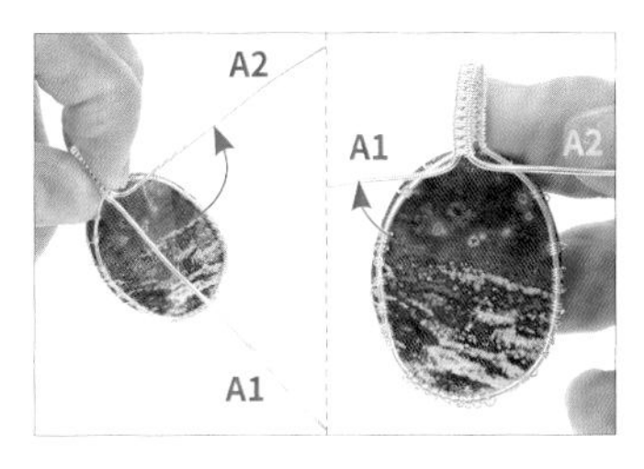

41 將線A1、A2分別往上彎折。

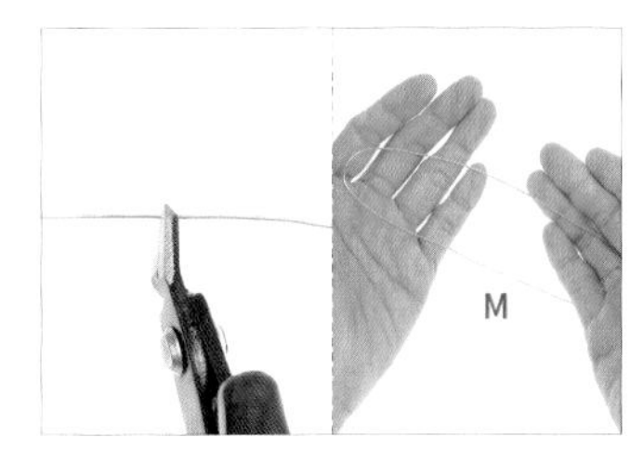

42 以斜口鉗剪下1條30公分的20G線，為線M。

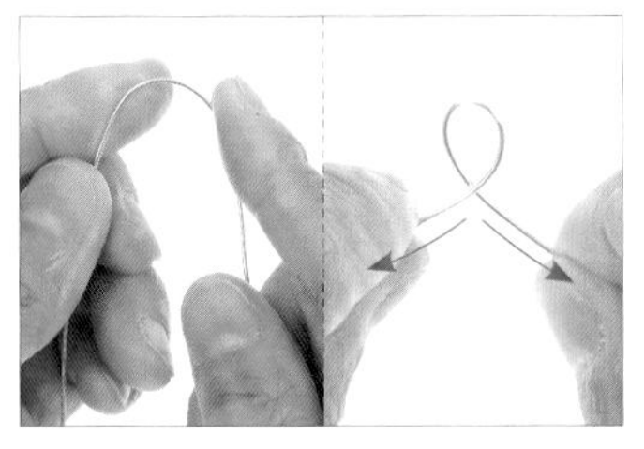

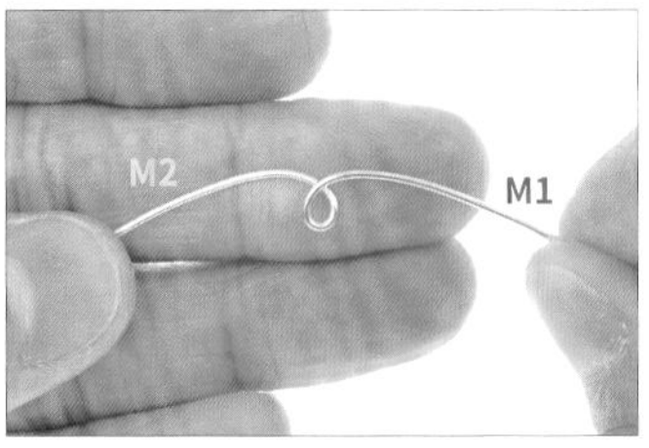

43　將線M從中間點往兩側拉出圓弧形，形成線M1、M2。

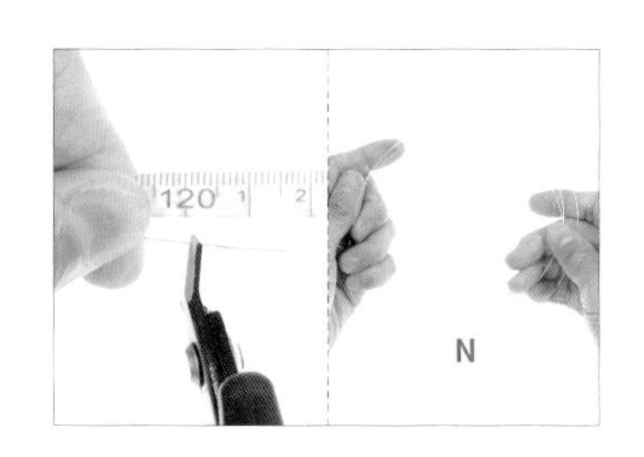

44　以斜口鉗剪下1條約120公分的28G線，為線N。

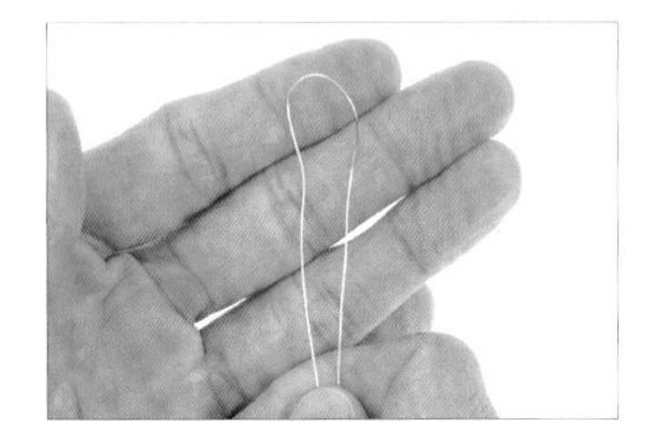

45　將線N對折。

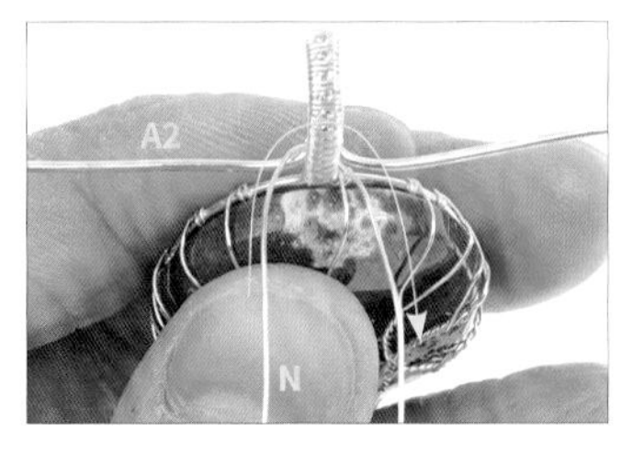

46　承步驟45，將線N繞入線A2。

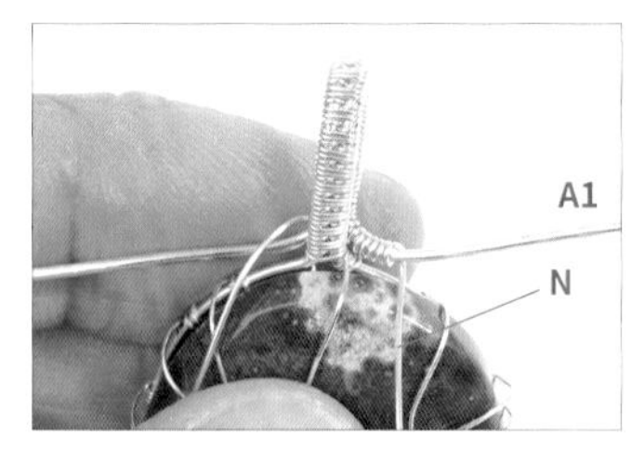

47　以線N纏繞線A1六圈。

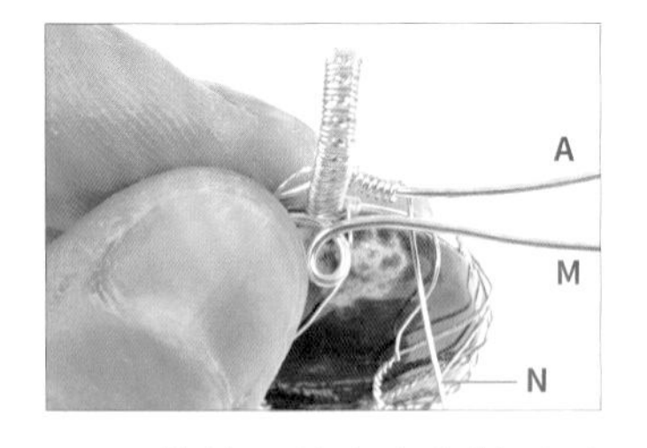

48　將線M放在生命樹正面。

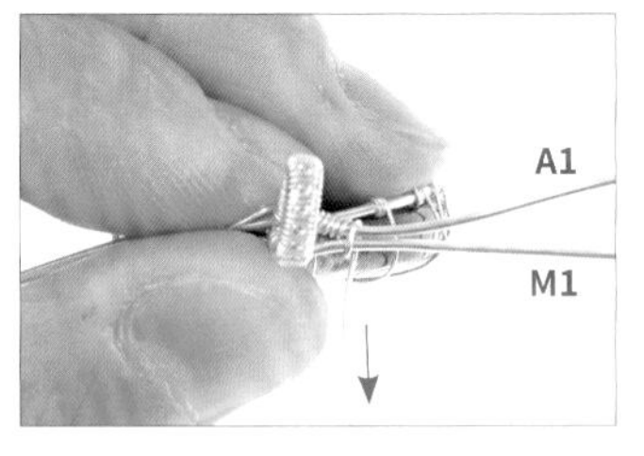

49　將線N穿過線M1、A1下方後，往上纏繞線M1、A1一圈。

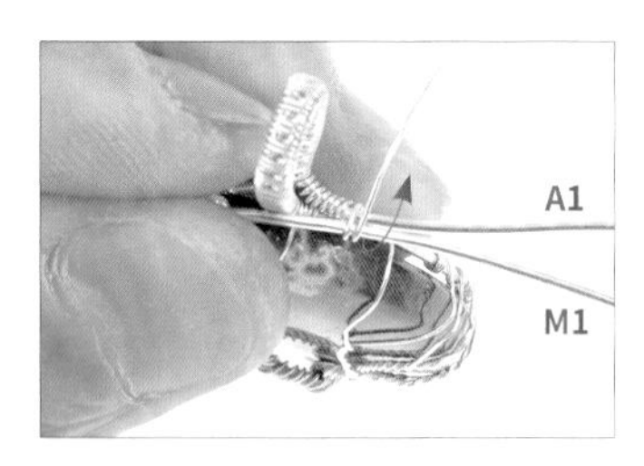

50　重複步驟49，纏繞線M1、A1一圈。

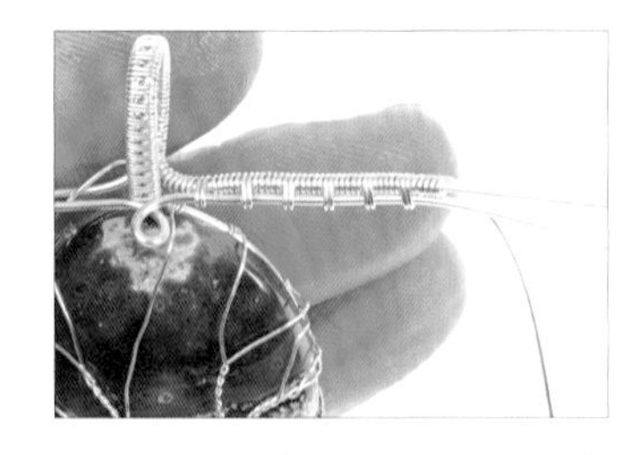

51　重複步驟47-50，在線M1、A1上持續纏繞。【註：雙線繞法1詳細步驟可參考P.16。】

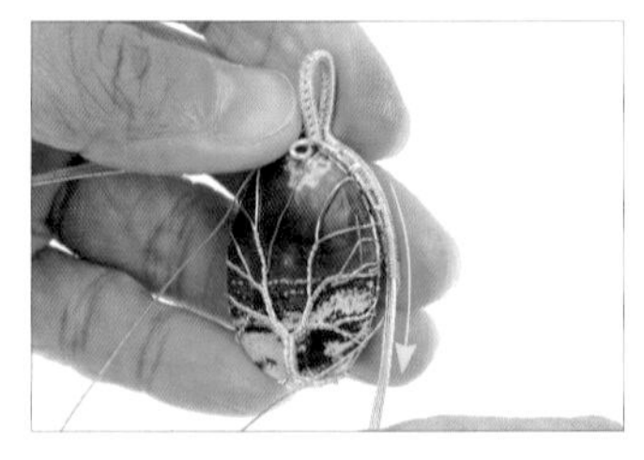

52　將線M1、A1沿著裸石弧面往下彎折，以製作外框。

53　以線N穿過底座下方，並往上纏繞線M1、A1及底座一圈。【註：將線M1、A1與主結構固定在一起。】

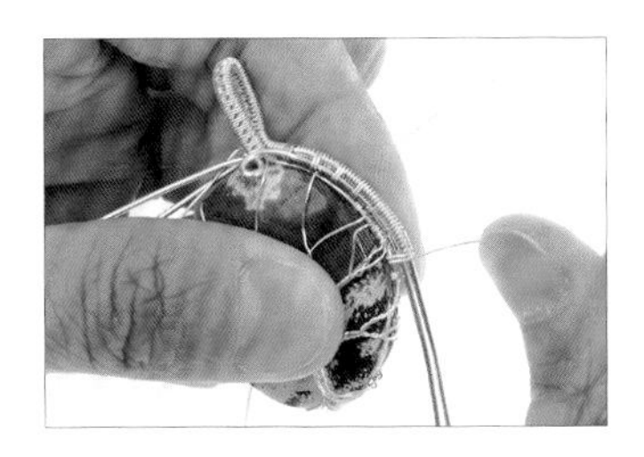

54 重複步驟53，纏繞M1、A1及底座一圈。

55 重複步驟47-50，在線M1、A1上持續纏繞。

56 重複步驟47-55，以線N另一側纏繞M2、A2。

57 以線N持續纏繞線A1到適當長度。

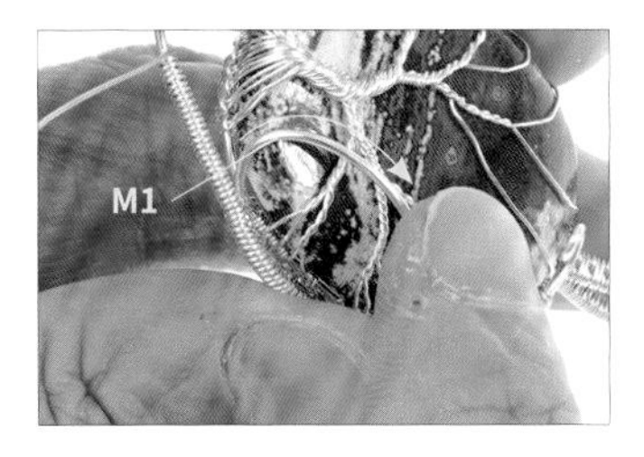

58 用指腹為輔助，將線M1彎折成弧形。

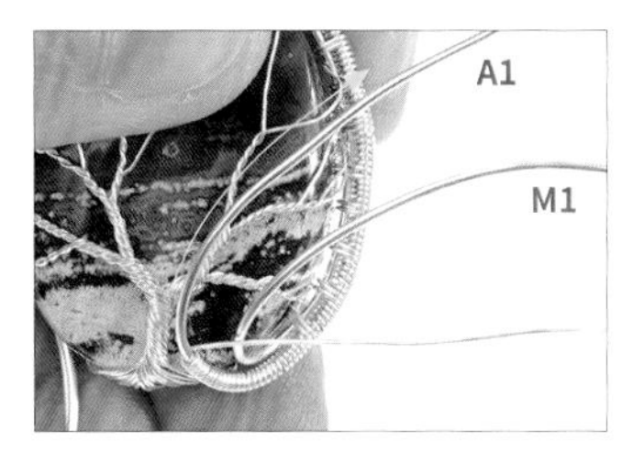

59 用指腹為輔助，將線A1往上彎折成弧形。

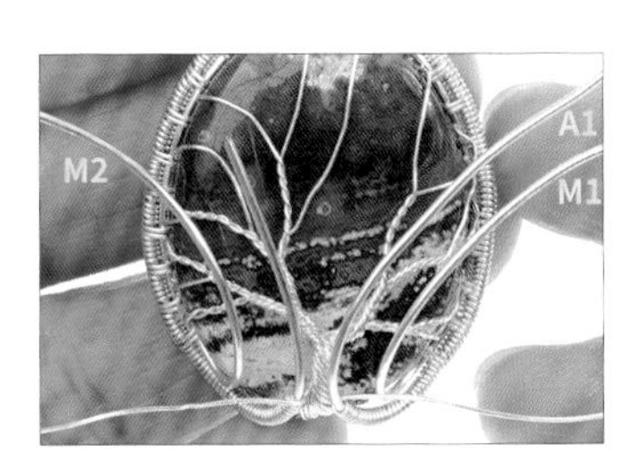

60 重複步驟57-59，完成線M2、A2製作。

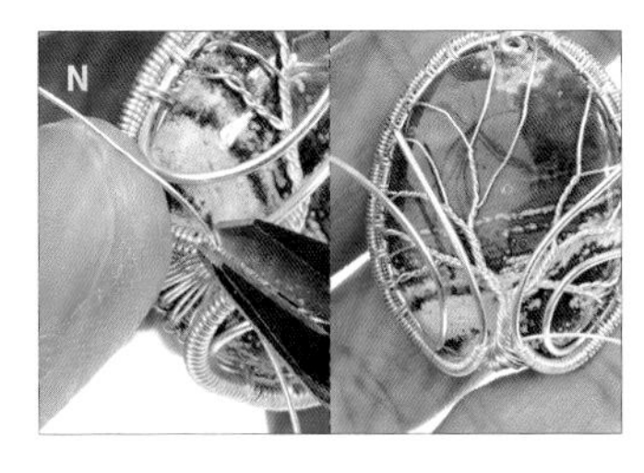

61 以斜口鉗剪掉多餘的線N，收尾。【註：只剪纏繞線M2、A2的一端。】

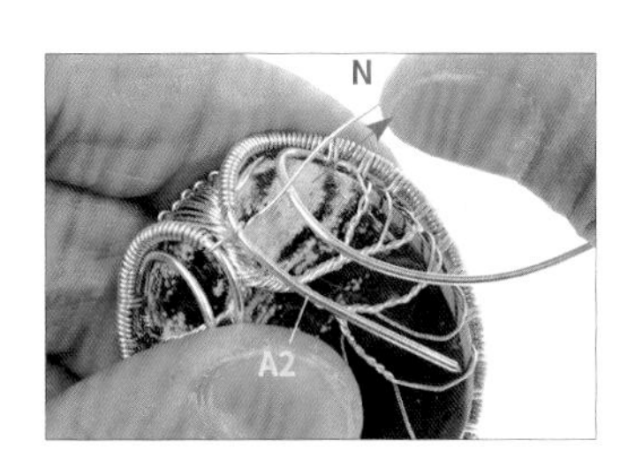

62 將線N穿過線A2下方後，往上纏繞線A2一圈。

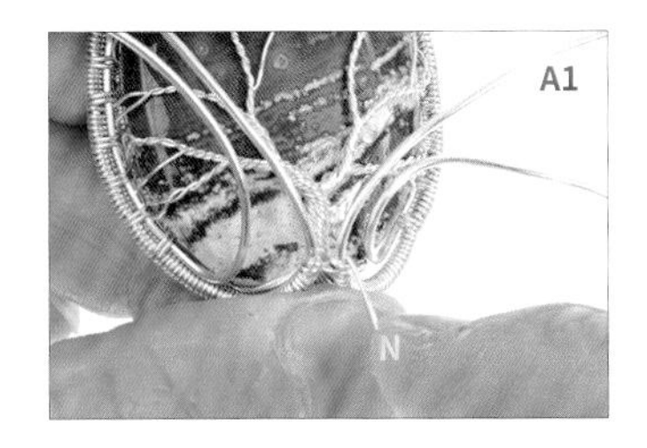

63 將線N穿過線A1下方後，往上纏繞線A1一圈。【註：雙線八字繞法1詳細步驟請參考P.16。】

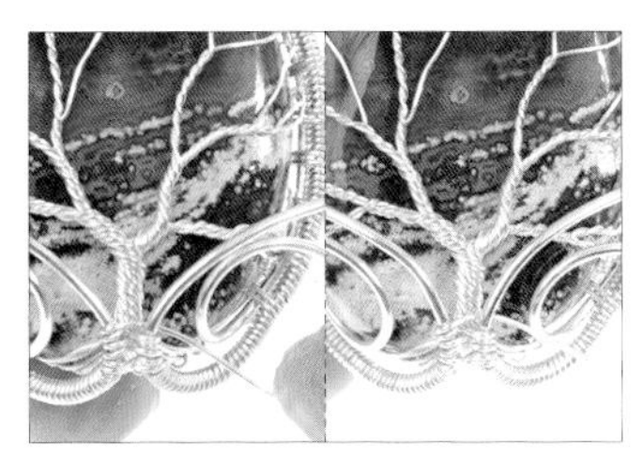

64 重複步驟62-63，在線A1、A2上持續纏繞。

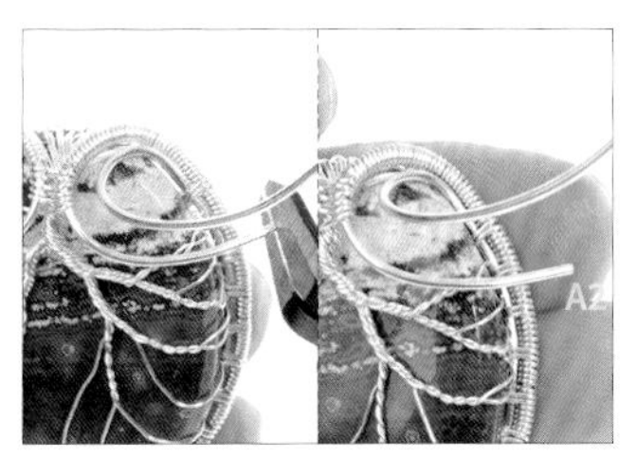

65 以斜口鉗剪掉多餘的線A2，準備收尾。

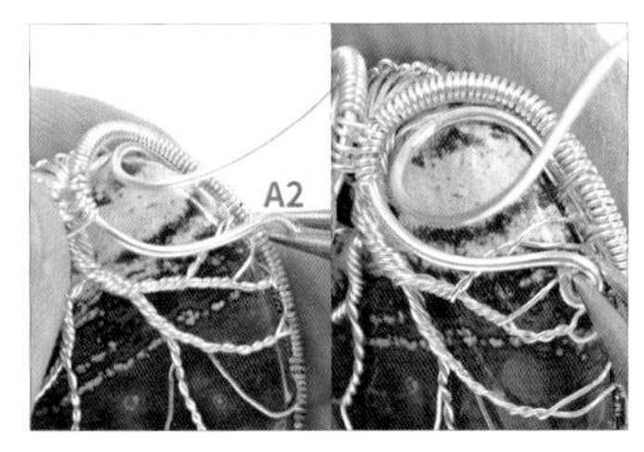

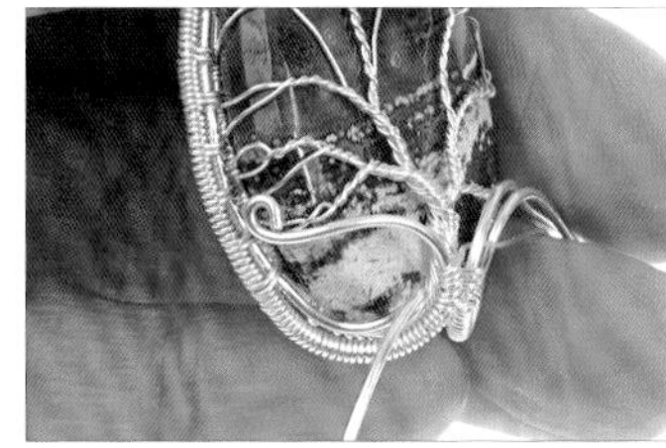

66　以圓嘴鉗夾住線A2，並彎折成圓弧形。

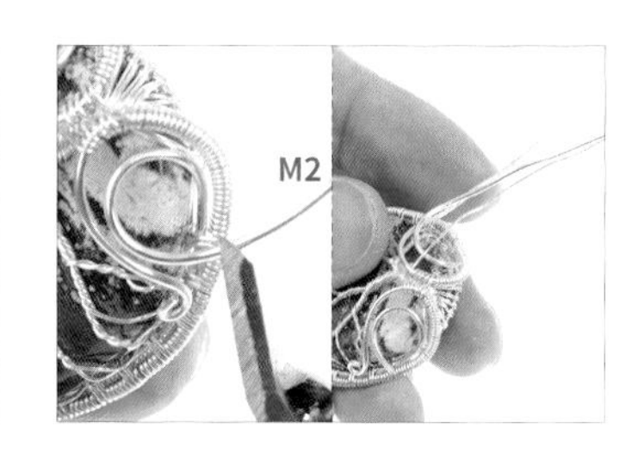

67　以斜口鉗剪掉多餘的線M2，準備收尾。

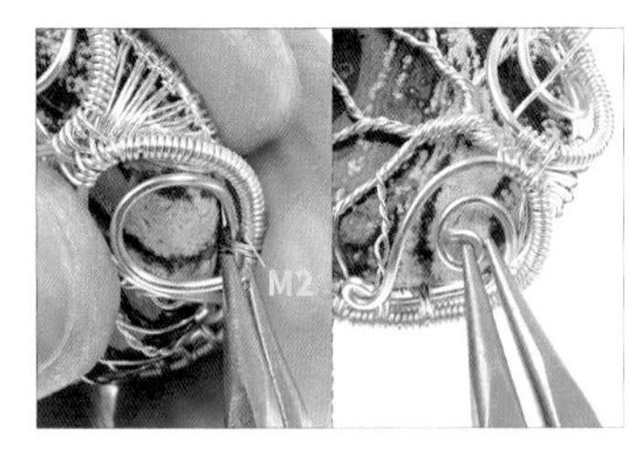

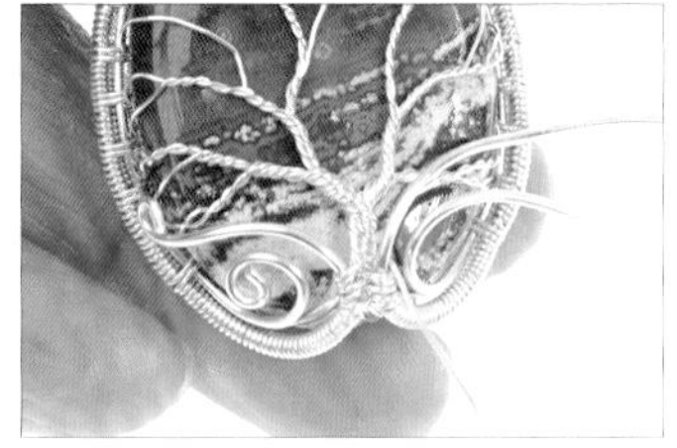

68　以圓嘴鉗夾住線M2，並先彎折出一個圓形，再順著圓形盤繞出漩渦形。

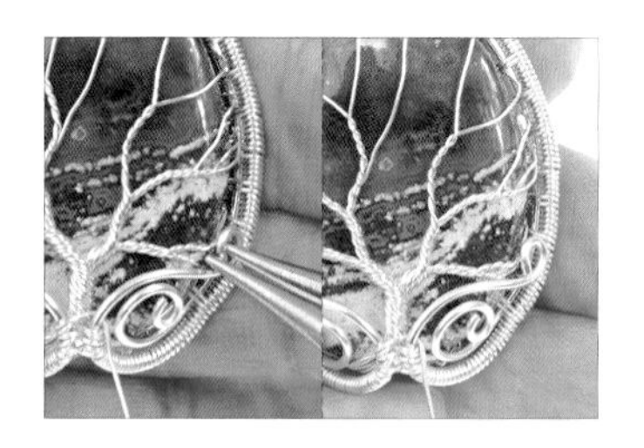

69　重複步驟65-68，將線A1、M1製作完成。

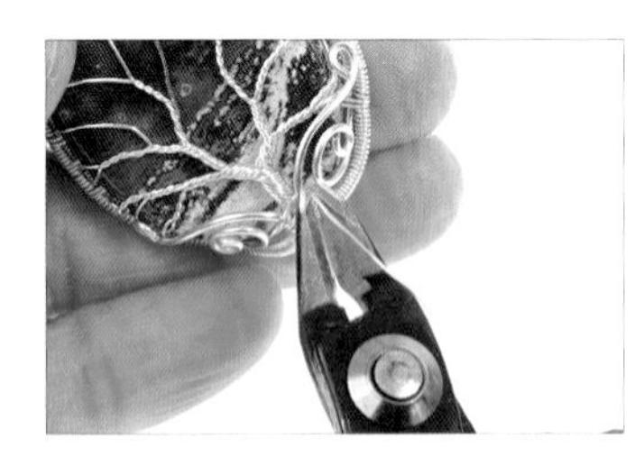

70　以斜口鉗剪掉多餘的線N。【註：須預留剪下的線。】

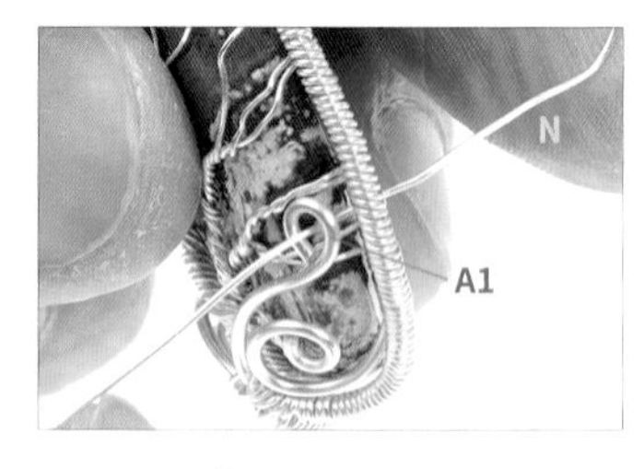

71　以步驟70剪下的線N穿過線A1的弧形。

72　以線N纏繞線A1一圈。

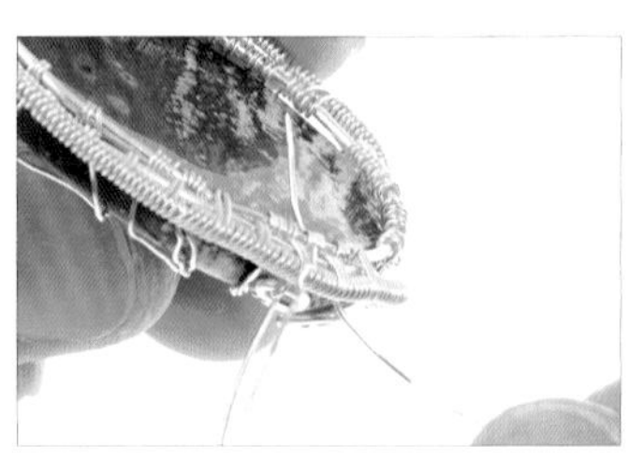
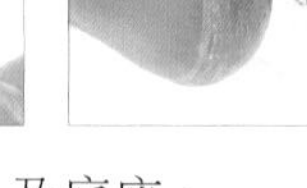

73　以線N穿過線M1、A1及底座。

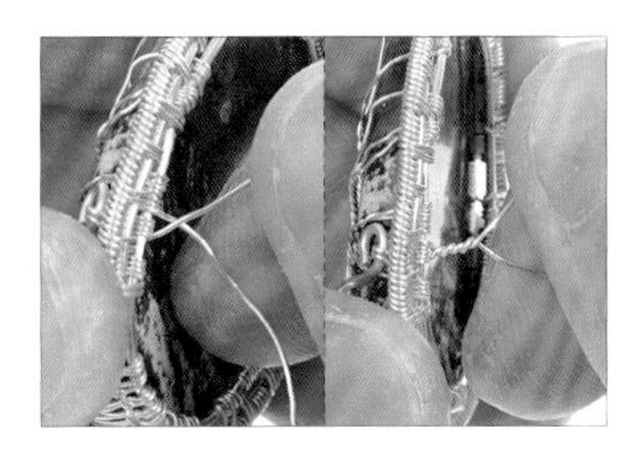

74　將線N兩端製作成雙線麻花。

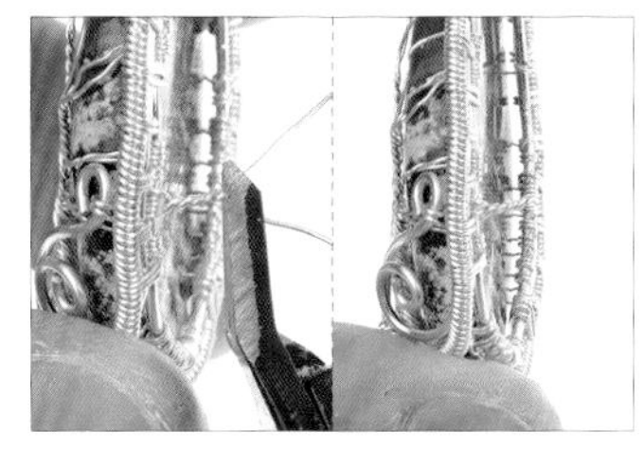

75　以斜口鉗將線N兩端多餘的金屬線剪掉。

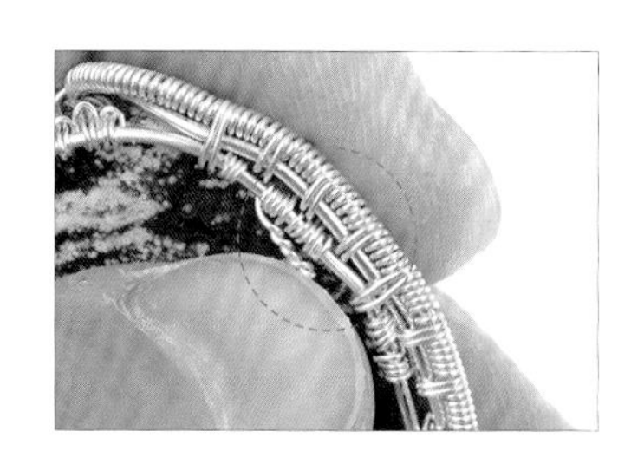

76　用手將雙線麻花彎折。

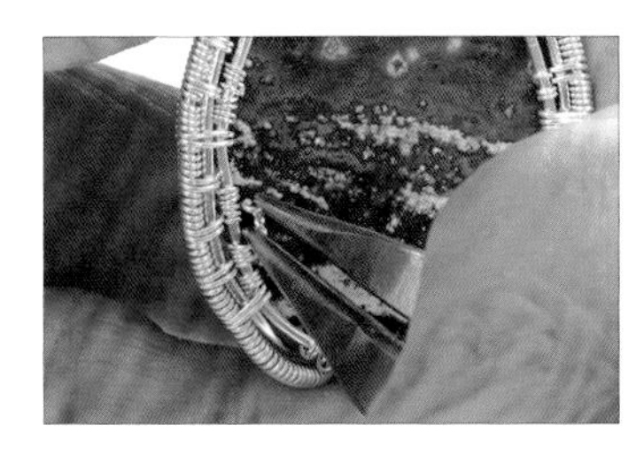

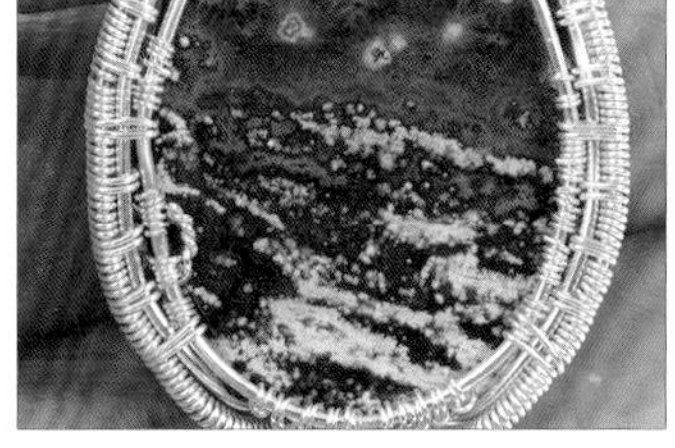

77　以圓嘴鉗將雙線麻花收在背面。

78　重複步驟71-77，將另一側雙線麻花固定完成。

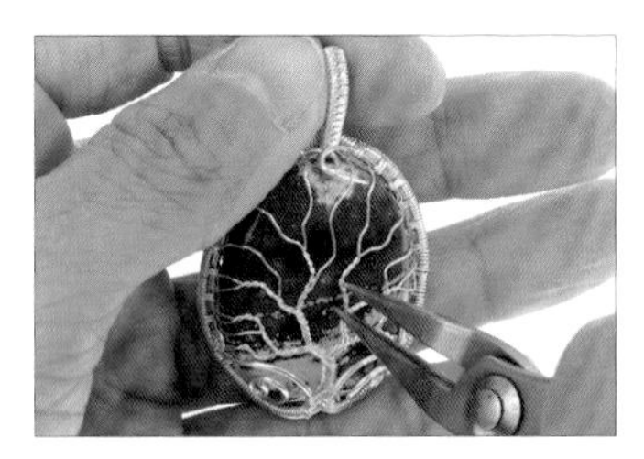

79　以圓嘴鉗調整生命樹的弧度。【註：可依個人喜好調整。】

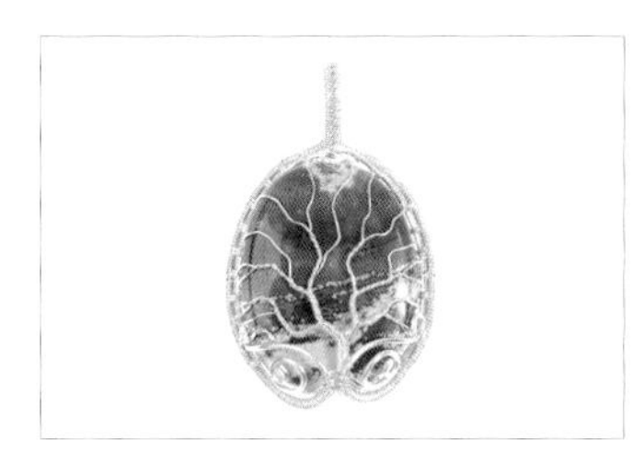

80　如圖，生命樹守護項鍊製作完成。

創作小語

將生命樹的圖案，映照在礦石上，適合單色或是重複紋路的裸石，能呈現獨特的風格。

生命樹守護項鍊
停格動畫 QRcode

戒指 & 手環

Rings and Bracelets

WORKS OF WIRES BRAIDING

金屬線編作品

平衡戒指

- 012 -

材料與工具 MATERIALS & TOOLS

◆ 線材

品項	用量
20G 金色圓線	13 公分 × 1 條，為線 A。
28G 金色圓線	70 公分 × 2 條，為線 B、C。

◆ 石材

★尺寸依序為：長 × 寬 × 高

品項	用量
菱錳礦	2 顆。【圓珠大小：0.4 公分。】

◆ 工具

捲尺、斜口鉗、黑色奇異筆、圓嘴鉗。

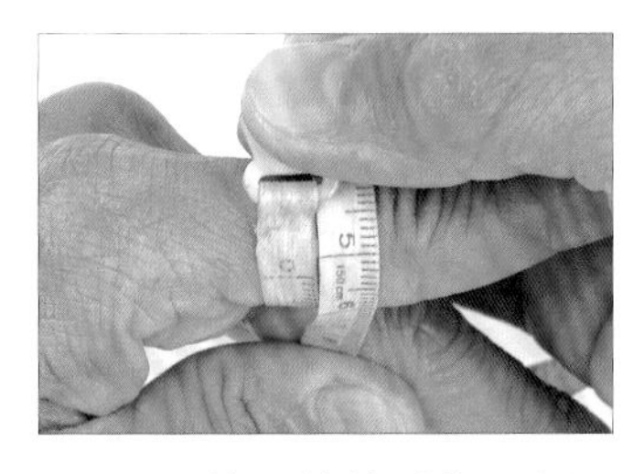

01 以捲尺纏繞手指一圈，以測量要製作的戒圍大小，為5.2公分。

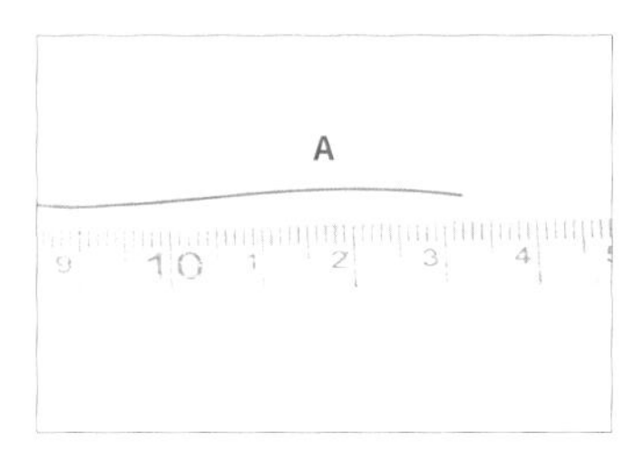

02 取斜口鉗剪下1條13公分的20G線，為線A。【註：線長為戒圍的2.5倍。】

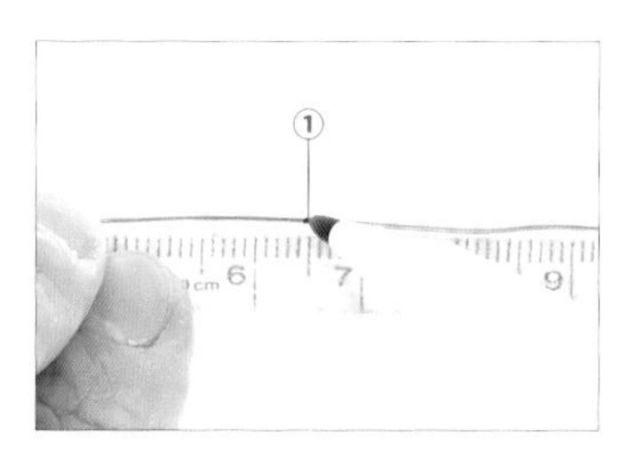

03 以捲尺為輔助，取黑色奇異筆，在線A中間繪製記號，為點①。【註：此作品的中間為6.5公分處。】

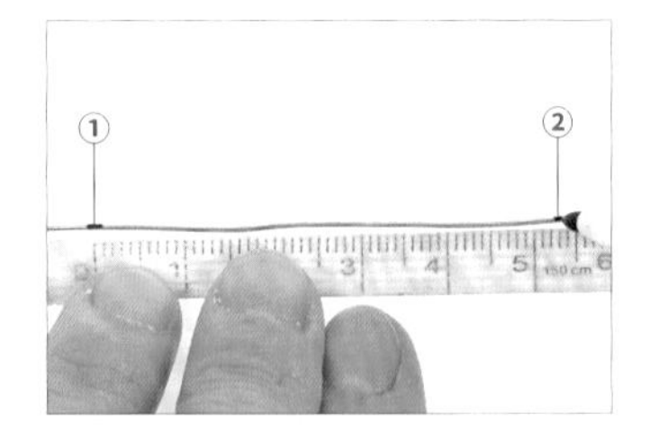

04 承步驟3，在點①右側5.2公分處繪製記號，為點②。【註：戒圍為5.2公分。】

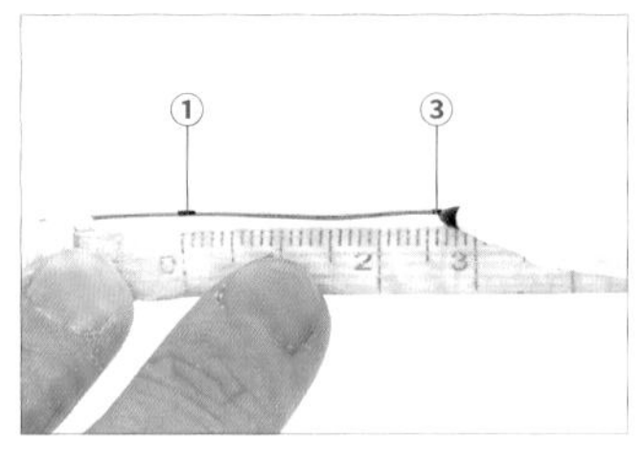

05 在點①右側2.6公分處繪製記號，為點③。

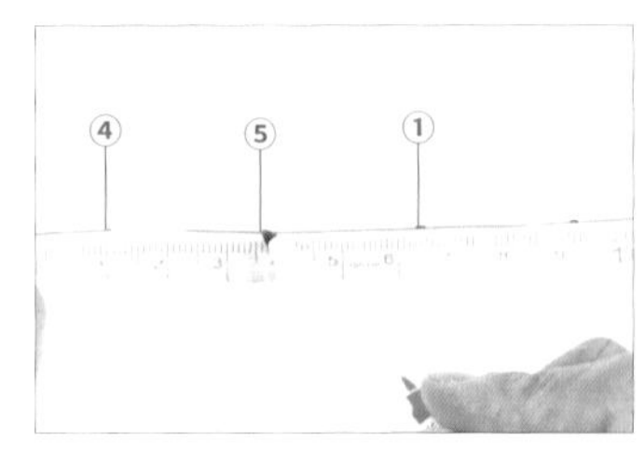

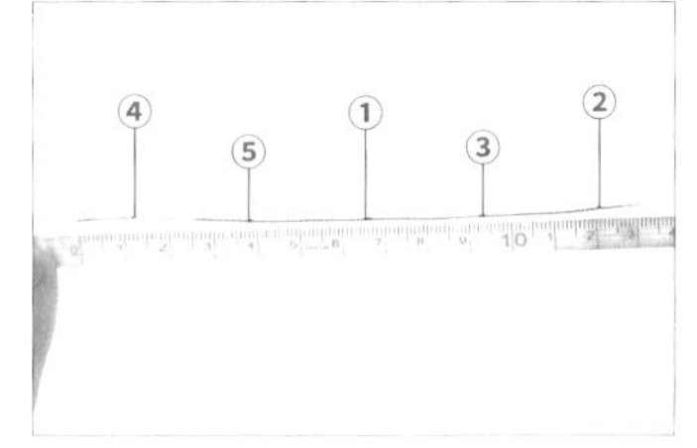

06 重複步驟4-5，在點①左側繪製點④、⑤。

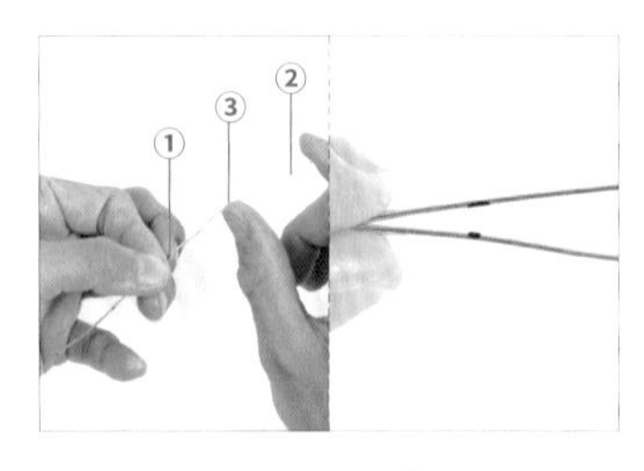

07 將線A從點③對折，使點①、②重疊。

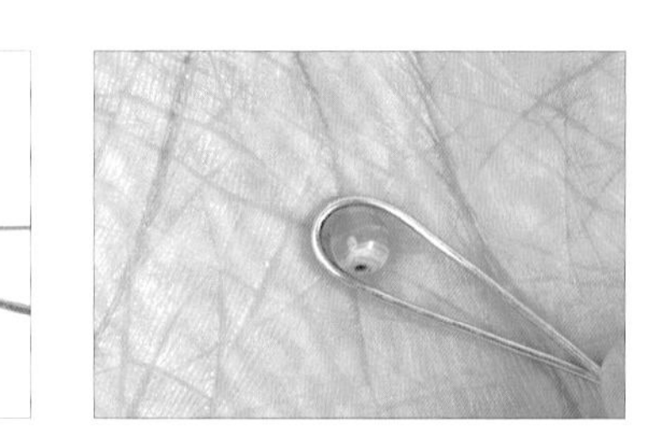

08 將一顆菱錳礦放在線A彎折出的鏤空中，以確認空間足夠容納菱錳礦。

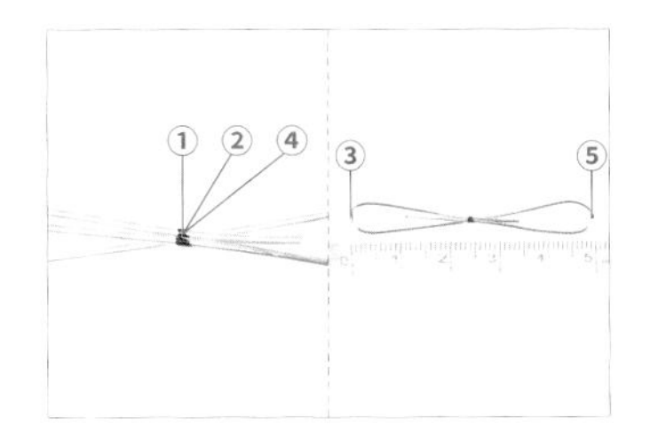

09 重複步驟7-8，將線A從點⑤對折。【註：總長度約為5.2公分。】

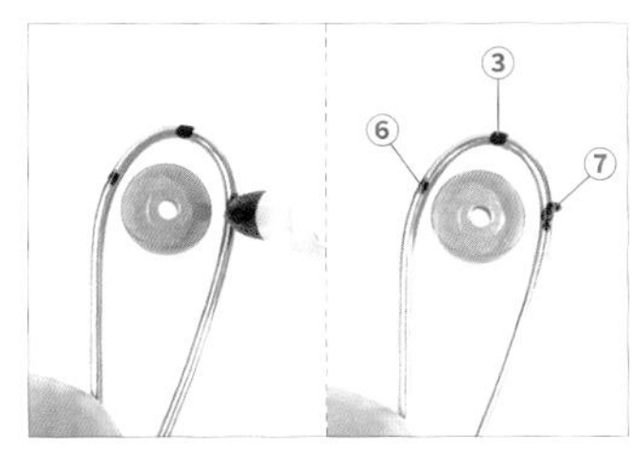

10 將一顆菱錳礦放在線A彎折出的鏤空中，並以黑色奇異筆繪製記號點⑥、⑦。

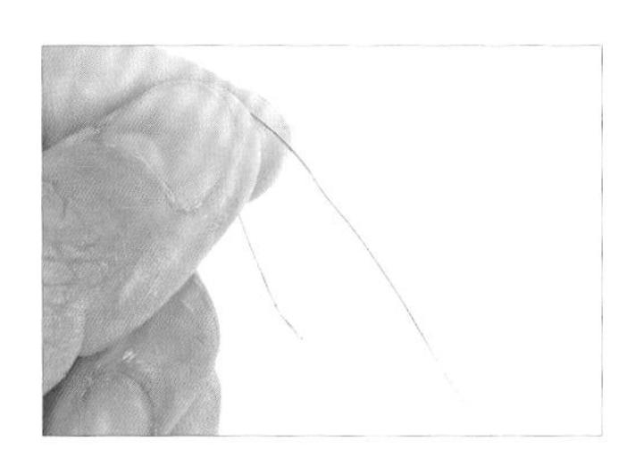

11 取1條約70公分的28G線，並將線折成彎鉤形。【註：須剪下2條，為線B、C。】

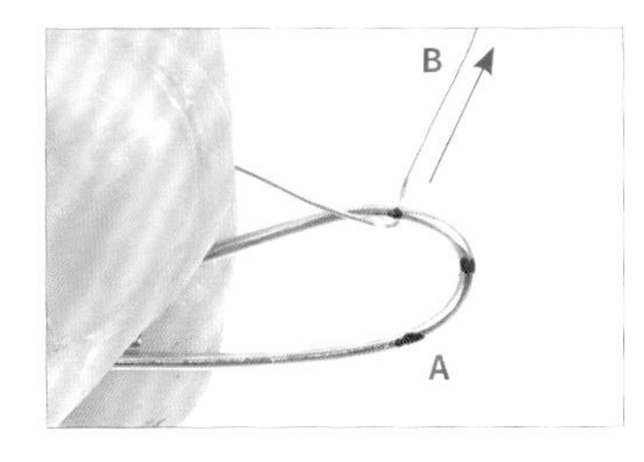

12 承步驟11，將線B勾入線A。

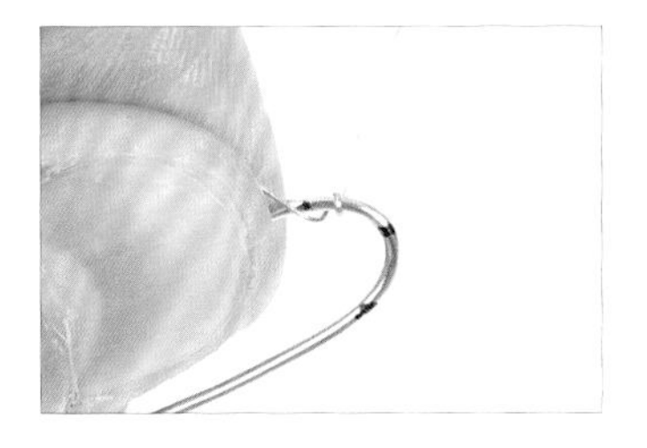

13 以線B纏繞線A一圈。

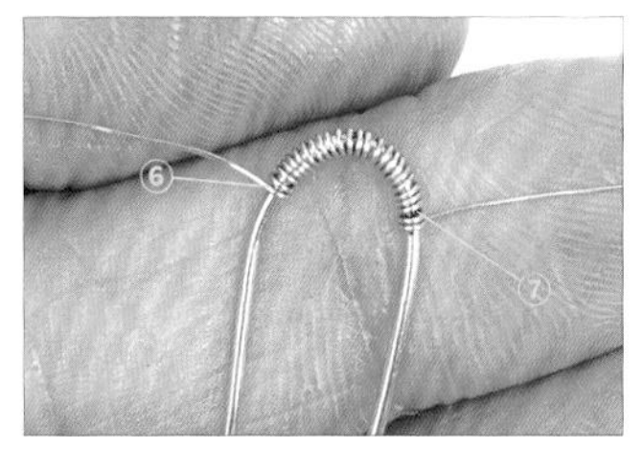

14 重複步驟13，將點⑥到點⑦的範圍，以線B纏繞填滿。

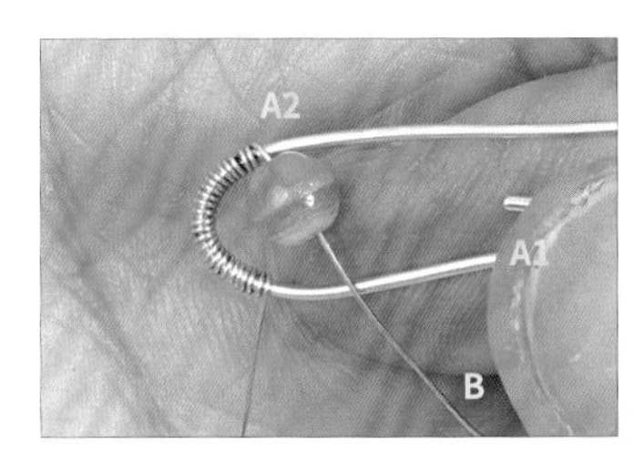

15 取一顆菱錳礦，穿入線B中，將線A分成線A1、A2。

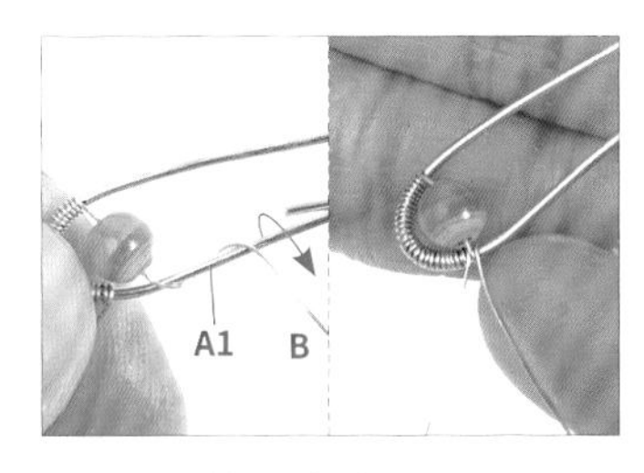

16 以線B纏繞線A1一圈。

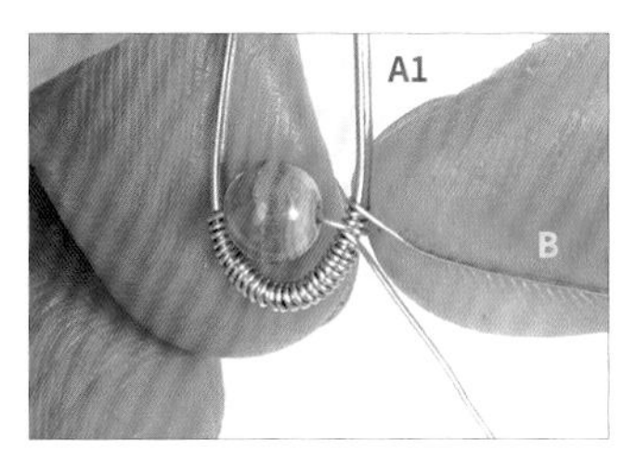

17 重複步驟16，纏繞線A1四圈。

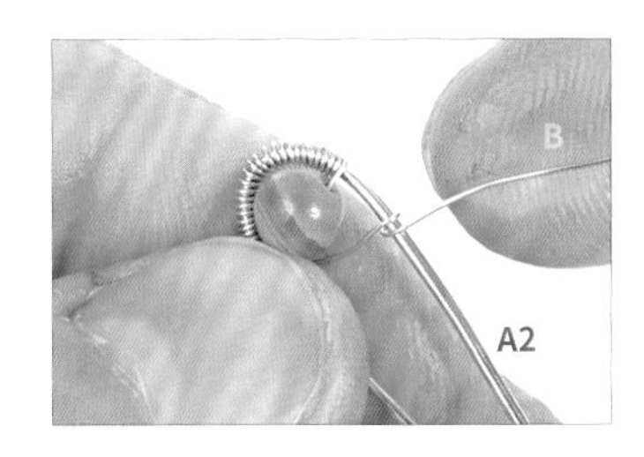

18 將線B穿過線A2上方後，往下纏繞線A2一圈。

19 重複步驟18，纏繞線A2兩圈。

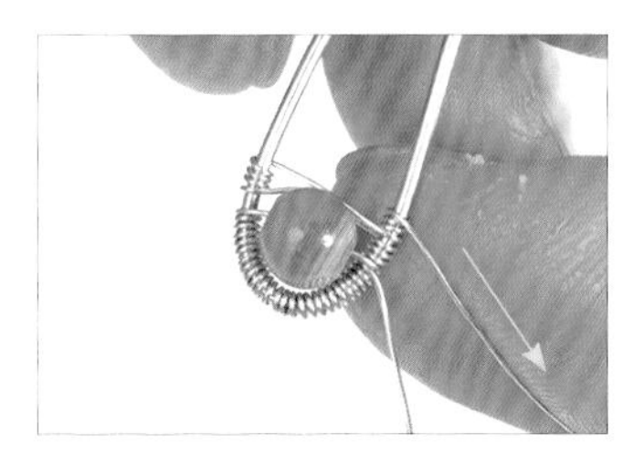

20 重複步驟16-17，纏繞線A1三圈。

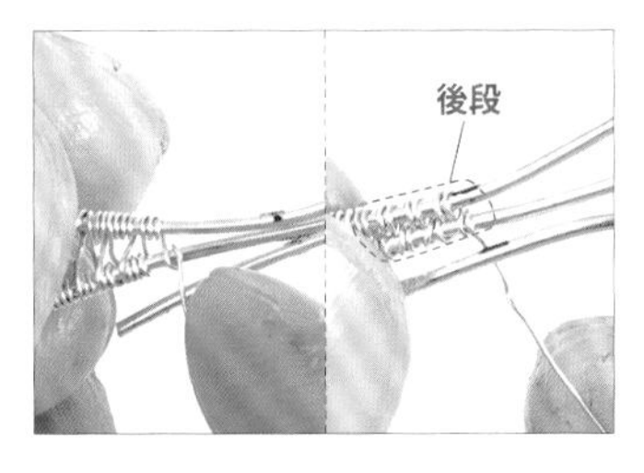

21 重複步驟16-19，在線A1、A2上持續纏繞。
【註：後段改成每次纏繞2圈。】

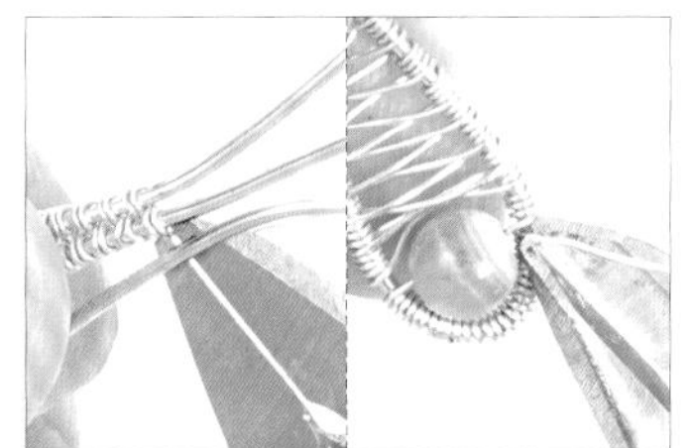

22 以線B纏繞至點①、②、④交集處後，再以斜口鉗將線B兩端多餘的金屬線剪掉。

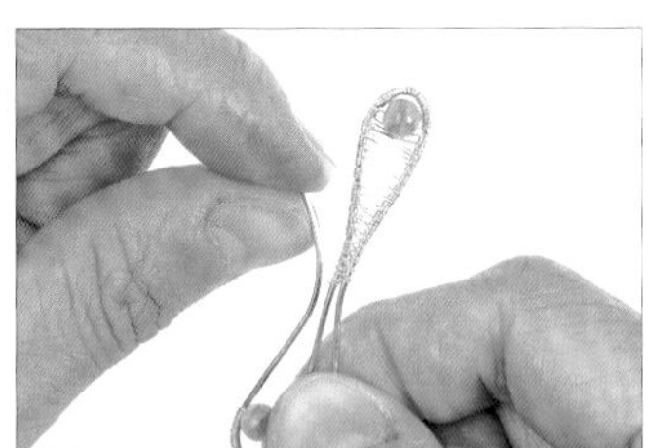

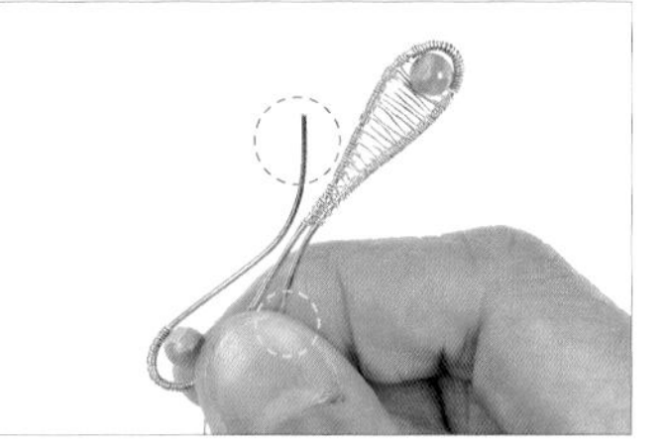

23 重複步驟12-15後，用手將線A兩端往外彎折出弧形。
【註：以線C纏繞及穿入菱錳礦。】

24 重複步驟16-19，在線A另一側上持續纏繞。

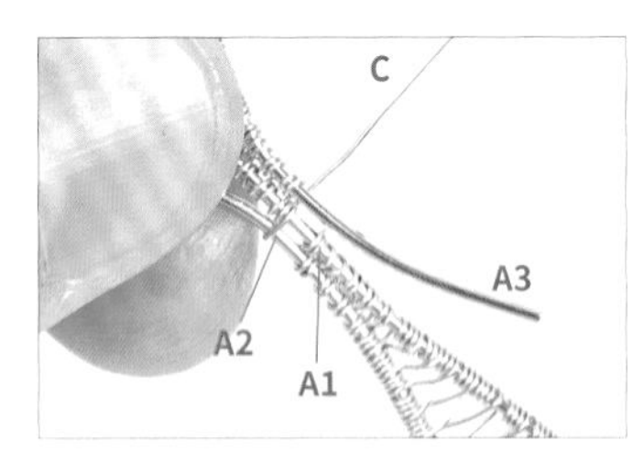

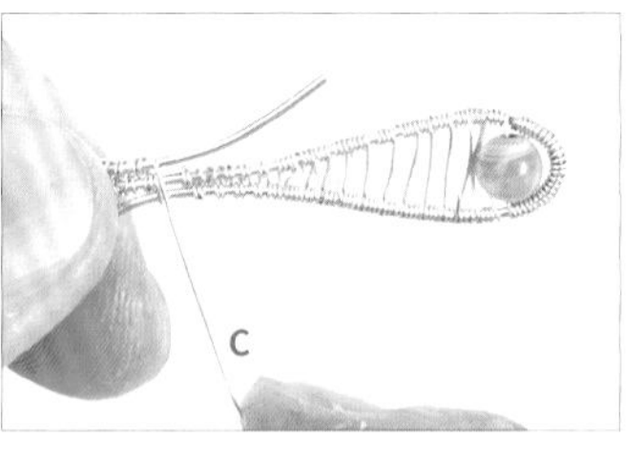

25 將線C穿過線A1、A2、A3下方後，往上纏繞一圈。

26 重複步驟25，將線A1、A2、A3纏繞三圈。

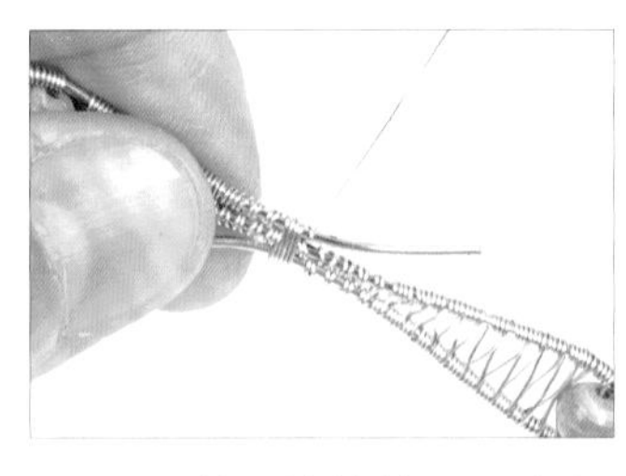

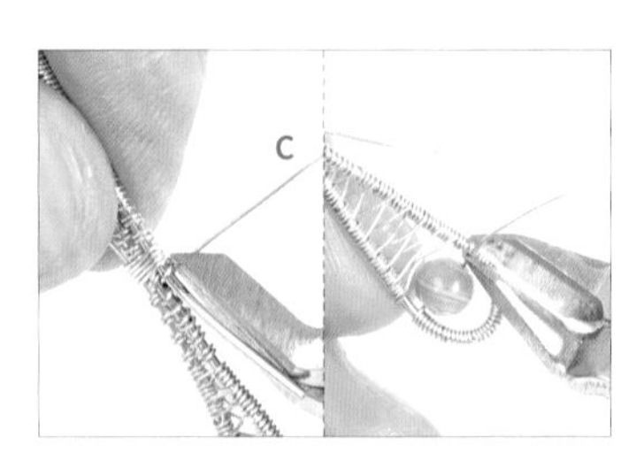

27 以線C纏繞線A3一圈。

28 以斜口鉗將線C兩端多餘的金屬線剪掉。

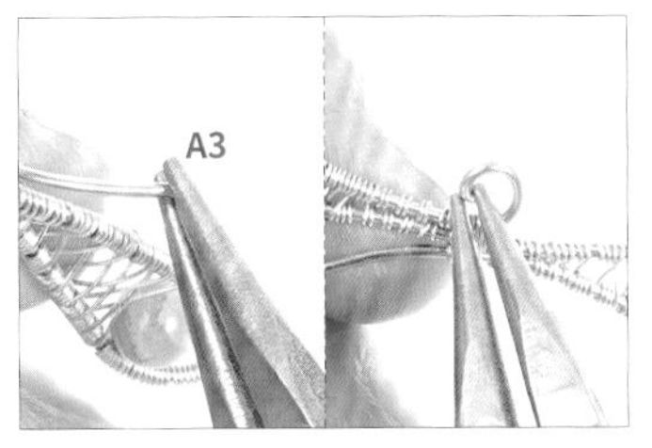

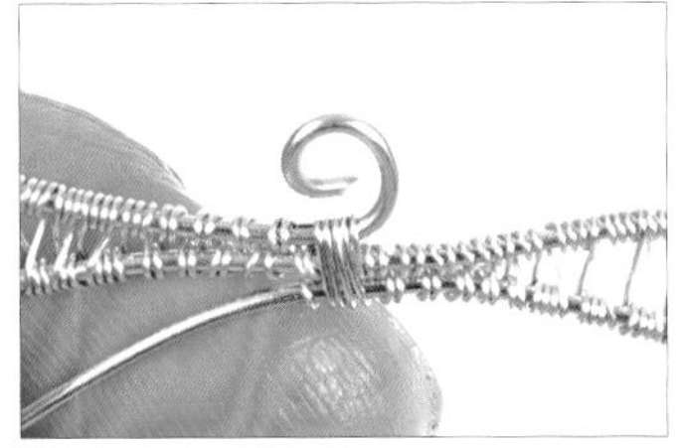

29　以圓嘴鉗夾住線A3，並彎折成漩渦形。

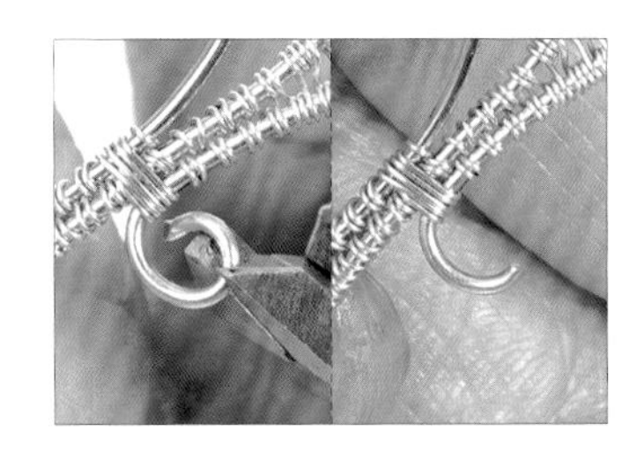

30　以斜口鉗剪掉多餘的漩渦形。

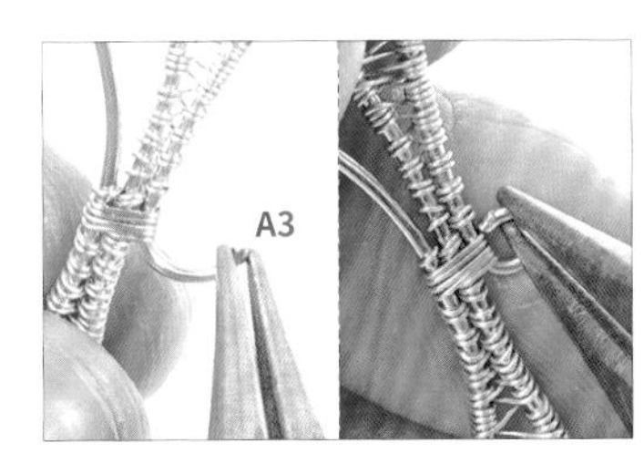

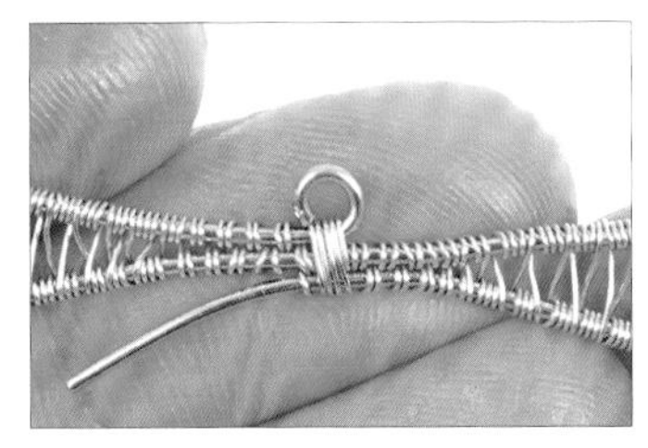

31　以圓嘴鉗夾住線A3，並彎折成圓形。

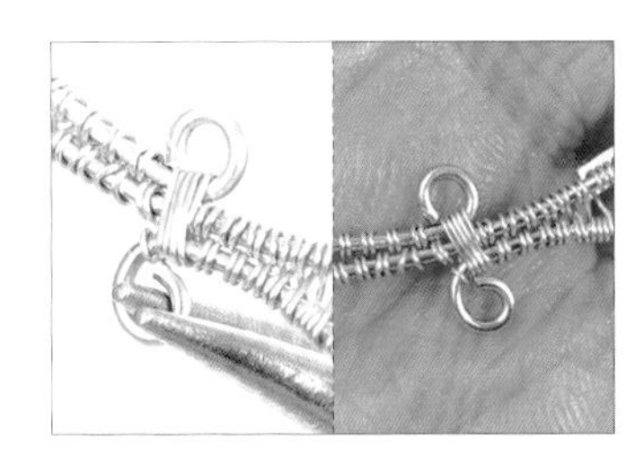

32　重複步驟29-31，將線A2製作成圓形，戒指初步製作完成。

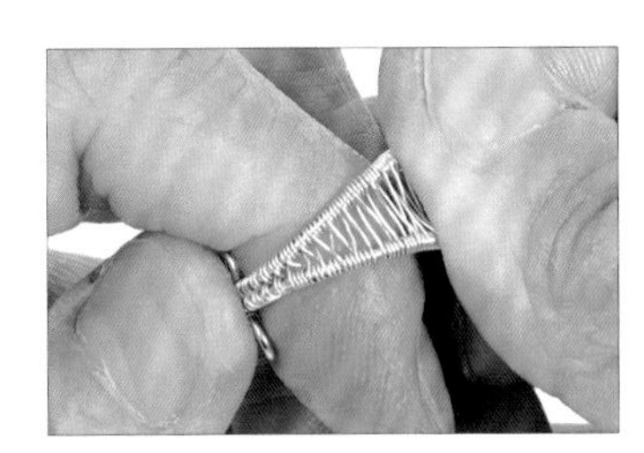
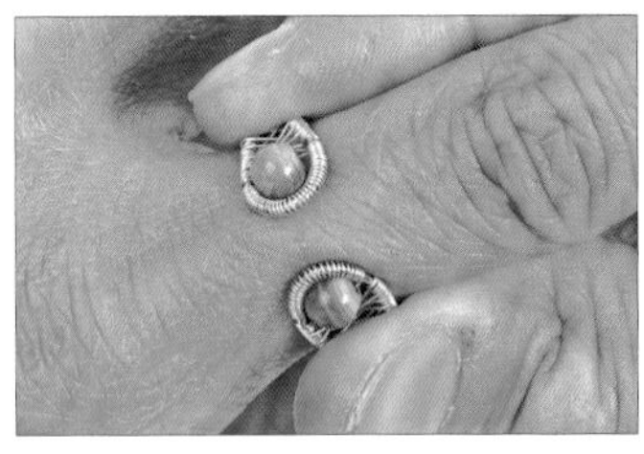

33　用手將戒指彎折成圓弧形，以製作戒圈。

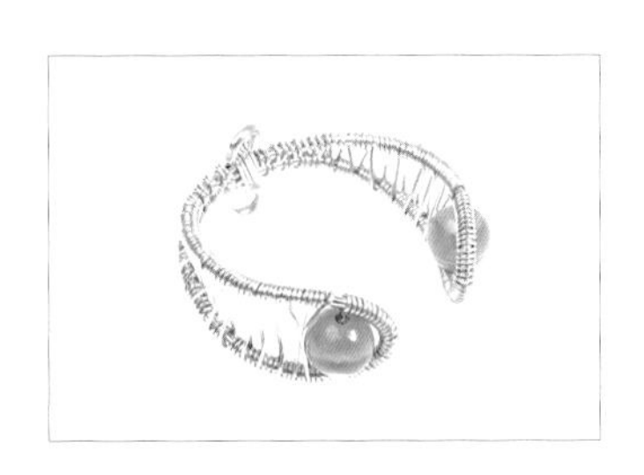

34　如圖，平衡戒指製作完成。

創作小語

身邊總會有一些零碎的小珠子，適合點綴在這樣的小品中，一次配戴多件也有一番風味。

平衡戒指
停格動畫 QRcode

一半·二分之一戒指

- 013 -

材料與工具 MATERIALS & TOOLS

◆ 線材

品項	用量
21G 玫瑰金色圓線	20 公分 × 2 條，為線 A、C。
21G 金色圓線	20 公分 × 2 條，為線 B、D。
18G 金色半圓線	10 公分 × 1 條，為線 E。
21G 金色半圓線	40 公分 × 2 條，為線 F、G。
28G 玫瑰金色圓線	50 公分 × 2，為線 H、I。

◆ 石材

★尺寸依序為：長 × 寬 × 高

品項	用量
珍珠	1 顆。【大小：1.2 公分 × 1.2 公分 × 0.6 公分。】

◆ 工具

捲尺、斜口鉗、尼龍平口鉗、圓嘴鉗、平口鉗、黑色奇異筆、戒圍棒。

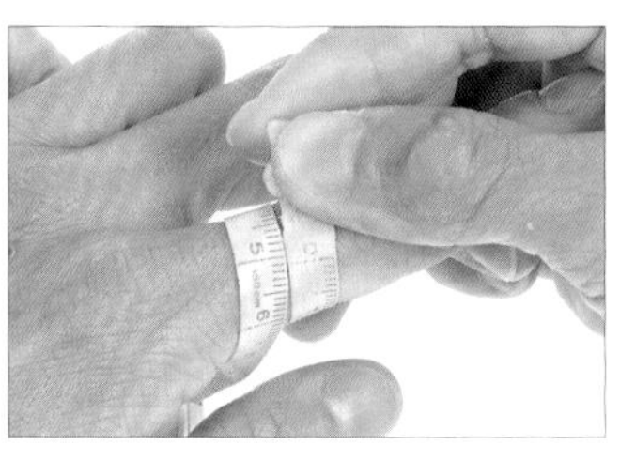

01 以捲尺纏繞手指一圈，以測量要製作的戒圍大小，約為5公分。

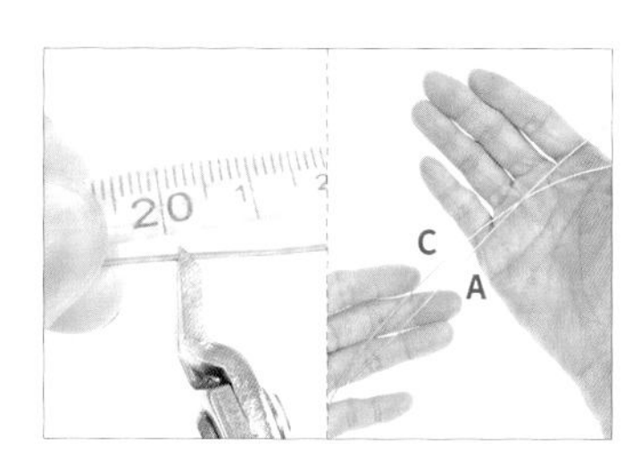

02 以斜口鉗剪下2條約20公分的21G玫瑰金線。【註：為線A、C。】

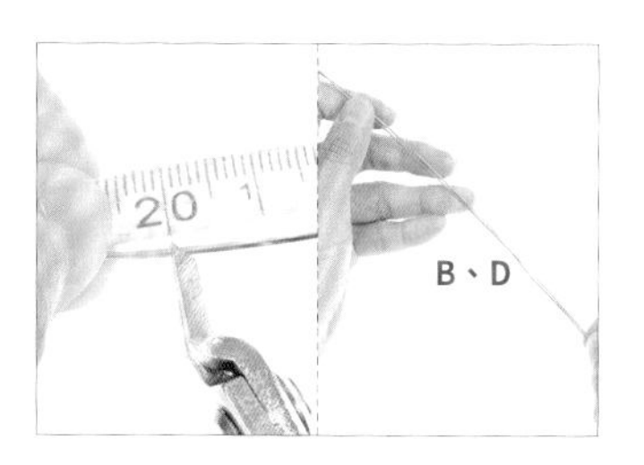

03 以斜口鉗剪下2條約20公分的21G金色圓線。【註：為線B、D。】

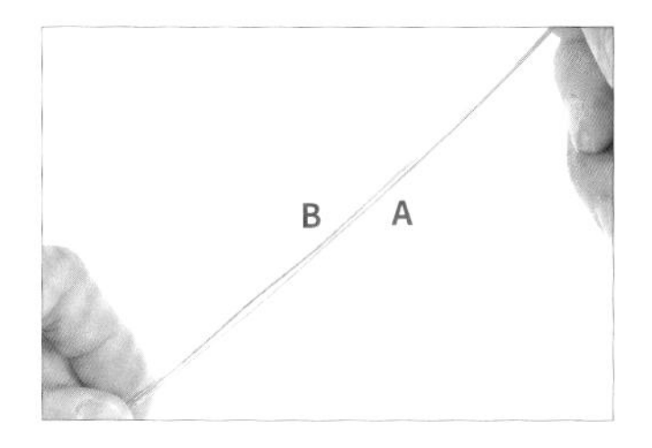

04 取線A、B，將線B放在線A上方。

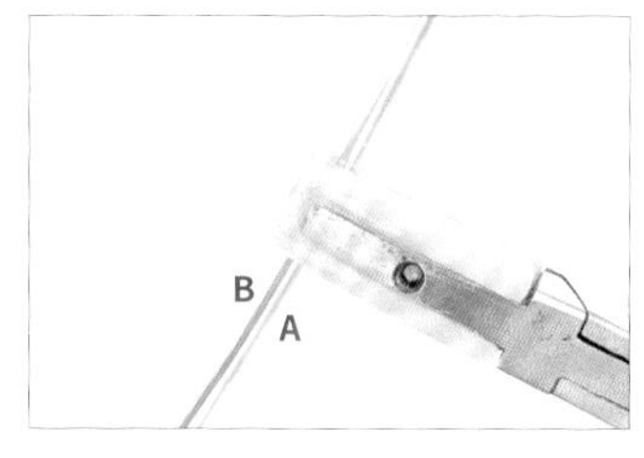

05 以尼龍平口鉗將線A、B夾扁，以方便對折。

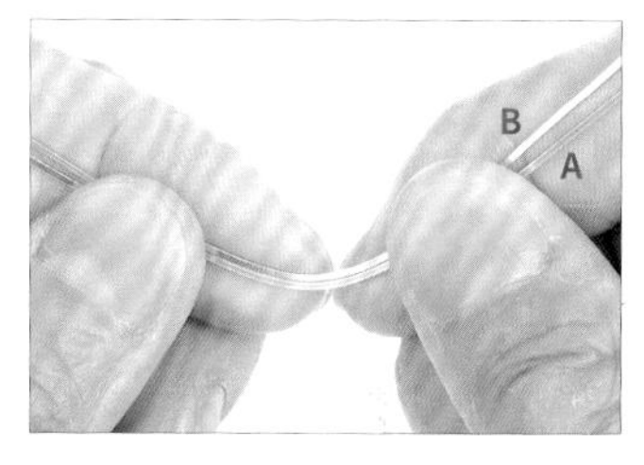

06 用手將線A、B對折。

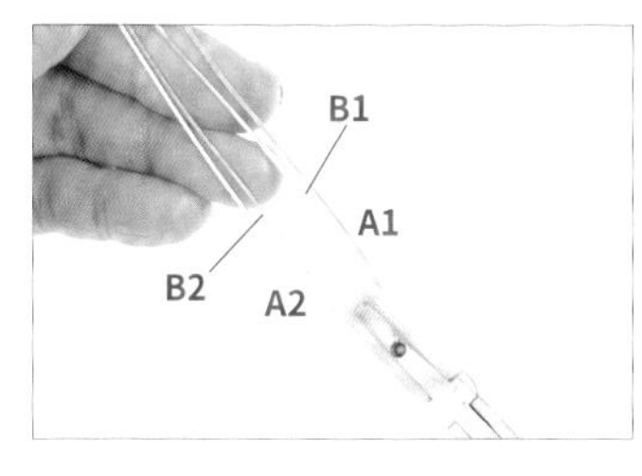

07 以尼龍平口鉗夾住線A、B對折處，並用另一手拉直線A1、A1、B2、B2。

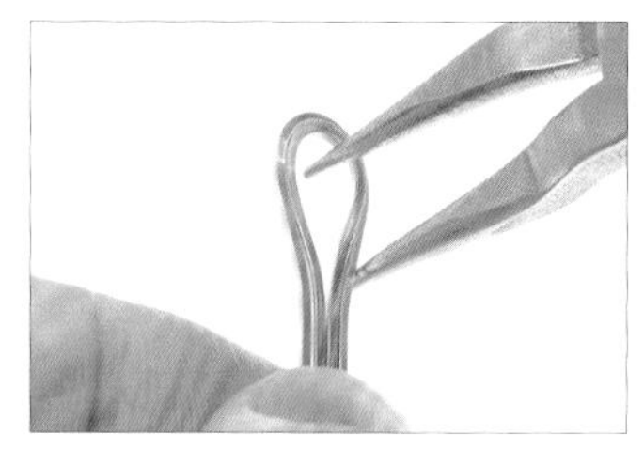

08 以圓嘴鉗將線A、B對折處製作成水滴形鏤空。

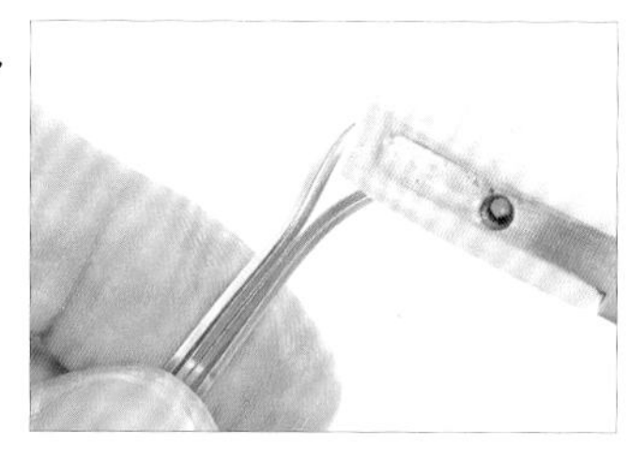

09 以尼龍平口鉗夾住水滴形，並往右側稍微彎折。

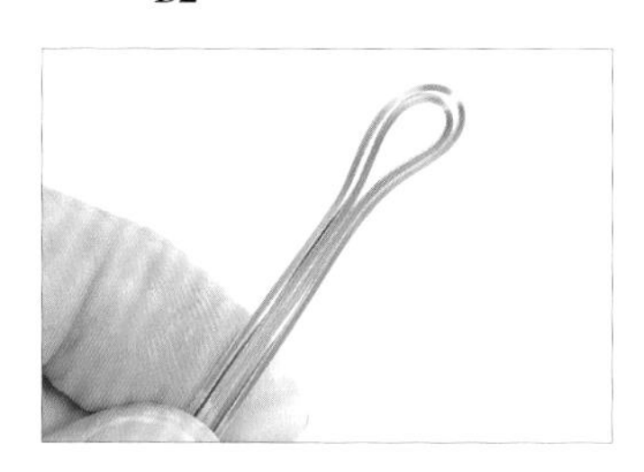

10 如圖，水滴形彎折完成。

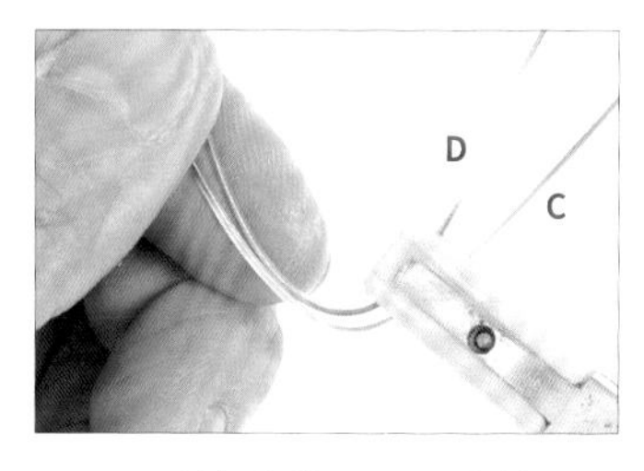

11 重複步驟6-8，將線C、D對折。

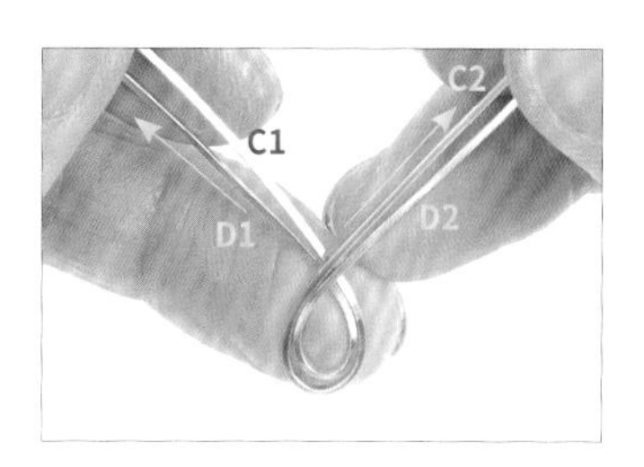

12 將線C、D持續對折，使線C1、D1及線C2、D2互相交錯。

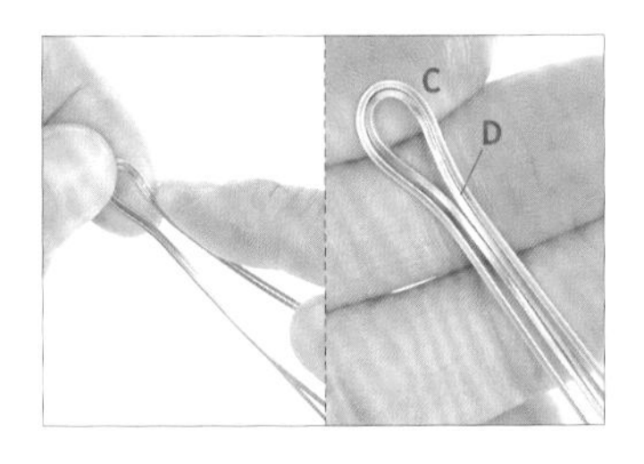

13　用手按壓線C、D對折處，以製作水滴形鏤空。

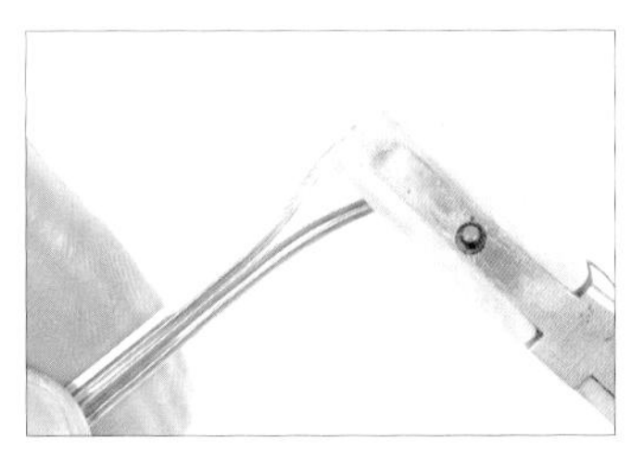

14　重複步驟11，以尼龍平口鉗稍微彎折水滴形。

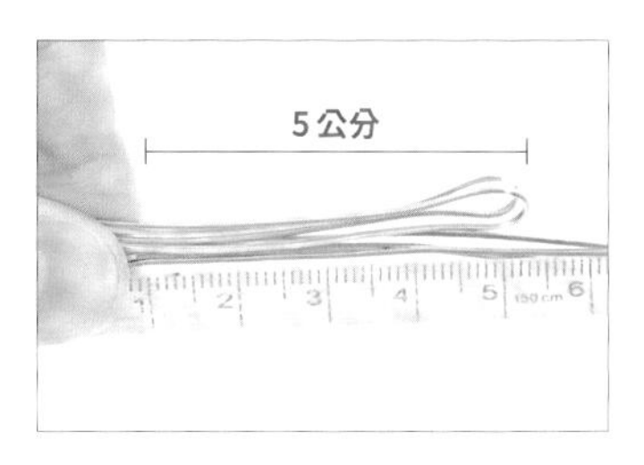

15　將線A、B及線C、D水平擺放，使兩端含水滴形的總長度為5公分。

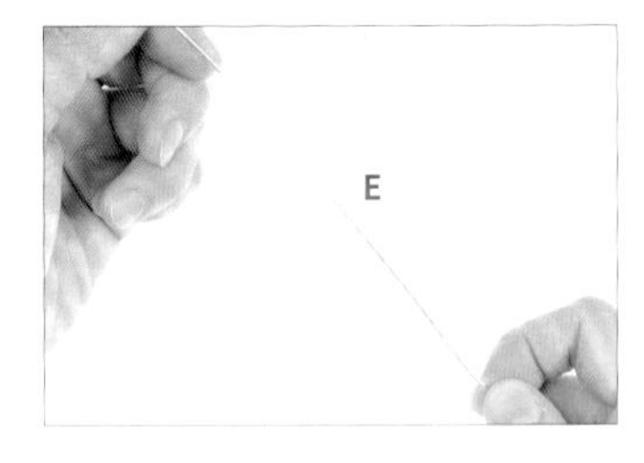

16　取1條約10公分的18G半圓線，為線E。

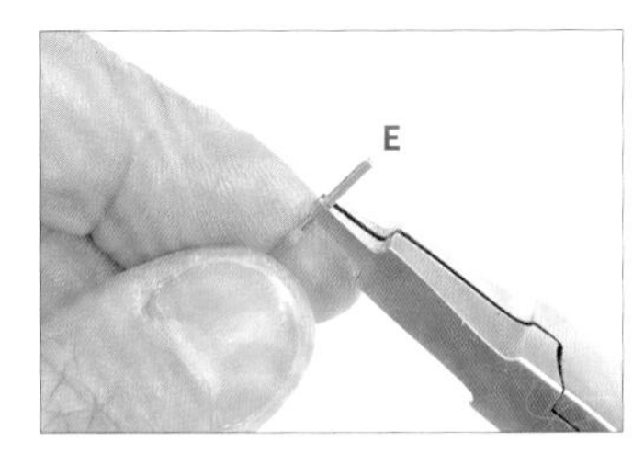

17　以平口鉗將線E折成彎鉤形。

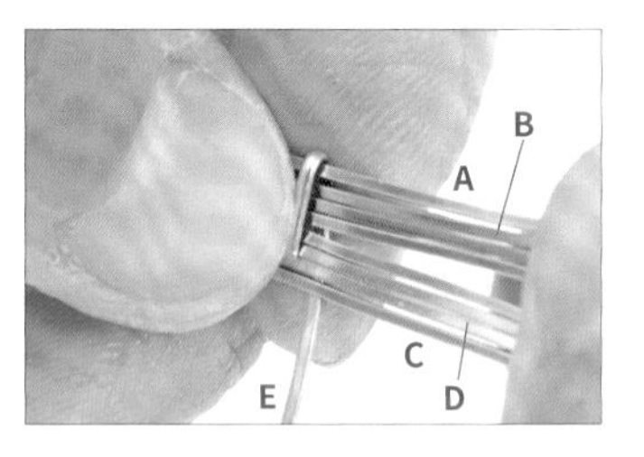

18　承步驟17，將線E勾入線A、B及線C、D。

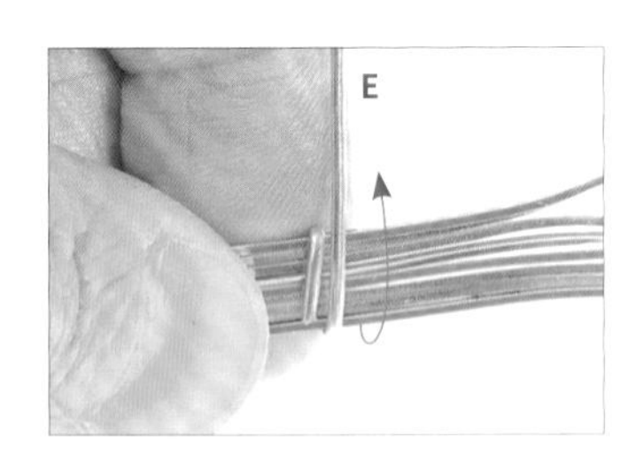

19　以線E纏繞線A、B及半圓線C、D一圈。

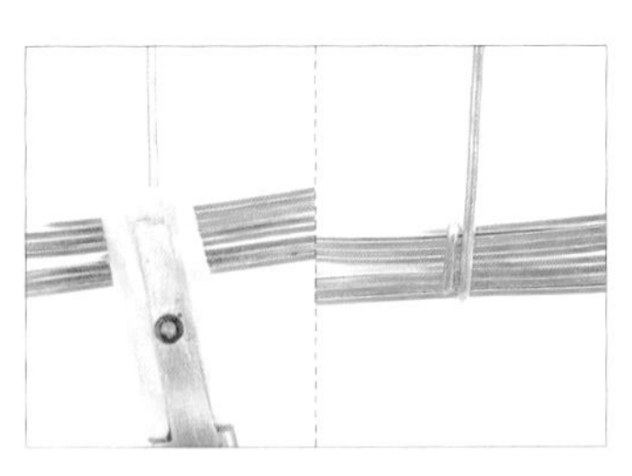

20　以尼龍平口鉗夾緊E線纏繞處，使線更緊密貼合。

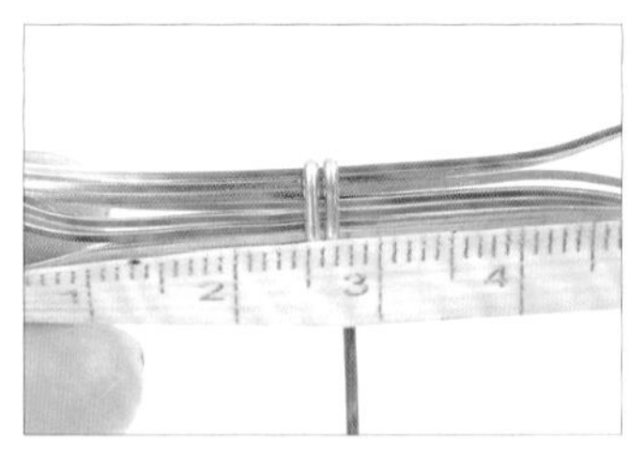

21　以捲尺測量，確認E線纏繞處位於中間點。

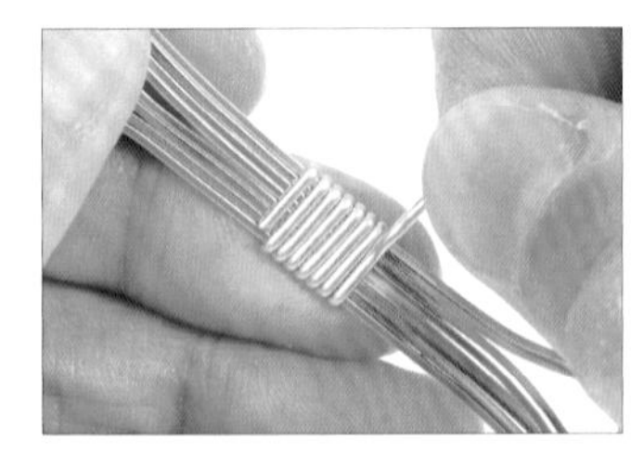

22　重複步驟18-20，纏繞線A、B及線C、D六圈。

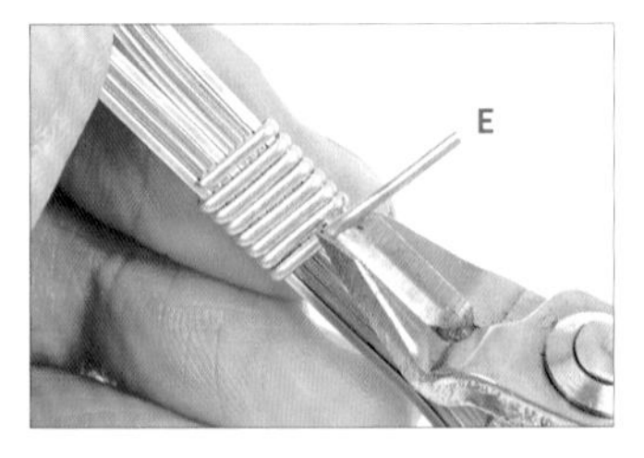

23　以斜口鉗剪掉多餘的線E，並使斷口位在同一側。

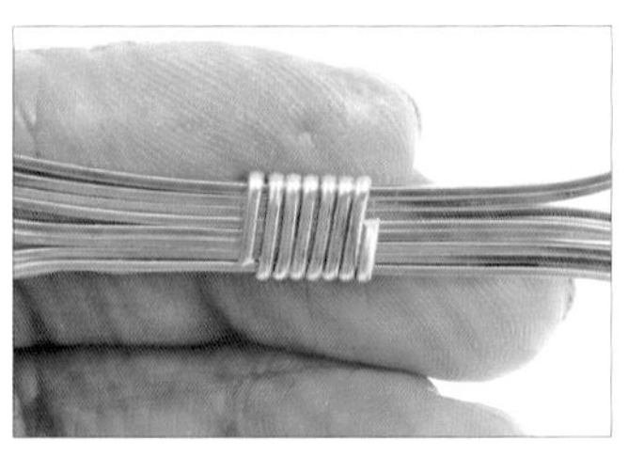

24　如圖，多餘線段剪掉完成。

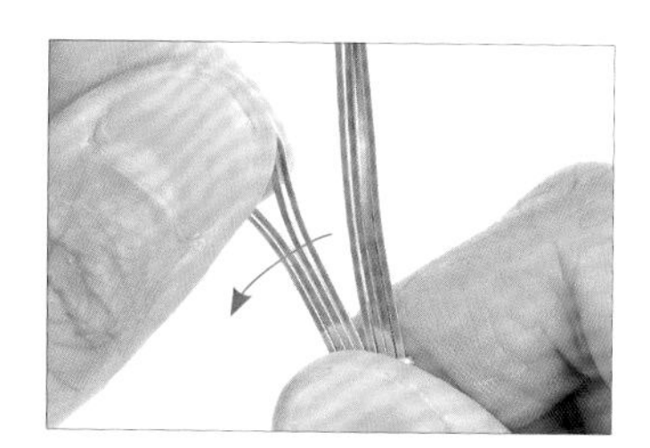

25 用手將線A、B的水滴形往外彎折。

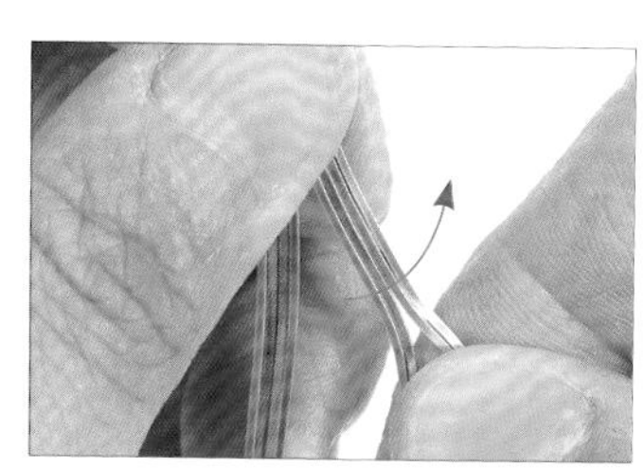

26 重複步驟25，彎折另一側的水滴形。

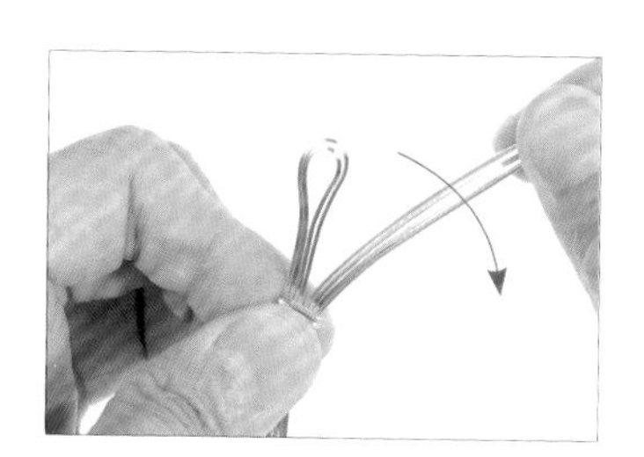

27 用手將線A、B尾端往外彎折。

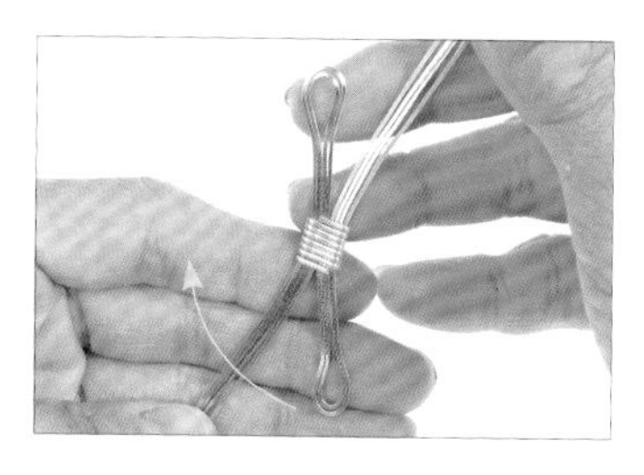

28 重複步驟27，彎折線C、D尾端。

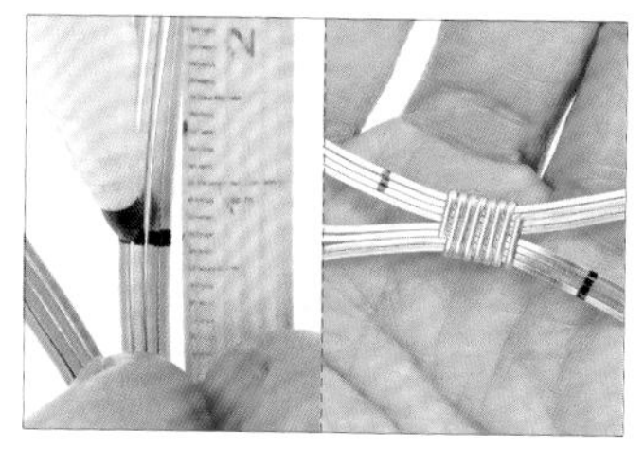

29 以捲尺為輔助，取黑色奇異筆，在0.7公分處繪製記號，以確認戒面大小。

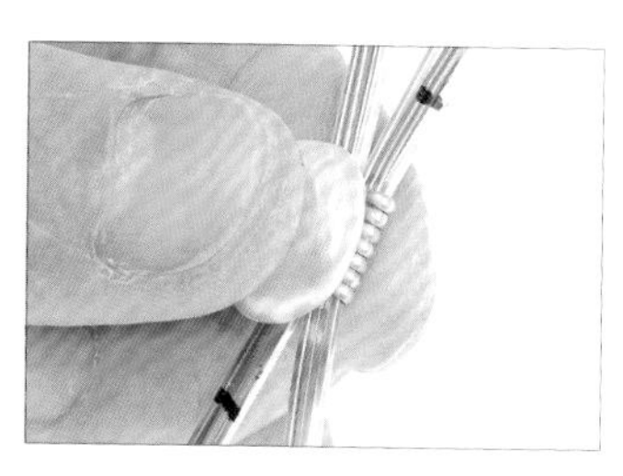

30 取珍珠，放在E線纏繞處上。【註：放在和斷口同一側。】

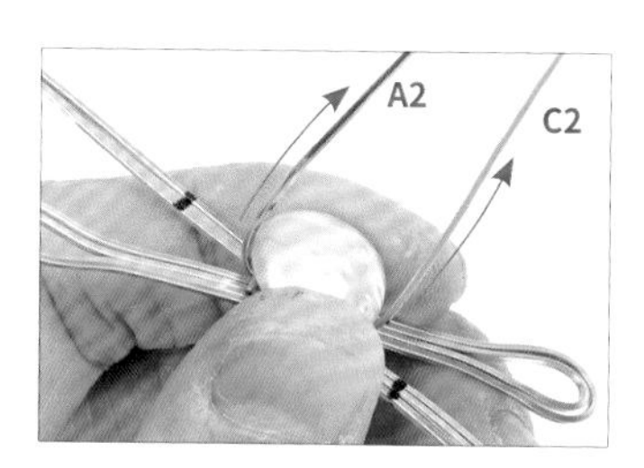

31 將線A2、C2往珍珠方向彎折。

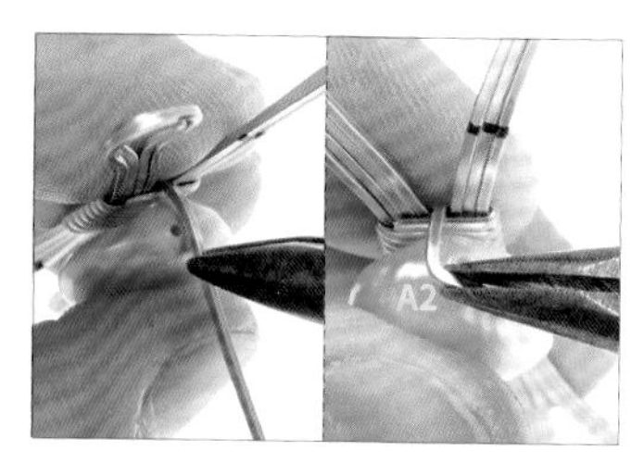

32 以尖嘴鉗彎折線A2。【註：線A2彎折的高度約為裸石高度的1/2到2/3之間。】

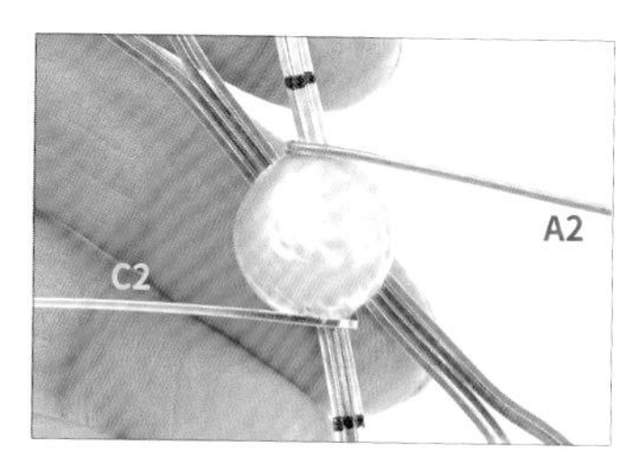

33 重複步驟32，將線C2彎折。【註：此為作品的正面。】

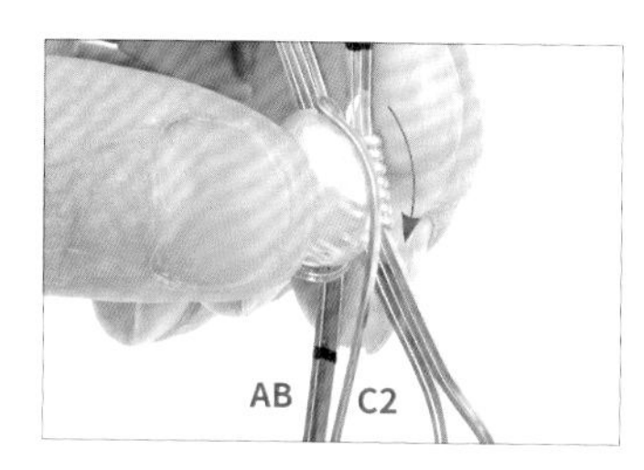

34 以作品正面為基準，將線C2順時針穿到線A、B後方。

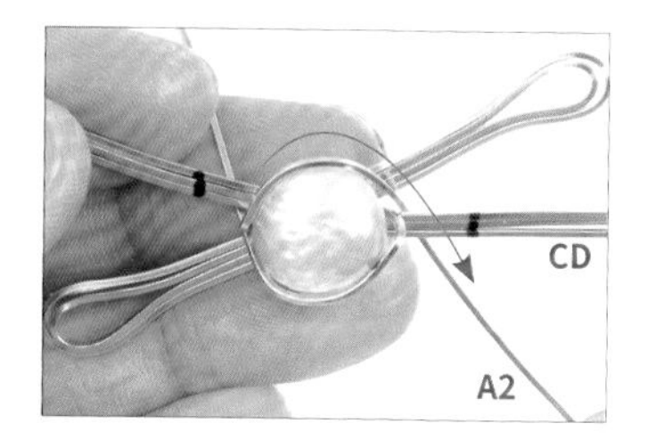

35 重複步驟34，將線A2順時針穿過線C、D下方。

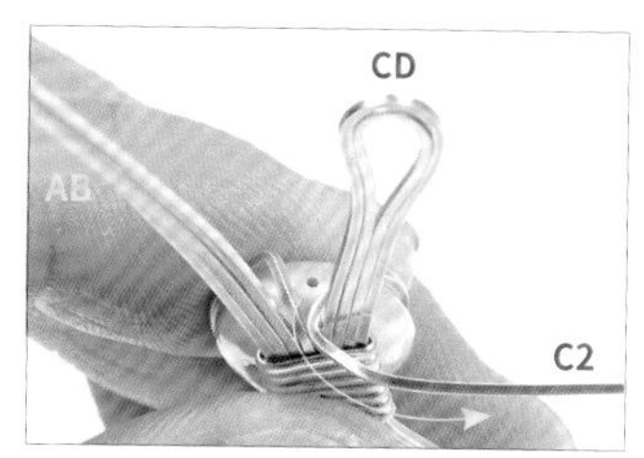

36 接續步驟34，將線C2反折到線C、D下方。

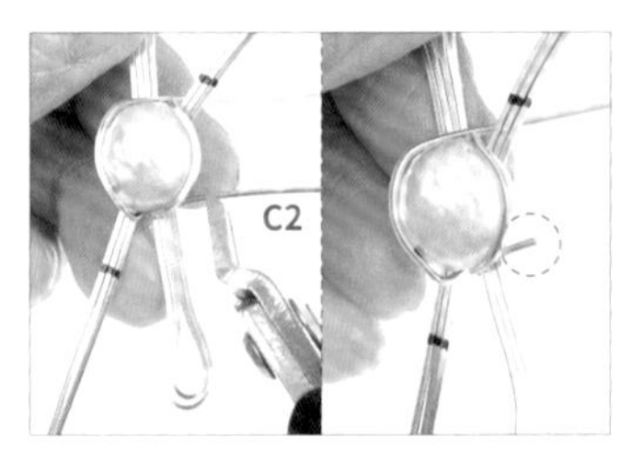

37 以斜口鉗剪掉多餘的線C2。

38 以平口鉗將線C2斷口往內夾緊收尾。

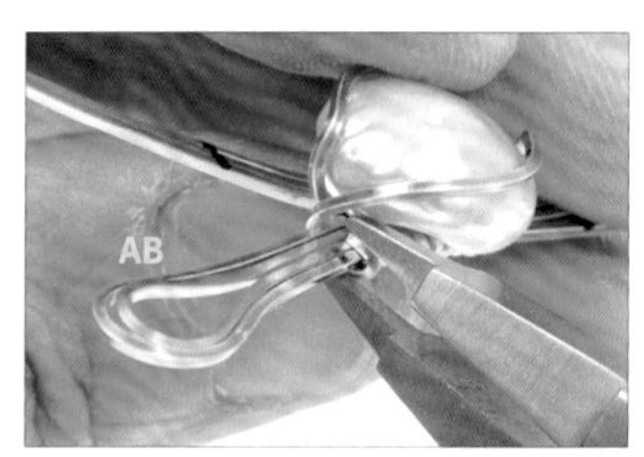

39 重複步驟36-38，線A2收尾完成。【註：將線A2反折到線A、B下方。】

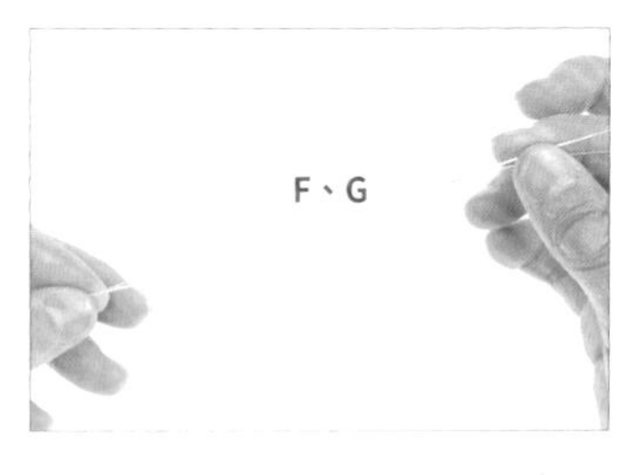

40 以斜口鉗剪下2條約40公分的21G金色半圓線。【註：為線F、G。】

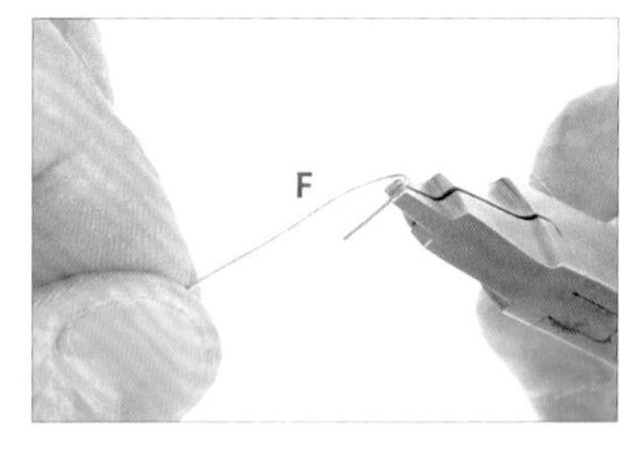

41 以平口鉗將線F折成彎鉤形。

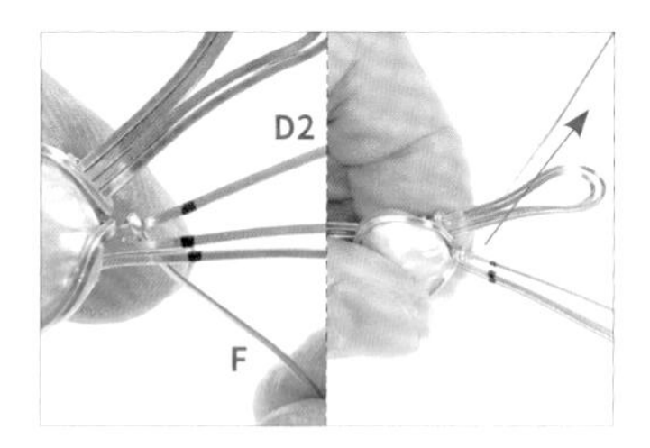

42 承步驟41，將線F勾入線D2，並纏繞線D2一圈。

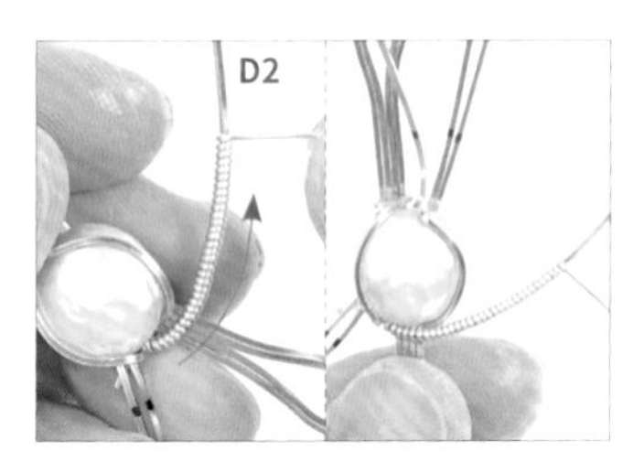

43 重複步驟42，持續纏繞線D2，並將線D2逆時針彎折。

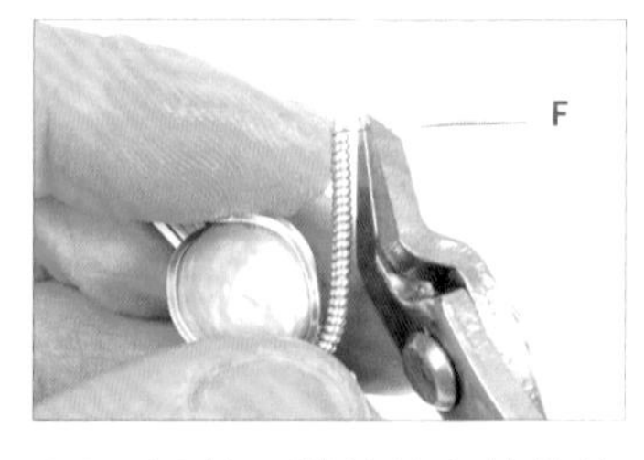

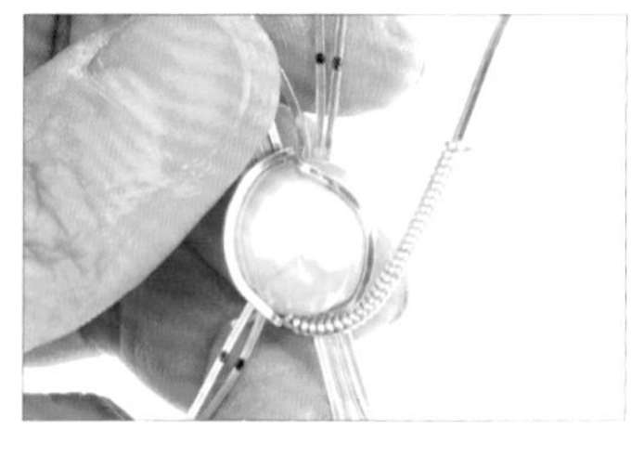

44 以斜口鉗剪掉多餘的線F。

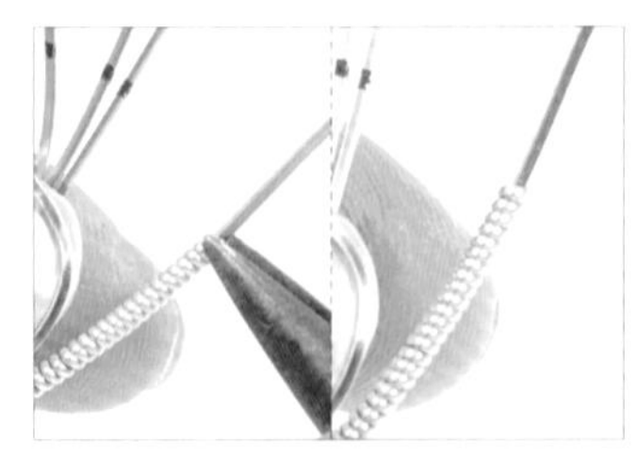

45 以平口鉗將線F斷口往內夾緊收尾。

46 以斜口鉗剪掉另一端多餘的線F。【註：此為作品的背面。】

47 將線D2沿著珍珠邊緣逆時針彎折出圓弧形。

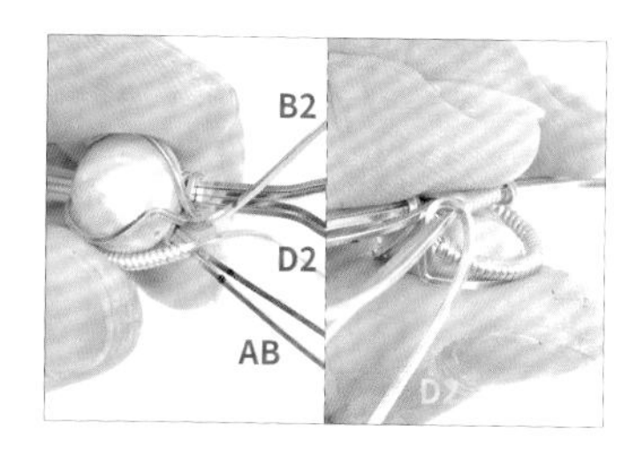

48 承步驟47，以線D2繞到線A、B下方。【註：須先把線B2拉開，以免線D2纏繞到線B2。】

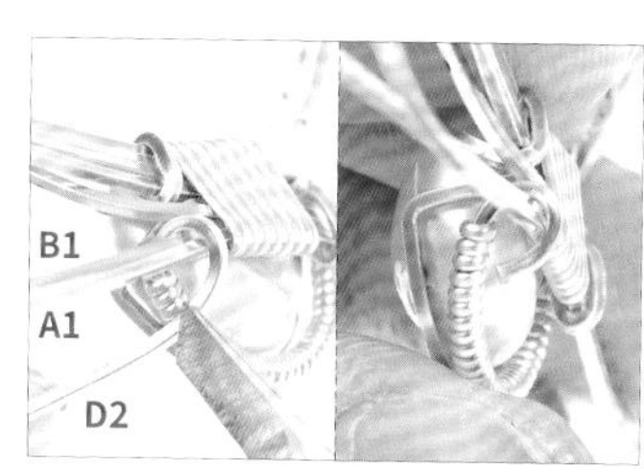

49 以斜口鉗剪掉多餘的線D2，並反折到線A1、B1上方。

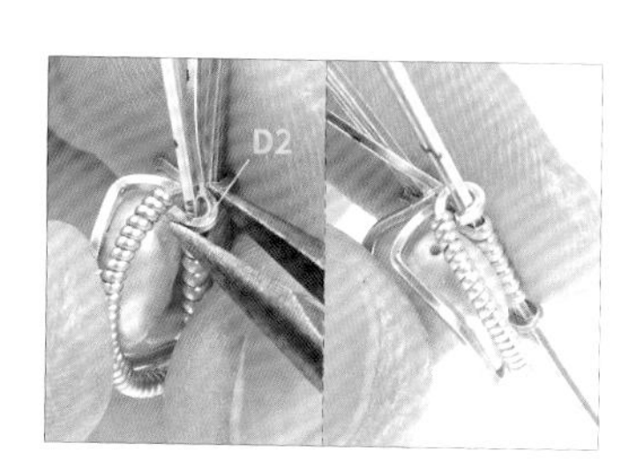

50 以平口鉗將線D2斷口往內夾緊收尾。

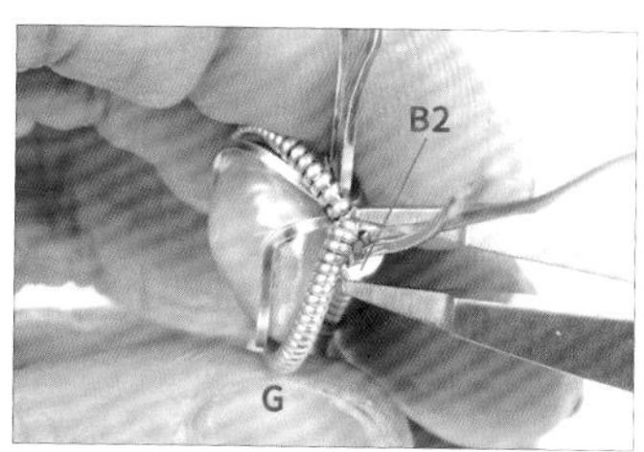

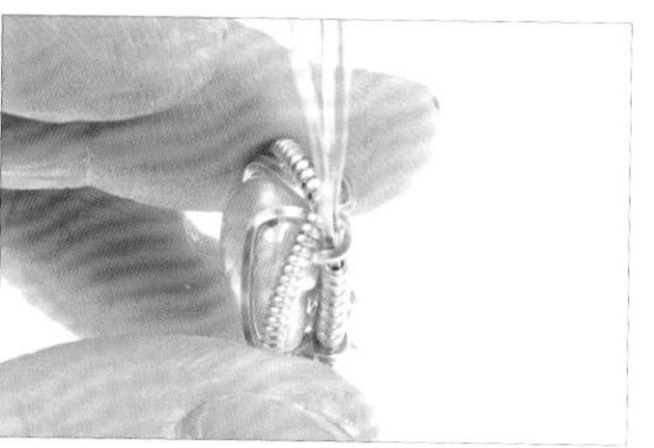

51 重複步驟41-50，取線G纏繞線B2。

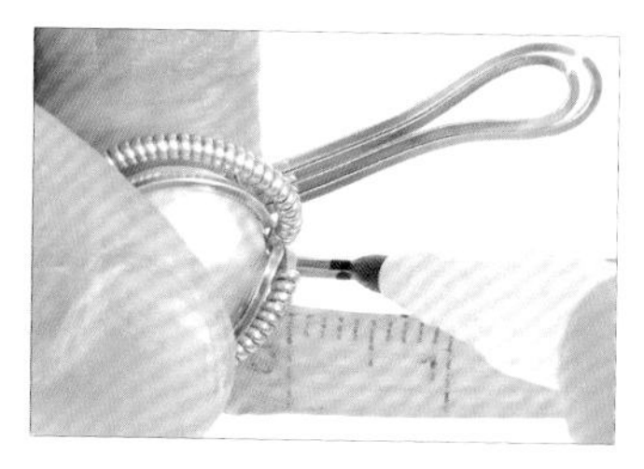

52 以捲尺為輔助，取黑色奇異筆，在線上距離珍珠0.2公分處繪製記號。【註：預留線材收尾的空間。】

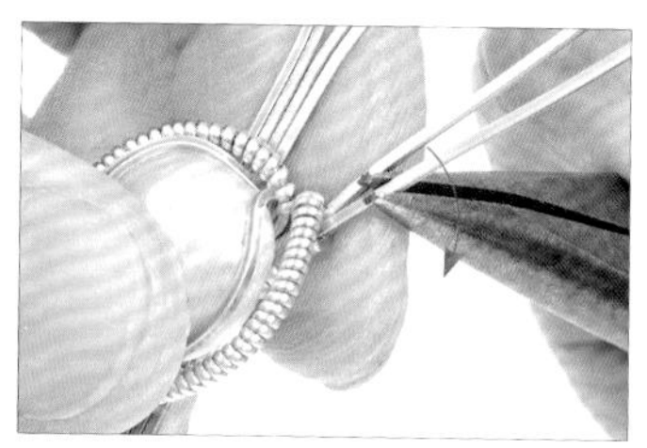

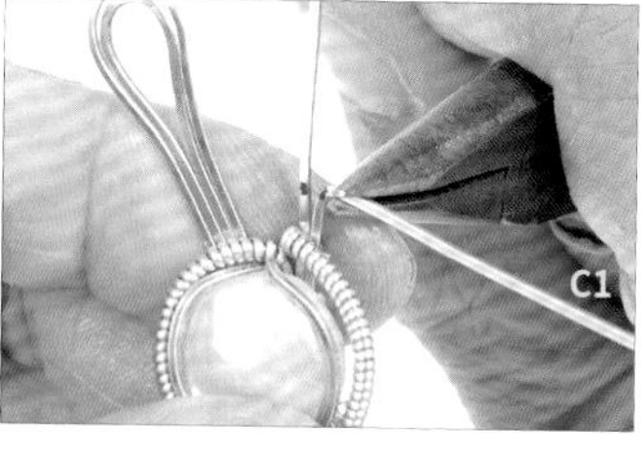

53 以尖嘴鉗將線C1從記號處彎折。

54 重複步驟53，將線D1彎折。

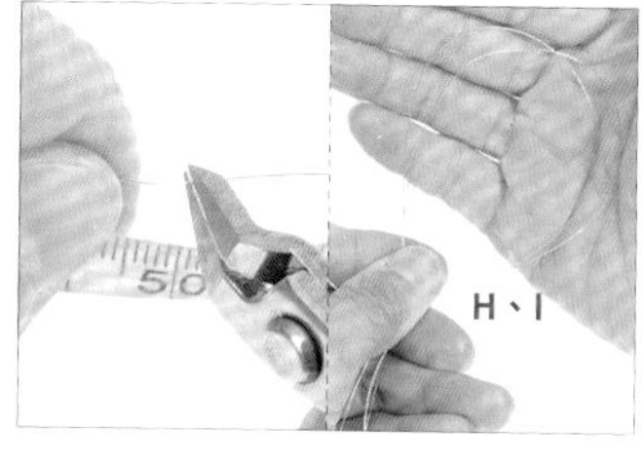

55 以斜口鉗剪下2條約50公分的28G線。【註：為線H、I。】

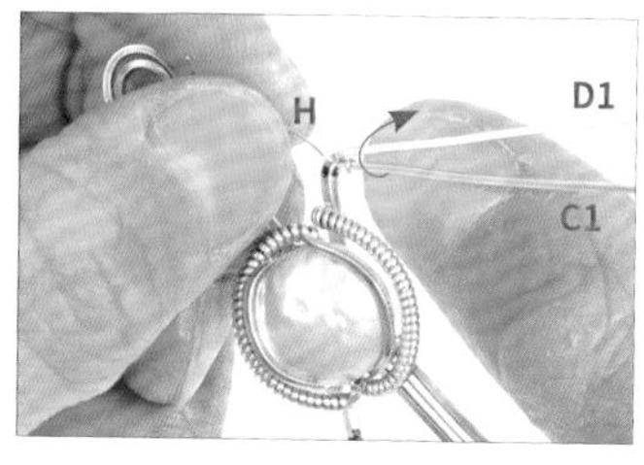

56 以線H纏繞線C1一圈。

57 重複步驟56，纏繞線C1五圈。

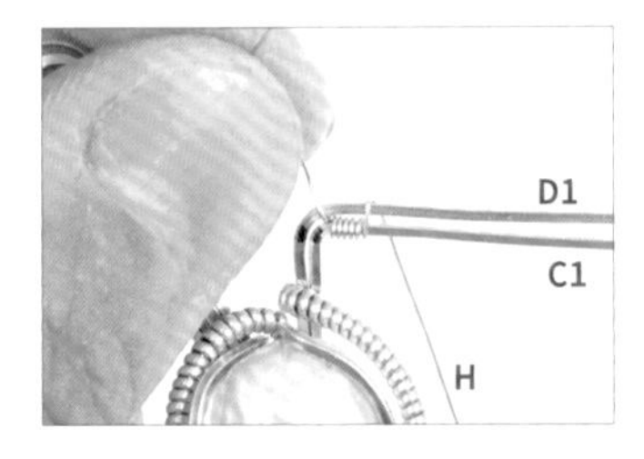

58 以線H纏繞線C1、D1一圈。

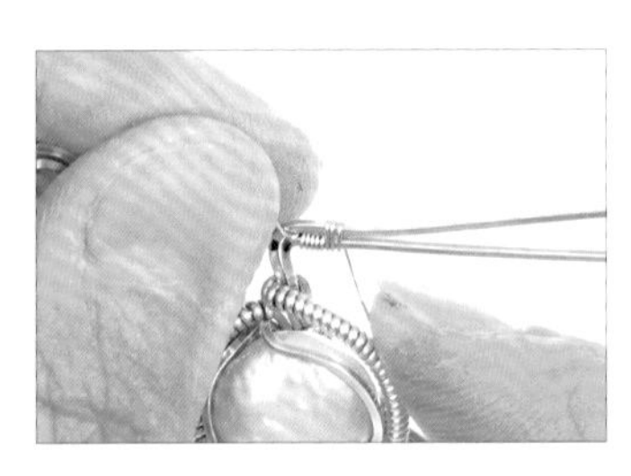

59 重複步驟58，纏繞線D1三圈，完成1組雙線繞法1。【註：雙線繞法1詳細步驟請參考P.16。】

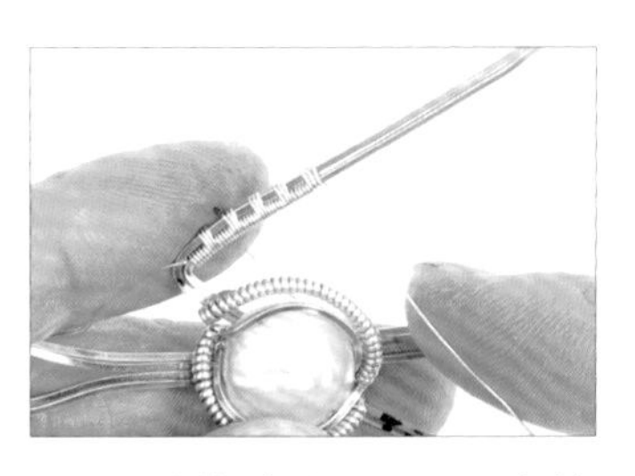

60 重複步驟57-59，在線C1、D1纏繞至適當長度。【註：長度越長，外觀越浮誇。】

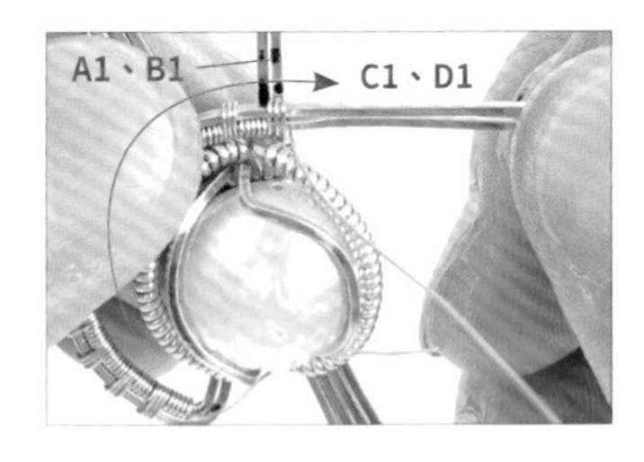

61 將線C1、D1彎折成圓弧形。【註：此時線C1、D1在線A1、B1上方。】

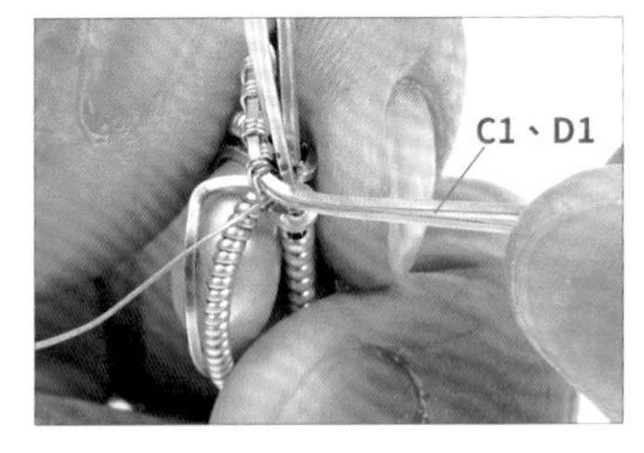

62 承步驟61，往珍珠背面彎折。【註：將線C1、D1反折到線A1、B1下方。】

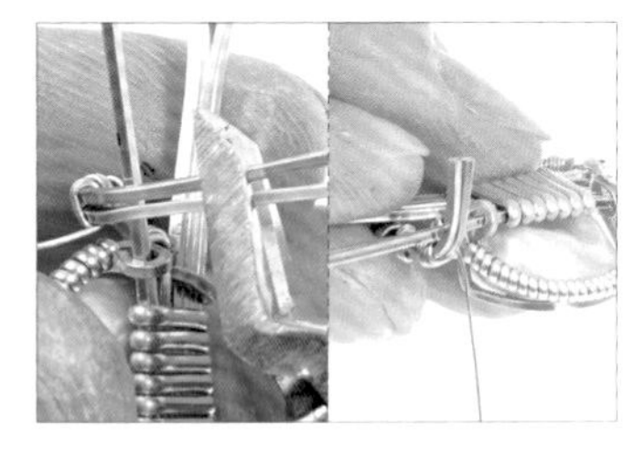

63 以斜口鉗剪掉多餘的線C1、D1，準備收尾。

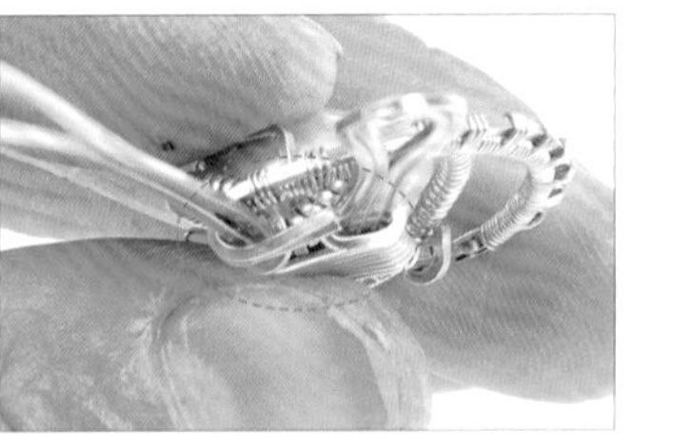

64 以平口鉗將線C1、D1斷口往內彎折，收尾。【註：此為作品的背面。】

65 以斜口鉗剪掉多餘的線C1、D1，準備收尾。

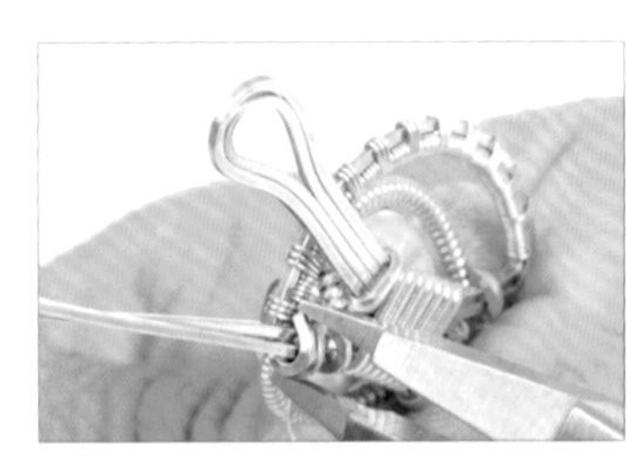

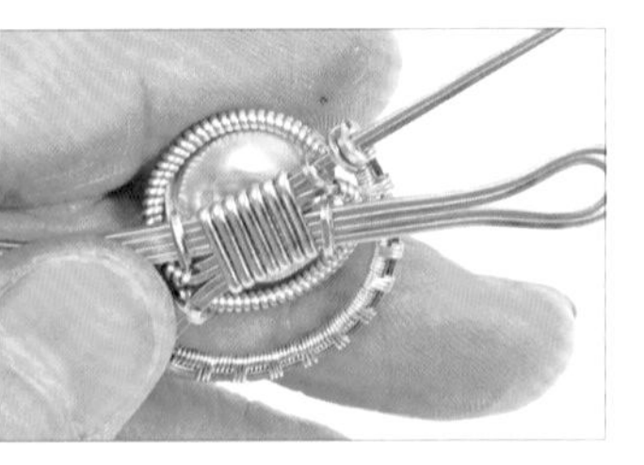

66 以平口鉗將線C1、D1斷口往內夾緊收尾。

67 以斜口鉗剪掉所有多餘的28G線。

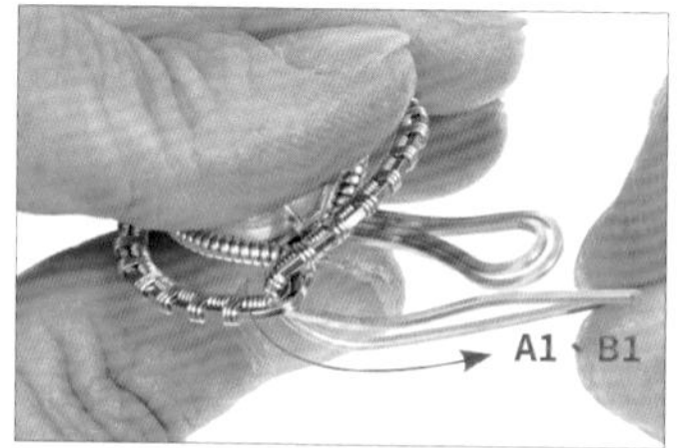

68 重複步驟57-62，在線A1、B1纏繞後，將線A1、B1穿過線C1、D1形成的環下方。【註：以線I纏繞。】

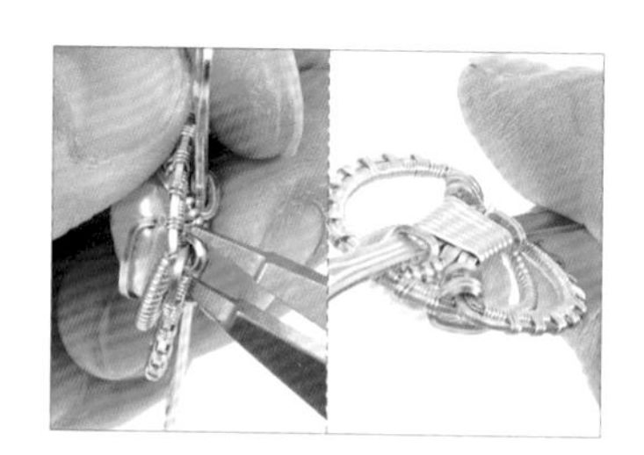

69 重複步驟63-67，線A1、B1斷口往內夾緊收尾。

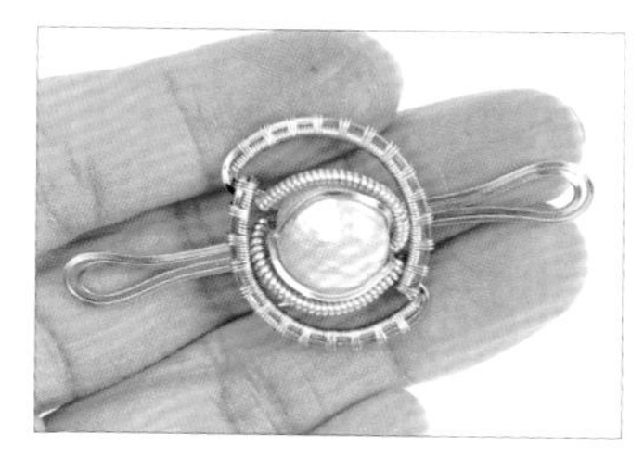

70 如圖，戒指初步製作完成。

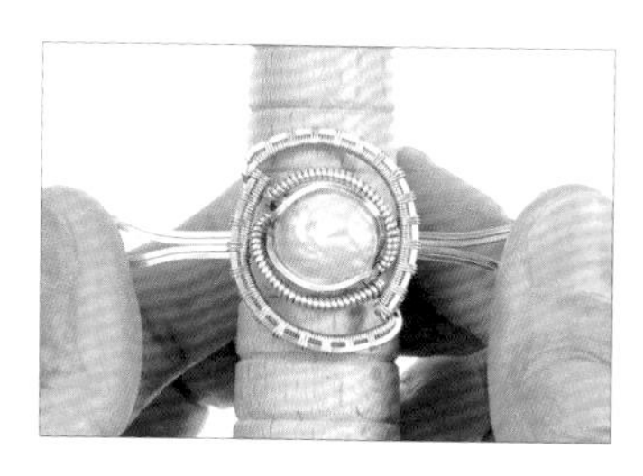

71 將戒指放在戒圍棒上。

72 以戒圍棒為輔助，將戒圈形塑成正圓形。

73 將戒指從戒圍棒中取出，並以尼龍平口鉗調整戒圈弧度。

74 如圖，一半．二分之一戒指製作完成。

創作小語

喜歡的戒指總是戴不下去嗎？此款戒指教學，讓戒指從戒圍的束縛解放。

一半．二分之一戒指
停格動畫 QRcode

河島鴉戒指

- 014 -

材料與工具 MATERIALS & TOOLS

◆ 線材

品項	用量
20G 紅銅色圓線	20 公分 × 2 條，為線 A、F。
22 G 紅銅色圓線	20 公分 × 4 條，為線 B、C、D、E。
28G 紅銅色圓線	150 公分 × 1 條，為線 G。 70 公分 × 1 條，為線 H。 25 公分 × 4 條，為線 I、M、J、N。 20 公分 × 2 條，為線 K、L。

◆ 石材

★尺寸依序為：長 × 寬 × 高

品項	用量
黑太陽石	1 顆。【裸石大小：1.5 公分 × 1.9 公分 × 1.1 公分。】
珍珠	2 顆。

◆ 工具

捲尺、斜口鉗、透氣膠帶、黑色奇異筆、尖嘴鉗、圓嘴鉗、戒圍棒、橡膠槌。

步驟說明 STEP BY STEP

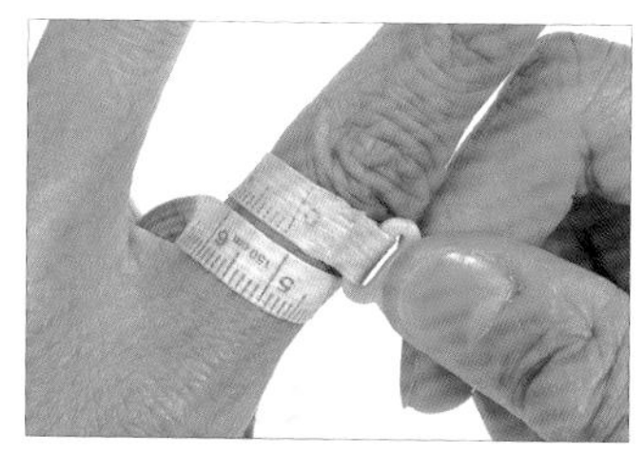

01 以捲尺纏繞手指一圈，以測量要製作的戒圍大小，為5.2公分。

02 以斜口鉗剪下2條約20公分的20G線。【註：為線A、F。】

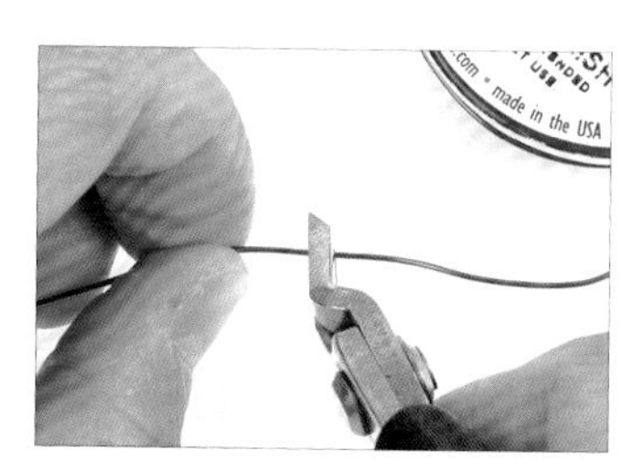

03 以斜口鉗剪下1條約20公分的22G線。【註：為線B～E。】

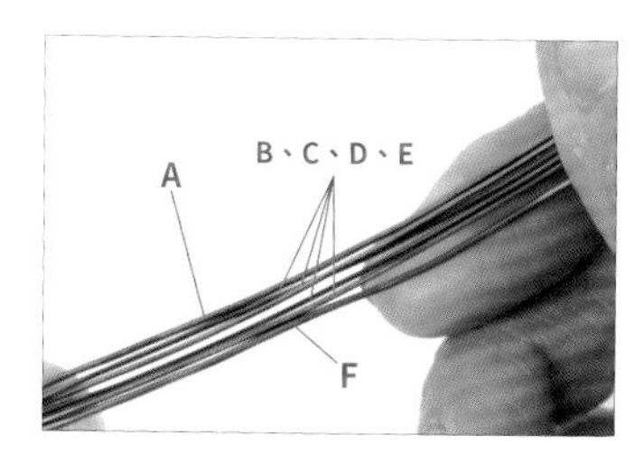

04 將6條線併排，並將線A、F分別放在兩側，而線B、C、D、E放在中間。

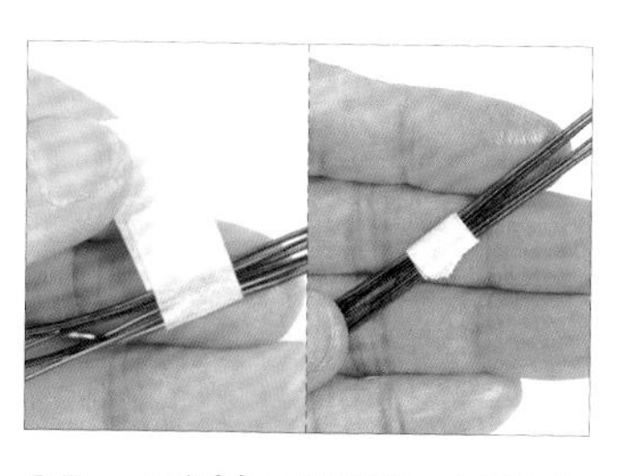

05 以透氣膠帶將6條線左側纏繞一圈後，黏貼固定。

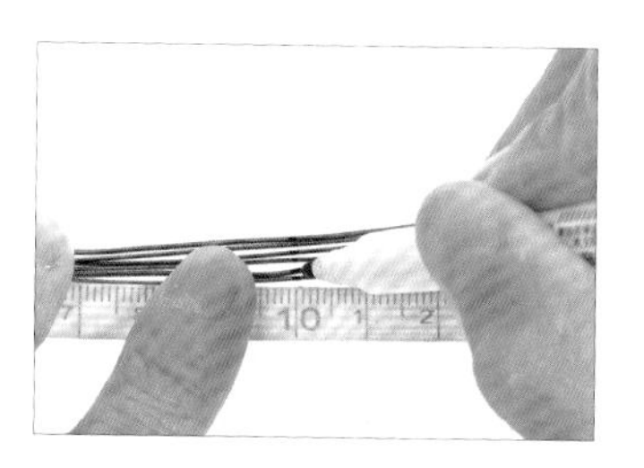

06 以捲尺為輔助，取黑色奇異筆，在線的中間繪製記號，為戒腳位置。【註：此作品的中間為10公分處。】

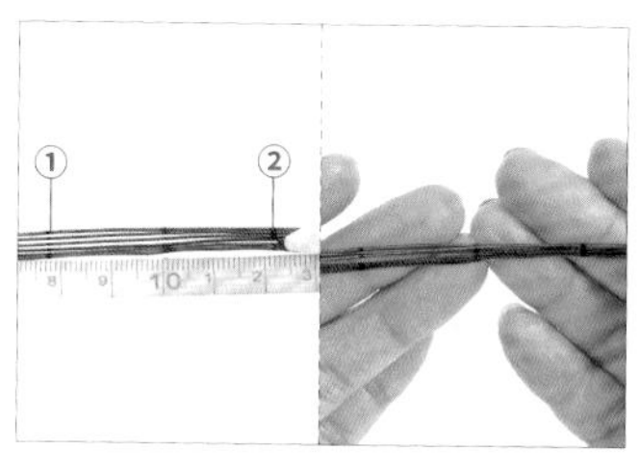

07 承步驟6，在左右距離戒腳2.2公分處繪製記號，為點①、②。【註：（戒圍5.2-1）÷2＝2.2。】

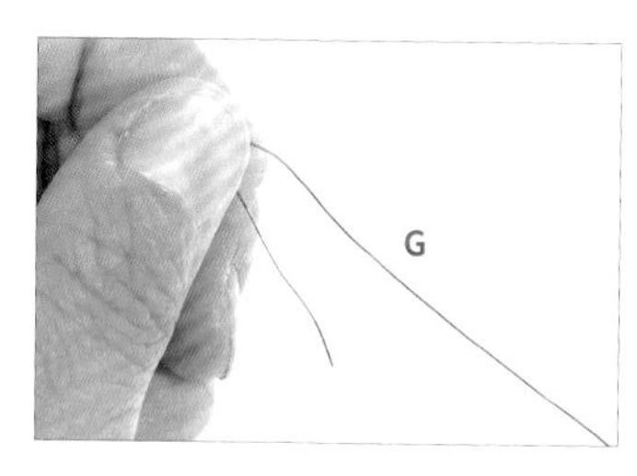

08 取1條約150公分的28G線，為線G，並將線G折成彎鉤形。

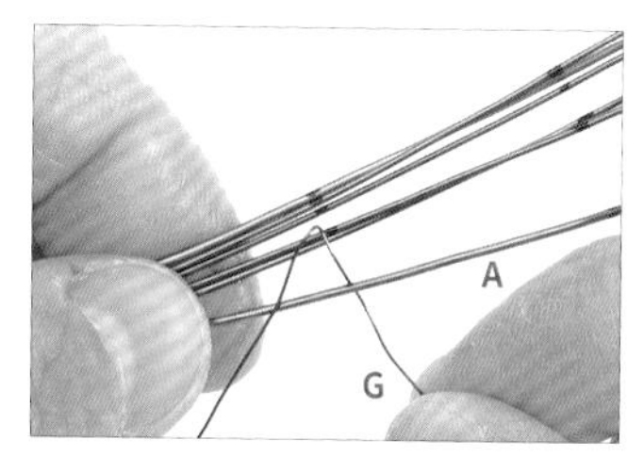

09 承步驟8，將線G勾入線A。

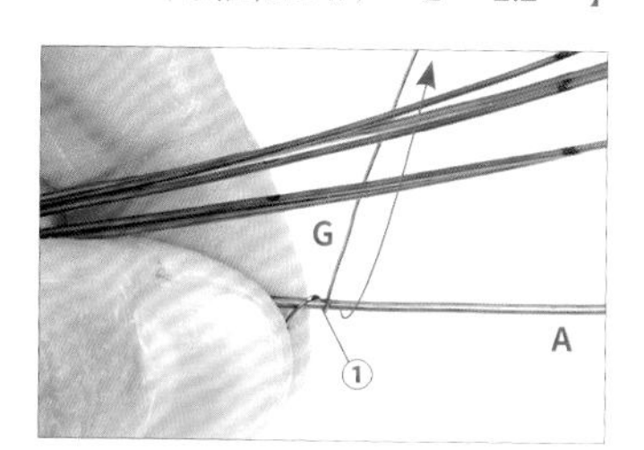

10 用左手指腹將線G左側壓在線A的點①上，並纏繞線A一圈。

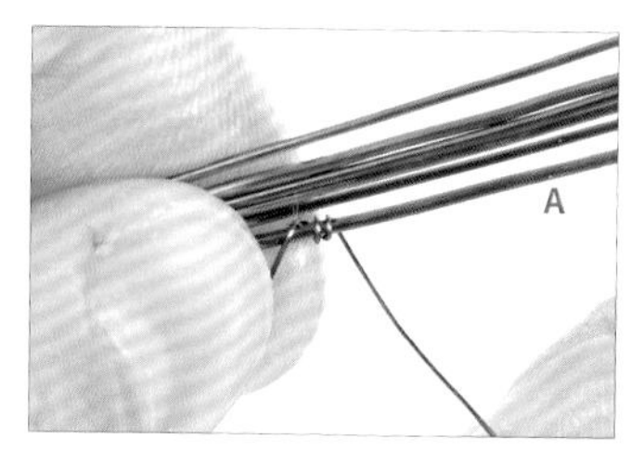

11 重複步驟10，纏繞線A兩圈。

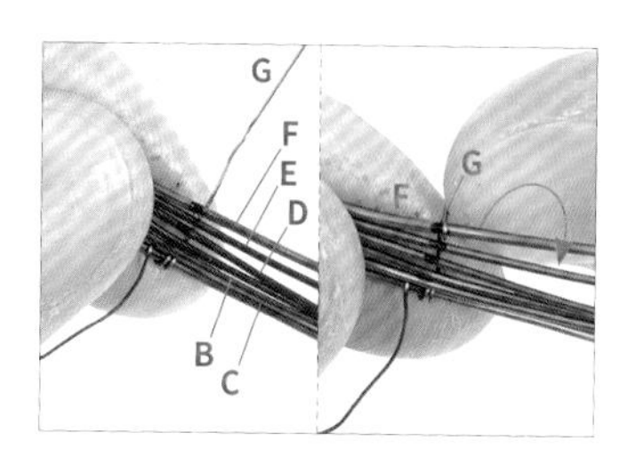

12 將線G穿過線B、C、D、E、F下方後，往上纏繞線F一圈。

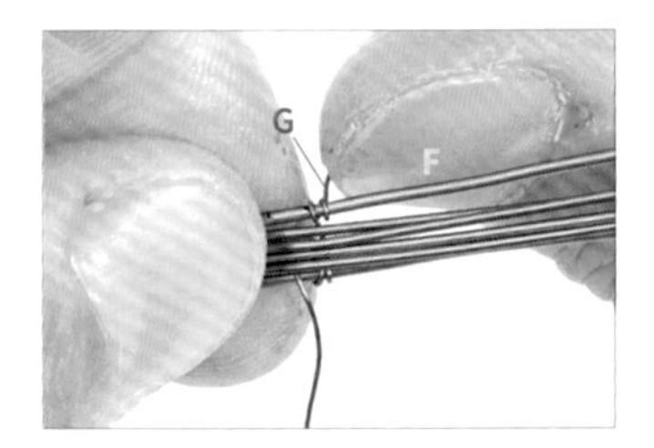

13　承步驟12，以線G纏繞線F兩圈。

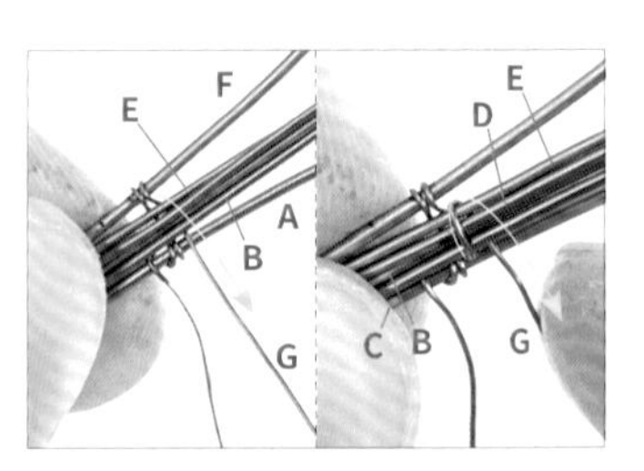

14　將線G穿過線B、C、D、E下方後，往上纏繞一圈。

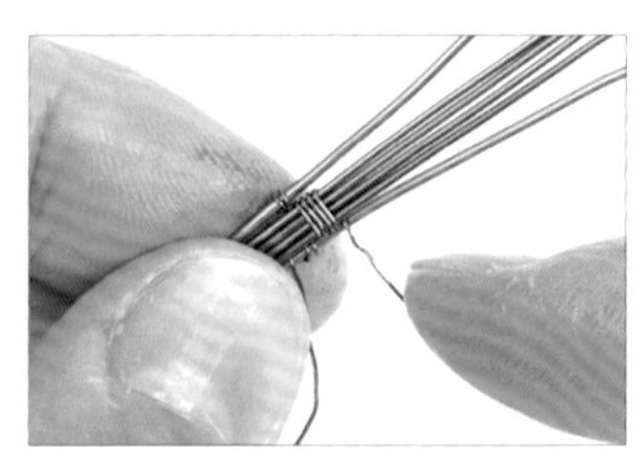

15　重複步驟14，將線B、C、D、E纏繞四圈。

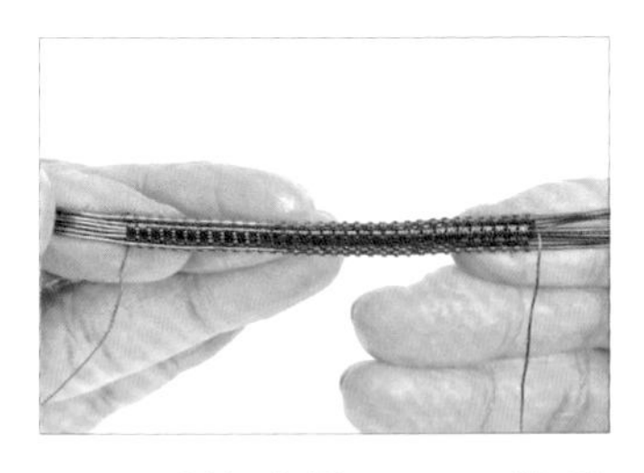

16　重複步驟10-15，將點①到點②的範圍，以線G纏繞填滿。

17　以斜口鉗將線G兩端多餘的金屬線剪掉。

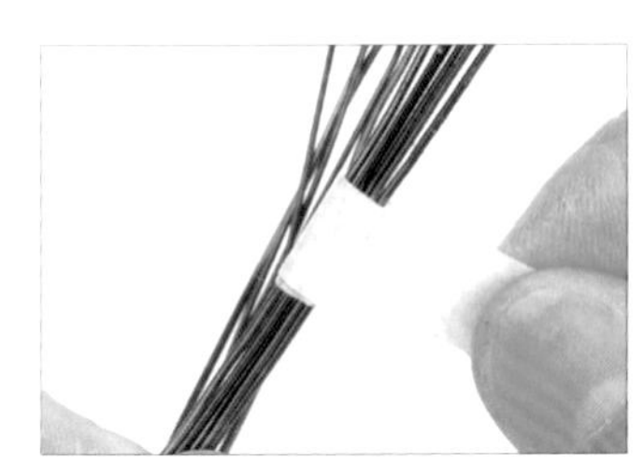

18　將透氣膠帶撕除。【註：因已有線段纏繞，不須再以透氣膠帶固定。】

19　用手將線彎折出圓弧狀，為戒指的戒圍。

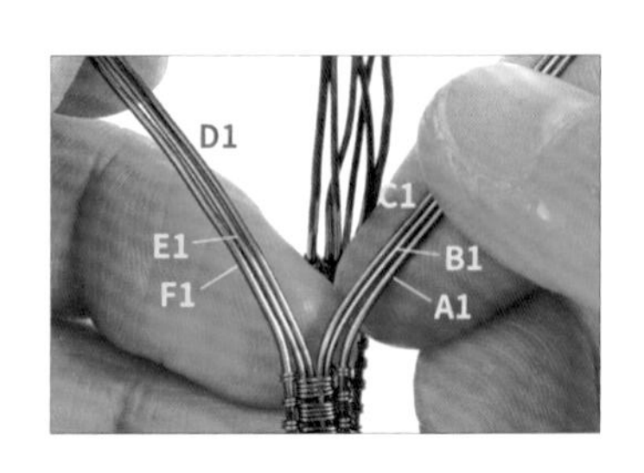

20　將戒圍一端的6條線均分成左右各3條，為線A1、B1、C1及線D1、E1、F1。

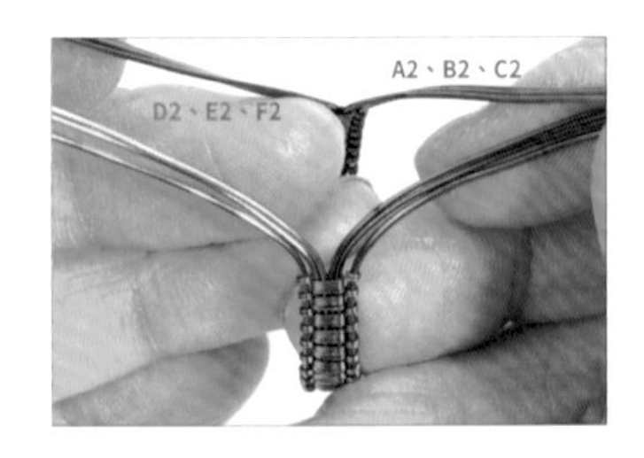

21　重複步驟20，均分戒圍另一端的線，為線A2、B2、C2及線D2、E2、F2。

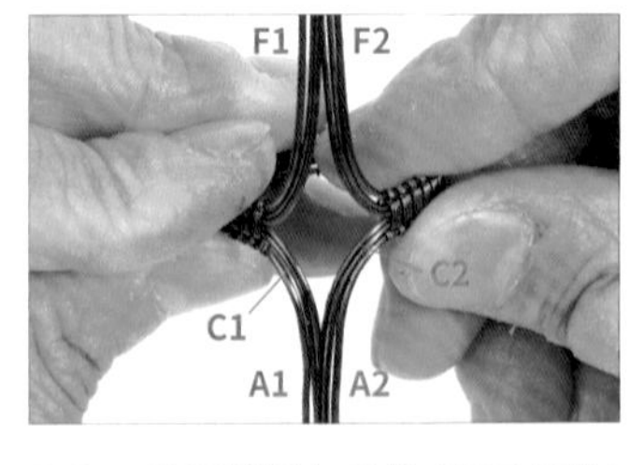

22　將兩端均分的線互相對接，形成一個四邊形鏤空處，為放置戒指主石的位置。

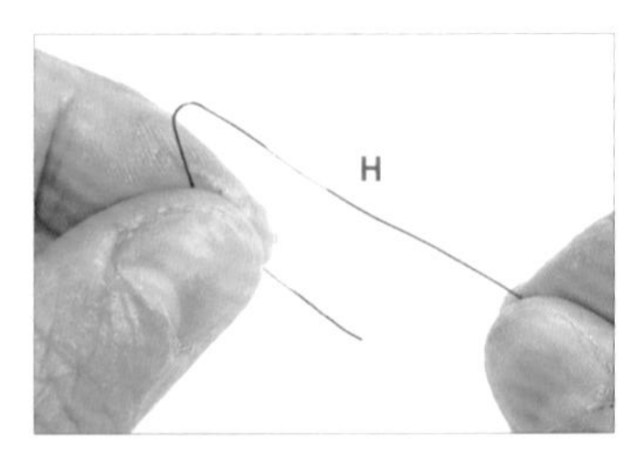

23　取1條約70公分的28G線，為線H，並將線H折成彎鉤形。

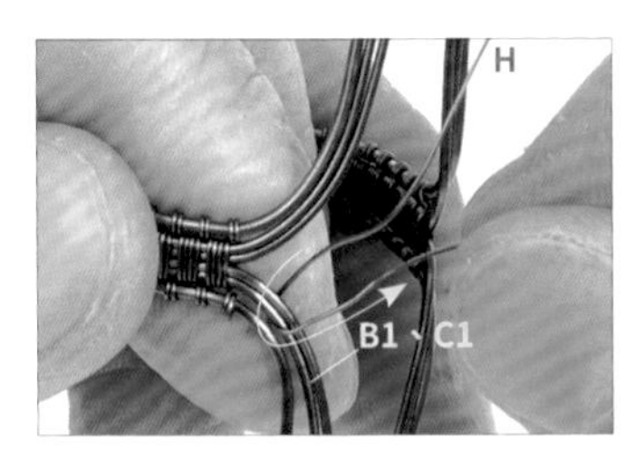

24　承步驟23，將線H的彎鉤形勾入線B1、C1。

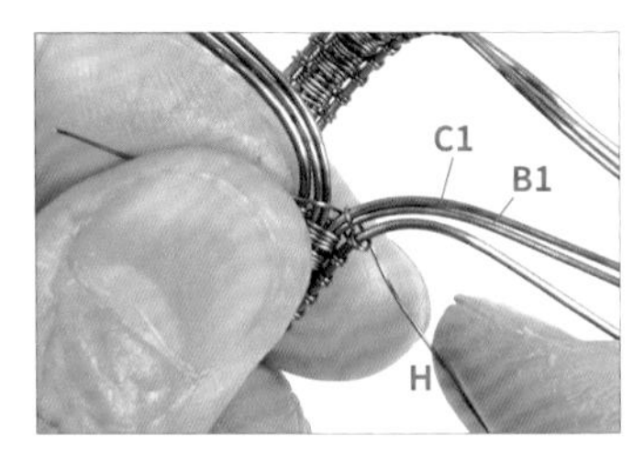

25　以線H纏繞線B1、C1一圈。

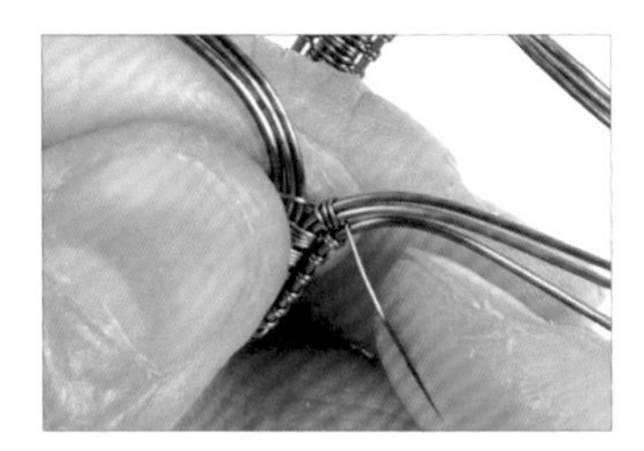

26　重複步驟25，將線B1、C1纏繞三圈。

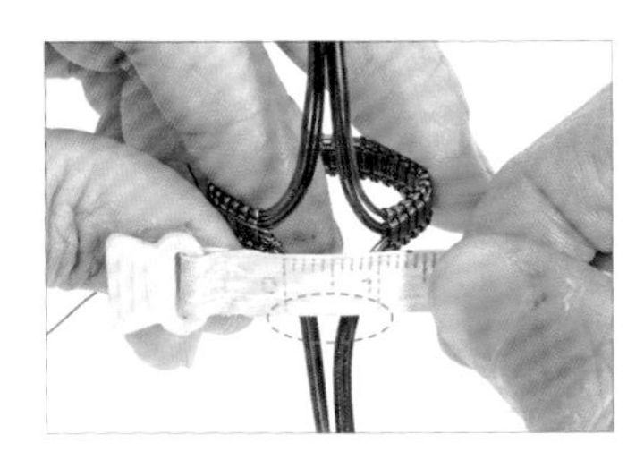

27　取捲尺，測量出兩組3條線間距約為1公分的位置。【註：此處為放置裸石的位置。】

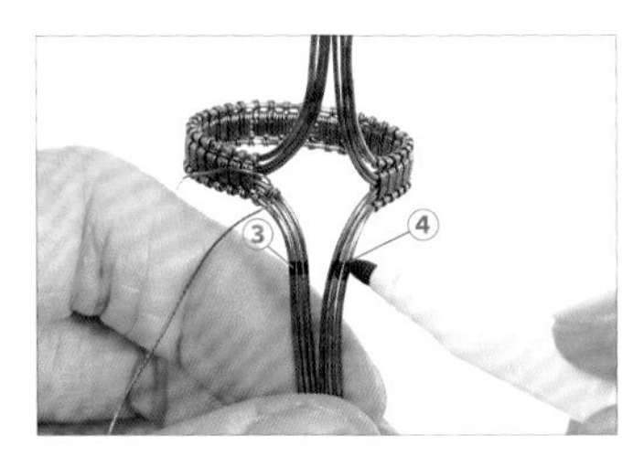

28　承步驟27，以黑色奇異筆在線上繪製記號，為點③、④。【註：點③、④為最近合併記號，同時符合裸石大小。】

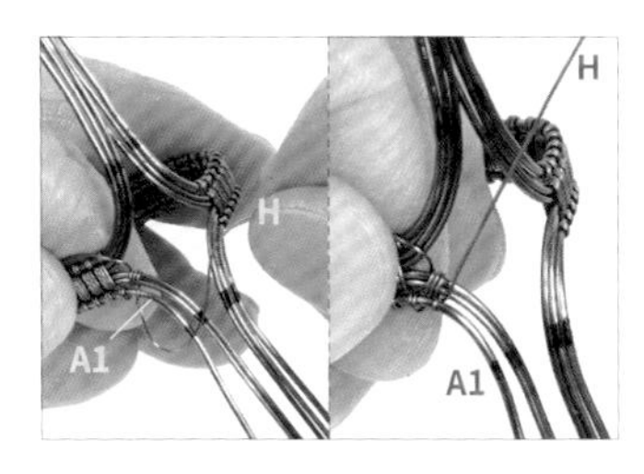

29　接續步驟26，以線H纏繞線A1一圈。

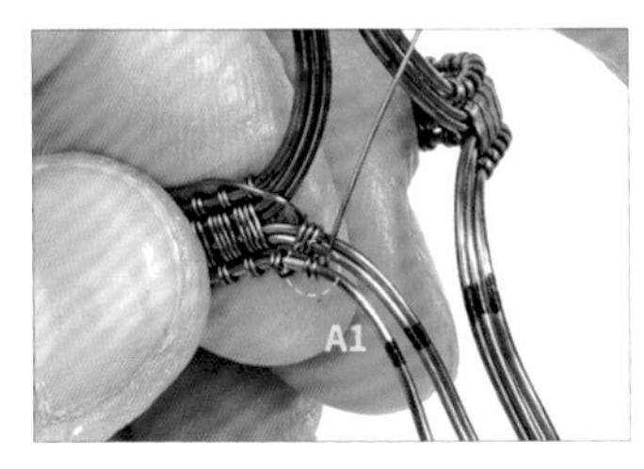

30　重複步驟29，纏繞線A1兩圈。

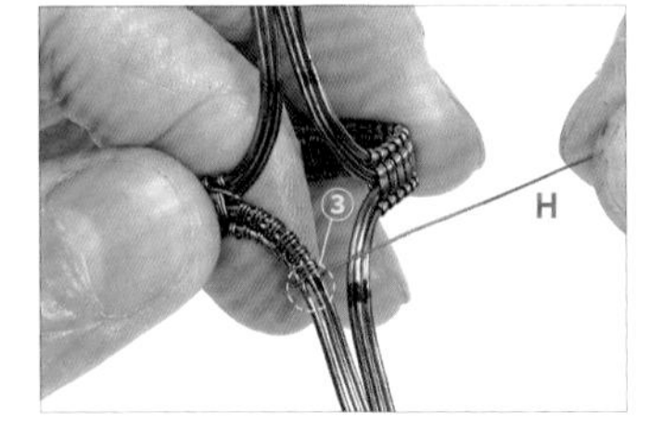

31　重複步驟25-26及29-30，以線H纏繞至記號點③的位置。

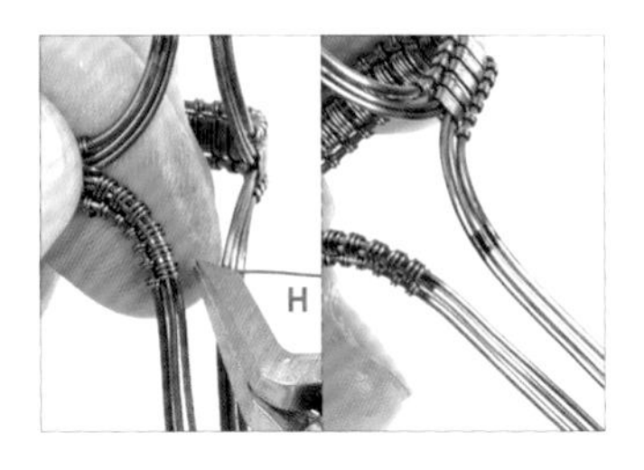

32　以斜口鉗剪掉多餘的線H。【註：須預留剪下的線，備用。】

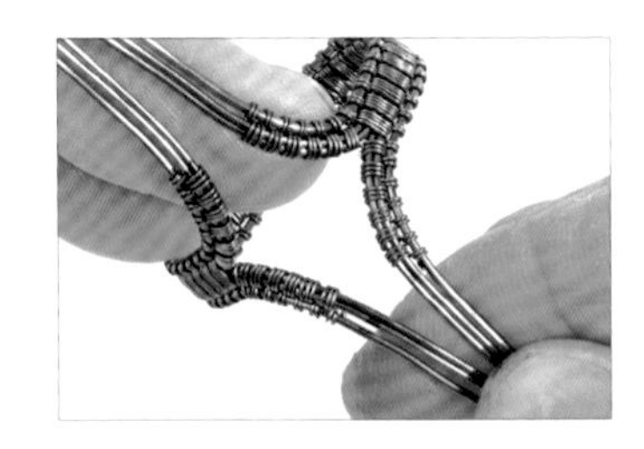

33　重複步驟23-32，將四邊形鏤空處纏繞完成。【註：以步驟32剪下的線製作。】

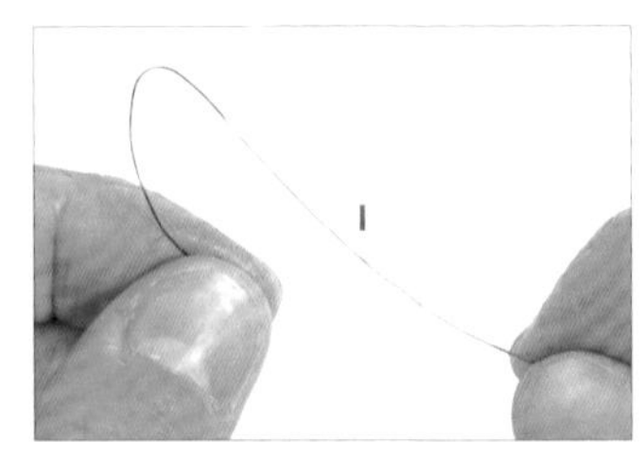

34　取1條約25公分的28G線，並將線彎折成彎鉤形。【註：共須2條，為線I、M。】

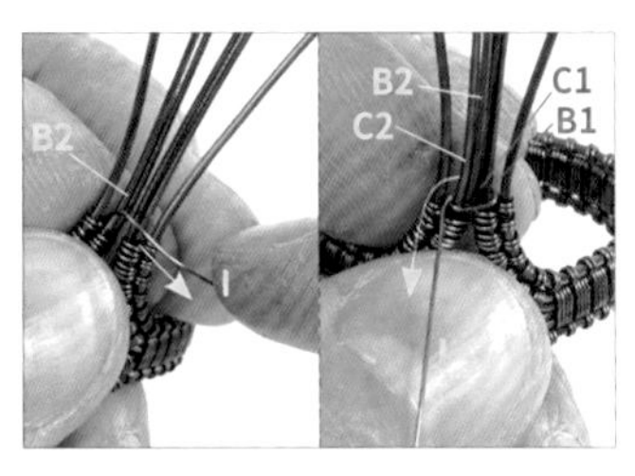

35　承步驟34，將線I勾入線B2，並纏繞線B1、C1、B2、C2一圈。

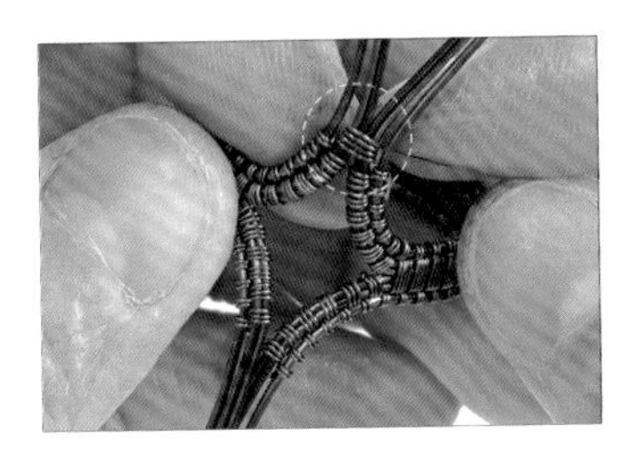

36　重複步驟35，纏繞四圈。

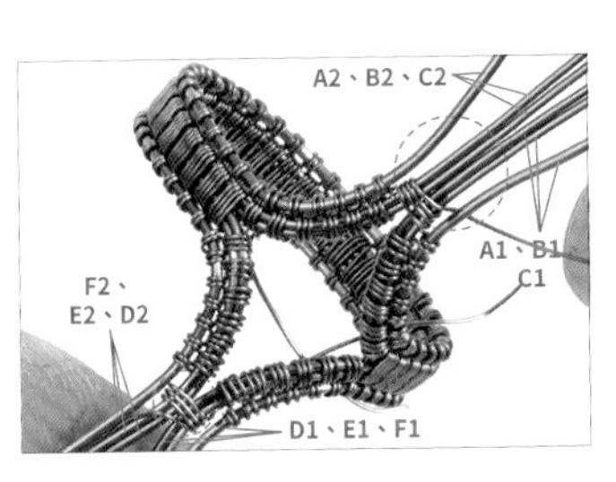

37　重複步驟34-36，以線M纏繞線D1、E1、D2、E2四圈。

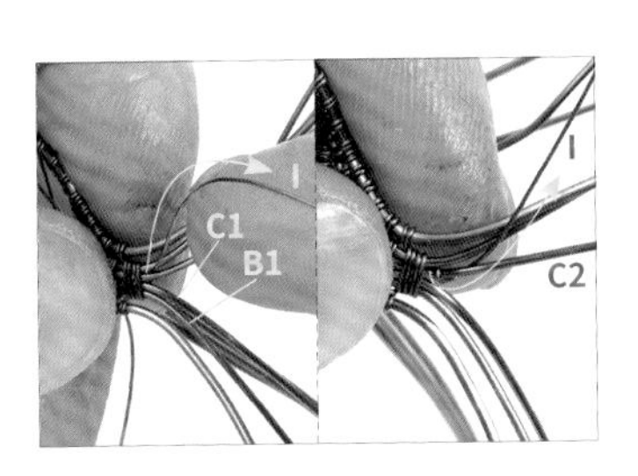

38　接續步驟36，將線I穿過線B1、C1、C2下方後，往上纏繞C2一圈。

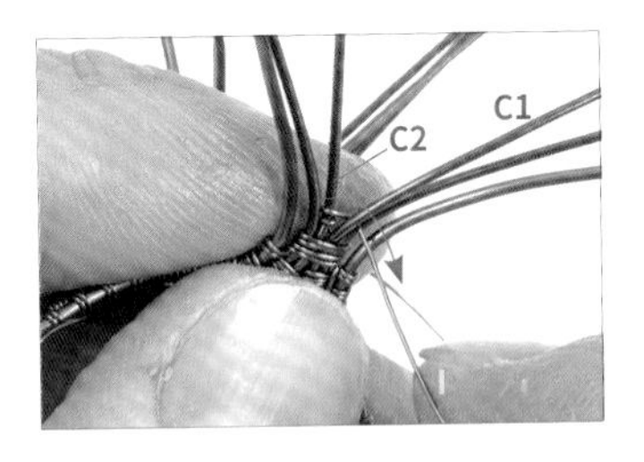

39　重複步驟38，將線I纏繞線C2兩圈，並穿過線C1下方。

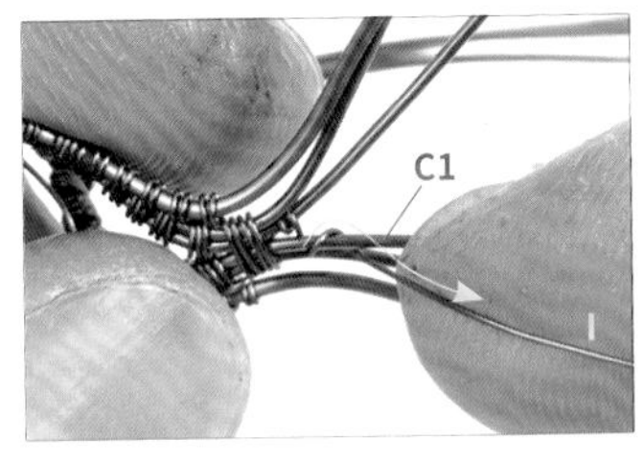

40　承步驟39，以線I纏繞線C1一圈，完成1組八字繞。【註：雙線八字繞法1詳細步驟請參考P.16。】

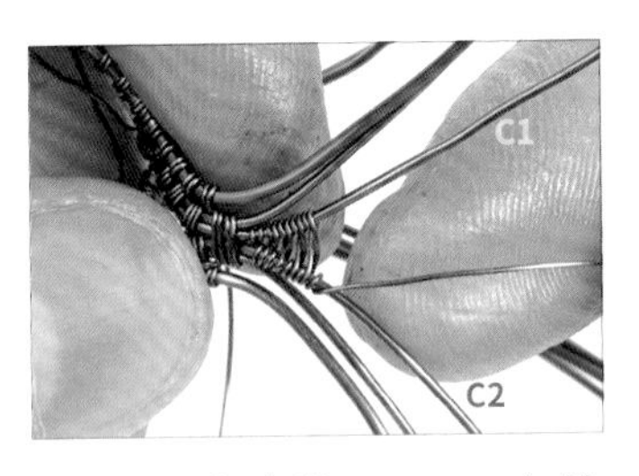

41　重複步驟38-40，在線C2、C1纏繞5組八字繞。【註：八字繞組數形成的高度，建議超過裸石高度的1/2。】

42　以斜口鉗剪掉多餘的線I，收尾。

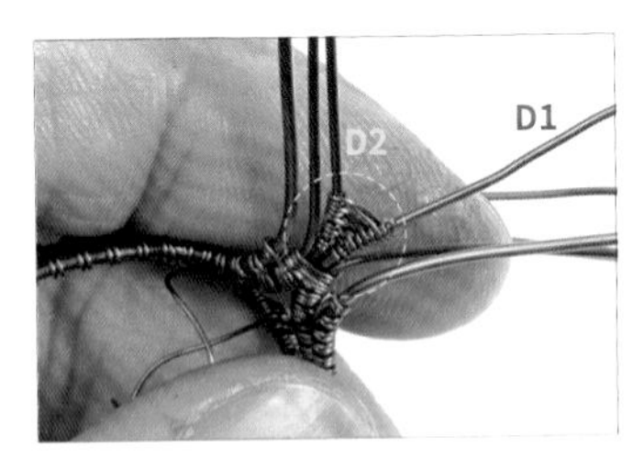

43　接續步驟37，並重複步驟38-42，完成線D1、D2的八字繞。

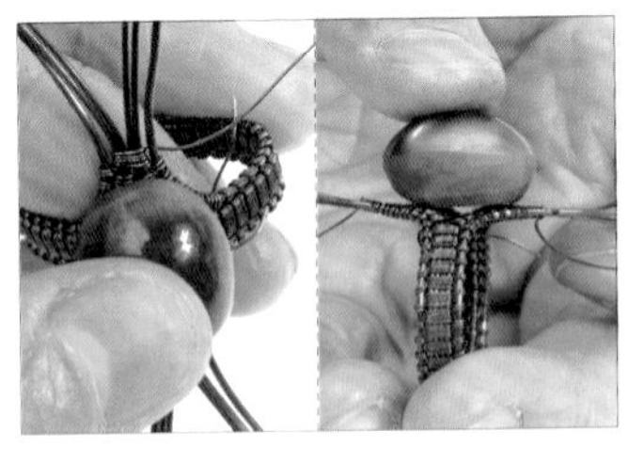

44　取黑太陽石，放在戒指的四邊形鏤空處上。

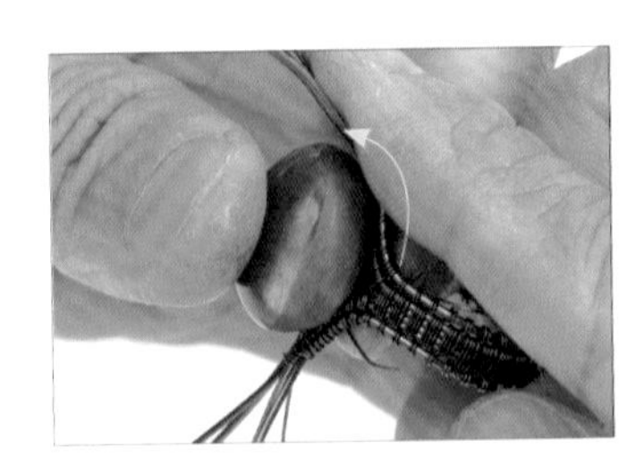

45　用手將一側的線沿著黑太陽石弧面彎折出弧形。

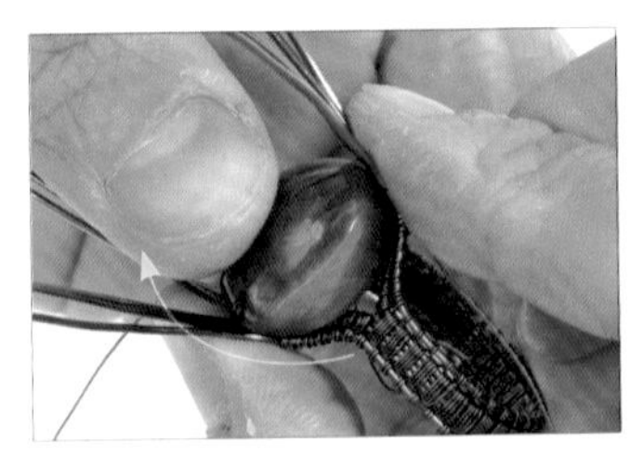

46　重複步驟45，將線彎折出可包覆黑太陽石的形狀。

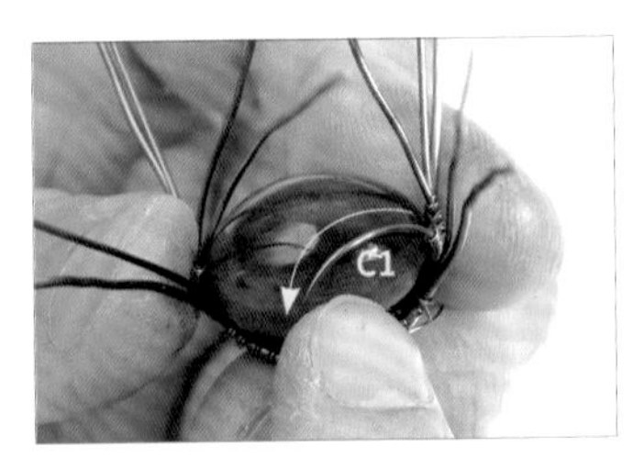

47　將線C1沿著黑太陽石表面往下彎折出圓弧形。

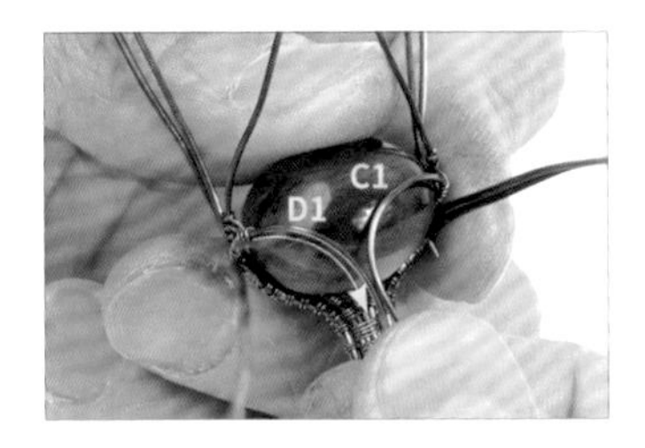

48 重複步驟47，將線D1往下彎折出圓弧形。

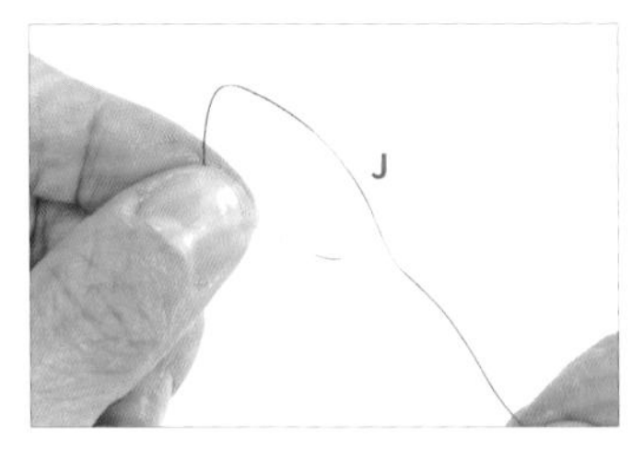

49 取1條約25公分的28G線，並將線彎折成彎鉤形。【註：共須2條，為線J、N。】

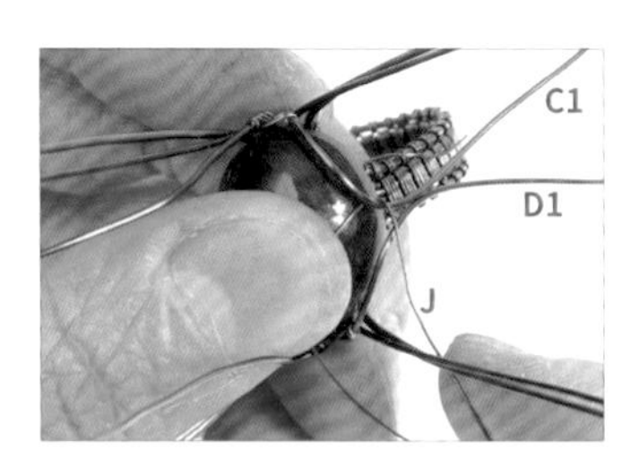

50 承步驟49，將線J勾入線C1。

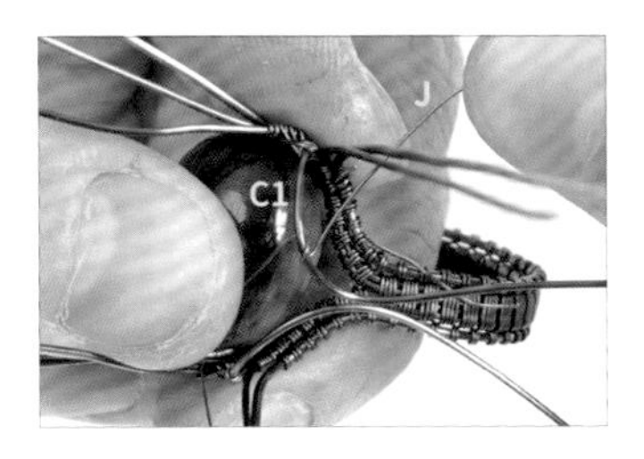

51 以線J纏繞線C1一圈。

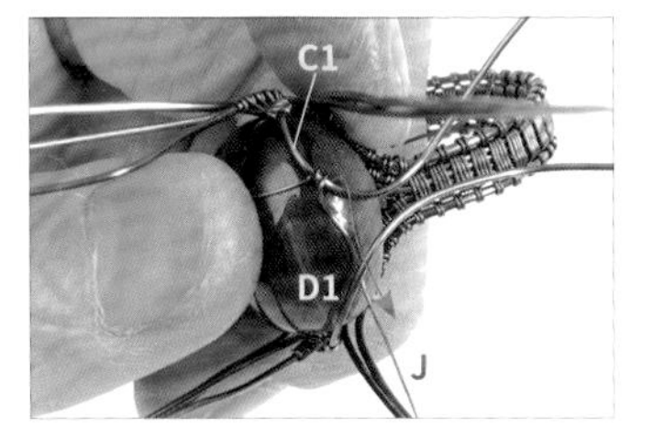

52 重複步驟50-51，纏繞線C1兩圈，並從穿過線D1下方。

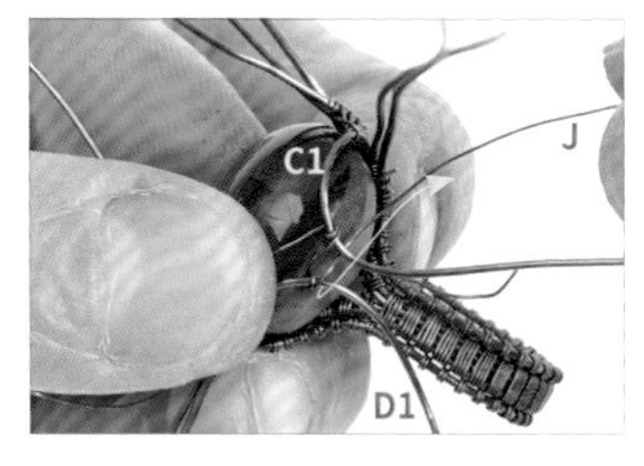

53 以線J纏繞線D1一圈，完成1組八字繞，並從穿過線C1下方。【註：雙線八字繞法1詳細步驟請參考P.16。】

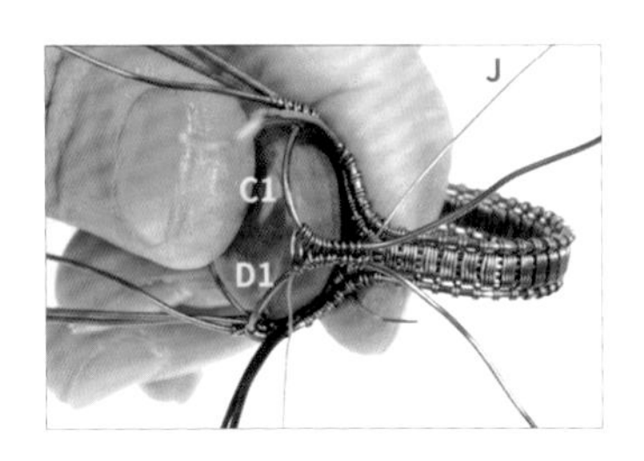

54 重複步驟50-53，在線C1、D1上纏繞6組八字繞。

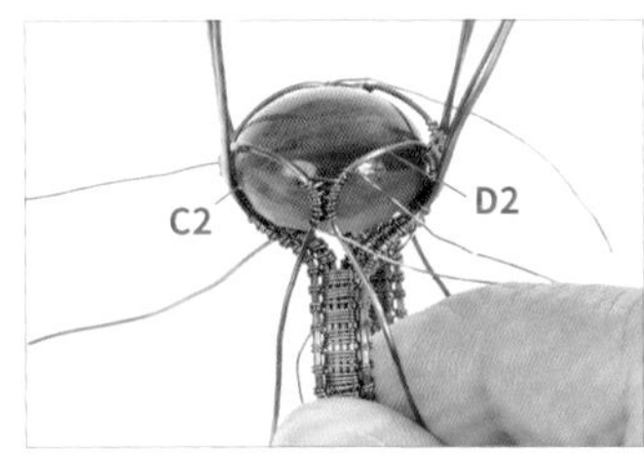

55 重複步驟49-54，將另一側的線C2、D2製作完成。【註：以線N製作。】

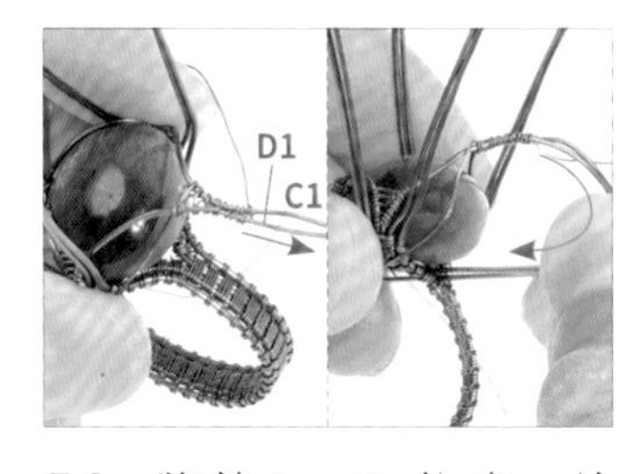

56 將線C1、D1拉直，並穿入黑太陽石下方的四邊形鏤空處。

57 以圓嘴鉗輔助，將線C1、D1拉入鏤空處。

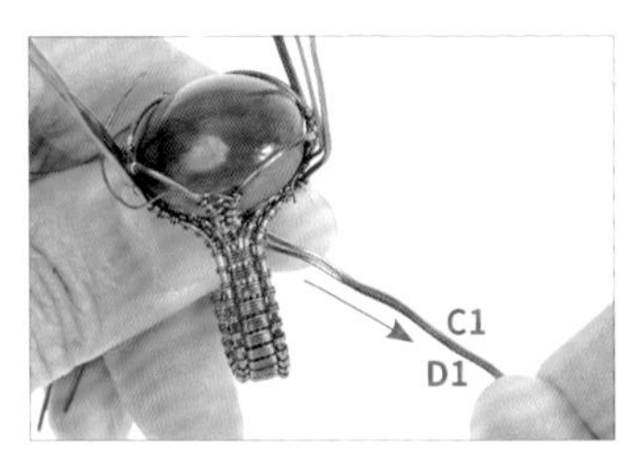

58 用手將線C1、D1拉出戒圈外。

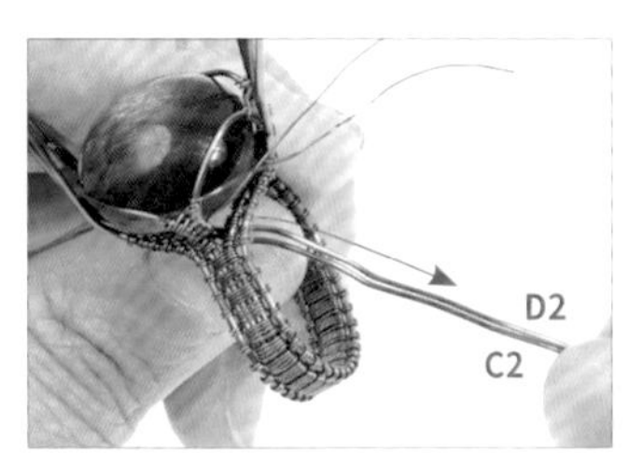

59 重複步驟56-58，將線C2、D2拉出戒圈外。

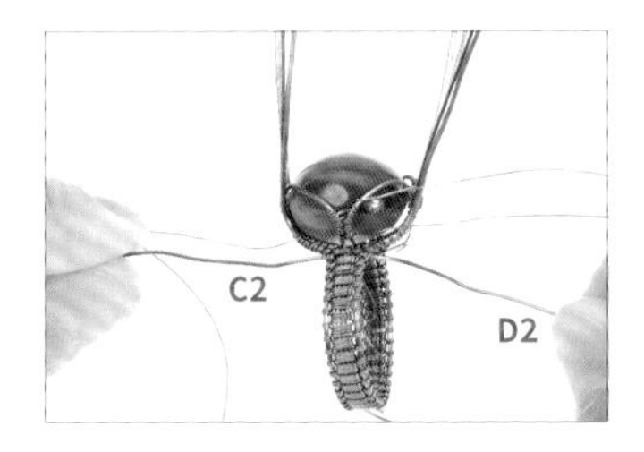

60　將線C2、D2分開，並分別放在戒圈的左右兩旁。

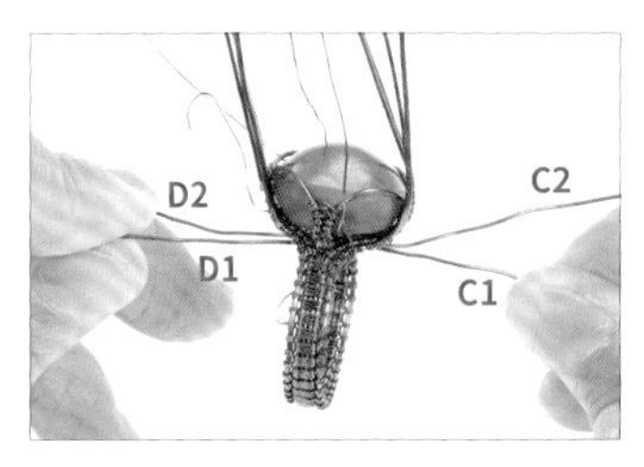

61　重複步驟60，將線C1、D1分開。

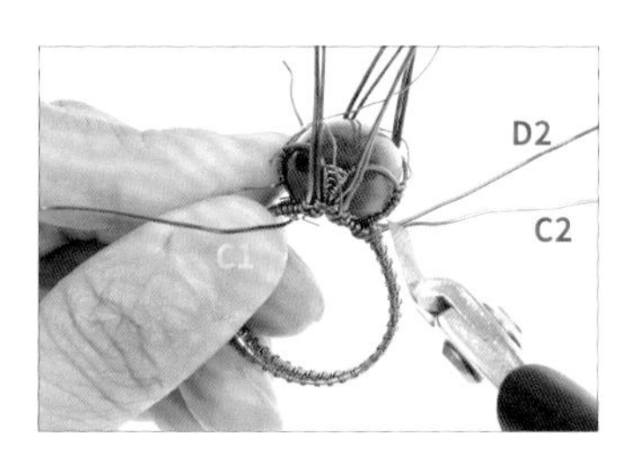

62　以斜口鉗剪掉多餘的線C2，準備收尾。

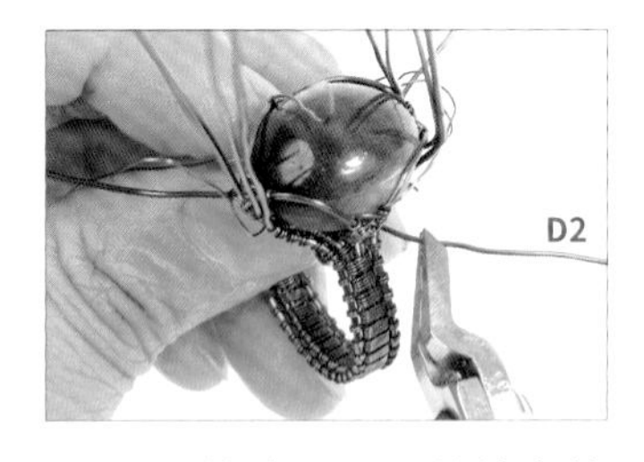

63　重複步驟62，剪掉多餘的線D2。

64　如圖，多餘線段剪掉完成。

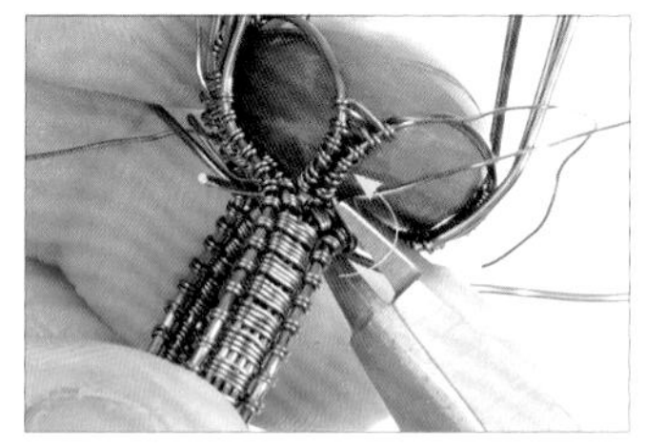

65　以平口鉗將線D2斷口往內夾緊收尾。

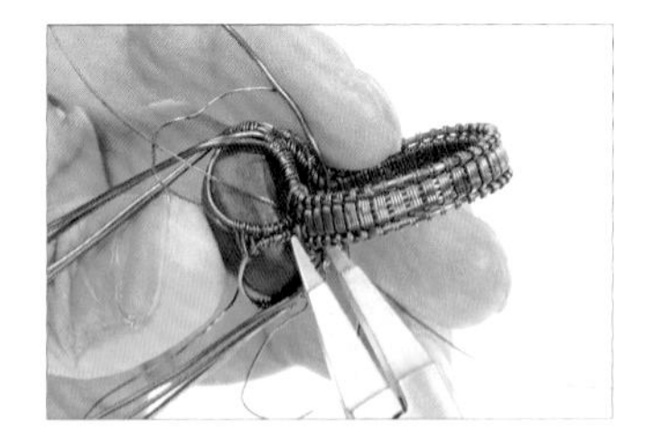

66　重複步驟65，將線C2夾緊收尾。

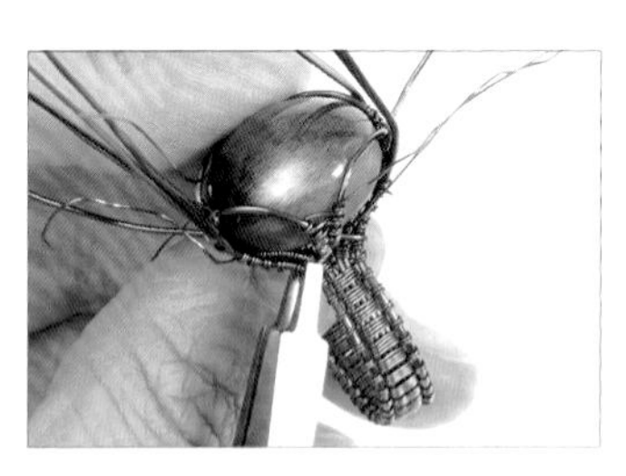

67　重複步驟62-66，將另一側的線C1、D1製作完成。

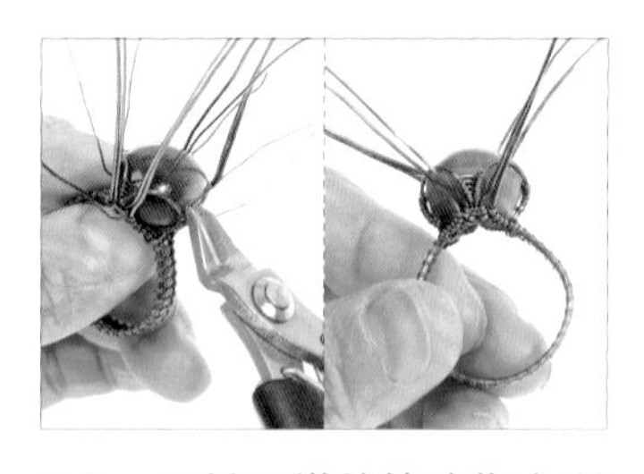

68　以斜口鉗剪掉戒指上所有多餘的28G線。

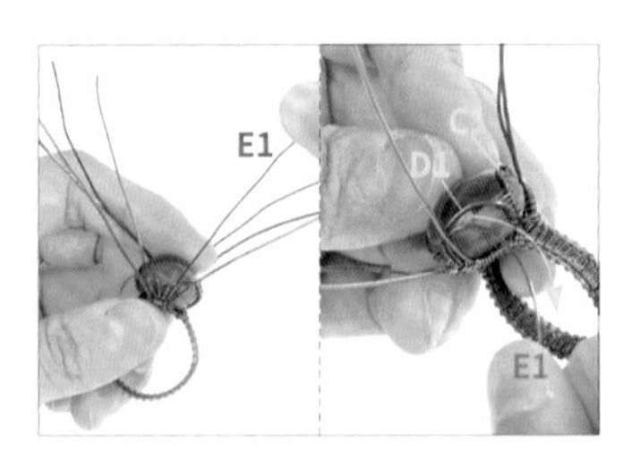

69　用手將線E1往下彎折出圓弧形。

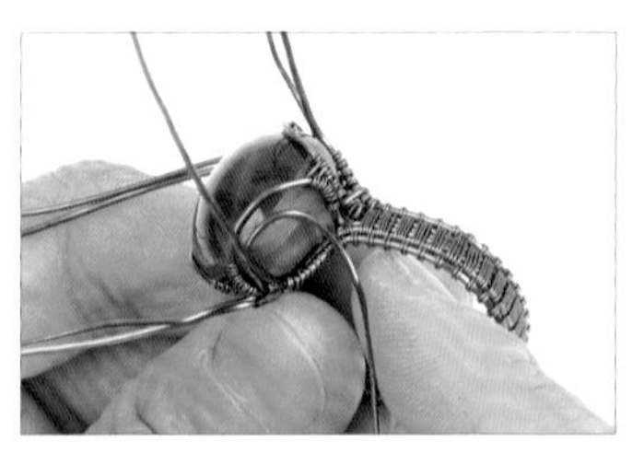

70　承步驟69，用指腹調整出理想的弧度後，再將線E1尾端往上彎折。

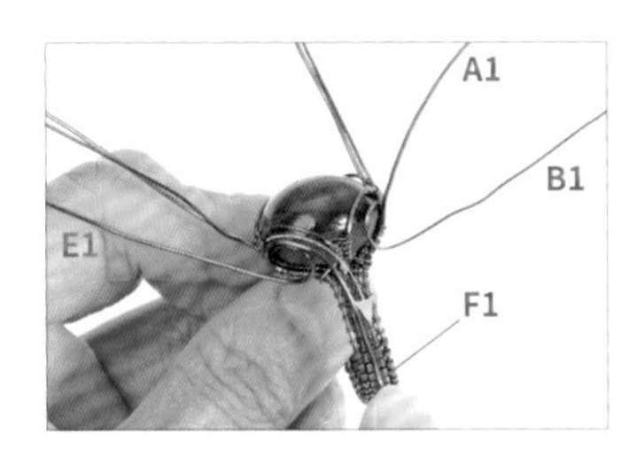

71 重複步驟69-70，彎折完線B1後，再將線F1往下彎折出圓弧形。

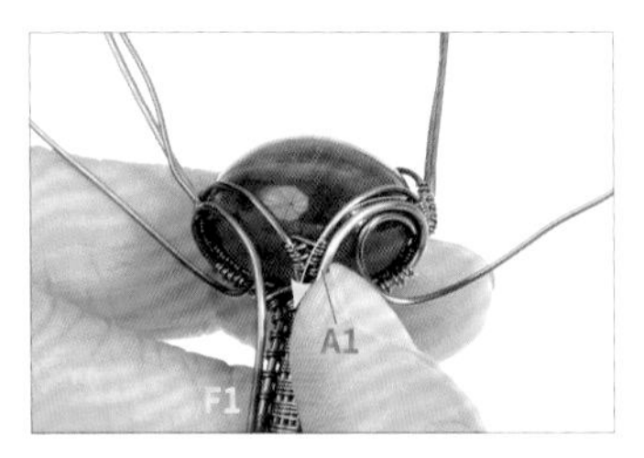

72 重複步驟71，將線A1彎折出與線F1相似的弧線。

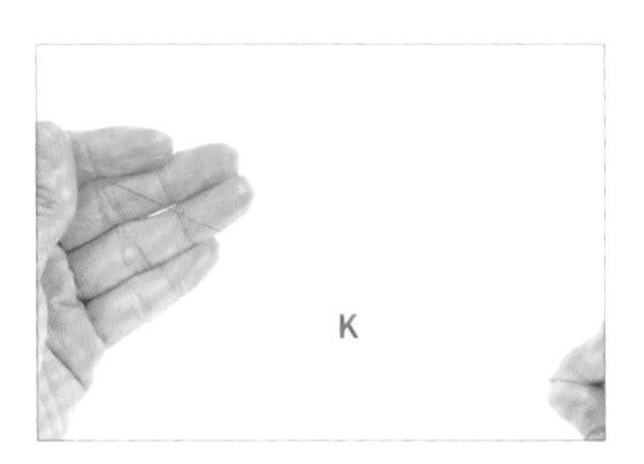

73 取1條約20公分的28G線，為線K。【註：共須2條，為線K、L。】

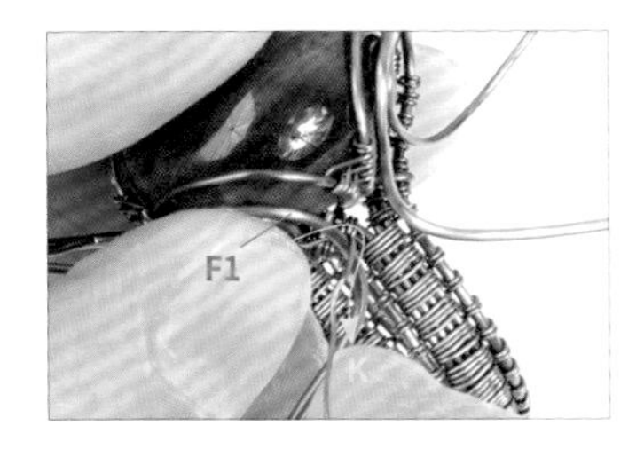

74 將線K折成彎鉤形，並勾入線F1。

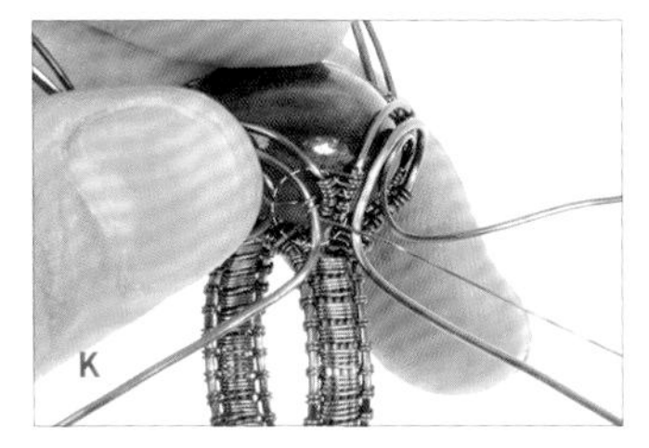

75 以線K纏繞線F1兩圈。

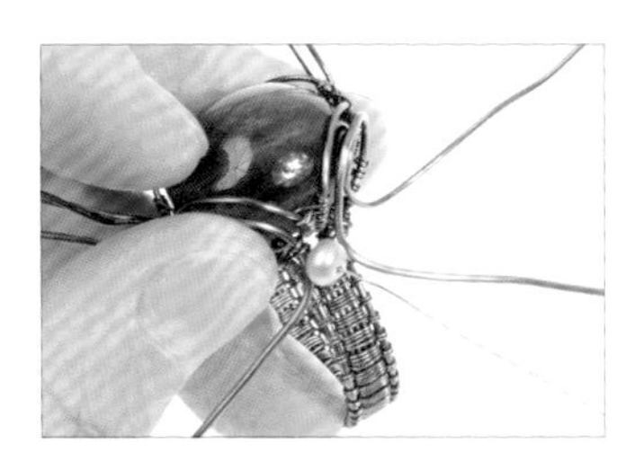

76 取一顆珍珠，穿入線K中。

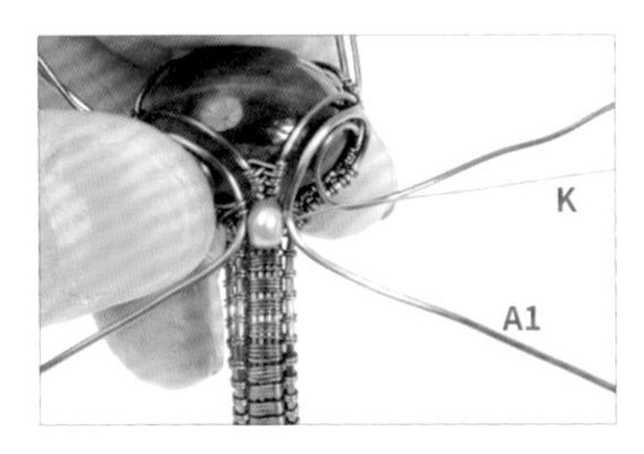

77 將線K從線A1下側穿出，並纏繞線A1。

78 重複步驟77，纏繞線A1三圈後，再將線K穿過戒圈。

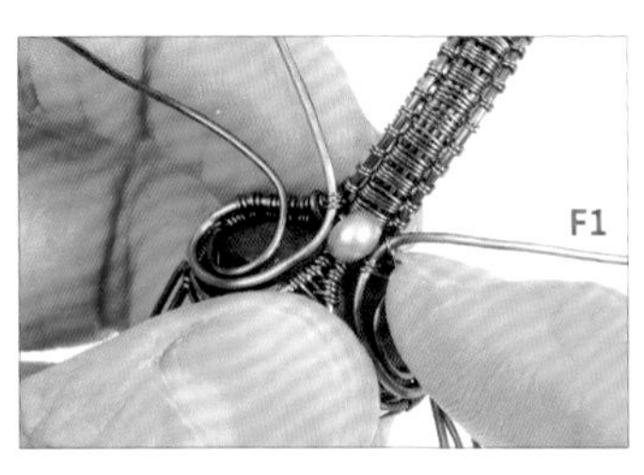

79 以穿過戒圈的線K纏繞線F1一圈。

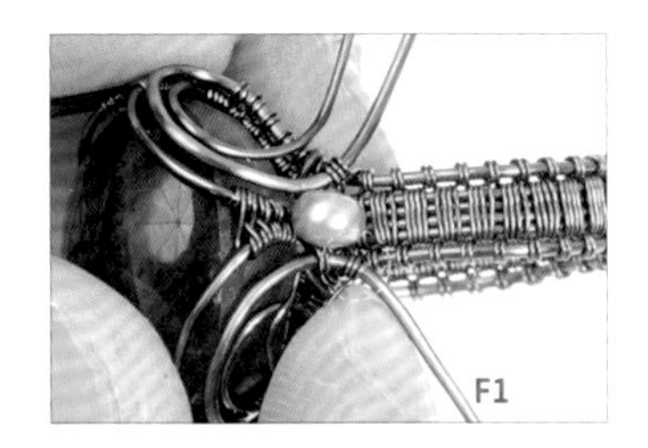

80 重複步驟79，纏繞線F1三圈。

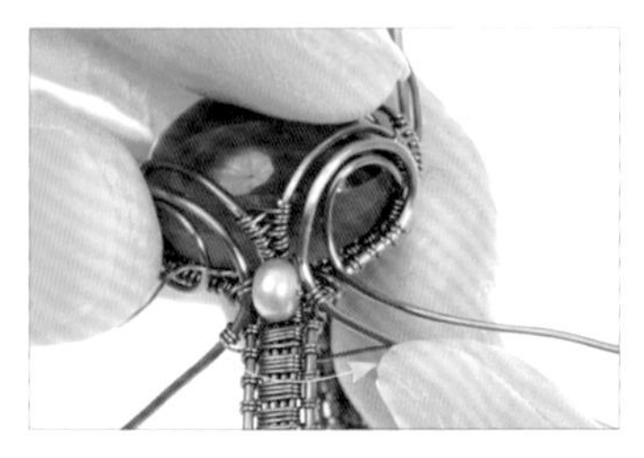

81 將線K再次穿過戒圈，並纏繞線A1三圈。

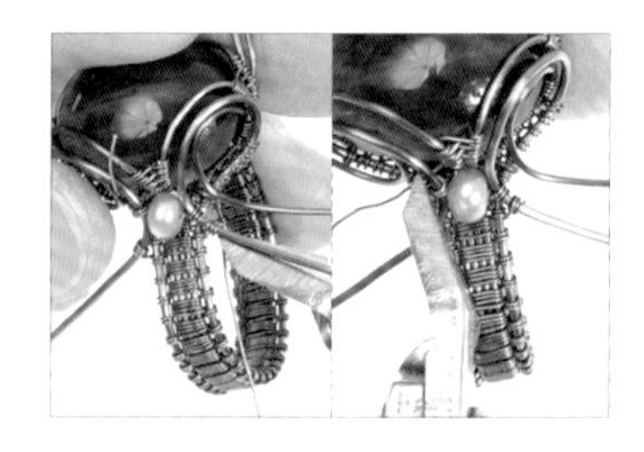

82 以斜口鉗剪掉多餘的線K，收尾。

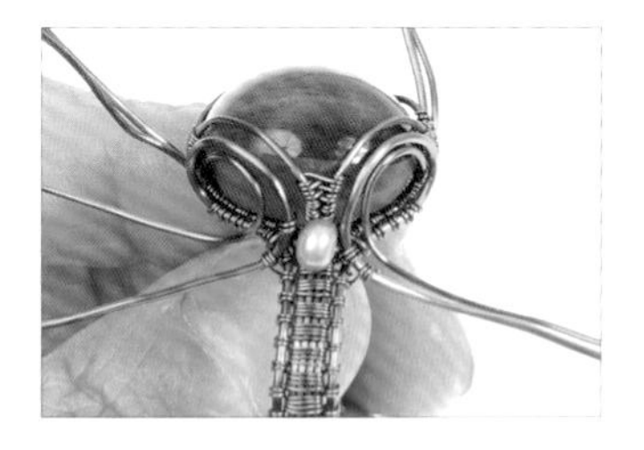

83 如圖，多餘線段剪掉完成，以固定珍珠。

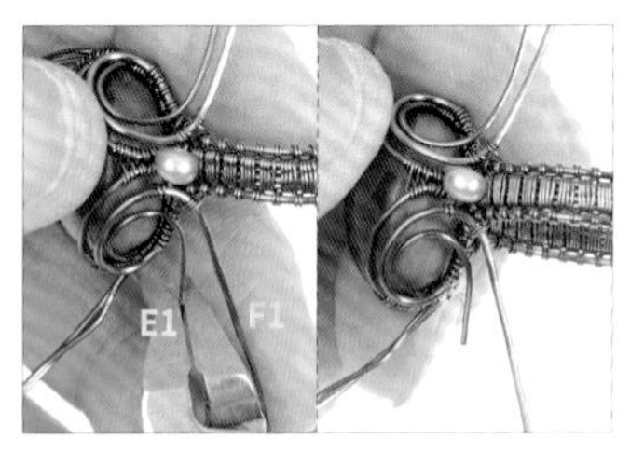

84 以斜口鉗剪掉多餘的線E1。

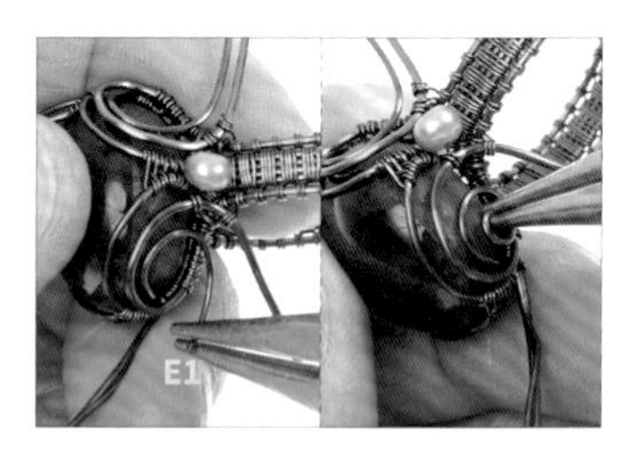

85 以圓嘴鉗夾住線E1，並先彎折出一個圓形，再順著圓形盤繞出漩渦形。

86 如圖，漩渦形製作完成。

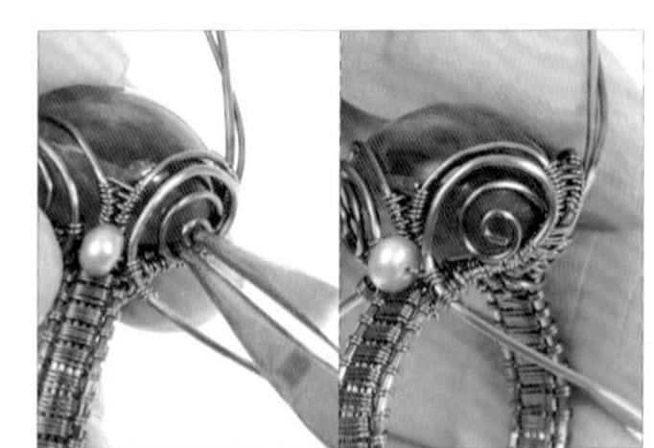

87 重複步驟84-86，將線B1製作成漩渦形。

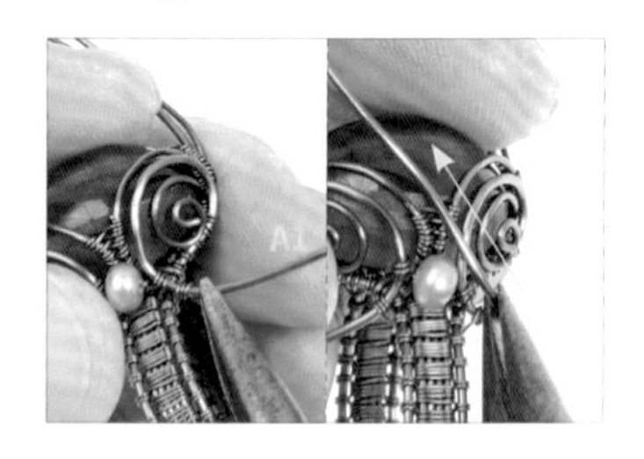

88 以尖嘴鉗夾住線A1，並直接往上反折。

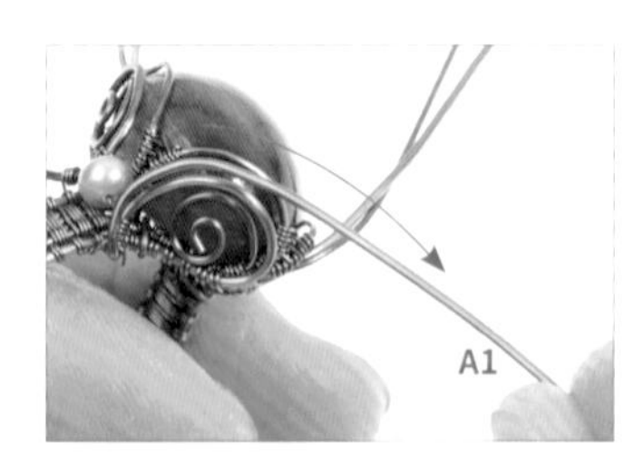

89 用手將線A1往後彎折出弧形。

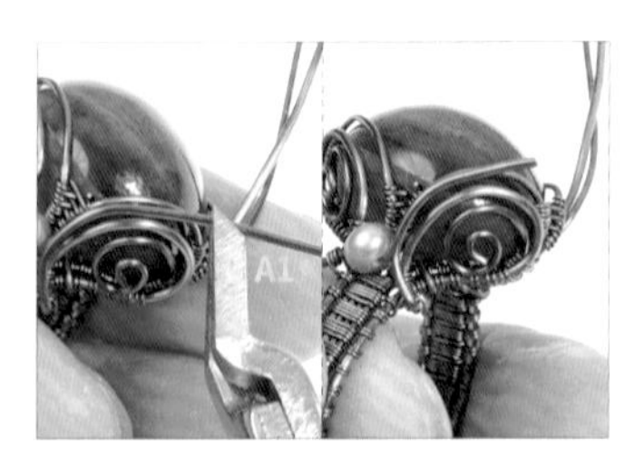

90 以斜口鉗剪掉多餘的線A1，準備收尾。

91 以圓嘴鉗夾住線A1段，並彎折成圓形。

92 重複步驟88-91，將線F1製作成圓形。

93 重複步驟73-92，將戒指另一側的珍珠固定，並製作完成。【註：以線L製作。】

94 如圖，戒指初步製作完成。

95 將戒指放入戒圍棒中。

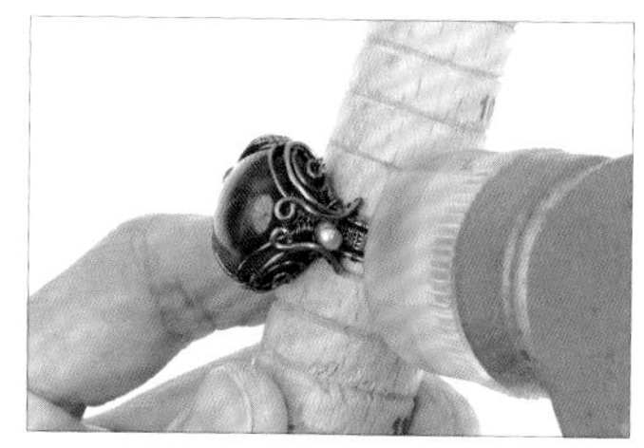

96 以橡膠槌敲打戒指的戒圈，將戒圈形塑成正圓形。

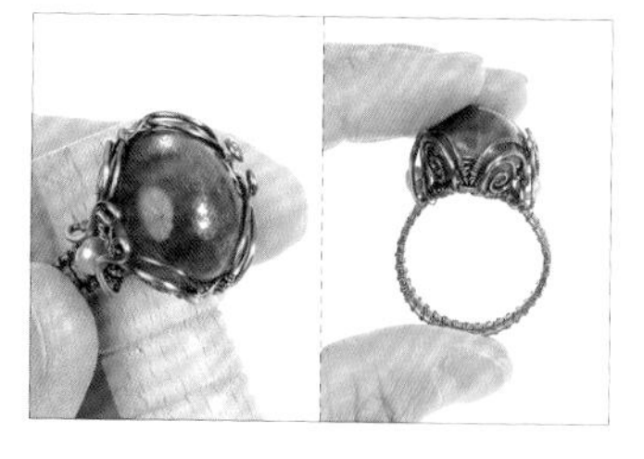

97 將戒指從戒圍棒中取出。

98 如圖，河島鴞戒指製作完成。

創作小語

此款戒指適合以厚實或是切面裸石製作，穩固的包覆，呈現細膩的編織。

河島鴞戒指
停格動畫 QRcode

真知手環

- 015 -

材料與工具 MATERIALS & TOOLS

◆ 線材

品項	用量
20G 銀色圓線	40 公分 × 5 條，為線 A、B、C、D、E。
26G 銀色圓線	150 公分 × 1 條，為線 F。 80 公分 × 1 條，為線 L。 50 公分 × 2 條，為線 M、N。

◆ 石材

★尺寸依序為：長 × 寬 × 高

品項	用量
藍紋瑪瑙	1 顆。【圓珠大小：1 公分。】

◆ 工具

捲尺、斜口鉗、黑色奇異筆、尖嘴鉗、圓嘴鉗、平口鉗。

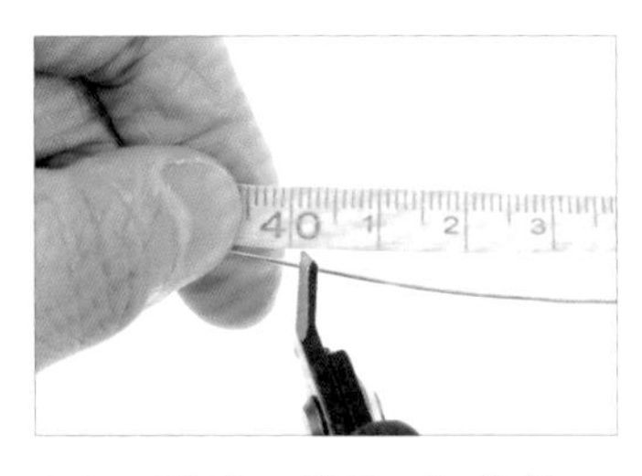

01 以斜口鉗剪下5條約40公分的20G線。

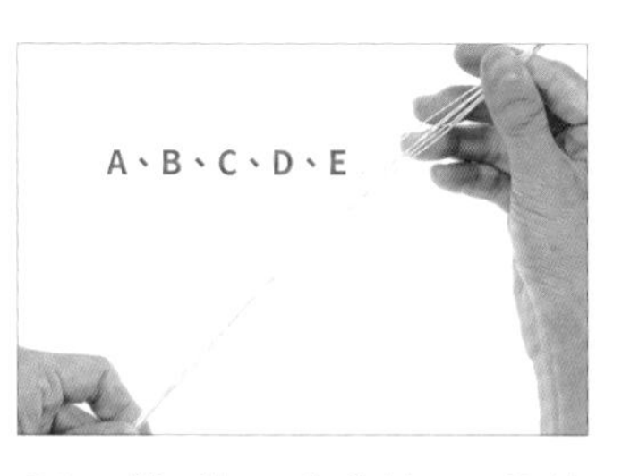

02 將5條40公分的20G線並排，為線A ～ E。

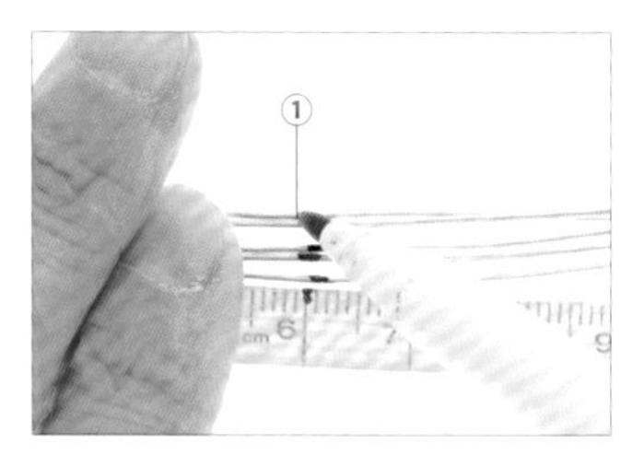

03 以黑色奇異筆，在線的6公分處繪製記號，為點①。

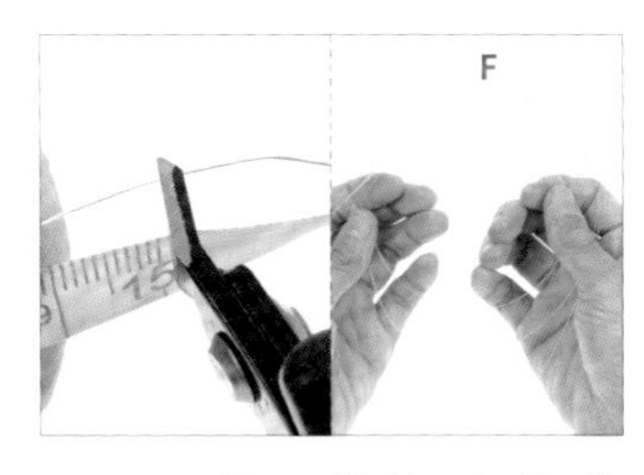

04 以斜口鉗剪下1條約150公分的26G線，為線F。

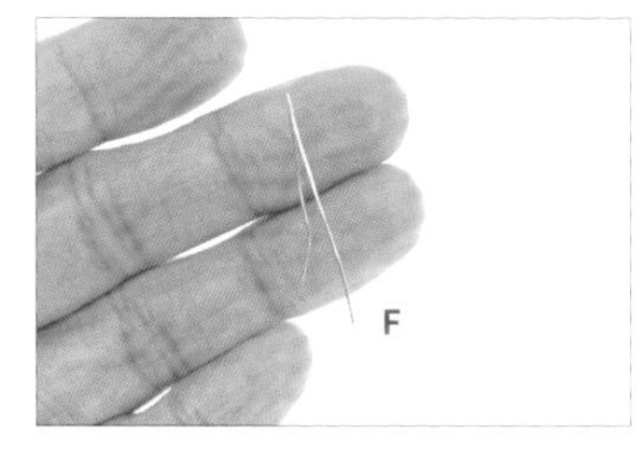

05 將線F折成彎鉤形。

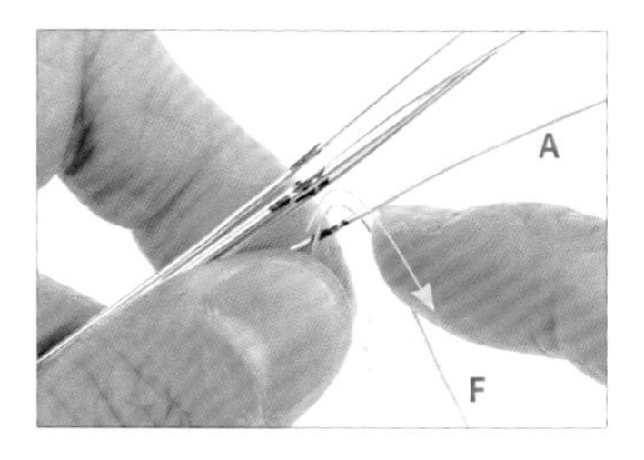

06 承步驟5，將線F勾入線A。

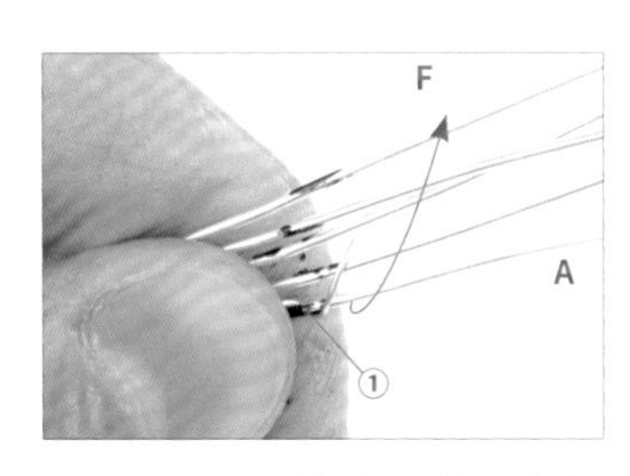

07 用左手指腹將線F左側壓在線A的點①上，並纏繞線A一圈。

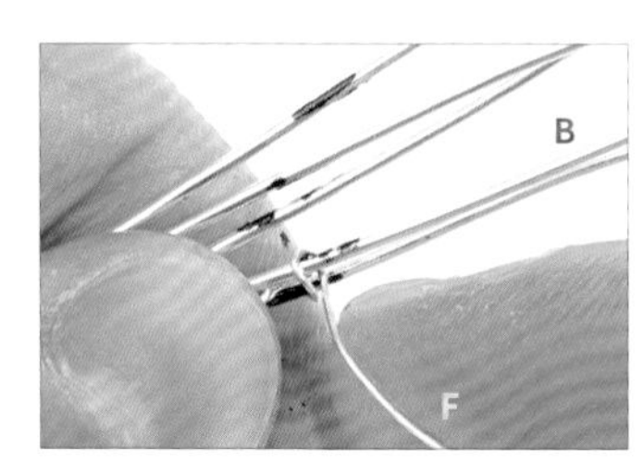

08 線F穿過線B上方後，往下纏繞一圈。

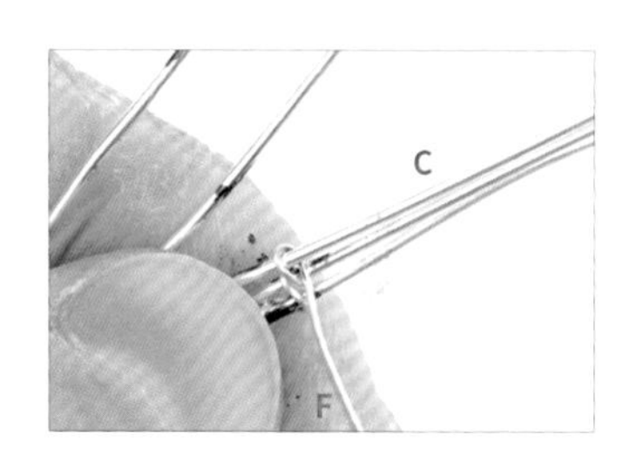

09 重複步驟8，以線F纏繞線C一圈。

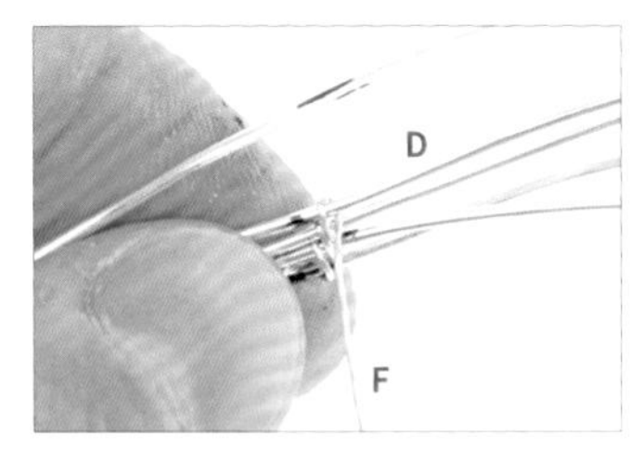

10 重複步驟9，以線F纏繞線D一圈。

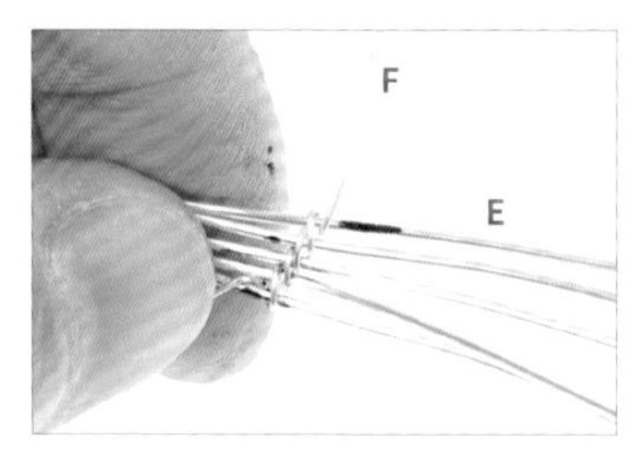

11 重複步驟9，以線F纏繞線E一圈。

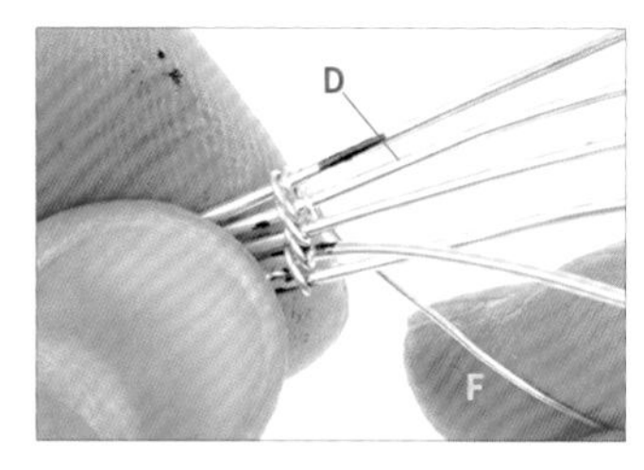

12 線F穿過線D下方後，往上纏繞一圈。

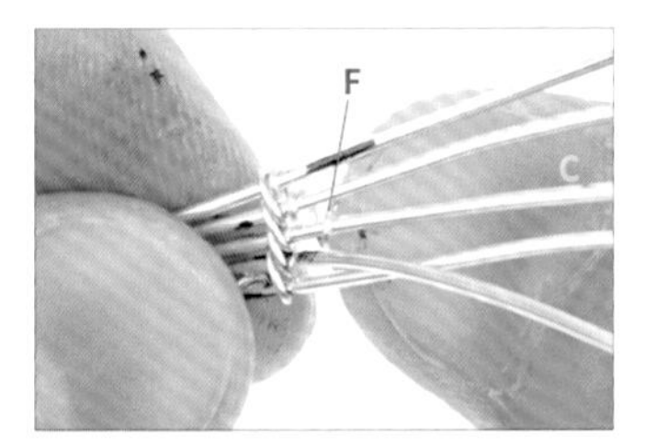

13　重複步驟12，以線F纏繞線C一圈。

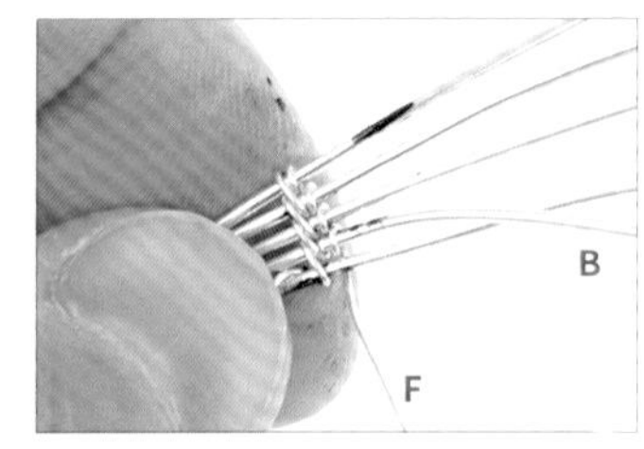

14　重複步驟12，以線F纏繞線B一圈。

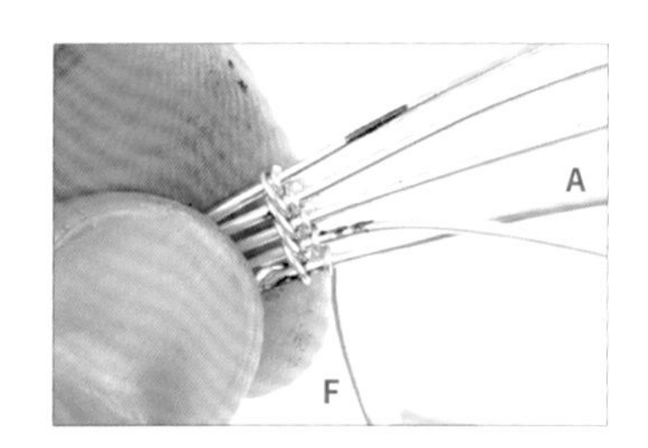

15　重複步驟12，以線F纏繞線A一圈，完成1組樣式。

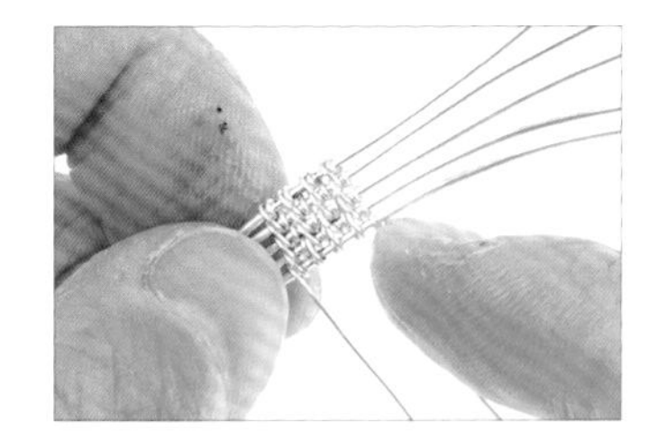

16　重複步驟8-15，在線A、B、C、D、E上纏繞4組相同樣式。

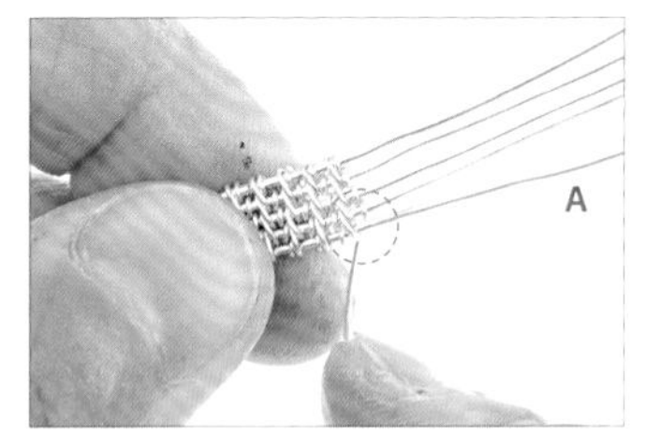

17　重複步驟8-16，在纏繞第5組樣式時，最後的A線不纏繞。

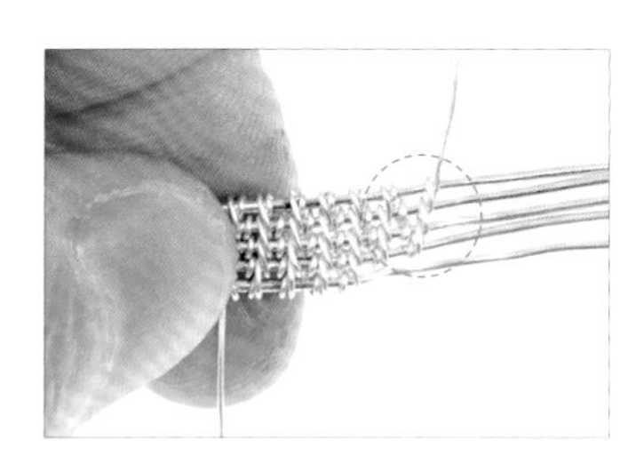

18　重複步驟11-15，在線B、C、D、E上纏繞1.5組樣式。

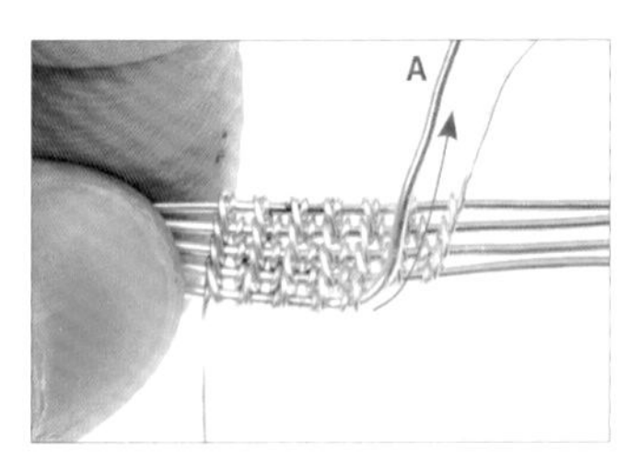

19　用手將線A往上彎折。

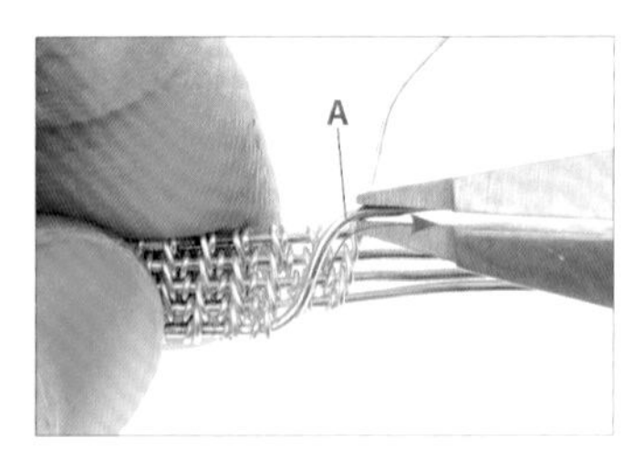

20　以平口鉗將線A彎折出弧形。

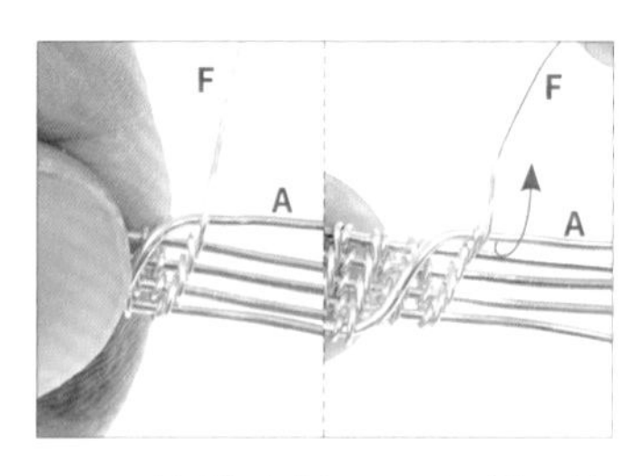

21　接續步驟18，以線F纏繞線A一圈。

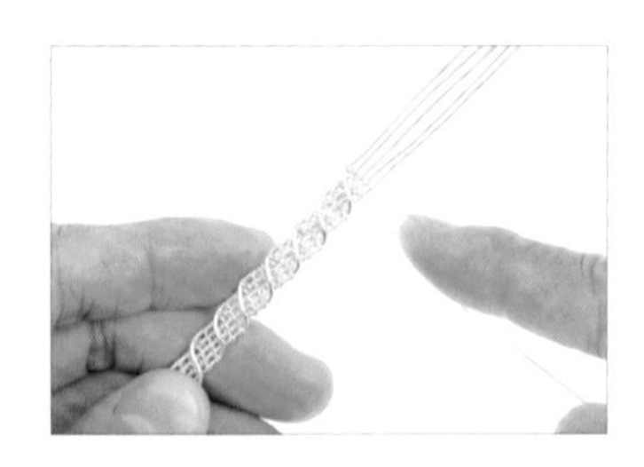

22　重複將排列在最下方的線彎折出弧形，並持續以線F纏繞。【註：弧形共彎折7條。】

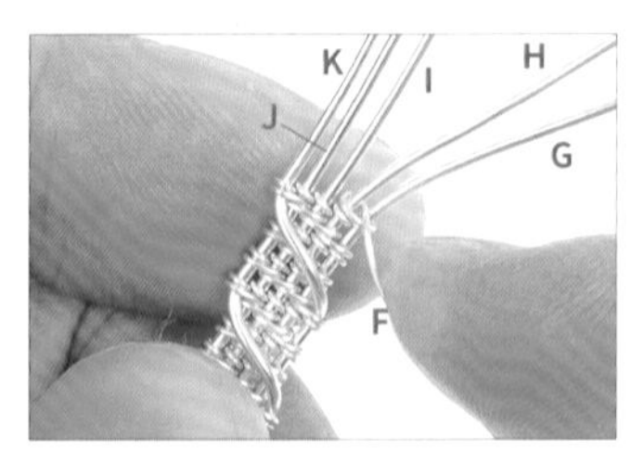

23　將線重新命名為G、H、I、J、K，再以線F纏繞線H一圈。

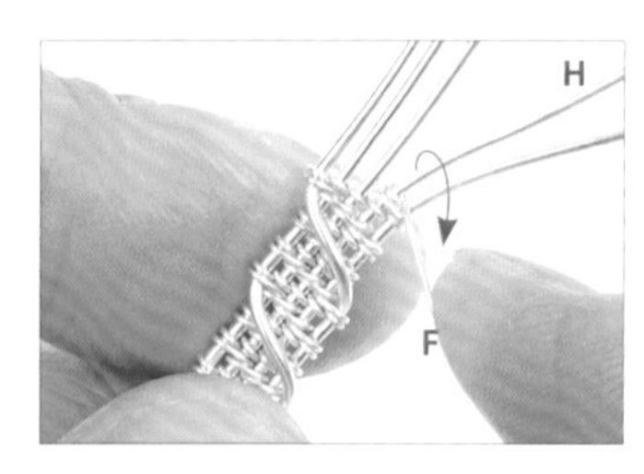

24　以線F纏繞線H一圈。

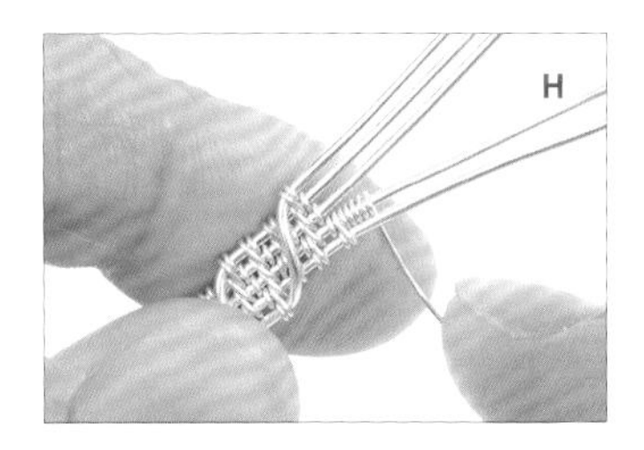

25　重複步驟24，共纏繞線H五圈。

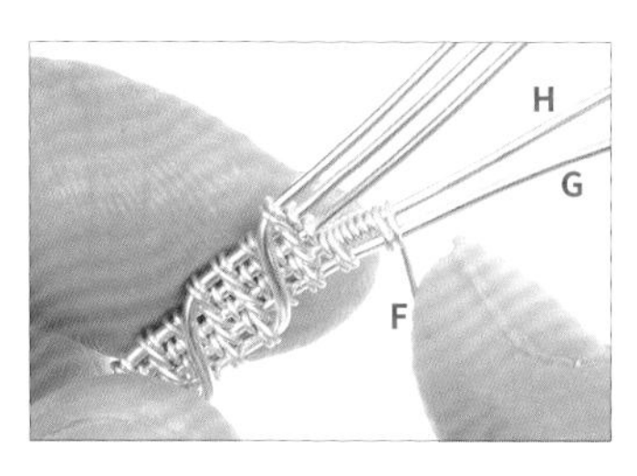

26　以線F纏繞線H、G兩圈，完成1組樣式。

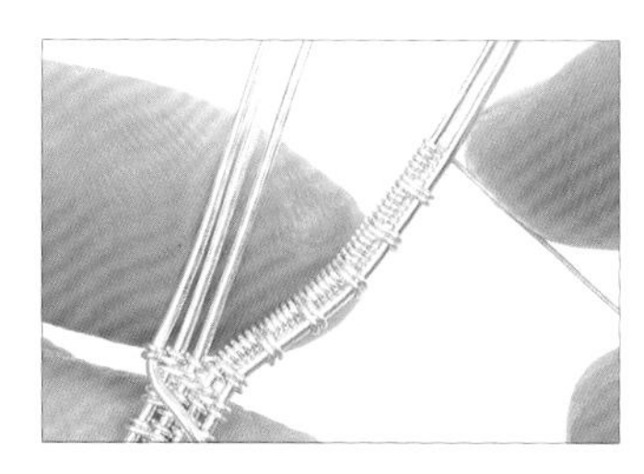

27　重複步驟24-26，共纏繞5.5組樣式或直至長度約等於圓珠半圈周長。【註：雙線繞法1詳細步驟請參考P.16。】

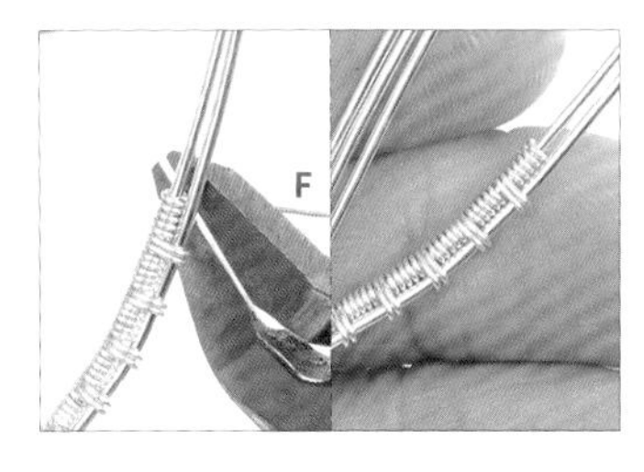

28　以斜口鉗剪掉多餘的線F，收尾。

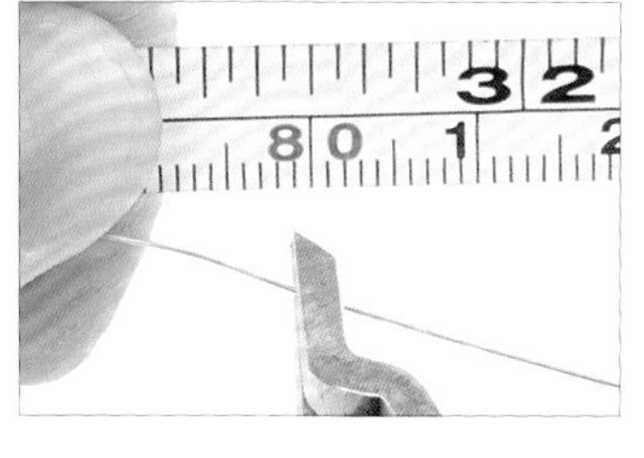

29　以斜口鉗剪下1條約80公分的26G線，為線L。

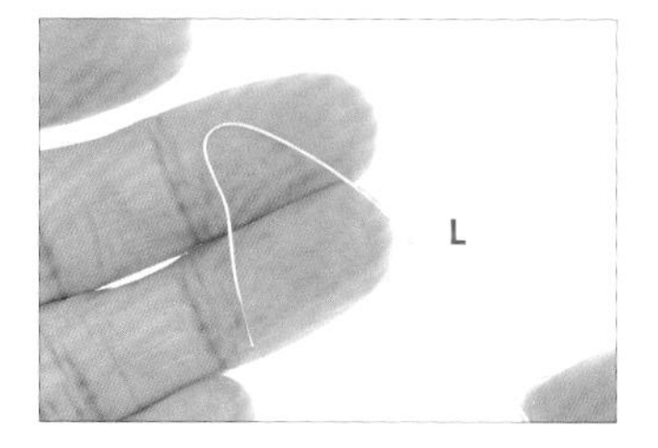

30　將線L折成彎鉤形。

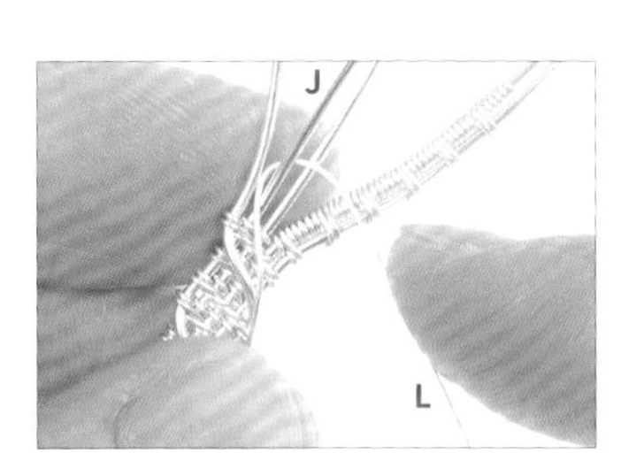

31　承步驟30，將線L勾入線J。

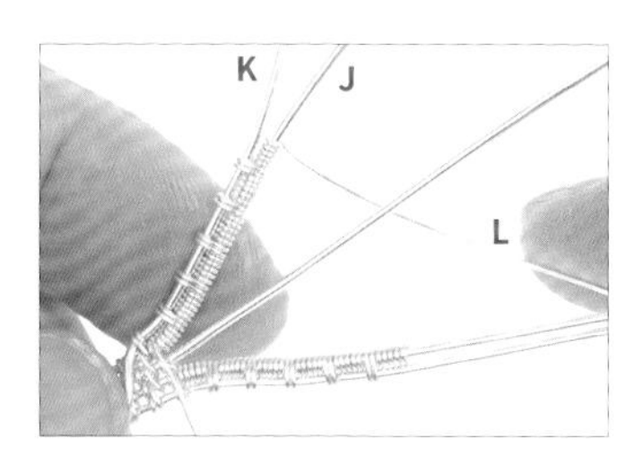

32　重複步驟24-27，以線L纏繞線J、K。

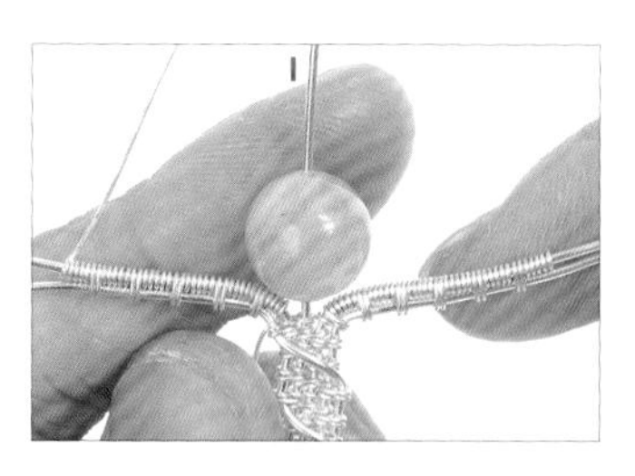

33　取藍紋瑪瑙，穿入線I中。

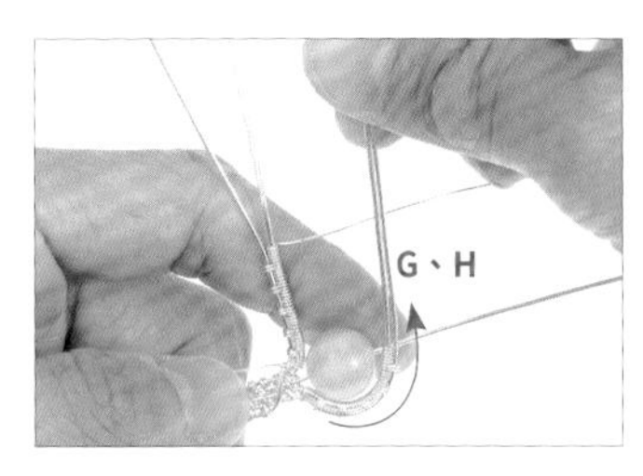

34　用手將線G、H往藍紋瑪瑙方向彎折出圓弧形。

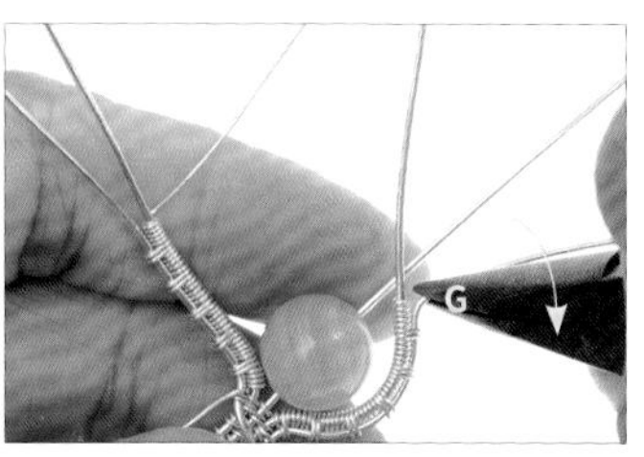

35　以尖嘴鉗夾住線G，並往外側彎折，使圓弧形更明顯。

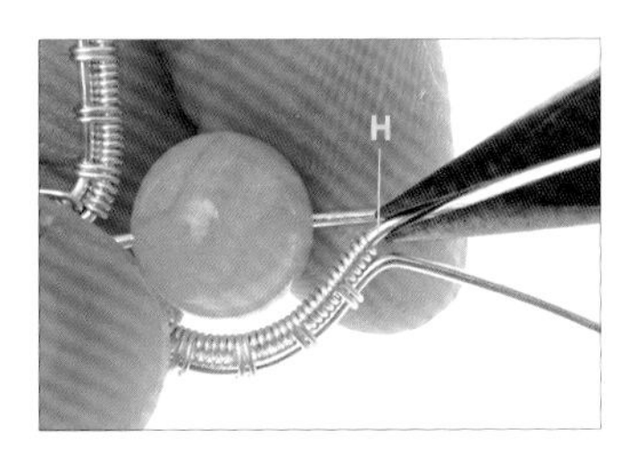

36 重複步驟35，將線H往外側彎折。

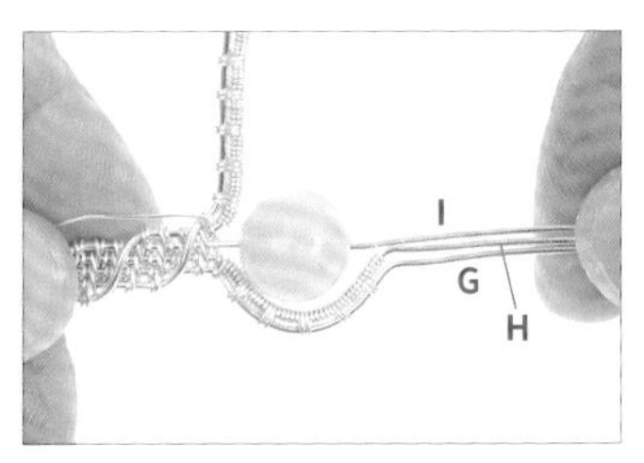

37 用手將線G、H、I拉直。

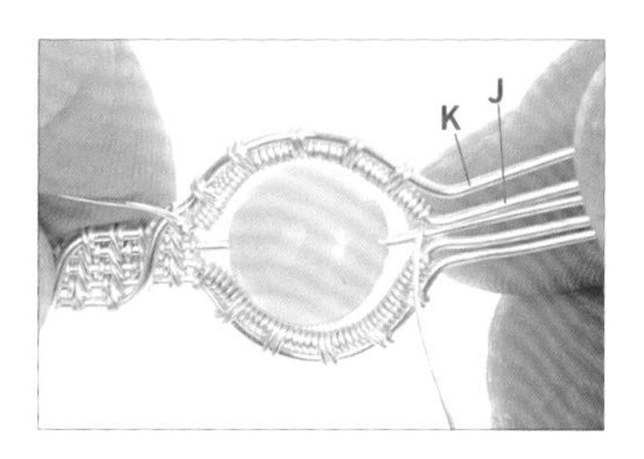

38 重複步驟34-37，將線J、K製作完成。

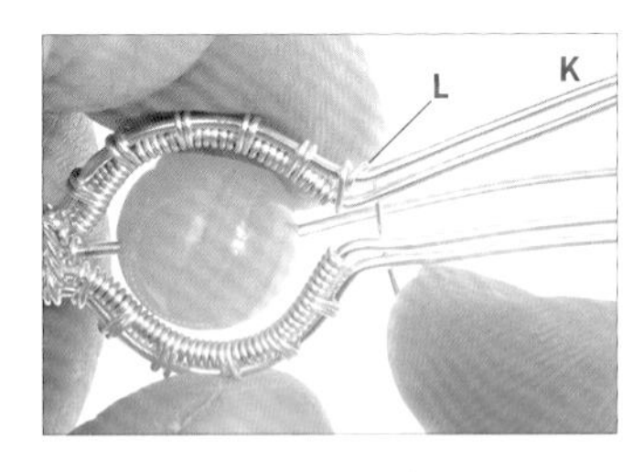

39 以線L纏繞線K兩圈。

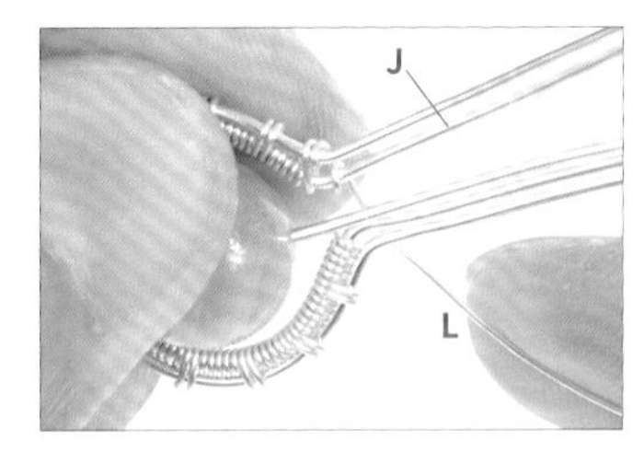

40 以線L纏繞線J一圈。

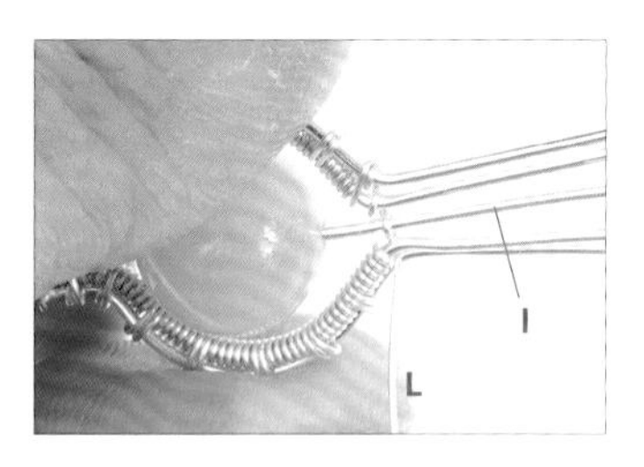

41 以線L纏繞線I一圈。

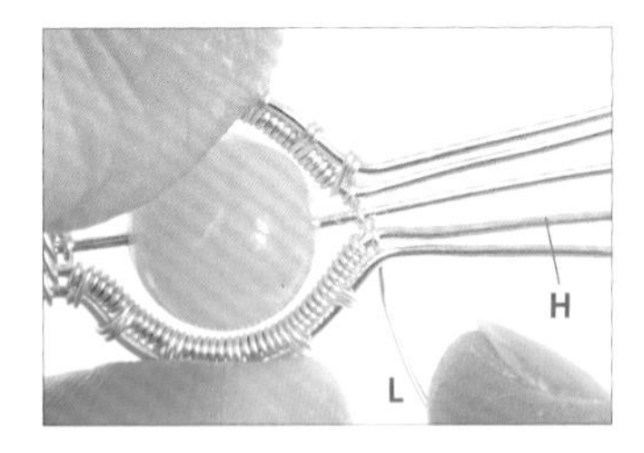

42 以線L纏繞線H一圈。

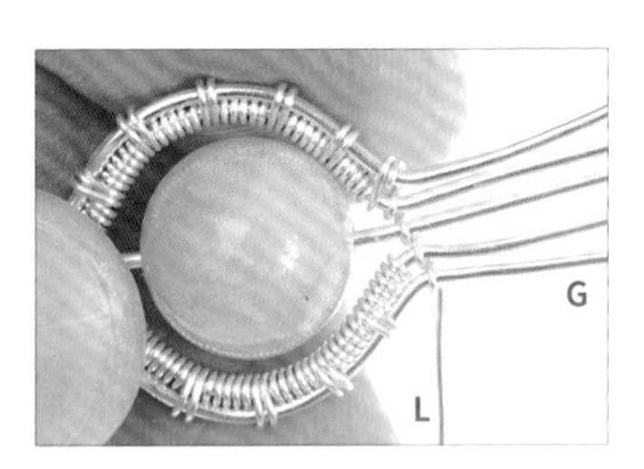

43 以線L纏繞線G一圈。

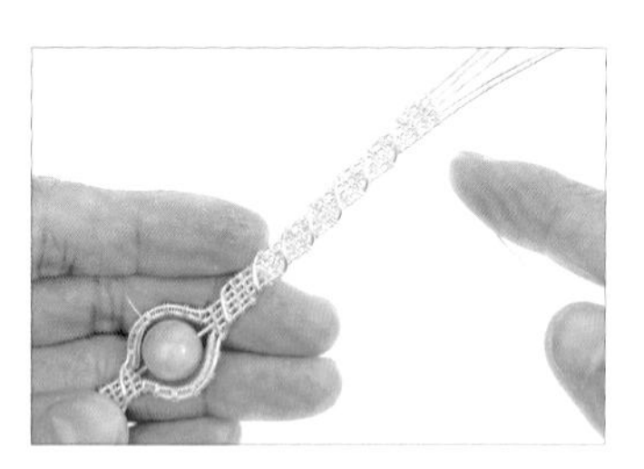

44 重複步驟16-22，完成部分手環編織。

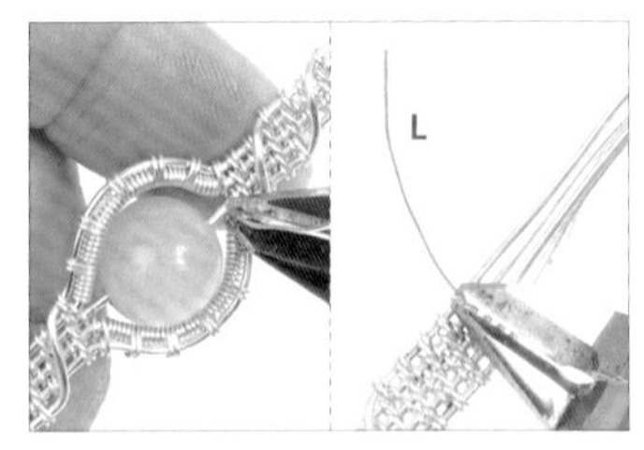

45 以斜口鉗將線L兩端多餘的金屬線剪掉。

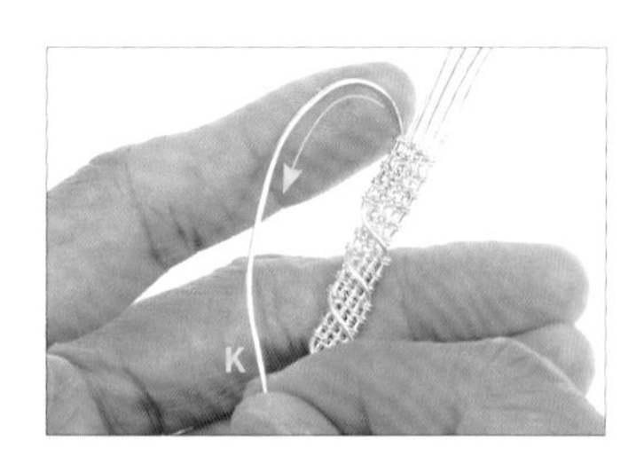

46 用手將線K往下彎折。

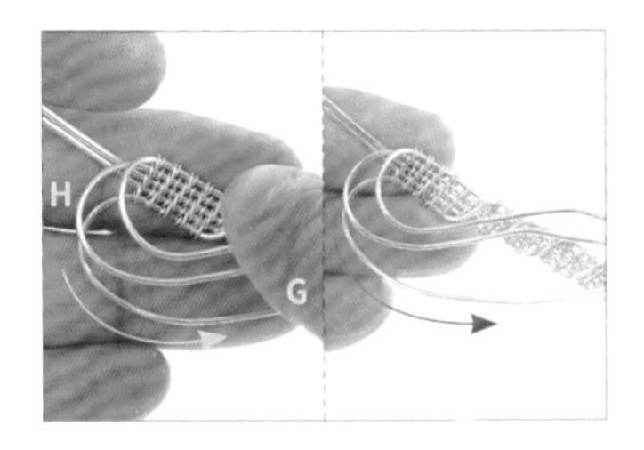

47 重複步驟46，將線G、H也往下彎折。

48 以斜口鉗剪下2條約50公分的26G線。【註：為線M、N。】

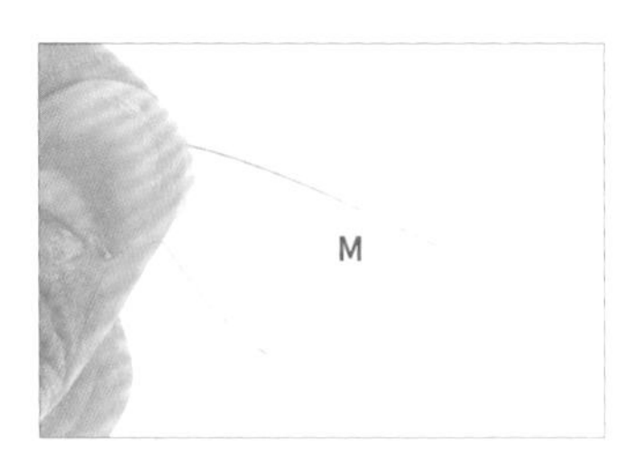

49 將線M折成彎鉤形。

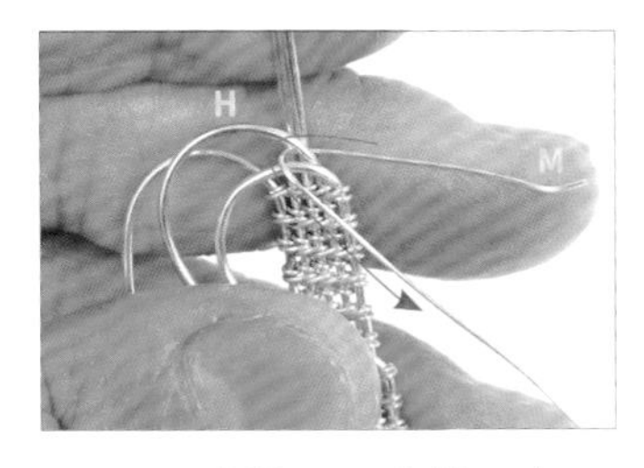

50 承步驟49，將線M勾入線H。

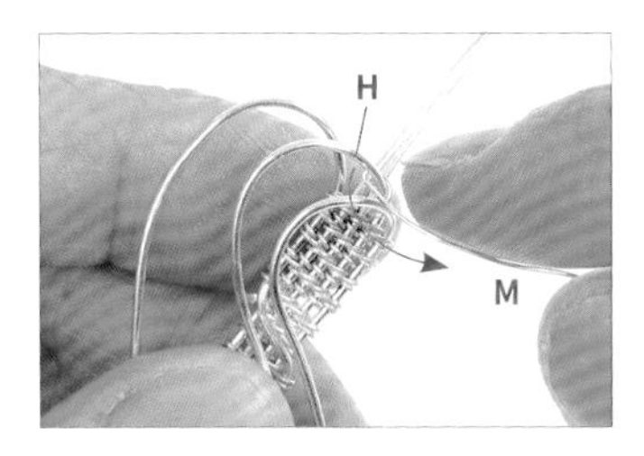

51 以線M纏繞線H一圈。

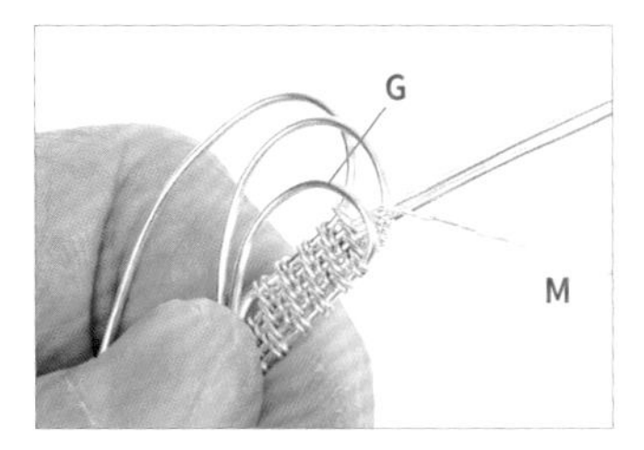

52 重複步驟51，纏繞線H五圈。

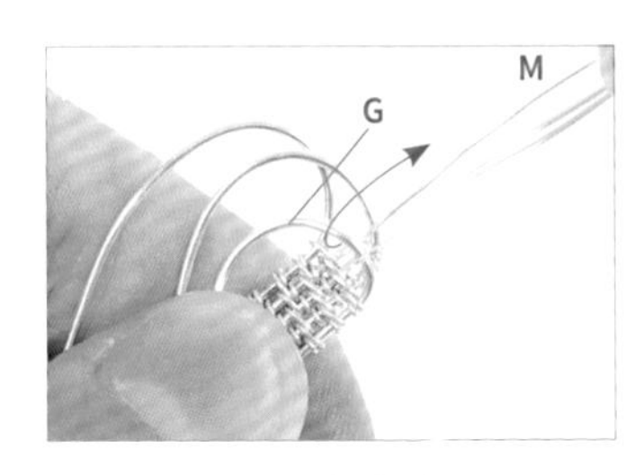

53 以線M纏繞線G一圈。

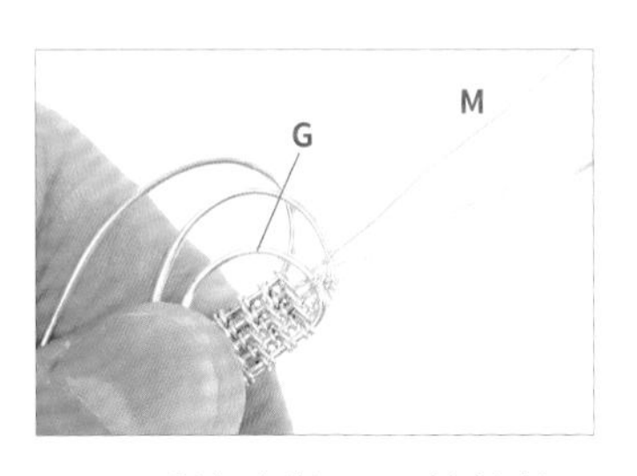

54 重複步驟53，纏繞線G兩圈。

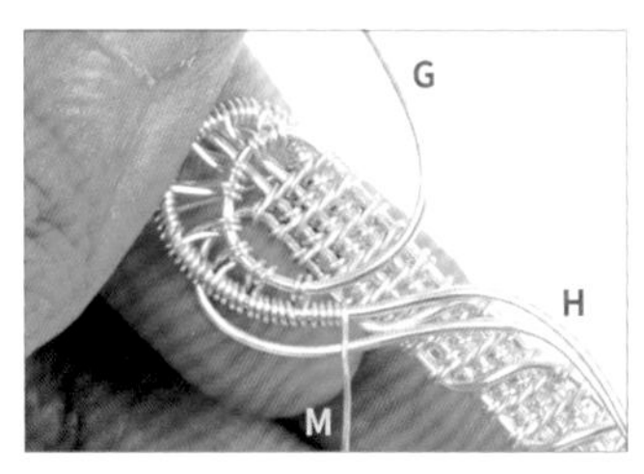

55 重複步驟51-54，以線M持續纏繞線G、H。【註：雙線八字繞法2詳細步驟請參考P.17。】

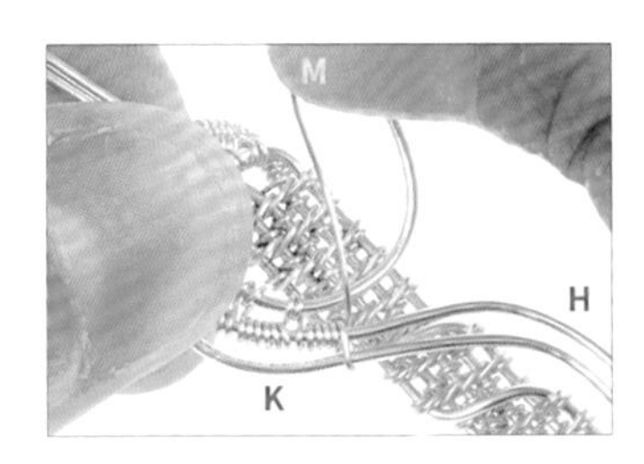

56 以線M纏繞線H、K一圈。

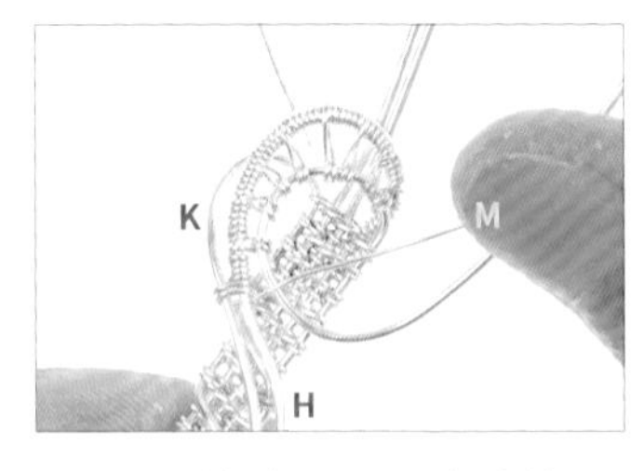

57 重複步驟56，纏繞線H、K兩圈。

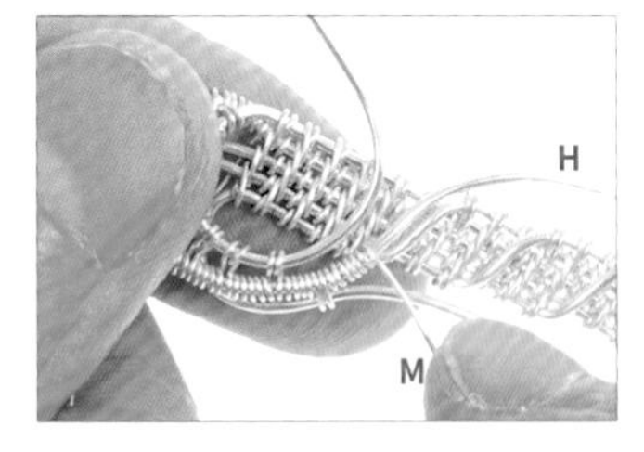

58 以線M纏繞線H五圈。

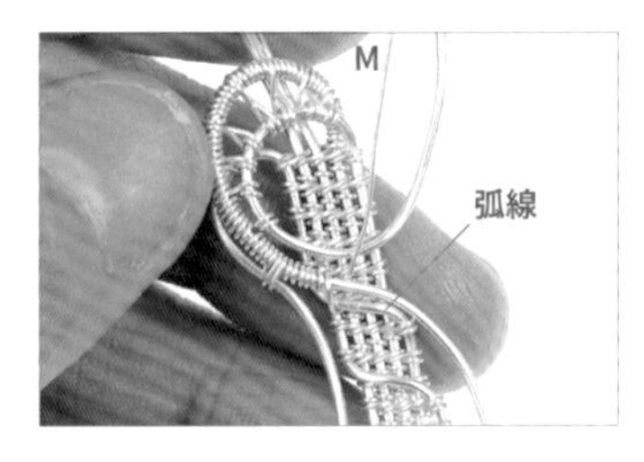

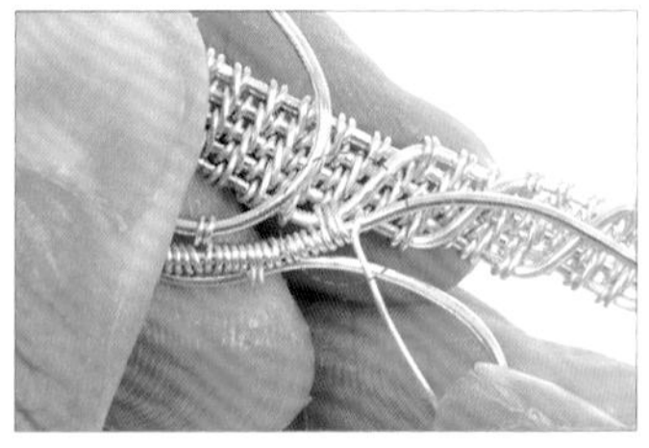

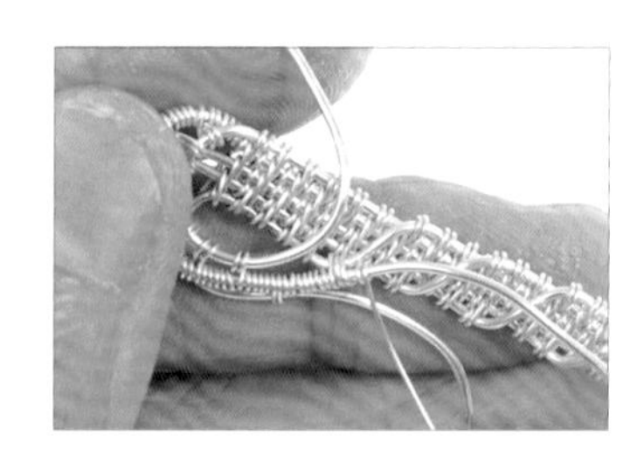

59　以線M穿過弧線下方，往上纏繞三圈後，再纏繞H線一圈。

60　以線M纏繞線H一圈。

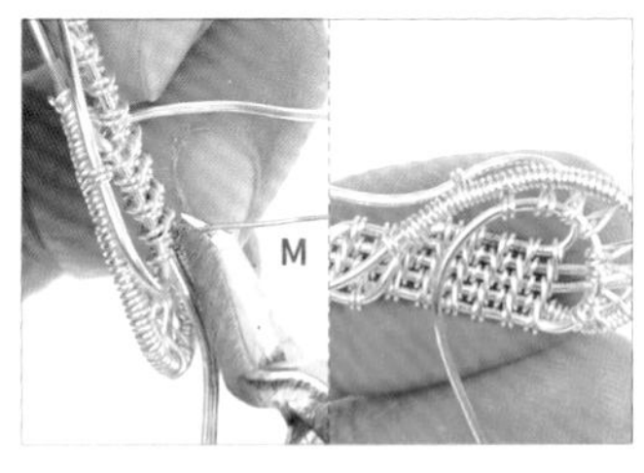

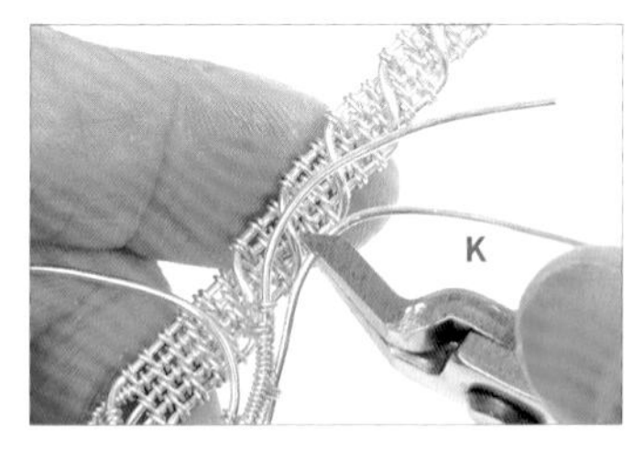

61　以斜口鉗剪掉多餘的線M，收尾。

62　以斜口鉗剪掉多餘的線K。

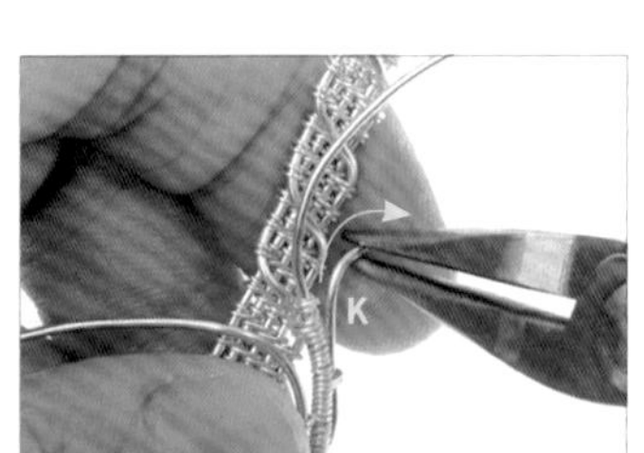

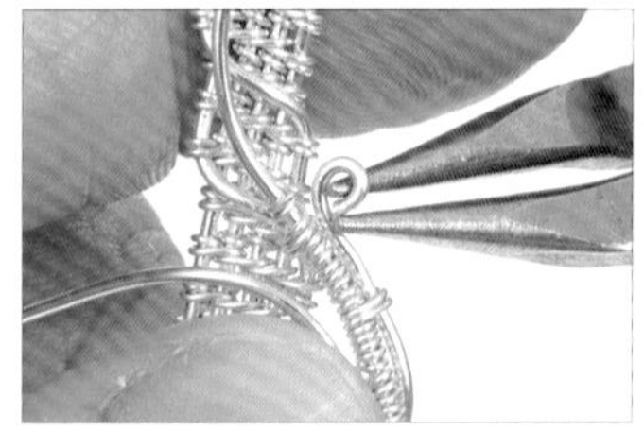

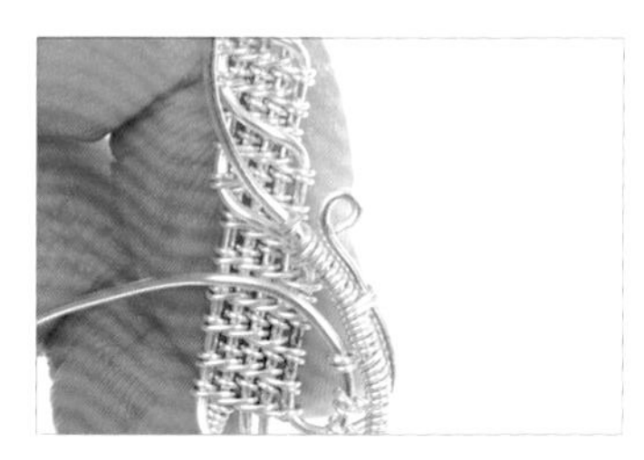

63　以圓嘴鉗夾住線K尾端，並往外彎折成圓形。

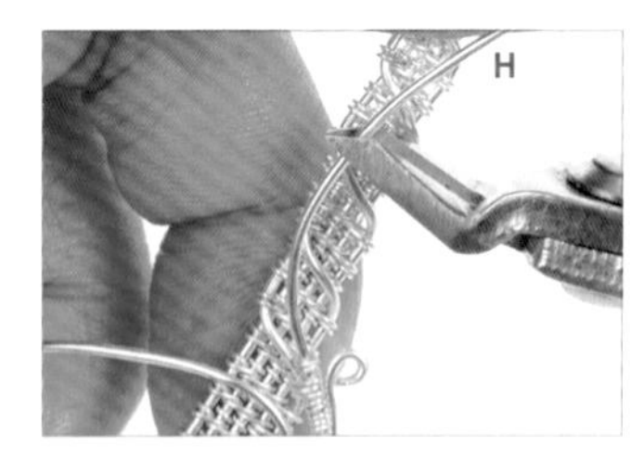

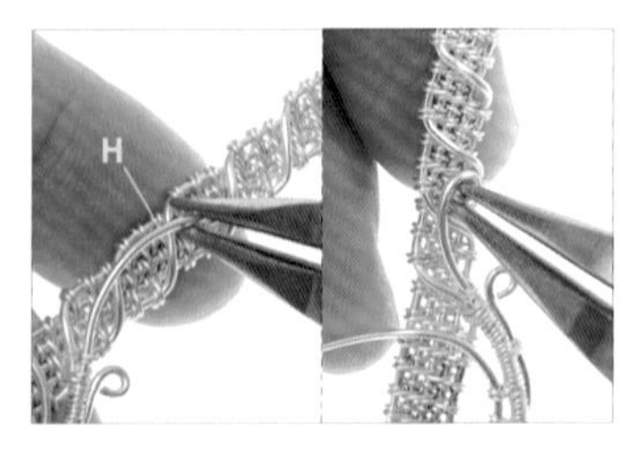

64　以斜口鉗剪掉多餘的線H。

65　以圓嘴鉗夾住線H尾端，並往外彎折成圓形。

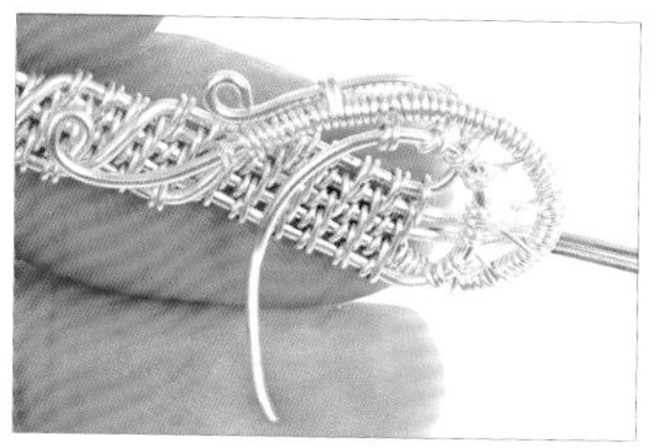

66　以斜口鉗剪掉多餘的線G。

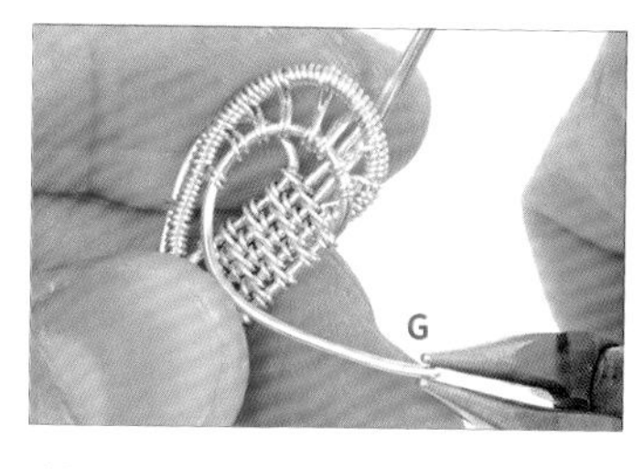

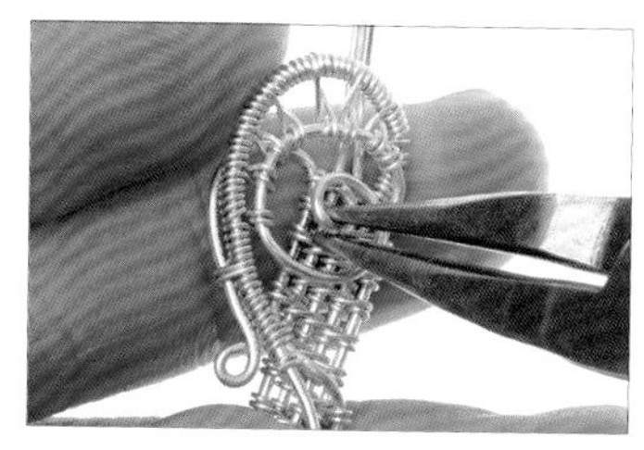
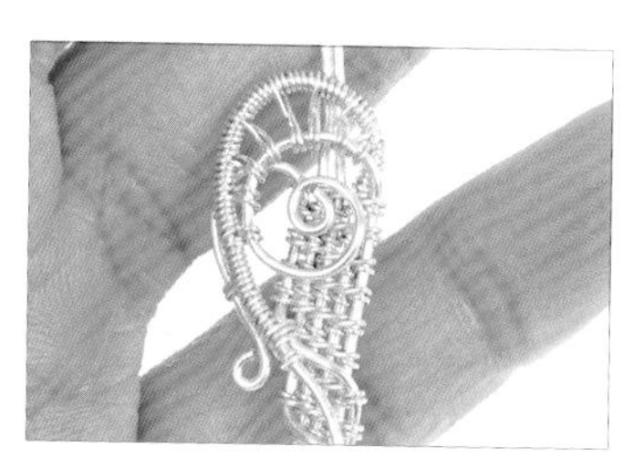

67　以圓嘴鉗夾住線G尾端，並先彎折出一個圓形，再順著圓形盤繞出漩渦形。

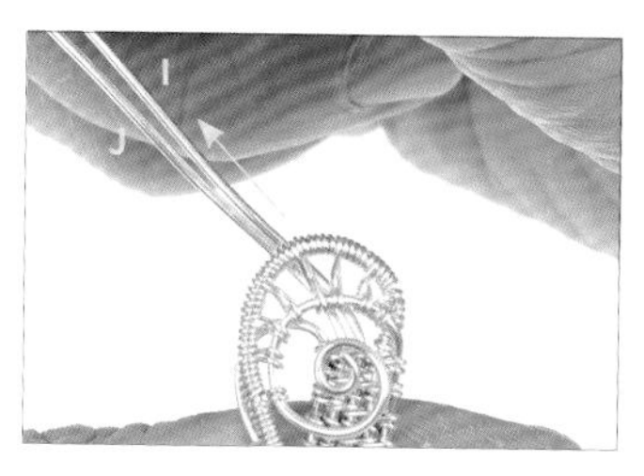

68　用手將線I、J往左彎折。

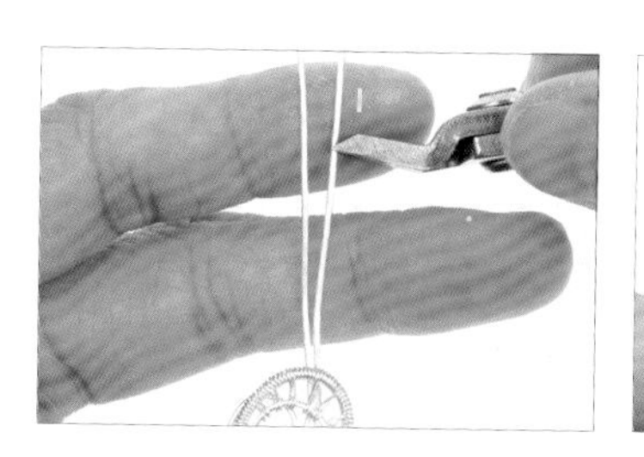

69　以斜口鉗剪掉多餘的線I。

70　以圓嘴鉗夾住線I尾端，並先彎折出一個圓形，再順著圓形盤繞出漩渦形。

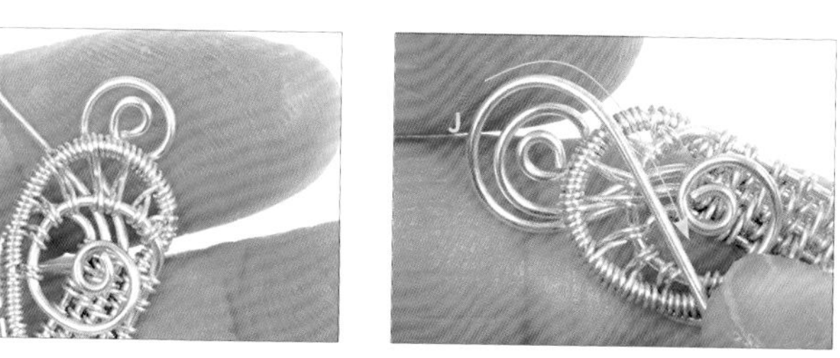

71　用手將線J往下彎折出弧形。

72　以斜口鉗剪掉多餘的線J。

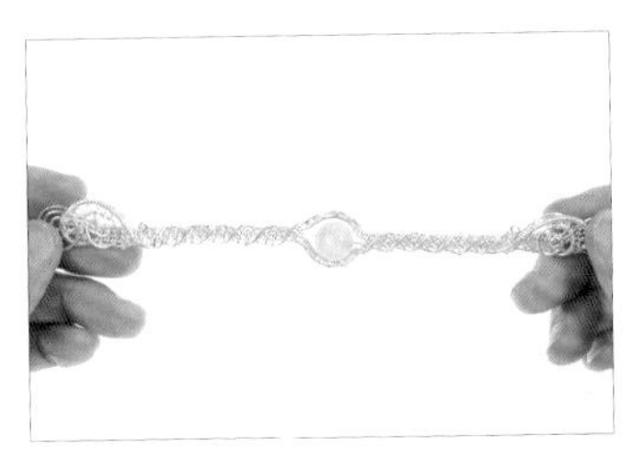

73　以圓嘴鉗夾住線J尾端，並往內彎折成圓形。

74　如圖，一側手環製作完成。

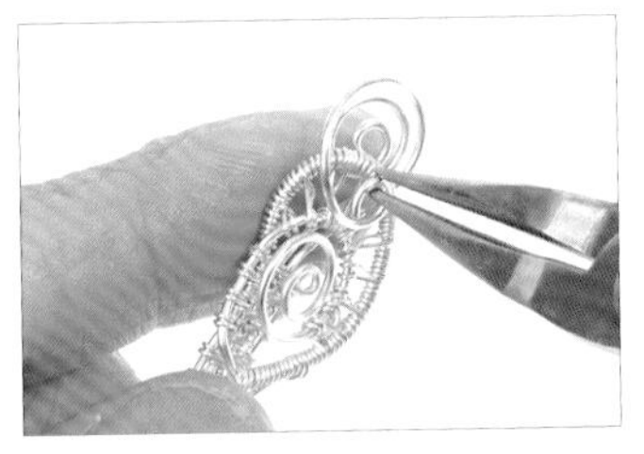

75　重複步驟49-74，完成另一側手環製作。【註：須以線N製作。】

76　如圖，手環初步製作完成。

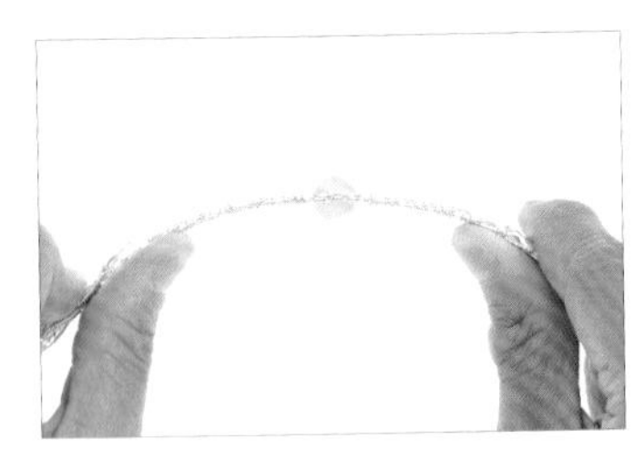

77　將手環彎折成圓弧形。

78　如圖，真知手環製作完成。

創作小語

純粹的編織，重複的步驟就能完成的手環。中間的水晶珠作為焦點，送人或自用都適合。

真知手環
停格動畫 QRcode

古典曲線手環

- 016 -

材料與工具 MATERIALS & TOOLS

◆ 線材

品項	用量
21G 金色方線	15 公分×4 條，為線 A、B、C、D。 5 公分×2 條，為線 Z、θ。
21G 銀色方線	15 公分×4 條，為線 E、F、G、H。 10 公分×4 條，為線 I、J、K、L。 20 公分×4 條，為線 M、N、O、P。
21G 銀色半圓線	30 公分×2 條，為線 Q、R。 10 公分×1 條，為線 S。
26G 銀色圓線	20 公分×2 條，為線 T、U。 10 公分×4 條，為線 V、W、X、Y。

◆ 石材 ★尺寸依序為：長×寬×高

品項	用量
碧玉	1 顆。【裸石大小：3.6 公分×1.2 公分×0.8 公分；裸石長度：3.5 公分；弧形邊長：3.8 公分。】
珍珠	4 顆。
天河石	2 顆。

◆ 工具

捲尺、斜口鉗、平口鉗、尼龍平口鉗、黑色奇異筆、透氣膠帶、戒圍棒。

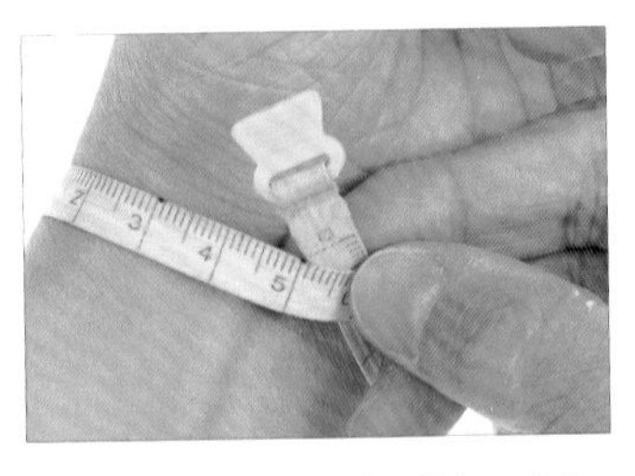

01 以捲尺纏繞手腕一圈，以測量要製作的手環大小，為15公分。

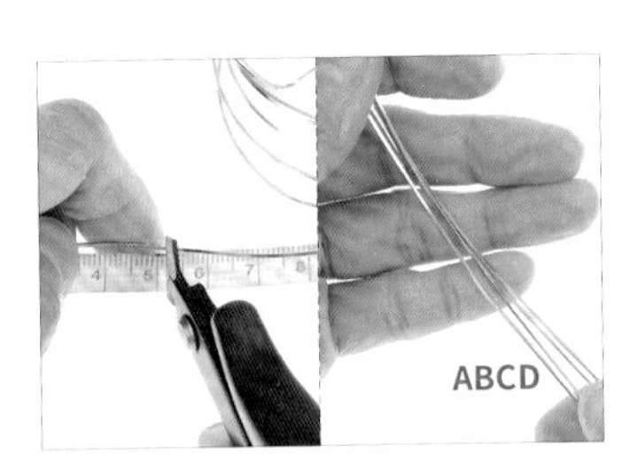

02 以斜口鉗剪下4條約15公分的21G金色方線。【註：為線A～D。】

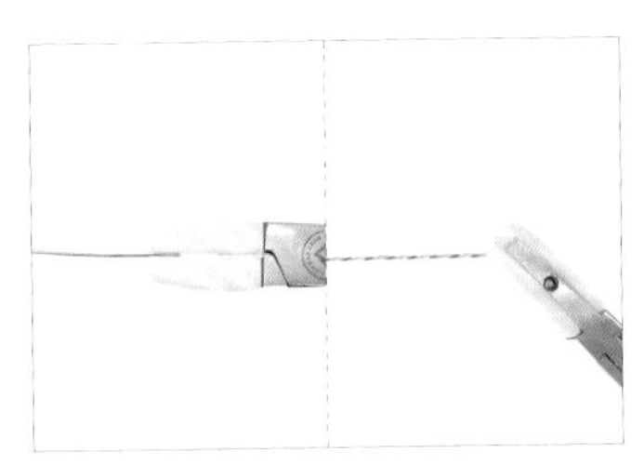

03 以平口鉗及尼龍平口鉗將線A扭轉成單線螺旋。【註：單線螺旋詳細步驟請參考P.24。】

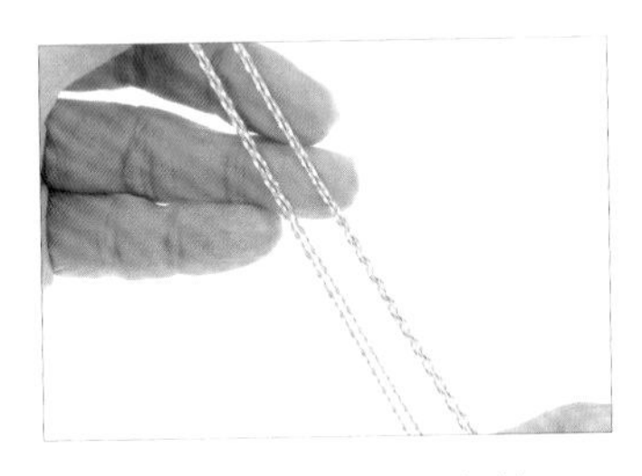

04 重複步驟3，將線B、C、D製作成單線螺旋。【註：共2條順時針螺旋、2條逆時針螺旋。】

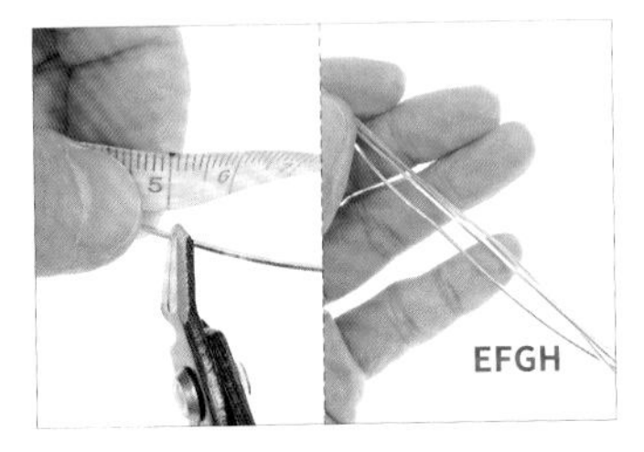

05 以斜口鉗剪下4條約15公分的21G銀色方線。【註：為線E～H。】

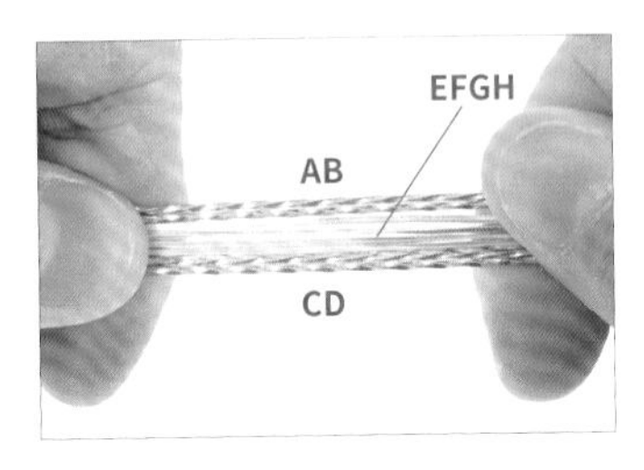

06 將線A、B、E、F、G、H、C、D並排放置。

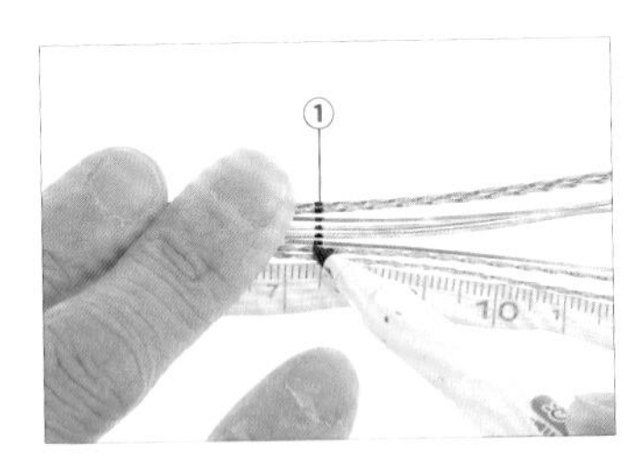

07 以捲尺為輔助，取黑色奇異筆，在線A、B、E、F、G、H、C、D的 中間繪製記號，為點①。【註：此作品的中間為7.5公分處。】

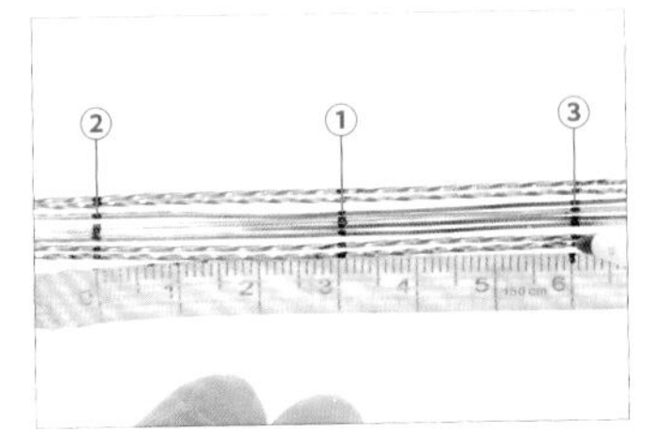

08 承步驟7，在左右距離點①約3公分處繪製記號，為點②、③。【註：此時以透氣膠帶固定線。】

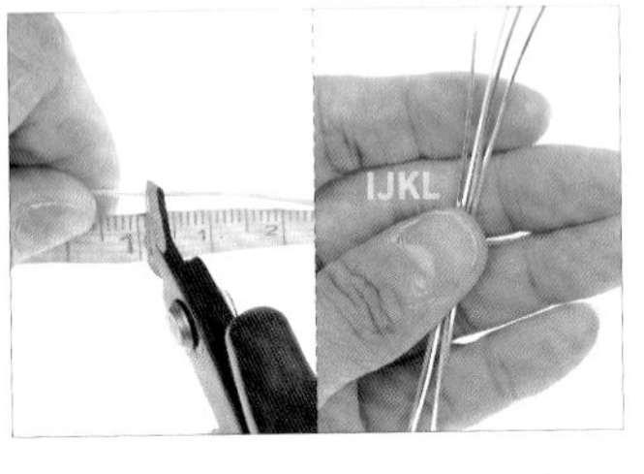

09 以斜口鉗剪下4條約10公分的21G銀色方線。【註：為線I～L。】

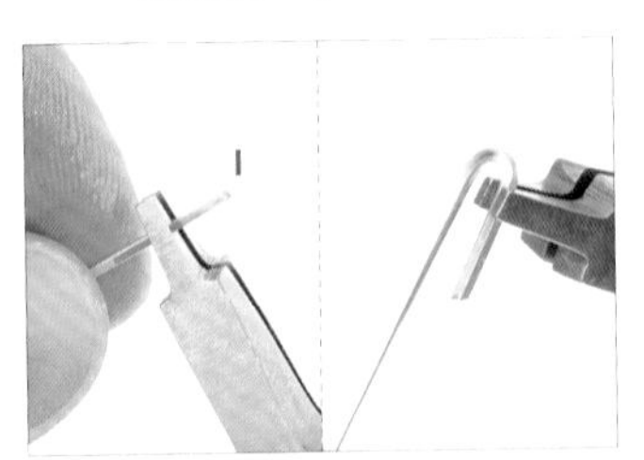

10 以平口鉗將線I折成彎鉤形。

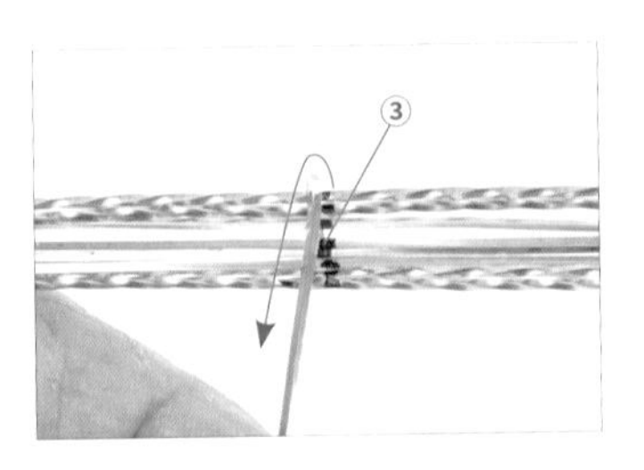

11 承步驟10，將線I勾入點③。

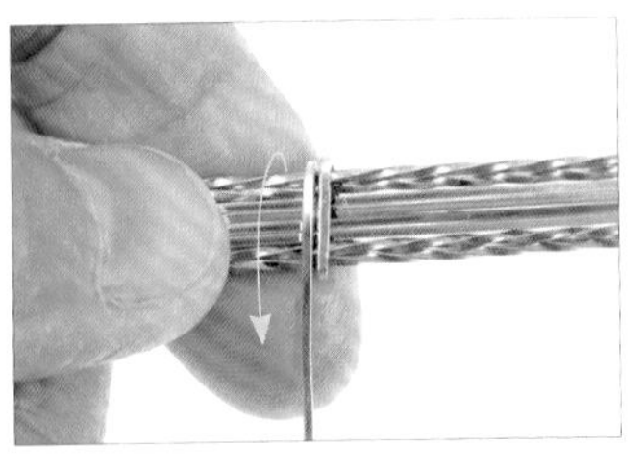

12 以線I纏繞線A、B、E、F、G、H、C、D一圈。

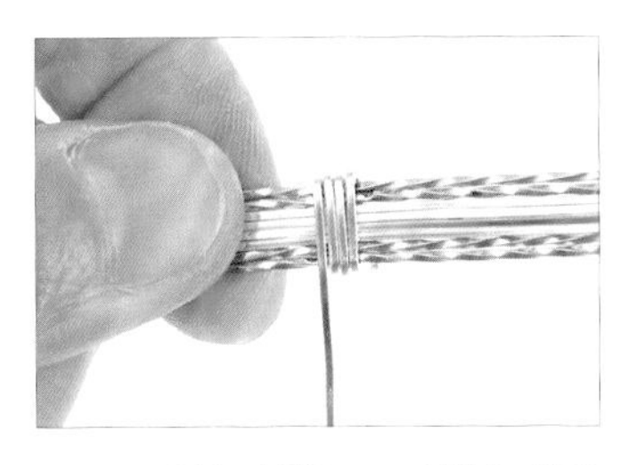

13 重複步驟12，纏繞三圈。

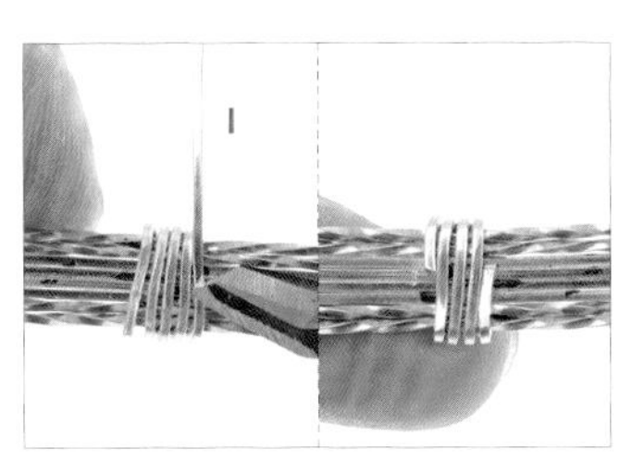

14 以斜口鉗剪掉多餘的線I。

15 重複步驟10-14，以線J纏繞點②。

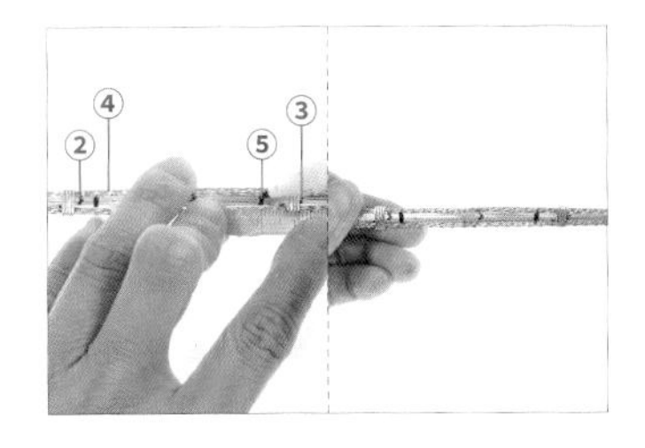

16 以捲尺為輔助，取黑色奇異筆，分別在距離點②、③約1公分處繪製記號，為點④、⑤。

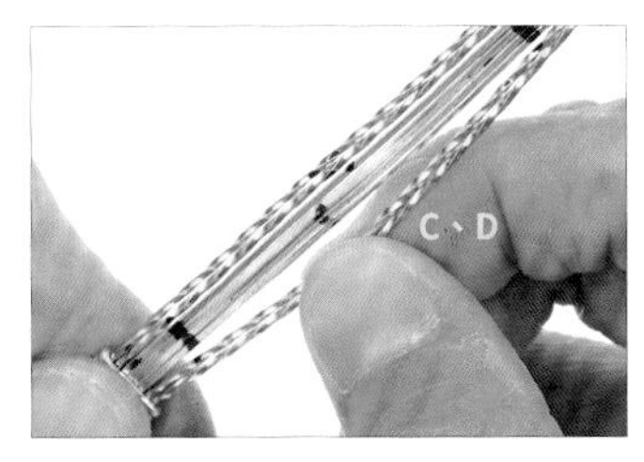

17 用手稍微將線C、D拉開。

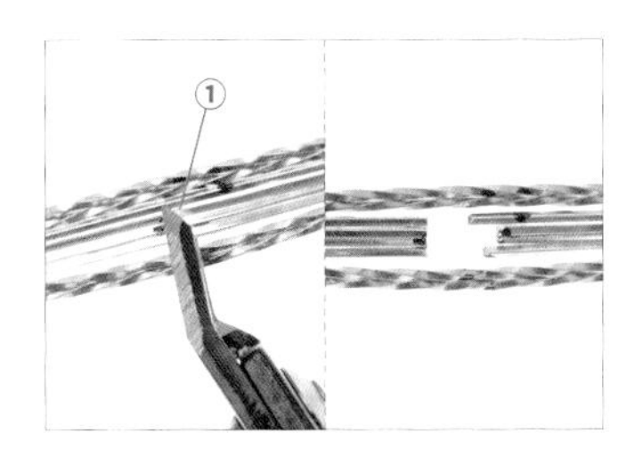

18 以斜口鉗從點①剪開線E、F、G、H，形成斷口。

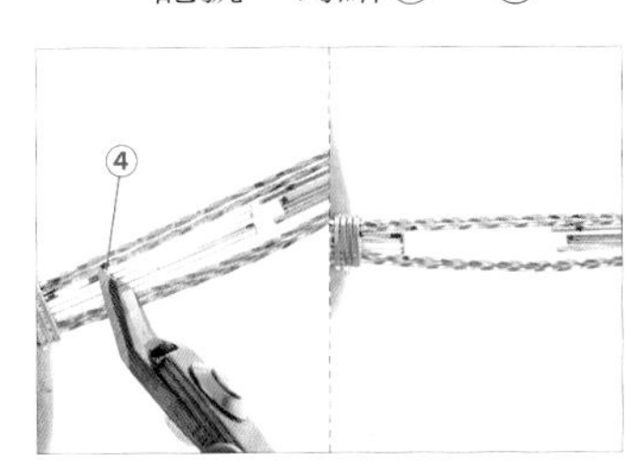

19 以斜口鉗從點④剪掉多餘的線E、F、G、H。

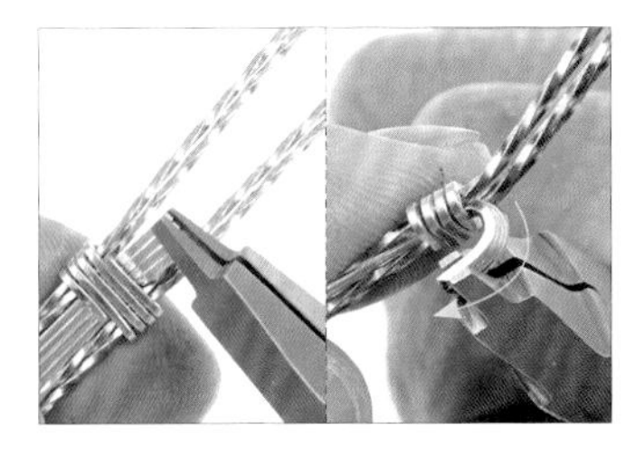

20 以平口鉗將斷口往內夾緊收尾。

21 以尼龍平口鉗將線整理得更平整。【註：製作過程中，隨時可以尼龍平口鉗整理線。】

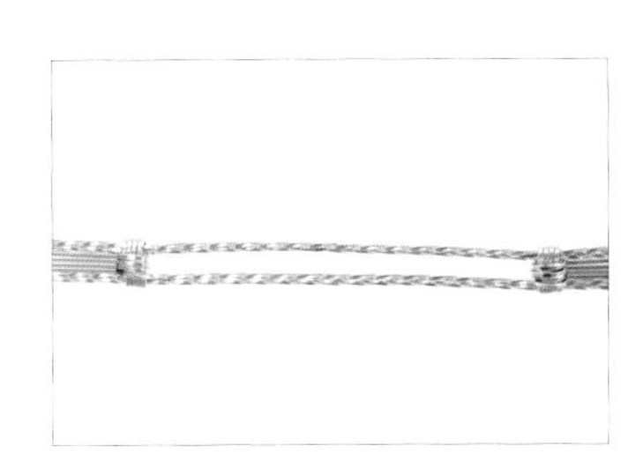

22 重複步驟20-21，將點⑤製作完成。

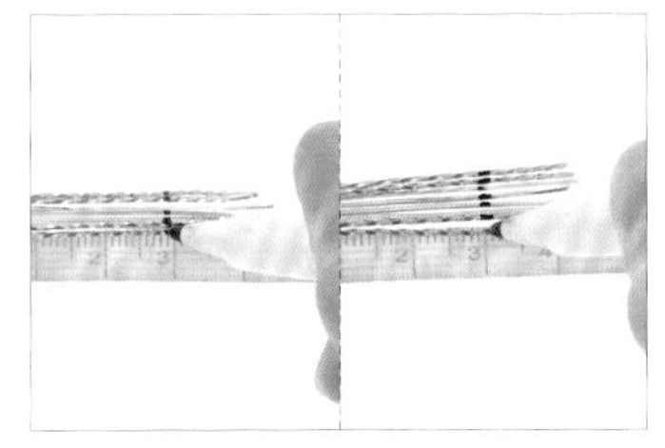

23 以捲尺為輔助，取黑色奇異筆，分別在距離點②、③約3公分處繪製記號，為點⑥、⑦。

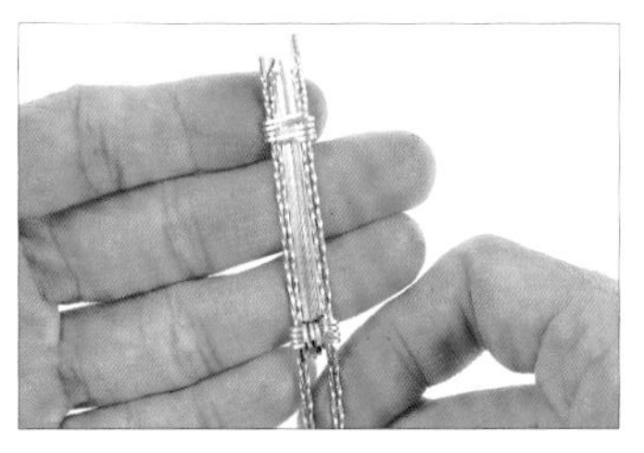

24　重複步驟10-14，以線K纏繞點⑥。【註：斷口須預留約0.6公分長度。】

25　重複步驟10-14，以線L纏繞點⑦。【註：斷口須預留約0.6公分長度。】

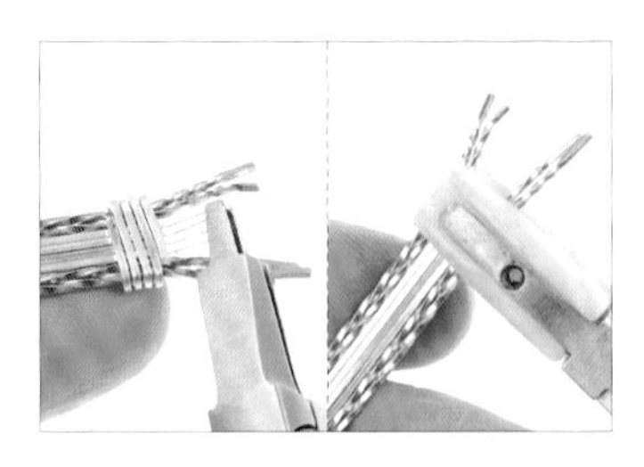

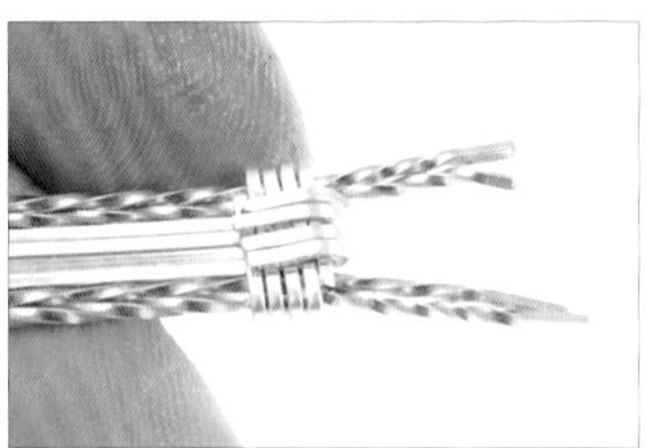

26　重複步驟20-21，將點⑦斷口收尾。

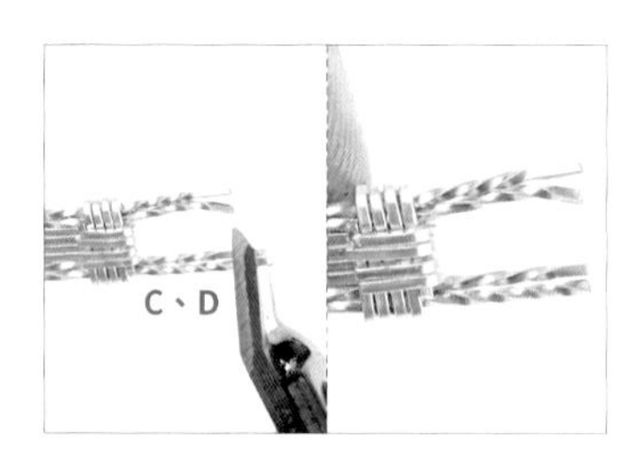

27　以斜口鉗剪掉多餘的線C及線D。【註：須預留1公分，再剪掉。】

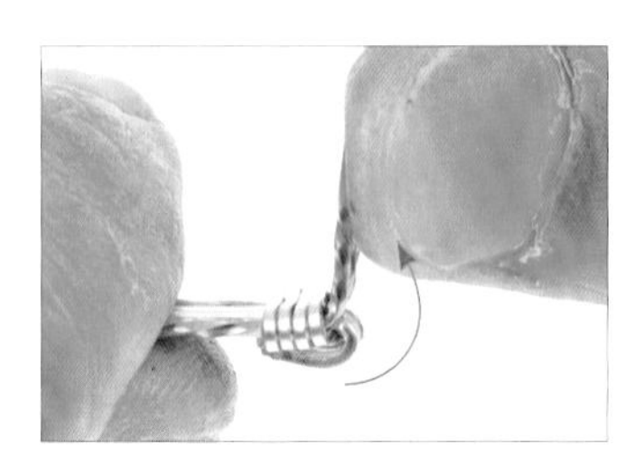

28　用手將線A、B、C、D往上折出直角。

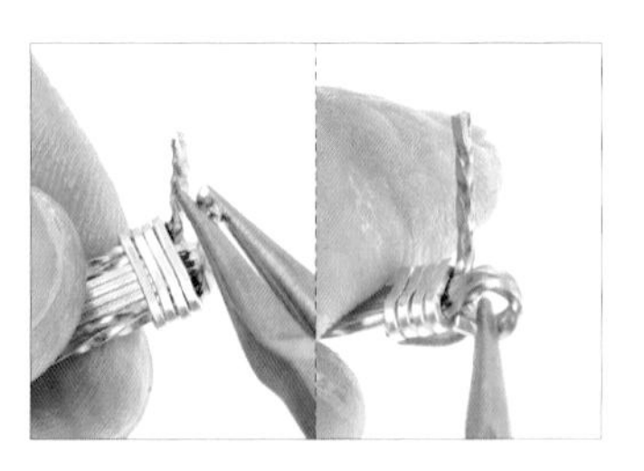

29　以圓嘴鉗夾住線C、D，並往內彎折成圓弧形。

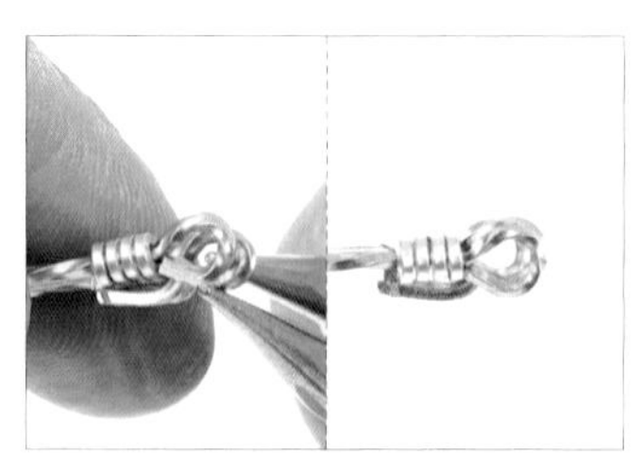

30　重複步驟29，將線A、B製作成圓弧形。

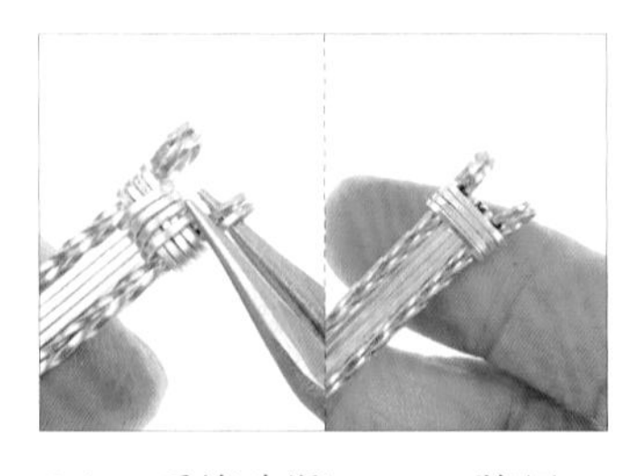

31　重複步驟27-30，將另一側線A、B、C、D製作成圓弧形。

32　用手將線A、B及線C、D往外拉開，手環外框初步製作完成。

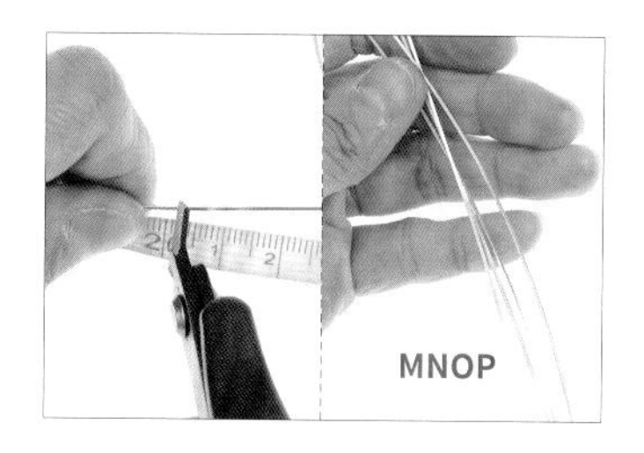

33 以斜口鉗剪下1條約20公分的21G銀色方線。【註：為線M～P。】

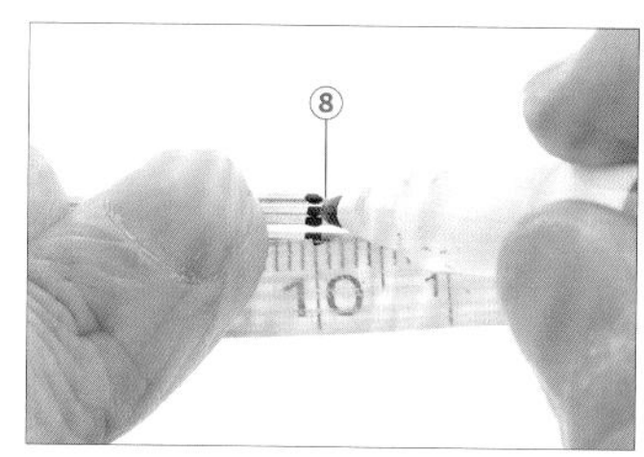

34 以捲尺為輔助，取黑色奇異筆，在線M、N、O、P的中間繪製記號，為點⑧。【註：此作品的中間為10公分處。】

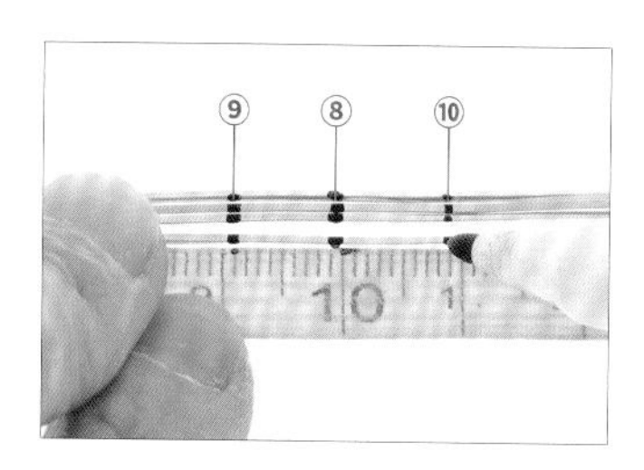

35 承步驟34，在左右距離點⑧約0.9公分處繪製記號，為點⑨、⑩。【註：此時以透氣膠帶固定線。】

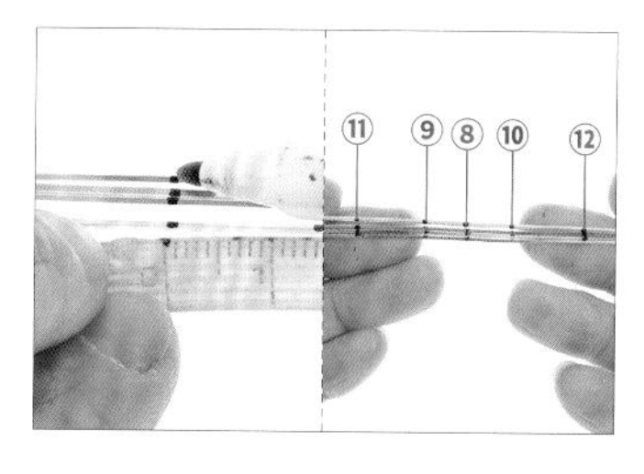

36 以黑色奇異筆，分別在距離點⑨、⑩約1.4公分處繪製記號，為點⑪、⑫。

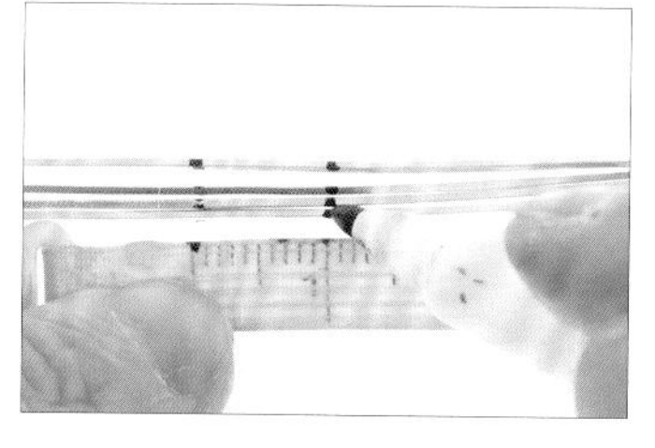

37 以黑色奇異筆，分別在距離點⑪、⑫約1公分處繪製記號，為點⑬、⑭。

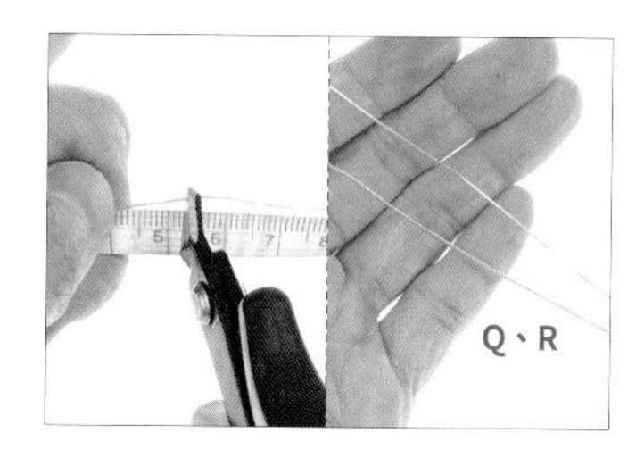

38 以斜口鉗剪下2條約30公分的21G半圓線。【註：為線Q、R。】

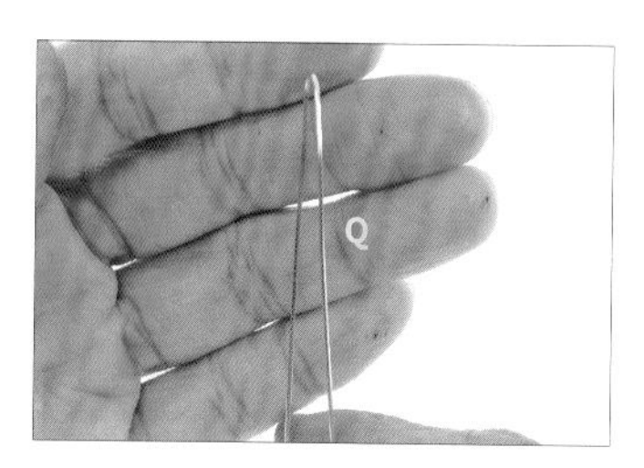

39 將線Q對折。

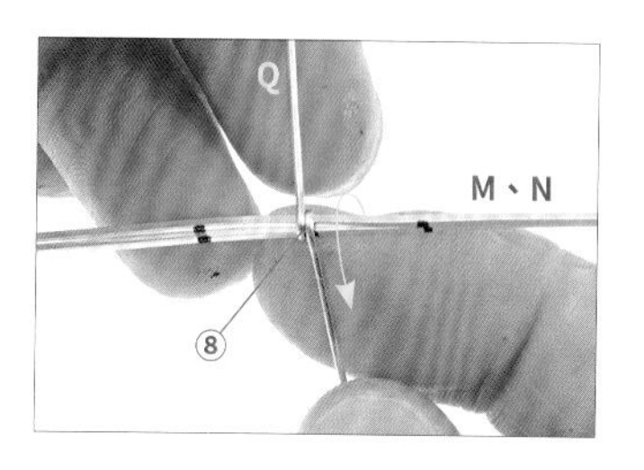

40 以線Q纏繞線M、N點⑧一圈。

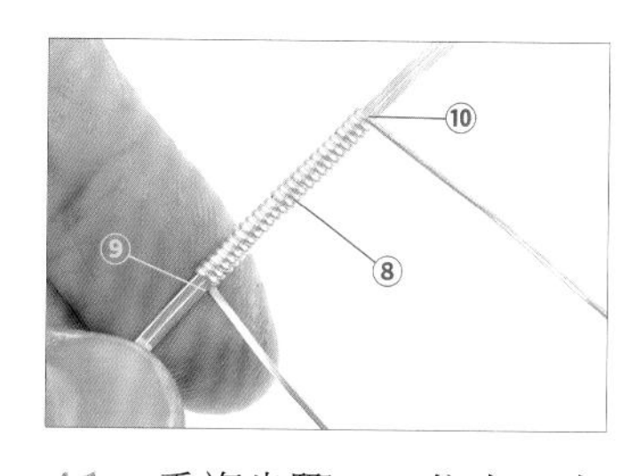

41 重複步驟40，往左、右兩側纏繞，將點⑨到點⑩的範圍，以線Q纏繞填滿。

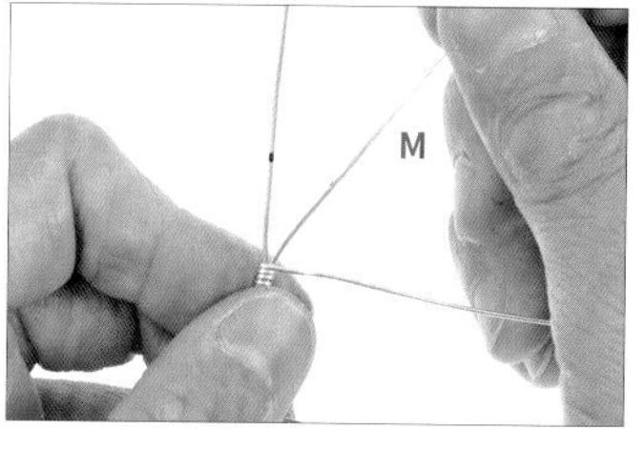

42 將線M折出直角。

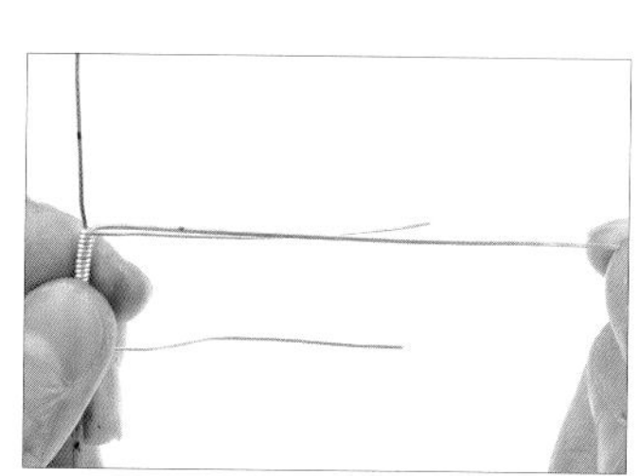

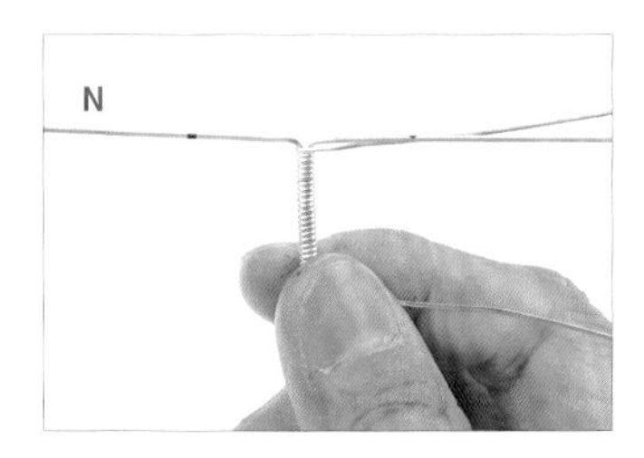

43　重複步驟42，將線N折出直角。

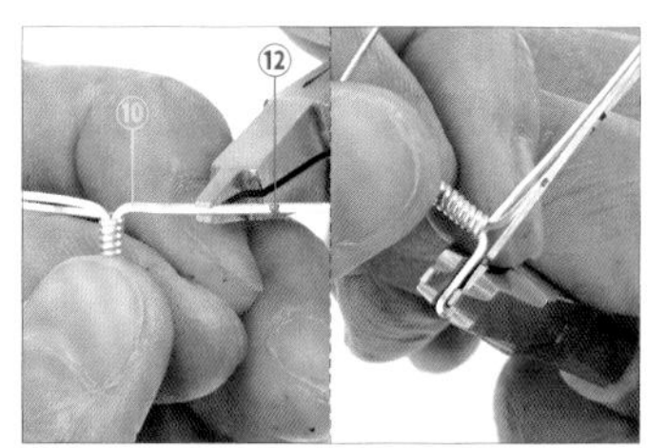

44　以平口鉗將線N的點⑩、⑫中間將線對折，再將點⑫夾出直角，以製作爪檯。【註：爪檯長度須超過裸石高度的1/2。】

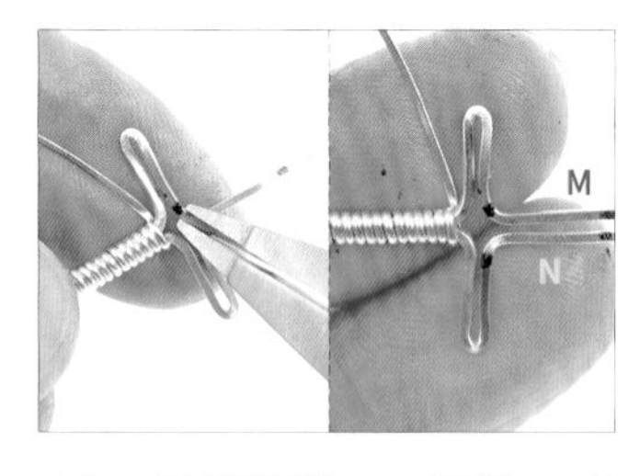

45　重複步驟44，將線M夾出爪檯。

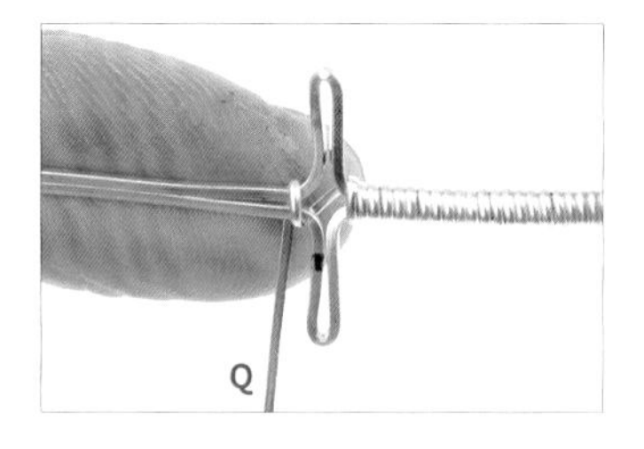

46　將線Q穿過線M、N下方後，往上纏繞一圈。

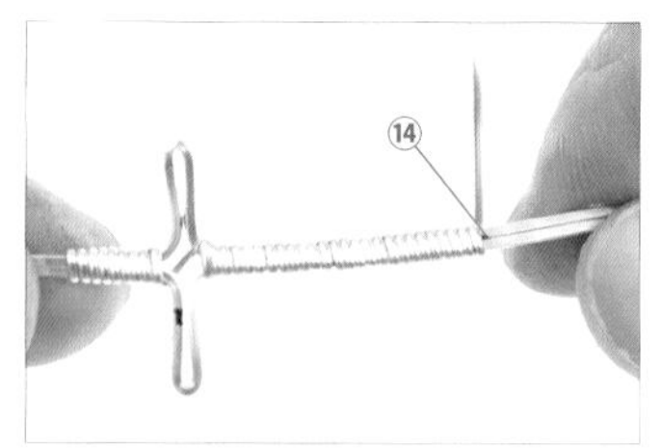

47　重複步驟46，在線M、N上持續纏繞至點⑭。

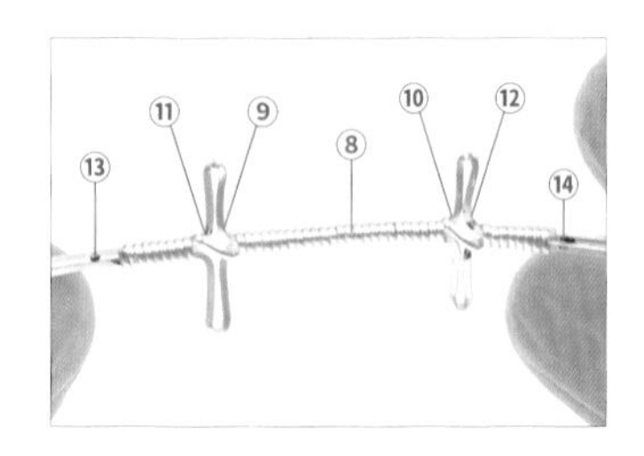

48　重複步驟42-47，製作另一側爪檯，並剪掉多餘的線Q。

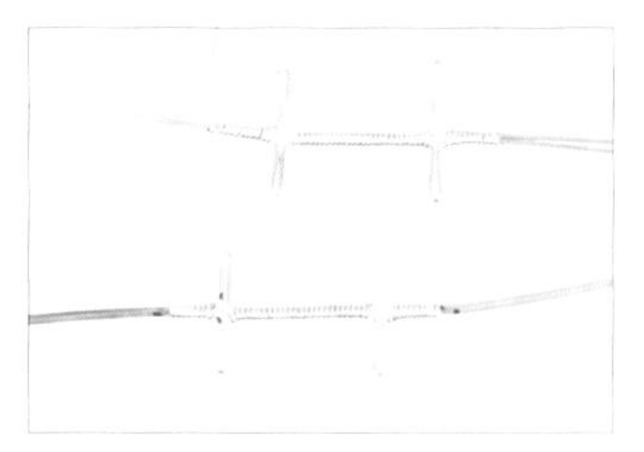

49　重複步驟39-48，以線O、P、R製作爪檯。

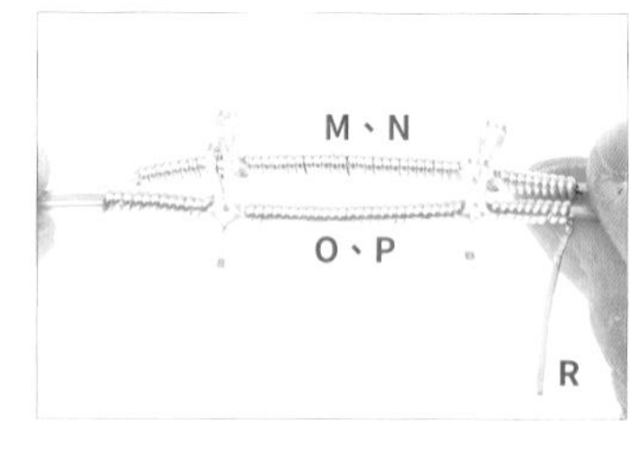

50　將線M、N及線O、P並排。

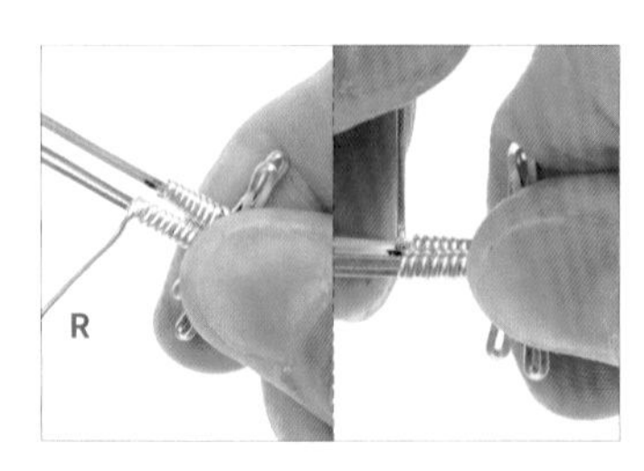

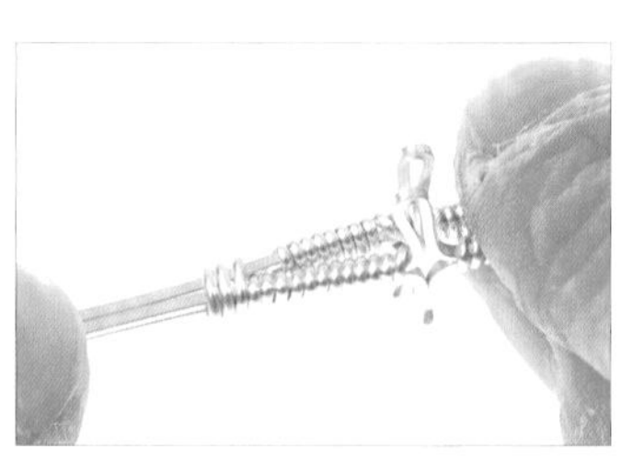

51　以線R纏繞線M、N、O、P三圈。

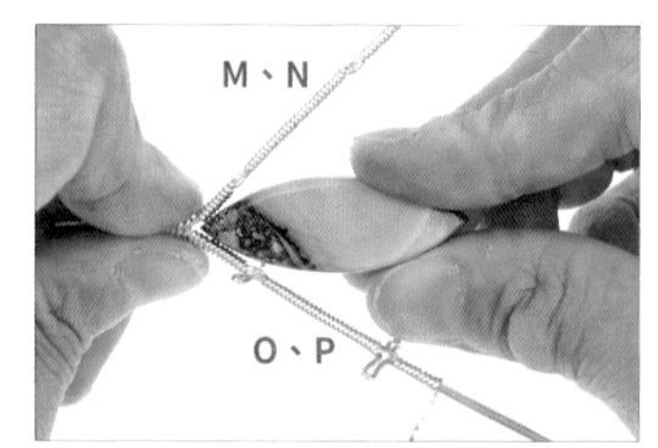

52　將線M、N及線O、P分開，放入碧玉。

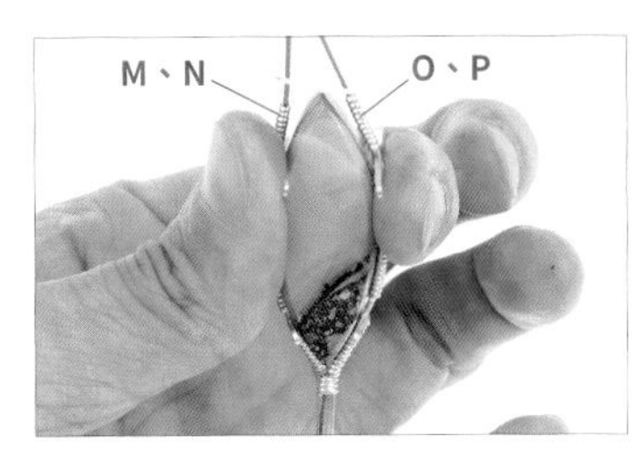

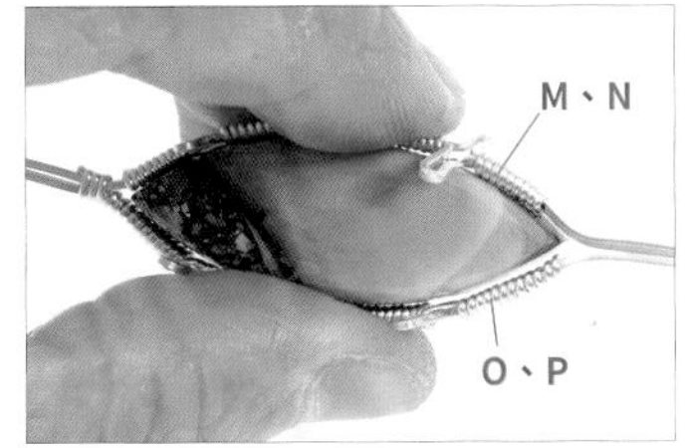

53 以線M、N及線O、P包覆碧玉，以製作裸石包框。

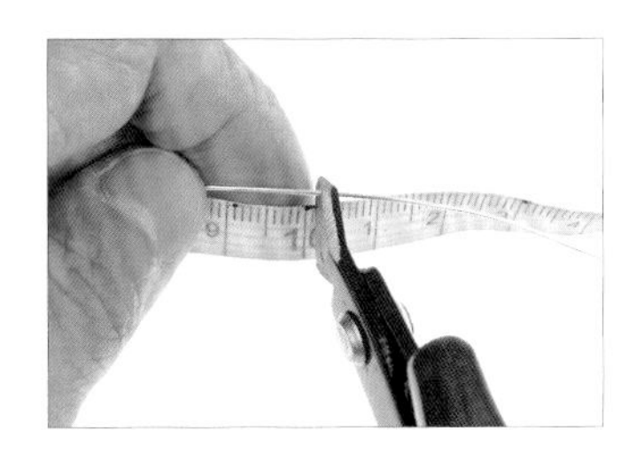

54 以斜口鉗剪下1條約10公分的21G半圓線，為線S。

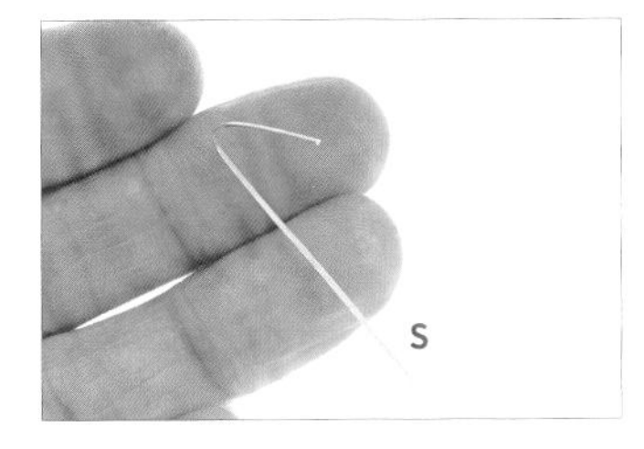

55 將線S折成彎鉤形。

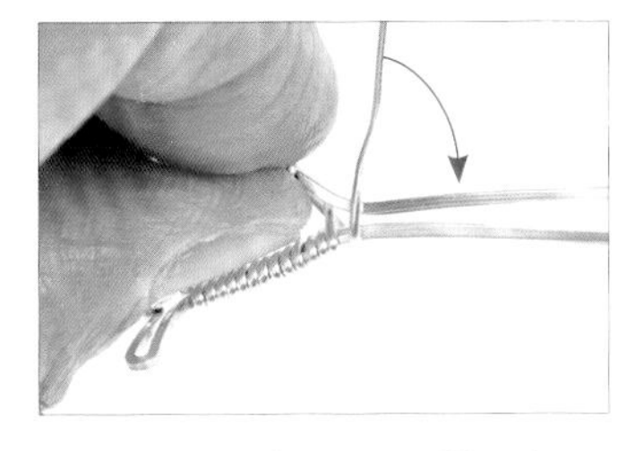

56 移除碧玉，以線S勾入線O、P。

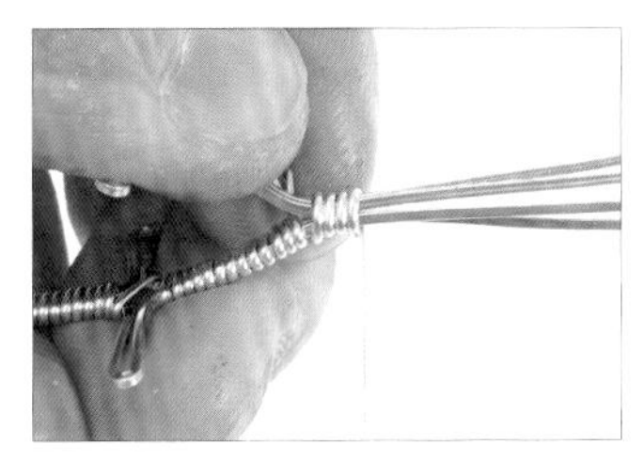

57 以線S纏繞線M、N、O、P三圈。

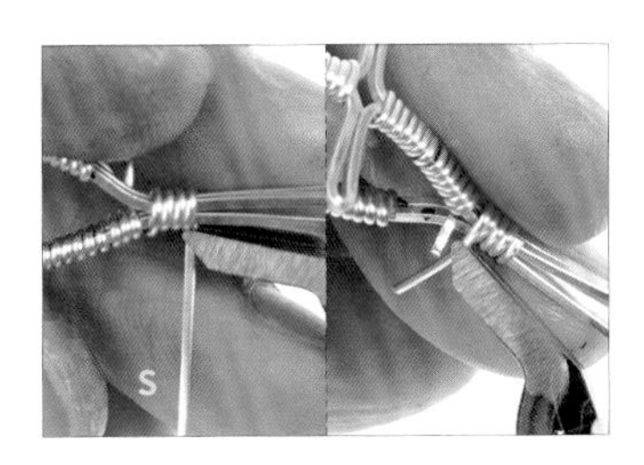

58 以斜口鉗剪掉多餘的線S，收尾。

59 以斜口鉗剪掉所有多餘的線段，以完成包框製作。

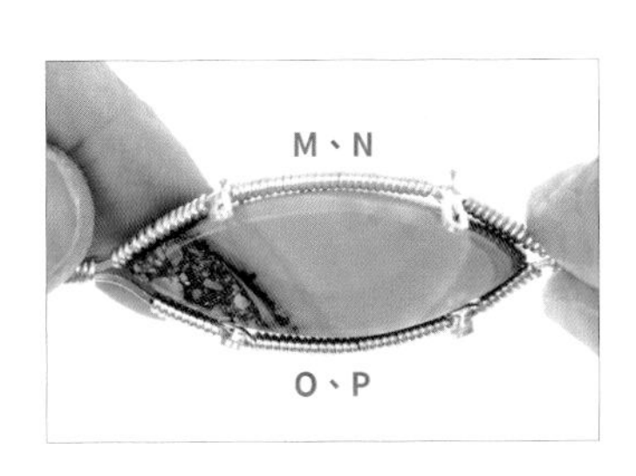

60 將碧玉放入包框中。

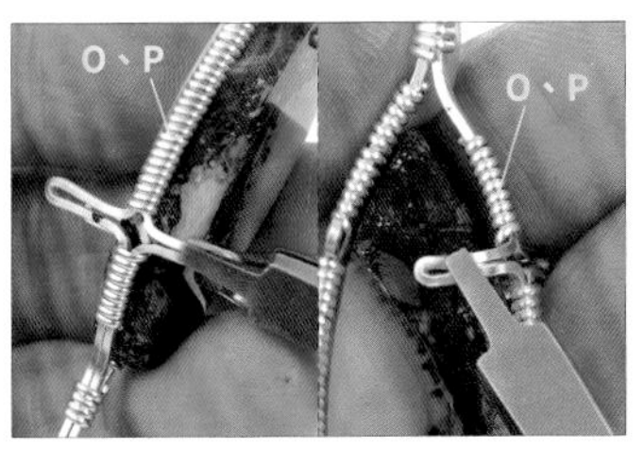

61 以平口鉗將包框的爪檯往內彎折。

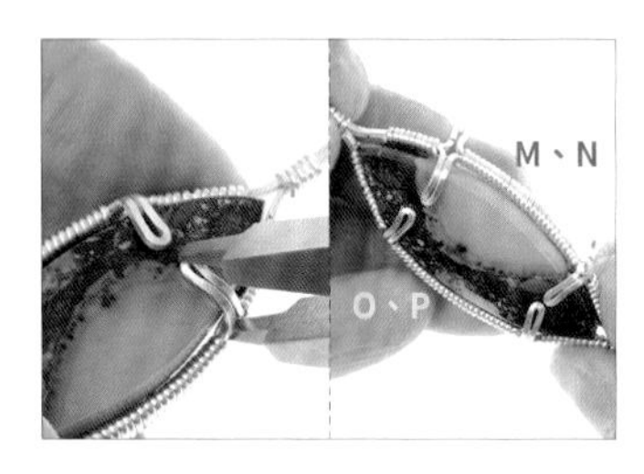

62 重複步驟61，以製作包框底座。【註：此為作品的背面。】

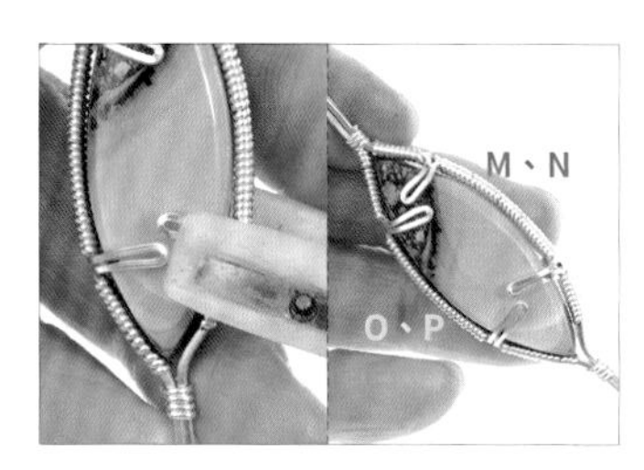

63 將碧玉翻面，以尼龍平口鉗將另一側的爪檯往內彎折。

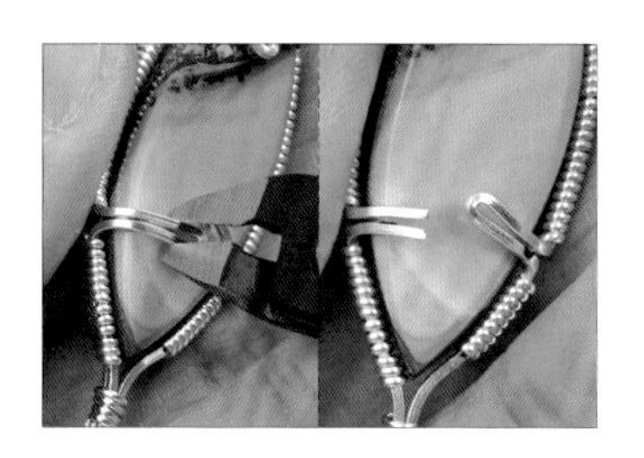

64 以斜口鉗剪斷爪檯。

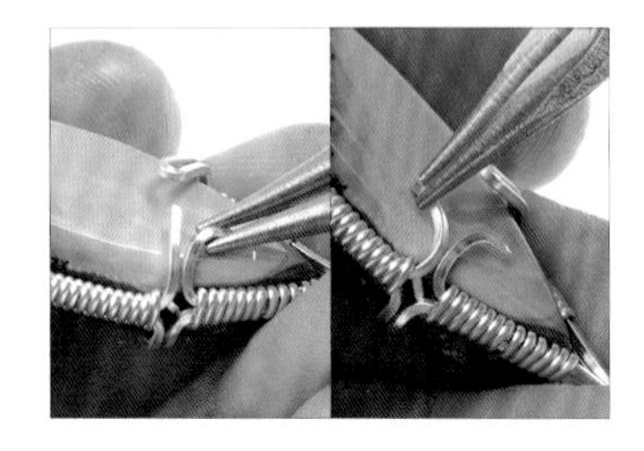

65 以圓嘴鉗夾住線，並彎折成圓弧形。

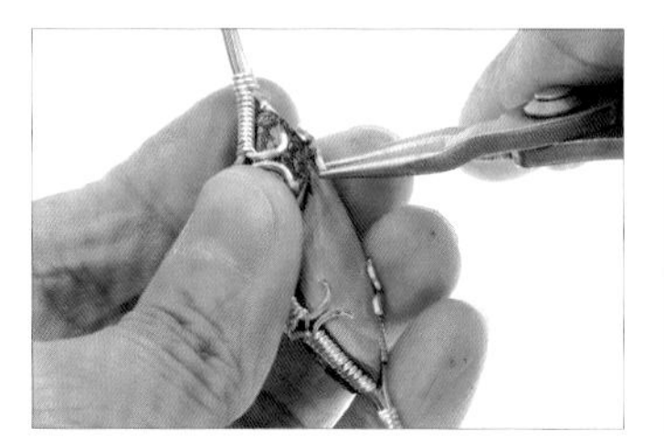

66 重複步驟64-65，以製作捲曲的爪檯。

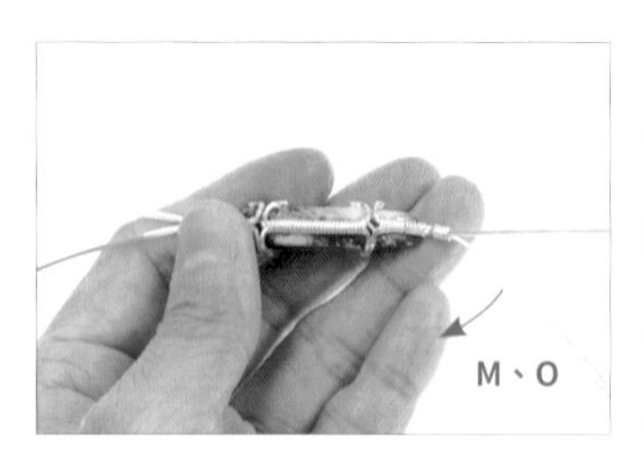

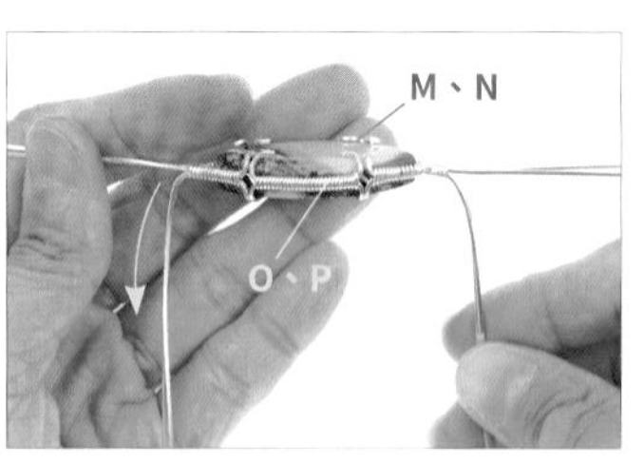

67 將線M、O兩側往下彎折。

68 將線M、O穿入手環外框。

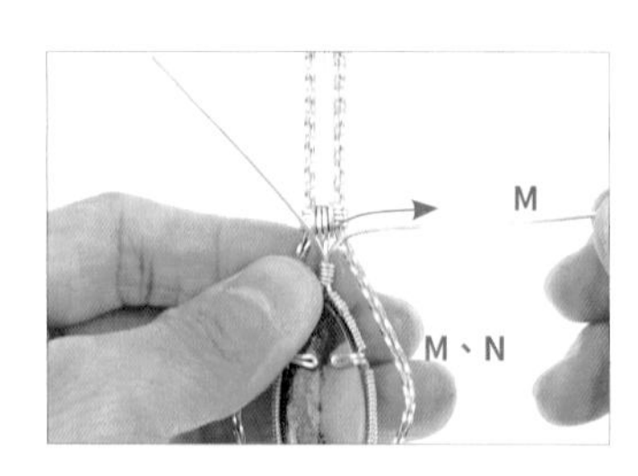

69 用手將線M往外彎折。【註：此為作品的背面。】

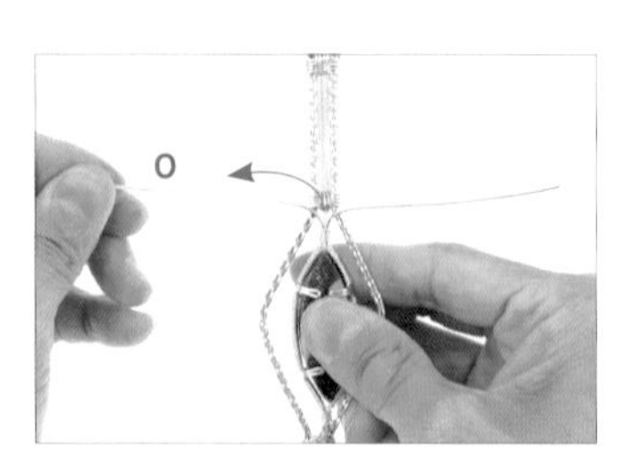

70 用手將線O往外彎折。【註：此為作品的背面。】

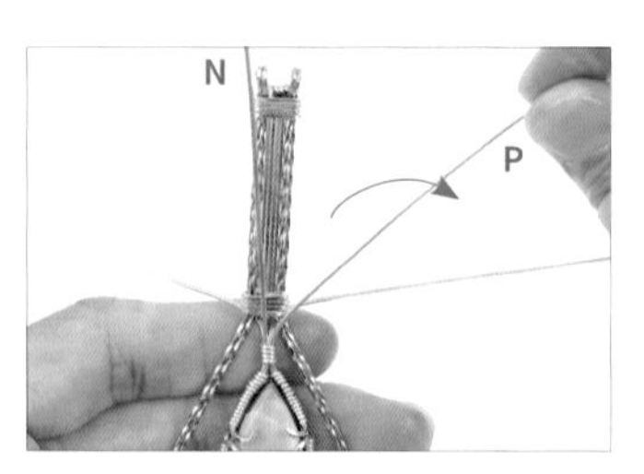

71 翻到作品正面，用手將線P往外彎折。【註：此為作品的正面。】

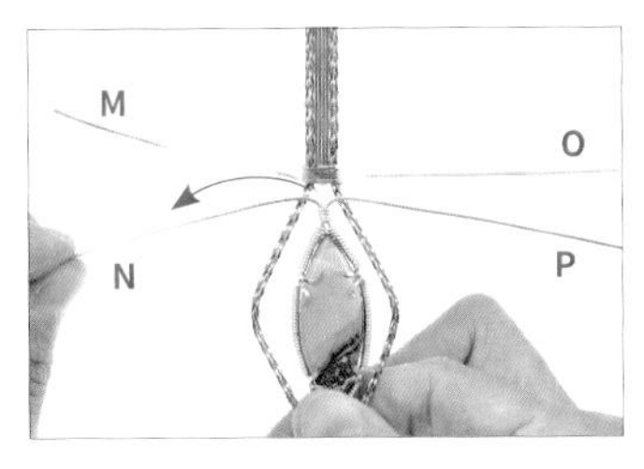

72 用手將線N往外彎折。

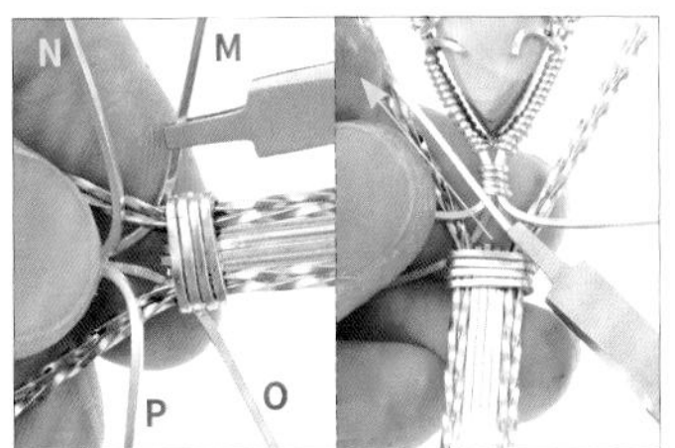

73 以平口鉗將線M往碧玉正面彎折。

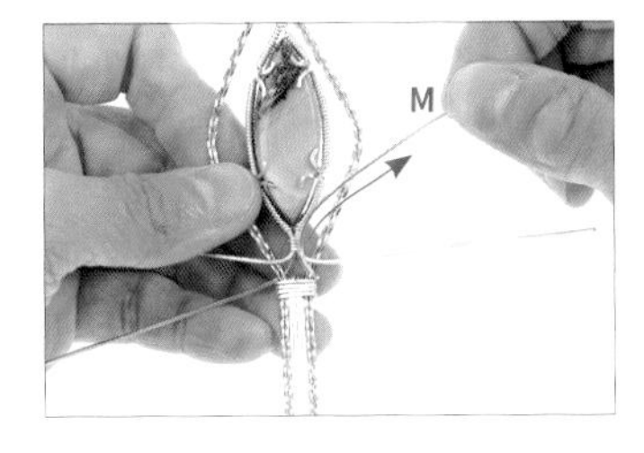

74 用手線M彎折成弧形。

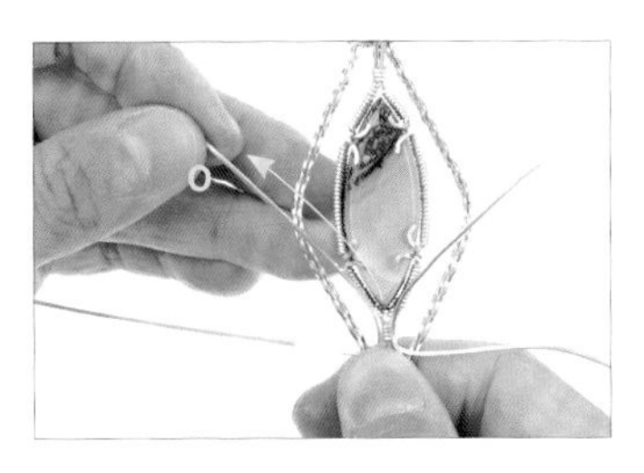

75 重複步驟73-74，將線O製作成弧形。

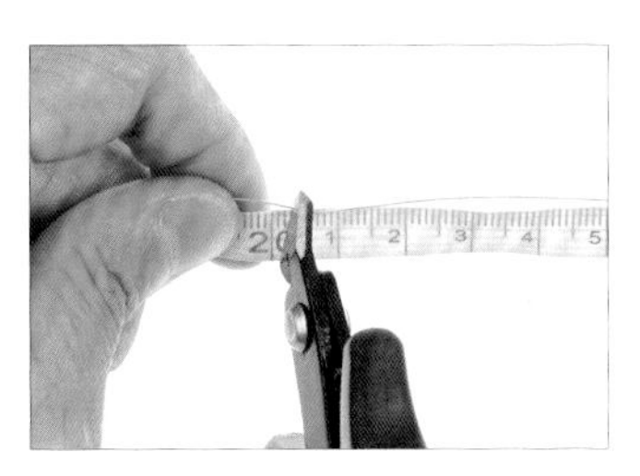

76 以斜口鉗剪下2條約20公分的26G線。【註：為線T、U。】

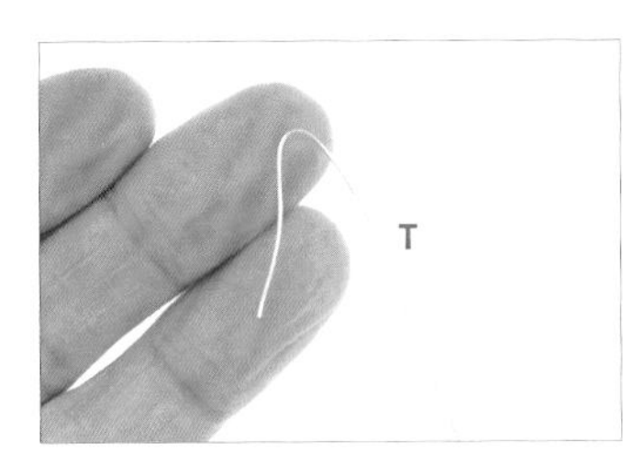

77 將線T折成彎鉤形。

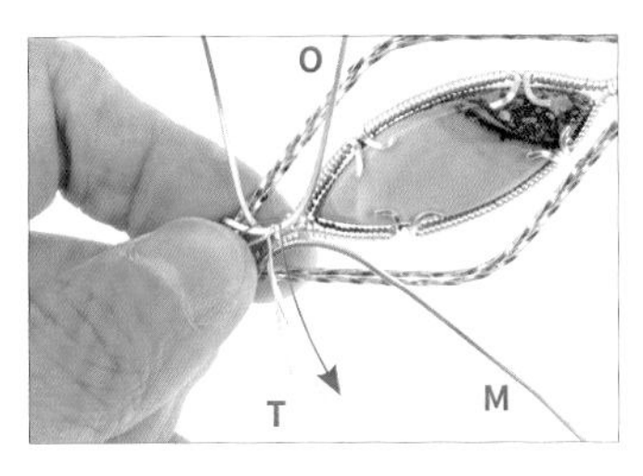

78 承步驟77，將線T勾入線O。

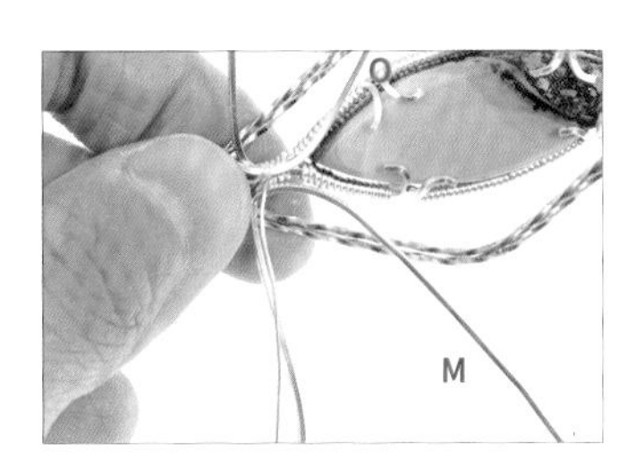

79 以線T纏繞線M兩圈。

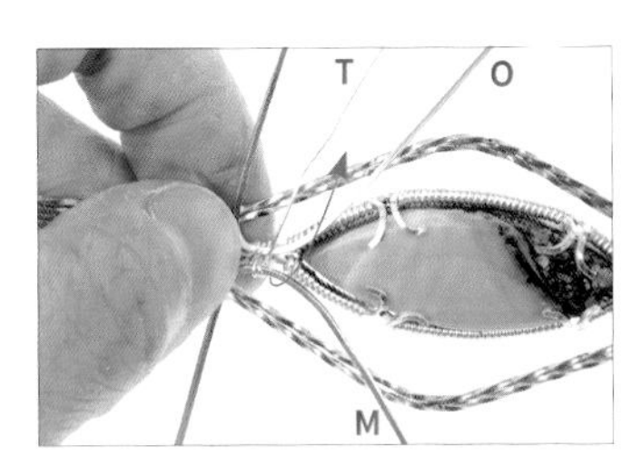

80 將線T穿過線O上方後，往下纏繞線O兩圈。

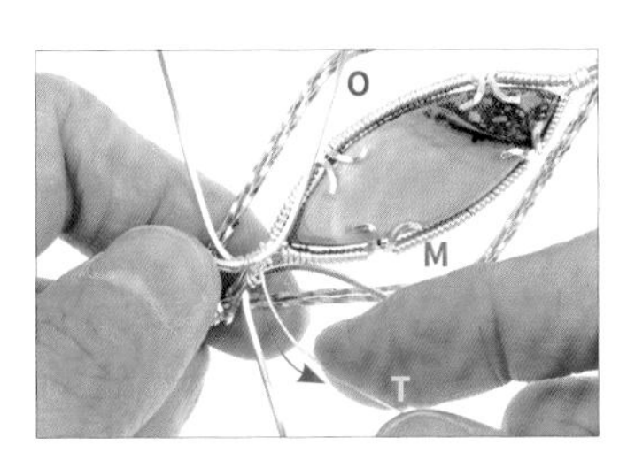

81 將線T穿過線M下方後，往上纏繞線M兩圈。

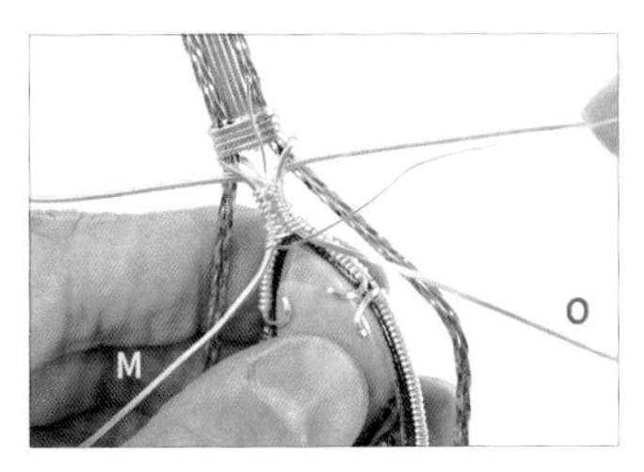

82 重複步驟80-81，在線M、O上持續纏繞。【註：雙線八字繞法1詳細步驟請參考P.16。】

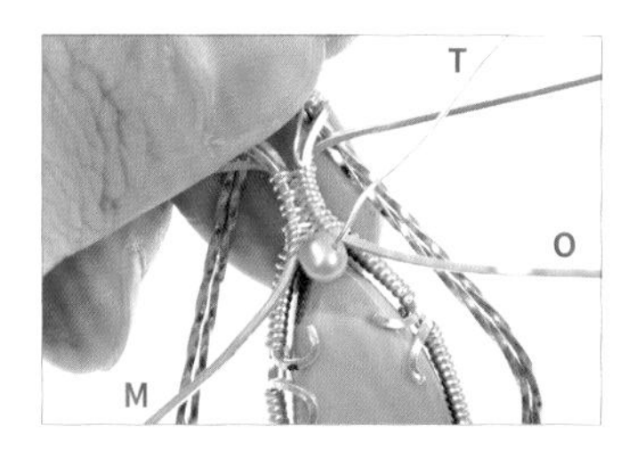

83 取一顆珍珠，穿入線T中。

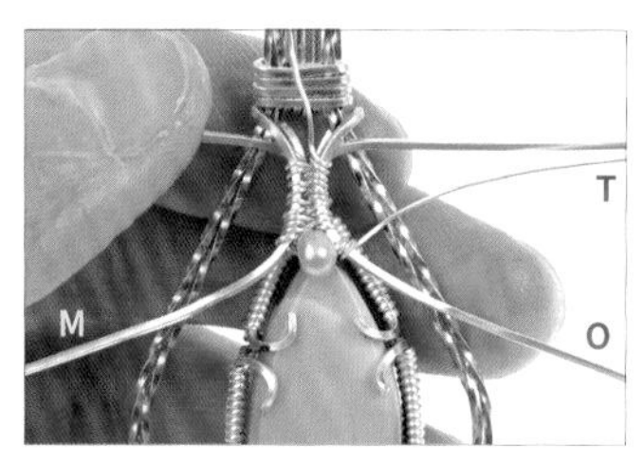

84 以線T纏繞線O三圈。

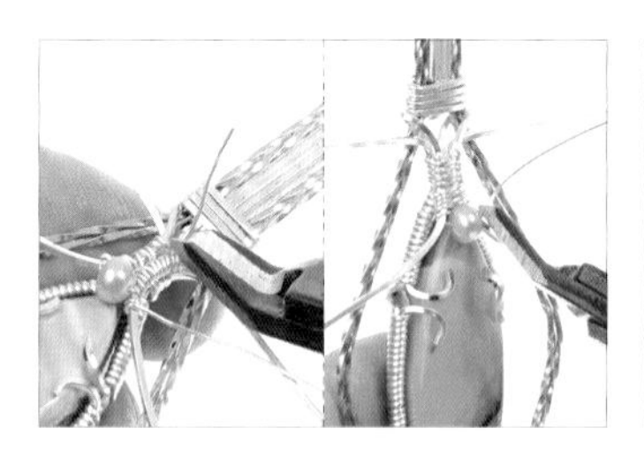

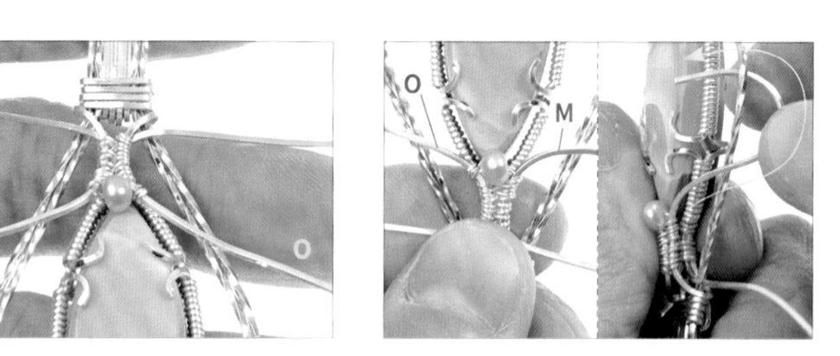

85 以斜口鉗將線T兩端多餘的金屬線剪掉，以固定珍珠。

86 將線M穿過外框的雙線麻花。

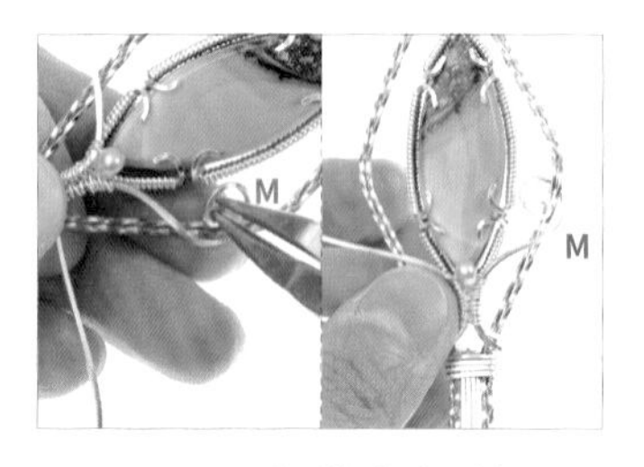

87 以圓嘴鉗夾住線M，並先彎折出一個圓形，再順著圓形盤繞出漩渦形。

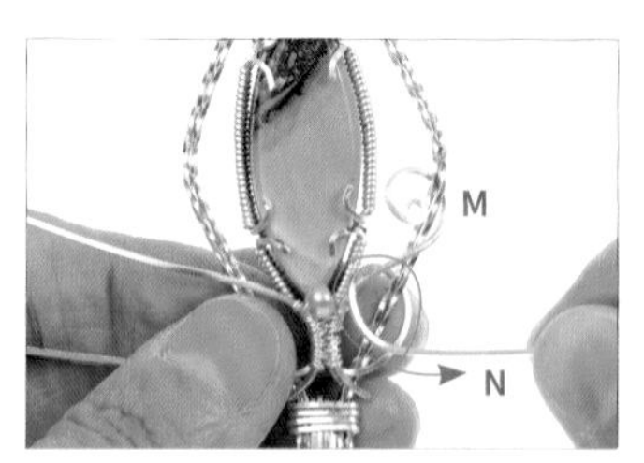

88 以線N纏繞雙線麻花及線M一圈。

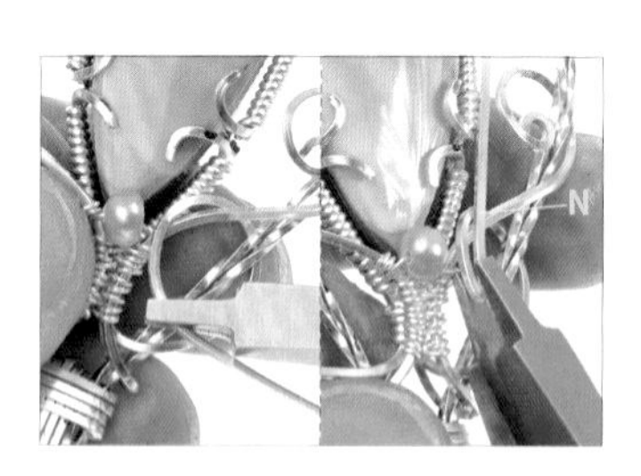

89 以平口鉗將線N反折回去。

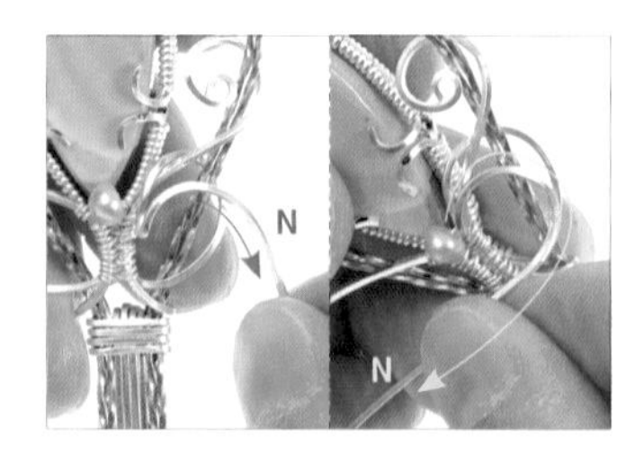

90 用手將線N彎折成弧形。

91 以圓嘴鉗夾住線N，並先彎折出一個圓形，再順著圓形盤繞出漩渦形。

92 重複步驟86-91，將另一側製作完成。

93 重複步驟77-92，以線U固定另一顆珍珠，並製作造型。

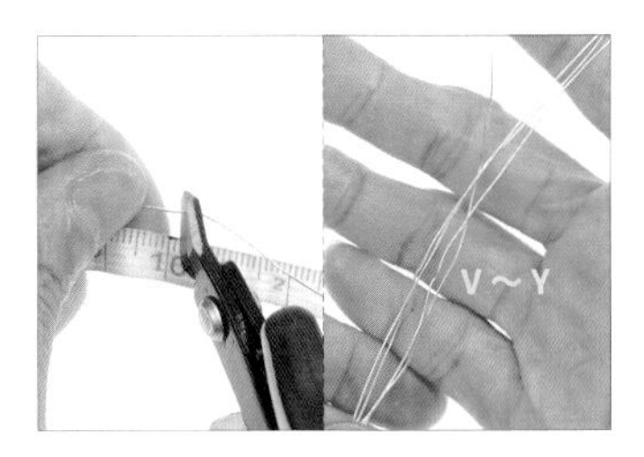

94 以斜口鉗剪下4條約10公分的26G線。【註：為線V～Y。】

95 取一顆珍珠，穿入線V中。

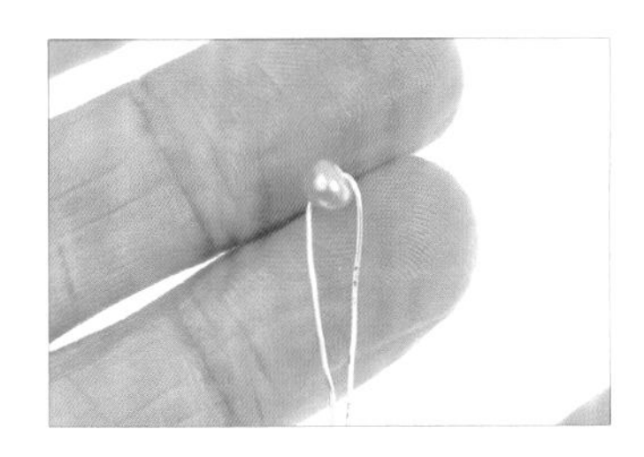

96 將線V對折。

97 將線V穿入手環的漩渦形。

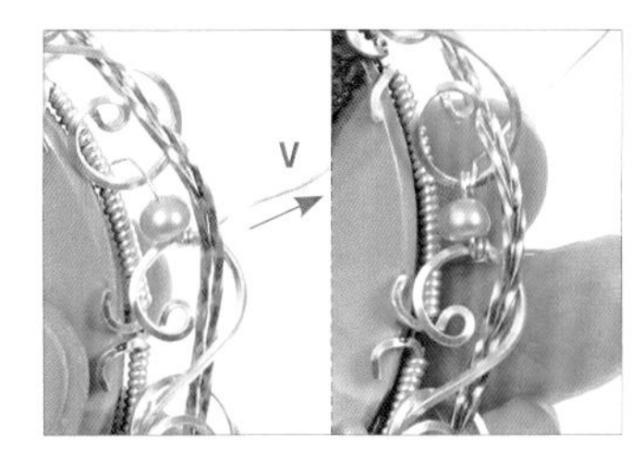

98 以線V兩端分別纏繞手環的漩渦形三圈。

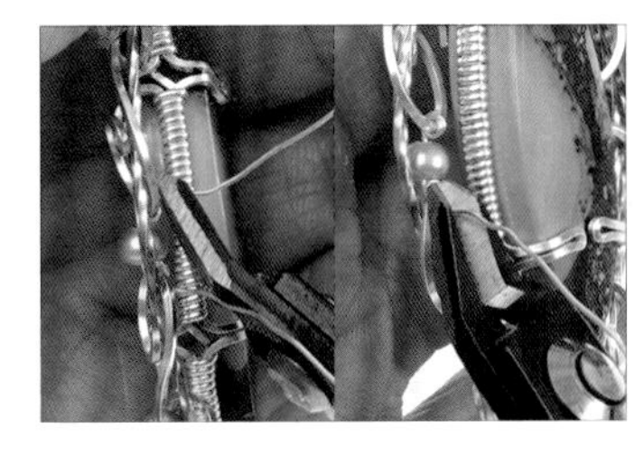

99 以斜口鉗將線V兩端多餘的金屬線剪掉，以固定珍珠。【註：此為作品的背面。】

100 重複步驟95-99，以線W固定另一側珍珠。

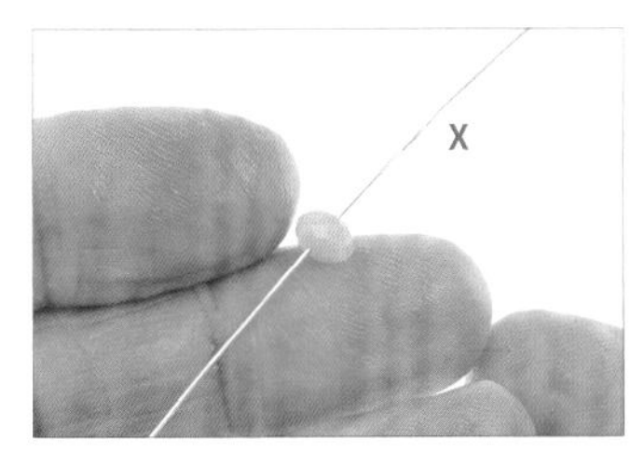

101 取一顆天河石，穿入線X中。

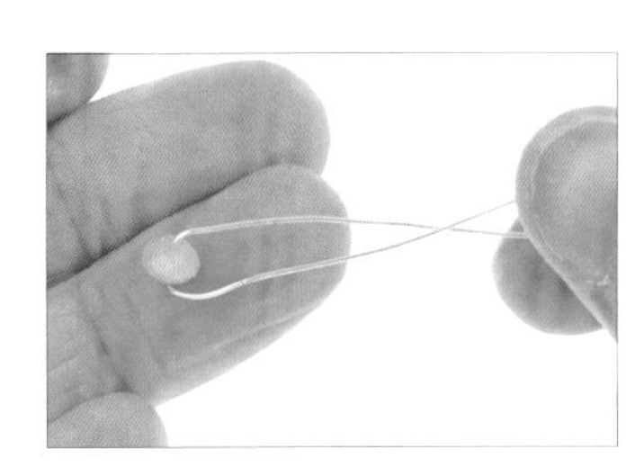

102 將線X對折。

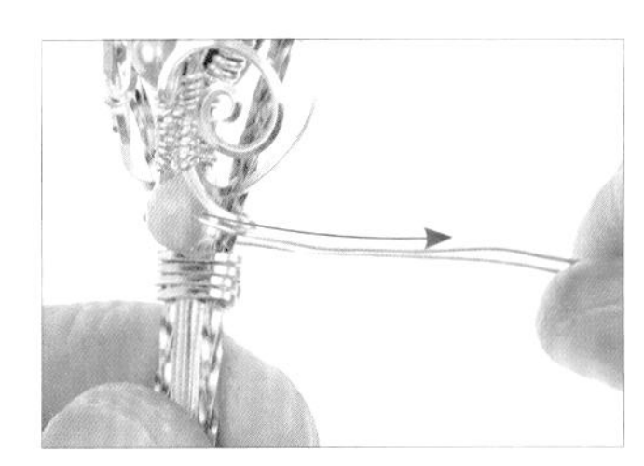

103 將線X穿入手環。

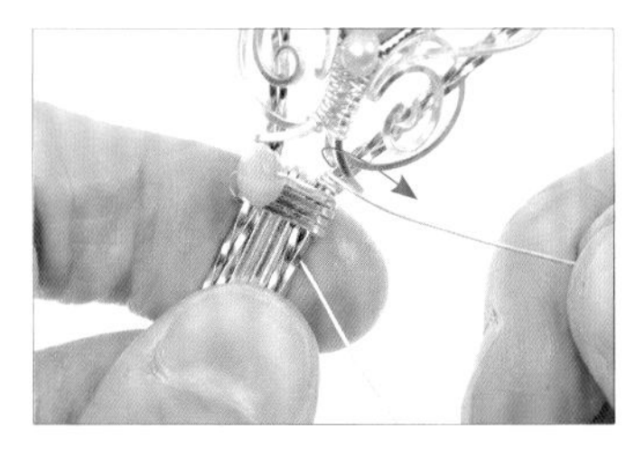
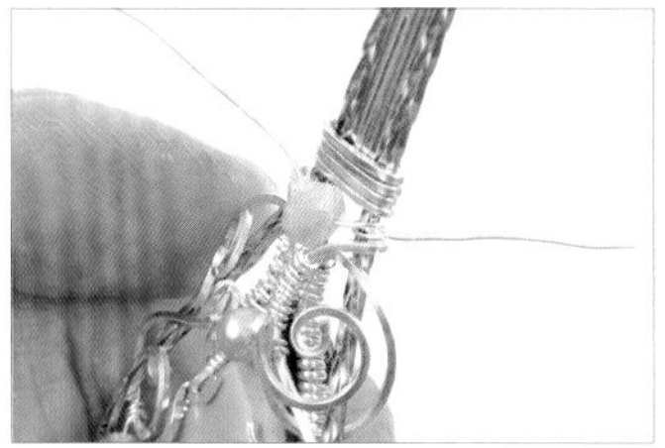

104　以線X兩端分別纏繞手環三圈。

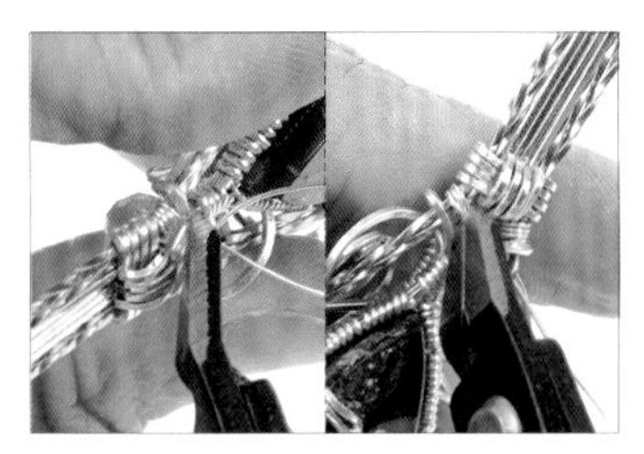

105　以斜口鉗將線X兩端多餘的金屬線剪掉，以固定天河石。

106　重複步驟101-105，以線Y固定另一側天河石。

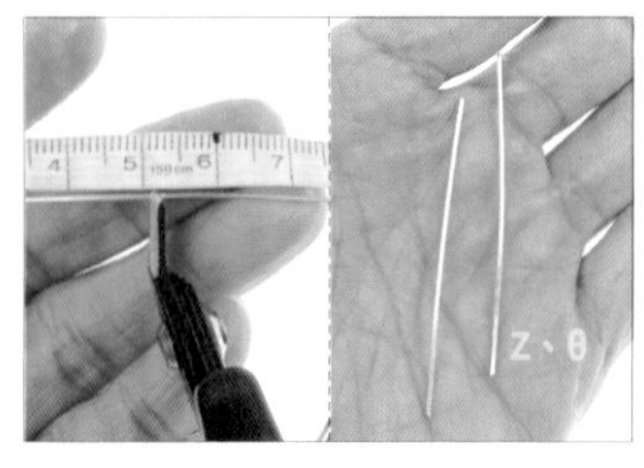

107　以斜口鉗剪下2條約5公分的21G金色方線。【註：為線Z、θ。】

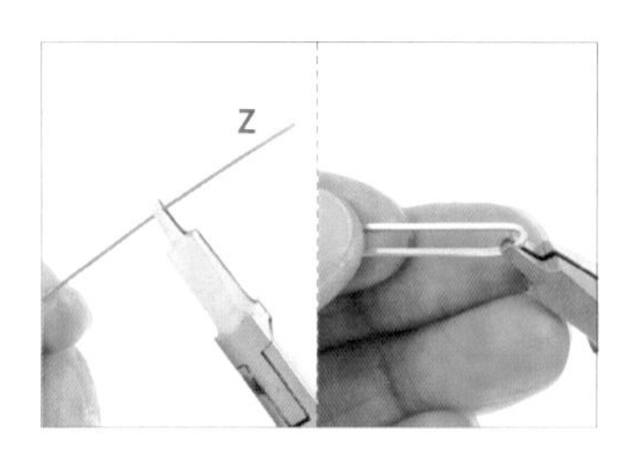

108　以平口鉗將線Z對折。【註：對折後長度約2.5公分。】

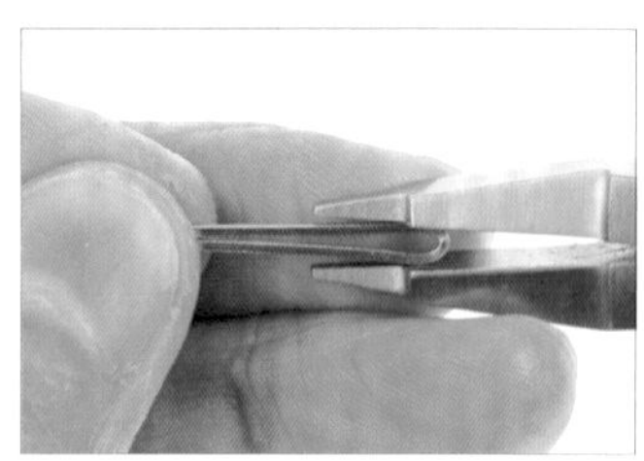

109　以平口鉗將線Z壓緊。

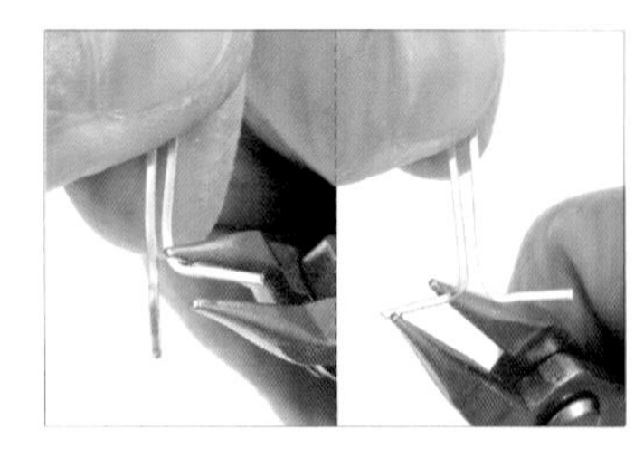
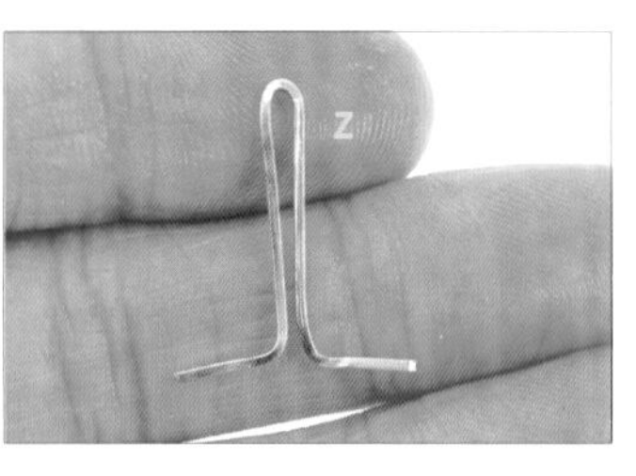

110　以圓嘴鉗將線Z向外彎折。【註：折角長度約0.5公分。】

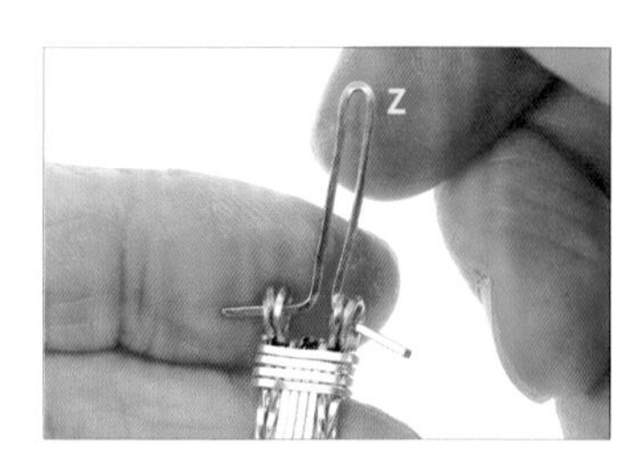

111　將線Z穿入手環外框的小孔。

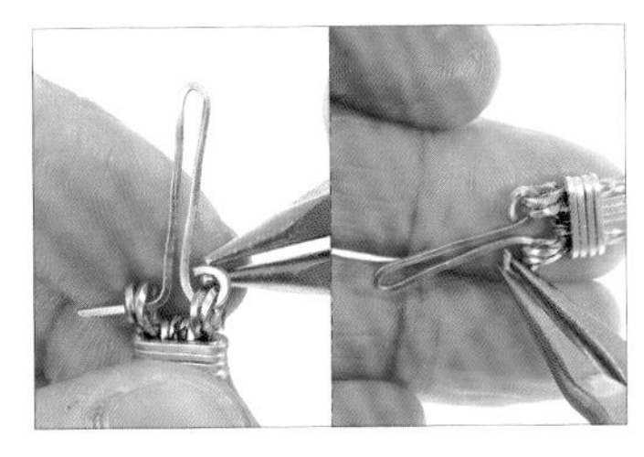

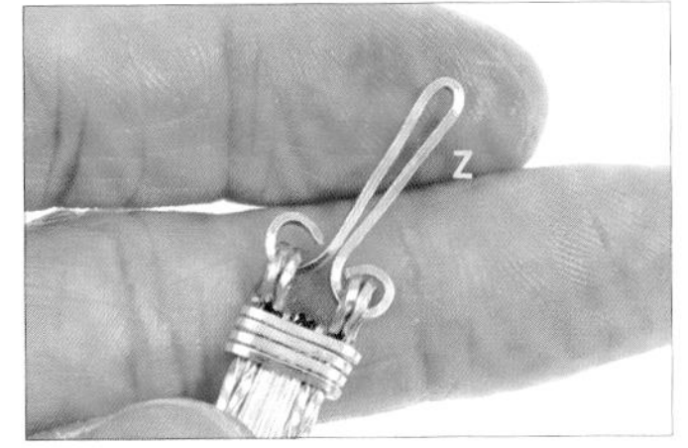

112　以圓嘴鉗將線Z兩端彎折成圓弧形，以固定在手環外框上。

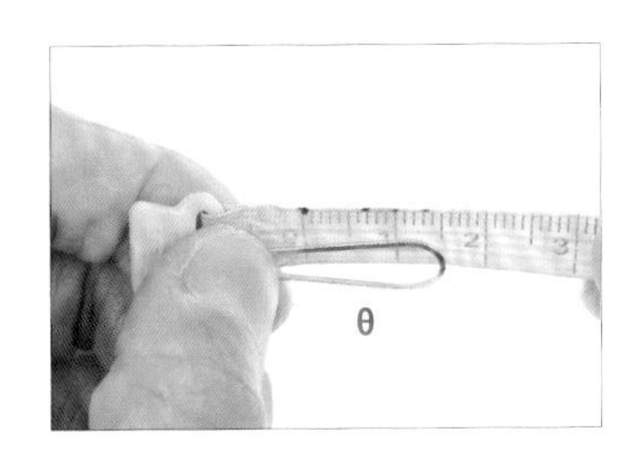

113　重複步驟108，將線θ對折，長度約1.5公分。

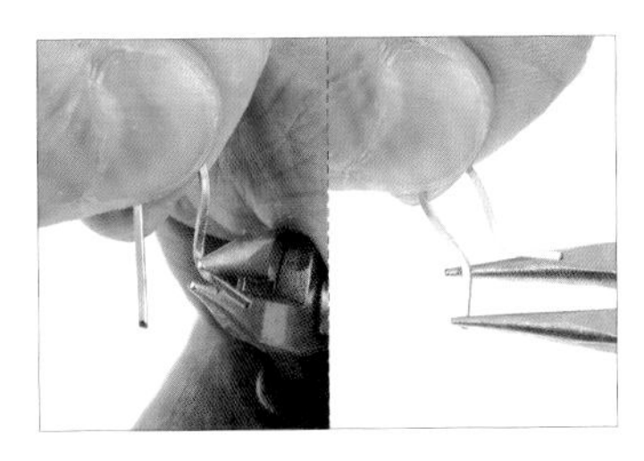

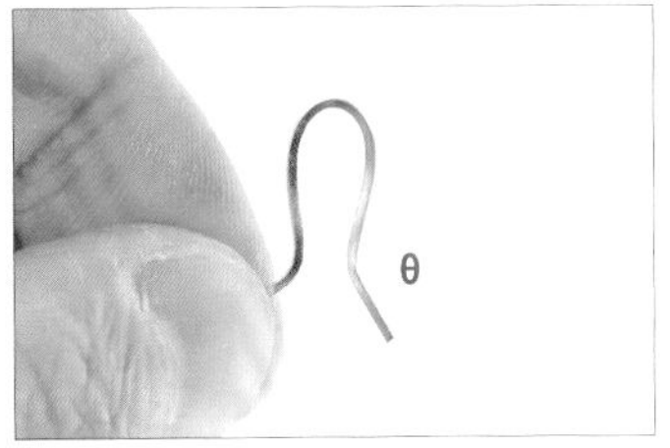

114　以圓嘴鉗將線θ向外彎折。【註：折角長度小於0.5公分。】

115　重複步驟111-112，將線θ固定在手環外框上，以製作扣環。

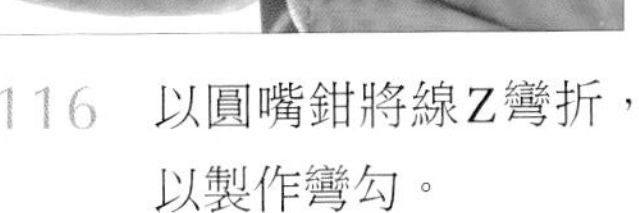

116　以圓嘴鉗將線Z彎折，以製作彎勾。

117　以戒圍棒輔助，將手環形塑成圓弧形。

118　如圖，古典曲線手環製作完成。

古典曲線手環
停格動畫 QRcode

進階應用
Advanced Application

WORKS OF WIRES BRAIDING
金屬線編作品

蝴蝶夫人靈擺

- 017 -

材料與工具 MATERIALS & TOOLS

◆ 線材

品項	用量
20G 銀色圓線	30 公分 × 3 條，為線 A、B、D。
28G 銀色圓線	60 公分 × 3 條，為線 C、E、F。 50 公分 × 2 條，為線 G、H。

◆ 石材

★尺寸依序為：長 × 寬 × 高

品項	用量
紫水晶	1 顆。【裸石大小：1.5 公分 × 1.5 公分 ×5.1 公分。】
珍珠	1 顆。

◆ 工具

捲尺、斜口鉗、圓嘴鉗、平口鉗。

步驟說明 STEP BY STEP

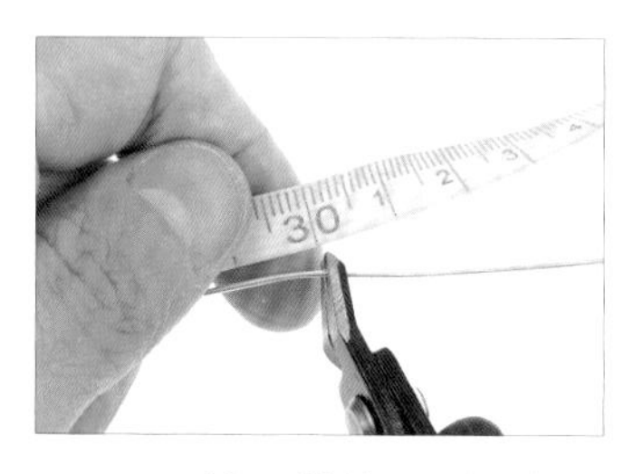

01 以斜口鉗剪下3條約30公分的20G線。【註：須剪下2條，為線A、B、D。】

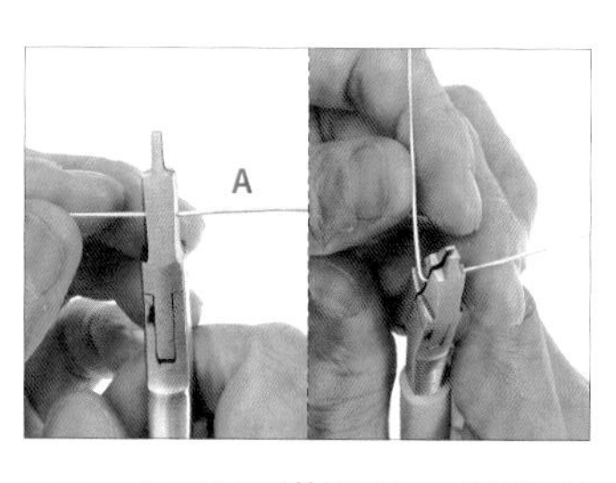

02 以平口鉗將線A折出直角。

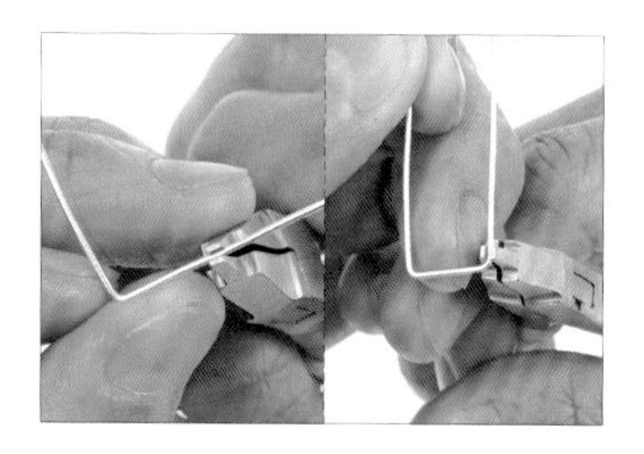

03 重複步驟2，再折出另一個直角。【註：兩個折角處相距0.5公分。】

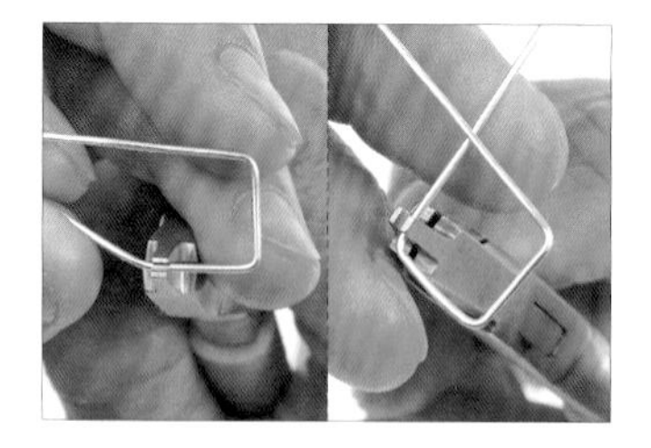

04 重複步驟2，折出三個直角，形成邊長0.5公分的菱形。

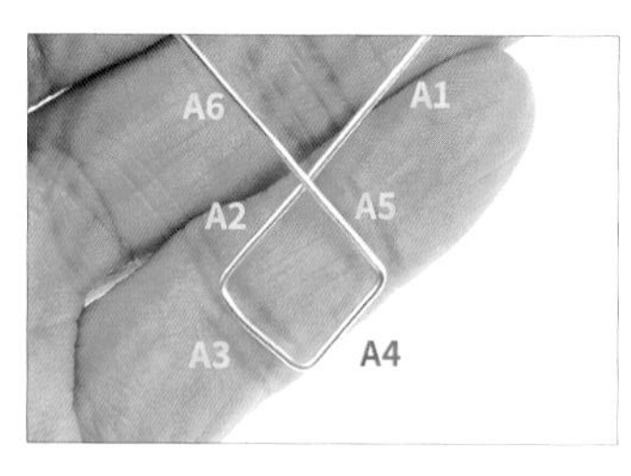

05 如圖，菱形製作完成。【註：將線段分別命名為線A1～A6。】

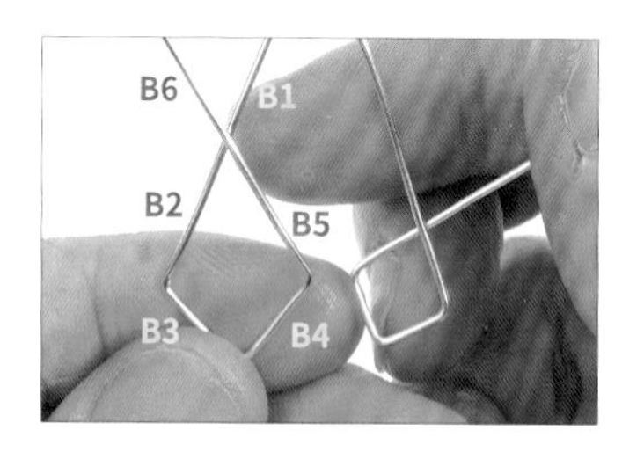

06 重複步驟2-4，以線B製作出邊長0.7公分的菱形。【註：將線段分別命名為線B1～B6。】

07 以斜口鉗剪下1條約60公分的28G線，為線C。

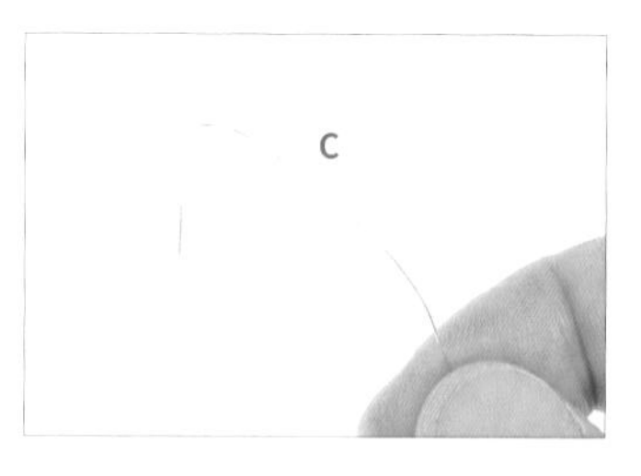

08 將線C折成彎鉤形。

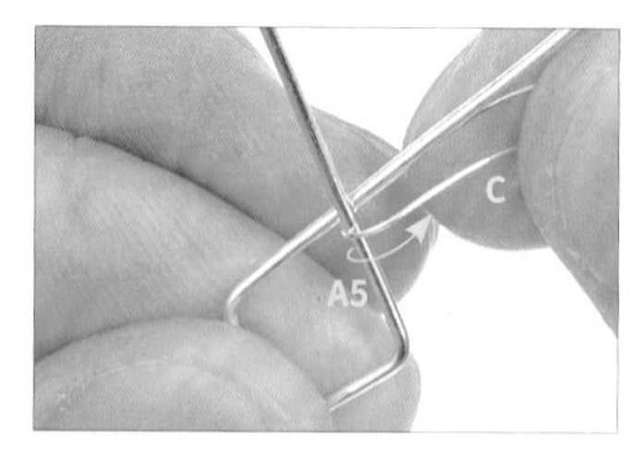

09 承步驟8，將線C勾入線A5。

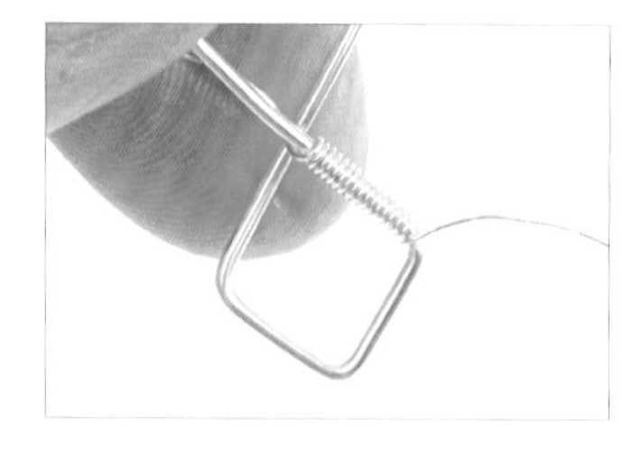

10 以線C纏繞線A5。【註：單線纏繞詳細步驟請參考P.14。】

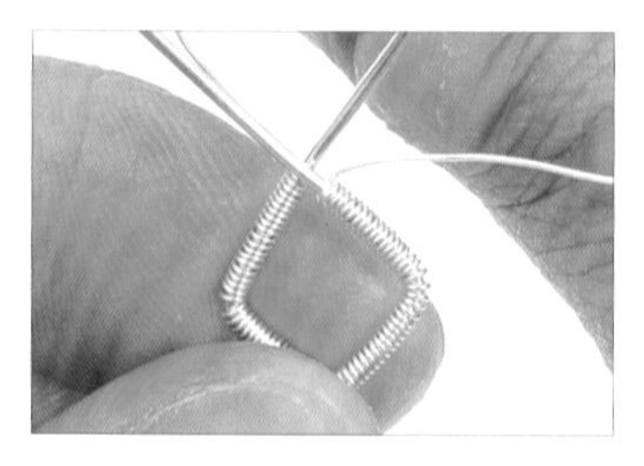

11 重複步驟10，以線C纏繞線A2～A4。

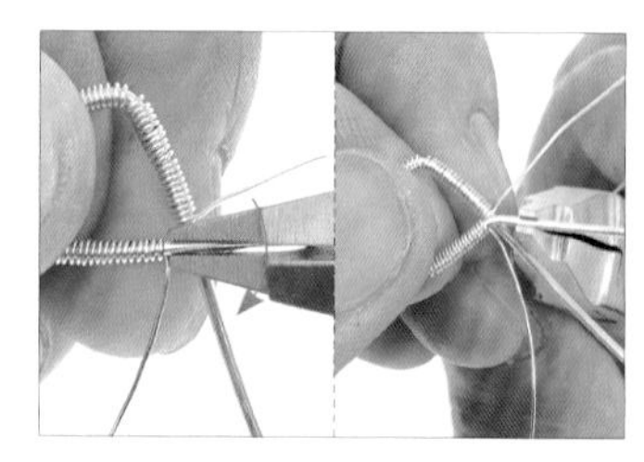

12 以平口鉗將線A6往內彎折。

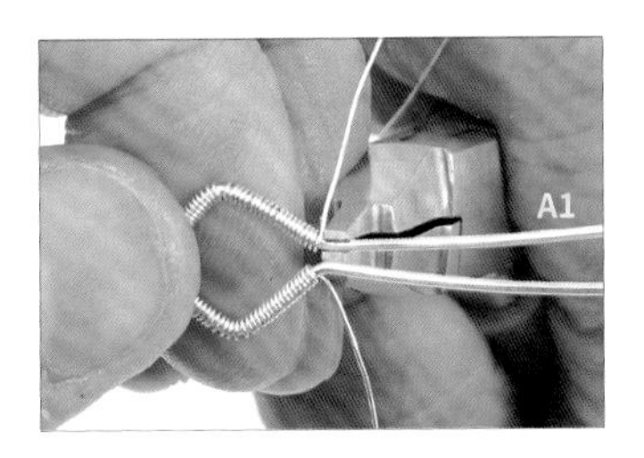

13 以平口鉗將線A1往內彎折。

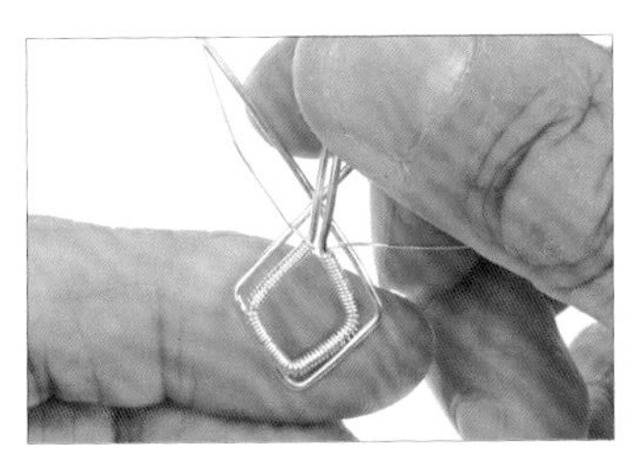

14 將線B放在線A下方。

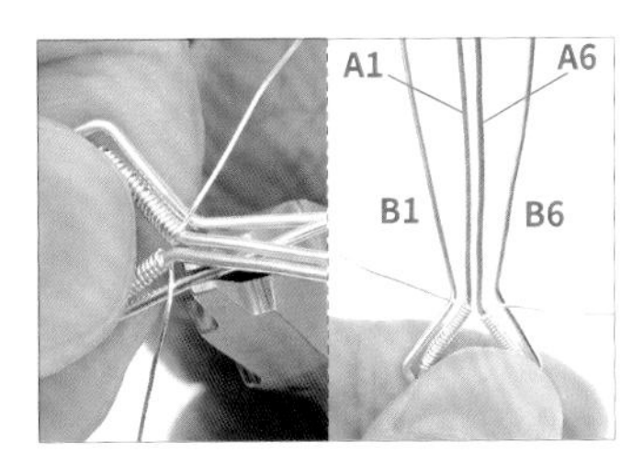

15 重複步驟12-13，將線B1、B6往內彎折。

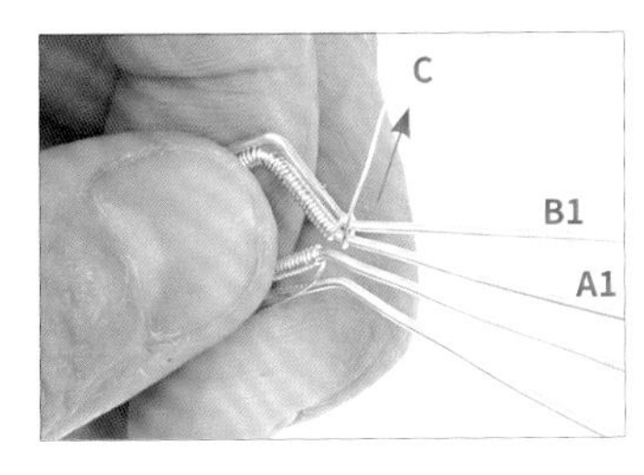

16 將線C穿過線B1、A1下方後，往上纏繞一圈。

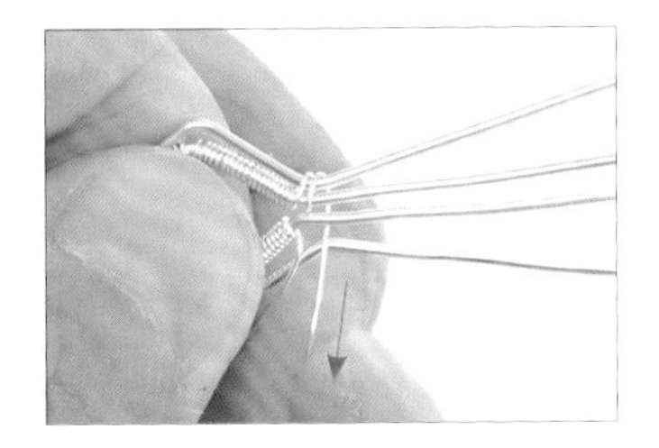

17 以線C纏繞線B1、A1一圈。

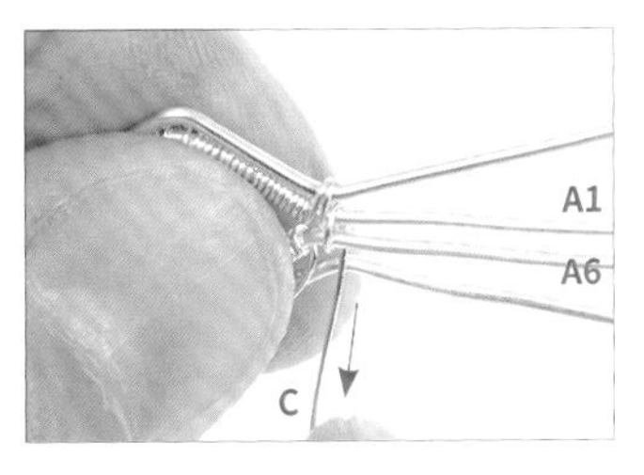

18 將線C穿過線A1、A6下方後，往上纏繞一圈。

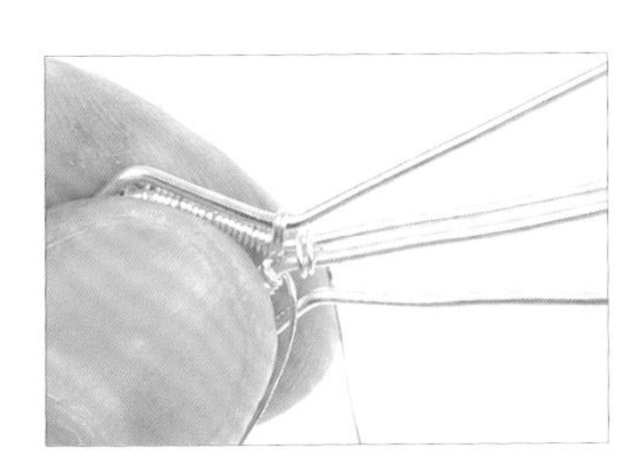

19 以線C纏繞線A1、A6一圈。

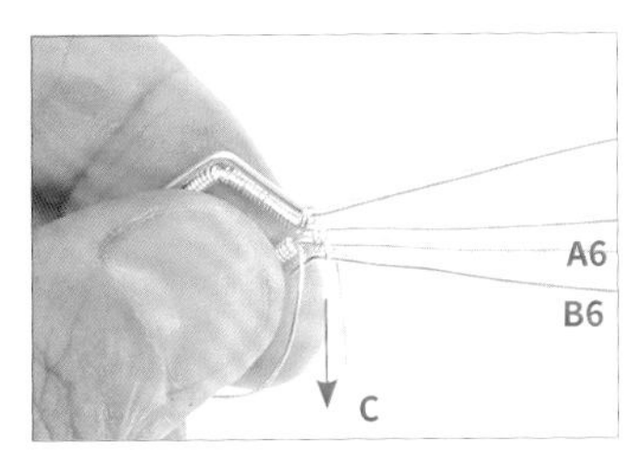

20 將線C穿過線A6、B6下方後，往上纏繞一圈。

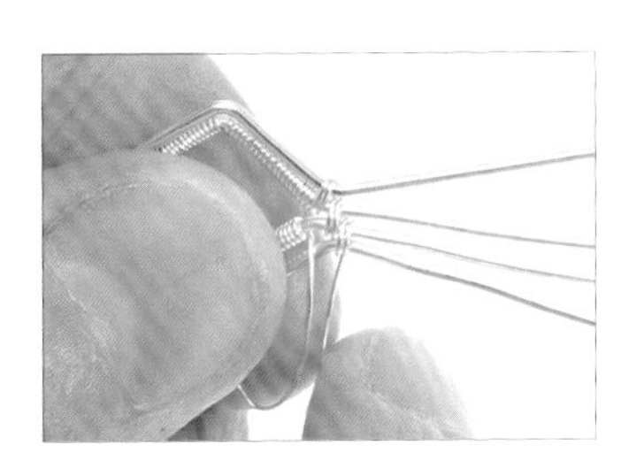

21 以線C纏繞線A6、B6一圈。

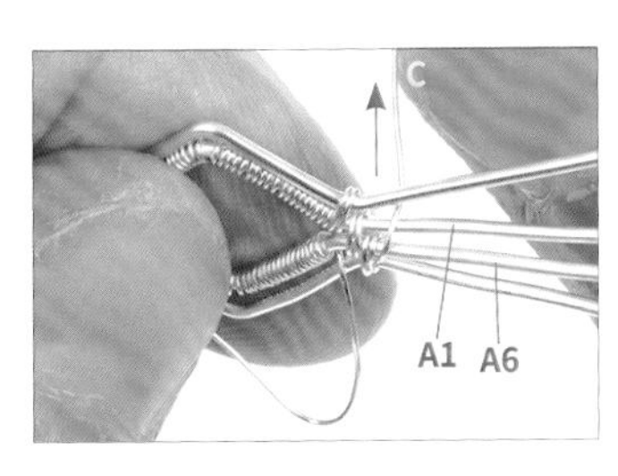

22 將線C穿過線A1、A6上方後，往下纏繞一圈。

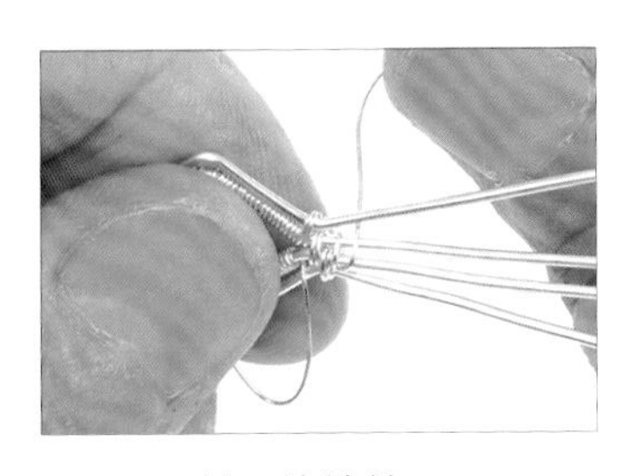

23 以線C纏繞線A1、A6一圈。

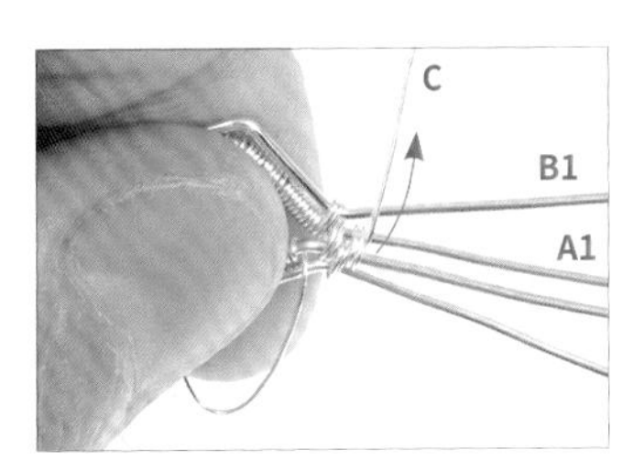

24 將線C穿過線B1、A1上方後，往下纏繞兩圈。【註：三線繞法1詳細步驟請參考P.21。】

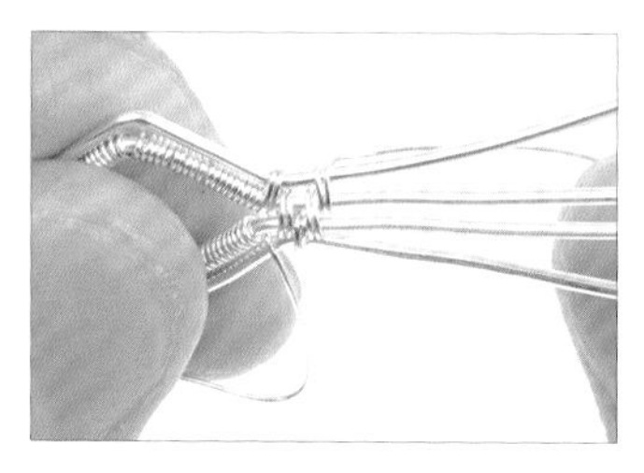

25 重複步驟16-24，以C持續纏繞。【註：纏繞長度約3公分。】

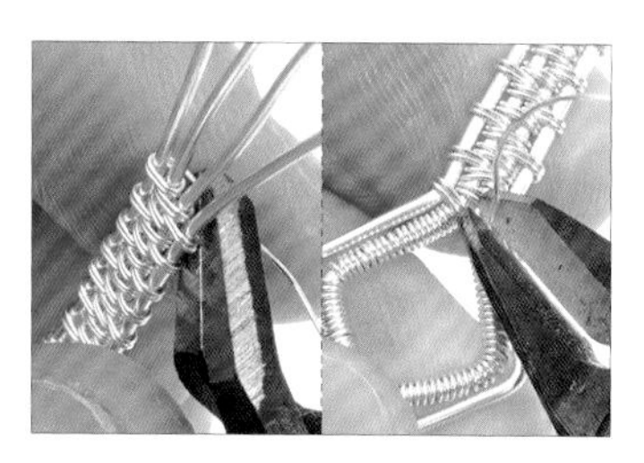

26 以斜口鉗將線C兩端多餘的金屬線剪掉，即完成墜頭主體。

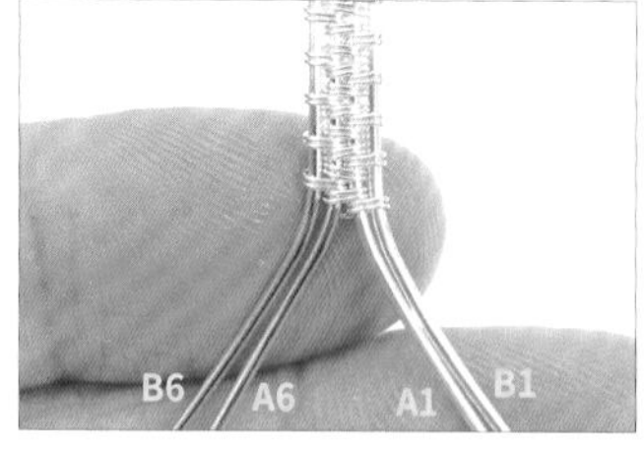

27 將線B6、A6及A1、B1分開。

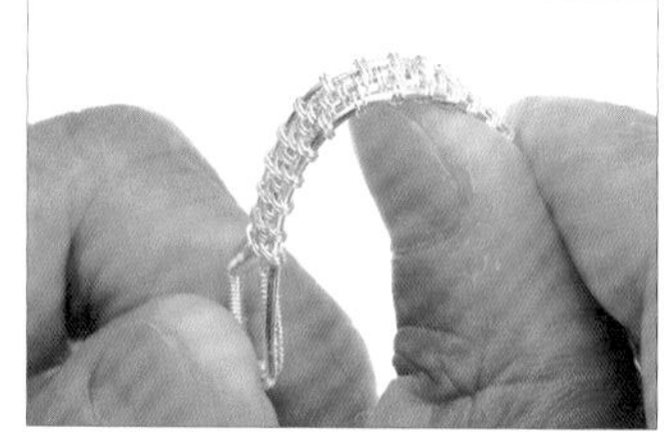

28 將墜頭主體往下彎折成弧形，備用。

29 取一顆紫水晶，穿入線D中。

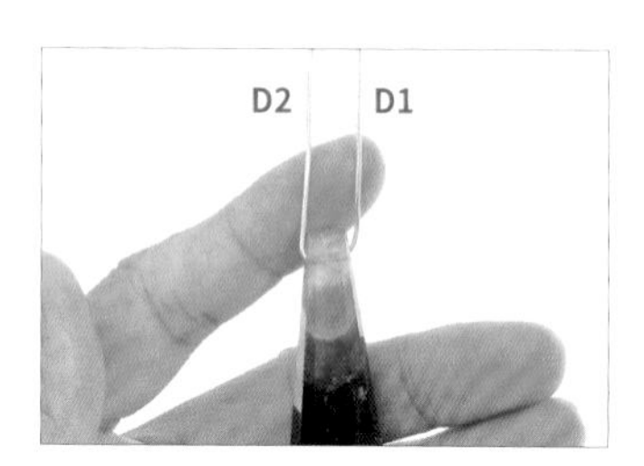

30 用手將線D往上彎折，形成線D1、D2。

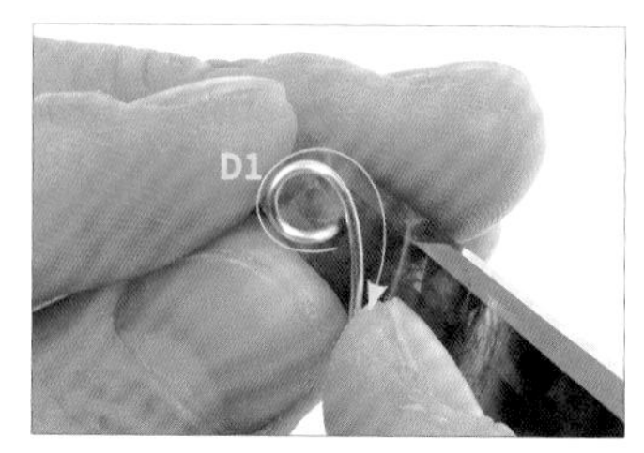

31 將線D1往下彎折出弧形。

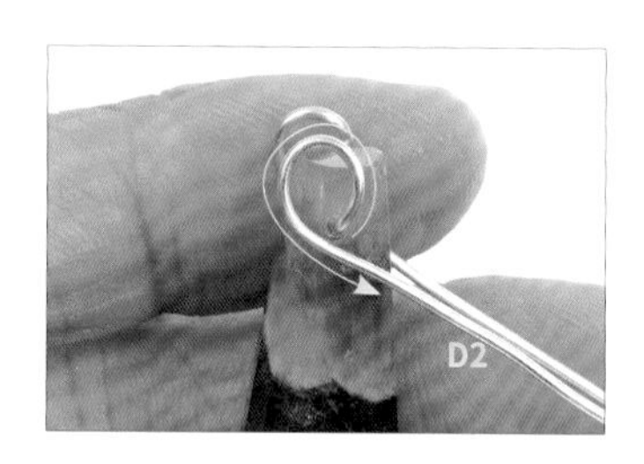

32 重複步驟31，將線D2彎折出弧形。

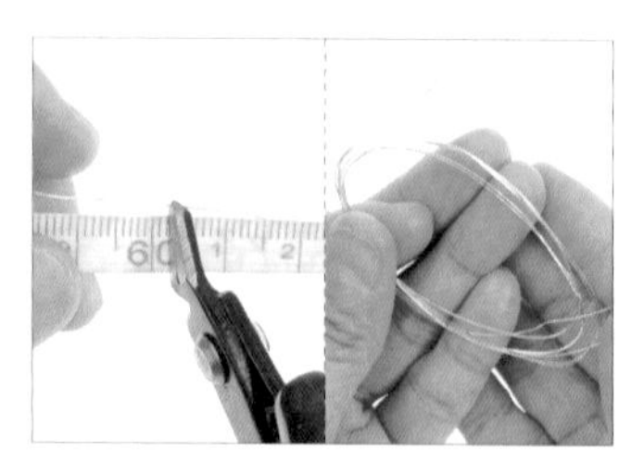

33 以斜口鉗剪下2條約60公分的28G線。【註：為線E、F。】

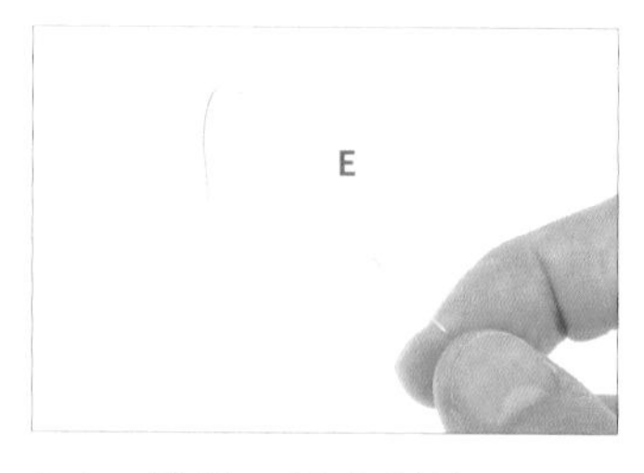

34 將線E折成彎鉤形。

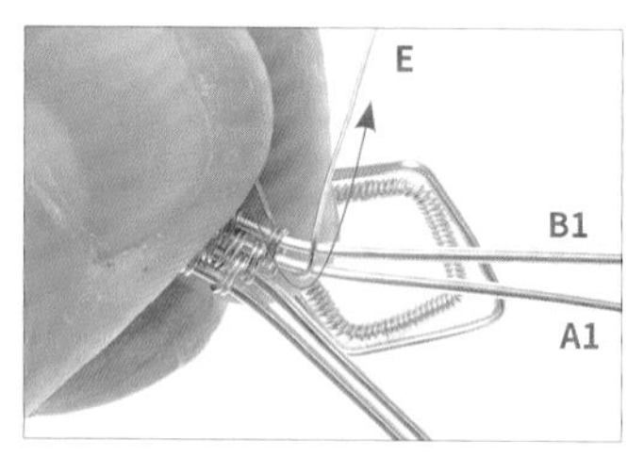

35 承步驟34，將線E勾入線A1、B1。

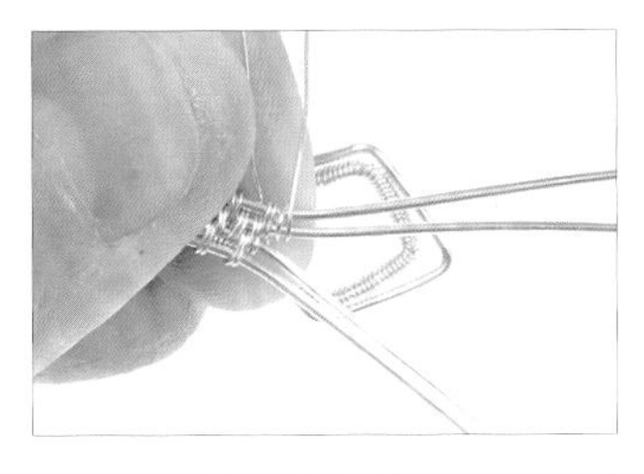

36　以線E纏繞線A1、B1兩圈。

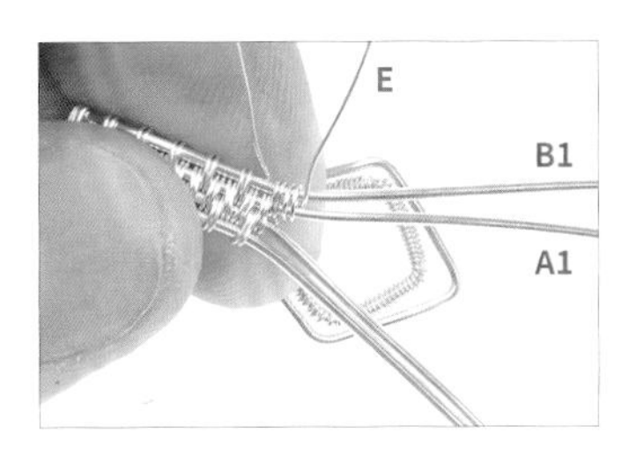

37　以線E纏繞線B1一圈。

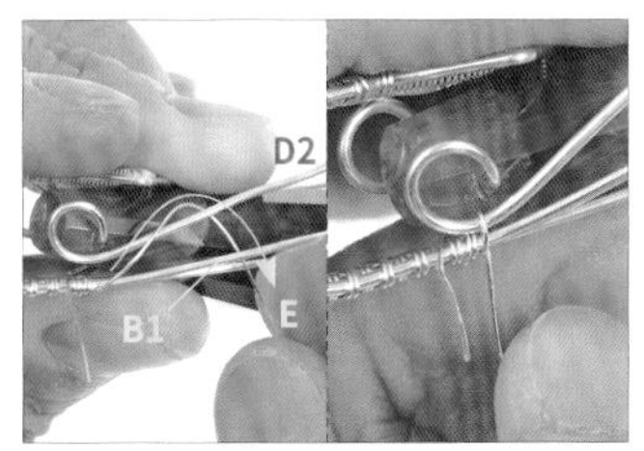

38　取紫水晶，以線E纏繞線D2、B1一圈。

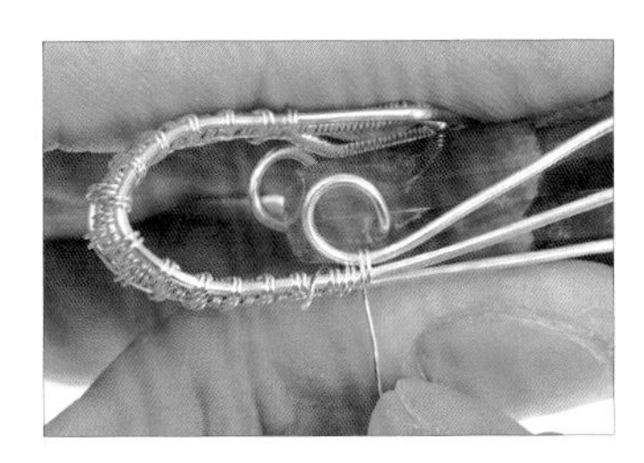

39　以線E纏繞線D2、B1一圈。

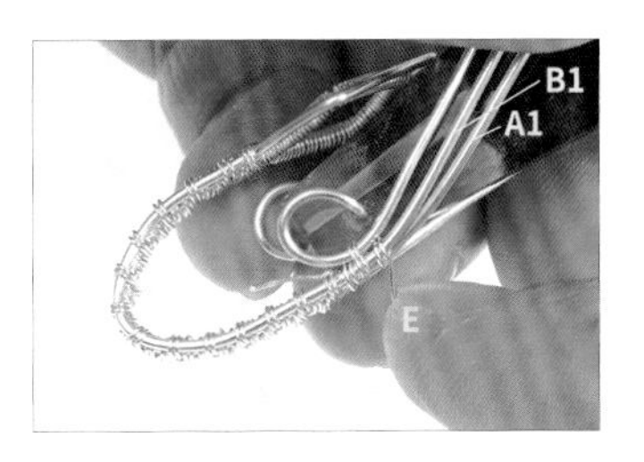

40　以線E纏繞線A1、B1兩圈，完成1組樣式。

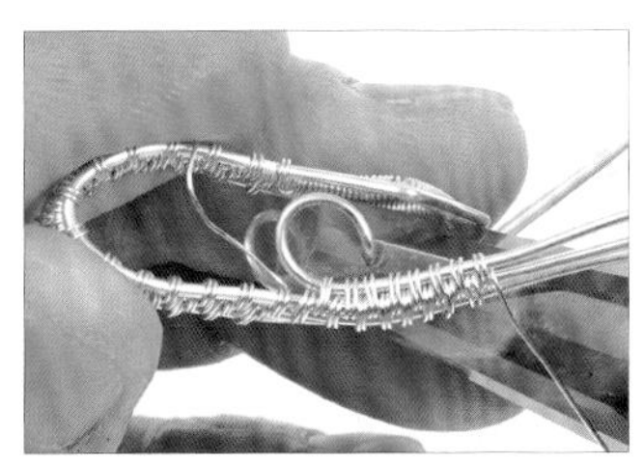

41　重複步驟38-40，在線A1、B1、D2上纏繞7組相同樣式。【註：纏繞長度可依石材調整。】

42　重複步驟35-41，將另一側的線D1製作完成。【註：須以線F纏繞。】

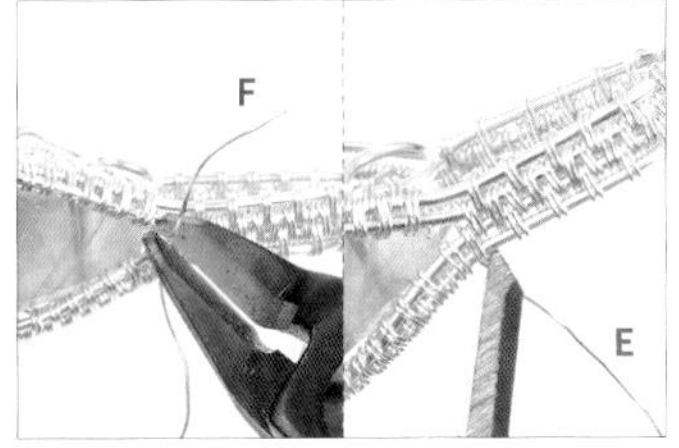

43　以斜口鉗剪掉多餘的線E、F。【註：此為作品的正面。】

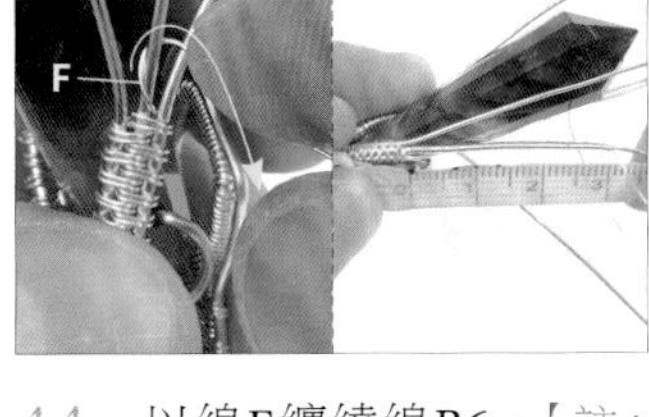

44　以線F纏繞線B6。【註：纏繞長度約3公分。】

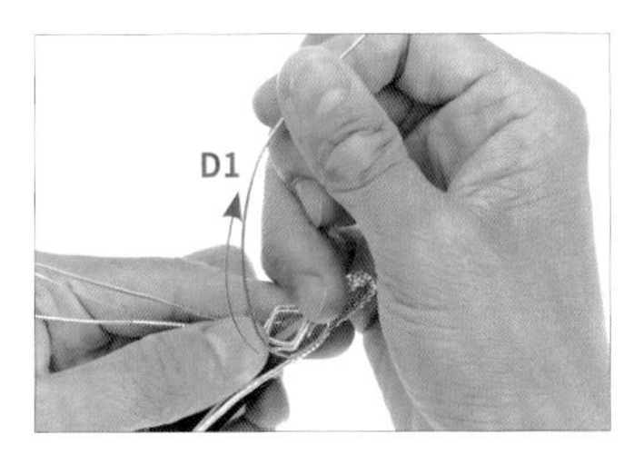

45　重複步驟44，在線B6纏繞完成後，將線D1往上彎折。

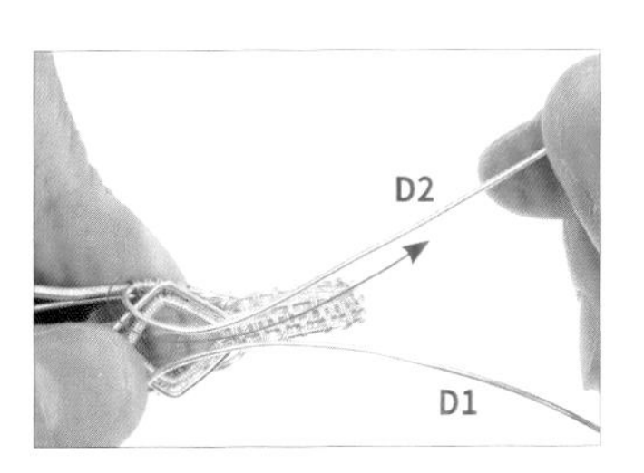

46　將線D2往上彎折。

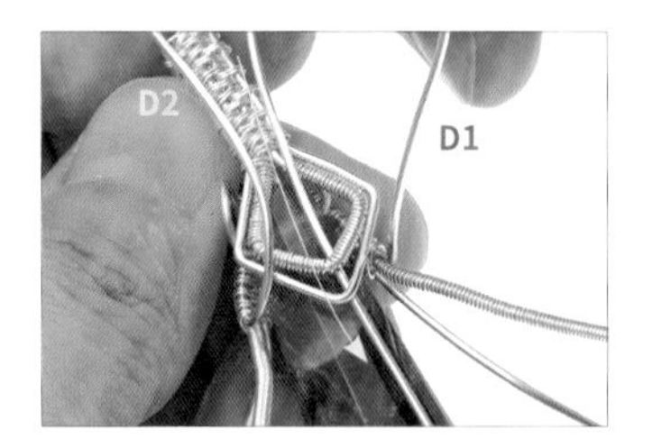

47　以線D1往下穿過大、小菱形下方。

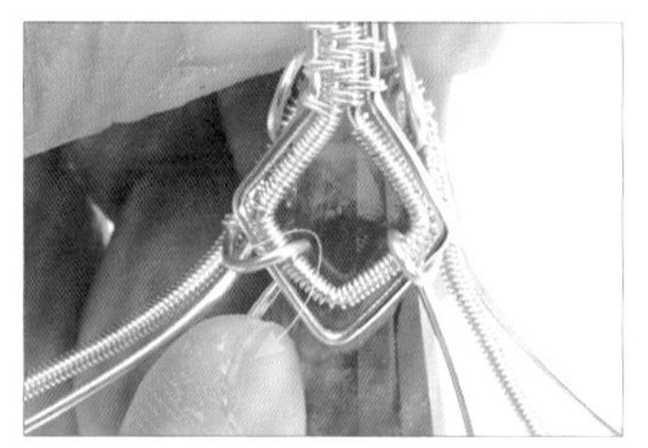

48　重複步驟47，以線D2穿過大、小菱形下方。

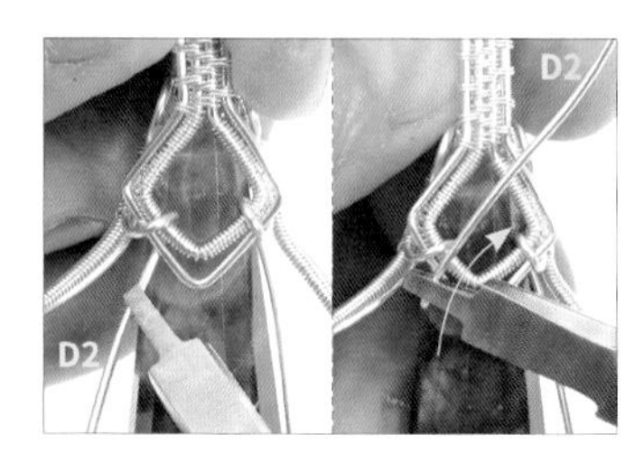

49　以平口鉗將線D2往上彎折。

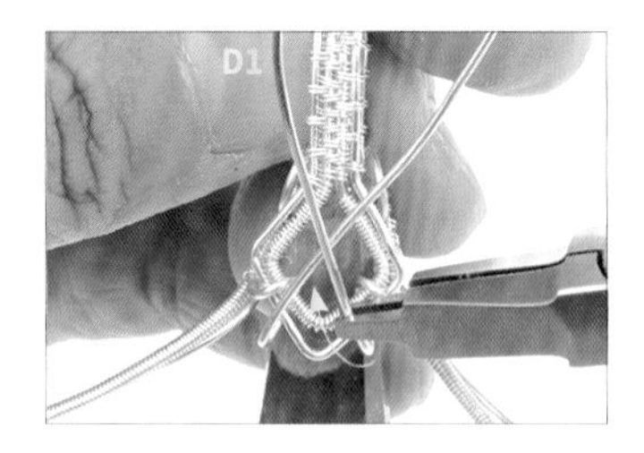

50　以平口鉗將線D1往上彎折。

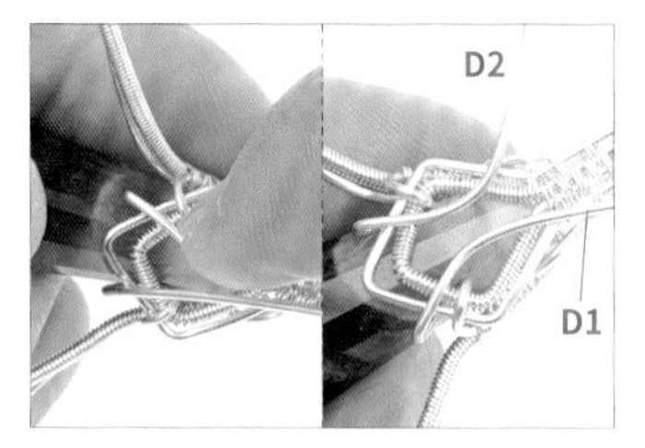

51　用手將線D1、D2彎折出弧形。

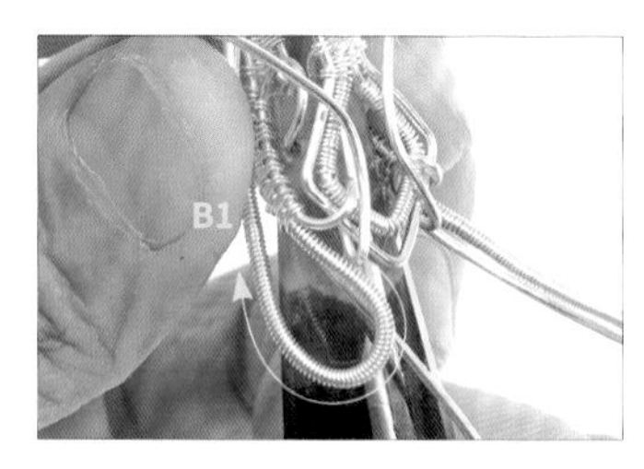

52　用手將線B1往上彎折出弧形。

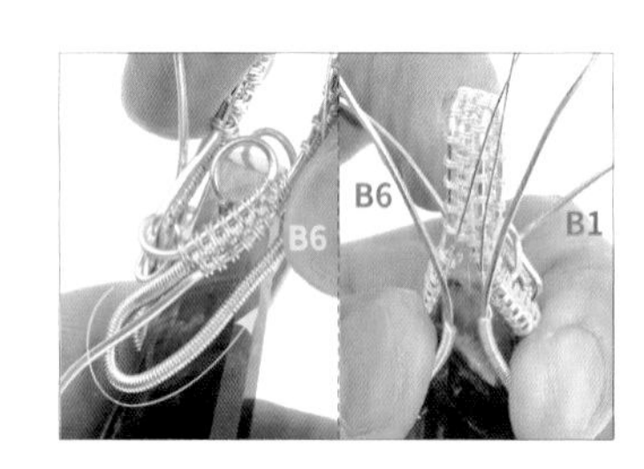

53　重複步驟52，將線B6彎折出弧形。【註：此為作品的背面。】

54　以斜口鉗剪掉多餘的線F。

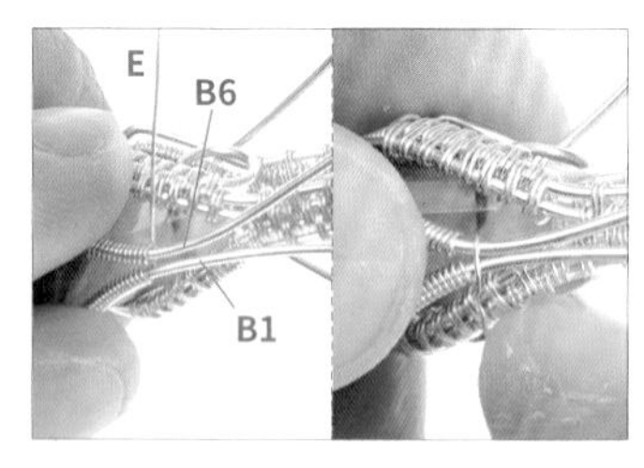

55　將線E穿過線B6、B1下方後，往上纏繞一圈。

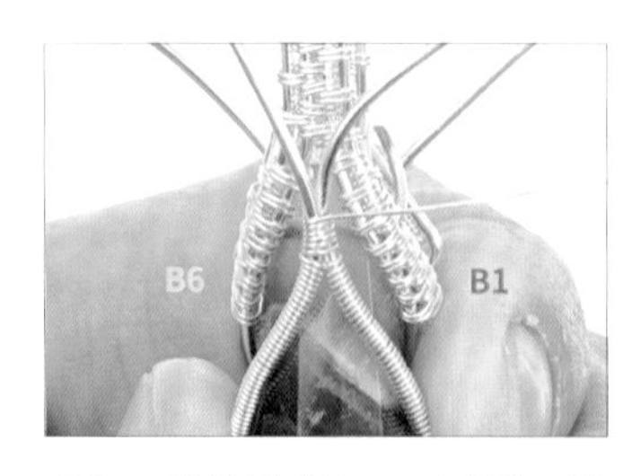

56　重複步驟55，以線E纏繞線B6、B1五圈。

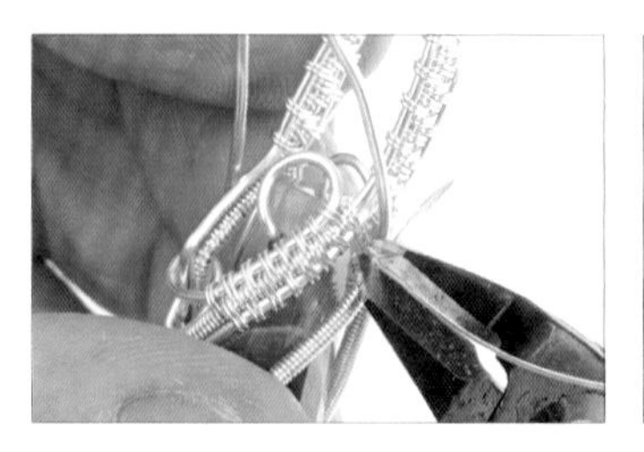

57　以斜口鉗剪掉多餘的線E。【註：此為作品的背面。】

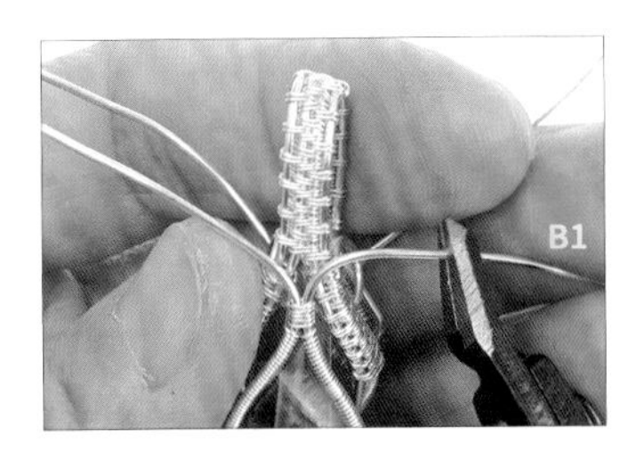

58 以斜口鉗剪掉多餘的線B1，準備收尾。

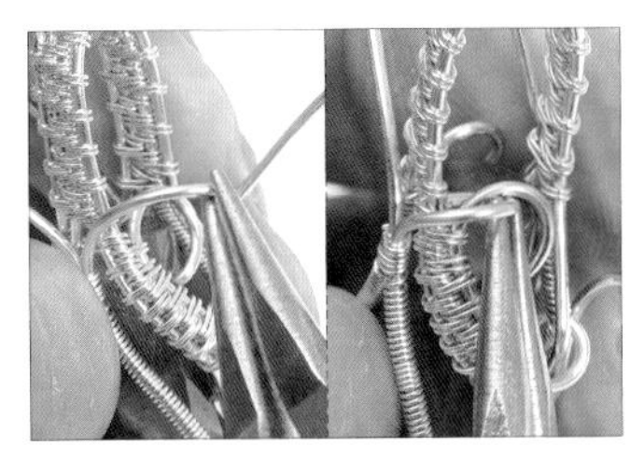

59 以圓嘴鉗夾住線B1，並穿入線B1弧形收尾。

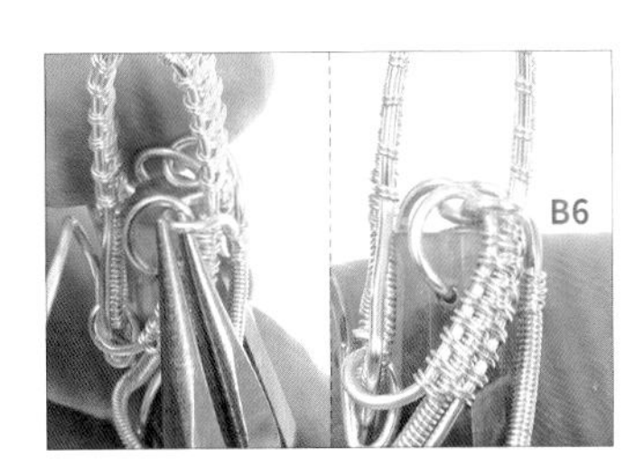

60 重複步驟58-59，將線B6收尾。

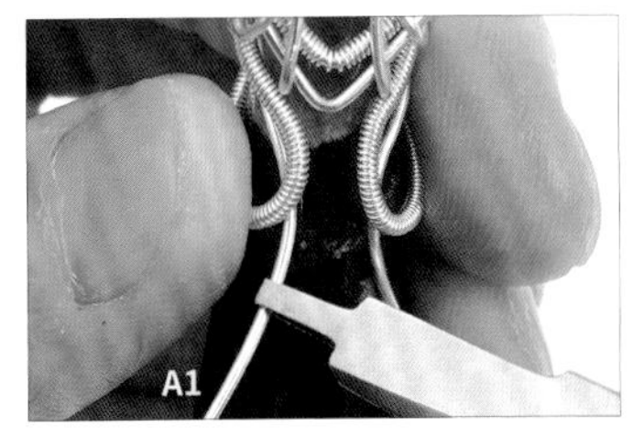

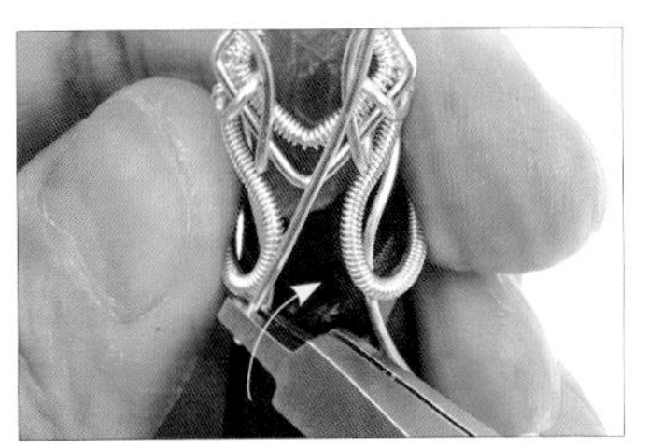

61 以平口鉗將線A1往上彎折。

62 重複步驟61，將線A6往上彎折。

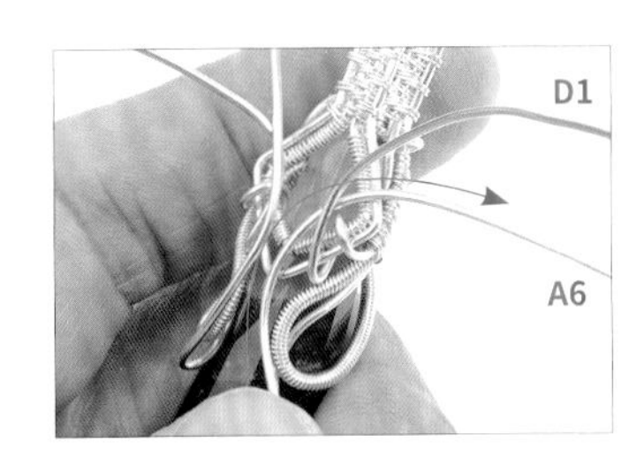

63 將線A6穿過線D1下方。

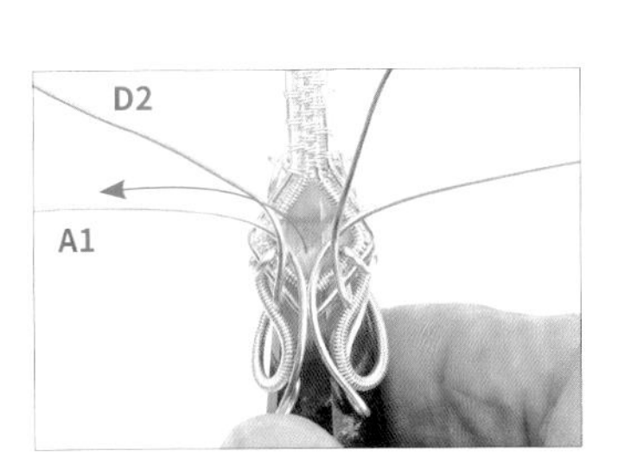

64 將線A1穿過線D2下方。

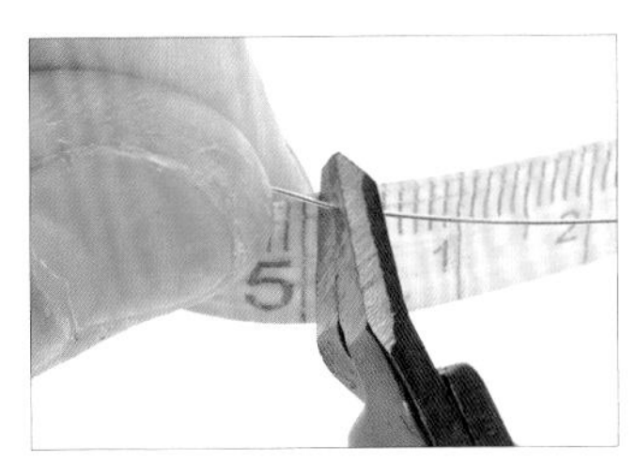

65 以斜口鉗剪下2條約50公分的28G線。【註：為線G、H。】

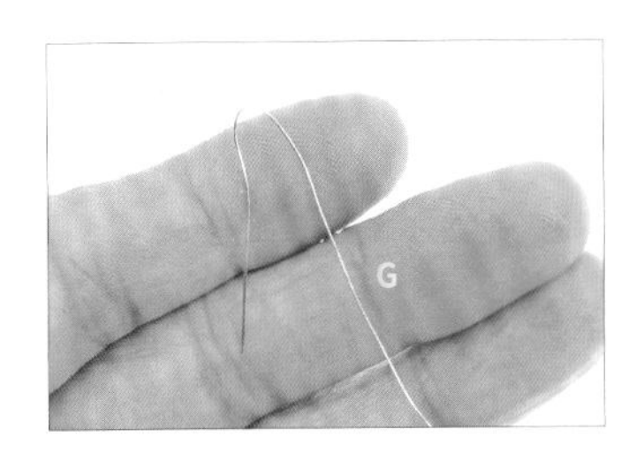

66 將線G折成彎鉤形。

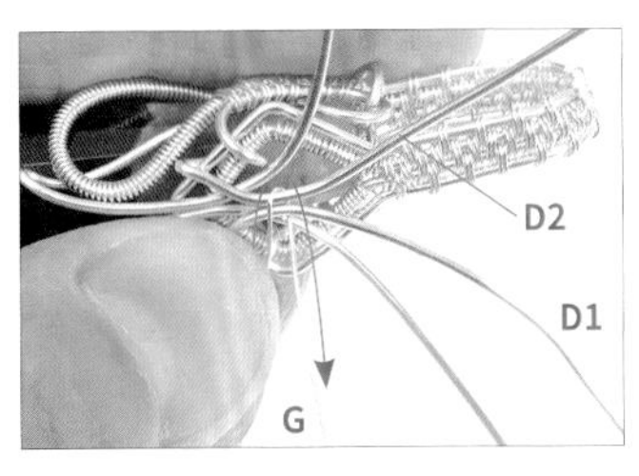

67 承步驟66，將線G勾入線D2、D1。

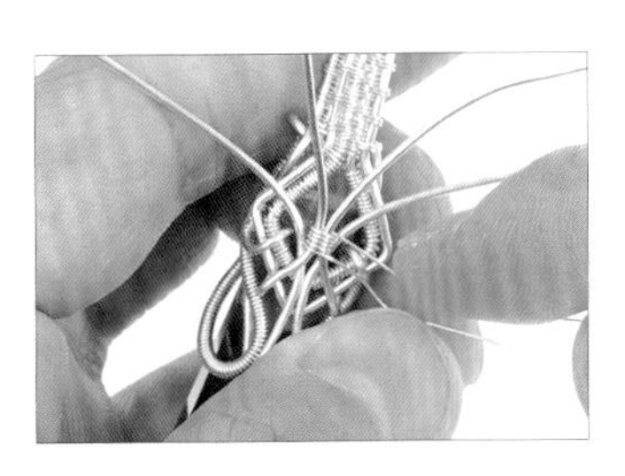

68 以線G纏繞線D2、D1四圈。

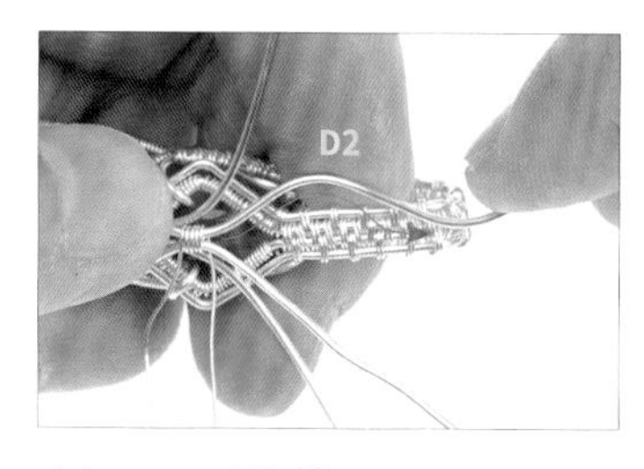

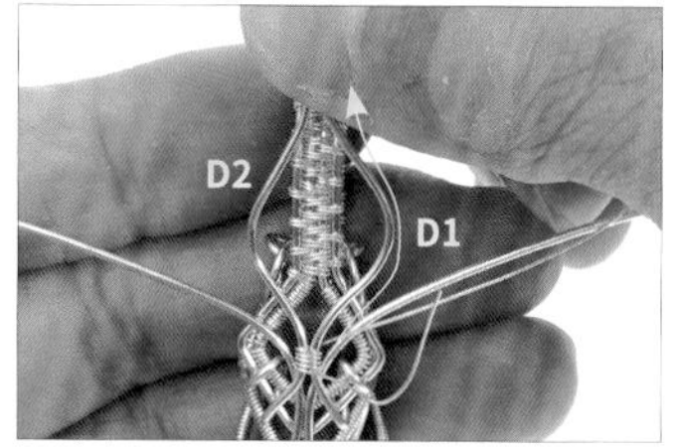

69　用手將線D2、D1彎折出弧形。

70　以線G纏繞線D1。

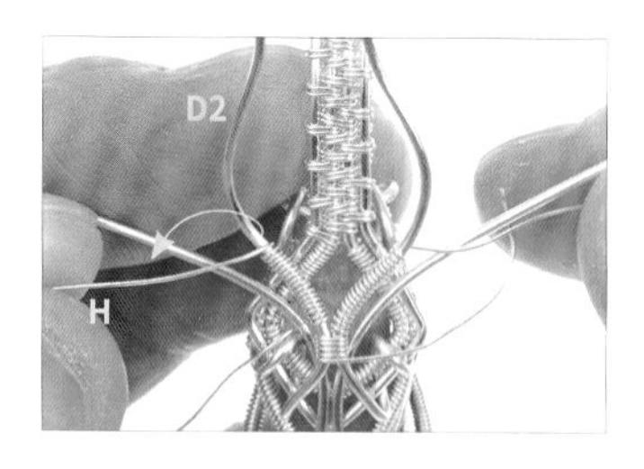

71　以線H纏繞線D2。

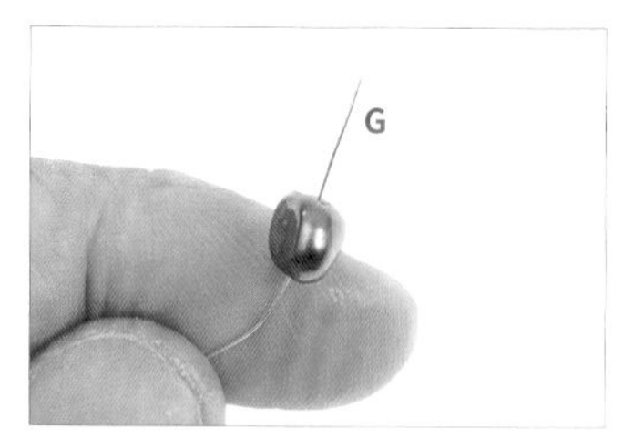

72　取一顆珍珠，穿入線G中。

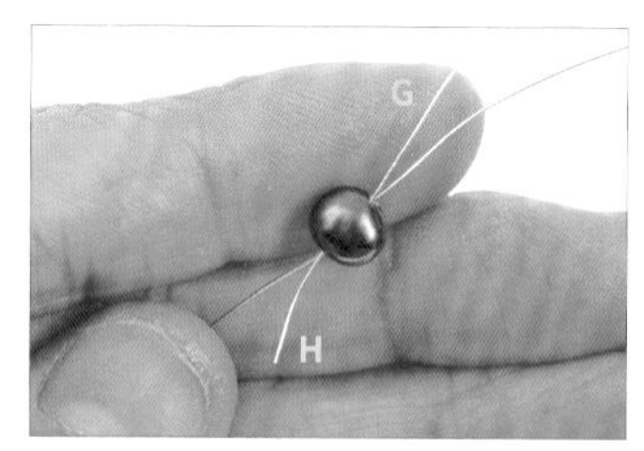

73　承步驟72，以線H穿過珍珠的孔洞。

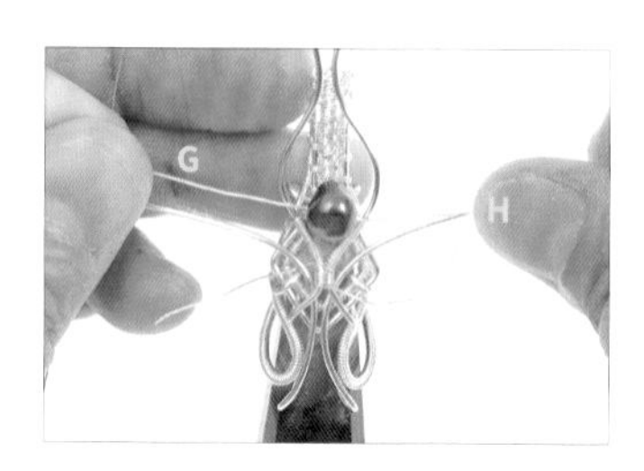

74　將線G、H拉直，使珍珠位於菱形上。

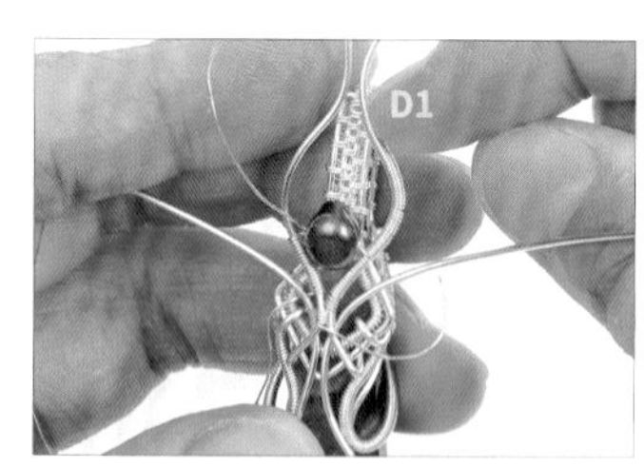

75　以線H纏繞線D1。

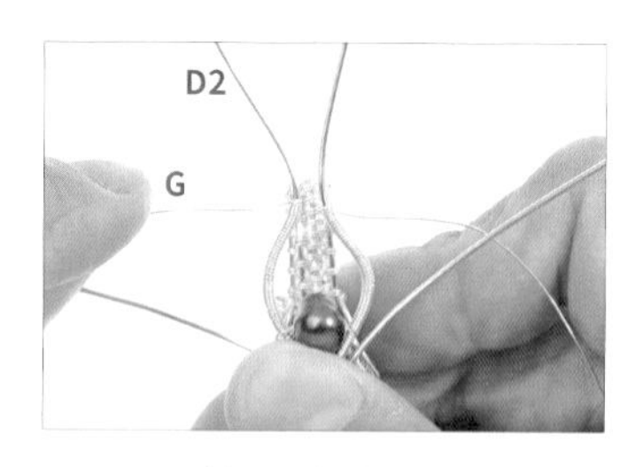

76　以線G纏繞線D2。

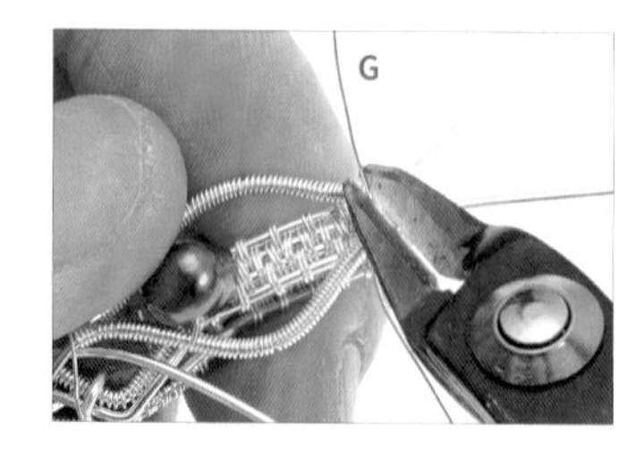

77　以斜口鉗剪掉多餘的線G，收尾。

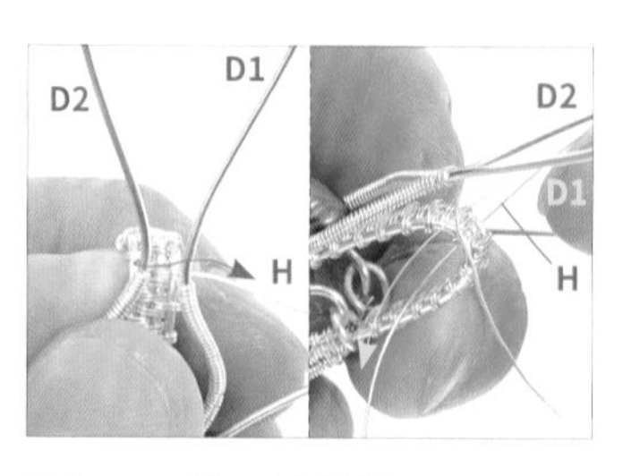

78　以線H纏繞線D1、D2兩圈後，穿過墜頭主體。

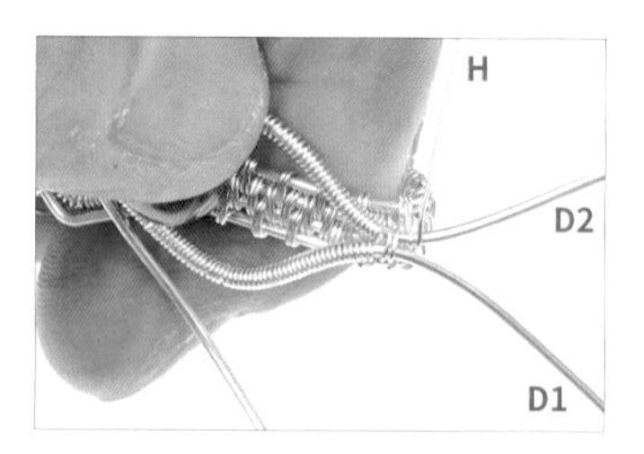

79　以線H纏繞線D1兩圈。

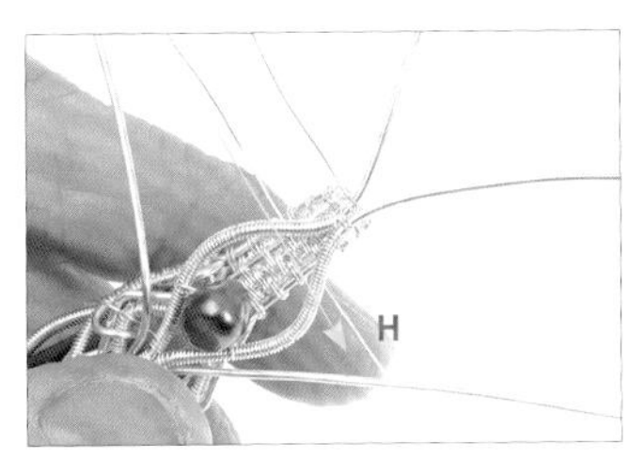

80 以線H穿過墜頭主體。

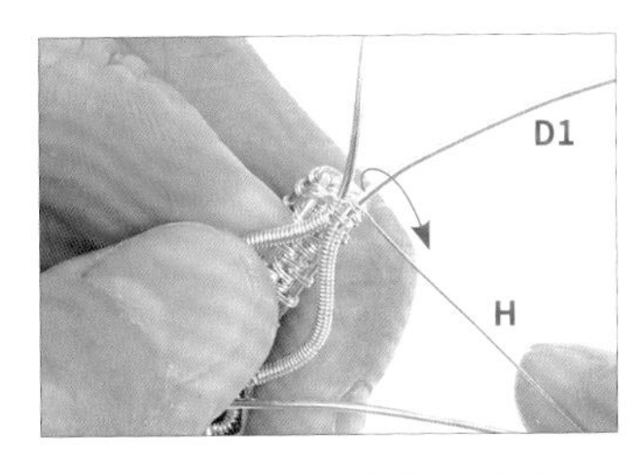

81 以線H纏繞線D1兩圈。

82 以斜口鉗剪掉多餘的線H，以固定珍珠。

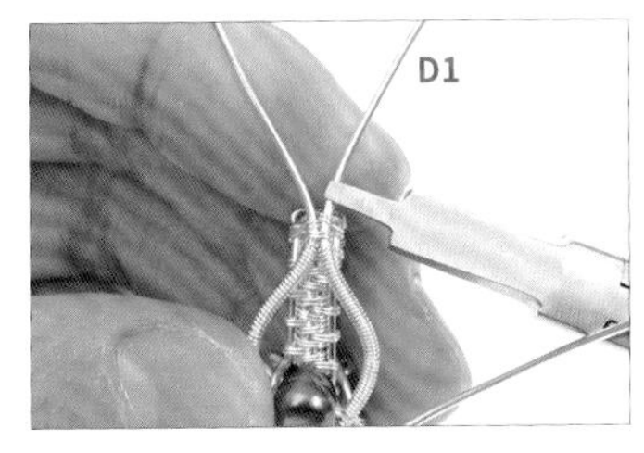

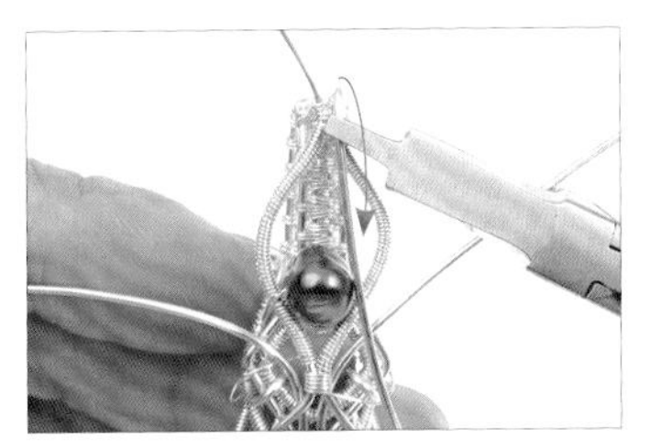

83 以平口鉗將線D1往下彎折。

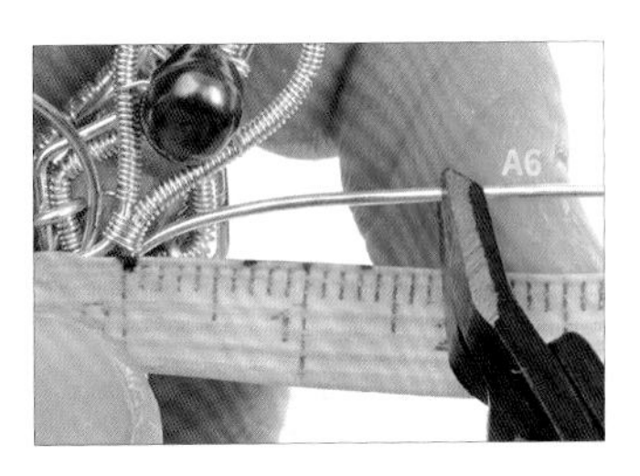

84 以平口鉗將線D2往下彎折。

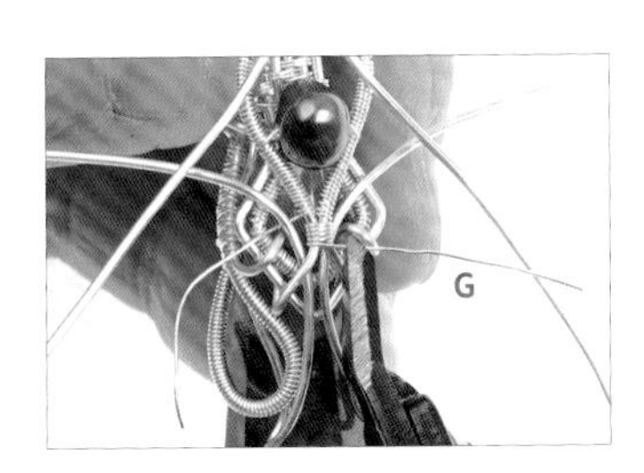

85 以斜口鉗剪掉多餘的線G，收尾。

86 以斜口鉗剪掉多餘的線H，收尾。

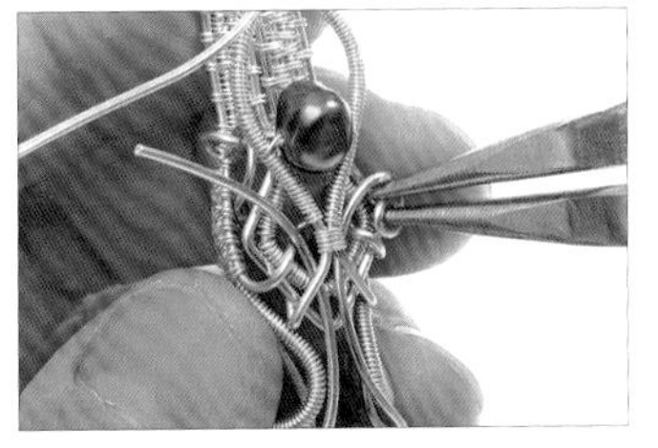

87 以捲尺為輔助，取斜口鉗剪掉多餘的線A6。【註：須預留約2公分長度。】

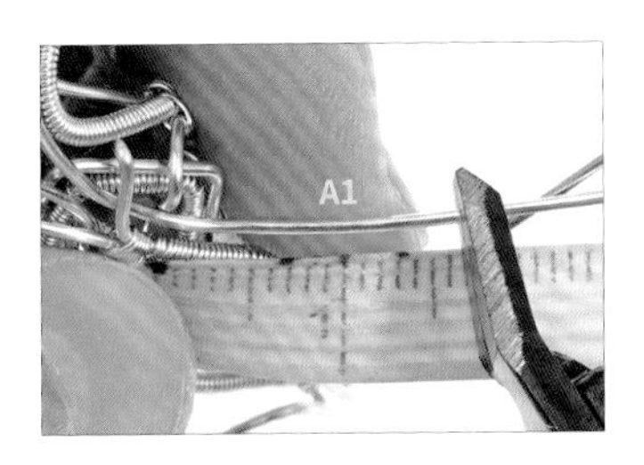

88 重複步驟87，剪掉多餘的線A1。【註：須預留約2公分長度。】

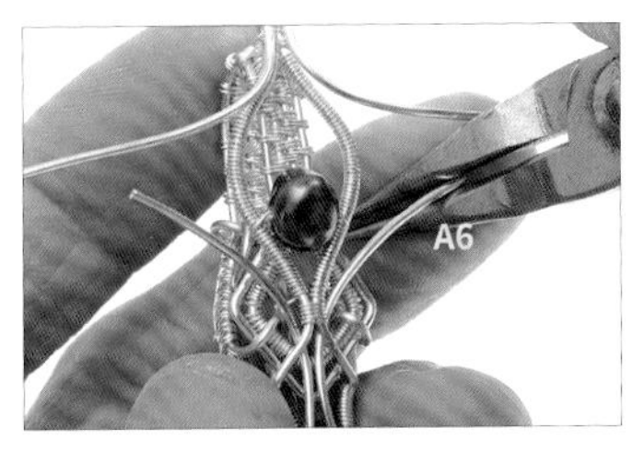

89 以圓嘴鉗夾住線A6，並先彎折出一個圓形，再順著圓形盤繞出漩渦形。

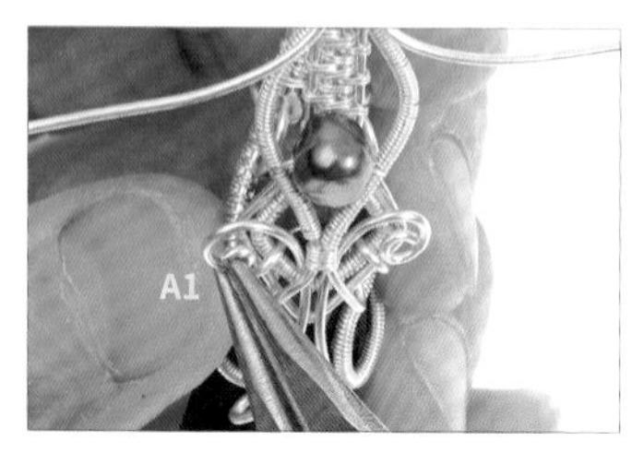

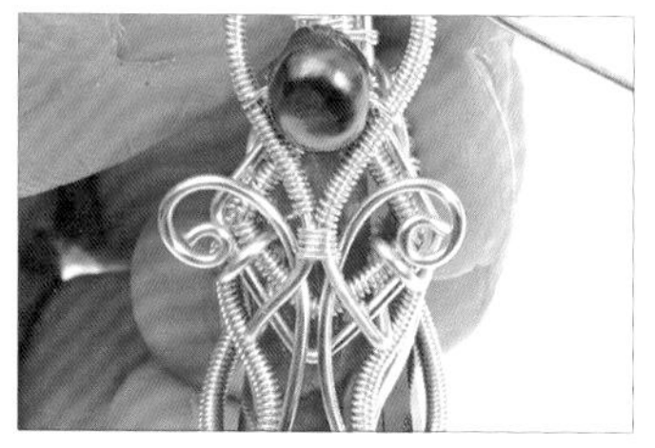

90　重複步驟89，將線A1彎折成漩渦形。

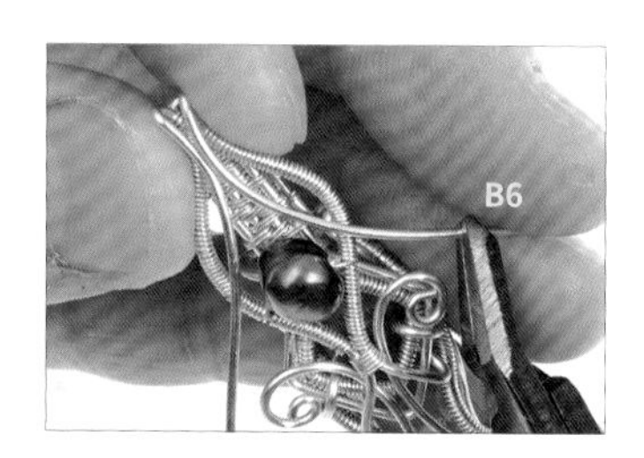

91　以斜口鉗剪掉多餘的線B6，準備收尾。

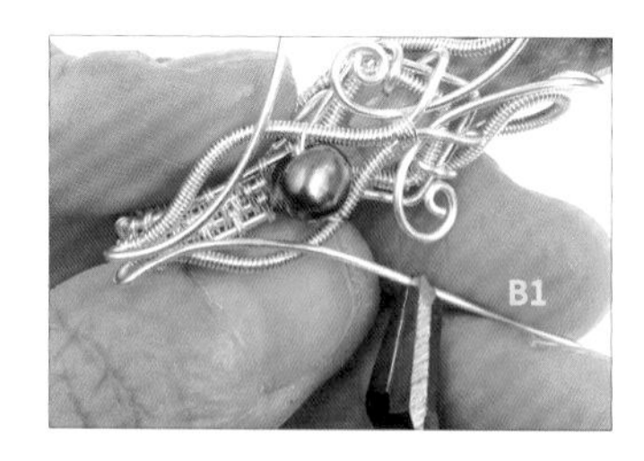

92　以斜口鉗剪掉多餘的線B1，準備收尾。

93　以圓嘴鉗夾住線B6，並穿入線B6弧形收尾。

94　重複步驟93，將線B1收尾。

95　如圖，蝴蝶夫人靈擺製作完成。

創作小語

找到喜歡的水晶靈擺，卻不知道怎麼設計出美麗的形狀嗎？拿著金屬線與工具，跟步驟一起完成吧！

蝴蝶夫人靈擺
停格動畫 QRcode

精靈花園項鍊

- 018 -

材料與工具 MATERIALS & TOOLS

◆ 線材

品項	用量
20G 玫瑰金色圓線	25 公分 × 3 條，為線 A、B、C。
28G 玫瑰金色圓線	120 公分 × 1 條，為線 D。 70 公分 × 1 條，為線 E。 50 公分 × 1 條，為線 F。
28G 紅銅色圓線	50 公分 × 1 條，為線 G。

◆ 石材

★尺寸依序為：長 × 寬 × 高

品項	用量
藍玉髓	1 顆。【圓珠大小：1.4 公分。】
染色綠松石	1 顆。【圓珠大小：0.5 公分。】

◆ 工具

捲尺、斜口鉗、平口鉗、圓嘴鉗。

步驟說明 STEP BY STEP

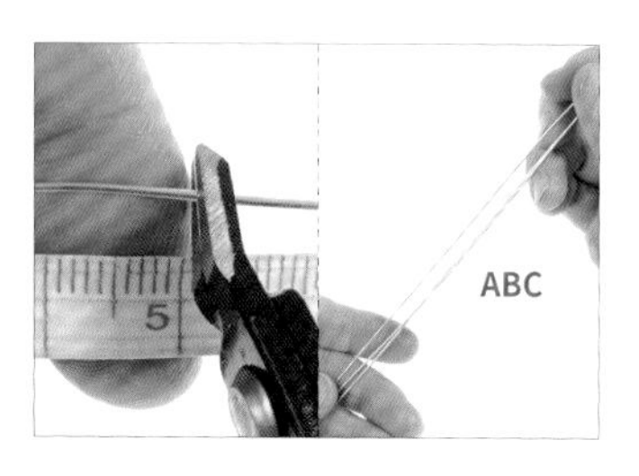

01 以斜口鉗剪下3條約25公分的20G線。【註：為線A～C。】

02 以斜口鉗剪下1條約120公分的28G玫瑰金色線，為線D。

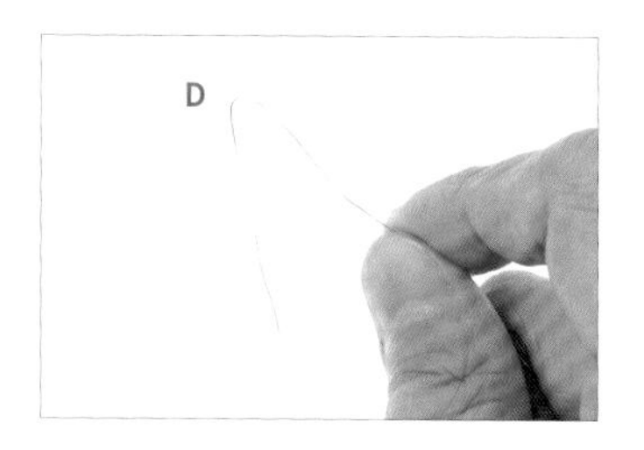

03 將線D折成彎鉤形。

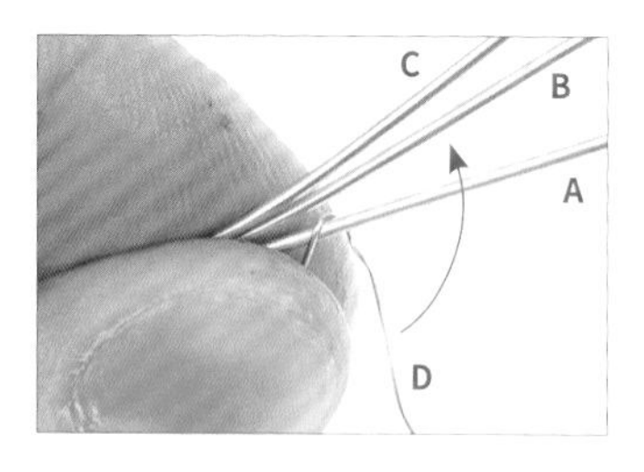

04 承步驟3，將線D勾入線A。

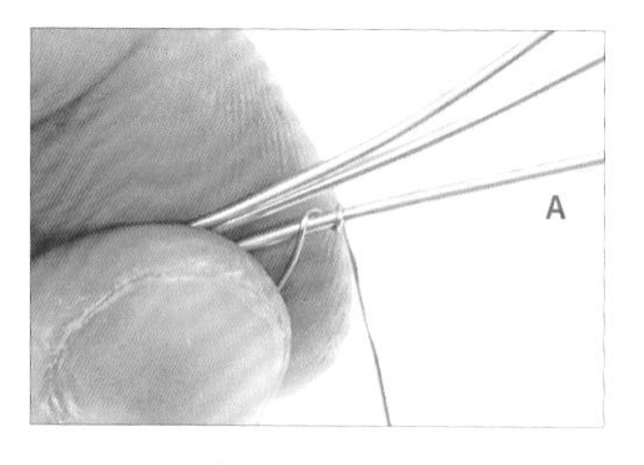

05 以線D纏繞線A兩圈。

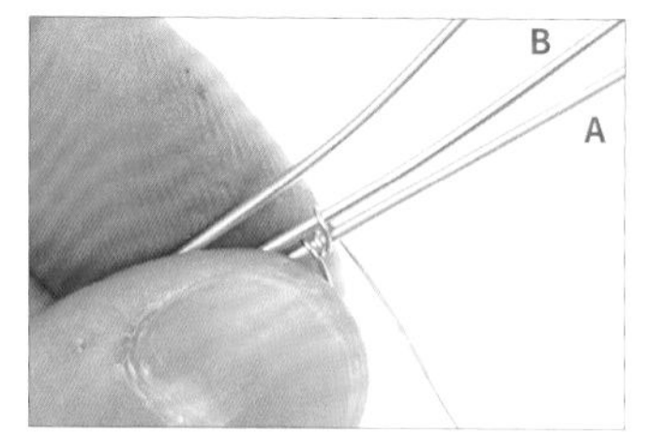

06 將線D穿過線A、B上方後，往下纏繞線A、B一圈。

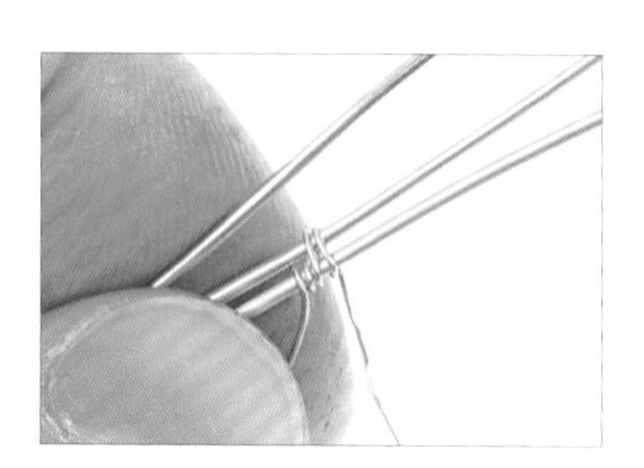

07 重複步驟6，纏繞線A、B一圈。

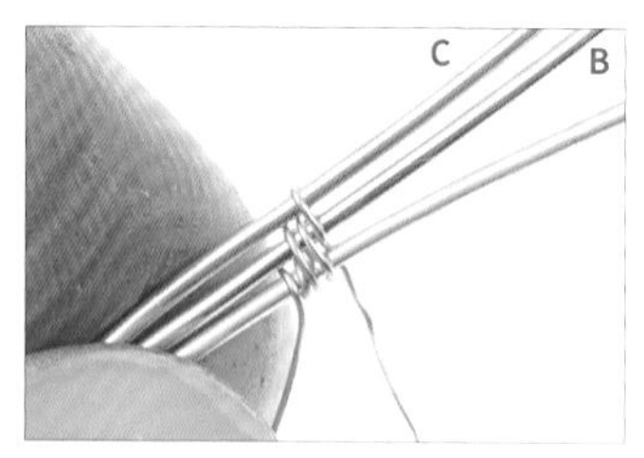

08 將線D穿過線B、C上方後，往下纏繞線B、C一圈。

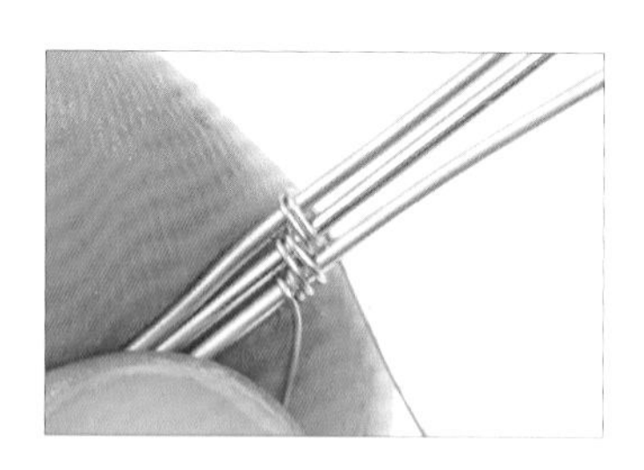

09 重複步驟8，纏繞線B、C一圈。

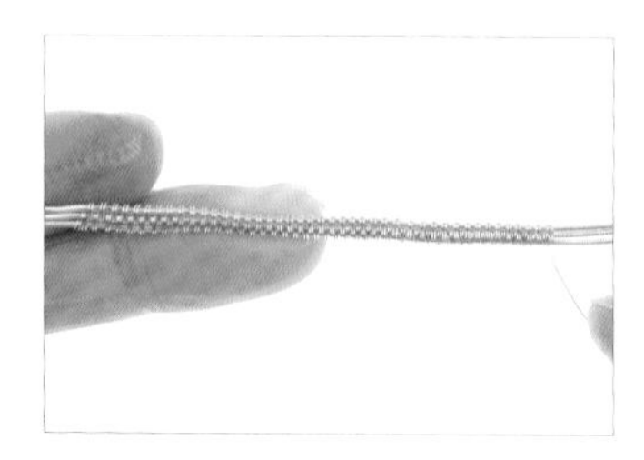

10 重複步驟5-9，在線A、B、C上持續纏繞。【註：三線繞法1詳細步驟請參考P.21；纏繞長度略大於裸石周長。】

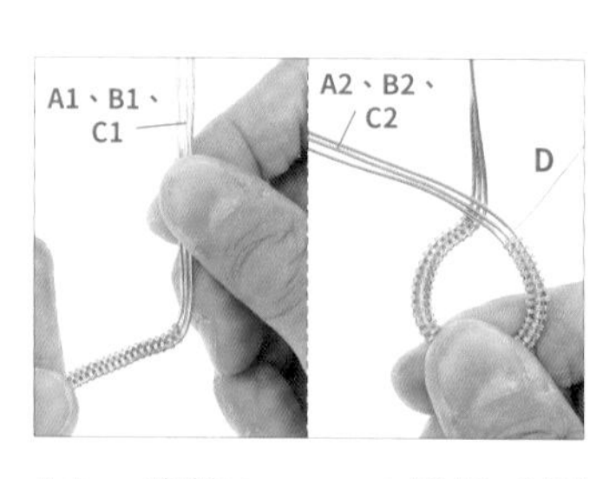

11 將線A、B、C彎折成圓形外框，形成線A1～C1及線A2～C2外框。

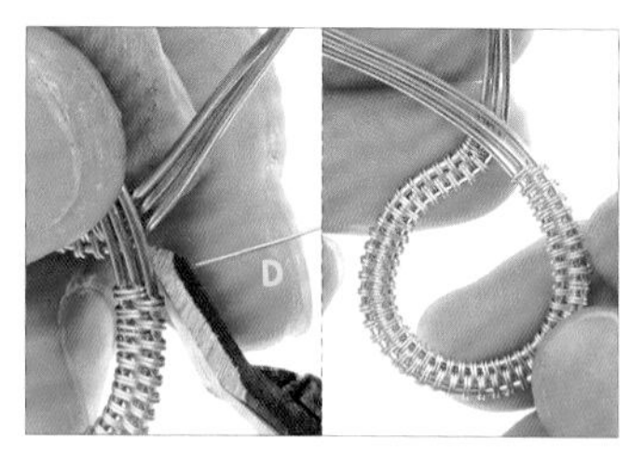

12 以斜口鉗剪掉多餘的線D，收尾。

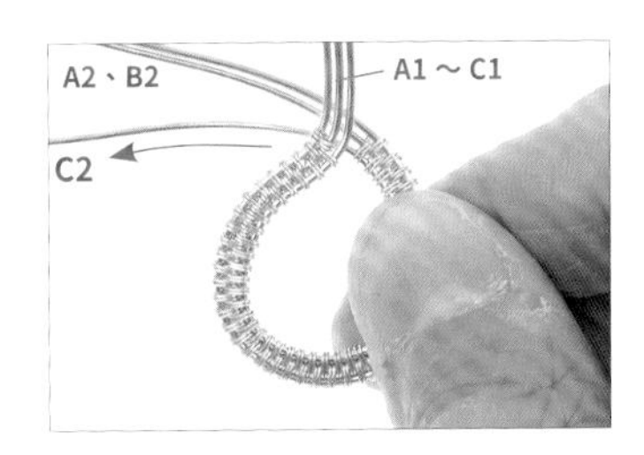

13　將線C2往下彎折。【註：須將線A2～C2放在線A1～C1後方。】

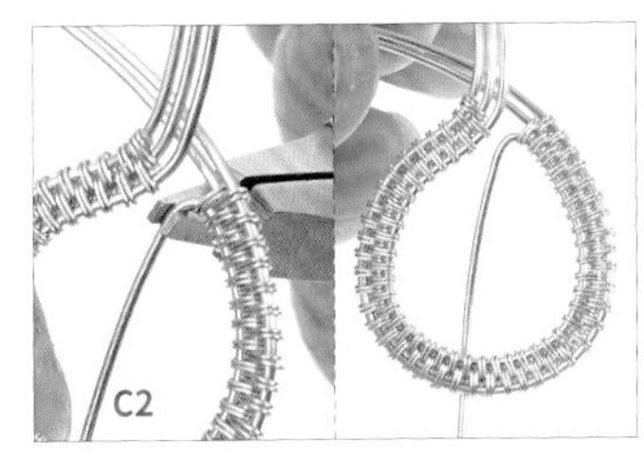

14　以平口鉗將線C2夾出直角。【註：線C2放在外框後方。】

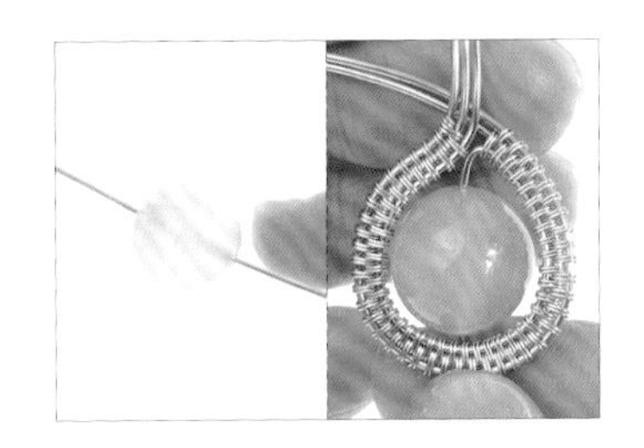

15　取一顆藍玉髓，穿入線C2中。

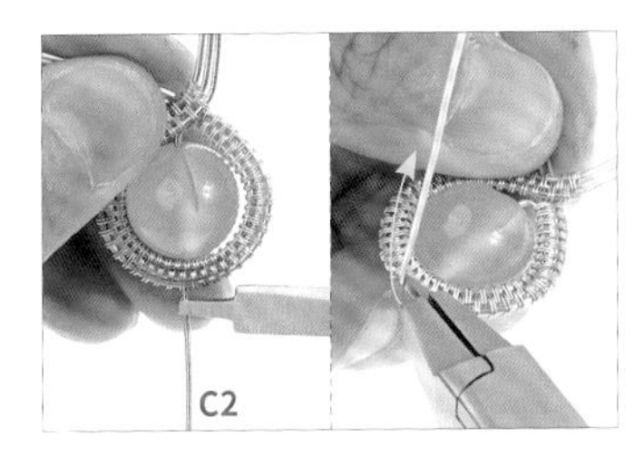

16　以平口鉗將線C2往上彎折。【註：此為作品的正面。】

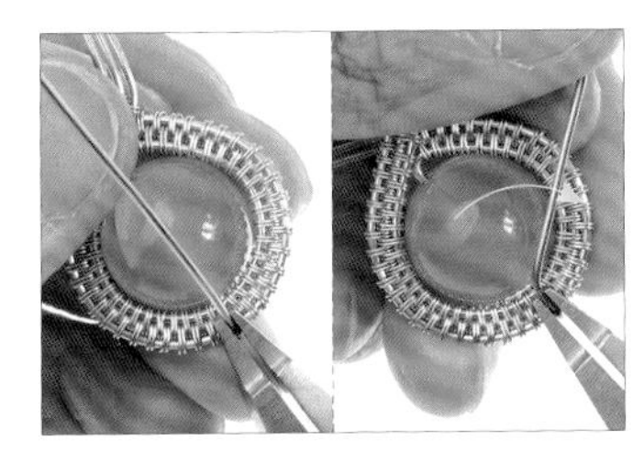

17　以平口鉗將線C2往外彎折。

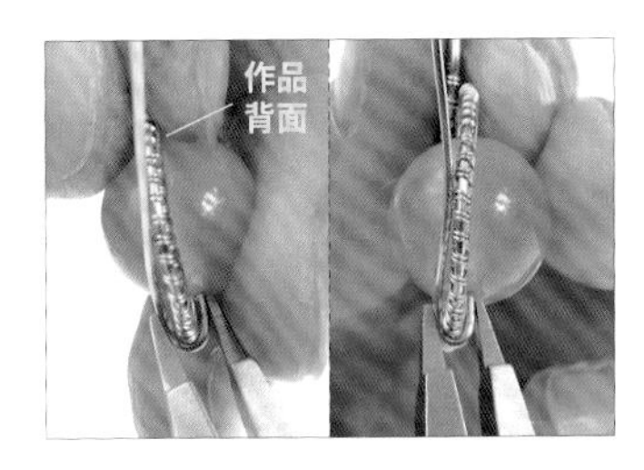

18　以平口鉗將線C2及外框夾緊。

19　將線C2沿著外框彎折出弧形。

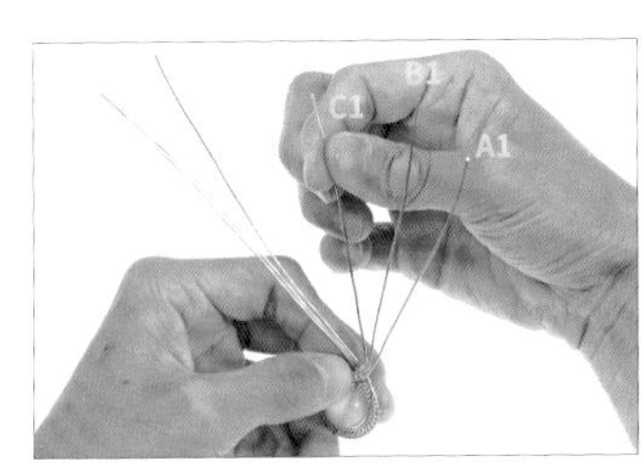

20　用手將線A1、B1、C1分開。

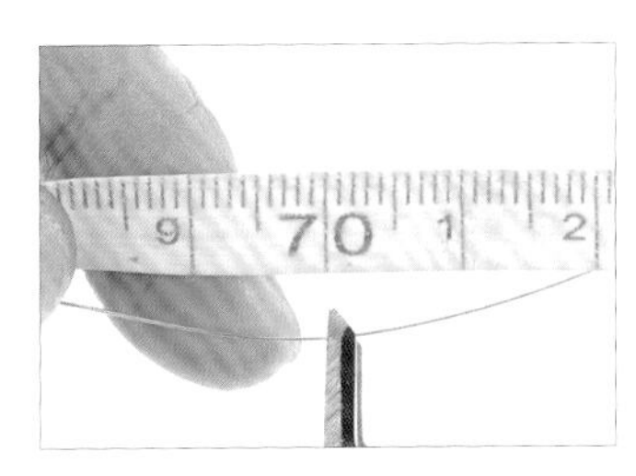

21　以斜口鉗剪下1條約70公分的28G玫瑰金色線，為線E。

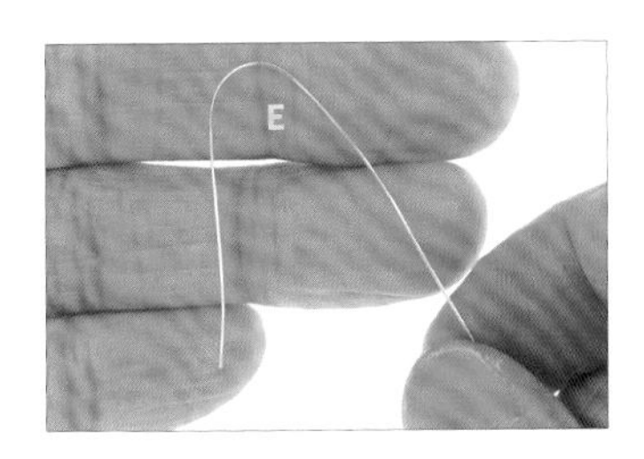

22　將線E折成彎鉤形。

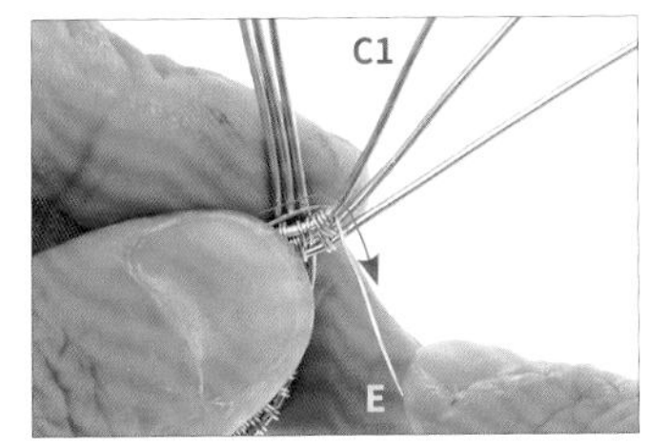

23　承步驟22，將線E勾入線C1。

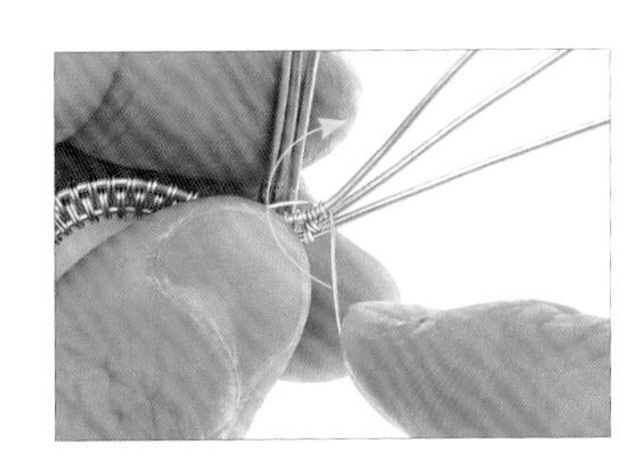

24　以線E纏繞線C1一圈。

25　重複步驟24，纏繞線C1一圈。

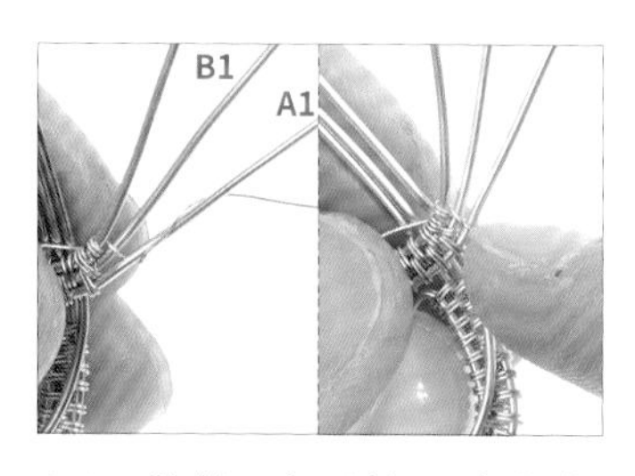

26　將線E穿過線B1上方後，往下纏繞線A1一圈。

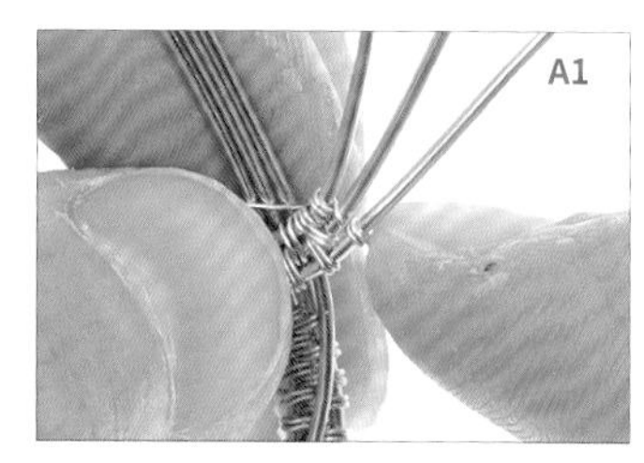

27　以線E纏繞線A1一圈。

28　重複步驟24-27，在線A1、B1、C1上持續纏繞。【註：三線八字繞法詳細步驟請參考P.20。】

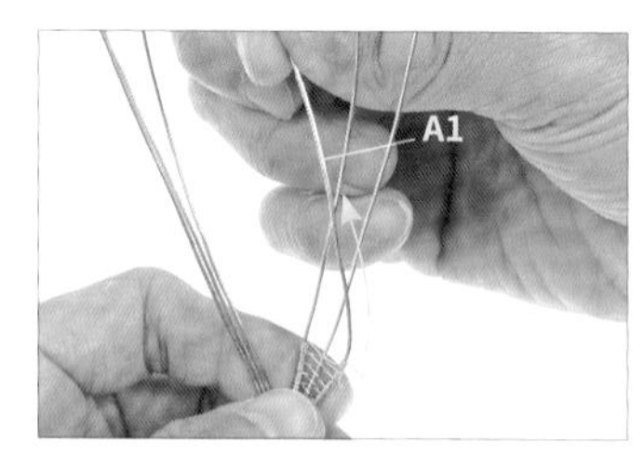

29　用手將線A1往內彎折。

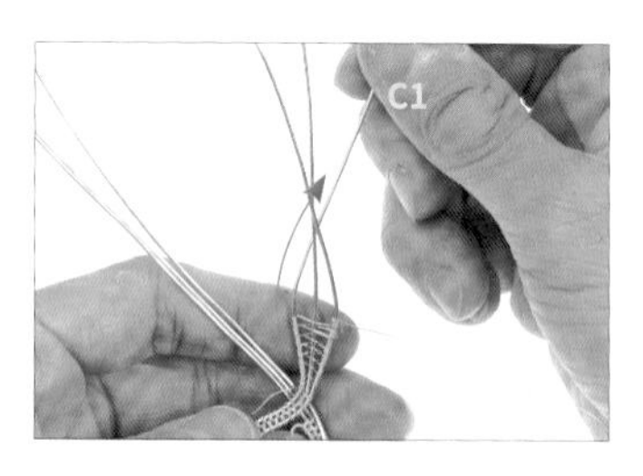

30　用手將線C1往內彎折，形成菱形。

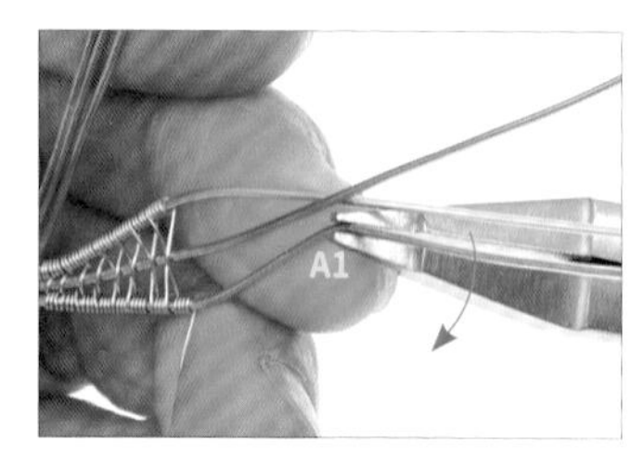

31　以平口鉗將線A1向外彎折。

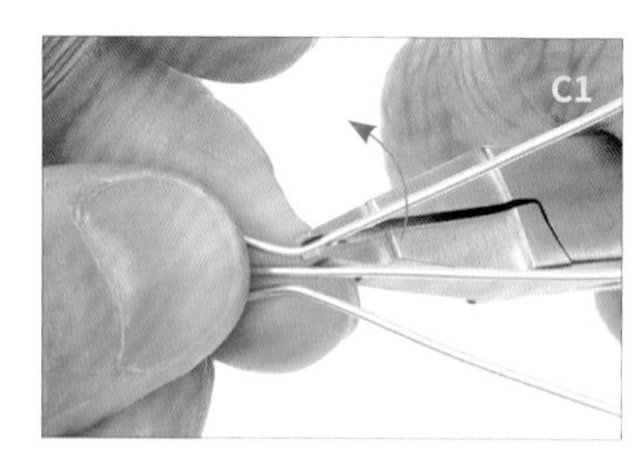

32　以平口鉗將線C1向外彎折。

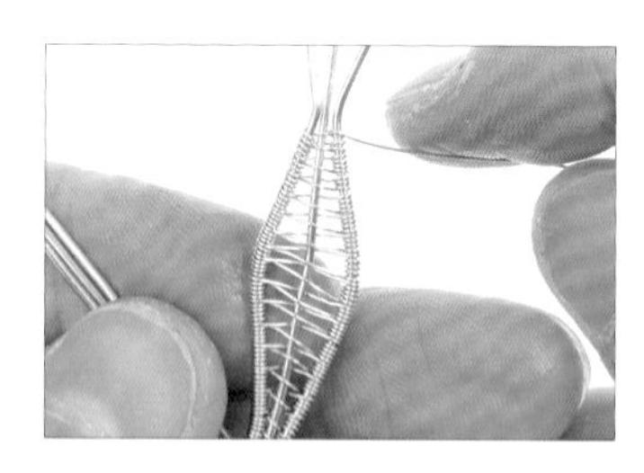

33　重複步驟24-27，以線E纏繞填滿菱形。【註：菱形長度建議2.5～3公分。】

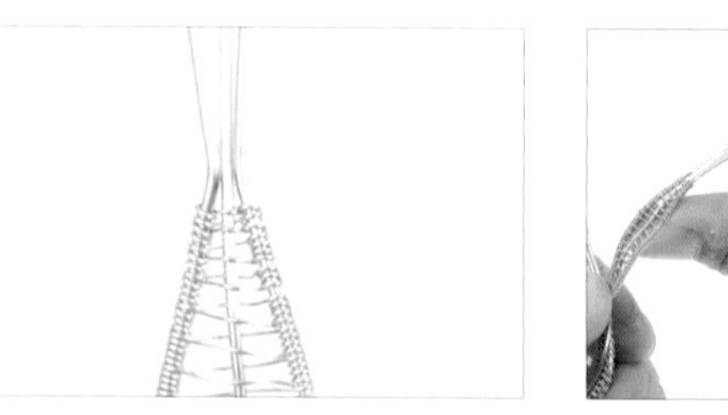

34　以斜口鉗將線E兩端多餘的金屬線剪掉，即完成墜頭主體。

35　將墜頭主體往下彎折。

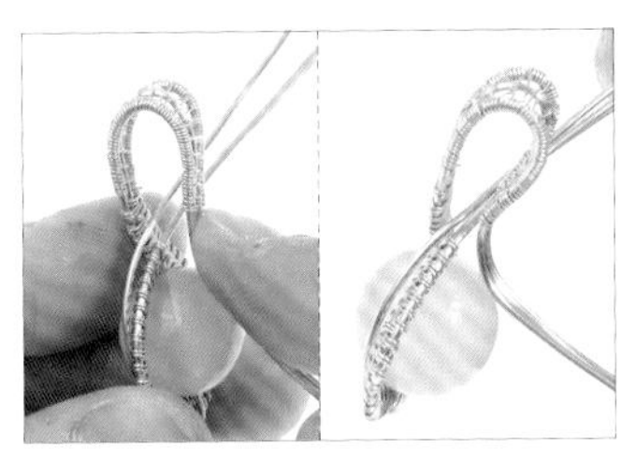

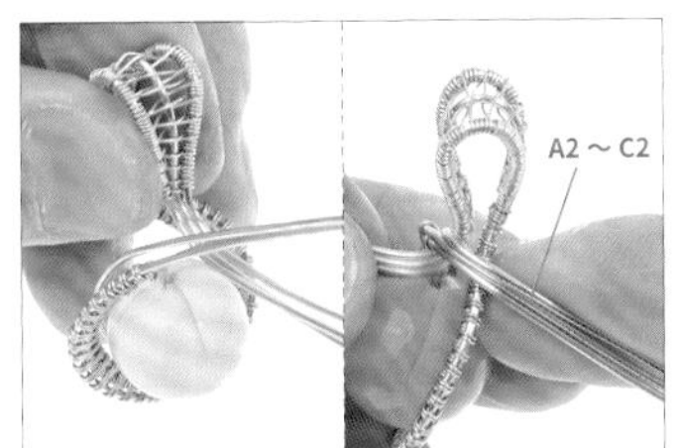

36 將墜頭主體彎折成水滴形。

37 先將線A2、B2、C2放在墜頭主體後方，再纏繞墜頭主體一圈。

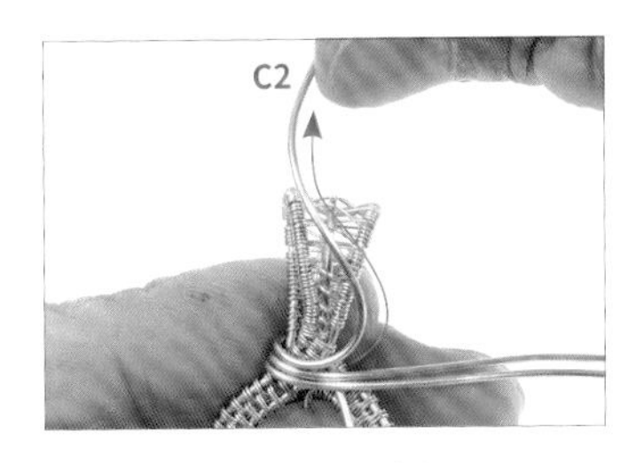

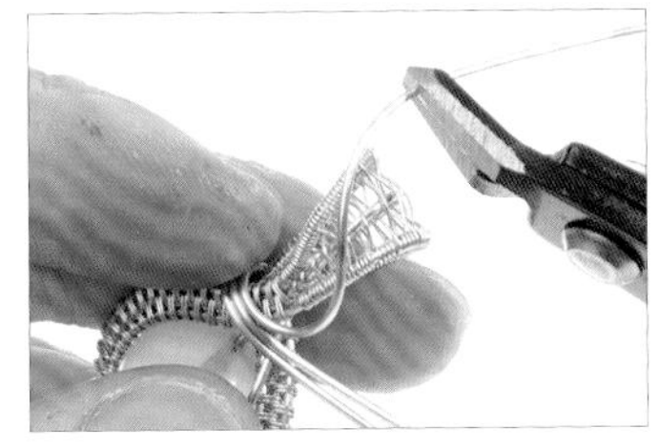

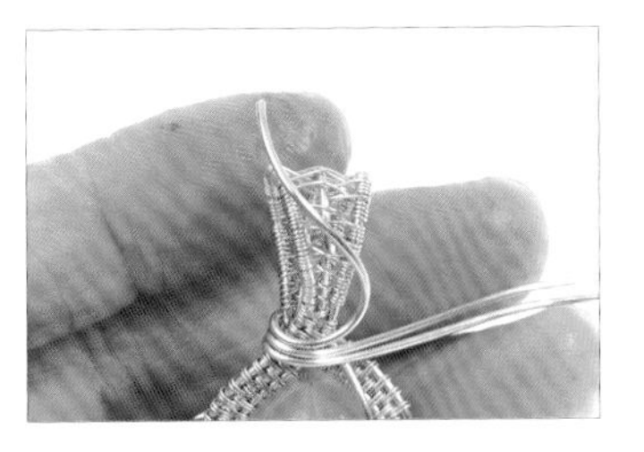

38 將線C2彎折成S形。

39 以斜口鉗剪掉多餘的線C2。

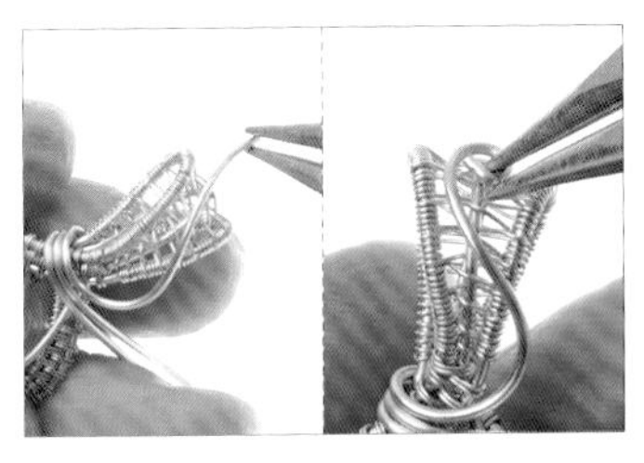

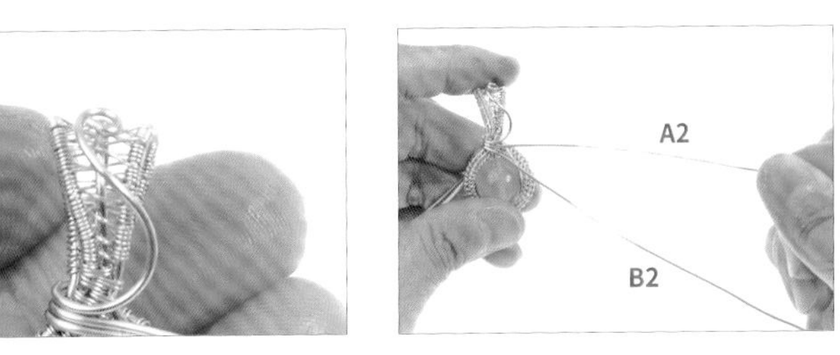

40 以圓嘴鉗夾住線C2，並彎折成圓弧形。

41 用手將線A2、B2分開。

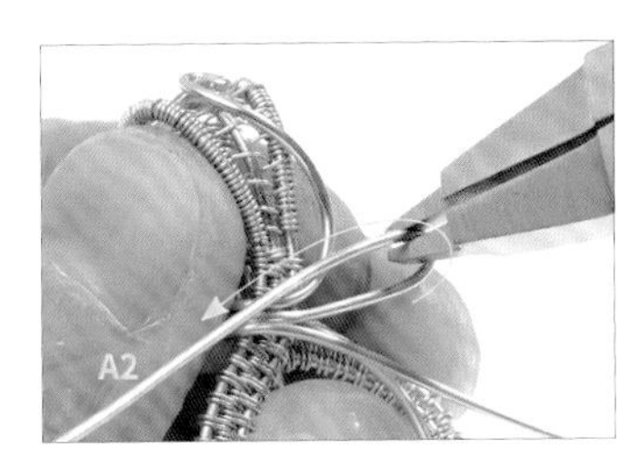

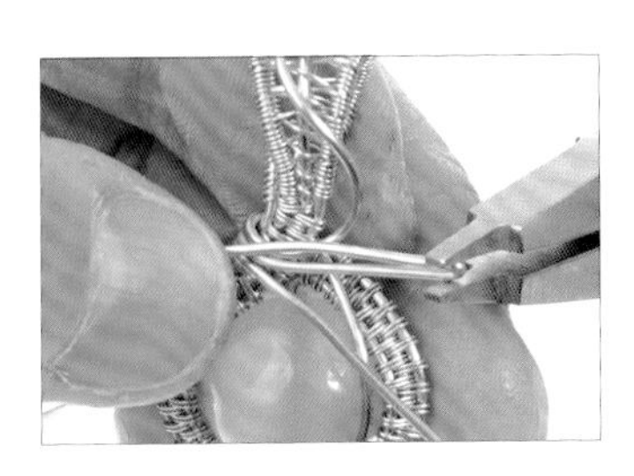

42 以平口鉗將線A2於1.2公分處對折。

43 以平口鉗將線A2彎折處壓緊。

44 用手將對折的線A2，拉開。

45 以圓嘴鉗將線A2彎折出弧度。

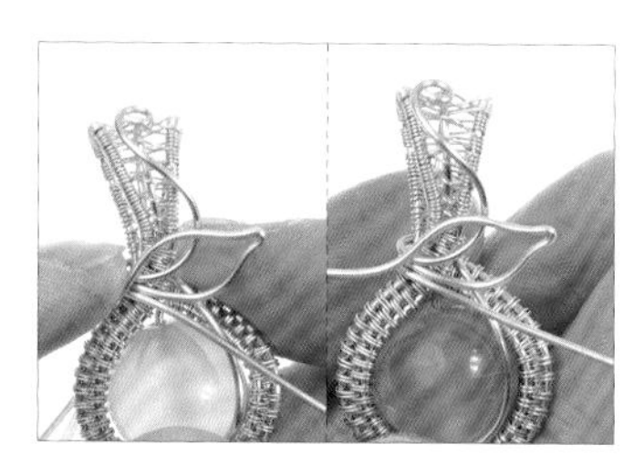

46 用手將線A2往下彎折出弧度，以製作葉片形。

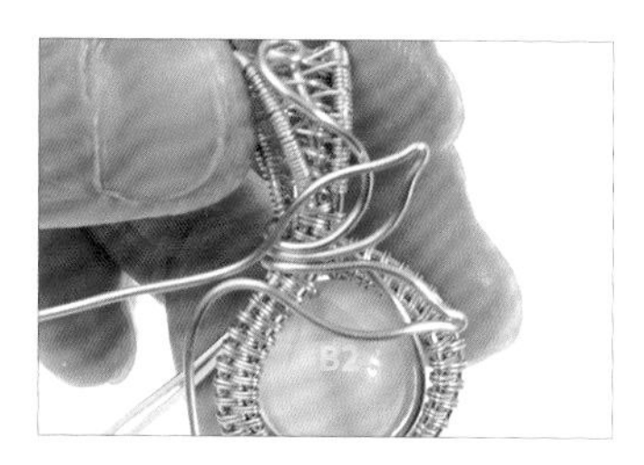

47 重複步驟42-46，將線B2彎折成葉片形。【註：B2葉片形可大一點。】

48 以斜口鉗剪掉多餘的線B2。

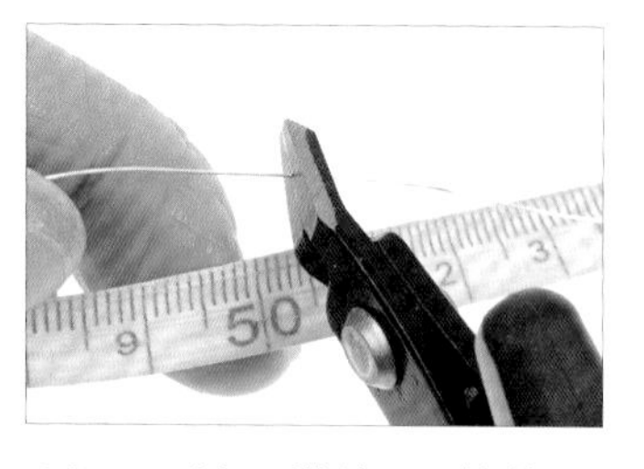

49 以斜口鉗剪下1條約50公分的28G玫瑰金色線，為線F。

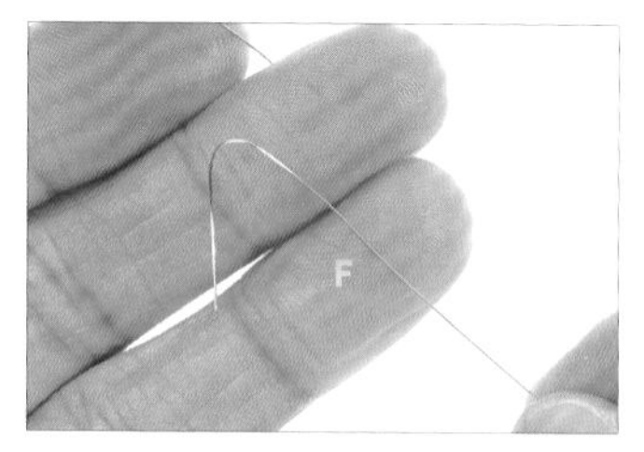

50 將線F折成彎鉤形。

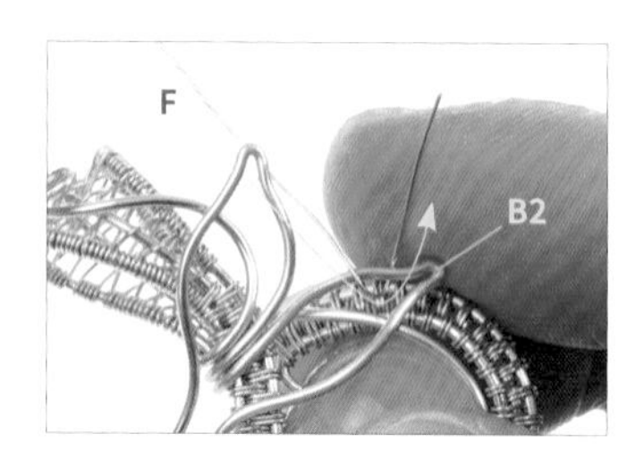

51 承步驟50，將線F勾入線B2葉片上方。

52 以線F纏繞線B2葉片上方一圈。

53 重複步驟52，纏繞線B2葉片上方一圈。

54 以線F纏繞線B2葉片下方兩圈。

55 重複步驟52-54，填滿葉片，再以斜口鉗剪掉多餘的線F。【註：雙線八字繞法1詳細步驟請參考P.16。】

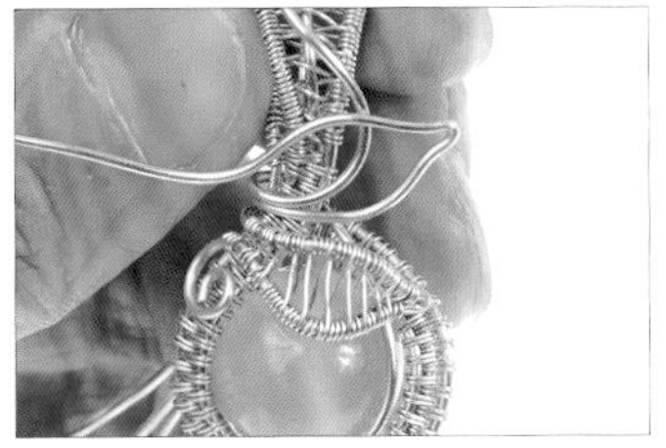

56 以圓嘴鉗夾住線B2，並先彎折出一個圓形，再順著圓形盤繞出漩渦形。

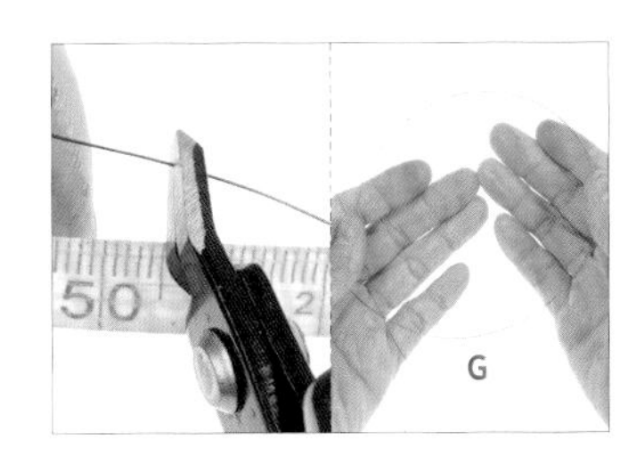

57 以斜口鉗剪下1條約50公分的28G紅銅色線，為線G。

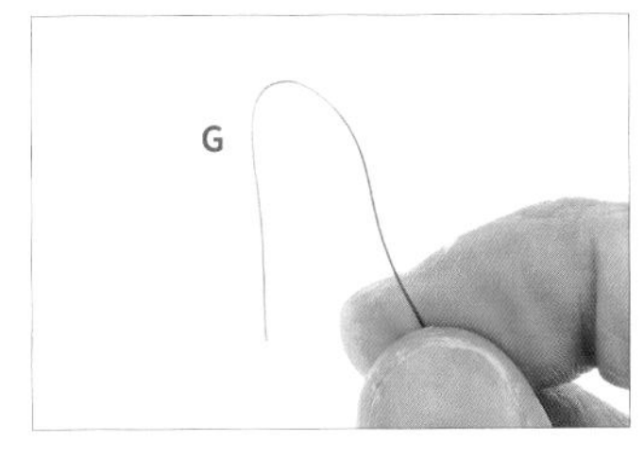

58 將線G折成彎鉤形。

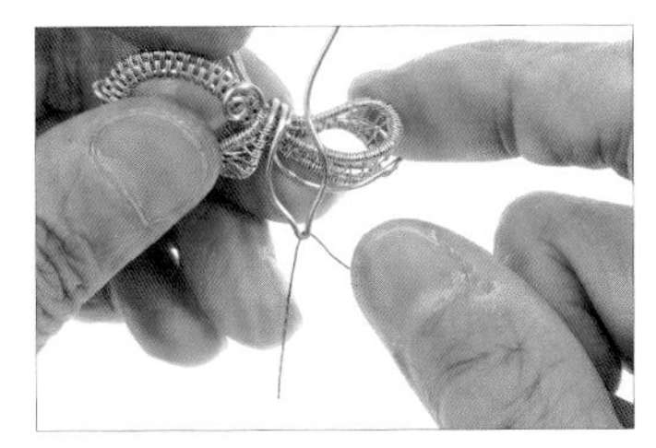

59 重複步驟51-54，以線G纏繞填滿線A2葉片。【註：雙線八字繞法1詳細步驟請參考P.16。】

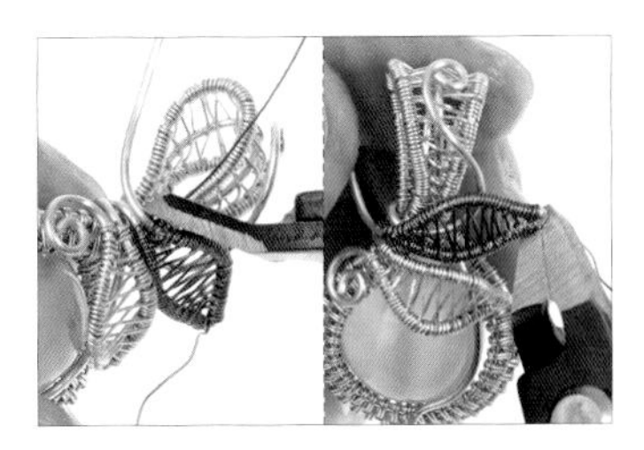

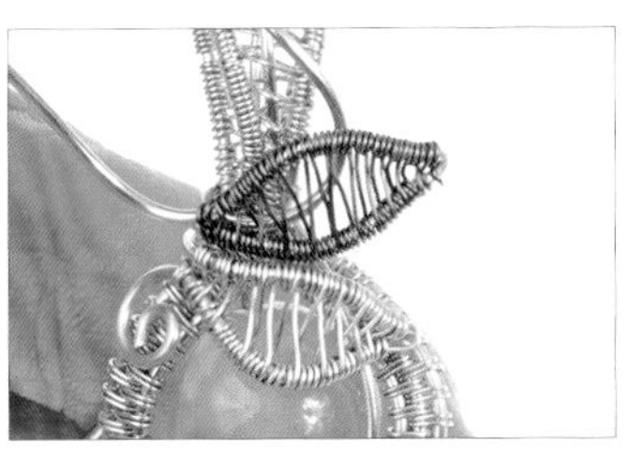

60 以斜口鉗將線G兩端多餘的金屬線剪掉。

61 以平口鉗將線A2往上彎折。

62 以平口鉗將線A2彎折處壓緊。

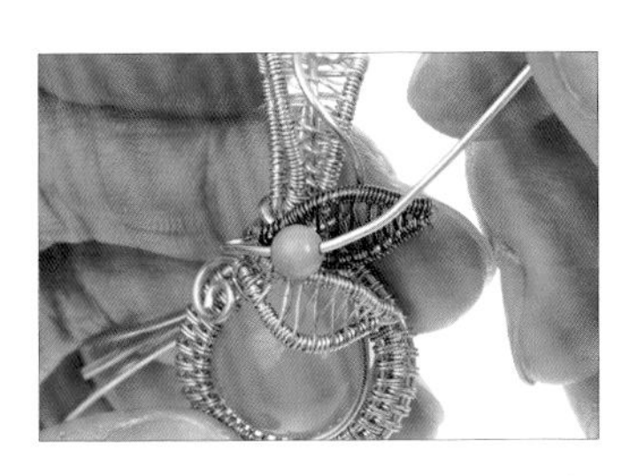

63 取一顆染色綠松石，穿入線A2中。

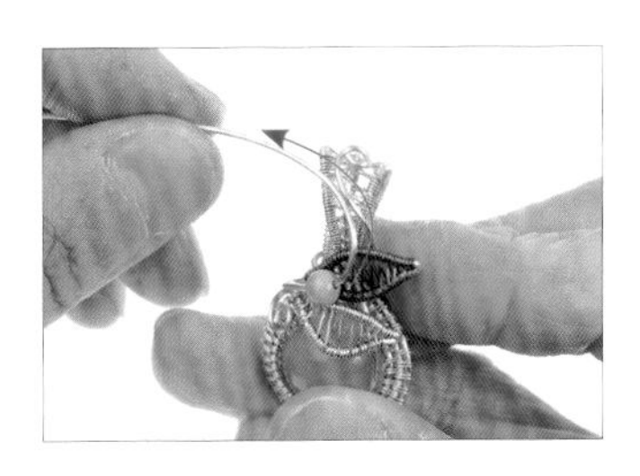

64 將線A2彎折出弧形。

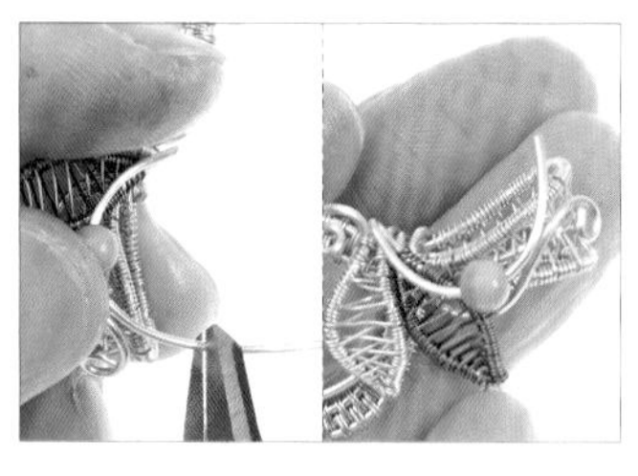

65　以斜口鉗剪掉多餘的線A2，準備收尾。

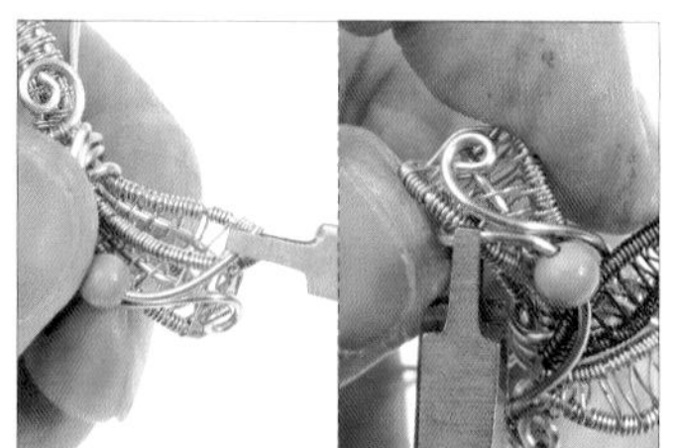

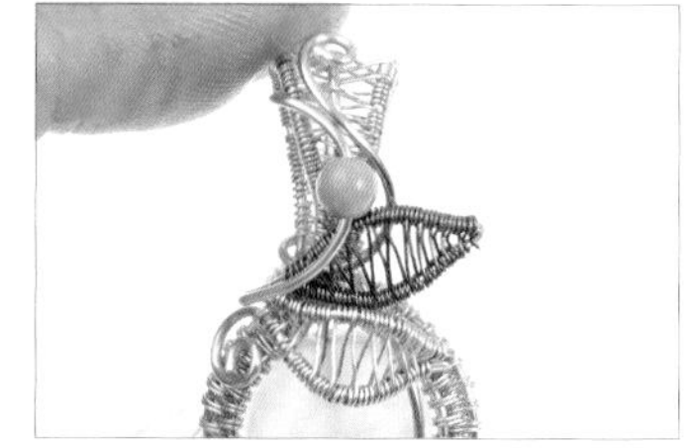

66　以平口鉗將線A2繞入墜頭內，並夾緊收尾。

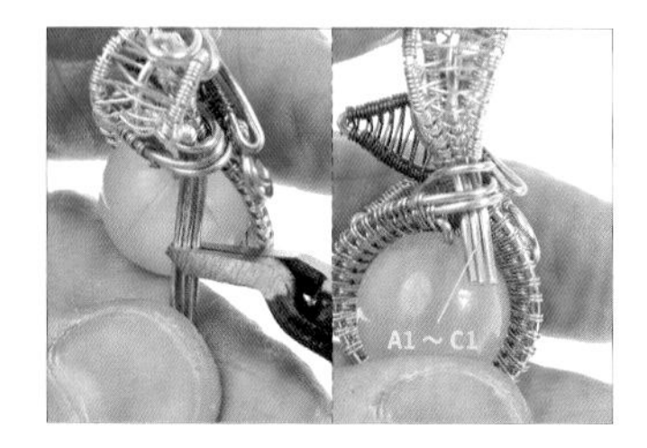

67　以斜口鉗剪掉多餘的線A1、B1、C1。

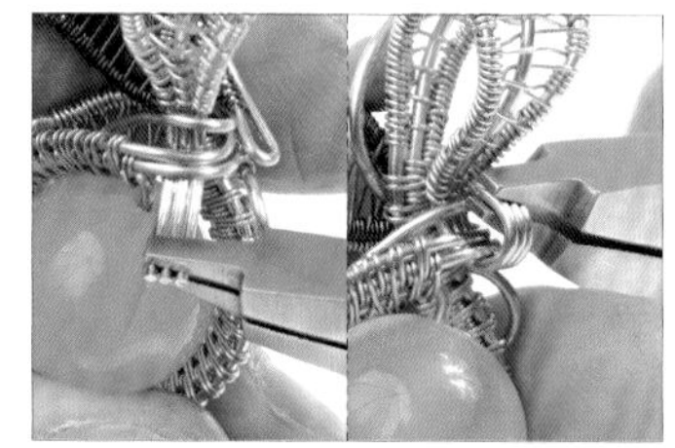

68　以平口鉗將線A1、B1、C1斷口往上彎折成弧形，收尾。

69　如圖，精靈花園項鍊製作完成。

創作小語

一大顆的圓珠，加上一點巧思，變成優雅的項鍊，讓人很難不注意到它。

精靈花園項鍊
停格動畫 QRcode

聖騎士水晶劍項鍊

— 進階應用 ADVANCED APPLICATION —

- 019 -

材料與工具 MATERIALS & TOOLS

◆ 線材

品項	用量
20G 金色圓線	30 公分 × 2 條，為線 A、B。
28G 金色圓線	40 公分 × 1 條，為線 C。 10 公分 × 1 條，為線 G。
22G 金色圓線	20 公分 × 1 條，為線 D。 30 公分 × 1 條，為線 E。
28G 紅銅色圓線	60 公分 × 1 條，為線 F。 80 公分 × 1 條，為線 H。

◆ 石材

★尺寸依序為：長 × 寬 × 高

品項	用量
白水晶柱	1 顆。【裸石大小：4.5 公分 × 0.5 公分 ×0.9 公分。】
瑪瑙	1 顆。【裸石大小：1.2 公分 × 0.8 公分 ×0.8 公分。】
紅瑪瑙	4 顆。【圓珠大小：0.4 公分。】

◆ 工具

捲尺、斜口鉗、黑色奇異筆、尖嘴鉗、圓嘴鉗、透氣膠帶。

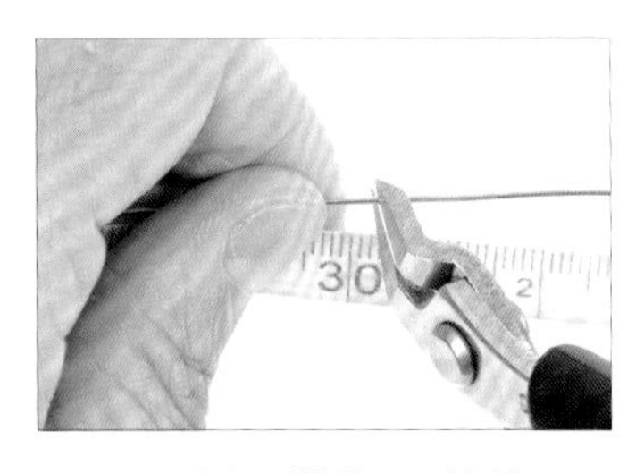

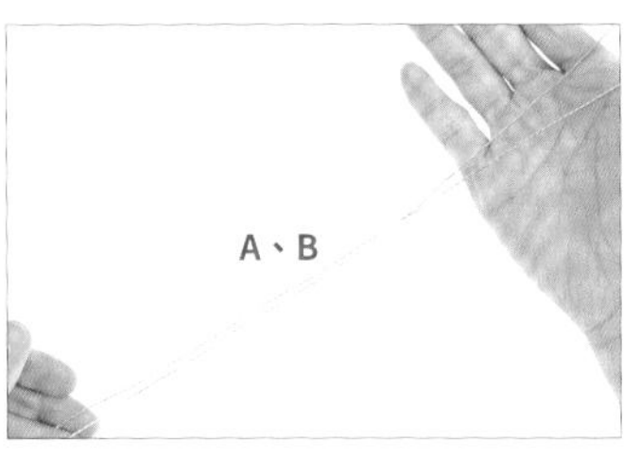

01 以斜口鉗剪下2條約30公分的20G線。【註：為線A、B。】

02 以捲尺為輔助，取黑色奇異筆，在線的中間繪製記號。【註：此作品的中間為15公分處。】

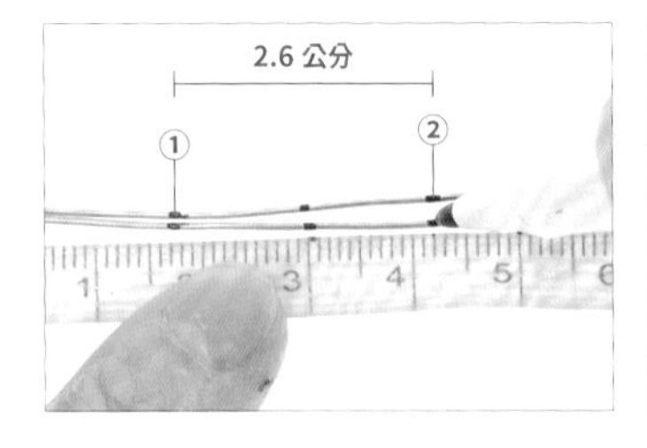

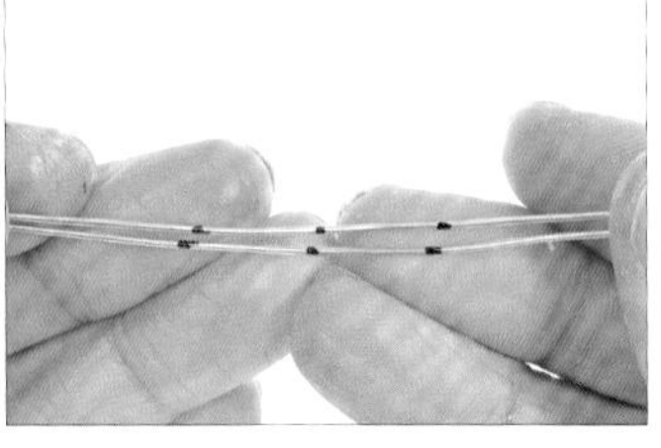

03 承步驟2，在左右距離中間點1.3公分處繪製記號，為點①、②。

04 以斜口鉗剪下1條約40公分的28G線，為線C。

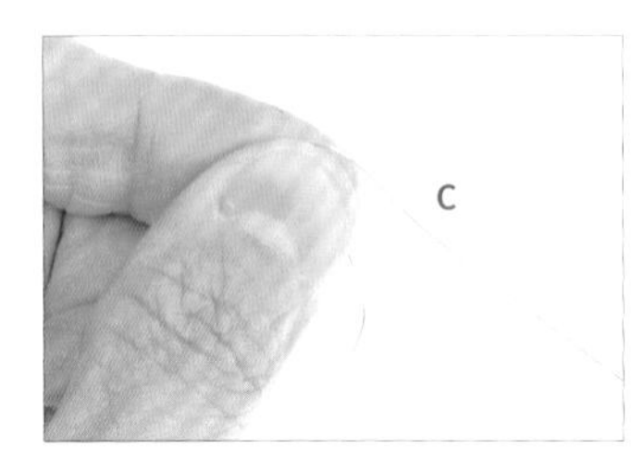

05 將線C折成彎鉤形。

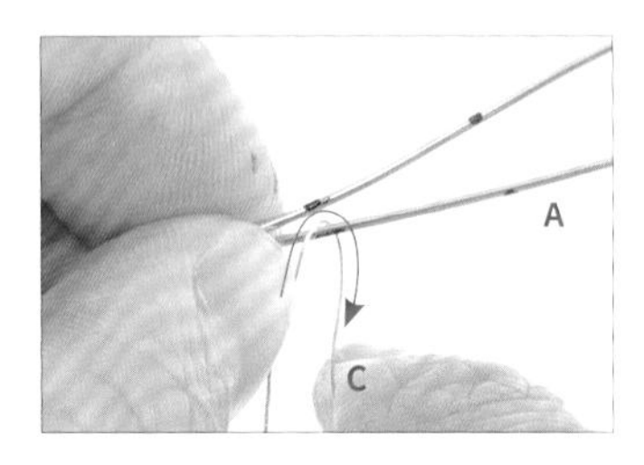

06 承步驟5，將線C勾入線A。

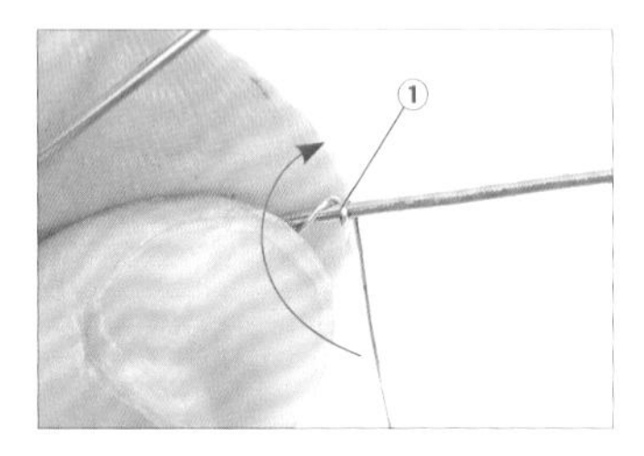

07 用左手指腹將線C左側壓在線A的點①上，並纏繞線A一圈。

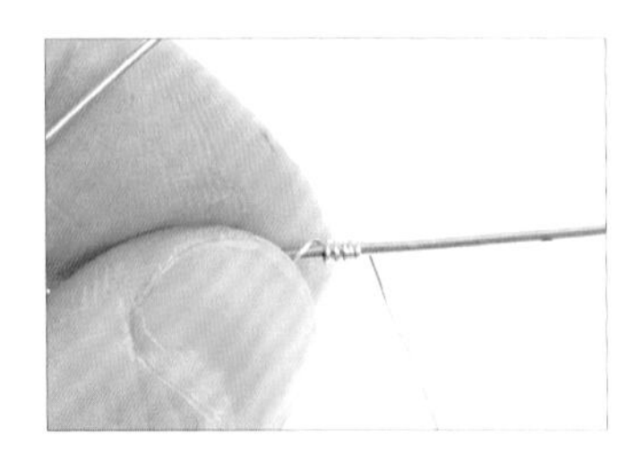

08 以線C纏繞線A四圈。

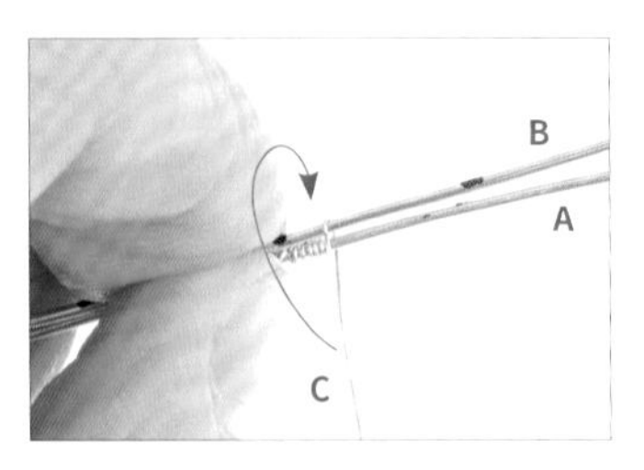

09 將線C穿過線A、B上方後，往下纏繞一圈。

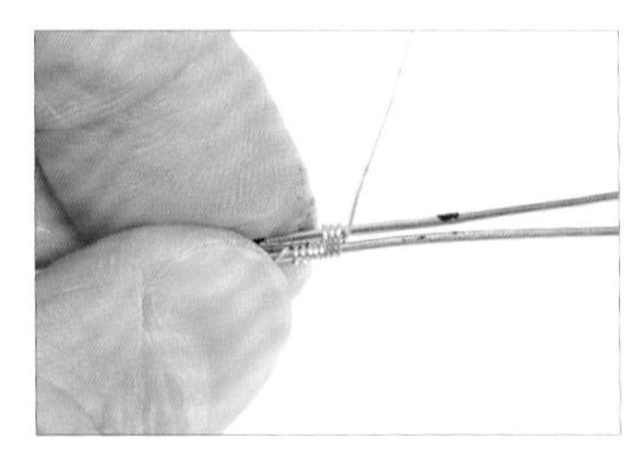

10 以線C纏繞線A、B兩圈。

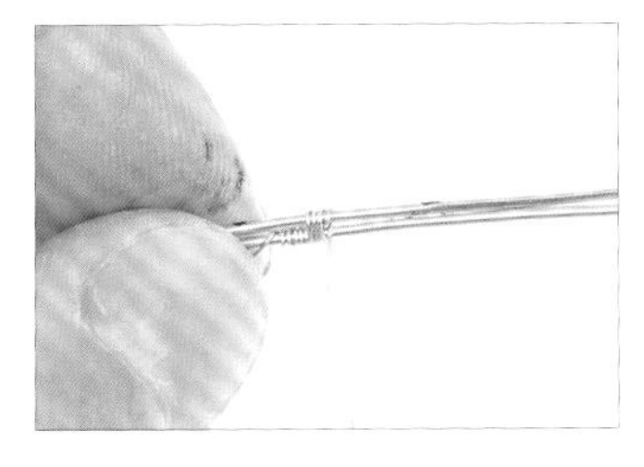

11 將線穿過線B上方後，往下纏繞一圈。

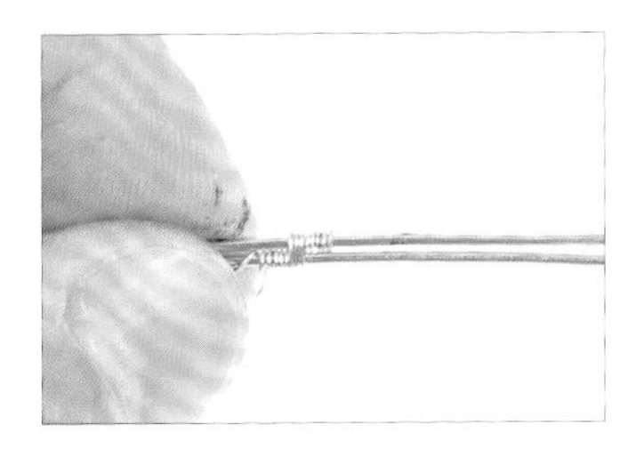

12 以線C纏繞線B四圈。

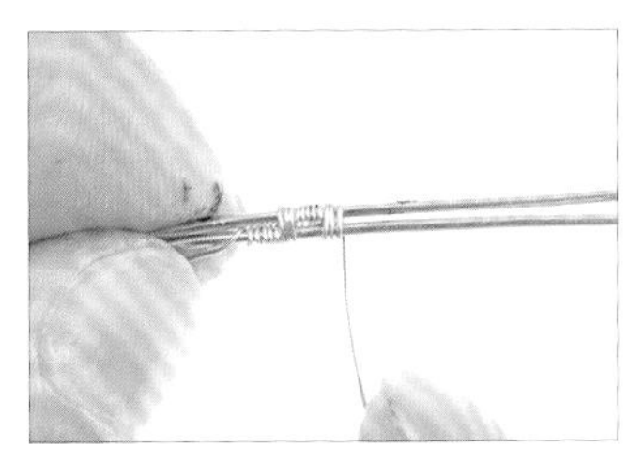

13 重複步驟11-12，將線A、B纏繞三圈。

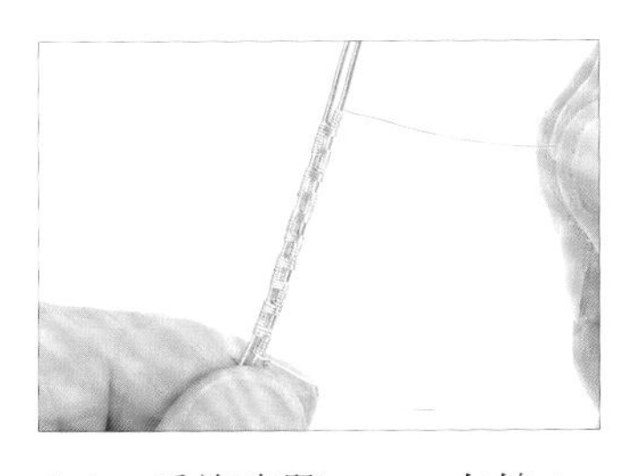

14 重複步驟7-13，在線A、B上持續纏繞。【註：纏繞長度約2.5公分。】

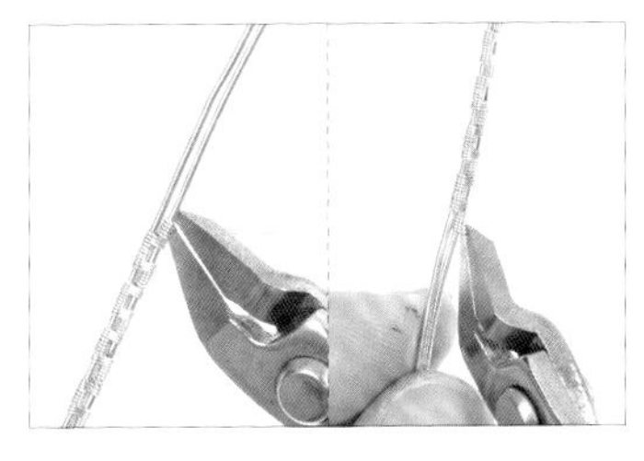

15 以斜口鉗將線C兩端多餘的金屬線剪掉，即完成墜頭主體。

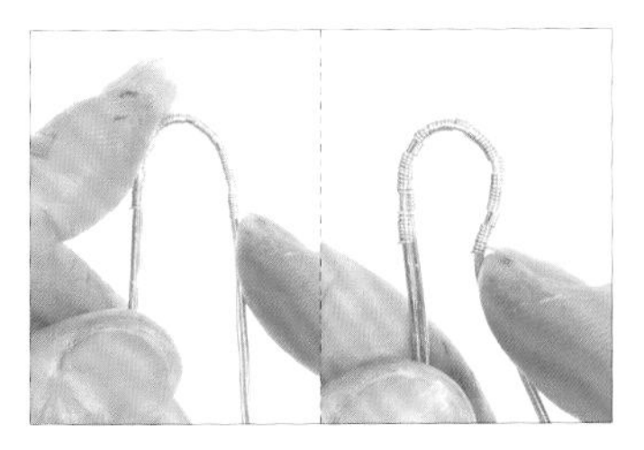

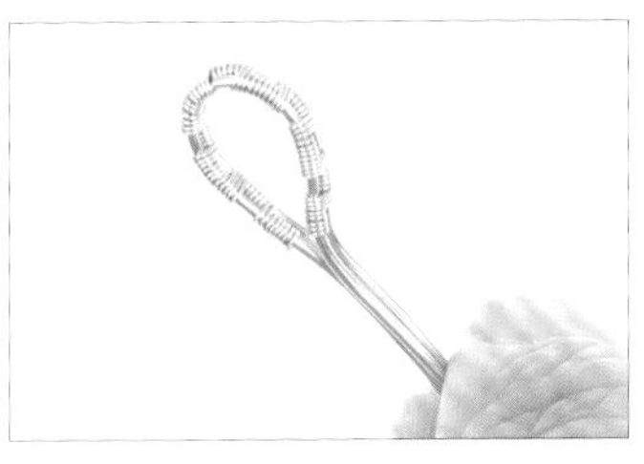

16 將墜頭主體往下彎折成水滴形，備用。

17 以斜口鉗剪下1條約20公分的22G線，為線D。

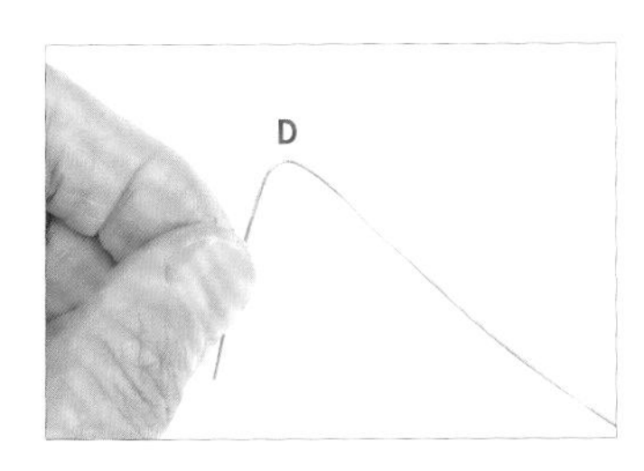

18 將線D折成彎鉤形。

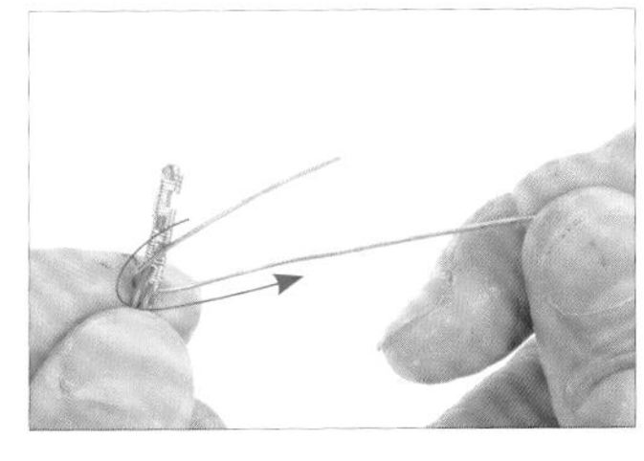

19 承步驟18，將線D勾入墜頭。

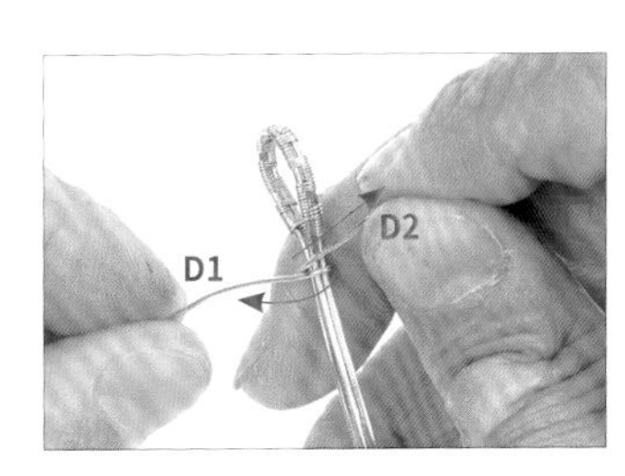

20 將線D交叉纏繞，形成線D1、D2。

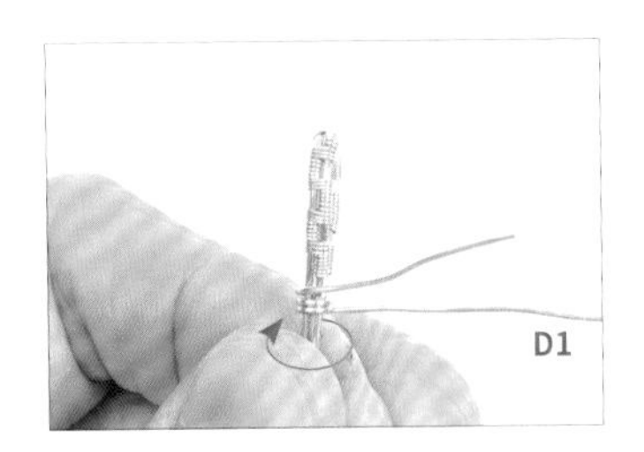

21　以線D1纏繞墜頭主體兩圈。

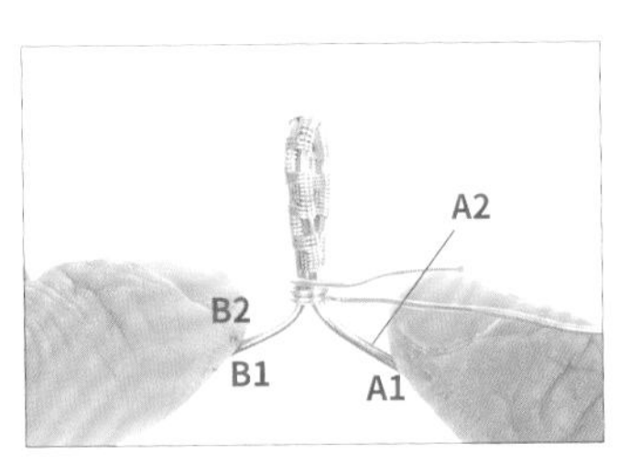

22　將線A、B分開，形成線A1、A2及線B1、B2。

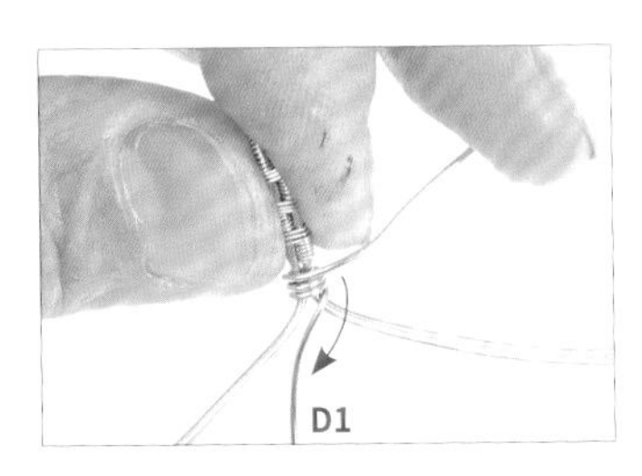

23　將線D1往下彎折。

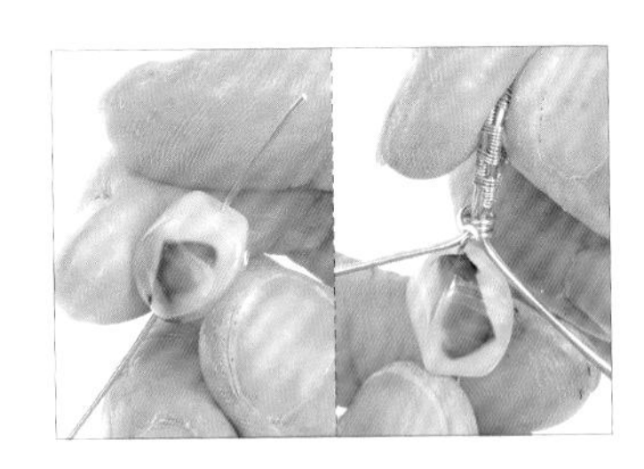

24　取一顆瑪瑙，穿入線D1中。

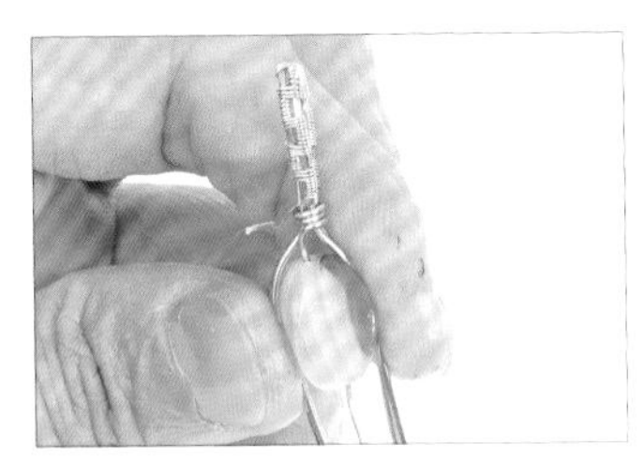

25　將線A1、A2、B1、B2往下彎折，以包覆瑪瑙。

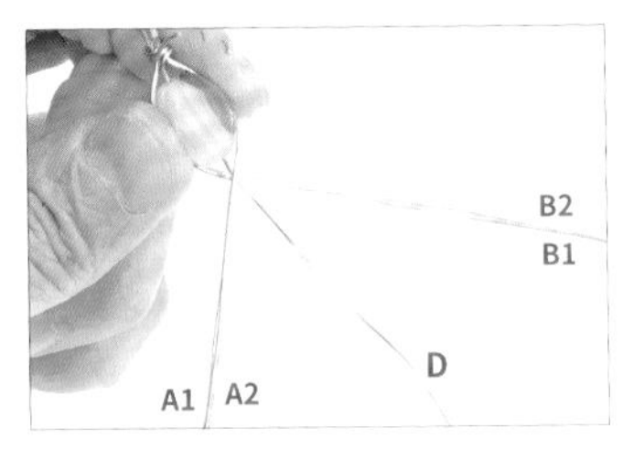

26　將線A1、A2及線B1、B2交叉彎折。

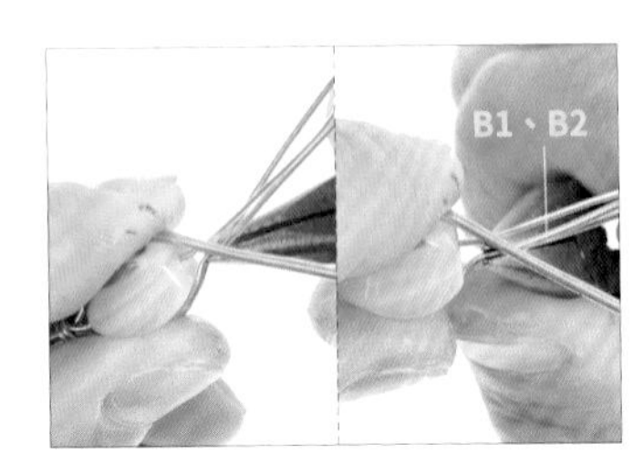

27　以尖嘴鉗夾住線B1、B2，並彎折。

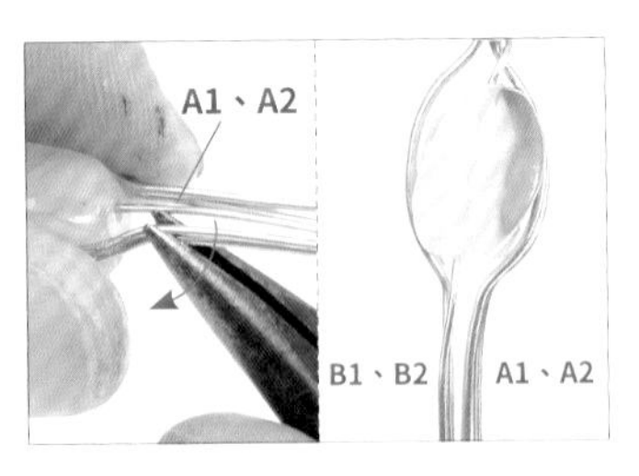

28　重複步驟27，將線A1、A2彎折。【註：此為作品的正面。】

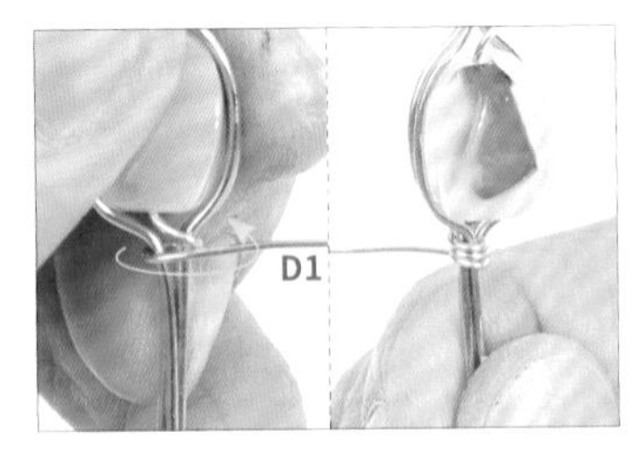

29　以線D1纏繞線B1、B2及線A1、A2共三圈。

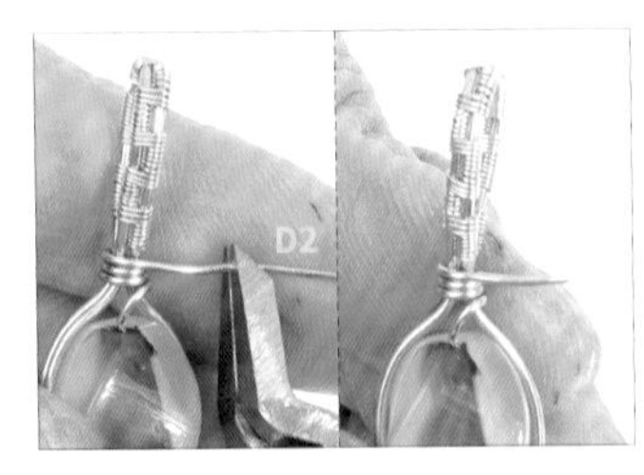

30　以斜口鉗剪掉多餘的線D2。

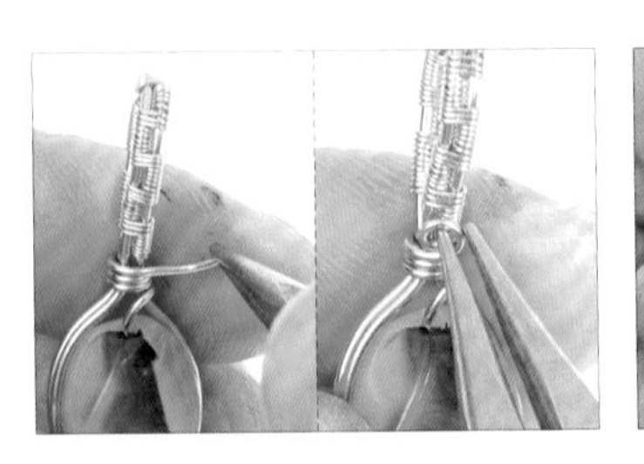

31　以圓嘴鉗夾住線D2，並彎折成圓弧形。

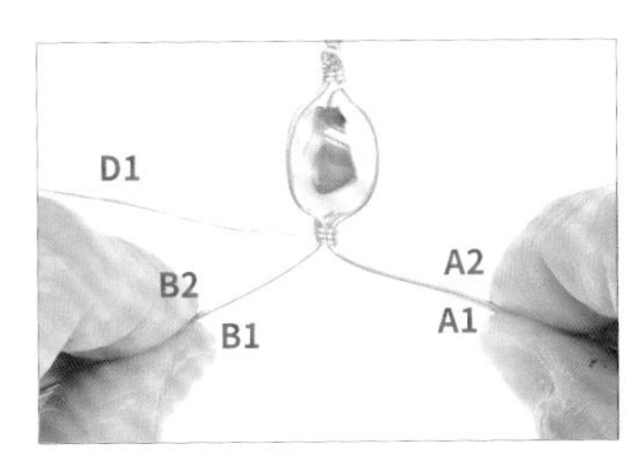

32 用手將線A、B分開，形成線A1、A2及線B1、B2，準備放入石材。

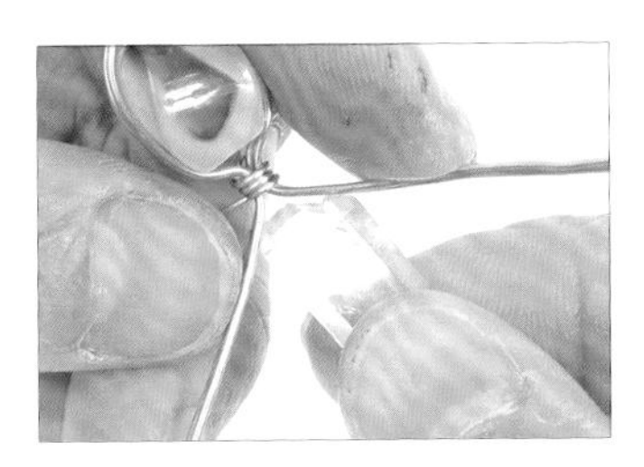

33 取白色水晶柱，放在線A1、A2及線B1、B2中間。

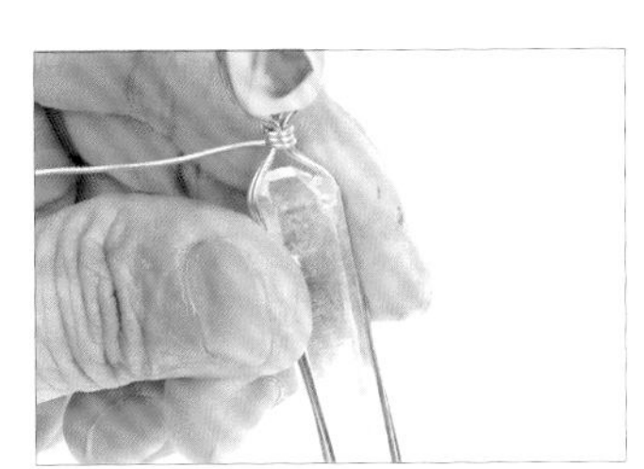

34 將線A1、A2、B1、B2往下彎折，以包覆白色水晶柱。

35 以透氣膠帶將線A1、A2、B1、B2及白色水晶柱纏繞一圈，黏貼固定。【註：此為作品的正面。】

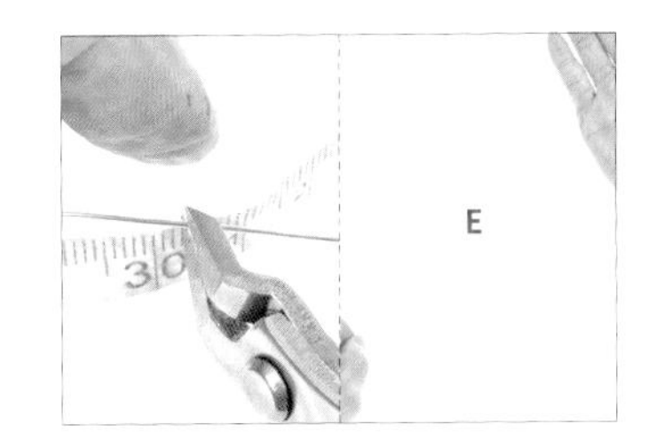

36 以斜口鉗剪下1條約30公分的22G線，為線E。

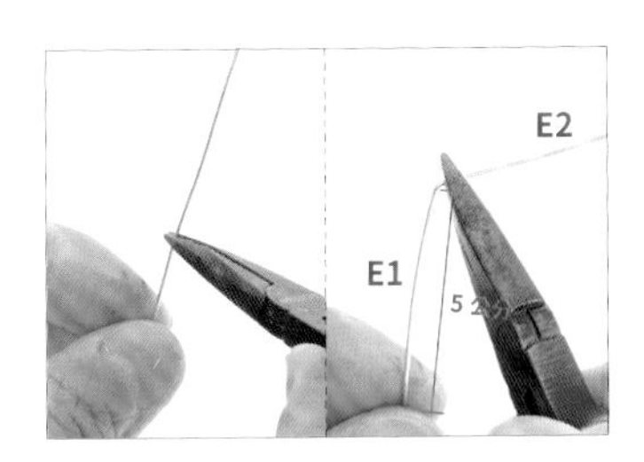

37 以尖嘴鉗在線E約5公分處折出直角，形成線E1、E2，備用。

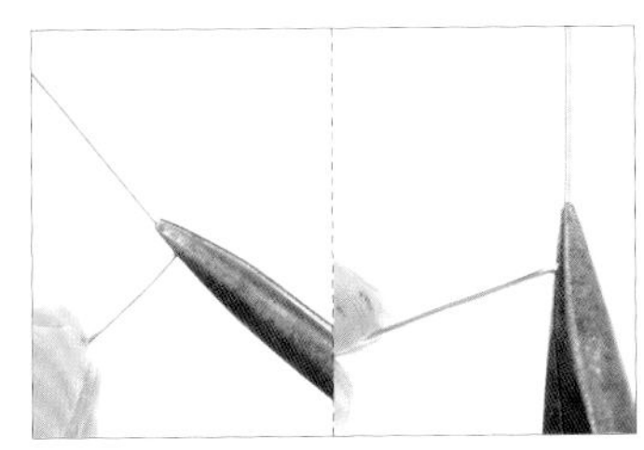

38 以尖嘴鉗將線E稍微扭轉一下。

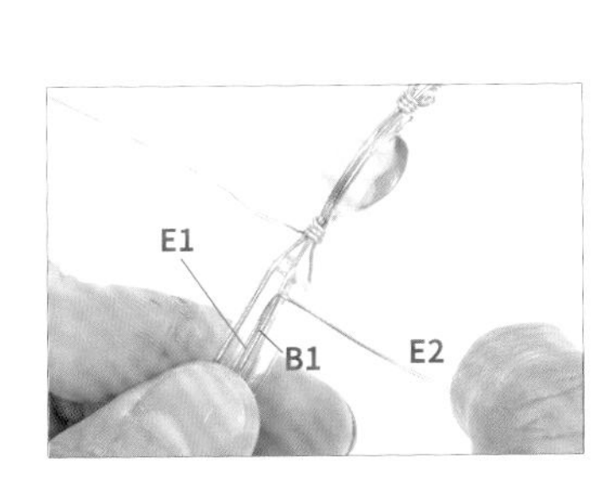

39 將線E1放在線B1旁。

40 以線E2由上往下纏繞白色水晶柱五圈，以製作外框。【註：圈數可依個人喜好調整，以能夠穩固為主。】

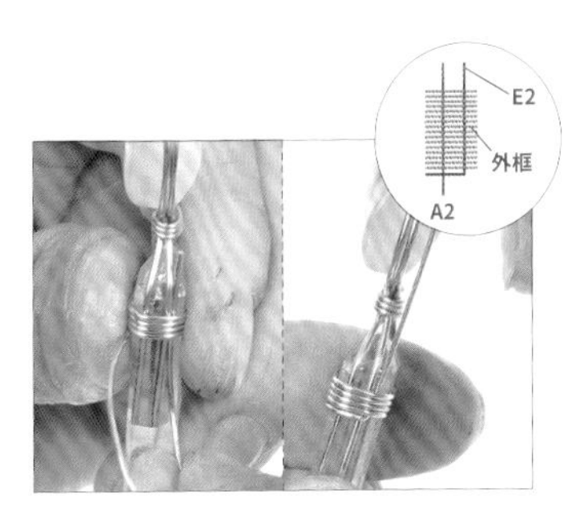

41 以線E2穿過纏繞在水晶柱上的E2及線A2之間的空隙下方，並往上拉出。

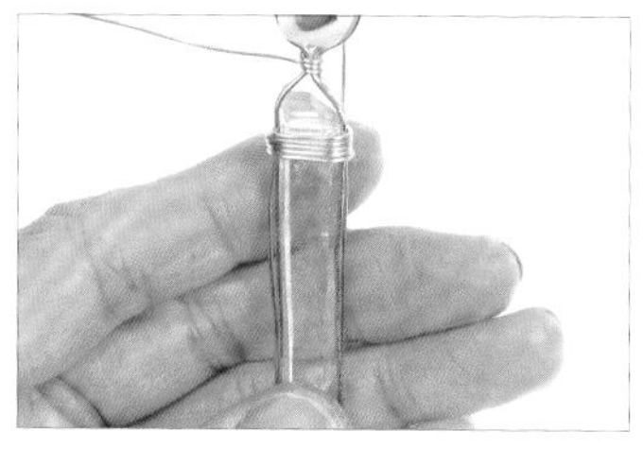

42　以斜口鉗將透氣膠帶剪開，並用手撕除。【註：因已有線段纏繞，不須再以透氣膠帶固定。】

43　將線E1往上彎折。

44　以斜口鉗剪掉多餘的線E1。【註：須預留約0.2～0.3公分長度。】

45　以尖嘴鉗將線E1斷口往內夾緊收尾。【註：此為作品的背面。】

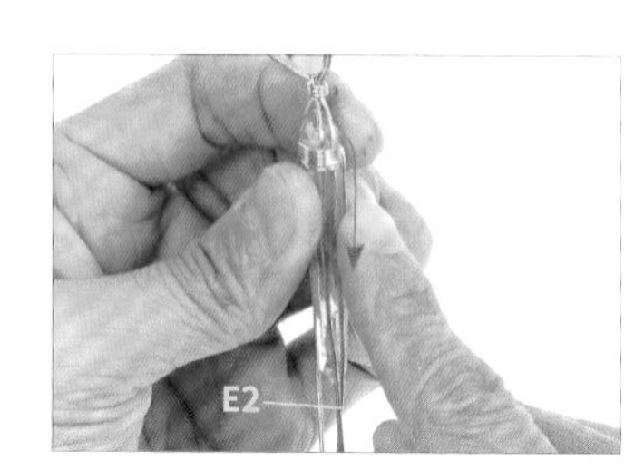

46　將線E2往下彎折。

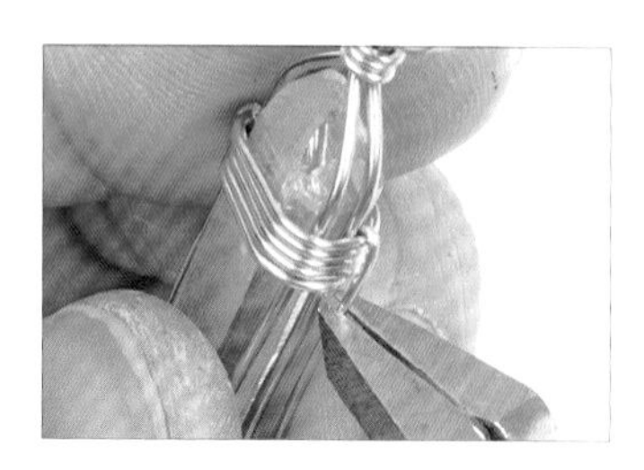

47　以斜口鉗剪掉多餘的線E2。【註：須預留約0.2～0.3公分長度。】

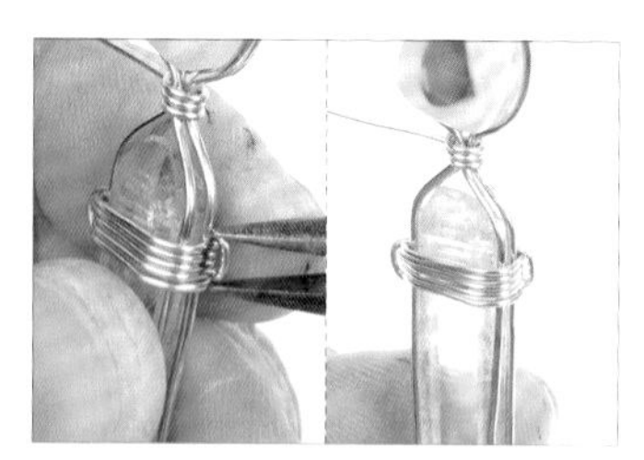

48　以尖嘴鉗將線E2斷口往內夾緊收尾。

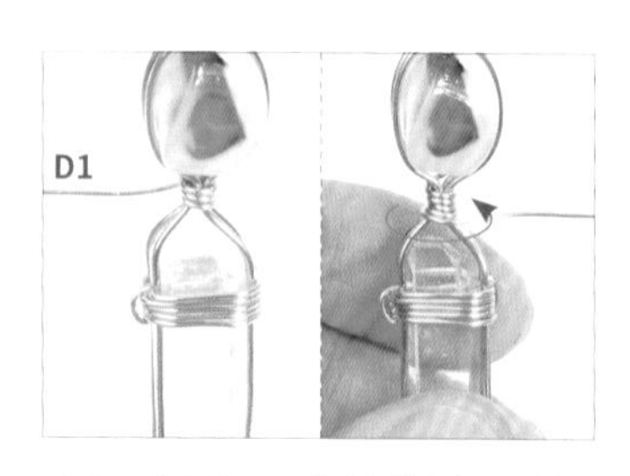

49　以線D1多繞幾圈，增加穩固度。

50　以斜口鉗剪掉多餘的線D1。【註：須預留約1公分長度。】

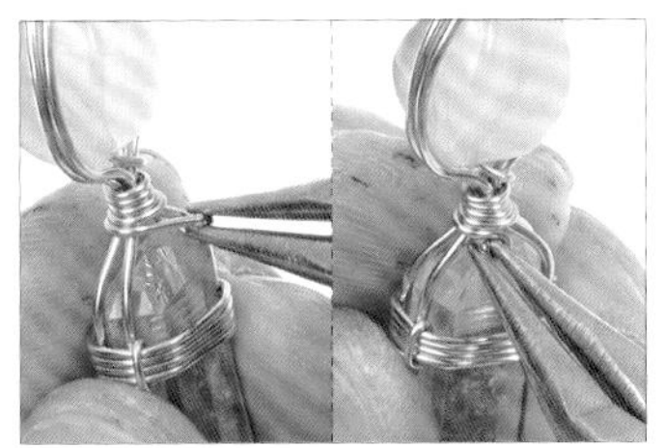

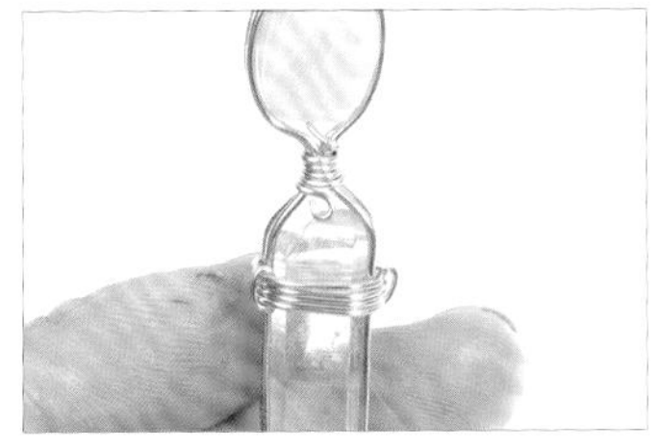

51 以圓嘴鉗夾住線D1，並往內彎折成圓弧形，收尾。

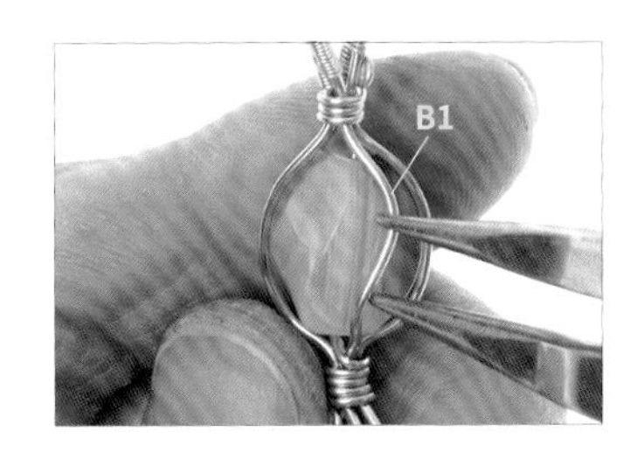

52 以圓嘴鉗將線B1彎折出弧形。【註：順著裸石表面做出曲線】

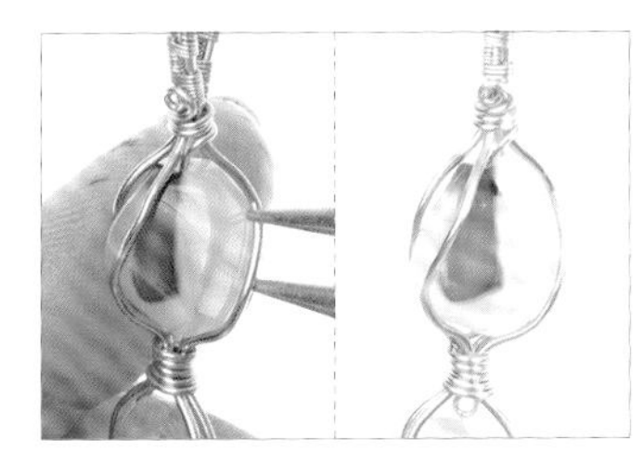

53 重複步驟52，將線A1、A2、B2製作成弧形。

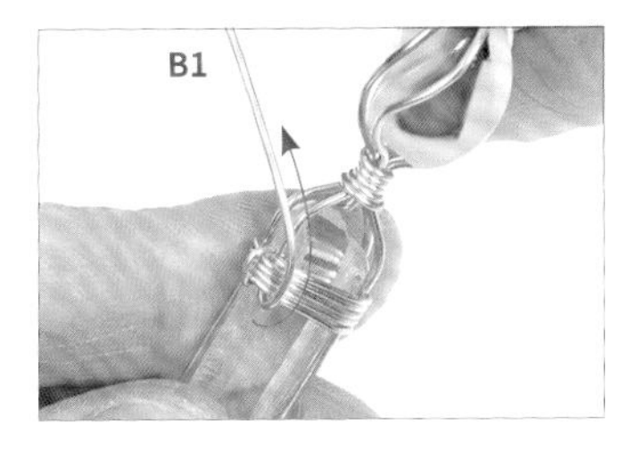

54 用手將線B1往上彎折出弧形。

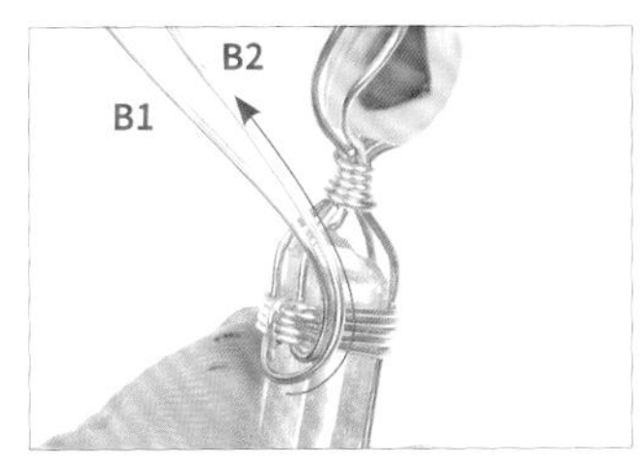

55 用手將線B2往上彎折出弧形。

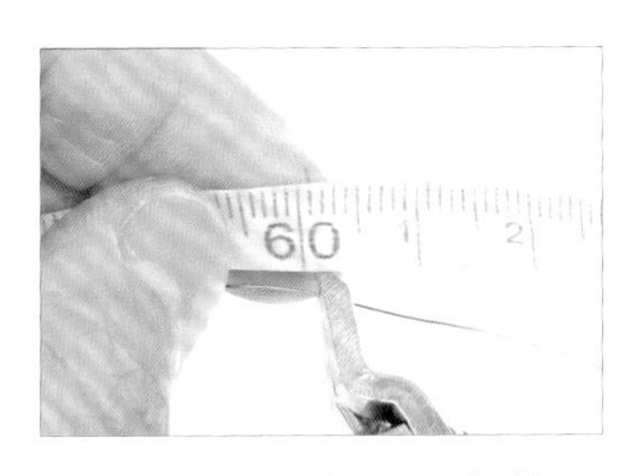

56 以斜口鉗剪下1條約60公分的28G紅銅色線，為線F。

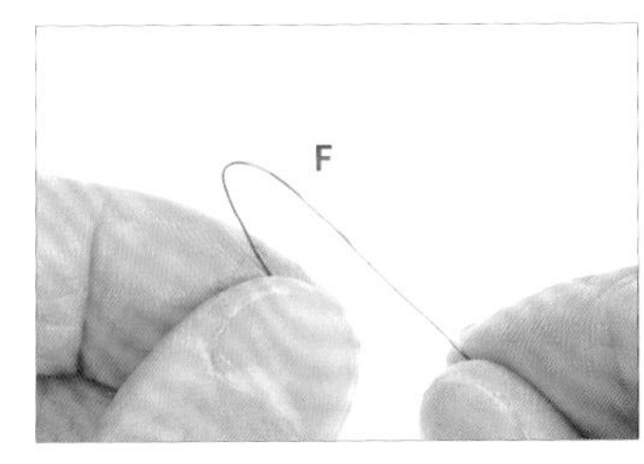

57 將線F折成彎鉤形。

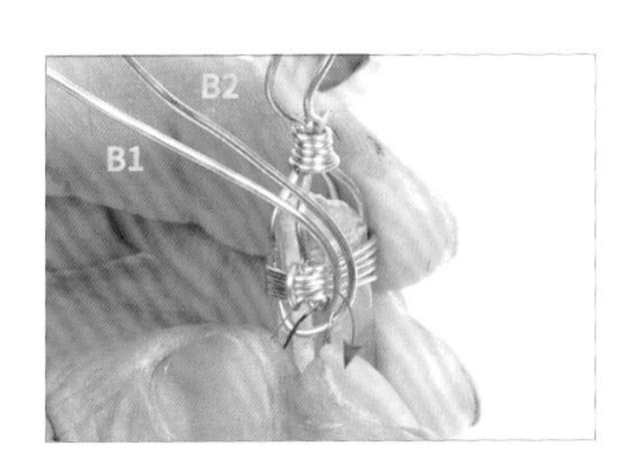

58 承步驟57，將線F勾入線B1。

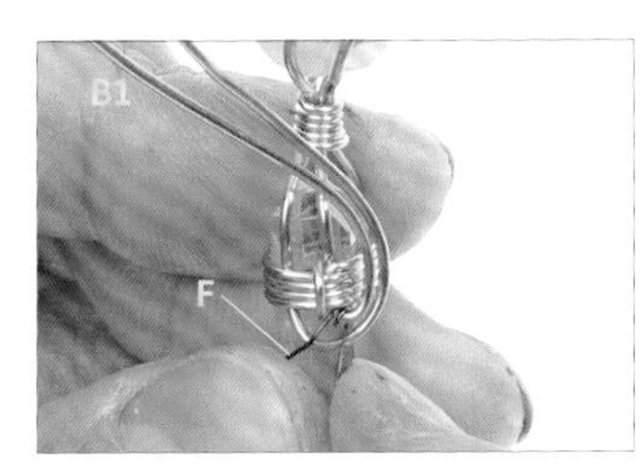

59 以線F纏繞線B1一圈。

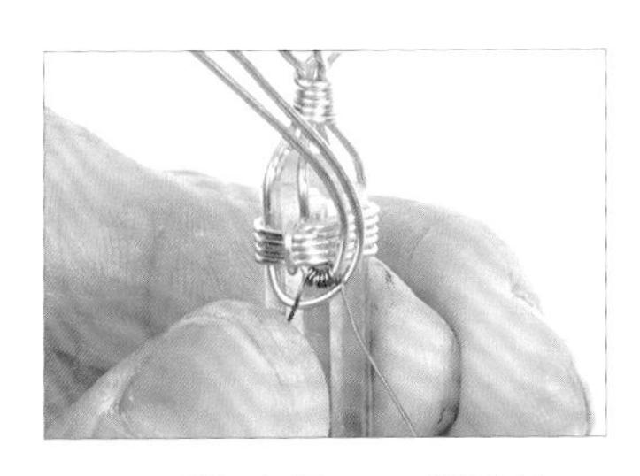

60 重複步驟59，纏繞線B1四圈。

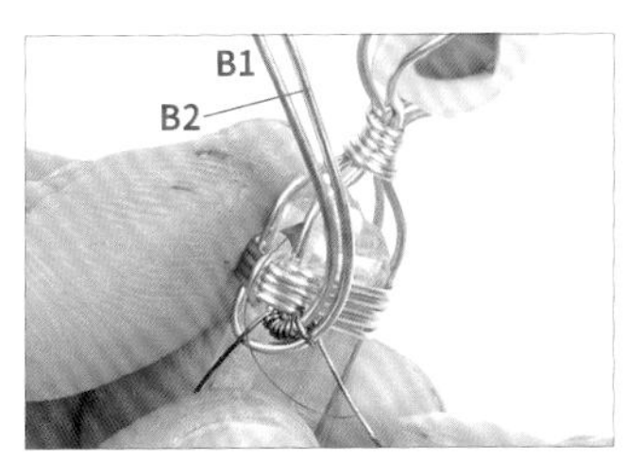

61 以線F纏繞線B1、B2一圈。

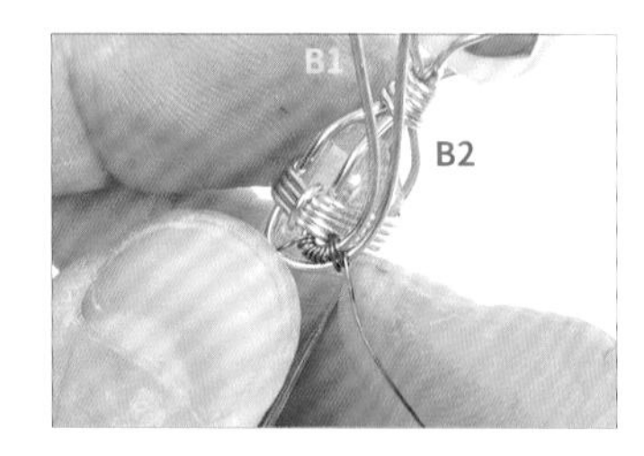

62 重複步驟61，纏繞線B2、B1一圈。

63 重複步驟59-62，在線B2、B1上持續纏繞。
【註：雙線繞法1詳細步驟請參考P.18。】

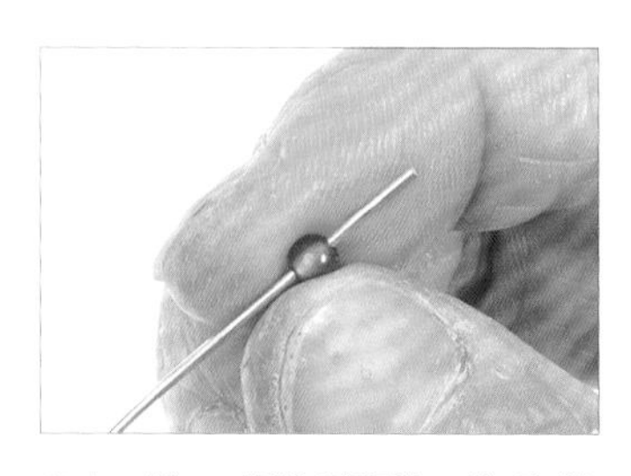

64 取一顆紅瑪瑙，穿入線B1中。

65 以線F纏繞線B1八圈。
【註：可依個人喜好調整。】

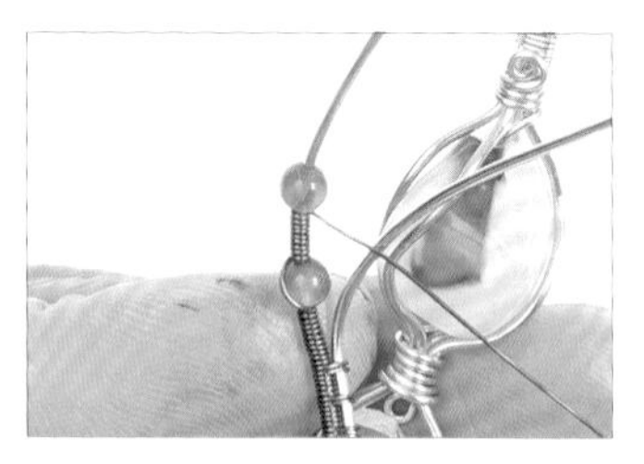

66 取第二顆紅瑪瑙，穿入線A2中。

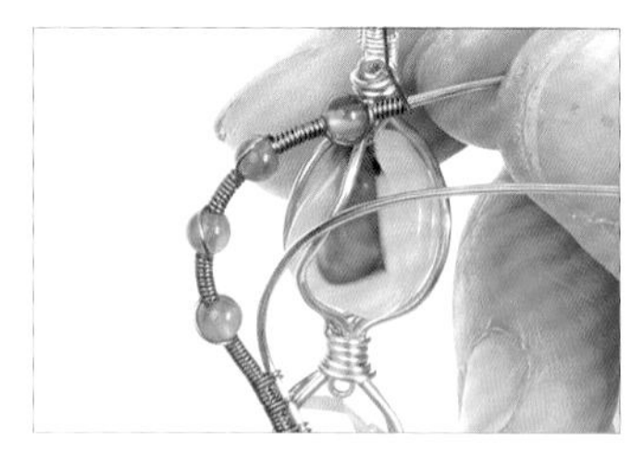

67 重複步驟65-66，將所有紅瑪瑙穿入線B1中。

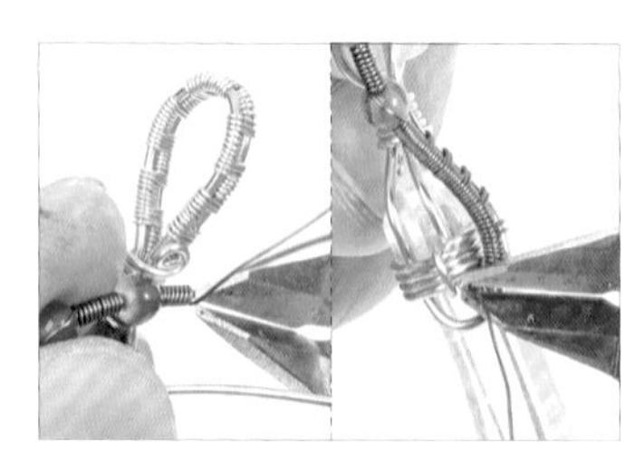

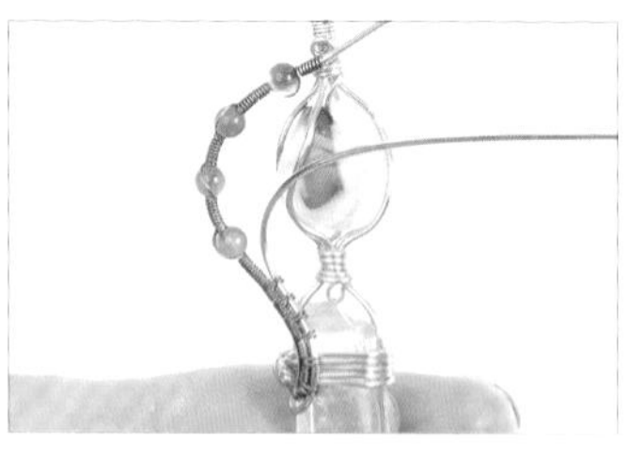

68 以斜口鉗將線F兩端多餘的金屬線剪掉。

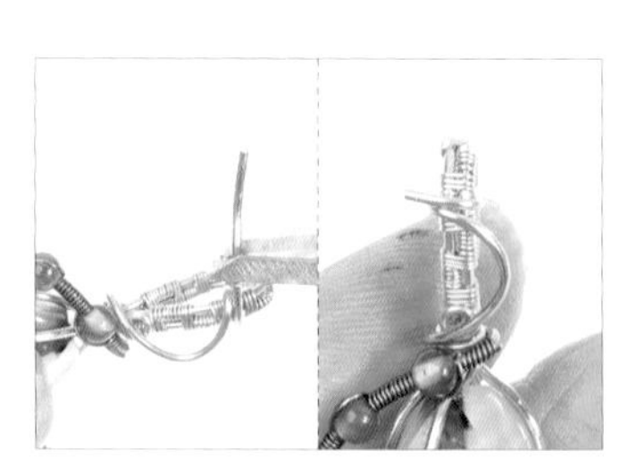

69 以線B1穿過墜頭主體的孔洞，並纏繞墜頭主體下方一圈。

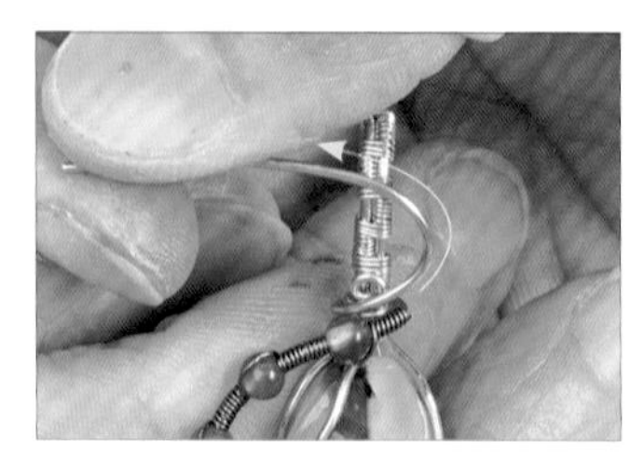

70 用手將線B1彎折出弧形。

71 以尖嘴鉗將線B1穿過墜頭主體的孔洞，並纏繞墜頭主體上方一圈。

72 以斜口鉗剪掉多餘的線B1。

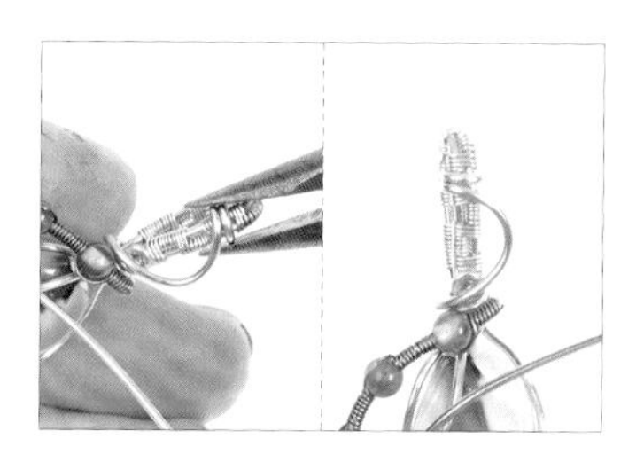

73　以尖嘴鉗將線B1斷口往內夾緊收尾。

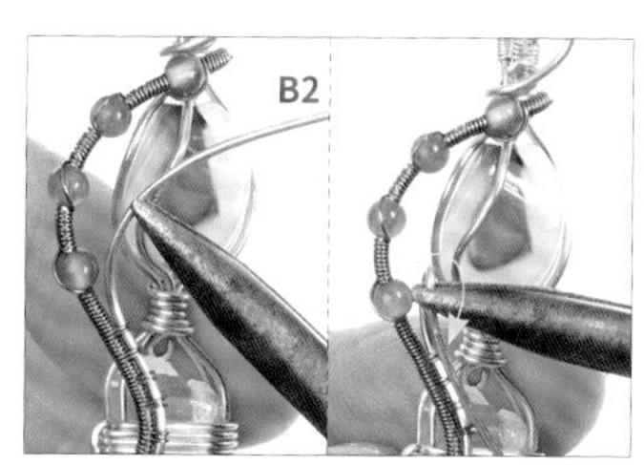

74　以尖嘴鉗將線B2反折。

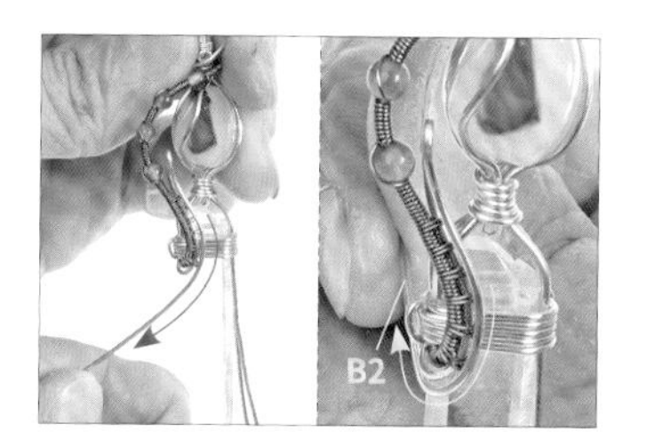

75　將線B2彎折出弧形後，暫時放置一旁。

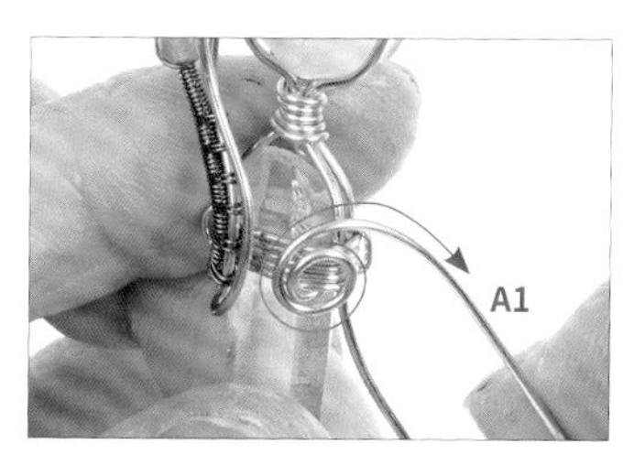

76　用指腹為輔助，將線A1彎折出漩渦形。

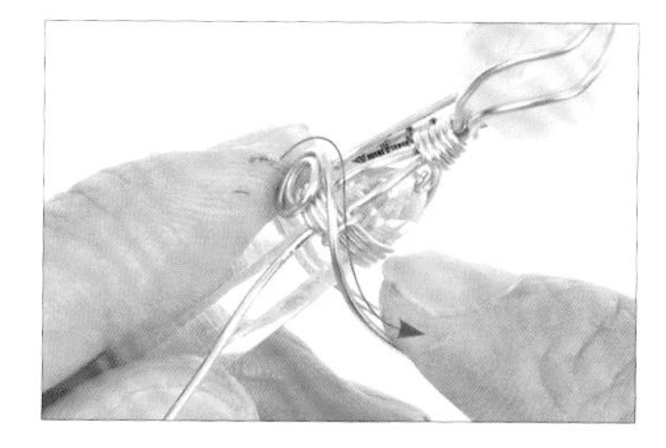

77　用指腹為輔助，將線A1往後方彎折出弧形。

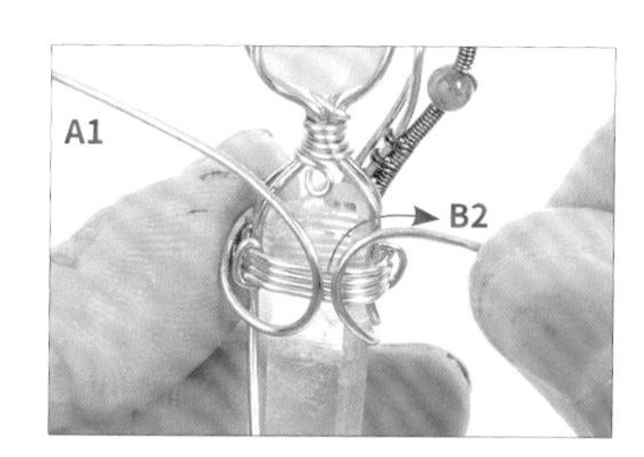

78　將線B2彎折出弧形。
【註：此為作品的背面。】

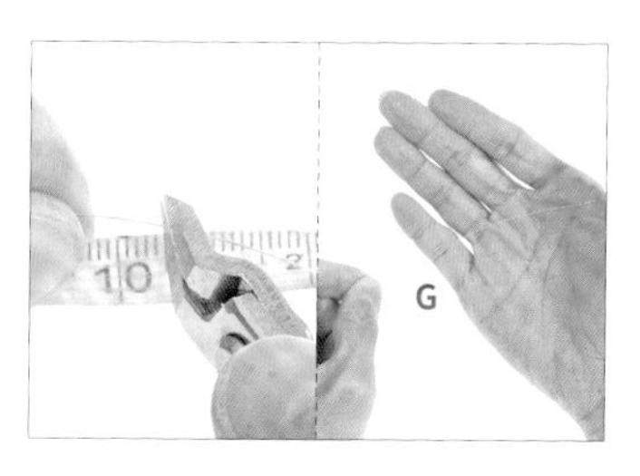

79　以斜口鉗剪下1條約10公分的28G金色圓線，為線G。

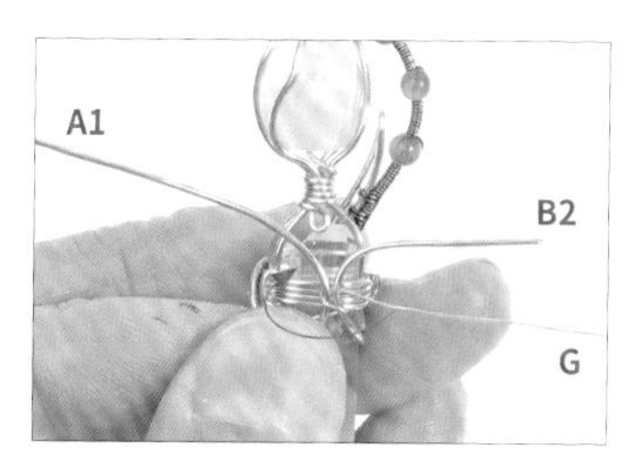

80　以線G纏繞線B2、A1一圈。

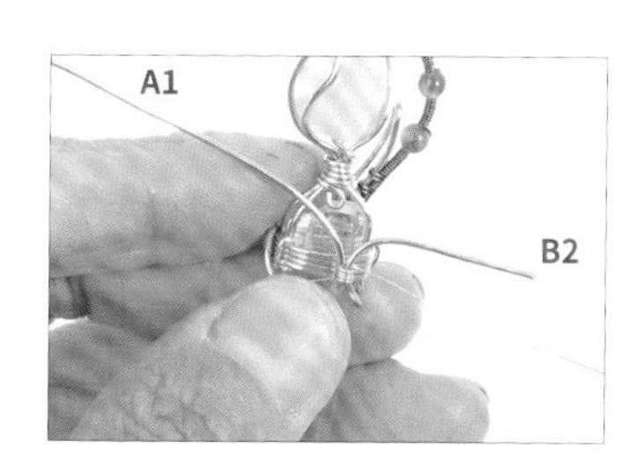

81　重複步驟80，纏繞線A1、B2三圈。

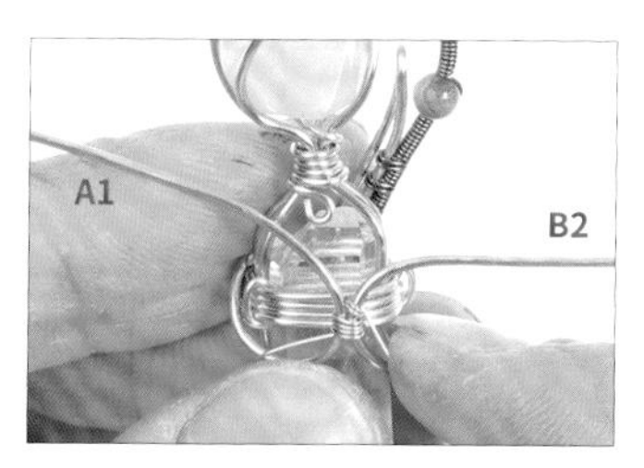

82　以線G纏繞線B2兩圈。

83　以斜口鉗將線G兩端多餘的金屬線剪掉。

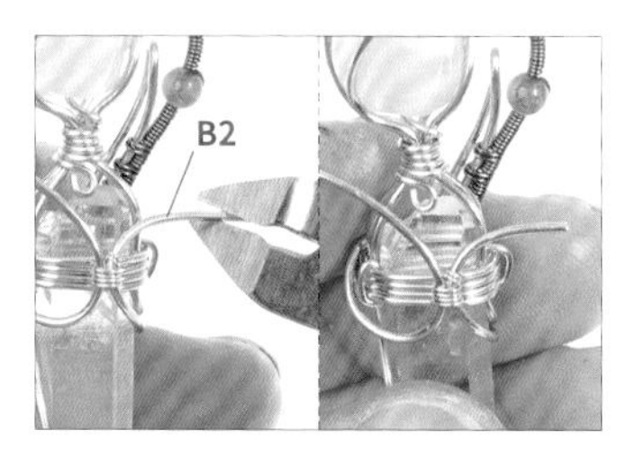

84 以斜口鉗剪掉多餘的線B2，準備收尾。【註：須預留約1公分長度。】

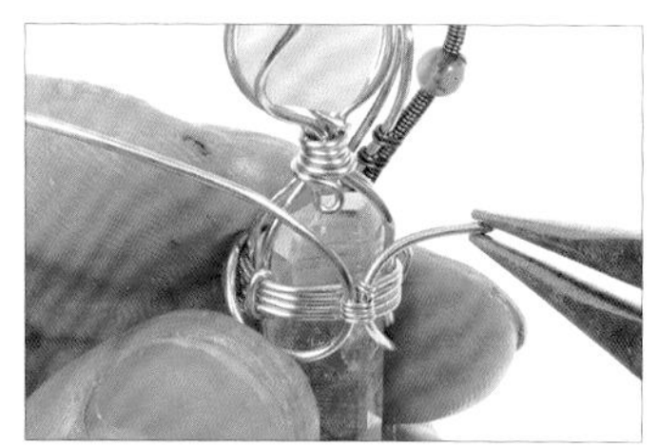

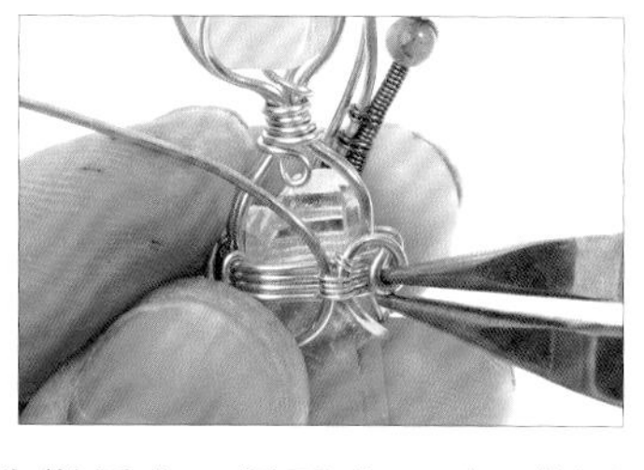

85 以圓嘴鉗夾住線A1，並先彎折出一個圓形，再順著圓形盤繞出漩渦形，收尾。

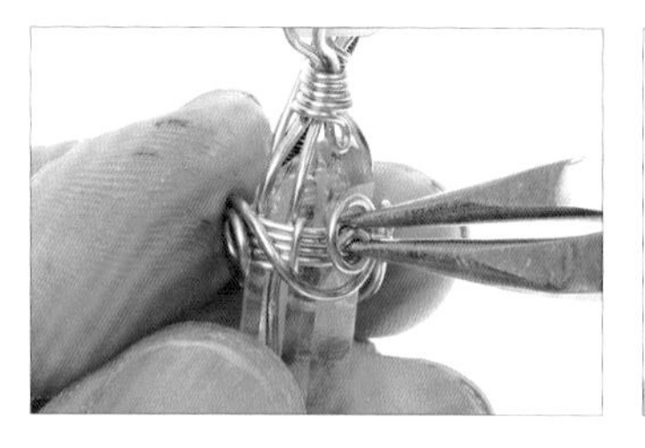

86 以斜口鉗剪掉多餘的線A1，準備收尾。【註：須預留約1.5公分長度。】

87 以圓嘴鉗夾住線B1，並先彎折出一個圓形，再順著圓形盤繞出漩渦形。【註：此為作品的背面。】

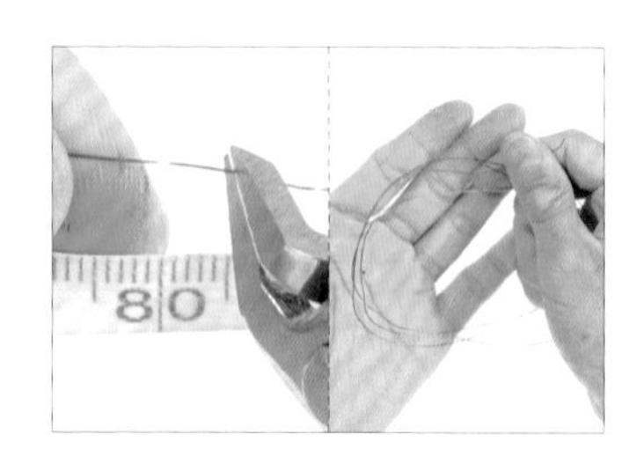

88 以斜口鉗剪下1條約80公分的28G紅銅色線，為線H。

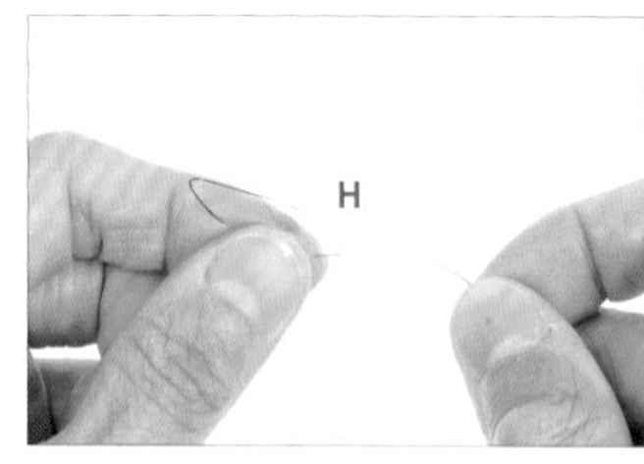

89 將線H折成彎鉤形。

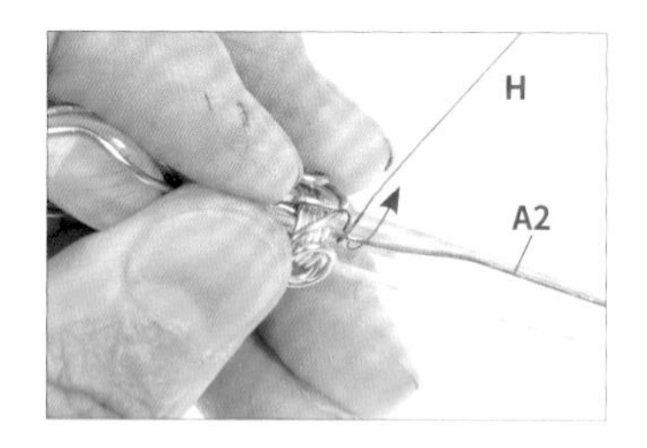

90 承步驟89，將線H勾入線A2。

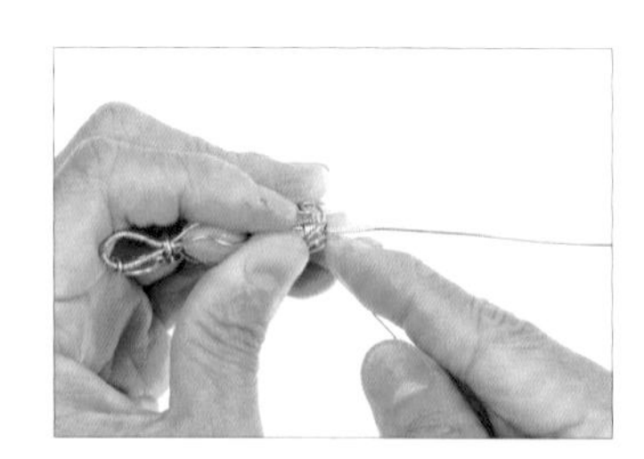

91 以線H持續纏繞線A2。

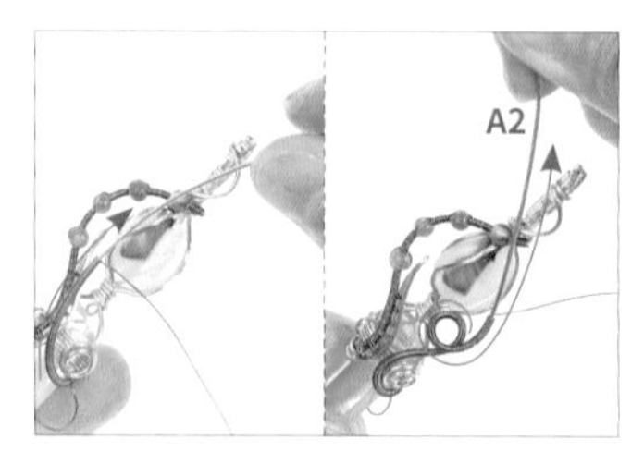

92 用手將線A2往上彎折出圓弧形。

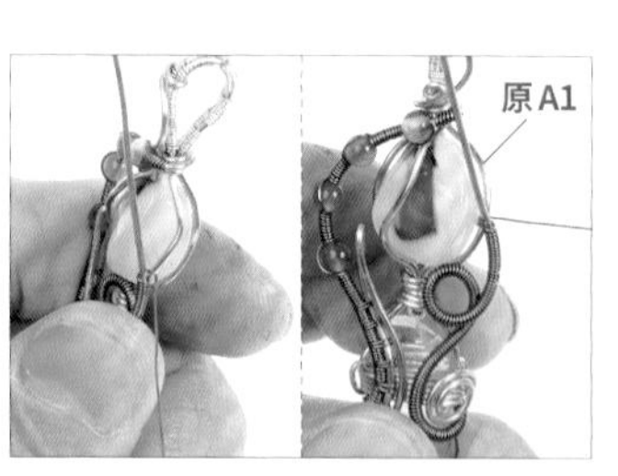

93 以線H纏繞線A1及包覆瑪瑙的外框三圈。【註：將線A1固定在上面，讓造型框線更穩固。】

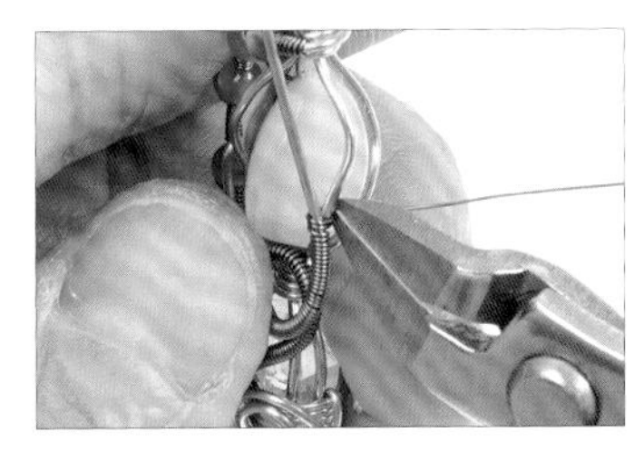

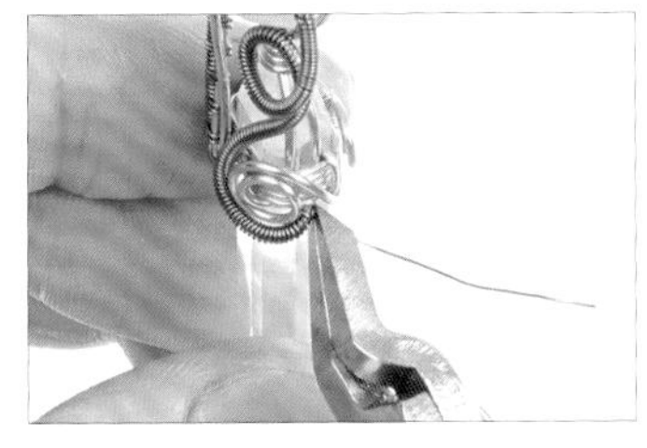

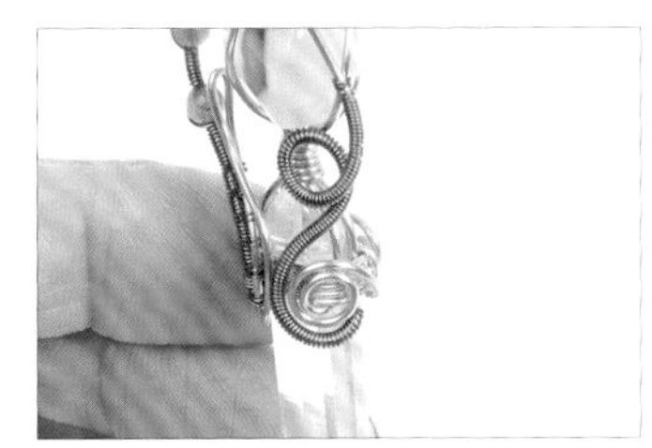

94　以斜口鉗將線 H 兩端多餘的金屬線剪掉。

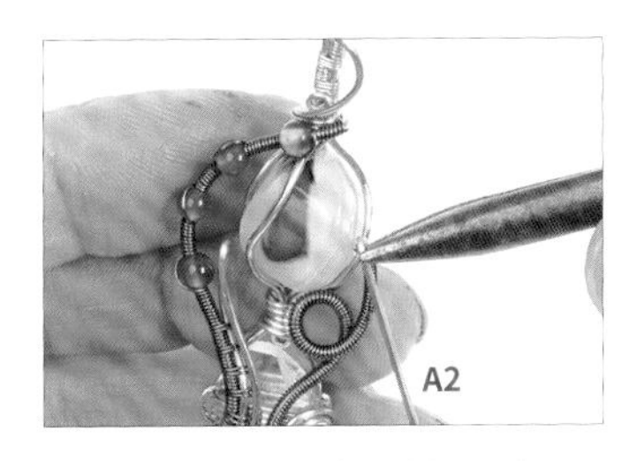

95　以尖嘴鉗將線 A2 往下彎折。

96　用手將線 A2 彎折出弧形。

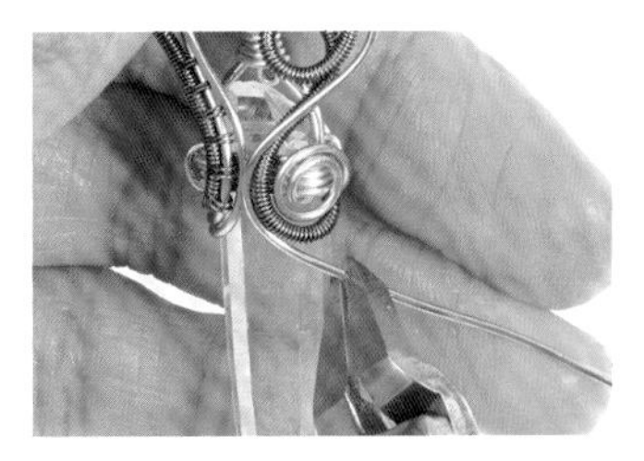

97　以斜口鉗剪掉多餘的線 A2，準備收尾。

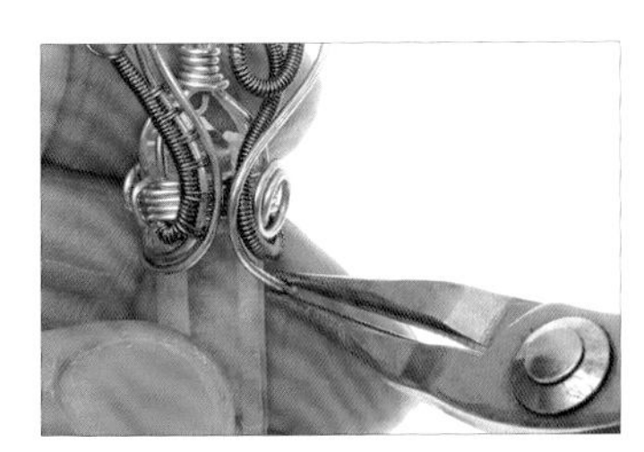

98　以圓嘴鉗夾住線 A2，並彎折成圓弧形，收尾。

99　如圖，聖騎士水晶劍項鍊製作完成。

創作小語

收藏許多風格獨特的水晶柱，加上簡單的配件，把它們成風格獨特的項鍊吧！

聖騎士水晶劍項鍊
停格動畫 QRcode

薔薇花園項鍊

- 020 -

材料與工具 MATERIALS & TOOLS

◆ 線材

品項	用量
22G 紅銅色圓線	10 公分 × 10 條，為線 A、B、C、D、E、F、G、H、I、J。
28G 紅銅色圓線	200 公分 × 1 條，為線 K。 60 公分 × 2 條，為線 M、O。 15 公分 × 1 條，為線 Q。
18G 青銅色圓線	40 公分 × 1 條，為線 L。
20G 紅銅色圓線	30 公分 × 1 條，為線 N。 10 公分 × 1 條，為線 P。
21G 青銅色半圓線	25 公分 × 1 條，為線 R。

◆ 石材

★尺寸依序為：長 × 寬 × 高

品項	用量
貝母玫瑰珠	1 個。【裸石大小：1.3 公分。】
孔雀石	1 顆。【圓珠大小：0.5 公分。】
日本珠	7 顆。【圓珠大小：0.1 ～ 0.2 公分。】

◆ 工具

捲尺、斜口鉗、戒圍棒、黑色奇異筆、圓嘴鉗、平口鉗。

步驟說明 STEP BY STEP

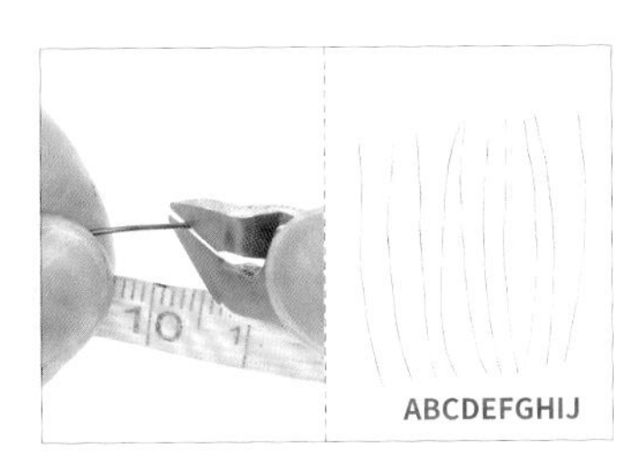

01 以斜口鉗剪下10條約10公分的22G線。【註：為線A～J。】

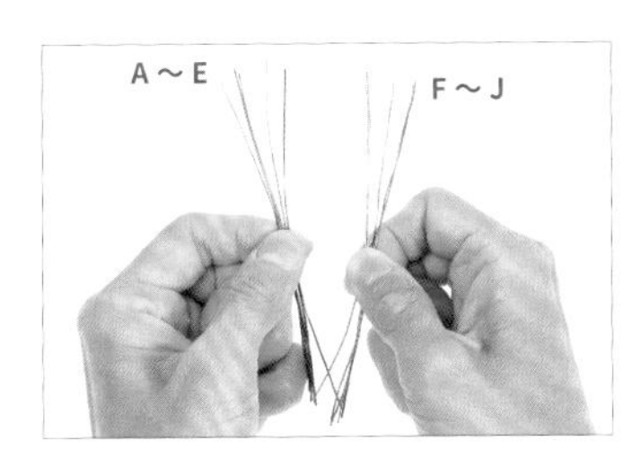

02 將10條22G線分成兩組，一組5條線，線A～E一組、線F～J一組。

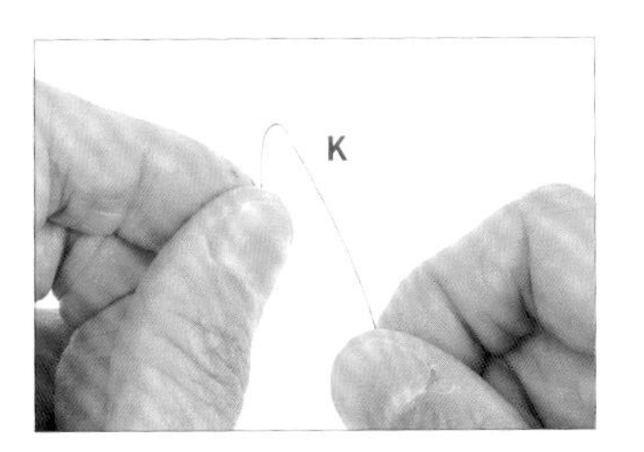

03 取1條約200公分的28G線，為線K，並將線K折成彎鉤形。

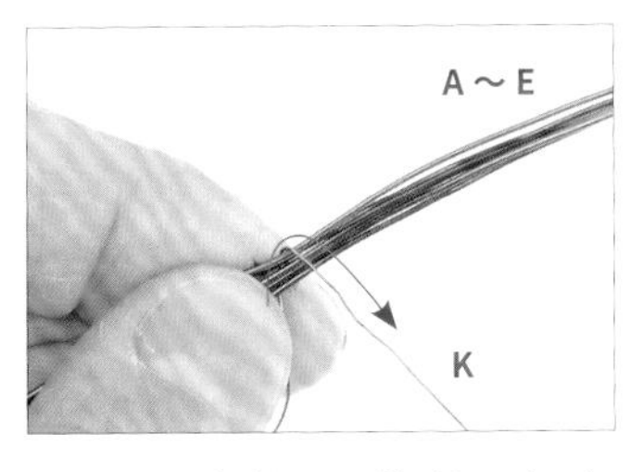

04 承步驟3，將線K勾入線A～E。

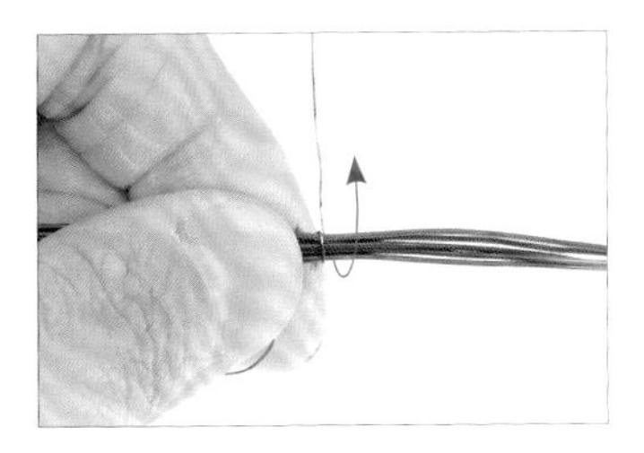

05 以線K纏繞線A～E一圈。【註：纏繞時，線皆須並排平整。】

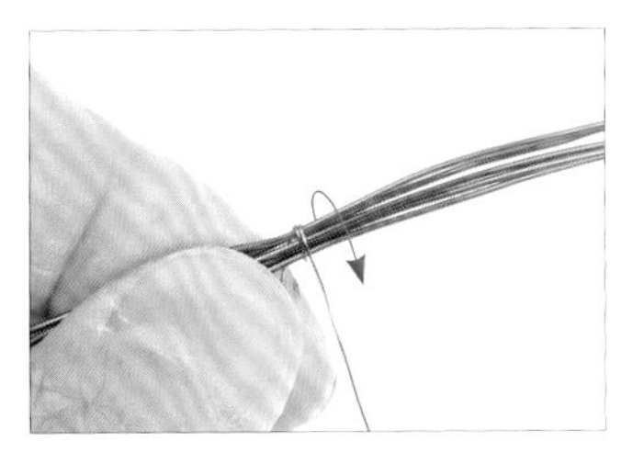

06 重複步驟5，將線A～E纏繞一圈。

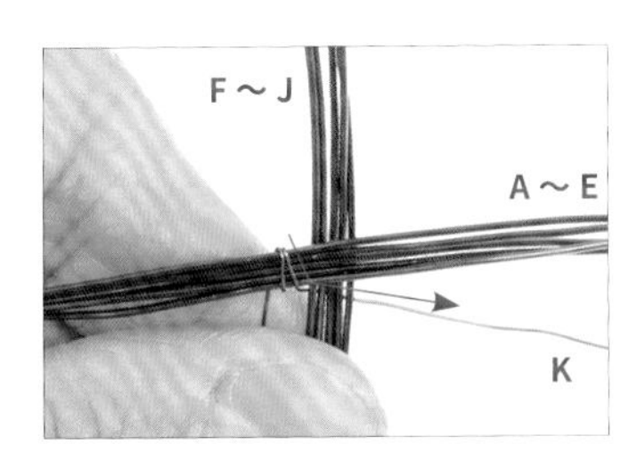

07 將線F～J和線A～E呈十字交叉擺放，且將線K穿過線F～J下方。

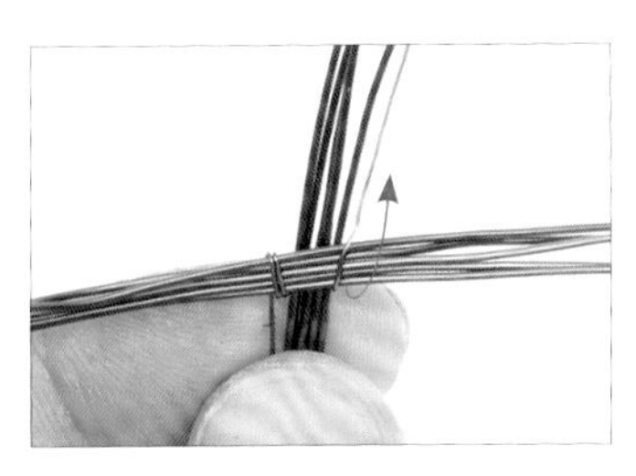

08 將線K穿過線A～E上方。

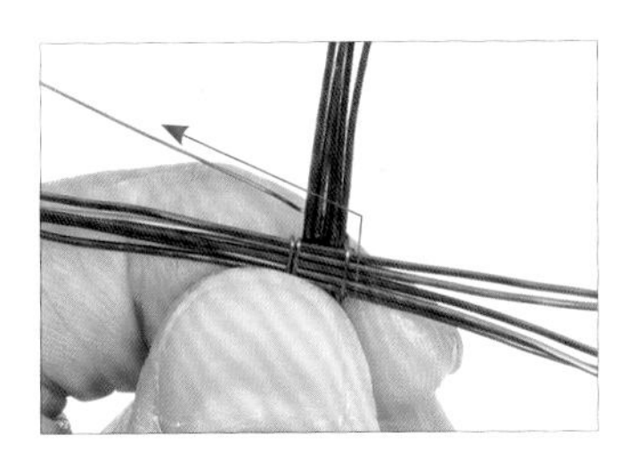

09 將線K穿過線F～J下方。

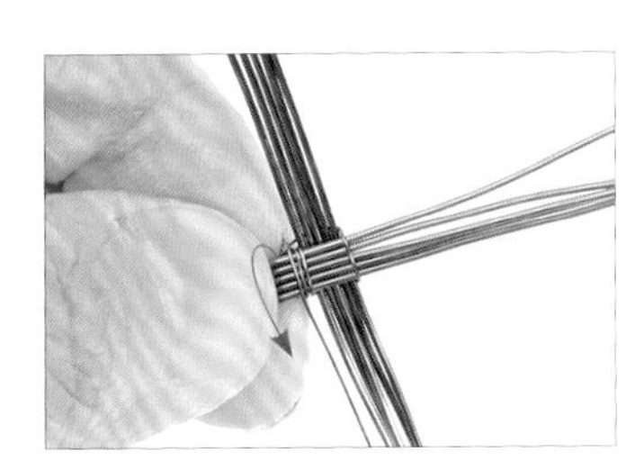

10 將線K穿過線A～E上方。

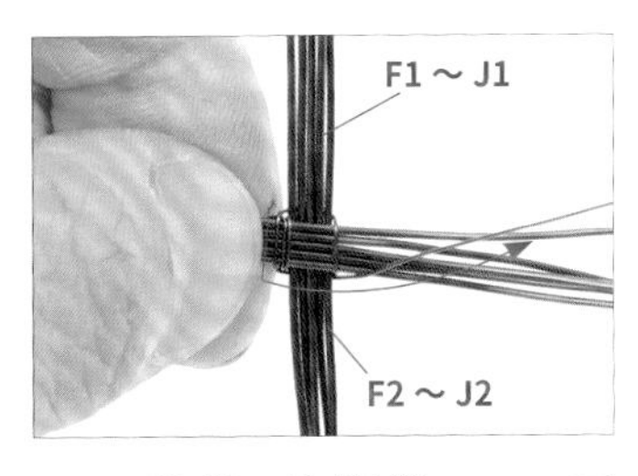

11 將線K穿過線F～J下方，並令線F～J分為線F1～J1及線F2～J2。

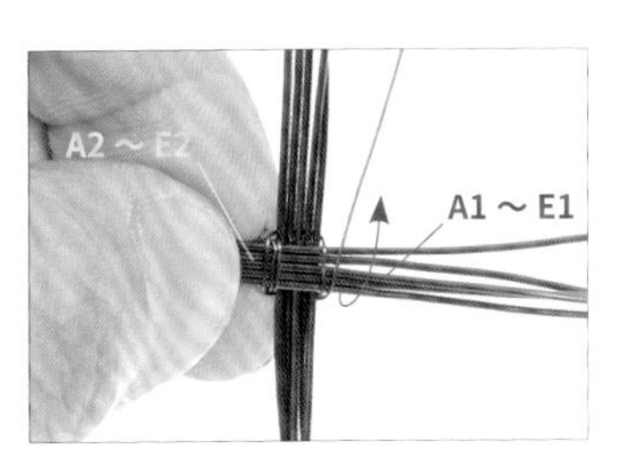

12 將線K穿過線A～E上方，並令線A～E分為線A1～E1及線A2～E2。

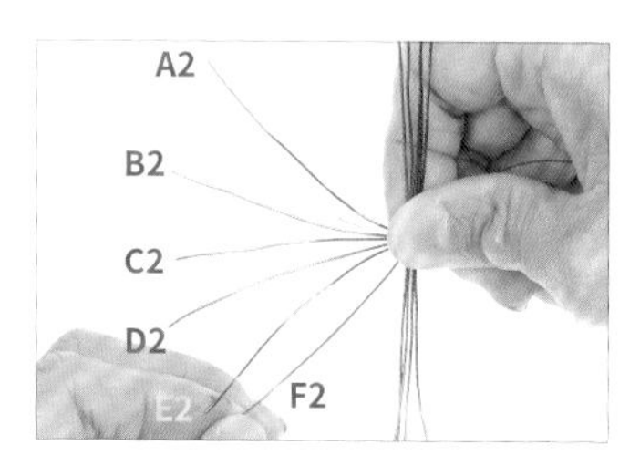

13 將線A2、B2、C2、D2、E2、F2分開。

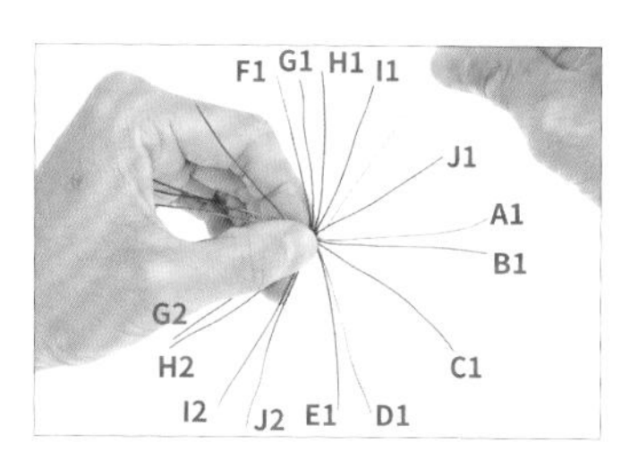

14 將其它22G線段分開。

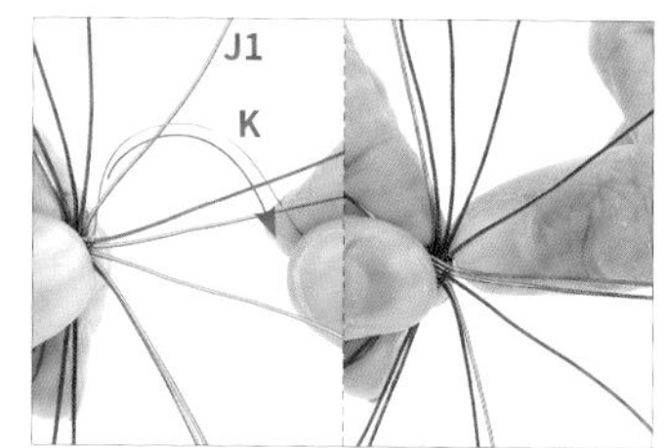

15 將線K穿過線J1上方後，往下纏繞線一圈。

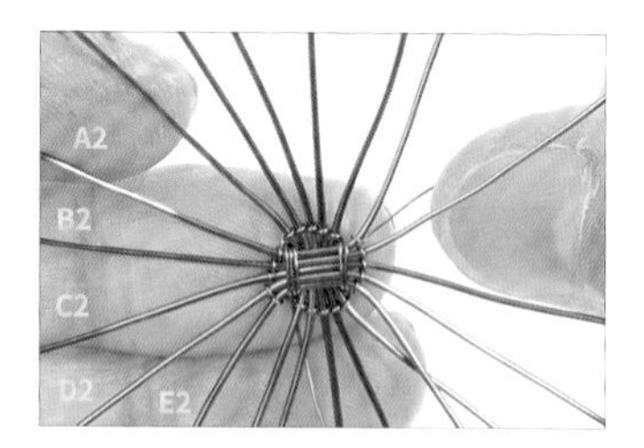

16 重複步驟15，將所有22G線段都纏繞一圈。

17 重複步驟16，將所有22G線段都纏繞四圈。

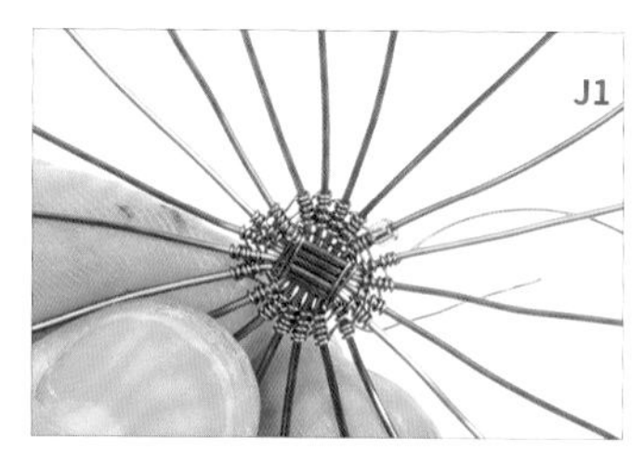

18 取一顆日本珠，穿入線J1中。

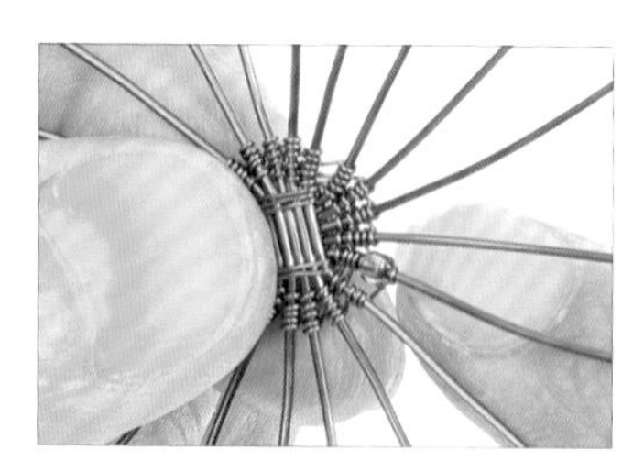

19 以線K纏繞線J1一圈。

20 以線K纏繞線I1三圈。

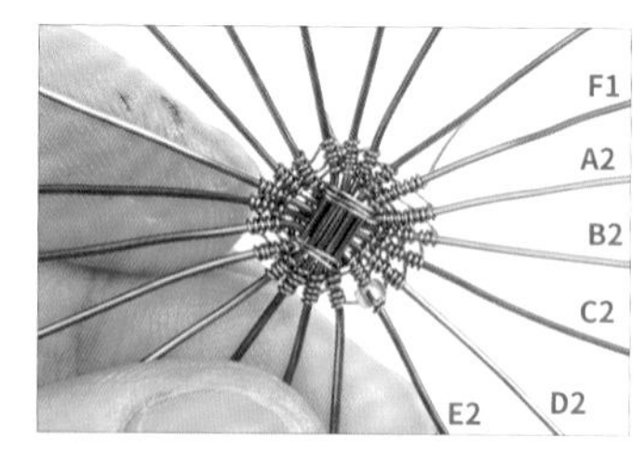

21 重複步驟20，將線F1、A2、B2、C2都纏繞三圈。

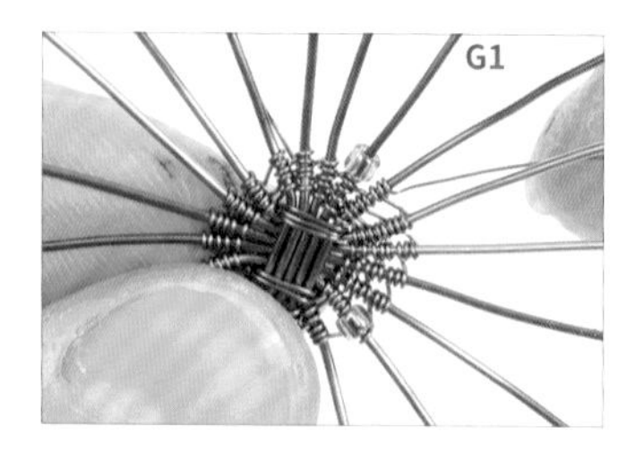

22 取第二顆日本珠，穿入線G1中。【註：可依個人喜好改變日本珠的位置或數量。】

23 重複步驟20-22，持續纏繞及穿入日本珠。

24 以斜口鉗剪掉多餘的線K，初步完成墜飾製作。【註：編織大小可依個人喜好調整。】

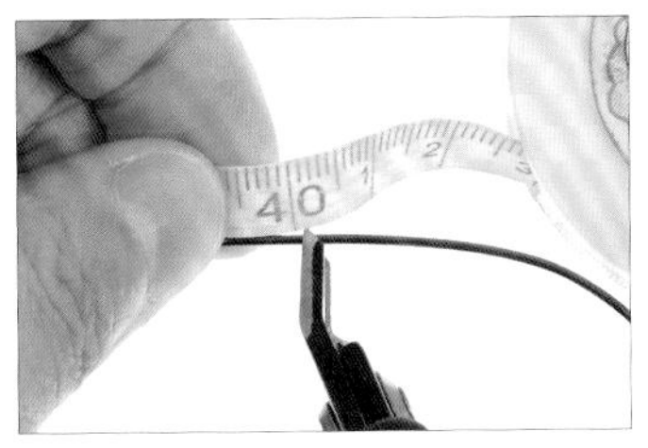

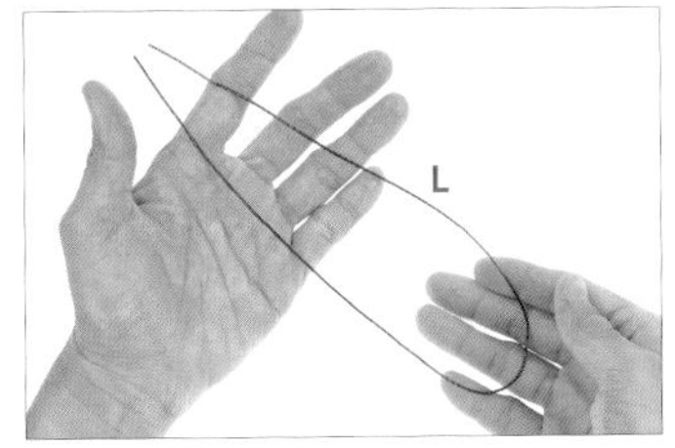

25　以斜口鉗剪下1條約40公分的18G線，為線L。

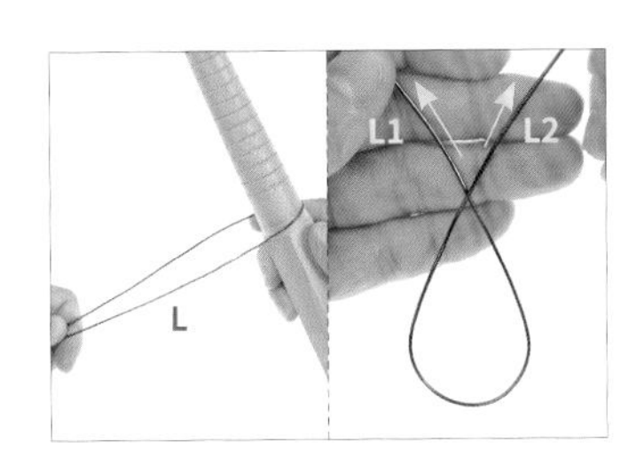

26　以線L套入戒圍棒底部，並彎折出弧形，形成線L1、L2。

27　將線L放在墜飾上方。【註：圓弧大小可依編織大小調整。】

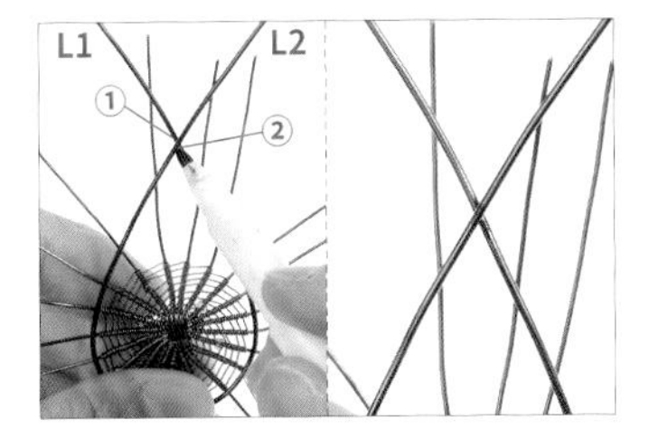

28　以黑色奇異筆，在線L的弧形交叉處繪製記號，為點①、②。

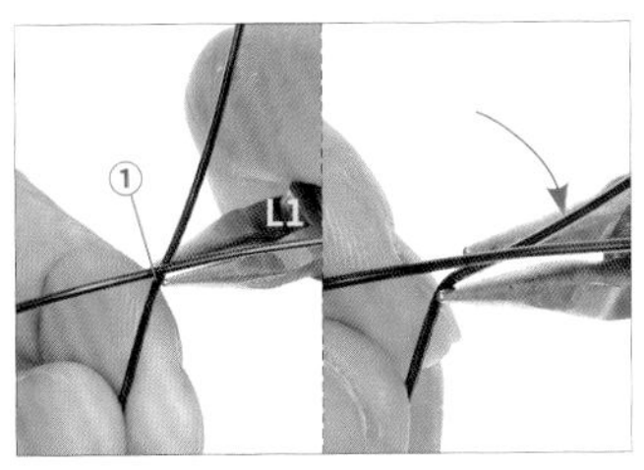

29　以圓嘴鉗夾住點①，將線L1往外彎折。【註：先移除墜飾。】

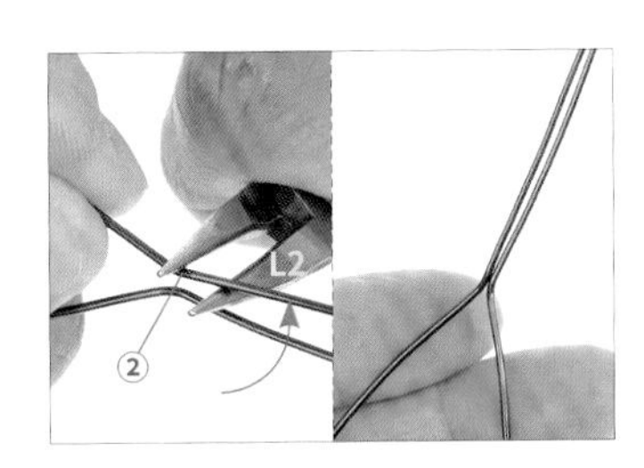

30　重複步驟29，將線L2往外彎折。

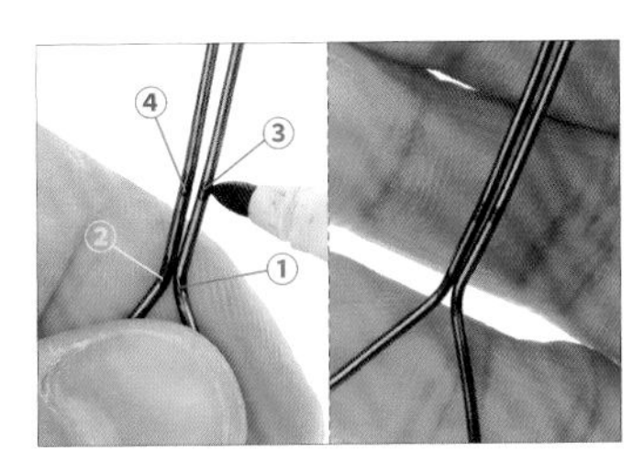

31　以黑色奇異筆，在距離點①、②約0.5～1公分處繪製記號，為點③、④。

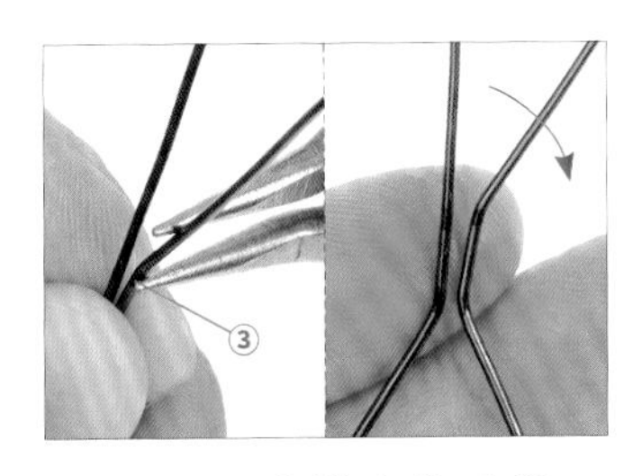

32　以圓嘴鉗夾住點③，將線L1往外彎折。

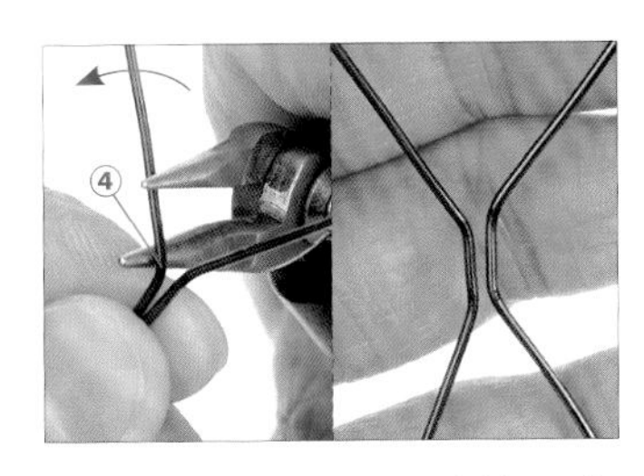

33　重複步驟35，將線L2往外彎折。

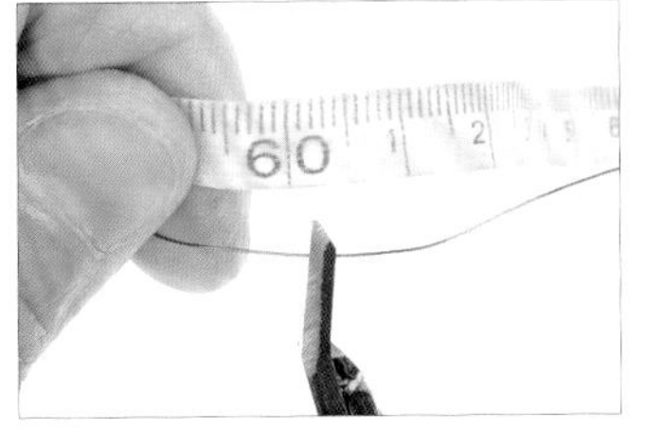

34　以斜口鉗剪下1條約60公分的28G線，為線M。

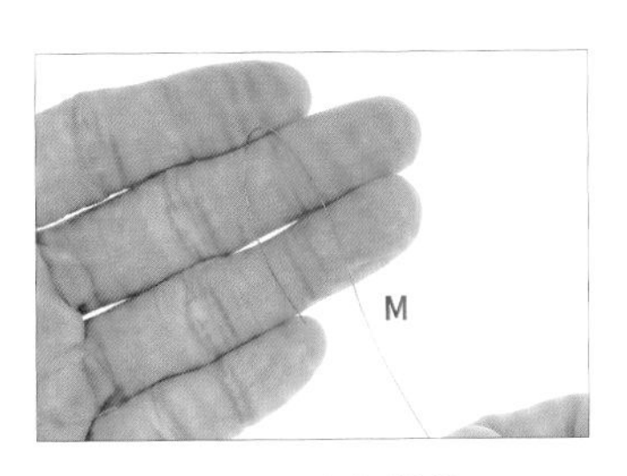

35　將線M折成彎鉤形。

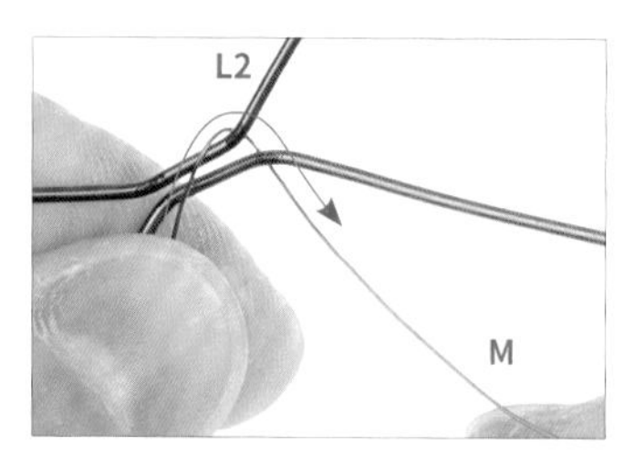

36 承步驟35，將線M勾入線L2。

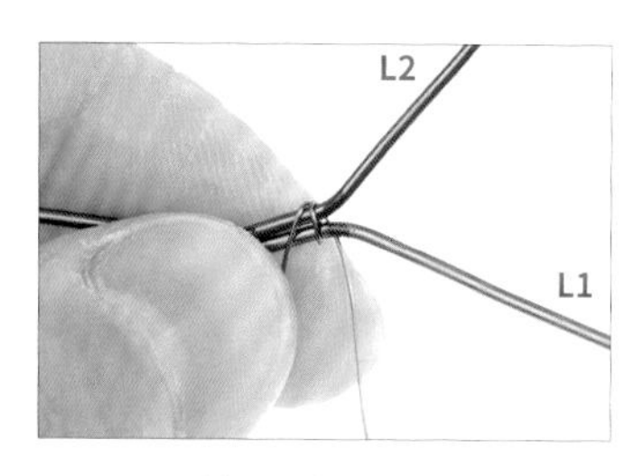

37 以線M纏繞線L1、L2一圈。

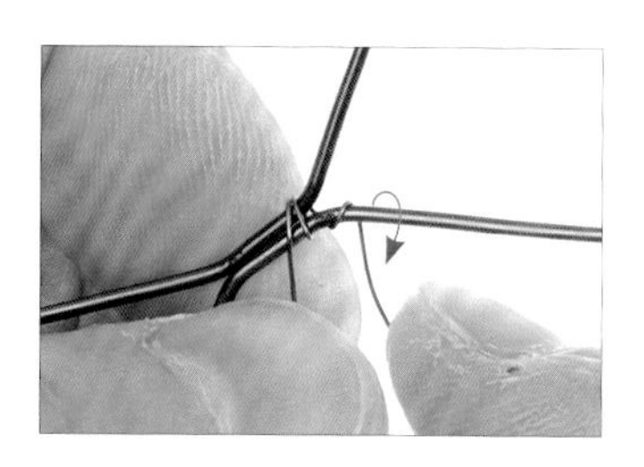

38 將線M穿過線L1下方後，往上纏繞一圈。

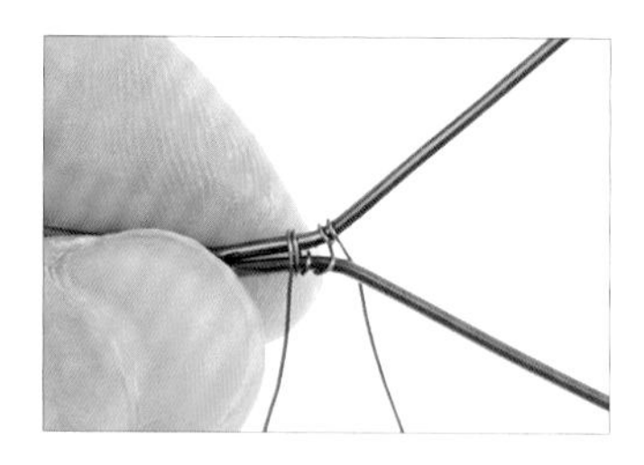

39 以線M纏繞線L1一圈後，穿過線L2下方後，往上纏繞兩圈。

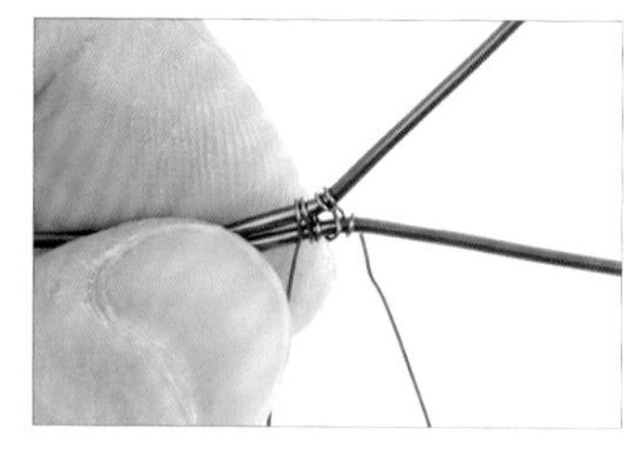

40 重複步驟39，纏繞線L1兩圈。

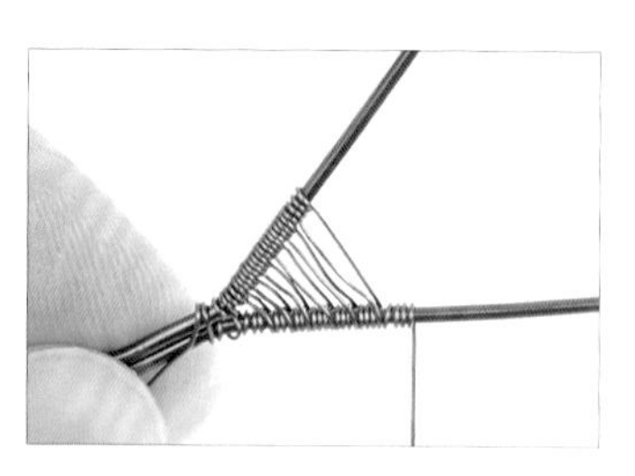

41 重複步驟42-44，在線L1、L2上持續纏繞。【註：雙線八字繞法1詳細步驟請參考P.16。】

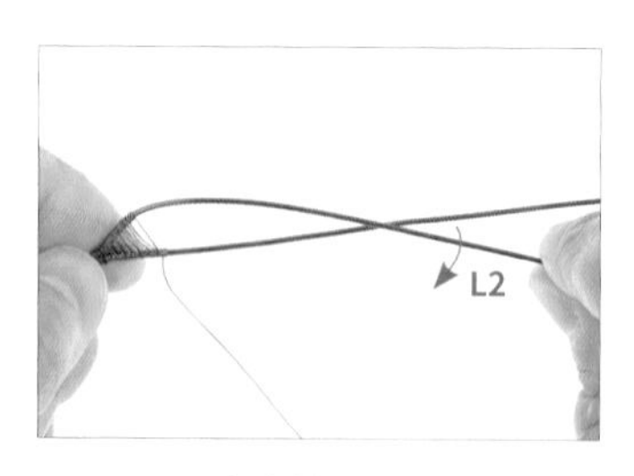

42 用手將線L2往下彎折。

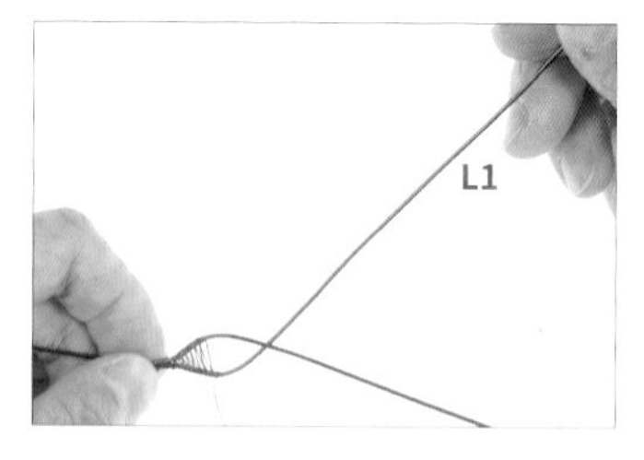

43 用手將線L1往上彎折，形成弧形鏤空。

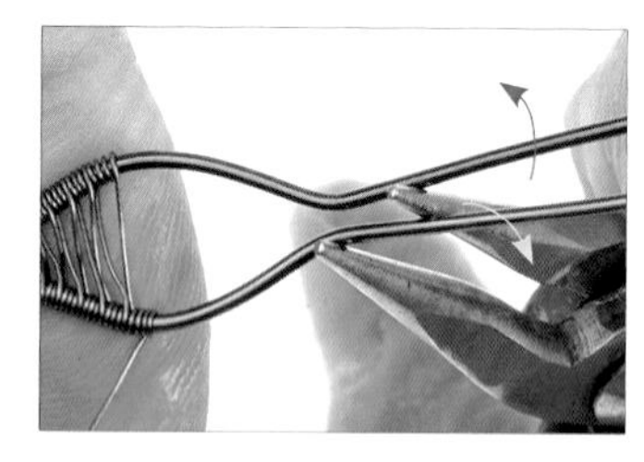

44 重複步驟32-33，將線L1、L2往外彎折。

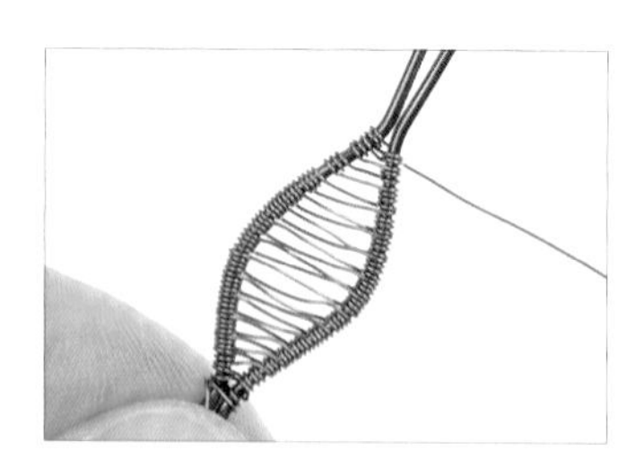

45 重複步驟39-41，在線上持續纏繞，直至填滿弧形鏤空。

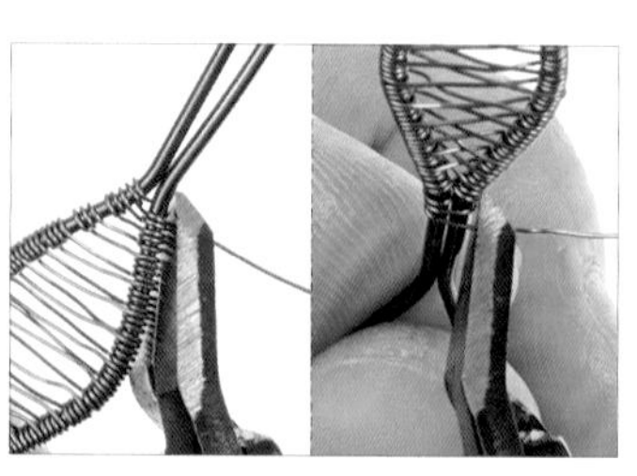

46 以斜口鉗將線M兩端多餘的金屬線剪掉，即完成墜頭主體。【註：弧形長度建議2.5～3公分。】

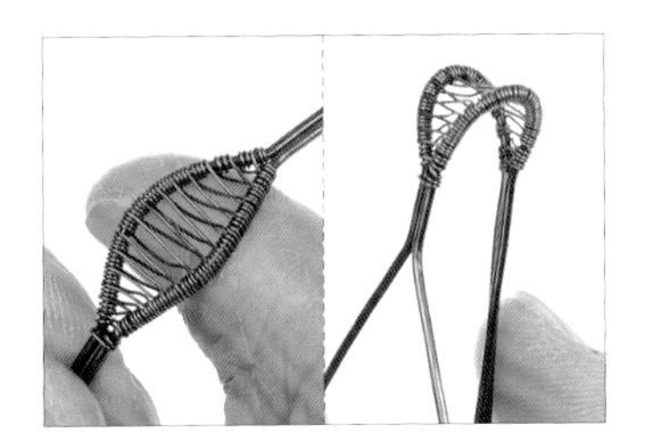

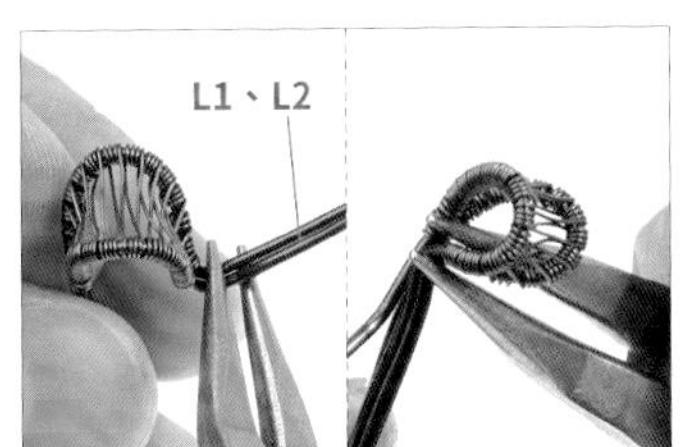

47 用手將墜頭主體往下彎折。

48 以圓嘴鉗將墜頭主體彎折成水滴形，備用。

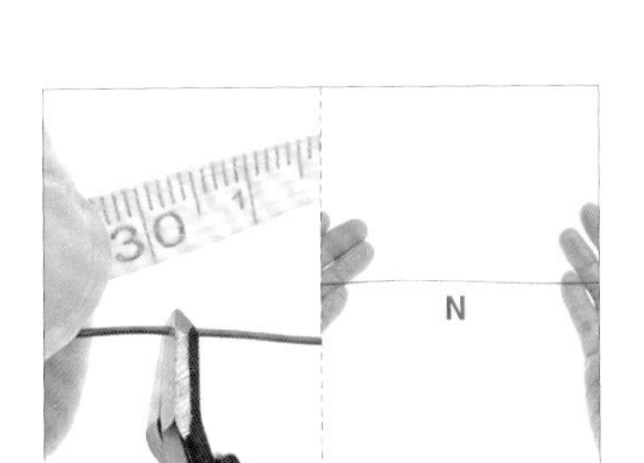

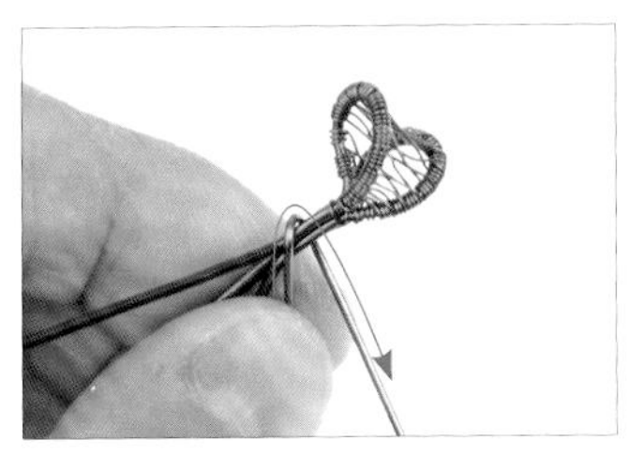

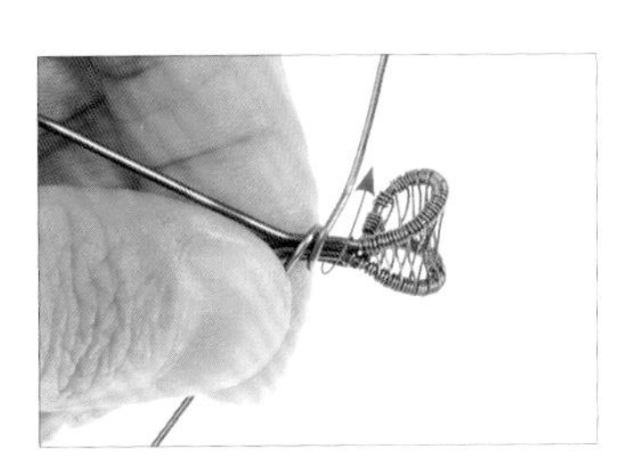

49 以斜口鉗剪下1條約30公分的20G線，為線N。

50 將線N折成彎鉤形，並勾入墜頭主體下方。

51 以線N纏繞墜頭主體下方一圈。

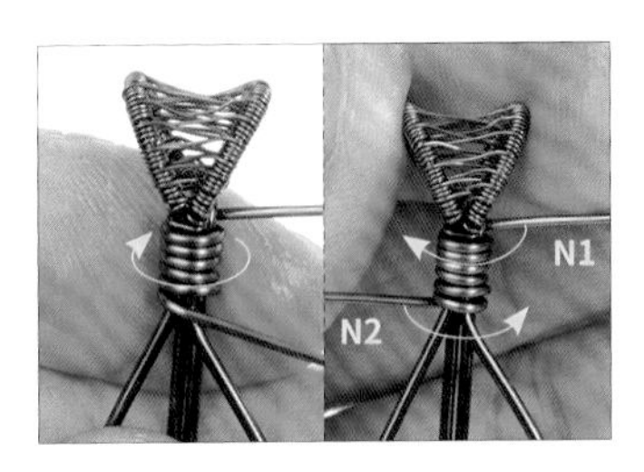

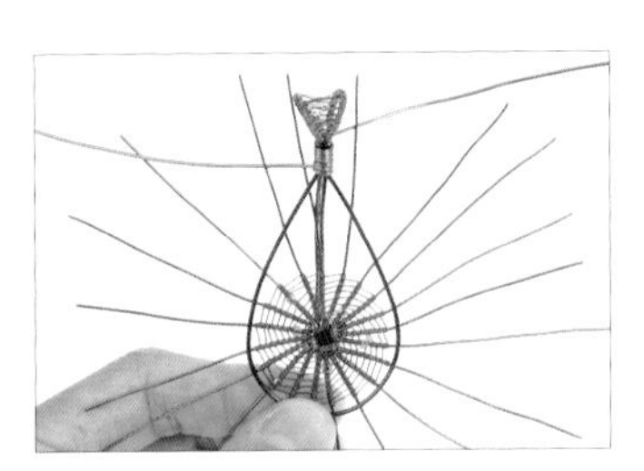

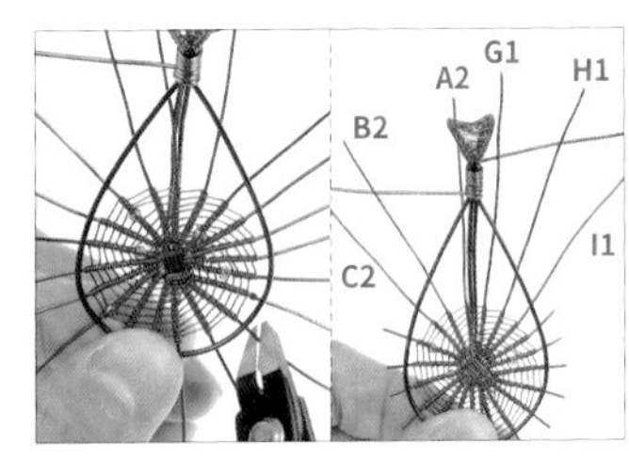

52 重複步驟51，將墜頭主體下方纏繞五圈，並形成線N1、N2。

53 將步驟24的墜飾放在線L弧形下方。

54 以斜口鉗剪掉多餘的22G線。【註：須預留上方尚未編織完成的線段不剪掉。】

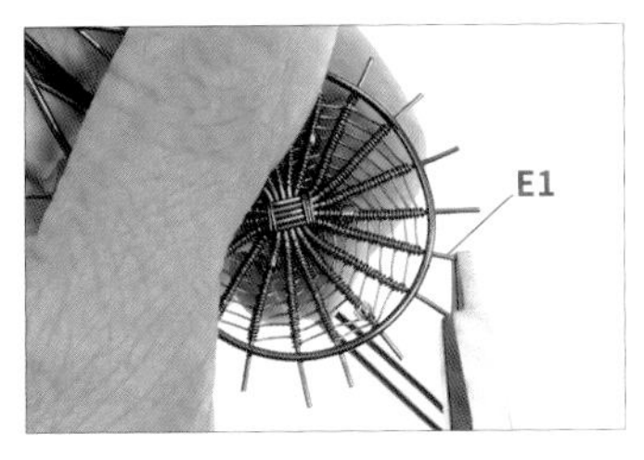

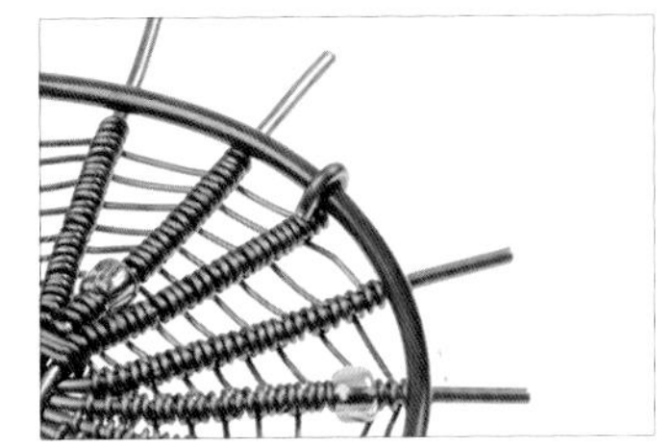

55 以平口鉗將線E1斷口往內夾緊收尾。

56 重複步驟55，將其它22G線斷口往內夾緊收尾。

57 以斜口鉗剪下1條約60公分的28G線，為線O。

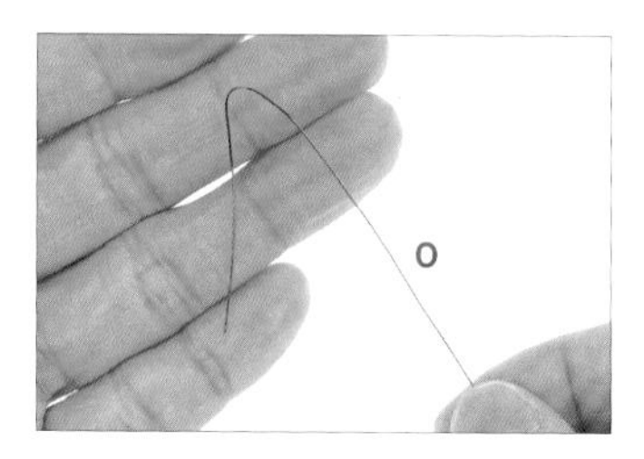

58 將線O折成彎鉤形。

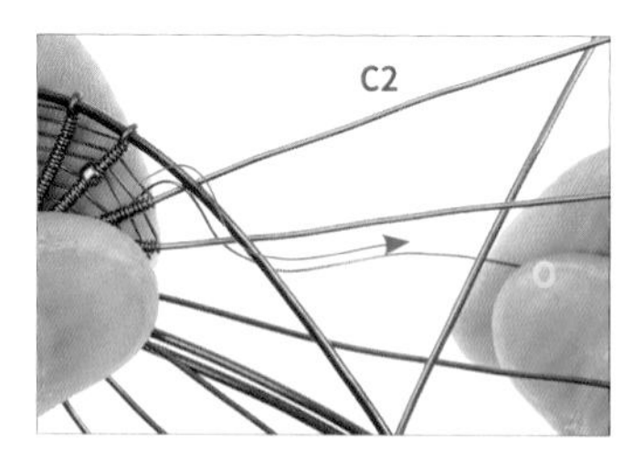

59 承步驟58，將線O勾入線C2。

60 以線O纏繞線C2一圈。【註：雙線八字繞法1詳細步驟請參考P.16。】

61 以線O在持續來回纏繞及穿入日本珠，直到上方空隙填滿。【註：圖中箭頭為編織方向示意圖。】

62 以斜口鉗將線O兩端多餘的金屬線剪掉。

63 重複步驟54-55，剪掉多餘22G線，並將斷口收尾。

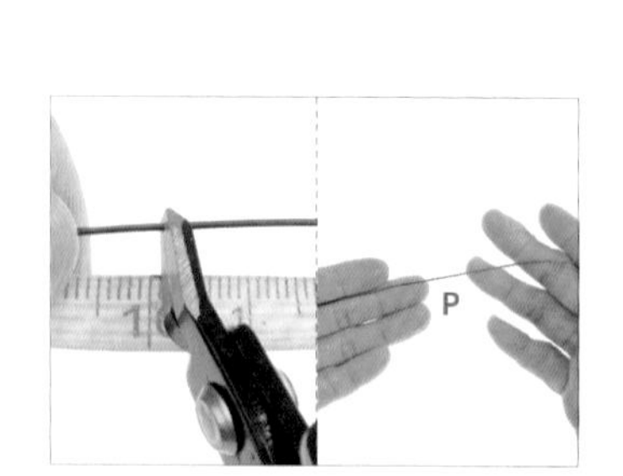

64 以斜口鉗剪下1條約10公分的20G線，為線P。

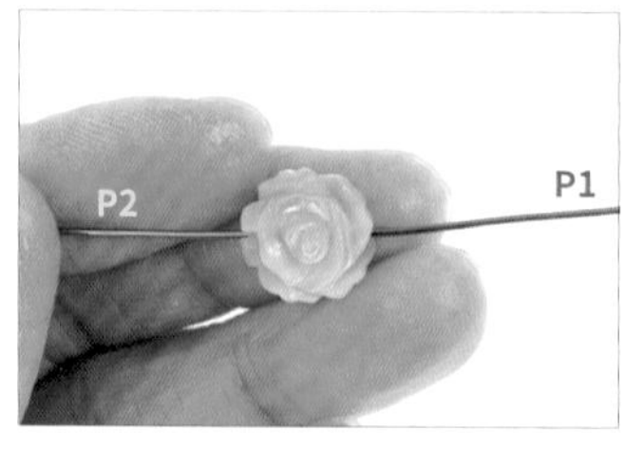

65 取一顆貝母玫瑰珠，穿入線P中。【註：使線P形成線P1、P2。】

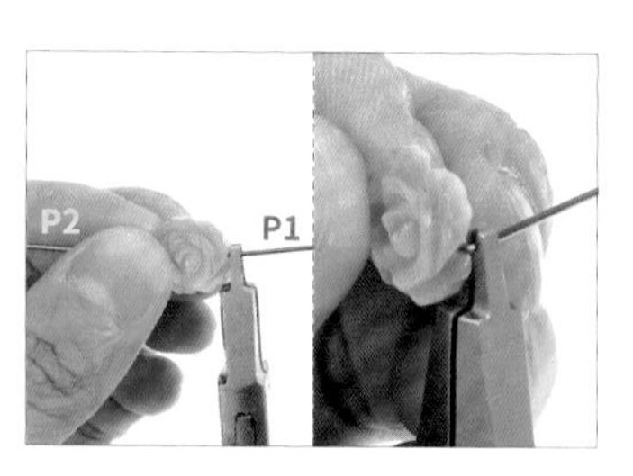

66 以平口鉗將線P1折出直角。

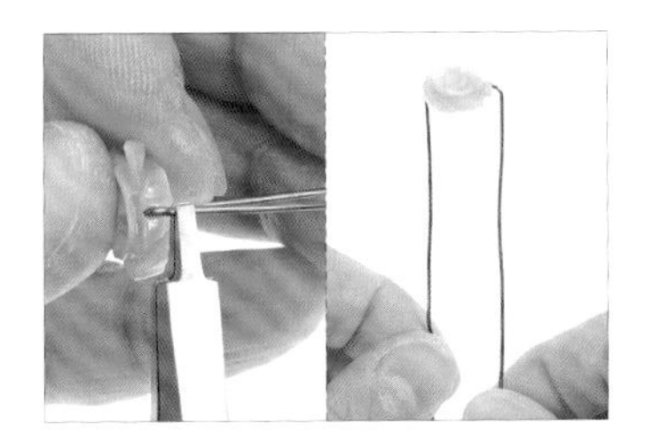

67 重複步驟66，將線P2折出直角。

68 將線P穿入墜飾，使貝母玫瑰珠對準22G線的十字交叉的位置。

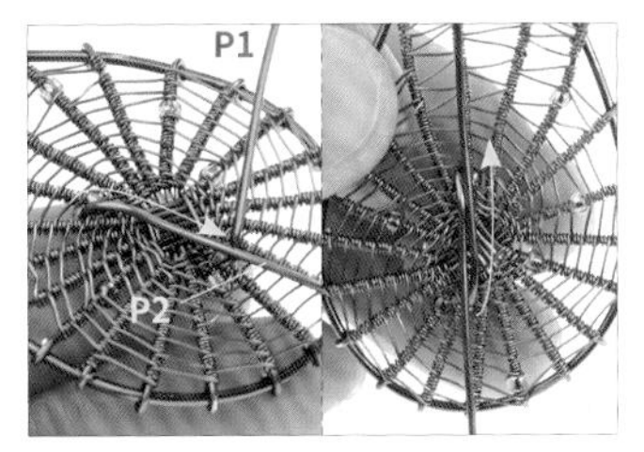

69 將線P1、P2彎折，以固定貝母玫瑰珠。

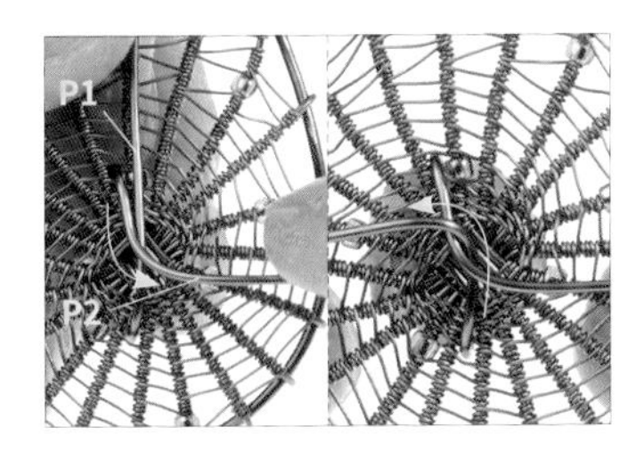

70 將線P1、P2彎折出弧形。

71 以斜口鉗剪掉多餘的線P2，準備收尾。

72 以圓嘴鉗夾住線P2，並往內彎折成圓形。

73 重複步驟71-72，將另一側的線P1製作完成。

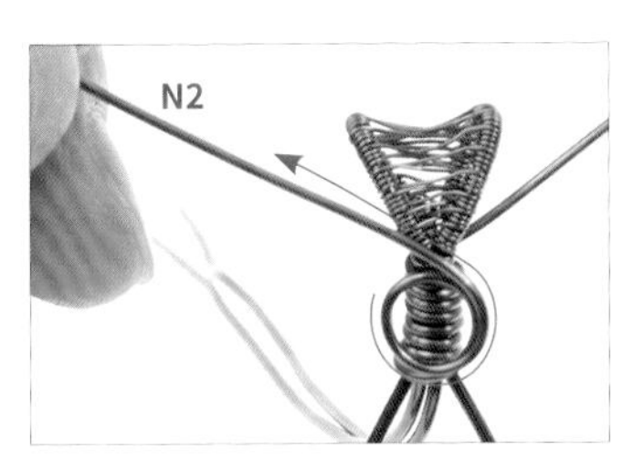

74 用手將線N2彎折出圓形。

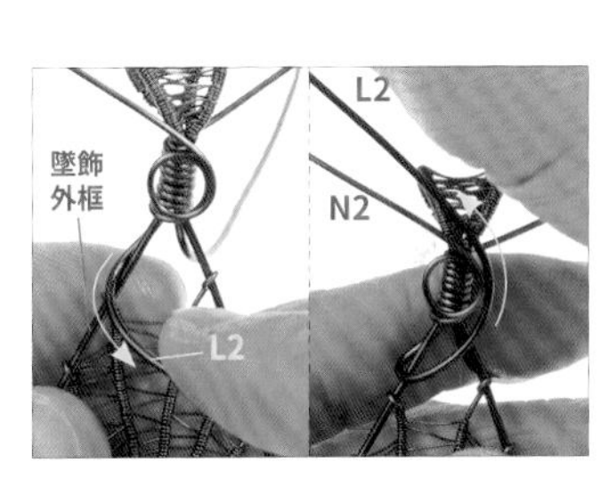

75 將線L2繞過墜飾外框，並往左上彎折出弧形。

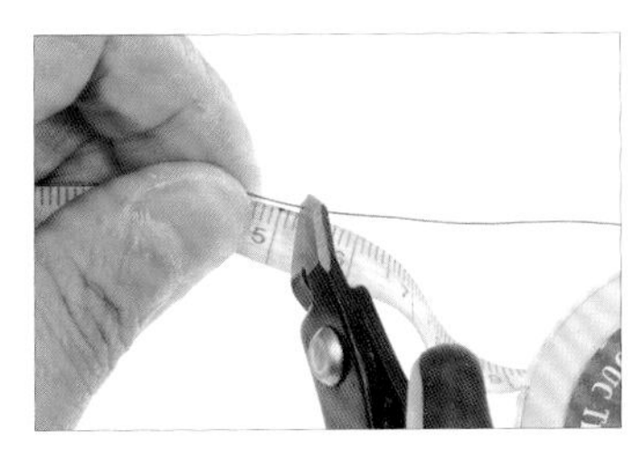

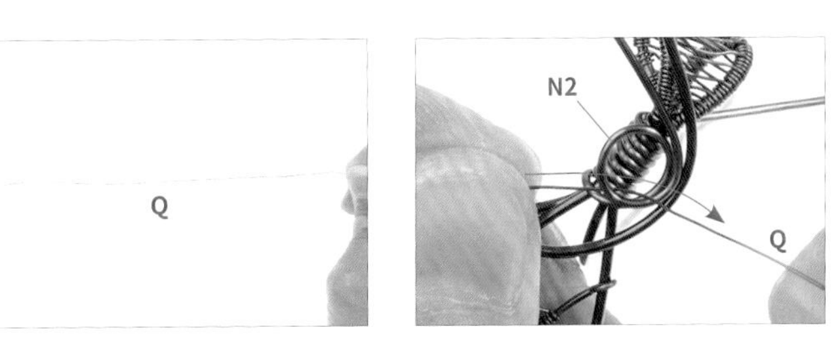

76 以斜口鉗剪下1條約15公分的28G線，為線Q。

77 以線Q穿過線N2彎折出的圓形。

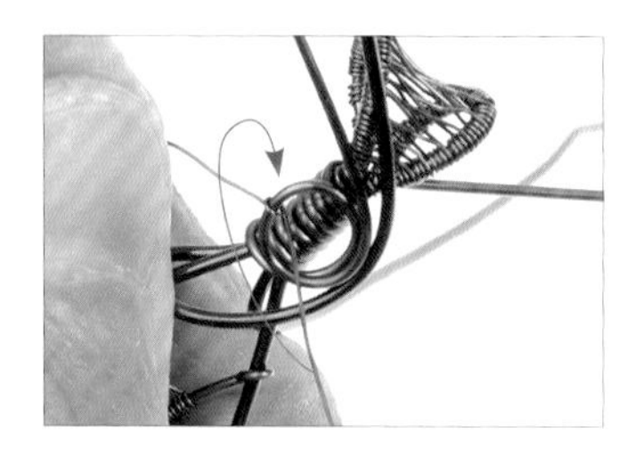

78　以線Q纏繞線N2一圈。

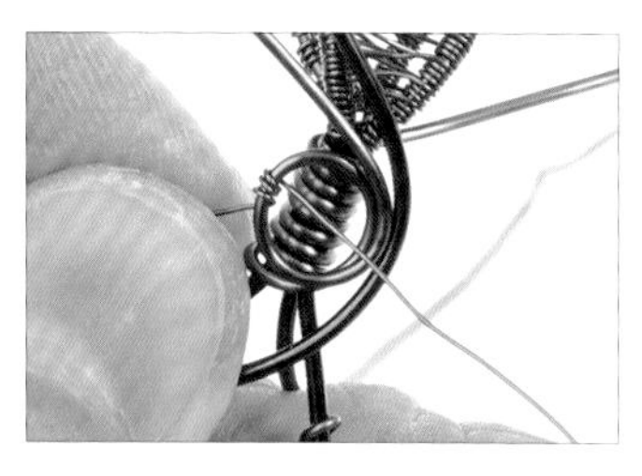

79　重複步驟78，將線N2纏繞三圈。

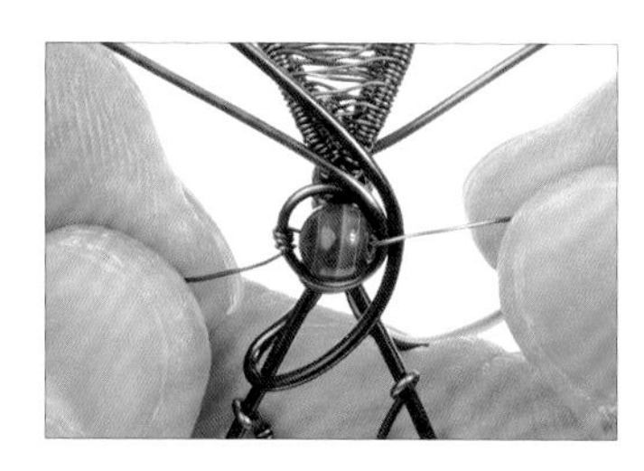

80　取一顆孔雀石，穿入線Q中。

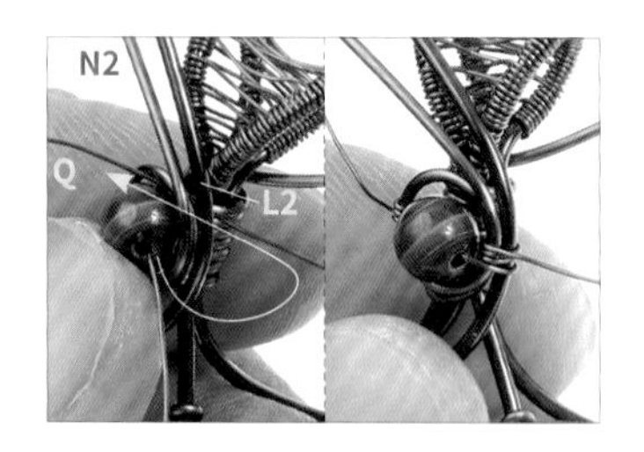

81　將線Q穿過線L2、N2下方後，往上纏繞線N2四圈。

82　以斜口鉗將線Q兩端多餘的金屬線剪掉，以固定孔雀石。

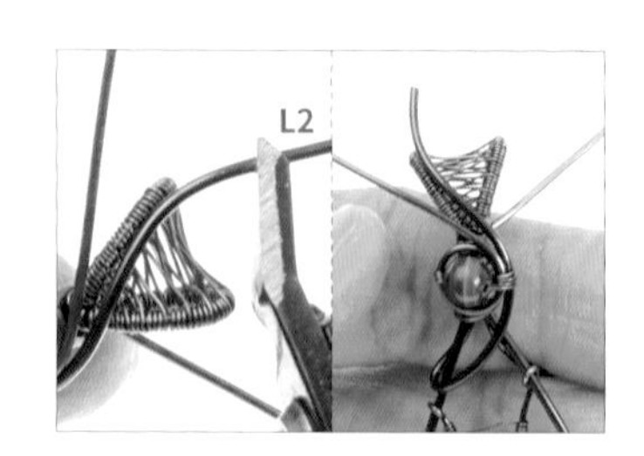

83　以斜口鉗剪掉多餘的線L2。

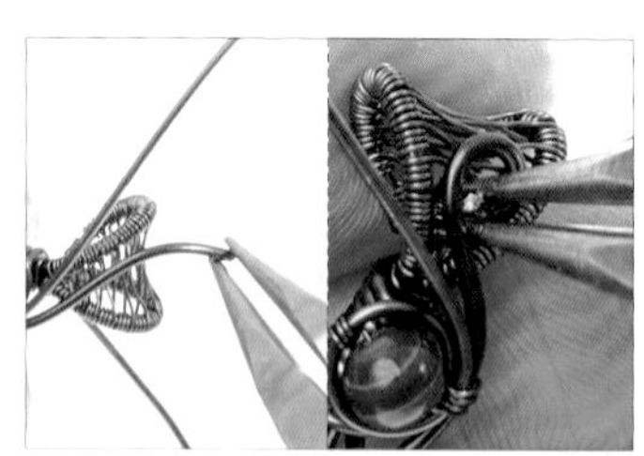

84　以圓嘴鉗夾住線L2，並往內彎折成漩渦形。

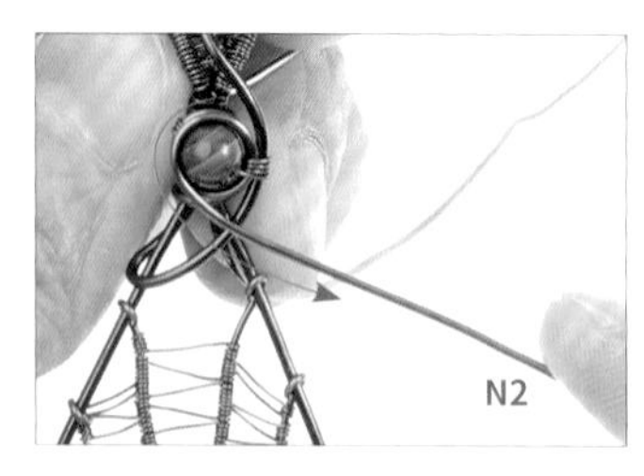

85　將線N2往下彎折出圓弧形。

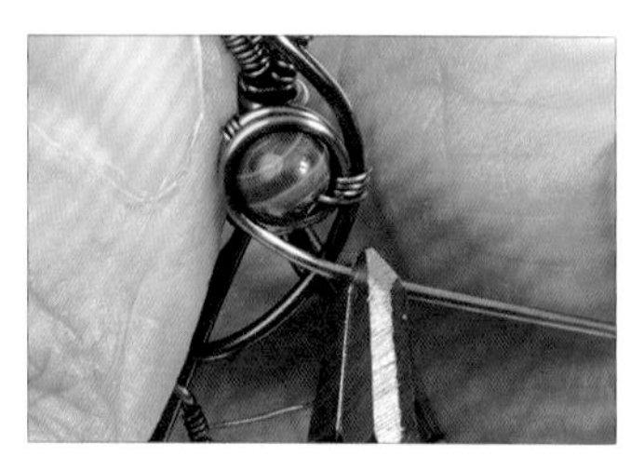

86　以斜口鉗剪掉多餘的線N2，準備收尾。

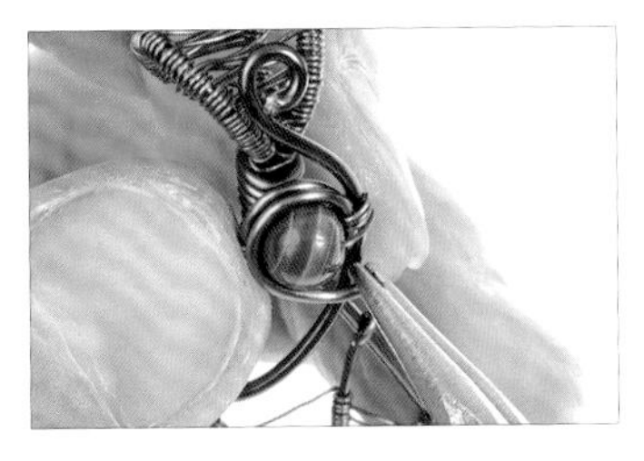

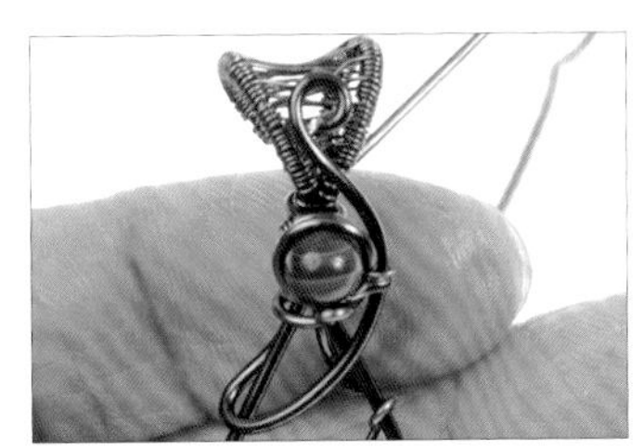

87 以圓嘴鉗夾住線N2，並往內彎折成漩渦形。

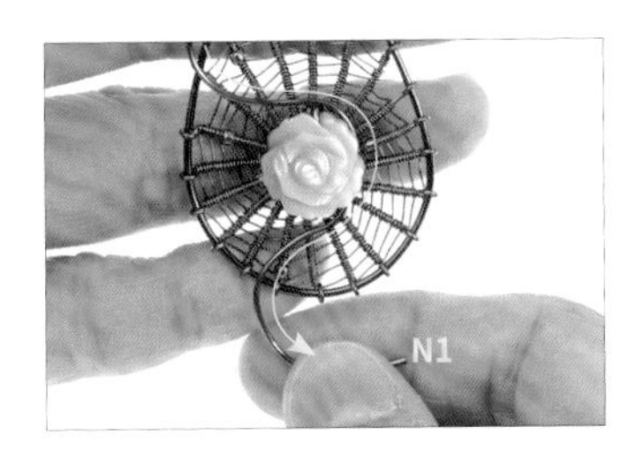

88 用手將線N1彎折出弧形。

89 將線N1從下方穿過墜飾。

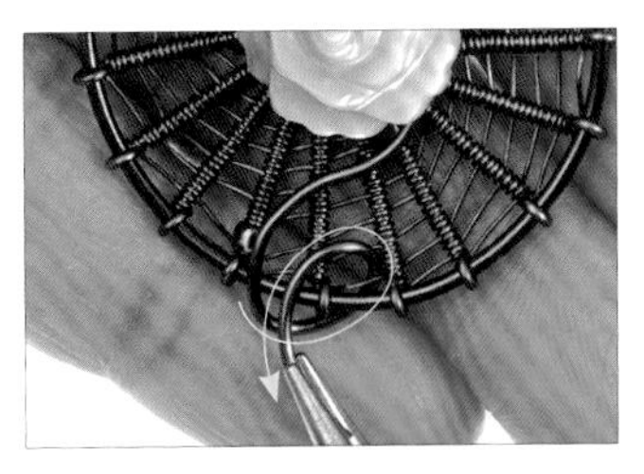

90 以圓嘴鉗輔助，將線N1從洞中拉出。

91 以斜口鉗剪掉多餘的線N1，準備收尾。

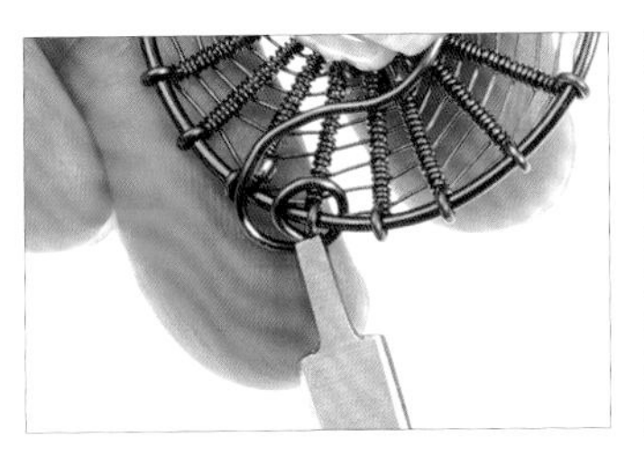

92 以平口鉗將線N1斷口往內夾緊收尾。

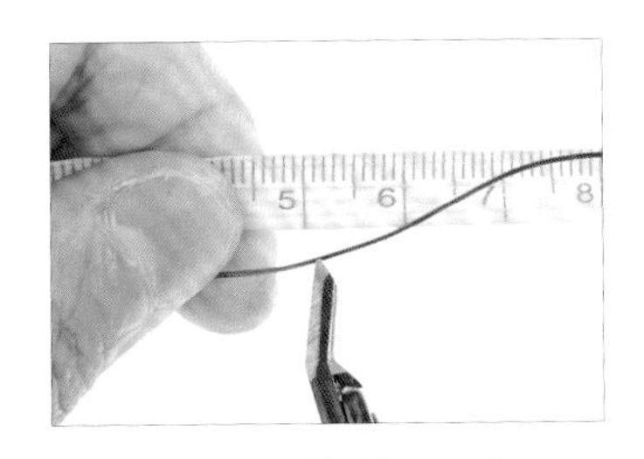

93 以斜口鉗剪下1條21G約25公分的半圓線，為線R。

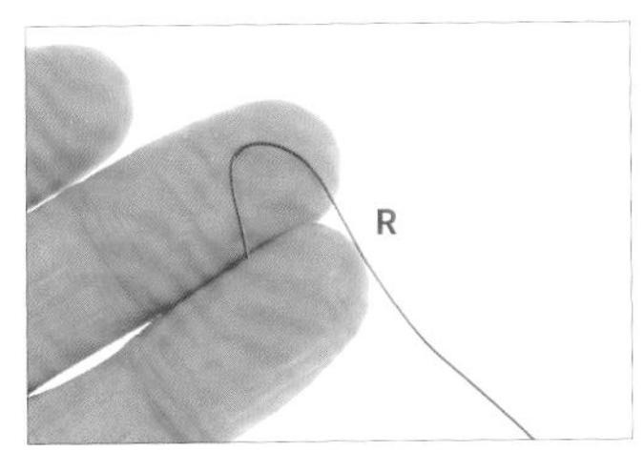

94 將線R折成彎鉤形。

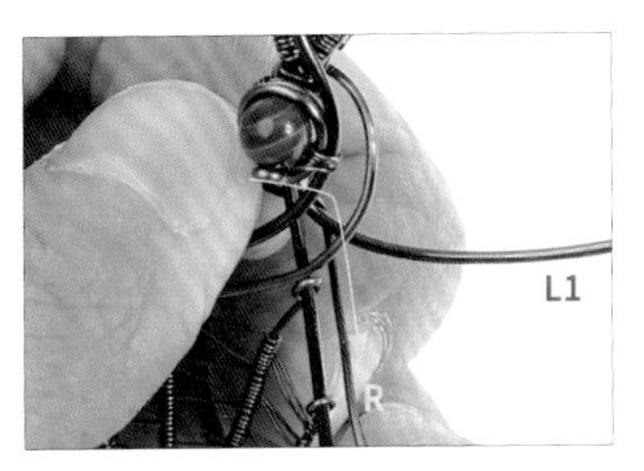

95 承步驟94，將線R勾入線L1。

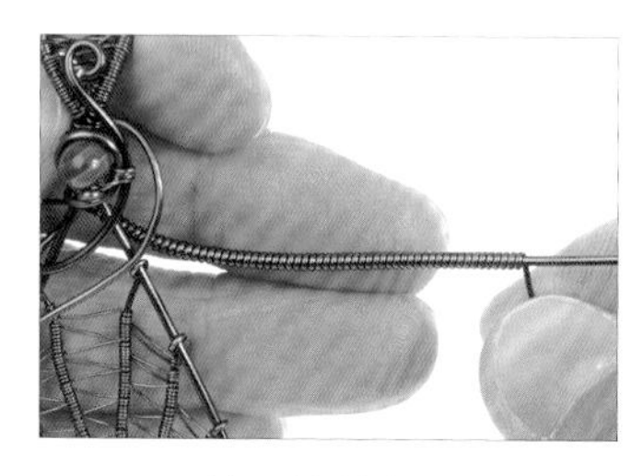

96 以線R纏繞線L1至適當長度。

97 將線L1彎折出弧形。

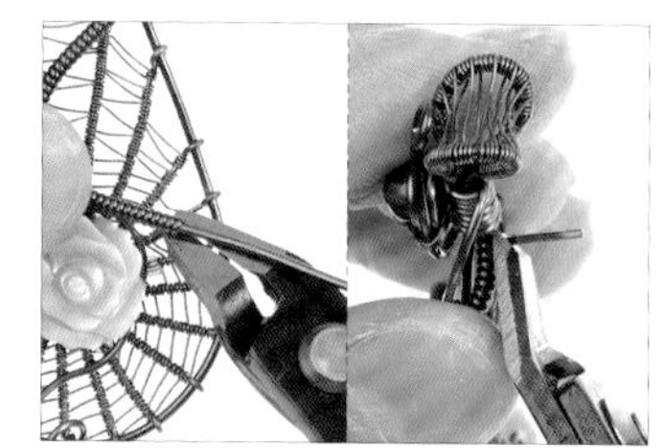

98 以斜口鉗將線R兩端多餘的金屬線剪掉。

99 將線L1持續彎折出弧形。

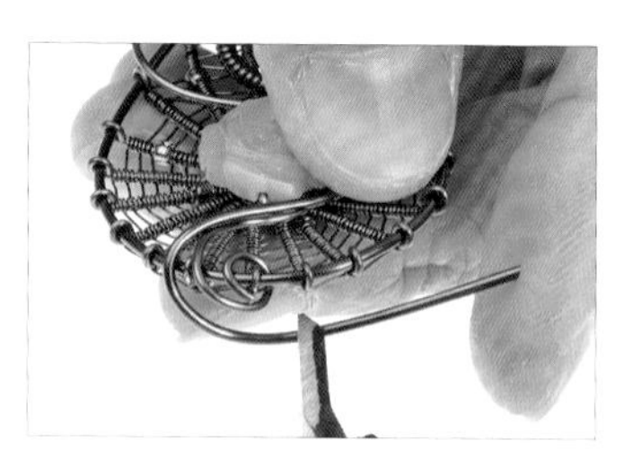

100 以斜口鉗剪掉多餘的線L1。

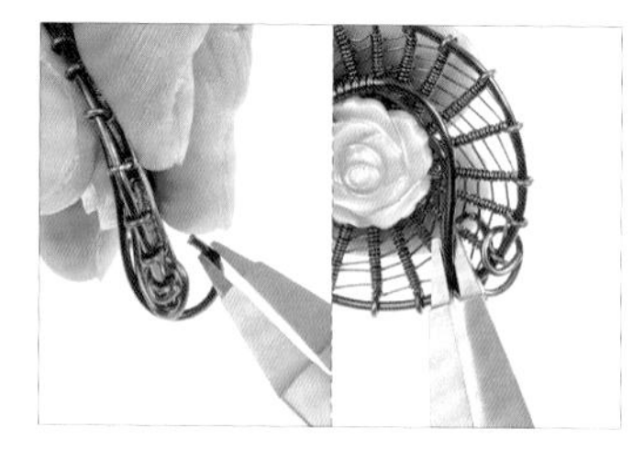

101 以平口鉗將線L1從下方穿過墜飾，並彎折成圓形。

102 如圖，薔薇花園項鍊製作完成。

創作小語

以蜘蛛網的編織法，做出大面積的背景，凸顯前方玫瑰花小配件，呈現出細膩優雅的風格。

薔薇花園項鍊
停格動畫 QRcode

守護安卡項鍊

- 021 -

材料與工具 MATERIALS & TOOLS

◆ 線材

品項	用量
20G 青銅色圓線	25 公分 × 2 條，為線 A、B。 15 公分 × 4 條，為線 E、F、H、I。
28G 紅銅色圓線	90 公分 × 2 條，為線 C、D。 100 公分 × 2 條，為線 G、J。 60 公分 × 1 條，為線 K。 20 公分 × 1 條，為線 L。 25 公分 × 2 條，為線 M、N。

品項	用量
20G 紅銅色圓線	25 公分 × 1 條，為線 O。

◆ 工具

捲尺、斜口鉗、尖嘴鉗、圓嘴鉗、竹筷、平口鉗、尼龍平口鉗。

步驟說明 STEP BY STEP

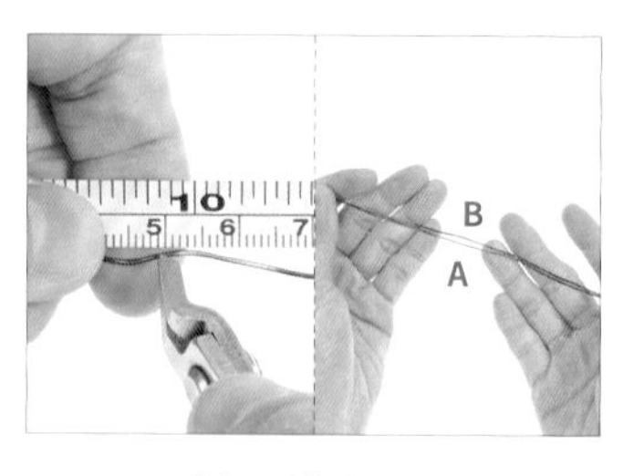

01 以斜口鉗剪下2條約25公分的20G線。【註：為線A、B。】

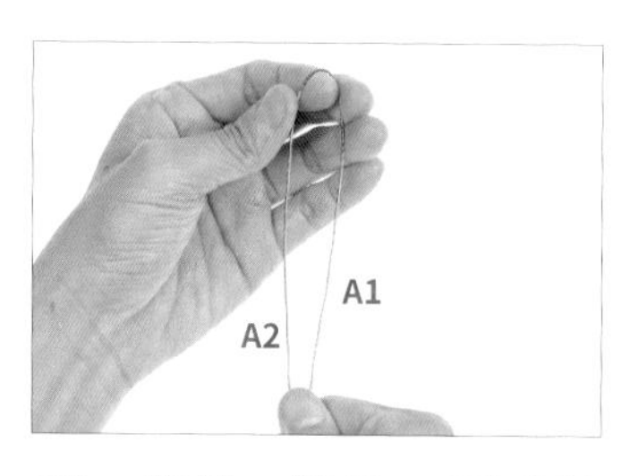

02 將線A對折，形成線A1、A2。

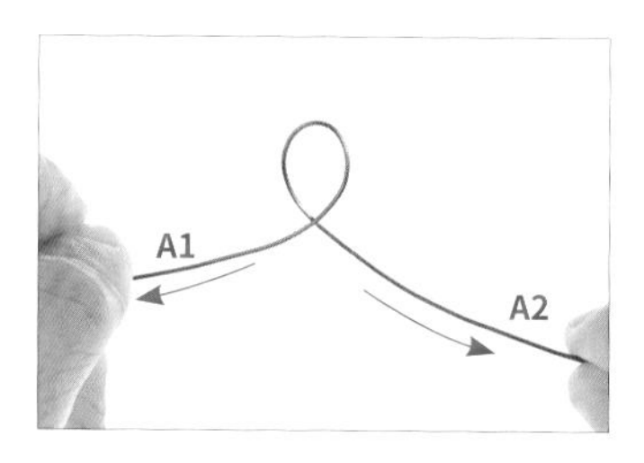

03 將線A1、A2往兩側拉，以在線中間製作出圓弧形。

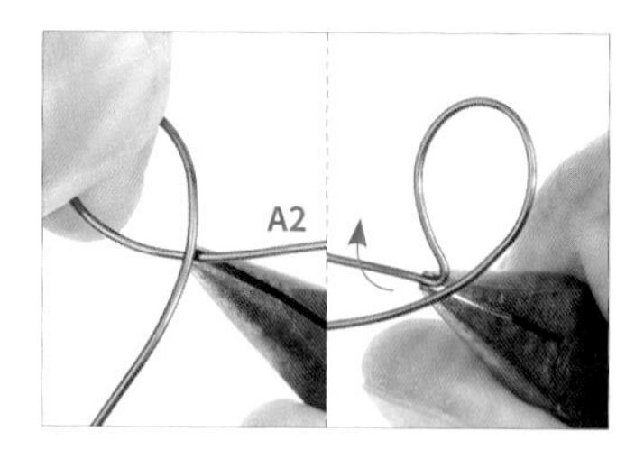

04 以尖嘴鉗將線A2向外彎折。

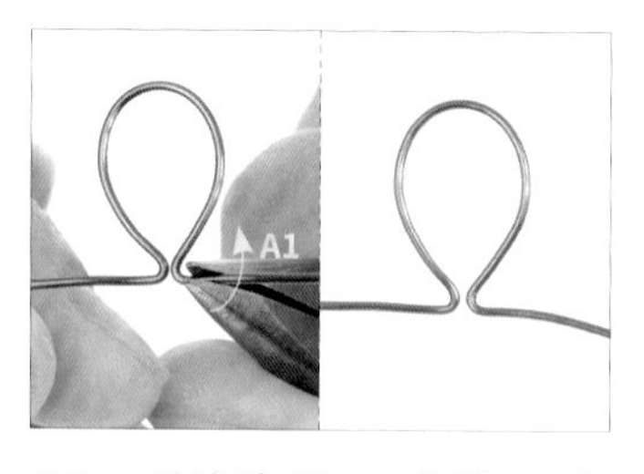

05 重複步驟4，將線A1向外彎折。

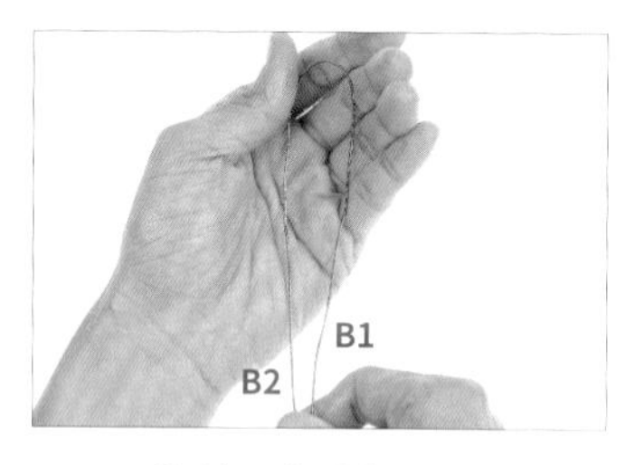

06 將線B對折，形成線B1、B2。

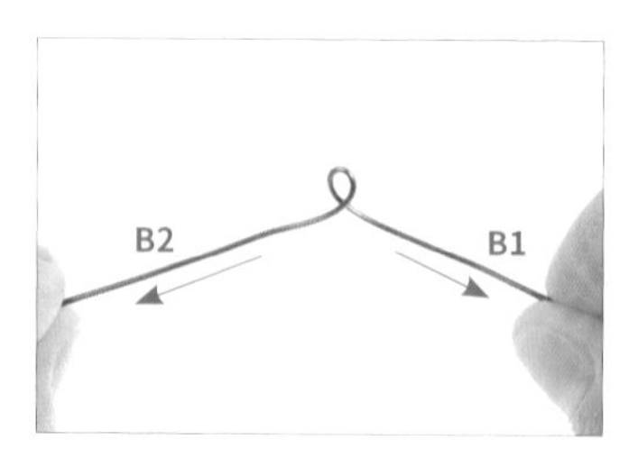

07 將線B1、B2往兩側拉，以在線中間製作圓弧形。

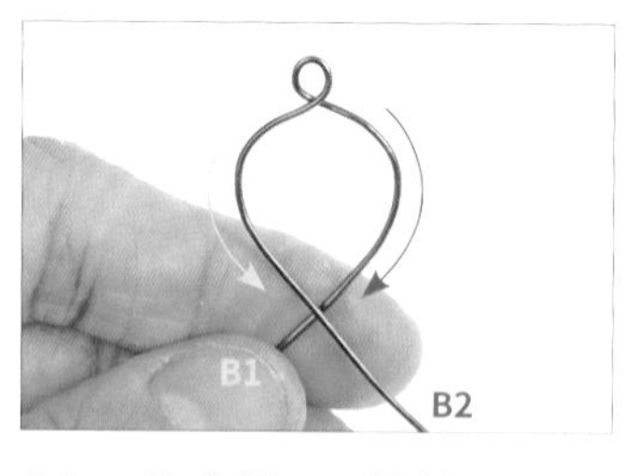

08 承步驟7，將線B1、B2彎折出弧形。

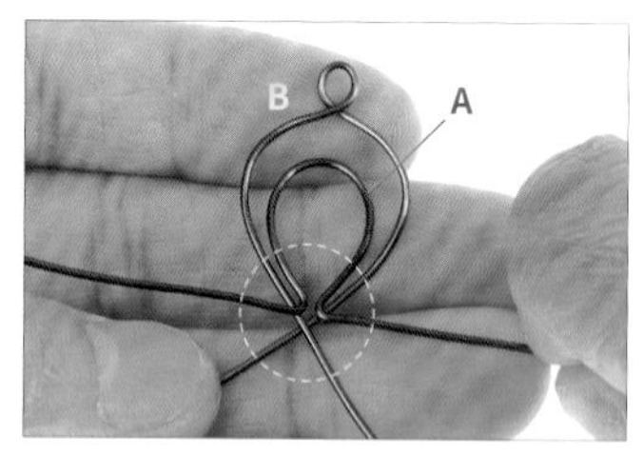

09 取線A放在線B上，以測量下方須製作的開口大小。

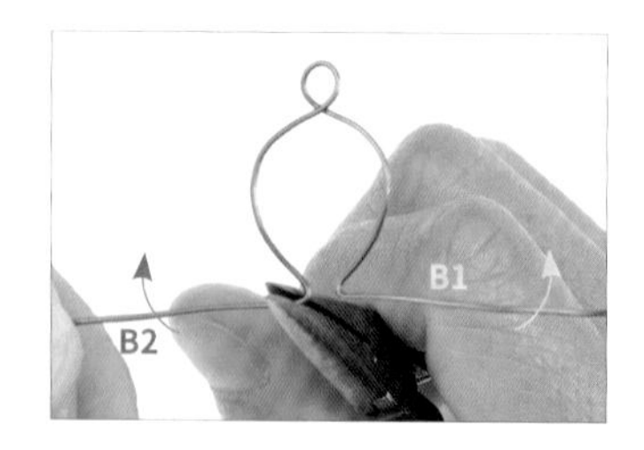

10 重複步驟4-5，將線B1、B2向外彎折。

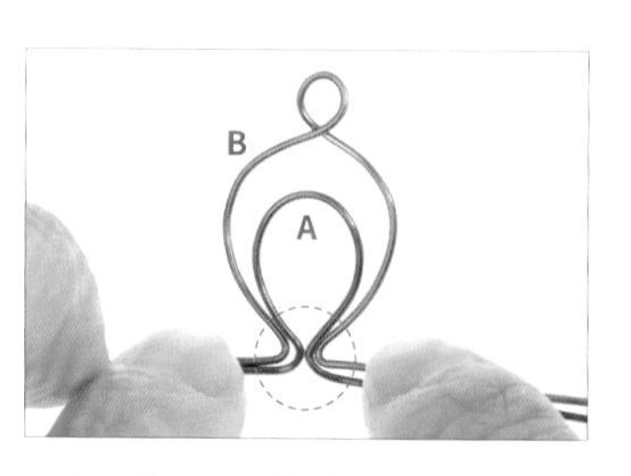

11 如圖，能容納線A的開口製作完成。

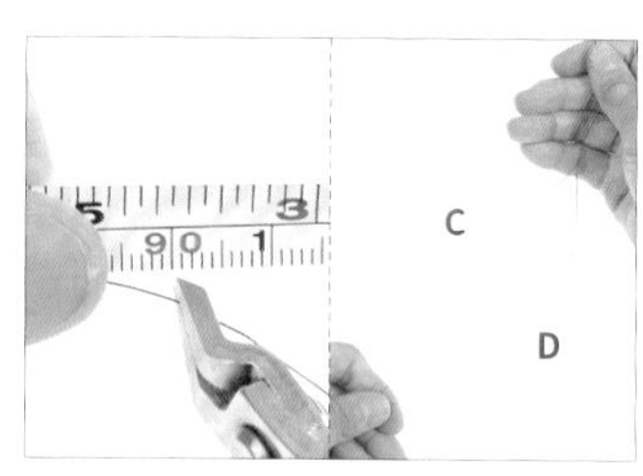

12 以斜口鉗剪下2條約90公分的28G線。【註：為線C、D。】

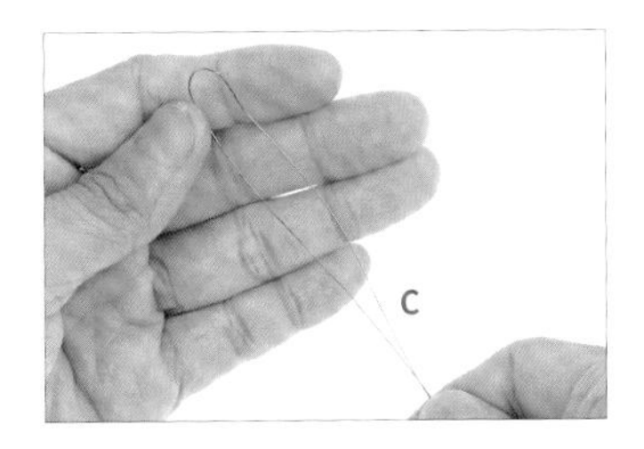

13　將線C對折。

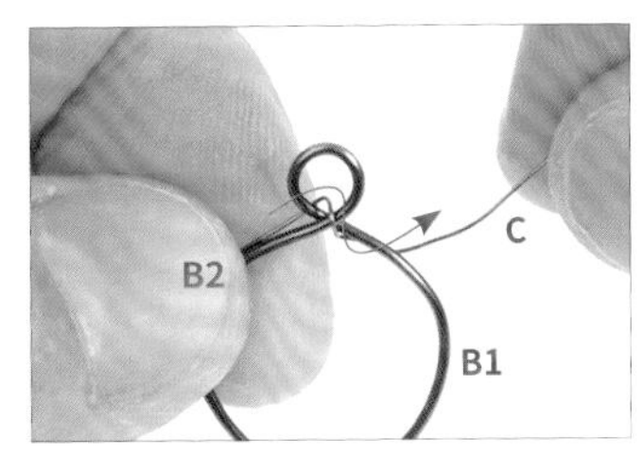

14　承步驟13，將線C繞入線B1、B2。

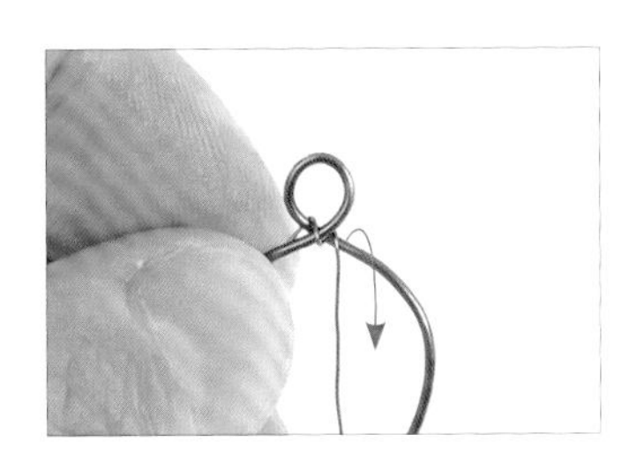

15　以線C纏繞線B1、B2一圈。

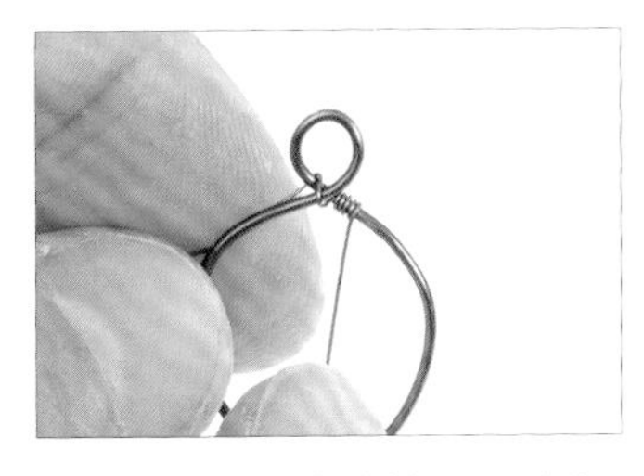

16　以線C纏繞線B1四圈。

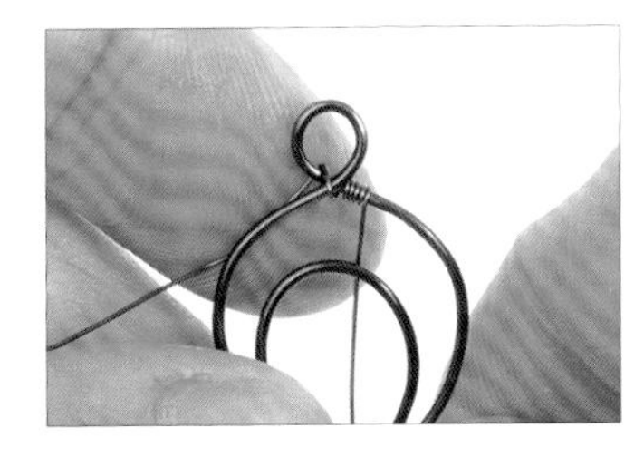

17　取線A放在線B上。

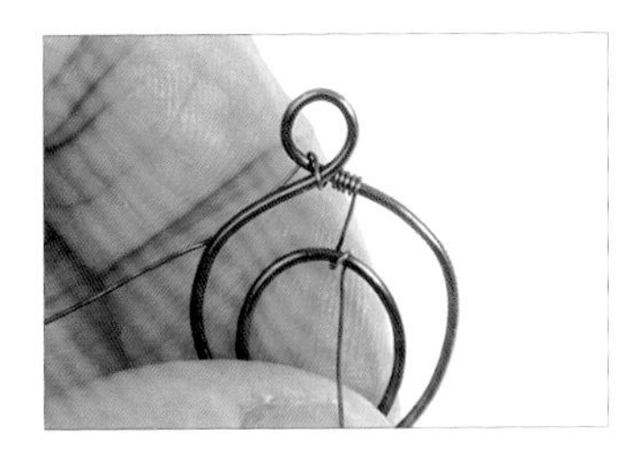

18　以線C纏繞線A一圈。

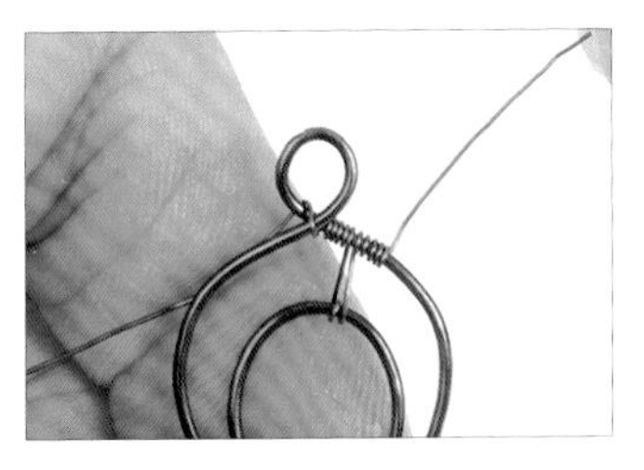

19　將線C穿過線B1下方後，往上纏繞線四圈。

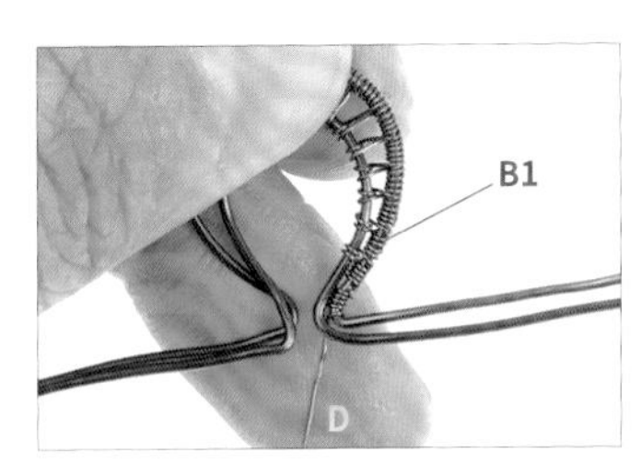

20　重複步驟18-19，在線B1、A上持續纏繞。【註：雙線八字繞法2詳細步驟請參考P.17。】

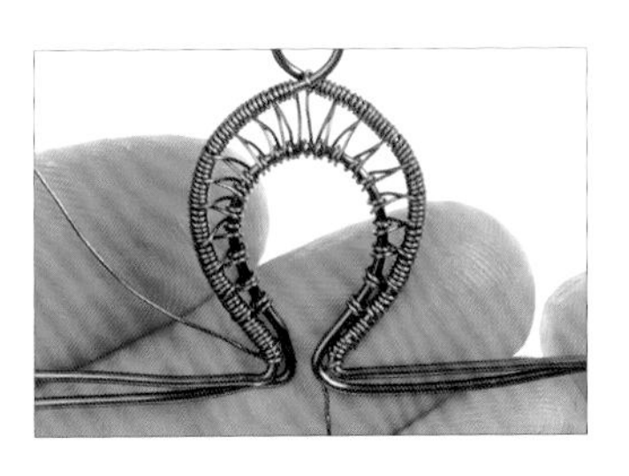

21　重複步驟15-20，以線D纏繞線B2、A。

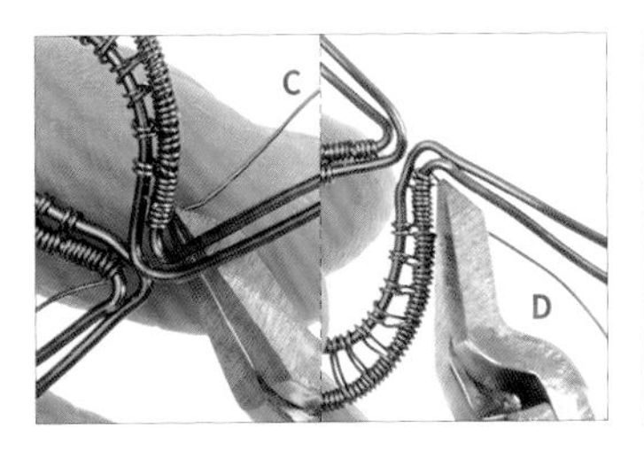

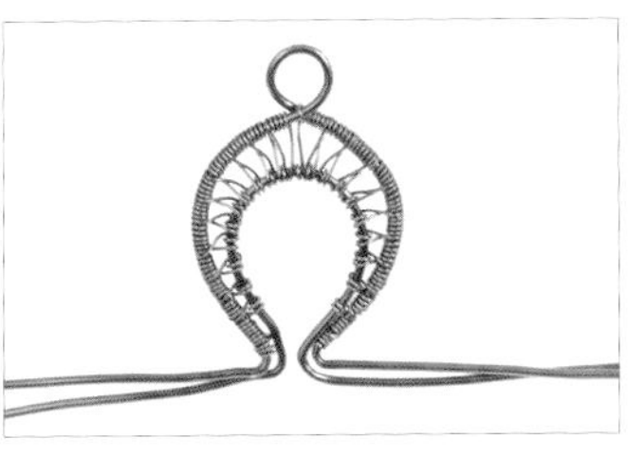

22　以斜口鉗將線C、D兩端多餘的金屬線剪掉。

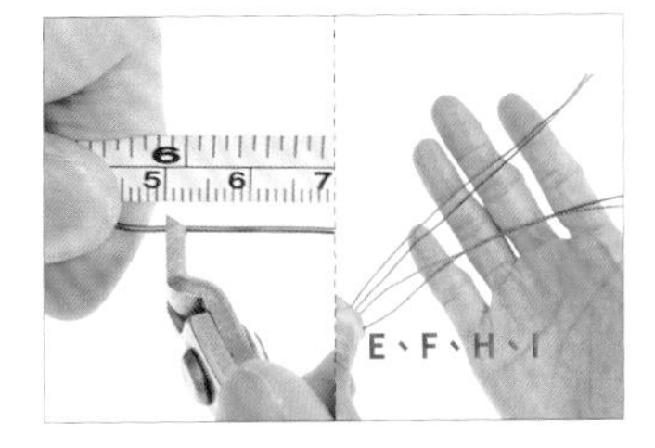

23　以斜口鉗剪下4條約15公分的20G青銅色線。【註：為線E、F、H、I。】

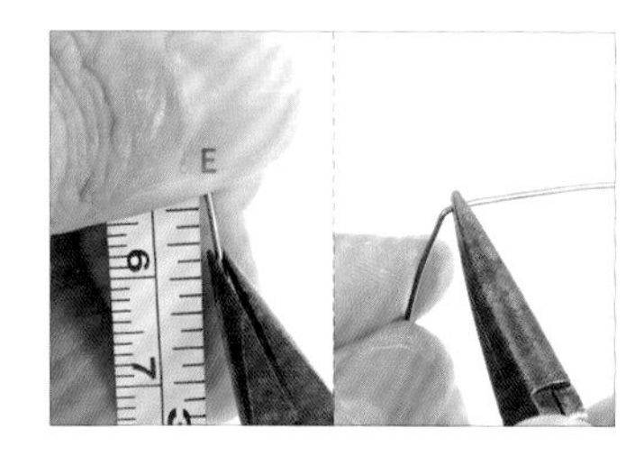

24　以捲尺為輔助，取尖嘴鉗在線E約6公分處折出直角。

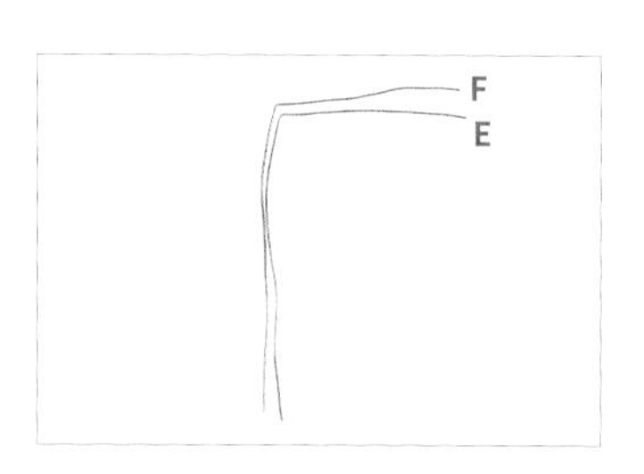

25　重複步驟24，將線F折出直角。

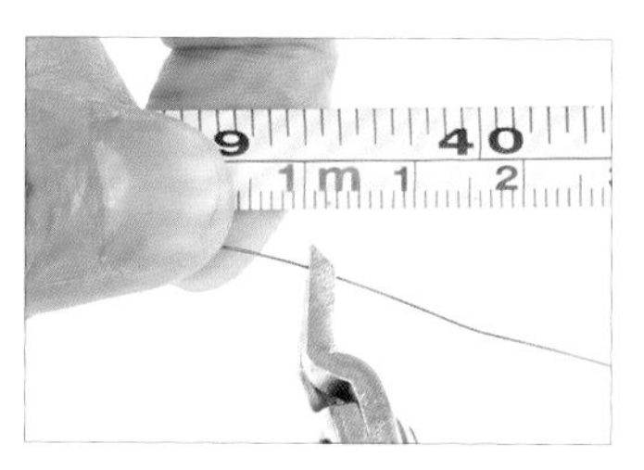

26　以斜口鉗剪下2條約100公分的28G線。【註：為線G、J。】

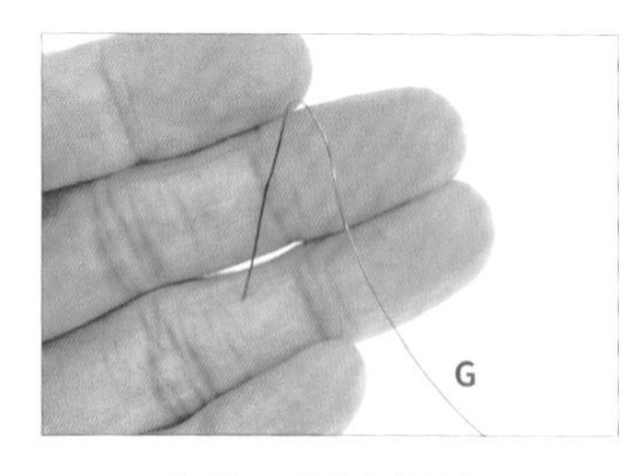

27　將線G折成彎鉤形。

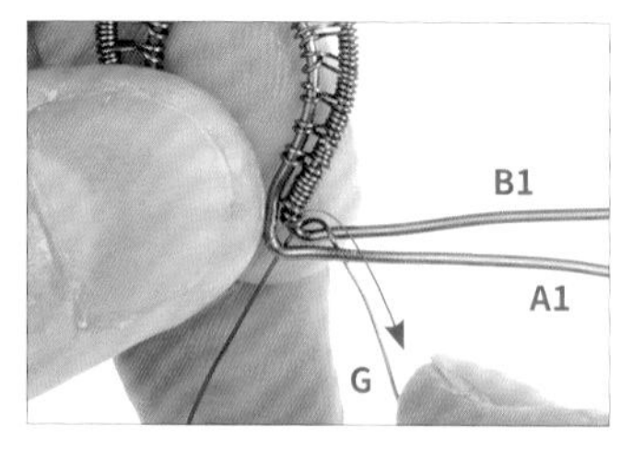

28　承步驟27，將線G勾入線B1。

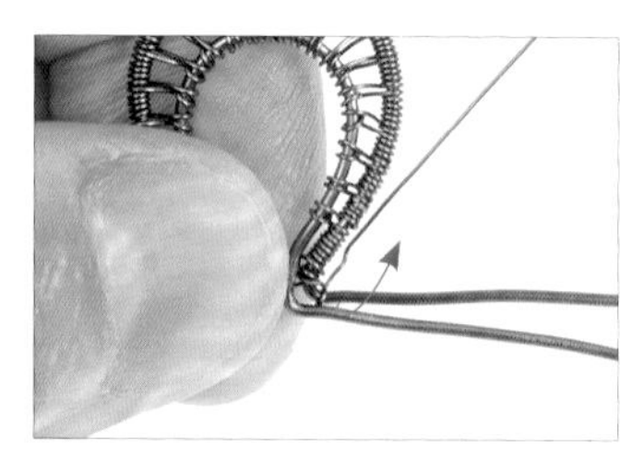

29　以線G纏繞線B1一圈。

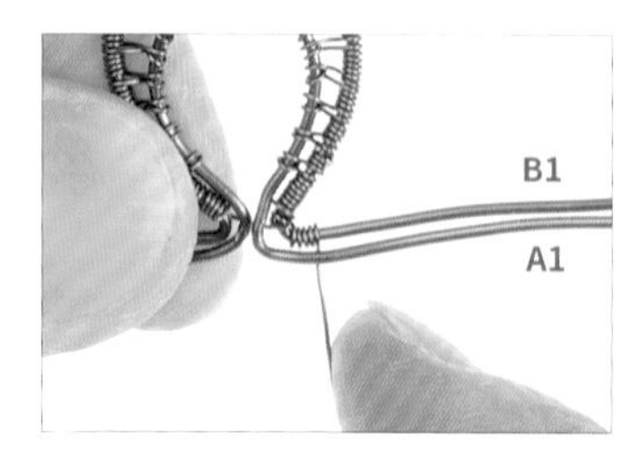

30　重複步驟29，纏繞線B1四圈。

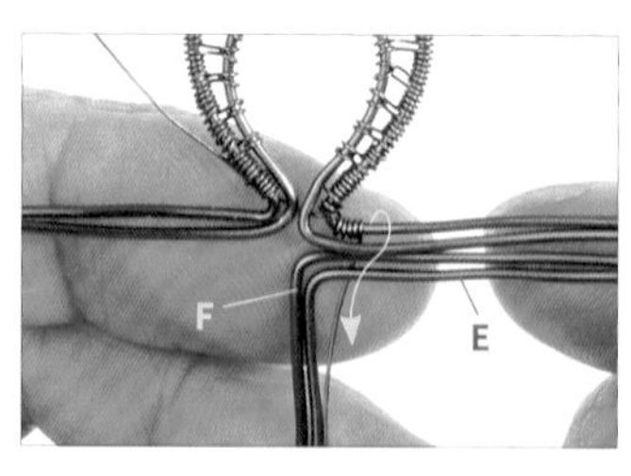

31　取線E、F，放在線A1下方。

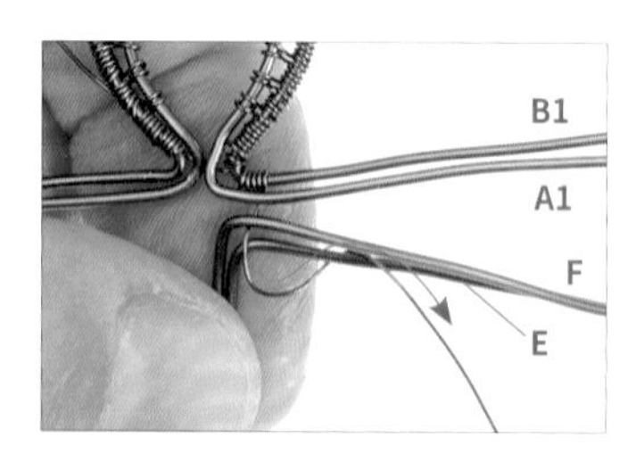

32　將線G穿過線A1、F下方後，往上纏繞線E一圈。

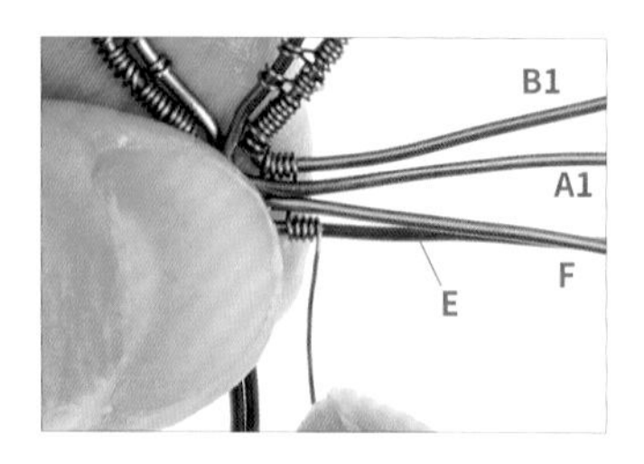

33　重複步驟32，纏繞線E四圈。

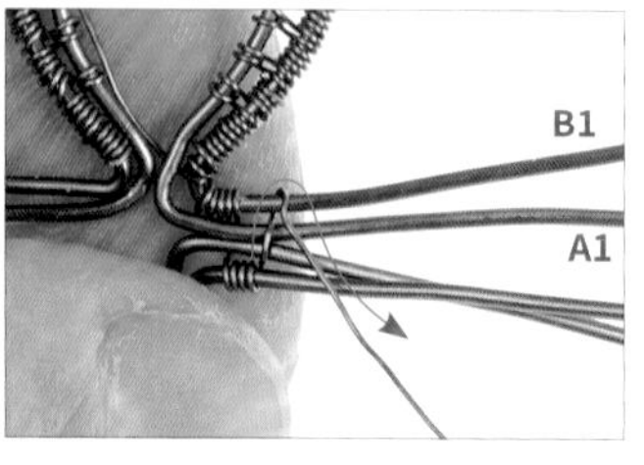

34　將線G穿過線A1、F上方後，往下纏繞線B1一圈。

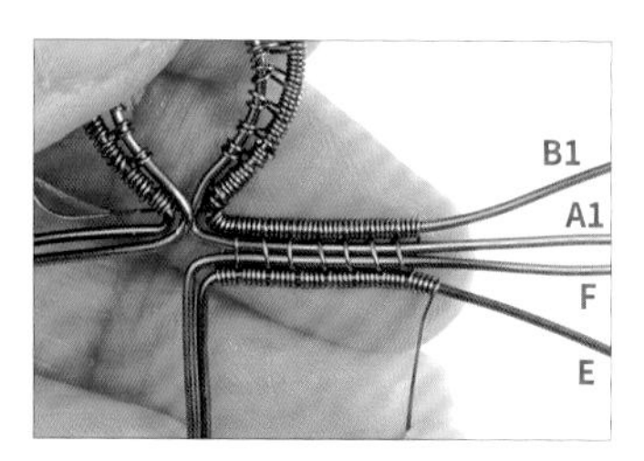

35　重複步驟29-34，在線B1、A1、F、E上持續纏繞。

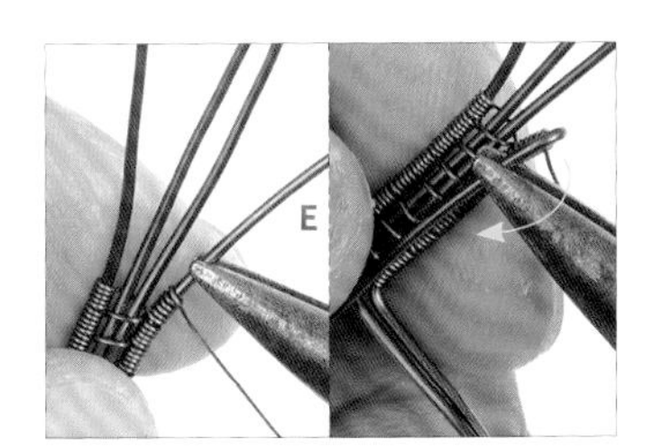

36 以尖嘴鉗將線E往左彎折。

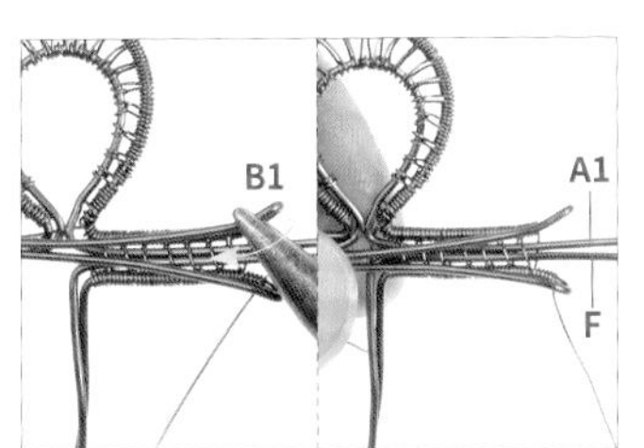

37 重複步驟36，將線B1往左彎折。【註：此為作品的正面。】

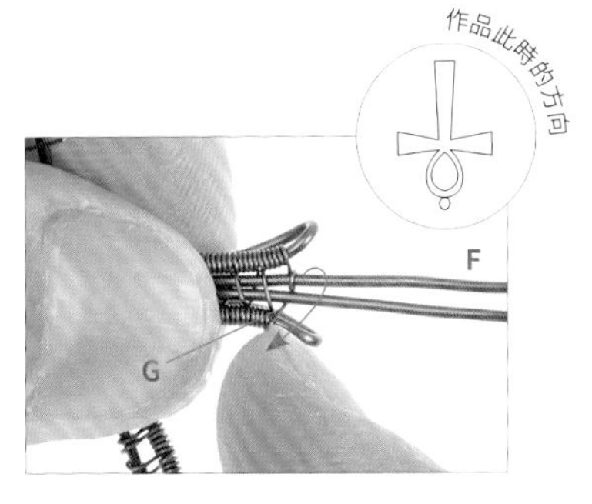

38 將線G穿過線F下方後，往上纏繞線F一圈。【註：此為作品的背面。】

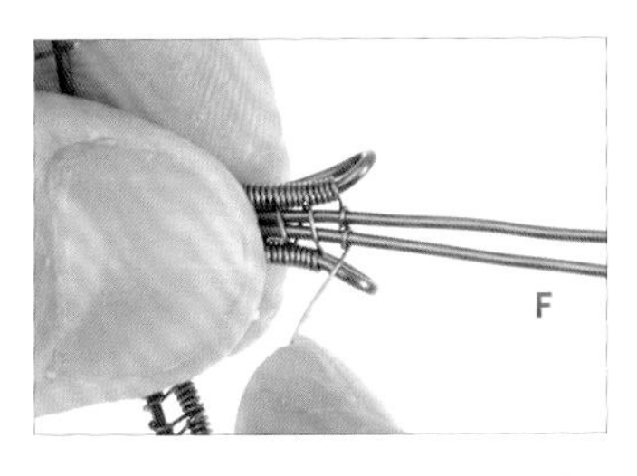

39 將線G穿過線A1下方後，往上纏繞線A1一圈。

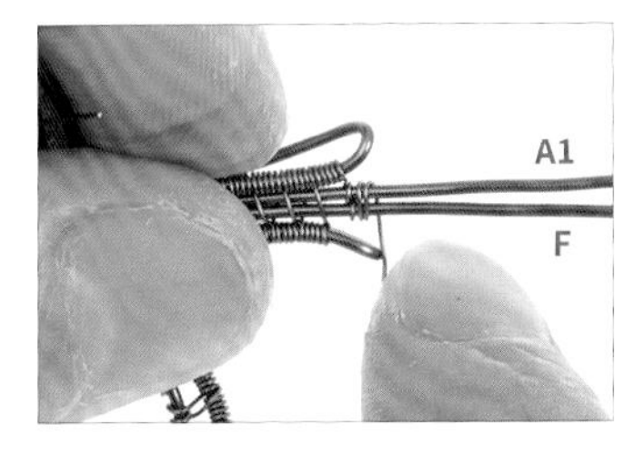

40 以線G纏繞線F、A1兩圈。

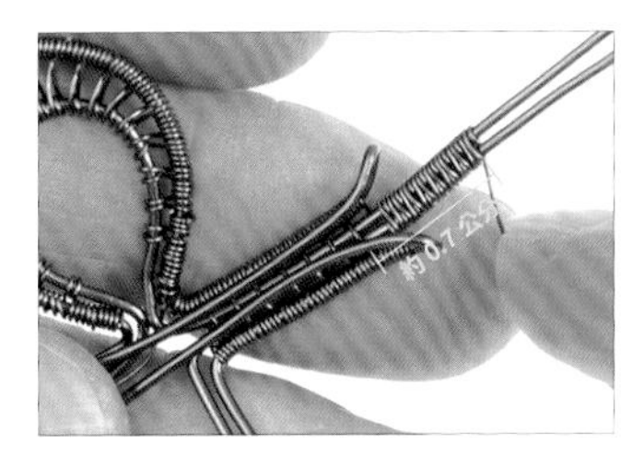

41 重複步驟38-40，在線F、A1上持續纏繞。【註：雙線繞法2詳細步驟請參考P.19；此為作品的正面。】

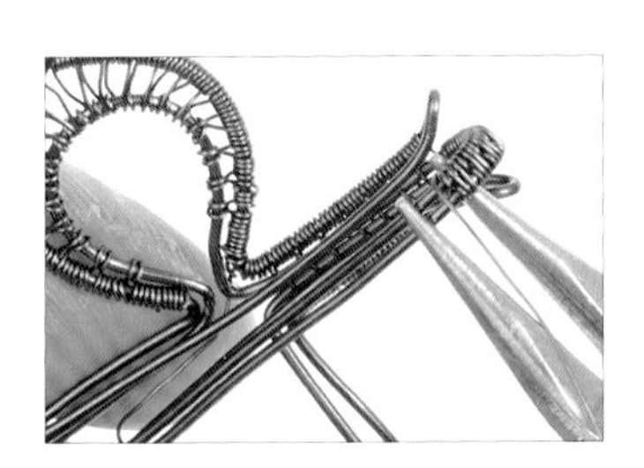

42 以圓嘴鉗夾住線F、A1，並往左彎折。

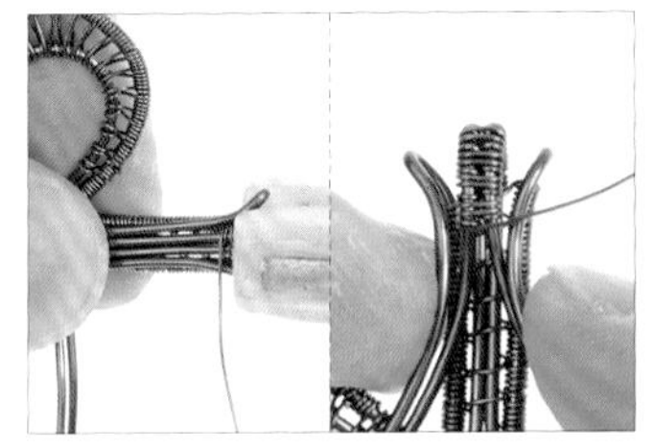

43 以尼龍平口鉗將線F、A1彎折處壓緊。

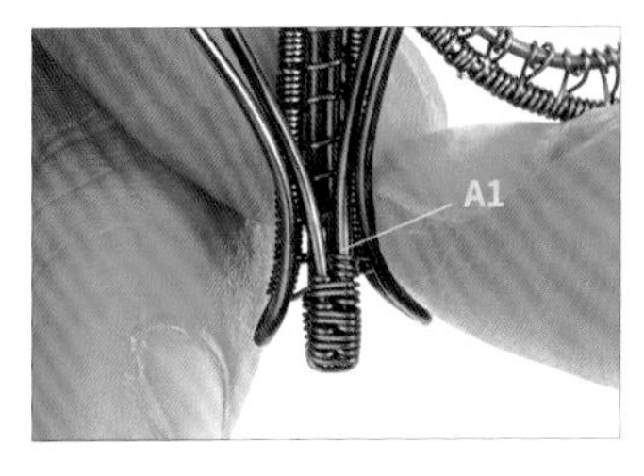

44 以線G纏繞線A1兩圈。

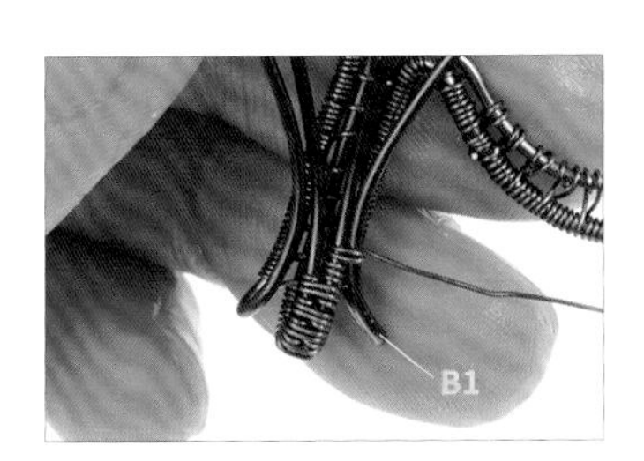

45 以線G纏繞線A1、B1兩圈。【註：雙線繞法1詳細步驟請參考P.18。】

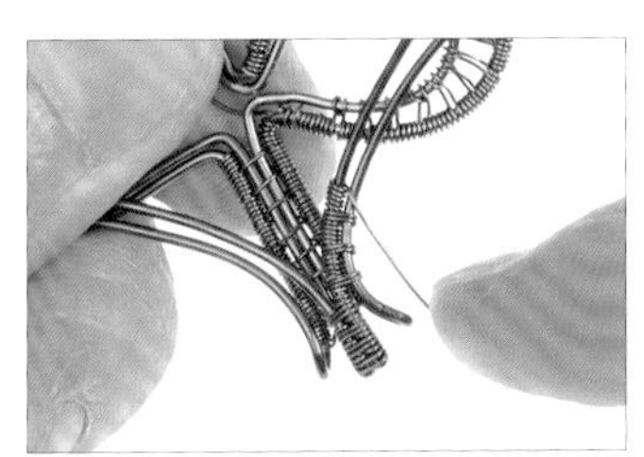

46 重複步驟44-45，在線A1、B1上持續纏繞。【註：每組線A1被纏繞4圈。】

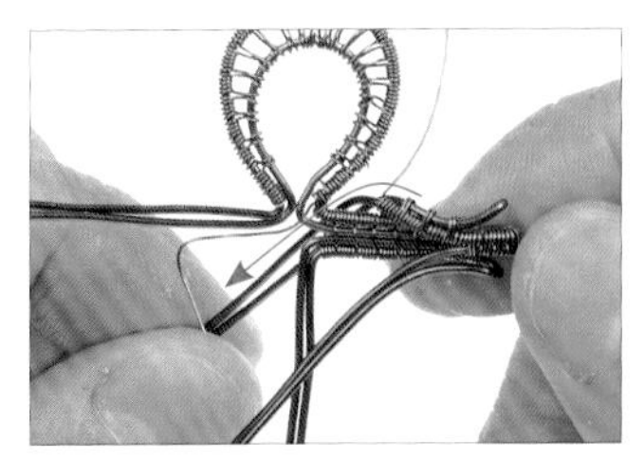

47 用手將線A1、B1往後彎折。

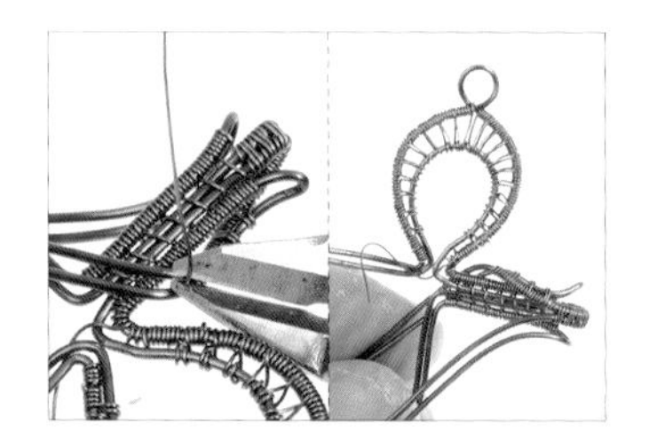

48 以斜口鉗剪掉多餘的線G，收尾。【註：須預留剪下的線備用，為線G1。】

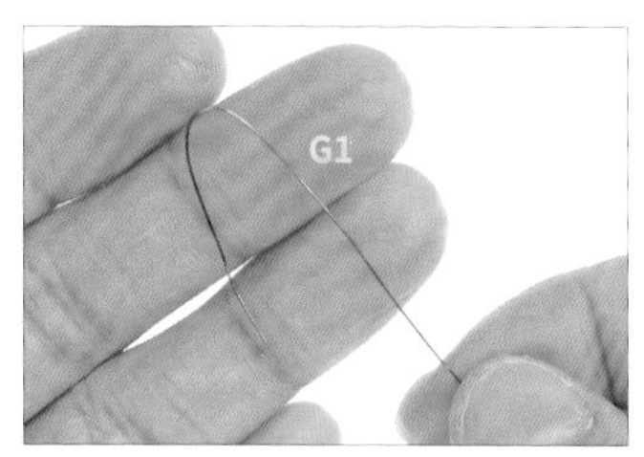

49 將線G1折成彎鉤形。

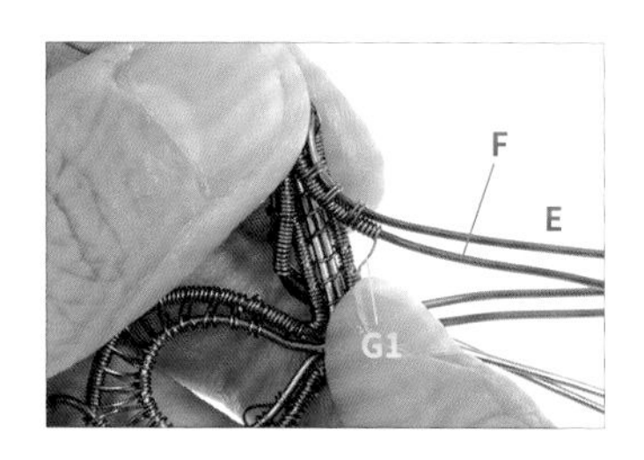

50 重複步驟44-46，以線G1纏繞線E、F。

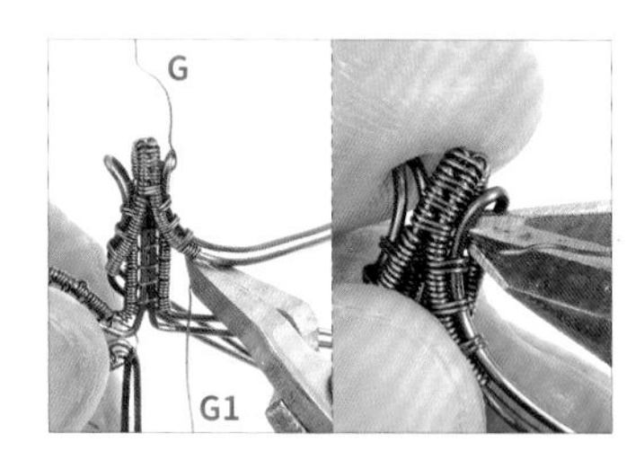

51 以斜口鉗剪掉多餘的線G、G1，收尾。

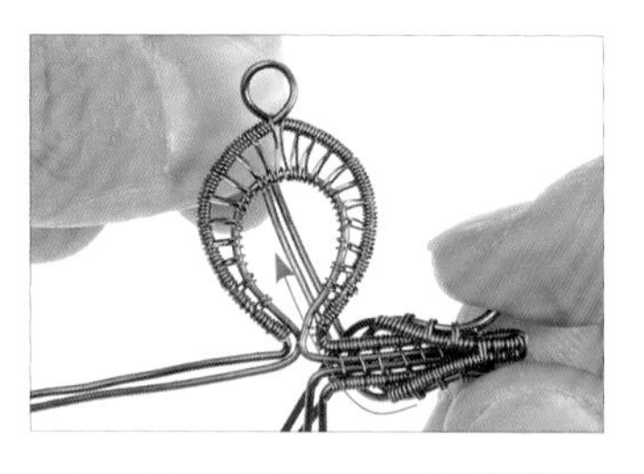

52 用手將線E、F往後彎折。

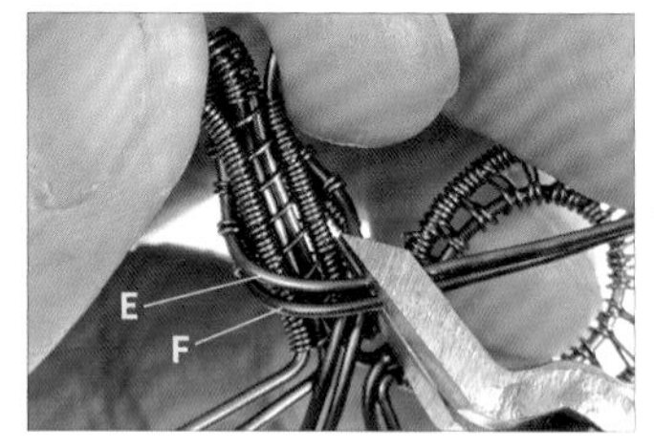

53 以斜口鉗剪掉多餘的線E、F，準備收尾。【註：此為作品的背面。】

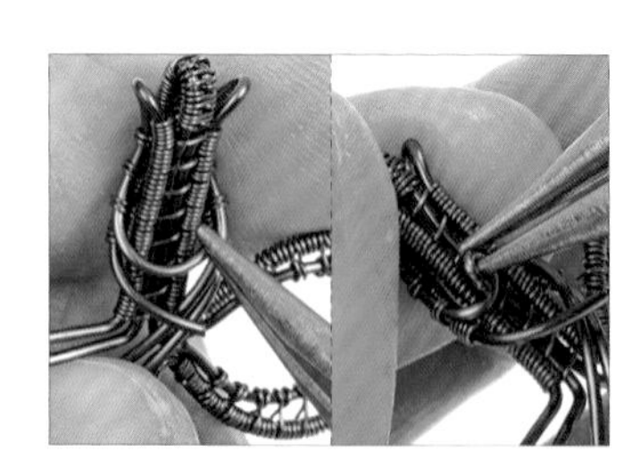

54 以圓嘴鉗夾住線E，並彎折成圓弧形。

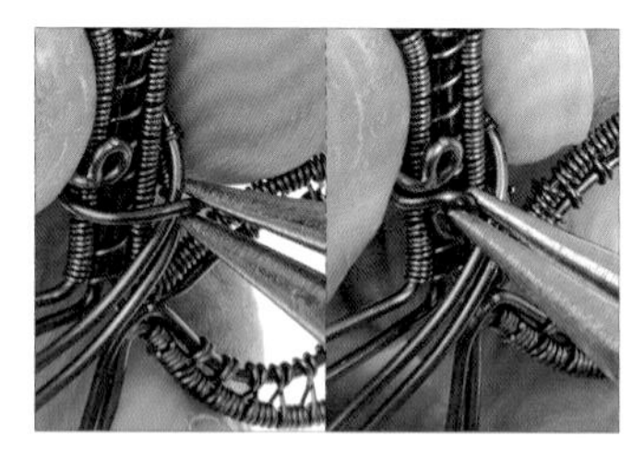

55 以圓嘴鉗夾住線F，並彎折成圓弧形。

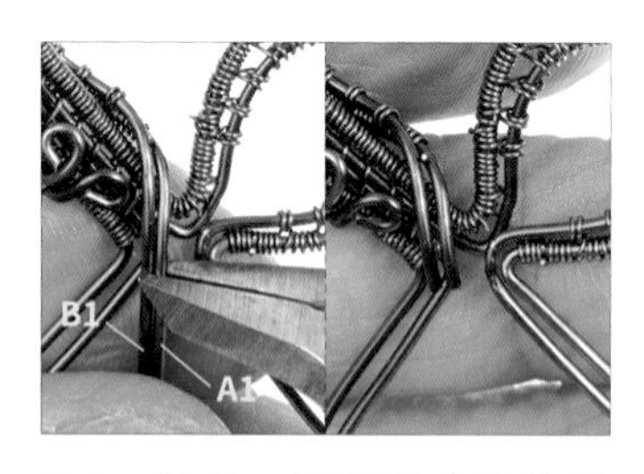

56 以斜口鉗剪掉多餘的線B1、A1，準備收尾。

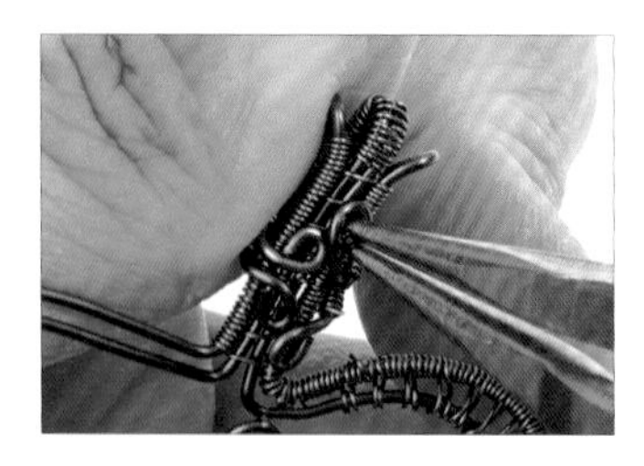

57 以圓嘴鉗分別夾住線B1、A1，並彎折成圓弧形。

58 重複步驟27-57，以線H、I、J完成另一側製作。【註：此為作品的背面。】

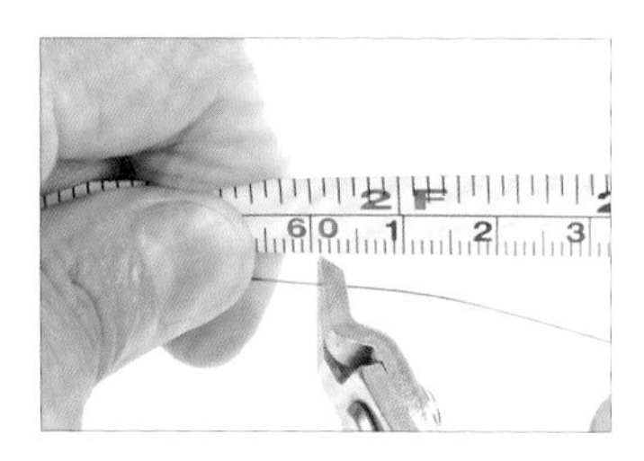

59 以斜口鉗剪下1條約60公分的28G線，為線K。

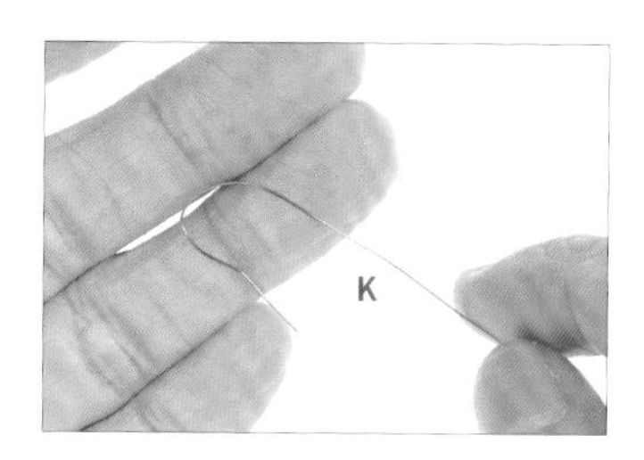

60 將線K折成彎鉤形。

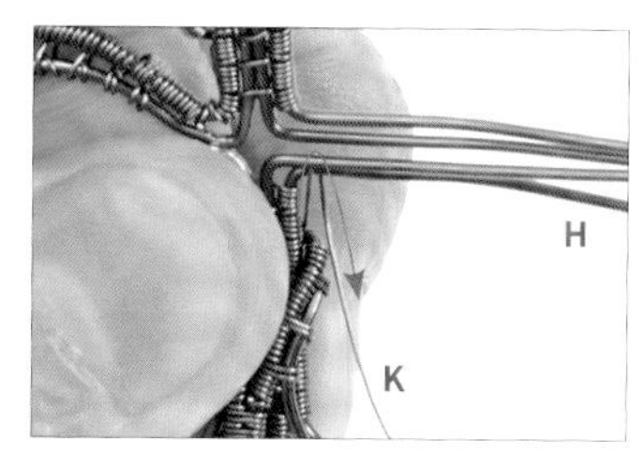

61 承步驟60，將線K勾入線H。

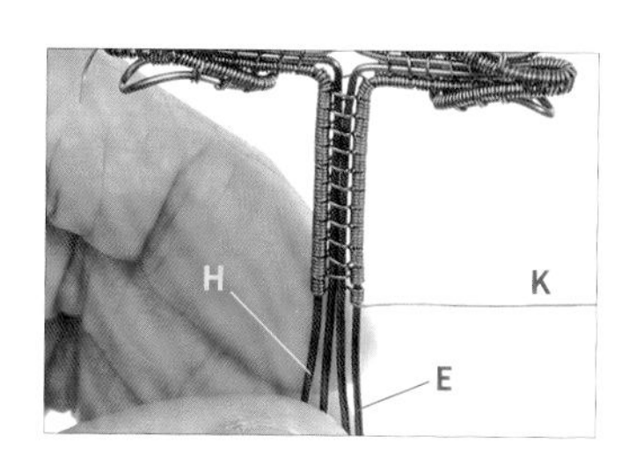

62 重複步驟28-34，在線H、E上以線K持續纏繞。

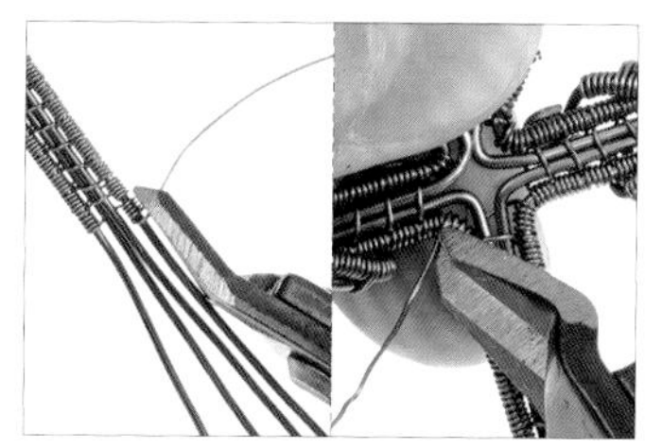

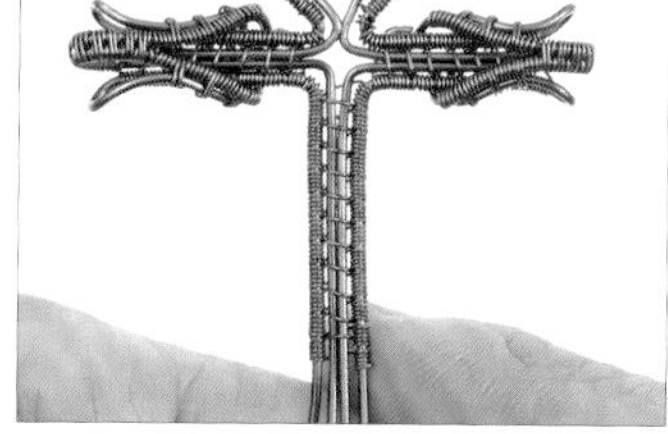

63 以斜口鉗將線K兩端多餘的金屬線剪掉。

64 以斜口鉗剪下1條約20公分的28G線，為線L。

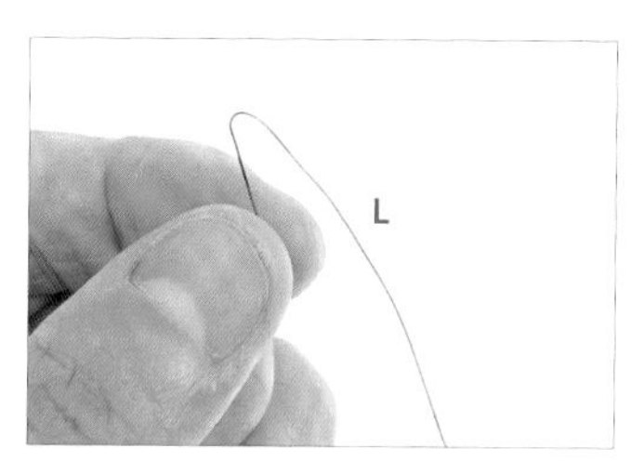

65 將線L折成彎鉤形。

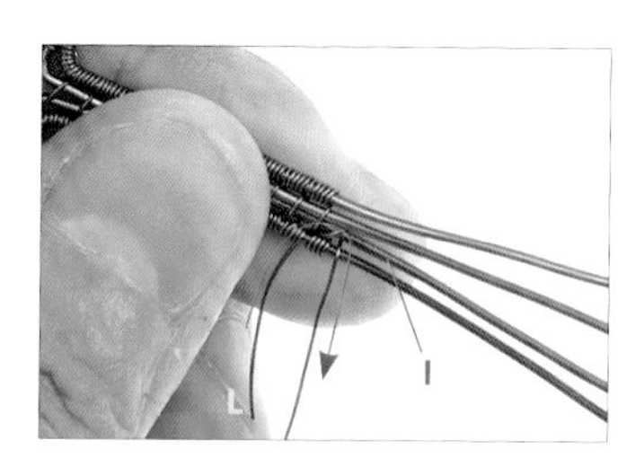

66 承步驟65，將線L勾入線I。

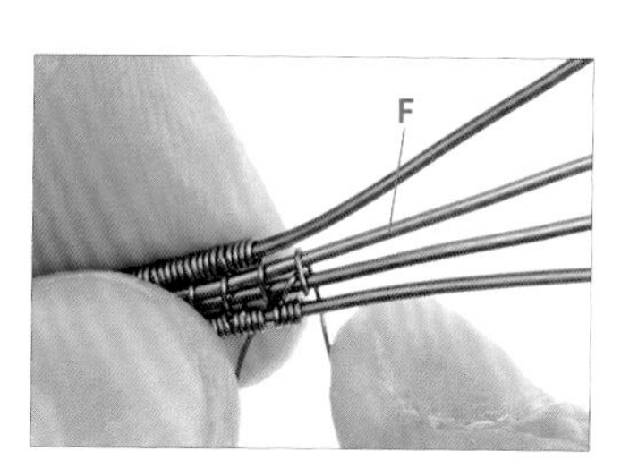

67 將線L穿過線I、F上方後，往下纏繞一圈。

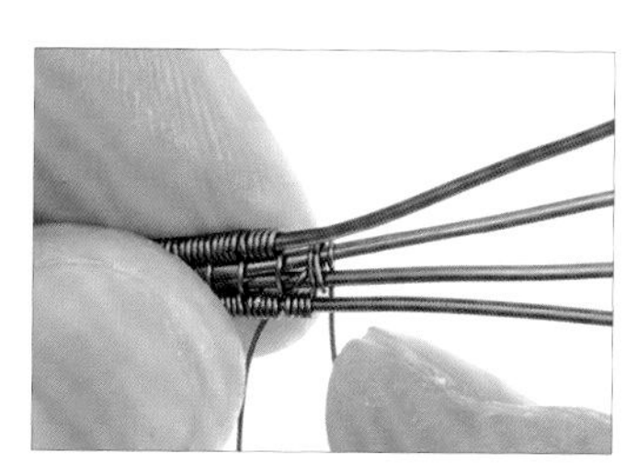

68 將線L穿過線I、F上方後，往下纏繞線F一圈。

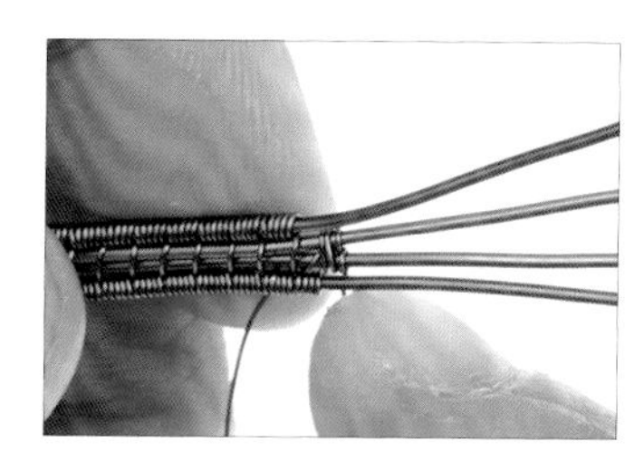

69 將線L穿過線I下方後，往上纏繞一圈。

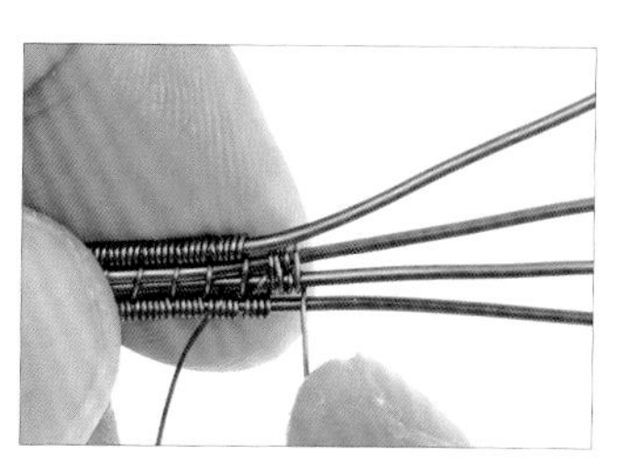

70 重複步驟69，以線L纏繞線I、F一圈。【註：雙線繞法1詳細步驟請參考P.18。】

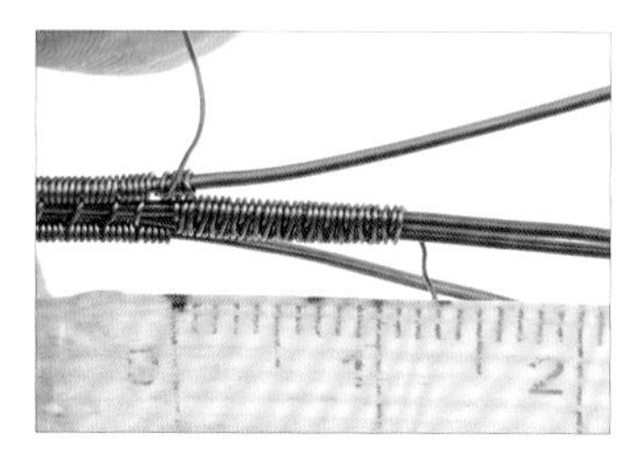

71　重複步驟66-70，在線I、F上持續纏繞。【註：纏繞約1公分長度。】

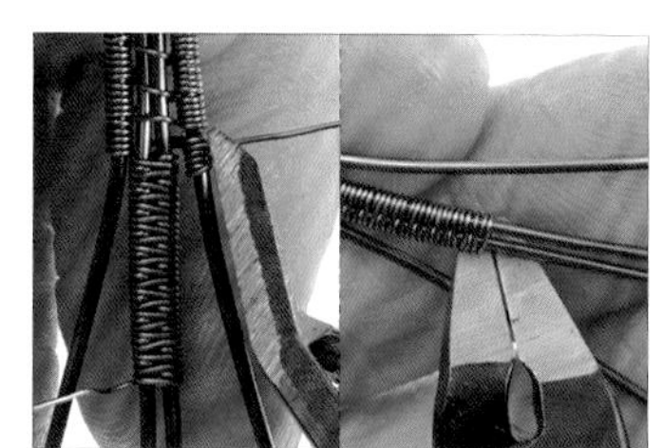

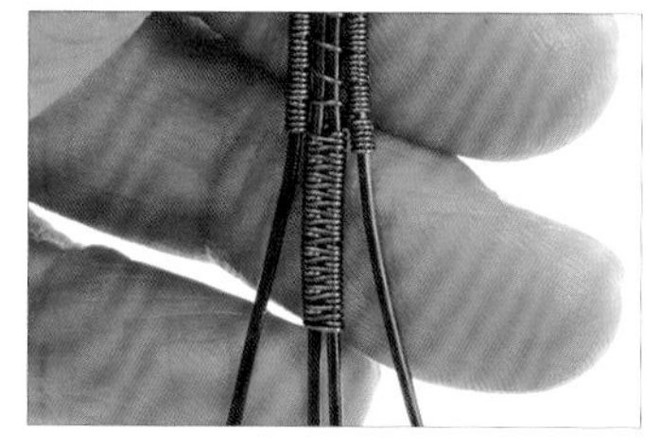

72　以斜口鉗將線L兩端多餘的金屬線剪掉。

73　用手將線I、F往上彎折。

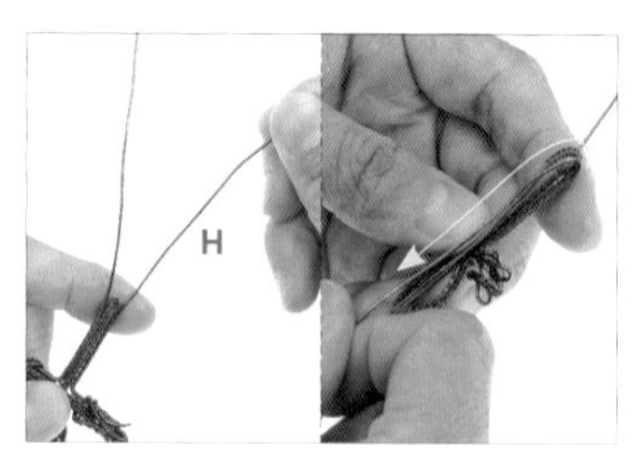

74　用手將線H彎折。

75　重複步驟74，將線E彎折。

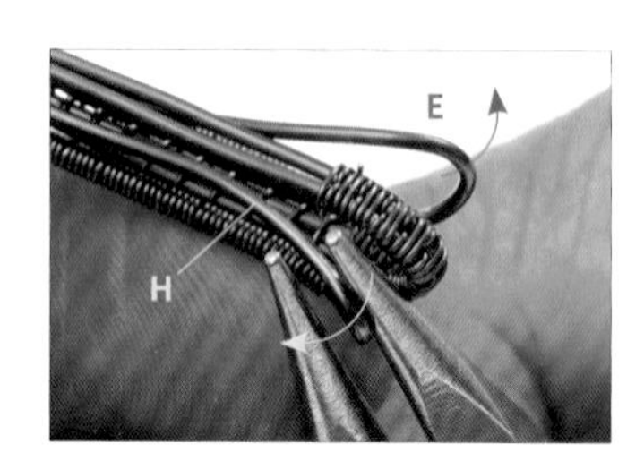

76　以圓嘴鉗將線H、E往外彎折出弧度。

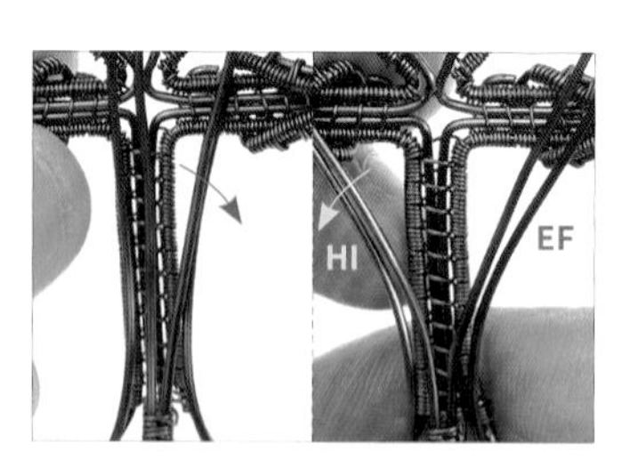

77　將線E、F往右彎折，且線H、I往左彎折。

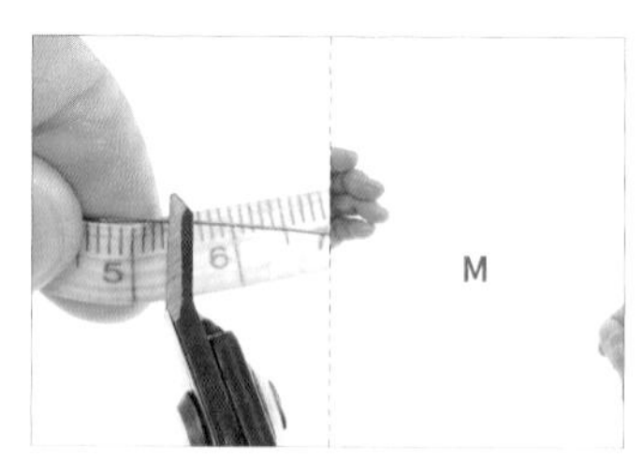

78　以斜口鉗剪下2條約25公分的28G線。【註：為線M、N。】

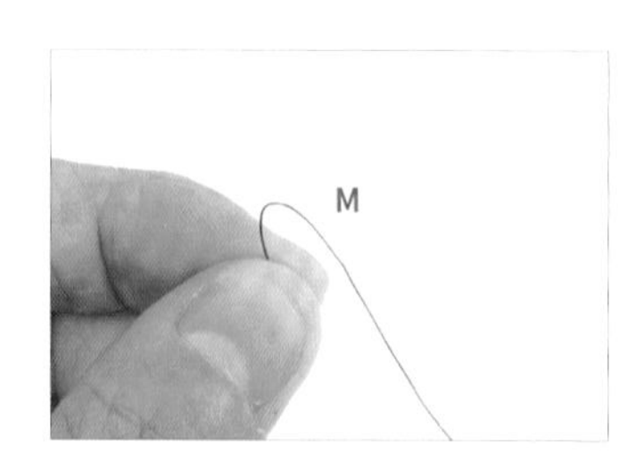

79　將線M折成彎鉤形。

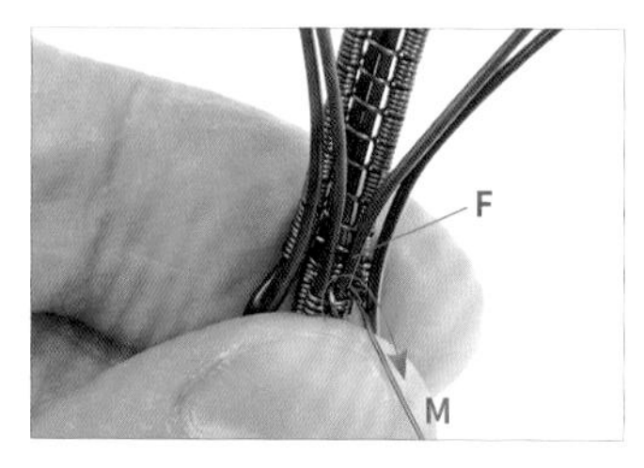

80　承步驟79，將線M勾入線F。

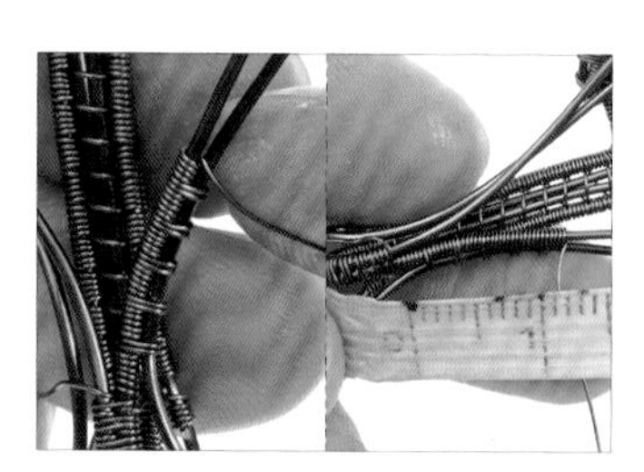

81　重複步驟44-46，並以線M在線F、E上持續纏繞。【註：纏繞約1公分長度。】

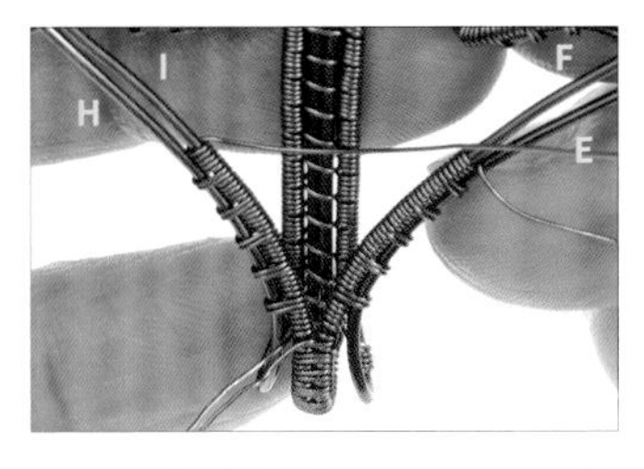

82　重複步驟79-81，以線N在線I、H完成纏繞。

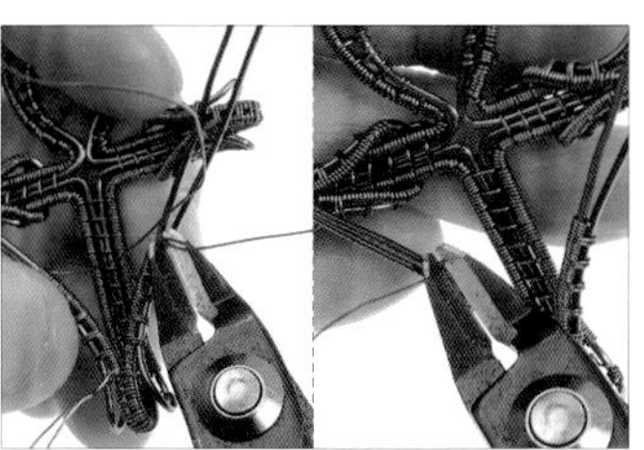
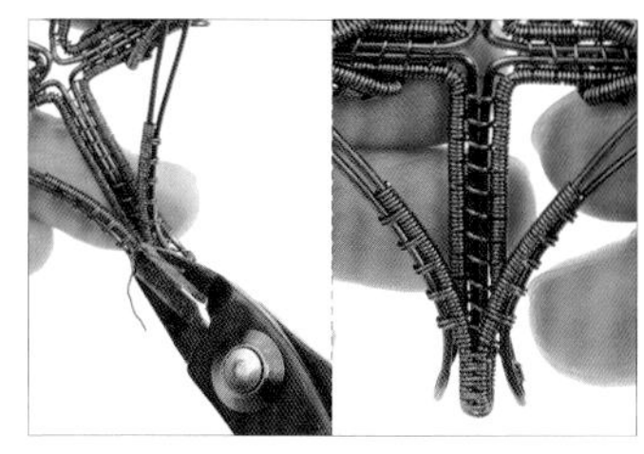

83　以斜口鉗將線M、N兩端多餘的金屬線剪掉。

84　重複步驟83，將線I、H往後彎折。

85　將線F、E及線I、H拉開距離。

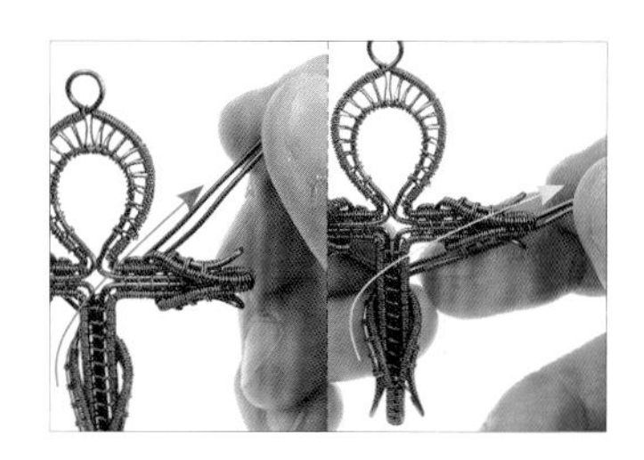

86　用手將線F、E往後彎折。

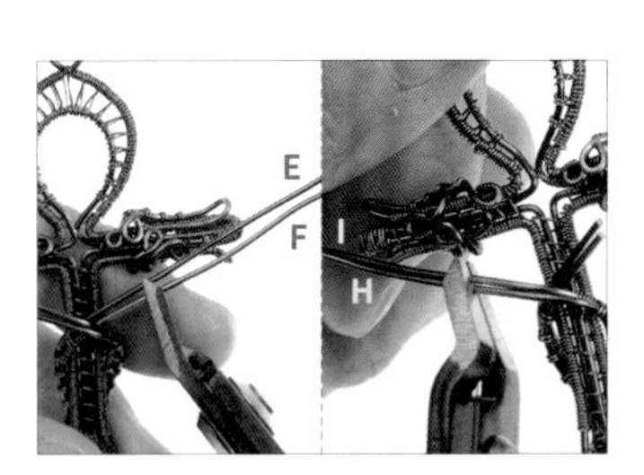

87　以斜口鉗剪掉多餘的線F、E、I、H，準備收尾。
【註：此為作品的背面。】

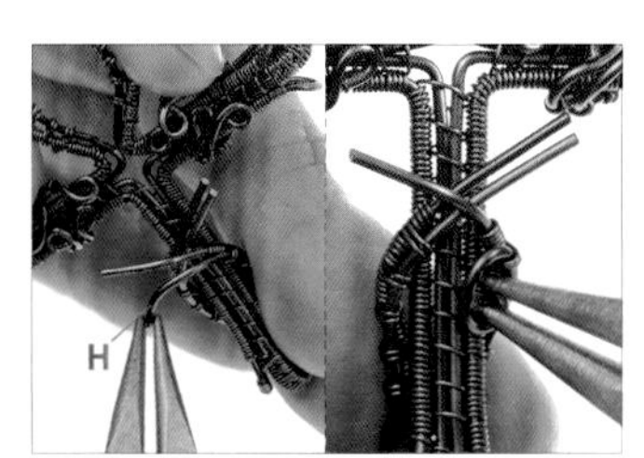

88　以圓嘴鉗夾住線H，並彎折成圓弧形。

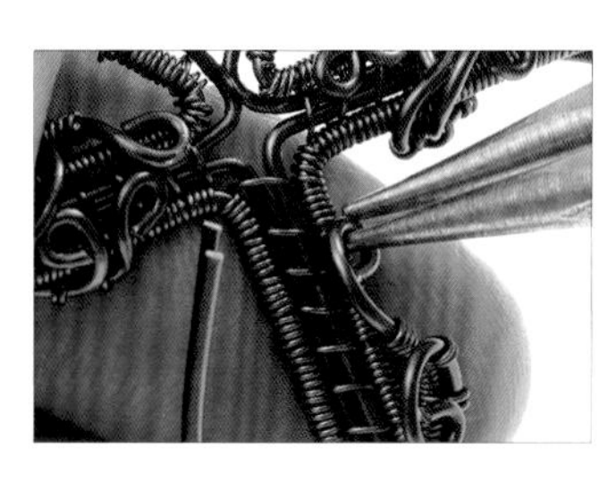

89　重複步驟88，將線I製作成圓弧形。

90　重複步驟88-89，將線F、E製作成圓弧形。

91　取一根竹筷及1條25公分的20G紅銅色線，為線O。

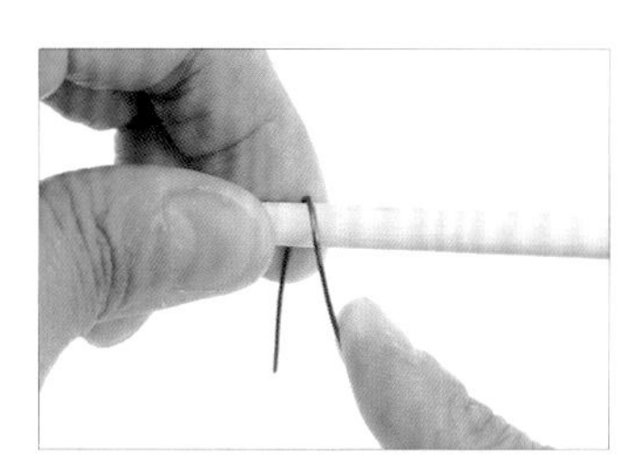

92　將線O折成彎鉤形，並勾入竹筷。

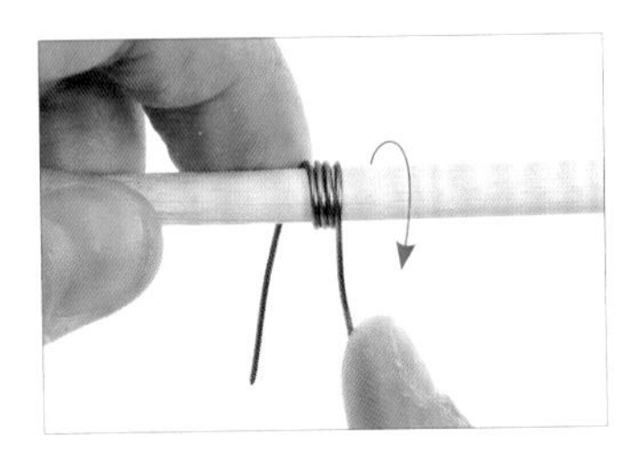

93　以線O纏繞竹筷三圈。

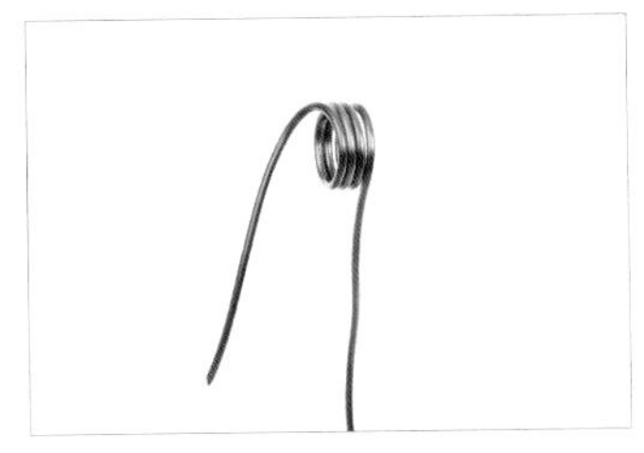

94　將竹筷移除。

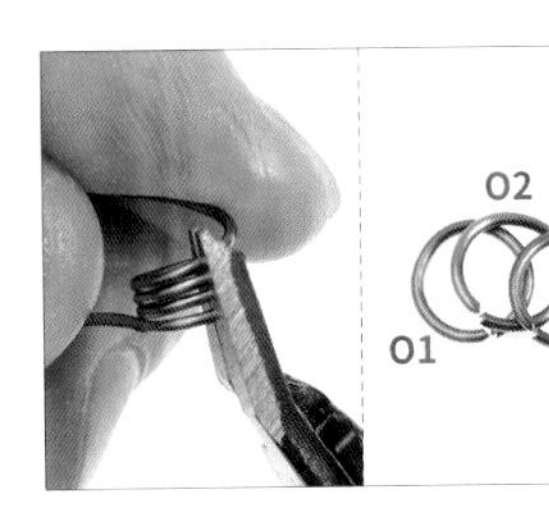

95　以斜口鉗剪掉線O兩端多餘的線段，並將圓圈剪出開口，為線O1、O2、O3。

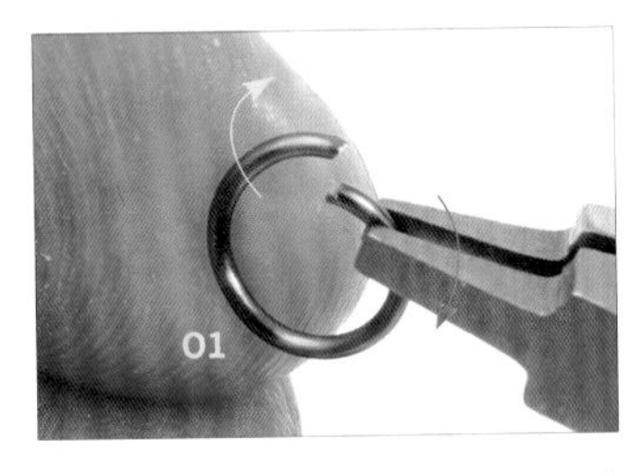

96　以平口鉗為輔助，用手將線O1的開口打開、擴大。

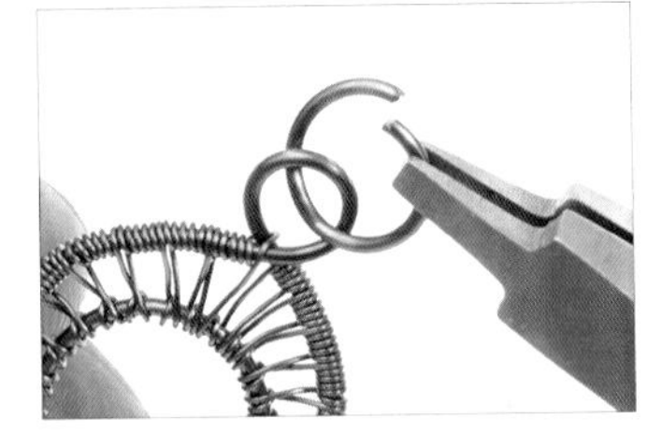

97　以平口鉗夾住線O1，並穿入線B的圓弧形。

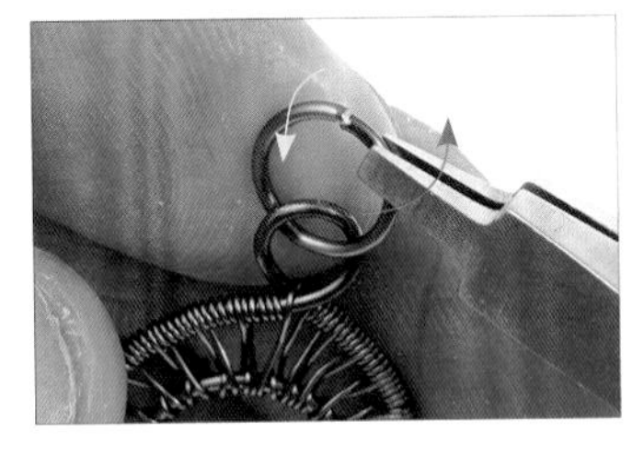

98　以平口鉗為輔助，用手將線O1的開口壓緊、關閉。

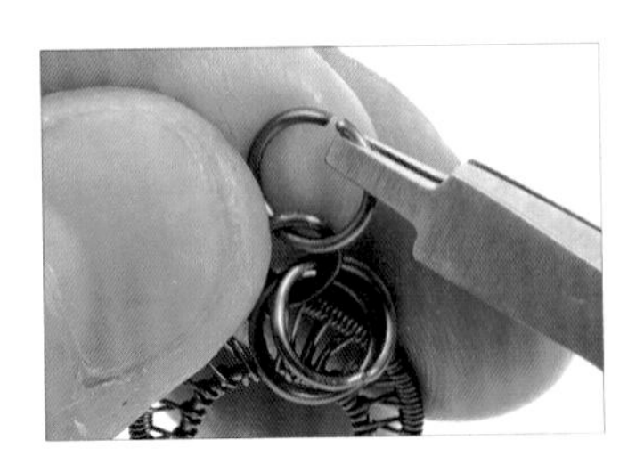

99　重複步驟96-98，將線O2、O3穿入線B的圓弧形。

100　如圖，守護安卡項鍊製作完成。

創作小語

純粹的編織，純粹的線條，交織出埃及的安卡符號。在編織中收藏著最純粹的祝福。

守護安卡項鍊
停格動畫 QRcode

QUESTIONS & ANSWERS

{ 常見 Q&A }

◆ 線材篇

01 QUESTIONS 有哪些金屬線材可以拿來製作金屬線編織呢？

目前市面上最常看到有藝術銅線、銅線、銀線，因為其柔軟的質地比較容易上手。當然也可以選用不銹鋼線、鋁線、黃銅線等等。另外，銀線有分925銀與999銀，初學者建議使用999銀。以下文字中所提到的銀線，皆代表999銀。

02 QUESTIONS 多樣的金屬線材，可以在哪裡購買呢？

銅線、黃銅線、銀線可以在金工材料行購買，藝術銅線、不銹鋼線可以在網路上或是特定手工藝品店購買。

03 QUESTIONS 新手如何挑選合適的金屬線材？

新手對於線材操作比較不熟悉，手指細部肌肉尚未習慣，建議使用銅線或是藝術銅線，價格便宜，軟硬度適中。熟悉後，可添購高單價的金屬線材來創作，例如：銀線。

04 QUESTIONS 藝術銅線的顏色只有金色、玫瑰金色、銀色、紅銅色及青銅色這五種選擇嗎？

藝術銅線外層的電鍍顏色非常多樣化，並非只有金色、玫瑰金色、銀色、紅銅色及青銅色這五種選項。

05 QUESTIONS 藝術銅線、銅線及黃銅線的差別是？

以下列表讓大家比較。

	藝術銅線	銅線	黃銅線
顏色	多彩。	紅銅色。	金色。
材質	純銅線，表層有電鍍顏色。	純銅線，無鍍層。	銅＋鋅合金，無鍍層。
軟硬度	較軟。	較軟。	較硬。

06 QUESTIONS 對於初學者而言，建議從哪種粗細的線開始練習金屬線編織？

建議同學先從0.8mm以下的線材開始練習，比較容易上手。如果是偏硬的材質，例如：不銹鋼線、黃銅線，則需要更細，才不會覺得操作困難。

07 QUESTIONS 金屬線的常見單位G代表什麼？

G是Gauge的縮寫，是用來標示金屬線條粗細的單位。至於G及mm的換算數值，可參考P.10。

08 QUESTIONS 金屬線的常見單位Yd代表什麼？

Yd是Yard（碼）的縮寫，是用來標示金屬線條長度的單位。而1Yd等於91.44cm。

09 QUESTIONS 銅線有可能引發過敏嗎？

確實有部分人的體質會對銅過敏，所以會不會過敏須視個人體質狀態而定。

10 QUESTIONS 使用到一半的金屬線材該如何保存？

金屬線材在未使用時，應放入密封的夾鏈袋保存，以阻隔金屬線與空氣接觸，減緩金屬的氧化作用。

11 QUESTIONS 圓線、半圓線及方線的差異是？什麼時候該用哪種線進行編織？

圓線、半圓線及方線是在形狀的上有差異，每一種線材可呈現不同的特質。圓線適合用在大量編織效果的設計上，而方線、半圓線可呈現出簡約俐落的感覺。但是每種線材都可以呈現出更多不同的效果，建議讀者可以多多嘗試。

◆ 石材配件篇

12 QUESTIONS 新手如何挑選石材？有什麼管道可以取得、購買？

一開始建議挑選打磨成蛋形或是橢圓形的石材。挑選礦石的學問很大，受限於篇幅無法完整表達，建議挑選有信譽的店家購買。可以在各地的玉市挑選，或向網路上的賣家購買。

13 QUESTIONS 面對眾多種類的石材，會建議新手如何分類及收納？

可依照顏色、種類、大小分類，並使用小型的收納抽屜來分門別類。不過這個問題沒有一定的答案，大家可以發揮創意來找到適合自己的方式。

14 QUESTIONS 初學需要必備哪些配件嗎？

製作飾品的配件細說非常多種，如果喜歡礦石的話，建議可以添購3～6mm的礦石圓珠，可搭配做一些造型，日後依照需求再陸續購買其他特殊造型的配件珠子。

◆ 工具篇

15 QUESTIONS 想學習金屬編織的新手應該必備哪些工具？

建議新手必備的「三寶」：斜口鉗（用於剪斷線材）、尖嘴鉗（用於線材塑形）及尼龍平口鉗（用於整線夾平）。若要將線材捲圈，可以使用家中的原子筆或竹筷。建議初學者可以先從家裡有的工具開始應用，等到進階或是不敷使用時，再進行添購。

16 QUESTIONS 如何判定各種工具的使用時機？

市面上有很多專門的工具，讀者購買前可以先詢問店家，以了解是否符合自己使用的需求。以下表格會列出常用的幾款工具，以及它們的主要用途。

工具名稱	主要用途
斜口鉗	剪線時使用。
尖嘴鉗	轉直角的造型時使用。
圓嘴鉗	轉圓圈的造型時使用。
尼龍平口鉗	整線或整理造型時使用。

17 QUESTIONS 平口鉗及尼龍平口鉗的差異是？兩者可以互相代替嗎？

平口鉗及尼龍平口鉗的差別，在於鉗子上是否有尼龍護套，沒有護套的夾具，容易夾傷線材，例如：使外層電鍍顏色剝落。尼龍護套屬於可替換的耗材，讀者若有需要可單獨購買。不過，尼龍平口鉗無法夾出銳利的直角，而平口鉗可以，所以兩者難以互相代替。

18 QUESTIONS 工具平時該如何保養和保存？

工具使用完後應收納整齊，並定期幫轉軸上油，以防止轉軸生鏽。

19 QUESTIONS 如果工具損壞或氧化了，還有辦法維修或補救嗎？

每個人工具損壞的程度不一，因此建議讀者向購買的廠商，尋問適合的維修或補救方法。

◆ 製作設計篇

20 QUESTIONS 製作金屬線編織的作品前，如何繪製作品底稿？

可先把裸石的形狀描繪在紙上，再發揮創意的能力，想像線條在上面蔓延的樣子並畫出來。畫出來後就有方向，接著才思考如何以技法呈現底稿的設計樣貌。

21 QUESTIONS 設計作品時，如何決定線材的粗細？

通常1～2.5公分之間的礦石，我會使用0.8mm的粗線搭配0.3mm的細線。如果更大的礦石需要多一些的支撐，就會使用更粗的線材。若須製作粗曠的質感，會選擇較粗的線；若想要做秀氣的質感，則會選擇較細的線材。線材粗細也會呈現不同的風貌，讀者可以自行嘗試看看！

22 QUESTIONS 金屬線材及石材配件的搭配，有什麼配色原則嗎？

銀色線材是百搭。如果不知道用什麼顏色，就放手大膽玩，玩出屬於自己的配色原則吧！

23 QUESTIONS 在製作金屬線編織時，如何判斷每段線材要剪下幾公分？

每一款設計與裸石大小都不同，只能建議多預留線段，多做幾次後就會有自己的經驗值。

24 QUESTIONS 如果編織到一半，才發現剪下的金屬線段太短，該如何補救？

如果是粗線主結構過短，考量到作品結構的穩固性，應重新製作。如果是編織上使用的細線，可另外剪下新的線材，並從原本太短的位置接上線材，以繼續編織作品。

25 QUESTIONS 如果編織到一半，才發現剪下的金屬線段太長，該如何處理？

可以剪短或保留多餘的線段，也許製作到後面有其他的想法，就可以立即運用多餘線材製作造型。

26 QUESTIONS 製作戒指及手環時，如何確保金屬線在纏繞、包框裸石後，仍有足夠長度的線材可以製作戒圈或手環部分？

依照每一次設計的不同，所須的長度都會不一樣。所以事前的規劃及經驗都很重要，可多預留線材長度，以備不時之需。

27 QUESTIONS 如果製作金屬編織作品的過程中，不小心做錯了，可以把線材拆掉再重做嗎？

當然可以拆除重做，只是拆下的線材須先使用尼龍平口鉗把線整順後，再進行製作。但若是使用藝術銅線製作，則須避免反覆多次拆線，以免線材外層的電鍍顏色因過度扭轉、摩擦等動作而掉色，進而影響作品的美觀程度。

28 QUESTIONS 剪下長度較長的金屬線材後，發現金屬線容易捲在一起、打結，該怎麼辦？

若金屬線不平整，可在編織前先以尼龍平口鉗整線，將金屬線整條夾平。隨時養成順線的習慣，並多加練習，自然會熟悉線材的特性。

29 QUESTIONS 製作完金屬線作品後，剩下多餘的短線材該如何處理？

5公分以下過短的線材可以直接丟棄，若是更長的線材，可以依照個人習慣，決定是否保留到下次製作時使用。

30 QUESTIONS 在金屬線上用奇異筆或白板筆做記號後，如果想要除掉記號，該怎麼做？

使用酒精擦拭即可，不過須注意作品使用的礦石、配件與酒精是否會有化學反應。

◆ 保養篇

31 QUESTIONS 各種金屬線編作品如何保養？

建議不配戴時，都放進夾鏈袋保存，以阻隔空氣、避免氧化。配戴後，請沖水洗去汗水與髒汙，並在晾乾後收進袋子裡。另外，須避免在大量出汗的狀態下配戴飾品，例如：運動或泡溫泉時，以減少金屬線材及礦物石材被汗水或其他物質侵蝕的機會。

32 QUESTIONS 當金屬線編的作品已經褪色、氧化了，還有辦法補救嗎？

如果是藝術銅線所製作的作品，褪色是無法補救的，那是表層的電鍍顏色剝落；如果是純銀或純銅氧化發黑，只需要以牙刷沾取適量的牙膏，刷洗後即可恢復。如果純銀或純銅編織的作品上，有搭配不可碰水的礦石，則可以使用拭銀布擦拭，以恢復光亮。